Ulrike Settnik

**Mergers & Acquisitions
auf dem deutschen Versicherungsmarkt**

nbf neue betriebswirtschaftliche forschung
Band 351

Ulrike Settnik

Mergers & Acquisitions auf dem deutschen Versicherungsmarkt

Eine empirische Analyse

Deutscher Universitäts-Verlag

Bibliografische Information Der Deutschen Nationalbibliothek
Die Deutsche Nationalbibliothek verzeichnet diese Publikation in der
Deutschen Nationalbibliografie; detaillierte bibliografische Daten sind im Internet über
<http://dnb.d-nb.de> abrufbar.

Habilitationsschrift Universität Magdeburg, 2006

1. Auflage Oktober 2006

Alle Rechte vorbehalten
© Deutscher Universitäts-Verlag | GWV Fachverlage GmbH, Wiesbaden 2006

Lektorat: Brigitte Siegel / Sabine Schöller

Der Deutsche Universitäts-Verlag ist ein Unternehmen von Springer Science+Business Media.
www.duv.de

Das Werk einschließlich aller seiner Teile ist urheberrechtlich geschützt. Jede Verwertung außerhalb der engen Grenzen des Urheberrechtsgesetzes ist ohne Zustimmung des Verlags unzulässig und strafbar. Das gilt insbesondere für Vervielfältigungen, Übersetzungen, Mikroverfilmungen und die Einspeicherung und Verarbeitung in elektronischen Systemen.

Die Wiedergabe von Gebrauchsnamen, Handelsnamen, Warenbezeichnungen usw. in diesem Werk berechtigt auch ohne besondere Kennzeichnung nicht zu der Annahme, dass solche Namen im Sinne der Warenzeichen- und Markenschutz-Gesetzgebung als frei zu betrachten wären und daher von jedermann benutzt werden dürften.

Umschlaggestaltung: Regine Zimmer, Dipl.-Designerin, Frankfurt/Main
Druck und Buchbinder: Rosch-Buch, Scheßlitz
Gedruckt auf säurefreiem und chlorfrei gebleichtem Papier
Printed in Germany

ISBN-10 3-8350-0451-4
ISBN-13 978-3-8350-0451-1

Für Simon Johannes

Vorwort

„Meister sein heißt, alle Lebenslagen als Gelegenheit zur Bewährung zu nehmen." Unbekannter Verfasser

Die vorliegende empirische Studie wurde in ihrer ursprünglichen Fassung im Dezember 2005 von der Fakultät für Wirtschaftswissenschaft der Otto-von-Guericke-Universität Magdeburg als Habilitationsschrift angenommen.

Ihre Grundidee entstand während meiner Tätigkeit als wissenschaftliche Hochschulassistentin in reger Diskussion mit meinem langjährigen akademischen Lehrer und Doktorvater Herrn Prof. Dr. Dr. h. c. Wolfgang Schüler, der leider viel zu früh im Jahr 1998 verstorben ist. Die weitere Betreuung und Begutachtung der Arbeit haben dann Herr Prof. Dr. Thomas Spengler als sein Nachfolger am Lehrstuhl für Unternehmensführung und Organisation und Frau Prof. Dr. Birgitta Wolff vom Lehrstuhl für Internationales Management übernommen, für deren Engagement ich mich herzlich bedanken möchte. Über die Bereitschaft von Herrn Prof. Dr. Dirk Schiereck vom Lehrstuhl für Bank- und Finanzmanagement der European Business School Oestrich-Winkel zur Erstellung des externen Gutachtens habe ich mich außerordentlich gefreut und möchte ihm daher ebenfalls meinen herzlichen Dank aussprechen.

Während der Zeit der Erstellung der Schrift und der Durchführung des Habilitationsverfahrens habe ich darüber hinaus von vielen Seiten Unterstützung und Motivation erfahren. Insbesondere zu nennen sind hier meine Familie, Frau Petra Risch vom Lehrstuhl für Internationales Management, die nach dem Auslaufen meines Vertrags an der Universität Magdeburg Ende 2001 weiterhin stets als Kontaktperson zur Fakultät zur Verfügung stand sowie Frau Dr. Frauke Schucht, die sich viel Zeit für eine sorgfältige, kritische Durchsicht des Manuskripts genommen hat. In großer Schuld stehe ich auch bei den Kolleginnen und Kollegen meines jetzigen Arbeitgebers, der Bundesanstalt für Finanzdienstleistungsaufsicht (BaFin), die die Rahmenbedingungen vor allem für die Vorbereitung auf Habilitationskolloquium und Antrittsvorlesung geschaffen und diese immer mit persönlichem Interesse begleitet haben.

Ulrike Settnik

Inhaltsverzeichnis

Abkürzungsverzeichnis XV

Abbildungsverzeichnis XIX

Tabellenverzeichnis XXI

1 Einführung 1
   1.1 Relevanz des Themas aus empirischer Perspektive 1
   1.2 Relevanz des Themas aus theoretischer Perspektive 12
   1.3 Zielsetzungen der Arbeit 17
   1.4 Aufbau der Arbeit 22

2 Grundlagen zur Beschreibung von Unternehmenszusammenschlüssen 25
   2.1 Definitorische Basis 25
      2.1.1 Ausgangssituation im Schrifttum 25
      2.1.2 Wichtige Begriffsdefinitionen und -erläuterungen 26
   2.2 Systematisierung von Unternehmenszusammenschlüssen 33
      2.2.1 Vorbemerkungen 33
      2.2.2 Systematisierung nach der Bindungsrichtung 34
      2.2.3 Systematisierung nach der Bindungsintensität 37
   2.3 Abgrenzung zu verwandten ökonomischen Begriffen 39
      2.3.1 Unternehmenszusammenschlüsse und Unternehmenswachstum 39
      2.3.2 Unternehmenszusammenschlüsse und Konzentration 44
   2.4 Spezifische Formen von Unternehmenszusammenschlüssen 49
      2.4.1 Fusion 49
         2.4.1.1 Vorbemerkungen 49
         2.4.1.2 Begriff und Wesen der Fusion 52
         2.4.1.3 Fusion und Fusionskontrolle 57
         2.4.1.4 Fusion in der Versicherungswirtschaft 59
      2.4.2 Bestandsübertragung 61
         2.4.2.1 Vorbemerkungen 61
         2.4.2.2 Begriff und Wesen der Bestandsübertragung 64
         2.4.2.3 Rahmenbedingungen der Bestandsübertragung 67
   2.5 Zusammenfassung 71

3. Theorien zur Erklärung von Unternehmenszusammenschlüssen ... 73
3.1 Ausgangssituation im Schrifttum ... 73
3.2 Neoklassische Theorie der Unternehmung als Erklärungsansatz ... 76
   3.2.1 Vorbemerkungen ... 76
   3.2.2 Marktmachthypothese ... 77
   3.2.3 Synergiehypothese ... 80
      3.2.3.1 Begriff und Wesen des Synergiekonzeptes ... 80
      3.2.3.2 Quellen leistungswirtschaftlicher Synergiepotenziale ... 84
         3.2.3.2.1 Vorbemerkungen ... 84
         3.2.3.2.2 Economies of Scale ... 85
         3.2.3.2.3 Economies of Scope ... 89
      3.2.3.3 Quellen finanzwirtschaftlicher Synergiepotenziale ... 92
         3.2.3.3.1 Vorbemerkungen ... 92
         3.2.3.3.2 Verbesserter Zugang zum Kapitalmarkt ... 93
         3.2.3.3.3 Co-Insurance-Effekt ... 94
         3.2.3.3.4 Risikoreduktion durch Unternehmensdiversifikation ... 95
      3.2.3.4 Quellen versicherungsspezifischer Synergiepotenziale ... 98
         3.2.3.4.1 Vorbemerkungen ... 98
         3.2.3.4.2 Versicherungsspezifische Economies of Scale ... 99
         3.2.3.4.3 Versicherungsspezifische Economies of Scope .. 104
   3.2.4 Informationseffizienzbezogene Hypothesen ... 111
      3.2.4.1 Vorbemerkungen ... 111
      3.2.4.2 Reine Informationshypothese ... 112
      3.2.4.3 Unterbewertungshypothese ... 115
   3.2.5 Beurteilung der neoklassischen Theorie der Unternehmung als Erklärungsansatz ... 116
3.3 Institutionenökonomische Theorien der Unternehmung als Erklärungsansatz ... 119
   3.3.1 Vorbemerkungen ... 119
   3.3.2 Disziplinierungshypothese ... 124
   3.3.3 Hybris- und Overpayment-Hypothesen ... 127

3.3.4 Empire-Building-Hypothese 129
3.3.5 Risk-Reduction-Hypothese 133
3.3.6 Free Cash Flow-Hypothese 137
3.3.7 Beurteilung der institutionenökonomischen Theorien der
Unternehmung als Erklärungsansatz 138
3.4 Zusammenfassung 140

4. **Sozio-ökonomische Tauschtheorie und Unternehmenszusammenschlüsse... 141**
4.1 Vorbemerkungen 141
4.2 Qualitative Darstellung des tauschtheoretischen Grundmodells 143
4.3 Quantitative Darstellung des tauschtheoretischen Grundmodells 148
4.3.1 Definitionen 148
4.3.2 Nutzenmaximierung der Akteure 153
4.3.3 Interessen-, Macht- und Kontrollverteilung im Gleichgewicht 155
4.4 Erweiterungen des tauschtheoretischen Grundmodells 159
4.4.1 Vorbemerkungen 159
4.4.2 Einbeziehung von Transaktionskosten 160
4.4.3 Einbeziehung von Misstrauen 165
4.5 Ein sozio-ökonomisches Modell des Unternehmenszusammen-
schlusses von Versicherern 170
4.5.1 Vorbemerkungen 170
4.5.2 Akteure des Unternehmenszusammenschlusses von Versicherern... 171
4.5.3 Ereignisse des Unternehmenszusammenschlusses von
Versicherern 177
4.5.4 Kontrollverflechtungen des Unternehmenszusammenschlusses
von Versicherern 180
4.5.5 Interessenverflechtungen des Unternehmenszusammenschlusses
bei Versicherern 184
4.5.6 Der Unternehmenszusammenschluss von Versicherern als
sozio-ökonomischer Austausch 188
4.6 Zusammenfassung 192

5 Methoden zur Erfolgsmessung von Unternehmenszusammenschlüssen 195
5.1 Vorbemerkungen 195
5.2 Ansätze zur Messung von Zusammenschlusserfolg 200
    5.2.1 Kapitalmarktorientierter Ansatz 200
        5.2.1.1 Grundgedanken des Ansatzes 200
        5.2.1.2 Allgemeine Beurteilung des Ansatzes zur Erfolgsmessung 205
        5.2.1.3 Beurteilung des Ansatzes bei Unternehmenszusammenschlüssen von Versicherern 211
    5.2.2 Jahresabschlussorientierter Ansatz 217
        5.2.2.1 Grundgedanken des Ansatzes 217
        5.2.2.2 Allgemeine Beurteilung des Ansatzes zur Erfolgsmessung 219
        5.2.2.3 Beurteilung des Ansatzes bei Unternehmenszusammenschlüssen von Versicherern 224
    5.2.3 Befragungen 231
        5.2.3.1 Grundgedanken des Ansatzes 231
        5.2.3.2 Allgemeine Beurteilung des Ansatzes zur Erfolgsmessung 232
        5.2.3.3 Beurteilung des Ansatzes bei Unternehmenszusammenschlüssen von Versicherern 235
    5.2.4 Spezialansätze 237
        5.2.4.1 Desinvestitionsquotenorientierter Ansatz 237
        5.2.4.2 Marktpositions- und risikoorientierte Ansätze 241
5.3 Zusammenfassung 242

6 Erfolgsbeurteilung von Unternehmenszusammenschlüssen bei Versicherern 245
6.1 Vorbemerkungen 245
6.2 Stichprobenbildung 246
    6.2.1 Grundkonzeption des Auswahlprozesses 246
    6.2.2 Auswahl geeigneter Versicherungsunternehmen 248
    6.2.3 Auswahl geeigneter Unternehmenszusammenschlüsse 252

6.2.4 Auswahl eines geeigneten Stichproben- und Beobachtungszeitraums 256
6.2.5 Ergebnis des Auswahlprozesses 260
6.3 Gestaltung der Jahresabschlussanalyse 264
    6.3.1 Grundkonzeption der Erfolgsmessung 264
    6.3.2 Auswahl geeigneter Jahresabschlüsse 268
    6.3.3 Auswahl geeigneter Kennzahlen 274
        6.3.3.1 Vorbemerkungen 274
        6.3.3.2 Kennzahlen zur Sicherheit 277
        6.3.3.3 Kennzahlen zum Wachstum 281
        6.3.3.4 Kennzahlen zum Gewinn 285
    6.3.4 Datenerhebung und -aufbereitung 292
6.4 Datenauswertung 296
6.5 Darstellung der Untersuchungsergebnisse 300
6.6 Interpretation der Untersuchungsergebnisse 301
    6.6.1 Wachstumslage 302
        6.6.1.1 Beurteilung der Wachstumszielerfüllung 302
        6.6.1.2 Ursachenforschung 306
    6.6.2 Gewinnlage 311
        6.6.2.1 Beurteilung der Gewinnzielerfüllung 311
        6.6.2.2 Ursachenforschung 317
    6.6.3 Sicherheitslage 323
        6.6.3.1 Beurteilung der Sicherheitszielerfüllung 323
        6.6.3.2 Ursachenforschung 326
    6.6.4 Beurteilung der Gesamtsituation 329
    6.6.5 Erfolgreiche Zusammenschlüsse in der Detailanalyse 337
6.7 Zusammenfassung 343

7. Schlusswort 345
Anhang 349
Literaturverzeichnis 399

Abkürzungsverzeichnis

Abb.	Abbildung
Abs.	Absatz
ABT	Arbitrage Pricing Theory
AG	Aktiengesellschaft
aG	(Versicherungsverein) auf Gegenseitigkeit
AGB	Allgemeine Geschäftsbedingungen
AktG	Aktiengesetz
Anm. d. Verf.	Anmerkung des Verfassers (bei Zitaten)
AVB	Allgemeine Versicherungsbedingungen
BAV	Bundesaufsichtsamt für das Versicherungswesen
BaFin	Bundesanstalt für Finanzdienstleistungsaufsicht
Bd.	Band
BGB	Bürgerliches Gesetzbuch
BWL	Betriebswirtschaftslehre
bzw.	beziehungsweise
ca.	circa
CAPM	Capital Asset Pricing Model
DAX	Deutscher Aktienindex
DEA	Data Envelopment Analysis
Diss.	Dissertation
d. h.	das heißt
DM	Deutsche Mark
DR	Deckungsrückstellung
DV	Datenverarbeitung
€	Euro
EK	Eigenkapital
Erg. d. Verf.	Ergänzung des Verfassers (bei Zitaten)
et al.	et alii = und andere (bei Verfassern)
etc.	et cetera
EU	Europäische Union

e. V.	eingetragener Verein
EWR	Europäischer Wirtschaftsraum
F & E	Forschung und Entwicklung
f. e. R.	(Prämien)für eigene Rechnung
f./ff.	folgende/fortfolgende
FKVO	Fusionskontrollverordnung
Fn.	Fußnote
GB	Geschäftsbericht(e)
GB BAV	Geschäftsberichte des BAV
GDV	Gesamtverband der Deutschen Versicherungswirtschaft
GmbH	Gesellschaft mit beschränkter Haftung
GuV	Gewinn- und Verlustrechnung
GWB	Gesetz gegen Wettbewerbsbeschränkungen
HGB	Handelsgesetzbuch
Hrsg.	Herausgeber
IAS	International Accounting Standards
i. d. R.	in der Regel
IT	Informationstechnologie
iVm	in Verbindung mit (bei Paragraphen)
Jg.	Jahrgang
JÜ	Jahresüberschuss
Kap.	Kapitel
KGaA	Kommanditgesellschaft auf Aktien
Kfz	Kraftfahrtzeug(-versicherung)
KQ	Kostenquote
KV	Krankenversicherer
LV	Lebensversichererer
m. a. W.	mit anderen Worten
M & A	Mergers und Acquisitions
Mio.	Million(en)
Mrd.	Milliarde(n)
NG	Neugeschäft

No.	Number
Nr.	Nummer
o. a.	(wie) oben angesprochen
OHG	Offene Handelsgesellschaft
ÖRA	Öffentlich-rechtliche (Versicherungs-)Anstalt
o. V.	ohne Verfasser (bei Artikeln)
o. J.	ohne Jahr (bei Artikeln)
POS	Point of Sale
PublG	Publizitätsgesetz
Rn.	Randnummer
RechVersV	Verordnung über die Rechnungslegung von Versicherungsunternehmen
RfB	Rückstellung für Beitragsrückerstattung
ROI	Return on Investment
S.	Seite(n)
SaV	selbst abgeschlossenes Versicherungsgeschäft
SOL	Solvabilität
Sp.	Spalte(n)
SQ	Schadenquote
SR	Schwankungsrückstellung
SV	Sachversicherer
Tab.	Tabelle
Tsd.	Tausend (Euro)
u. a.	unter anderem
u. d. N.	unter der Nebenbedingung
UmwG	Umwandlungsgesetz
UR	Umsatzrentabilität
US(A)	United States of America
usw.	und so weiter
u. U.	unter Umständen
VAG	Versicherungsaufsichtsgesetz
V-AG	Versicherungs-Aktiengesellschaft

VerBAV	Veröffentlichungen des BAV
VerBiRiLi	Richtlinie des Rates über den Jahresabschluss und den konsolidierten Abschluss von Versicherungsunternehmen
VersRiLiG	Versicherungsbilanzrichtlinien-Gesetz
VF	Versicherungsfälle
vgl.	vergleiche
Vol.	Volume
vs.	versus
Vt.	Versicherungstechnisch(e)
VVaG	Versicherungsverein auf Gegenseitigkeit
WpHG	Wertpapierhandelsgesetz
WR	Wachstumsrate
z. B.	zum Beispiel
z. T.	zum Teil
ZU	(Unternehmens-)Zusammenschluss
z. Zt.	zur Zeit

Abbildungsverzeichnis

Abb. 2.1: Formen der Verschmelzung zwischen Unternehmen 56

Abb. 2.2: Typologie von Unternehmenszusammenschlüssen 71

Abb. 4.1: Makro-Mikro-Makro-Struktur des Coleman-Modells 142

Abb. 4.2: Bilaterales Tauschsystem mit zwei Akteuren und zwei Ressourcen 146

Abb. 4.3: Beziehungen im Grundmodell des Tausches 150

Abb. 4.4: Edgeworth-Box (Gleichgewicht in einer Tauschdyade) 159

Abb. 4.5: Beziehungen im erweiterten Tauschmodell bei Auftreten von Misstrauen 168

Abb. 4.6: Satz zur Abbildung von Unternehmenszusammenschlüssen als sozio-ökonomisches Tauschmodell am Beispiel von Versicherungsunternehmen 192

Abb. 5.1: Handlungsprinzip der Akteure im sozio-ökonomischen Tauschmodell des Unternehmenszusammenschlusses 198

Abb. 5.2: Systematisierung empirischer Analysemethoden zum Unternehmenszusammenschlusserfolg 200

Abb. 5.3: Bezugspunkte und gemessene Effekte von Ereignisstudien 205

Abb. 6.1: Fusionen und Bestandsübertragungen auf dem deutschen Versicherungsmarkt von 1953-2000 247

Abb. 6.2 Beobachtungszeitraum der vorliegenden empirischen Studie 259

Abb. 6.3: Zusammenschluss und zeitlicher Verlauf der Wachstumszielerfüllung 302

Abb. 6.4: Zusammenschluss und zeitlicher Verlauf der Gewinnzielerfüllung 312

Tabellenverzeichnis

Tab. 1.1: Die zehn größten Investmentbanken in Deutschland 2

Tab. 1.2: Die neun größten Zusammenschlüsse mit Beteiligung deutscher Unternehmen im Jahre 2001 3

Tab. 1.3: Die zehn größten Versicherungskonzerne auf dem deutschen Markt in den Konzernstrukturen am 31.12.2001 nach Bruttoprämien 2000 8

Tab. 1.4: Marktanteile der größten Anbieter auf dem deutschen Markt über alle Versicherungssparten im Jahre 2000 (in %) 9

Tab. 2.1: Systematisierung von Unternehmenszusammenschlüssen 34

Tab. 2.2: Systematisierung von Unternehmenswachstum 41

Tab. 4.1: Symbole und Definitionen des tauschtheoretischen Grundmodells 149

Tab. 4.2: Symbole und Definitionen bei Erweiterung des Grundmodells 160

Tab. 5.1: Möglichkeiten zur Erhöhung der Aussagefähigkeit von Jahresabschlussdaten als Erfolgsindikatoren 225

Tab. 6.1: Beitragsvolumen des Niederlassungs- und Dienstleistungsgeschäfts ausländischer Versicherer auf dem deutschen Markt im Jahre 1999 251

Tab. 6.2: Zu analysierende Zusammenschlüsse von 1990-1998 263

Tab. 6.3: Zielhierarchie von Versicherungsunternehmen 275

Tab. 6.4: Kennzahlen zur Zusammenschlusserfolgsanalyse in der Versicherungswirtschaft 295

Tab. 6.5: Rohdaten zur Berechnung der abnormalen Kennzahl Wachstumsrate des Bestands beim Zusammenschluss Allianz Leben – Deutsche Leben im Beobachtungszeitraum T 297

Tab. 6.6: Wachstumsraten des Bestands beim Zusammenschluss Allianz Leben – Deutsche Leben im Beobachtungszeitraum T 298

Tab. 6.7: Mittlere Wachstumsraten des Bestands von Sparte, Allianz Leben und Deutsche Leben im Beobachtungszeitraum T 298

Tab. 6.8: Mittlere abnormale Wachstumsraten des Bestands von Allianz Leben und Deutsche Leben im Beobachtungszeitraum T 299

Tab. 6.9: Ergebnisse der Zusammenschlusserfolgsmessung bei Versicherern 300

Tab. 6.10: Veränderungen der abnormalen Wachstumsraten (WR) des Bestands in $t = 1$ und T für alle Sparten und des Neugeschäfts (NG) für Lebensversicherer 305

Tab. 6.11: Veränderungen der abnormalen Umsatzrentabilitäten (UR) in $t = 1$ und T bei allen Sparten 313

Tab. 6.12: Veränderungen der abnormalen Brutto-Kostenquoten (KQ) in T bei allen Sparten und der abnormalen Brutto-Schadenquoten (SQ) bei privaten Kranken- und Sachversicherern 315

Tab. 6.13: Veränderungen der abnormalen Solvabilität (SOL) in T bei allen Sparten 324

Tab. 6.14: Gegenüberstellung mittel- und langfristiger Entwicklung der abnormalen Kennzahlen bei ausgewählten Zusammenschlüssen der Stichprobe 334

Tab. 6.15: Ergebnisse der erfolgreichen Zusammenschlüsse 337

1. Einführung

1.1 Relevanz des Themas aus empirischer Perspektive

➤ „Die Übernahmewelle rollt",

➤ „Merger-Mania in der deutschen Wirtschaft",

➤ „Die Fusionseuphorie ist ungebrochen",

mit diesen und ähnlich lautenden Schlagzeilen, die sich in Zahlen eindrucksvoll belegen lassen, wurde der Leser in den vergangenen Jahren fast täglich in der deutschen Wirtschaftspresse konfrontiert: So betrug der Wert von Unternehmensübernahmen mit deutscher Beteiligung im Jahre 2001 – vergleichbar mit dem Niveau der Jahre 1998 und 1999 – knapp 163 Mrd. €; die absolute Zahl von Transaktionen lag bei 2173, was nochmals eine Steigerung von 200 Übernahmen gegenüber dem Rekordjahr 2000 bedeutete.[1]

Zeitgleich in den 90er Jahren entwickelte sich ein expansiver Markt mit einem entsprechenden Dienstleistungsangebot rund um die Übernahme, welcher Vermittlungs-, Beratungs- und Finanzdienstleistungen durch so genannte M & A (Mergers & Acquisitions)-Intermediäre wie Makler, Investmentbanken und Beratungsfirmen umfasst.[2] Tab. 1.1 zeigt exemplarisch den Umfang der Geschäftstätigkeit von zehn großen, auf

---

[1] Das Jahr 2000 mit einem Übernahmewert aller Transaktionen von 477 Mrd. € stellt insofern eine Ausnahme dar, als dieser ungewöhnlich hohe Wert hauptsächlich aufgrund des Zusammenschlusses des britischen Vodafone Airtouch-Konzerns mit der Mannesmann AG zustande kam, der allein einen Wert von rund 198 Mrd. € besaß. Bereinigt um diesen Sondereffekt ist trotzdem eine deutliche Steigerung der Wertentwicklung zu beobachten, vgl. o. V. (2001b), S. 18. Prinzipiell ist zu beachten, dass zum einen die von verschiedenen Analysten (M & A International, Securities Data Corporation, Wupper & Partner usw.) veröffentlichten Statistiken aufgrund fehlender übergreifender Spezifizierung des Tatbestands Unternehmenszusammenschluss erhebliche Differenzen aufweisen; zum anderen werden die gezahlten Übernahmepreise selten publiziert, so dass insgesamt keine verlässlichen, quantitativen Informationen zum Transaktionsvolumen existieren. Ebenso ist die offizielle, vom Bundeskartellamt erstellte Statistik unvollständig, da sie lediglich Transaktionen erfasst, die eine kartellrechtlich relevante Größenordnung erreichen, während die übrigen Statistiken auch Übernahmen mit einem geringeren Transaktionsumfang berücksichtigen und so zu höheren Zahlen und Volumina gelangen. Alle Datenquellen deuten aber trotz ihrer Unzulänglichkeiten konsistent auf eine signifikante Erhöhung von Zahl und Wert der Unternehmenstransaktionen mit deutscher Beteiligung in den 90er Jahren hin.

[2] Eine Vorstellung von sämtlichen auf diesem Markt aktiven Dienstleistern sowie von deren Leistungen vermittelt Jansen (2000), S. 16-21.

die Fusionsberatung spezialisierten Investmentbanken in Deutschland im Jahre 2000 auf.

Tab. 1.1: Die zehn größten Investmentbanken in Deutschland[3]

Investmentbank	Transaktionswert übernommener europäischer Unternehmen (in Mio. €)
Goldman Sachs & Co.	45.166,5
J.P. Morgan	35.287,2
Deutsche Bank AG	34.384,1
Dresdner Kleinwort Wasserstein	32.606,3
Morgan Stanley	28.184,8
Sal Oppenheim Jr. & Cie. KGaA	24.749,7
UBS Warburg	22.567,1
Rothschild	19.133,4
Merrill Lynch & Co Inc.	18.744,1
Lazard	18.331,2

Diese Transaktionen sind Elemente der fünften großen Welle von Unternehmenszusammenschlüssen, die seit Beginn der Industrialisierung die internationale Wirtschaft überrollt haben. Während die erste so genannte „Merger Wave" am Ende des 19. Jahrhunderts bzw. am Anfang des 20. Jahrhunderts durch Monopolisierungstendenzen nach der industriellen Revolution ausgelöst wurde, führten vor allem in den USA zwischen 1925 und 1929 neue Antitrustgesetze verstärkt zu vertikal ausgerichteten Transaktionen innerhalb der zweiten, z. T. bereits als international zu charakterisierenden Welle. Diese fand allerdings mit der tiefgreifenden weltweiten Rezession Anfang der 30er Jahre ihr abruptes Ende. Die dritte Welle von Unternehmenszusammenschlüssen in den 60er und 70er Jahren basierte vorrangig auf der Bildung national und international stark diversifizierter Konzerne, mit denen man hoffte, Wettbewerbsvorteile aufgrund extremer Rationalisierungsbemühungen gegenüber der Konkurrenz zu erlangen. Eine gegenteilige Unternehmensstrategie, nämlich die Dekonglomerisierung unter der Maxime „Back to Core-Business" mit dem primären Ziel der Verbesserung des Unter-

---

[3] Vgl. o. V. (2002b), S. 25.

nehmensergebnisses, operationalisiert z. B. anhand des Return on Investment (ROI), zeichnete dann die vierte Zusammenschlusswelle in den 80er Jahren aus. Wachsender Globalisierungsdruck auf sämtliche, auch mittelständische Unternehmen durch die zusammenwachsenden Märkte, rasante technologische Fortschritte im Bereich der Informations- und Kommunikationstechnologien (Stichwort Internet), Systemmodifikationen, verstanden als Veränderungen der Wertschöpfungsketten im Sinne erhöhter Komplexität (hier ist u. a. das Konzept der „Mass Customization" zu nennen) und neuer Unternehmensstrukturen (man denke an die Entwicklung hybrider Organisationsformen wie Netzwerke oder virtuelle Unternehmen) sowie der verschärfte Wettbewerb um Kapitalressourcen zur Finanzierung notwendiger Produktentwicklungen stellen die wichtigsten Ausgangspunkte für die bis heute anhaltende fünfte national und international orientierte Merger Wave dar.[4]

Tab. 1.2: **Die neun größten Zusammenschlüsse mit Beteiligung deutscher Unternehmen im Jahre 2001**[5]

Verkäufer/Kaufobjekt	Preis (in Mio. €)	Käufer
Dresdner Bank AG (D)	23.352	Allianz AG (D)
Powergen plc (GB)	15.413	Eon AG (D)
American Water Works plc. (USA)	9.098	RWE AG (D)
Aventis Cropscience AG (D/F)	7.959	Bayer AG (D)
GZ-Bank AG (D)	6.091	DG-Bank AG (D)
RTL Group plc. (L/GB/B)	4.439	Bertelsmann AG (D)
G. Haindl'sche Papierfabriken (D)	3.842	UPM Kymmene Corp. (FIN)
Veba Oel AG (Aral) (D)	3.562	BP plc (GB)
Hidroelectrica del Cantabrio (E)	2.937	EnBW (E/D)

Nach Beobachtungen des Finanzdatendienstleisters M & A International werden im Rahmen der derzeitigen fünften Welle Unternehmenszusammenschlüsse besonders in denjenigen Branchen getätigt, die verglichen mit anderen den höchsten Restrukturierungsbedarf aufweisen („Merging for Restructuring"); dazu zählen sowohl auf natio-

---

[4] Vgl. zur historischen Entwicklung von Merger Waves u. a. Jansen (2000), S. 62.
[5] In Anlehnung an o. V. (2002a), S. 28.

naler als auch auf internationaler Ebene der allgemeine Dienstleistungssektor, die Informationstechnologiebranche und die Medienwirtschaft.[6]

Innerhalb des Dienstleistungssektors spielen Transaktionen zwischen Finanzdienstleistern eine immer bedeutender werdende Rolle, wobei sich diese momentan zwar überwiegend im reinen Bankenbereich bewegen, aber – wie beispielsweise die Übernahme der Dresdner Bank AG durch den Versicherungskonzern Allianz AG zeigt – zunehmend weitere Finanzdienstleistungsbereiche wie die Versicherungswirtschaft tangieren (die Dualität der beiden Bereiche wird seit einiger Zeit in der bank- bzw. versicherungswissenschaftlichen Terminologie mit dem Begriff *Bancassurance* oder *AssuranceBanking* umschrieben[7]). Erstmals tritt mit dem Marktführer Allianz AG außerdem ein Versicherungsunternehmen als Käufer, m. a. W. als Initiator eines Zusammenschlusses zwischen verschiedenen Finanzdienstleistern, auf, während die vorherigen Transaktionen von Banken dominiert wurden.[8] Heute ist es allerdings nur sehr wenigen, zumeist schon international operierenden Versicherern vorbehalten, eine derartige Strategie zu implementieren, da deren Finanzierung eine hervorragende Kapitalausstattung erfordert. Darüber hinaus bleibt abzuwarten, ob die mit der Bancassurance verbundenen hohen Erwartungen auch faktisch erfüllt werden können. Bislang bezweifelt dies nicht nur die Praxis, repräsentiert durch die Börsianer, was am Beispiel der Verbindung Dresdner Bank AG – Allianz AG transparent wird. Die Aktie der Allianz AG verlor seit Anfang 2003 rund 23 % an Wert (zum Vergleich: Sie fiel damit doppelt so stark wie der Deutsche Aktienindex (DAX) im gleichen Zeitraum, das Eigenkapital des Unternehmens schrumpfte in den ersten neun Monaten des Jahres 2002 von 31,6

---

[6] Vgl. die Abbildung über Käufer- und Verkäuferbranchen des Jahres 1999 sowie die umfassenden Erläuterungen dazu bei Jansen (2000), S. 25 f.

[7] Vgl. exemplarisch Warth (1997), S. 280 ff., und Kern (1998), S. 1124 ff. Das Konzept der Kombination von Banken und Versicherungsunternehmen in einem gemeinsamen Verbund ist nicht neu, es wurde schon in den 80er Jahren unter dem Terminus *Allfinanz* diskutiert und zielte damals auf den Absatz sämtlicher Finanzdienstleistungen über alle zur Verfügung stehenden Vertriebskanäle ab, seine Realisierung scheiterte jedoch an der Komplexität und Heterogenität des Geschäfts. *Bancassurance* versucht hingegen die Vorzüge der Komplementarität von Versicherungs- und Bankprodukten mittels der Konzentration auf den alleinigen Vertriebskanal Bank effektiv zu nutzen, indem ausschließlich über Spezialversicherer nur diejenigen Bankkunden kontaktiert werden, bei denen ein bestimmtes Versicherungsprodukt in deren individuelles Anlage(Risiko-)portefeuille passt.

[8] So war die Deutsche Bank AG im Jahre 1987 das erste Geldinstitut, das reine Versicherungsprodukte in seine Produktmatrix integrierte und die Deutsche Herold Lebensversicherungs-AG in seine Konzernstruktur aufnahm.

1.1 Relevanz des Themas aus empirischer Perspektive

Mrd. € auf 20,9 Mrd. €).[9] Deshalb muss die Allianz weiterhin mit einer Herabstufung ihrer Bonität durch die Ratingagentur Standard & Poor's rechnen, deren Aussage zufolge nach Berechnungen der Deutschen Bank am aktuellen „AA-Rating" der Allianz 11 Mrd. € fehlen.[10] Gerade die Versicherungswissenschaft betont immer wieder die zahlreichen mit einem solchen Allfinanzverbund einhergehenden Probleme, die von restriktiven Datenschutzgesetzen, die selbst innerhalb einer Unternehmensgruppe den Zugang zu sensiblen Kundendaten einschränken, bis hin zu differierenden Kernkompetenzen bezüglich der Versicherungs- und Bankprodukte reichen.[11]

Sollte das Argument des erhöhten Restrukturierungsbedarfs als Erklärung für besonders zusammenschlussaktive Wirtschaftszweige tatsächlich zutreffen, dann wäre die deutsche Versicherungsbranche isoliert betrachtet bereits aus folgenden *marktstrukturellen Gründen*[12] ein potenzieller Kandidat für eine steigende Anzahl von Unternehmenszusammenschlüssen.[13]

1. Sie sieht sich zunächst seit der Errichtung des Europäischen Binnenmarktes für Finanzdienstleistungen im Jahre 1994, mit dem eine umfassende Deregulierung des lange Zeit vorherrschenden strengen materiellen Aufsichtssystems verbunden

---

[9] Vgl. o. V. (2003), S. 19.

[10] Vgl. o. V. (2003), S. 19.

[11] Vgl. Kern (1998), S. 1127.

[12] In der Tradition der „Industrial Organization-Forschung" bezeichnet die *Marktstruktur* als eines von drei Elementen des analytischen Grundgerüstes dieser Forschungsrichtung (die anderen beiden sind *Marktverhalten* und *Marktleistungsfähigkeit*) alle relativ stabilen Eigenschaften des marktlichen Umfeldes von Unternehmen, die den Wettbewerb innerhalb einer Branche beeinflussen. Vgl. zum Konzept des Ansatzes stellvertretend für viele aktuell Tirole (2001).

[13] International gesehen lässt sich dieser Trend empirisch mit Zahlen belegen: So stieg das Volumen der Zusammenschlussaktivitäten zwischen Versicherungsunternehmen weltweit von ca. 18,8 Mrd. US$ im Jahre 1992 auf rund 96,9 Mrd. US$ im Jahre 1997 an, vgl. Plöger/Kruse (2001), S. 1. Wenn von der deutschen Versicherungswirtschaft die Rede ist, so ist zudem stets der *Erstversicherungsmarkt* gemeint, auf dem Versicherungsschutz im Verhältnis zwischen Versicherer und Endverbraucher (in Gestalt von Privat- oder Industriekunden) gewährt wird, im Gegensatz zum *Rückversicherungsmarkt*, der sich durch die Übernahme von Risiken der Erstversicherungsunternehmen durch so genannte professionelle Rückversicherer bezieht: Rückversicherung setzt also die Existenz von Erstversicherungsverhältnissen voraus. Da der Rückversicherungsmarkt seiner Natur nach international ausgerichtet ist, da viele Großrisiken (Katastrophenrisiken etc.) erst durch weltweite Allokation tragbar werden, er sich demnach traditionell durch eine sehr geringe Regulierungsdichte auszeichnet und der Konzentrationsgrad bereits sehr hoch ist, ist hier der Restrukturierungsbedarf als geringfügig zu bewerten.

war[14], einem drastisch *verschärften Wettbewerb* ausgesetzt. Ursachen dafür verkörpern zum einen das in den 90er Jahren gegenüber den vorherigen Jahrzehnten signifikant verlangsamte Marktwachstum, das in einzelnen Versicherungszweigen, wie in der bedeutsamen Kfz-Versicherung, z. T. sogar durch einen realen Rückgang der Beitragseinnahmen gekennzeichnet war[15], und die Globalisierung der Märkte, begünstigt durch die Liberalisierung des jeweiligen Marktzugangs in Form des freien, grenzüberschreitenden Dienstleistungsverkehrs sowie die Harmonisierung ehemals differierender nationaler Rechtsvorschriften.[16] Zum anderen trägt der gravierende *sozio-ökonomische Wandel* in Gestalt modifizierter Nachfragerstrukturen, die sich in einer Abkehr von der Alterspyramide[17] und dadurch bedingter hoher Versicherungsdichte bzw. Vorsorgequote in bestimmten Sparten (z. B. der Lebensversicherung) widerspiegeln und aufgrund höherer Restlebenserwartung einen erheblichen Kostenanstieg in anderen Sparten (in der privaten Krankenversicherung beispielsweise) verursachen, dazu bei. Außerdem

---

[14] Die materielle Staatsaufsicht begann mit der Erlaubnis zum Geschäftsbetrieb und wurde fortgeführt als laufende Beaufsichtigung der allgemeinen und finanziellen Geschäftsführung von Versicherungsunternehmen, welche dem Management enge Grenzen hinsichtlich der Gestaltung vor allem der beiden Wettbewerbsparameter Preis und Produkt steckte. Zu den wichtigsten Konsequenzen der Deregulierung gehören die Aufhebung der einheitlichen Geschäftsgrundlagen, mithin der Wegfall der Allgemeinen Versicherungsbedingungen (AVB) und die Freigabe der Tarife, was den Versicherern seitdem einerseits ein erhebliches größeres Ausmaß an unternehmerischem Spielraum zubilligt, andererseits mehr Eigenverantwortung abverlangt. Vgl. detailliert zur Gestaltung des vormaligen Aufsichtssystems und dessen Novellierung mit entsprechenden Implikationen für Markt, Anbieter und Nachfrager Settnik (1996), S. 21-24 und S. 66 ff.

[15] Zwar konnte der Prämienverfall in der Kfz-Versicherung vorerst gestoppt werden, der leichte Anstieg der Brutto-Beiträge von 19,8 Mrd. € im Jahr 1999 auf 20,5 Mrd. € im Jahr 2000 wurde jedoch durch die enorme Höhe der Geschäftsjahresschäden kompensiert, die sich wie im Vorjahr auf 20,4 Mrd. € beliefen. Vgl. GB BAV 2000 (2001), Teil A, S. 73. Über alle Versicherungszweige betrachtet pendelt das Marktwachstum in den letzten Jahren um 2 %, im Gegensatz dazu betrug es in den 80er Jahren zwischen 8 und 10 %.

[16] Ausländische Versicherer sind zwar am deutschen Markt seit Jahrzehnten in beachtlichem Ausmaß präsent (genaue Zahlen werden nicht erhoben), ihre Aktivitäten haben durch den Binnenmarkt jedoch neue Impulse erhalten, was u. a. am Beispiel der zum freien Dienstleistungsverkehr angemeldeten Unternehmen offenbar wird: Seit 1995 ist deren Zahl von 324 auf 552 im Jahre 2001 angewachsen. Inklusive des Niederlassungsgeschäfts und des Geschäfts derjenigen deutschen Versicherer, die in ausländischem Mehrheitsbesitz stehen, erzielten die „Ausländer" Ende der 90er Jahre geschätzte 20 % der Brutto-Beitragseinnahmen auf dem deutschen Markt, vgl. GDV (2001b), S. 55.

[17] Nach Felderer (1991), S. 76 f., wird die Veränderung der Altersstruktur besonders deutlich anhand der Mutation der bisherigen Struktur in Form einer Pyramide zur Form eines Pilzes, dessen Entwicklung spätestens im Jahre 2030 abgeschlossen sein soll.

1.1 Relevanz des Themas aus empirischer Perspektive

erfordert die vermehrte Individualisierung der Nachfrage, die u. a. mit erhöhten Informationserfordernissen aufgeklärter Kundenschichten und allgemein schwächeren Kundenbindungen als Konsequenz der Deregulierung[18] einhergeht, dass Versicherungsunternehmen vermehrt nach innovativen Strategien zur Sicherung ihrer Wettbewerbsfähigkeit suchen, um diesen komplexen Herausforderungen, die in der Historie des regulierten Marktes unbekannt waren, gerecht zu werden.

2. Ferner begünstigt die gegenwärtige *Struktur des Versicherungsmarktes* strategische Optionen wie Unternehmenszusammenschlüsse, da der gesättigte deutsche Markt im Vergleich zu anderen Märkten als stark fragmentiert bezeichnet werden muss.[19] Im Jahre 2000 standen 692 Versicherungsunternehmen unter der Aufsicht des Bundesaufsichtsamtes für das Versicherungswesen (BAV)[20], von denen VENOHR ET AL. allenfalls 150 als marktrelevant einstufen; die übrigen weisen entweder regionale oder berufsständische Bedeutung auf, bei der es fraglich erscheint, ob diese ihnen zukünftig das Überleben sichern kann.[21] Selbst wenn der Markt nicht unter dem Aspekt von Rechtseinheiten, sondern Wirtschaftseinheiten in Form von Versicherungskonzernen/-gruppen analysiert wird, wie es EURICH ET AL. generell empfehlen, sind polypolistische Strukturen vorherrschend.[22] Der Sichtweise EURICHS ET AL. folgend waren es im Jahre 2000 – unter Vernachlässigung kleiner Einzelversicherungsunternehmen mit weniger als 51 Mio. € Brutto-Beitragseinnahmen – 69 Konzerne, die mit ihren Tochterunternehmen insge-

---

[18] Für Versicherungsverträge, die seit dem 01.07.1994 abgeschlossen wurden, gelten beispielsweise erheblich umfangreichere Kündigungsrechte als für ältere Verträge. Diese erleichtern den Versicherungsnehmern den Wechsel des Anbieters bzw. berechtigen ihn unter bestimmten Umständen zum vorzeitigen Ausstieg aus dem Vertrag.

[19] Vgl. Venohr et al. (1998), S. 1120 ff.

[20] Zum 01.05.2002 ist das BAV in der Bundesanstalt für Finanzdienstleistungsaufsicht (BaFin) aufgegangen, die nun die vorher getrennt ausgeübte Aufsicht über Banken, Versicherungsunternehmen und Wertpapierhandel in Deutschland unter einem Dach vereint. Aus Kontinuitätsgründen und weil der Untersuchungszeitraum der vorliegenden Arbeit vollständig in den Zuständigkeitsbereich des „alten" BAV fällt, bleibt es hier bei der Bezeichnung BAV.

[21] Vgl. GB BAV 2000 (2002), Teil B, S. 6. Würde man zusätzlich die unter jeweiliger Bundeslandaufsicht stehenden Versicherer einbeziehen, bei denen es sich vorrangig um sehr kleine Unternehmen in der Rechtsform des Versicherungsvereins auf Gegenseitigkeit (VVaG) handelt, die primär als Pensions- und Sterbekassen bzw. Kranken-, Sach- und Tierversicherungsvereine fungieren, so kämen nochmals 1.206 aktiv das Geschäft betreibende Versicherer hinzu. In Analysen des Versicherungsmarktes finden diese aufgrund ihrer marginalen ökonomischen Bedeutung für den Gesamtmarkt prinzipiell keinen Eingang.

[22] Vgl. Eurich et al. (1997), S. 1101.

samt einen Marktanteil von 99,44 % besaßen; der durchschnittliche Marktanteil pro Anbieter betrug somit nur 1,45 %.[23] Tab. 1.3 vermittelt einen Einblick in die Bedeutung der zehn größten Konzerne auf dem Versicherungsmarkt.

Tab. 1.3: **Die zehn größten Versicherungskonzerne auf dem deutschen Markt in den Konzernstrukturen am 31.12.2001 nach Bruttoprämien 2000**[24]

Konzern	Obergesellschaft	Prämieneinnahmen (in Mio. €)	Marktanteil (in %)
1. Allianz	Holding	21.758,87	16,18
2. ÖRA	-	14.275,03	10,61
3. ERGO	Rückversicherungs-AG	12.285,01	9,13
4. AMB Generali	Holding	10.749,76	7,99
5. AXA	Holding	5.795,87	4,31
6. R + V/KRAVAG	Holding	5.206,81	3,87
7. Zürich/Agrippina	Holding	5.176,21	3,85
8. Debeka	VVaG	4.774,49	3,55
9. Gerling	Holding	4.319,65	3,21
10. SIGNAL/IDUNA	VVaG	3.948,03	2,94

Um eine präzisere Vorstellung vom Konzentrationsgrad des deutschen Versicherungsmarktes zu ermöglichen, sei die nachfolgende Tab. 1.4 angeführt, in der die aggregierten Marktanteile der Top 1/3/5/10 Unternehmen im jeweiligen Gesamtgeschäft über alle Versicherungssparten erfasst sind.

---

[23] Vgl. Farny et al. (2001), S. 8.

[24] Quelle: Farny et al. (2001), S. 21. Anzumerken ist hier, dass die Gesamtheit der ÖRA zwar keinen Konzern im juristischen Sinne darstellt, da ihr das konstituierende Kriterium der einheitlichen Leitung eines oder mehrerer rechtlich unabhängiger Unternehmen durch ein herrschendes Unternehmen nach § 18 Abs. 1 und 2 AktG fehlt. Zweifelsohne existiert aber eine gewisse „strategische Verwandtschaft" zwischen den als ÖRA operierenden Einzelversicherern, so dass sie in obiger Tabelle als Konzern bzw. Gruppe erfasst werden.

1.1 Relevanz des Themas aus empirischer Perspektive

Tab. 1.4: **Marktanteile der größten Anbieter auf dem deutschen Markt über alle Versicherungssparten im Jahre 2000 (in %)**[25]

	Schaden	Leben	Kranken	Gesamt
TOP 1	19,17	14,86	12,47	16,18
TOP 3	37,16	35,37	34,39	35,92
TOP 5	48,73	49,80	42,29	48,22
TOP 10	63,28	64,45	66,54	64,32

Neben der gegenwärtigen ökonomischen Situation und einer Marktstruktur, die Unternehmenszusammenschlüssen grundsätzlich einen fruchtbaren Boden bereiten, sind es ebenfalls die zahlreich publizierten Absichtserklärungen verantwortlicher Manager von Versicherungsunternehmen, welche den Eindruck erwecken, man strebe in Zukunft vermehrt derartige Aktivitäten an:

➢ „Signal Iduna wieder offen für Fusion",

➢ „Auch in neuer Struktur ist Parion offen für Fusionen",

➢ „Wüstenrot & Württembergische bereitet Fusion der Lebensversicherer vor",

➢ „Generali will mit Übernahmen Europas größter Lebensversicherer werden".

Im Rahmen einer Befragung von 100 Managern der ersten und zweiten Führungsebene namhafter Versicherer gaben außerdem 63 % der Befragten an, sie könnten sich vorstellen, in den nächsten Jahren aktiv einen Zusammenschluss zu betreiben, während weitere 17 % damit rechnen, von externer Seite auf einen Zusammenschluss angesprochen zu werden, und sechs Prozent sogar eine feindliche Übernahme ihres Unternehmens, d. h. gegen den Willen des betroffenen Managements, befürchten.[26] WÄHLING/BERGER prognostizierten 1998 als Ergebnis einer umfassenden Analyse der Marktsituation das rasche Fortschreiten der Konzentrationsgeschwindigkeit, die z. B. konkret bezogen auf die Lebensversicherungssparte bis zum Jahre 2007 einen Rückgang der damals ca. 125 selbstständigen Rechtseinheiten um 50 % bedeuten würde.[27]

---

[25] Quelle: Farny et al. (2001), S. 8.
[26] Vgl. Lier (1998), S. 1461.
[27] Vgl. Wähling/Berger (1998), S. 1049.

Dass einige dieser Vorhaben bereits in die Realität umgesetzt sein müssen, manifestiert eine Beobachtung der Abteilung Volkswirtschaft und Statistik des Gesamtverbandes der Deutschen Versicherungswirtschaft (GDV), die seit 1982 Jahresabschlussdaten auf Basis der alljährlich publizierten, extern verfügbaren Geschäftsberichte ihrer Mitgliedsunternehmen erhebt und insbesondere seit Mitte der 90er Jahre – bei konstanten Mitgliederzahlen – eine leichte, aber stetige Abnahme der Zahl von Jahresabschlüssen registriert.[28] Da jeder Versicherer im Sinne einer rechtlichen Einheit – unabhängig von Größe und Rechtsform – zur Erstellung und Veröffentlichung eines Einzeljahresabschlusses verpflichtet ist, sofern er das Geschäft im abgelaufenen Geschäftsjahr aktiv betrieben hat, ein Marktaustritt aus anderen Gründen, z. B. der Liquidation, wegen der Bestände an meist langfristig abgeschlossenen Kontrakten sehr selten vorkommt, und überproportionales (internes) Unternehmenswachstum durch Marktanteilssteigerungen aufgrund der weitgehenden Sättigung des Marktes kaum noch realisierbar erscheint, lässt diese Beobachtung auf verstärkte Konzentrationstendenzen mittels Übernahmen schließen.

Die Statistiken des BAV bestätigen diese These: Waren es in den 80er Jahren noch um die 750 Unternehmen, die pro Geschäftsjahr unter Bundesaufsicht standen (wobei diese Zahl eine sehr geringe Varianz aufwies)[29], reduzierte sich der Kreis in den 90er Jahren kontinuierlich bis auf 692 Marktteilnehmer des Jahres 2000 und erreichte damit den tiefsten Stand der zurückliegenden 20 Jahre.[30] Gleichzeitig stieg die Zahl der Fusionen und Bestandsübertragungen von Jahr zu Jahr an.[31] Ob diese Indizien indessen schon auf ein „Fusionsfieber ungekannten Ausmaßes"[32] hindeuten, wie in der versicherungswissenschaftlichen Literatur bisweilen analog zu allgemeinen betriebswirt-

---

[28] Im GDV sind 456 Mitgliedsunternehmen organisiert (darunter 44 Zweigniederlassungen ausländischer Versicherer), die im Geschäftsjahr 2000 zusammen über 130 Mrd. € an Brutto-Beitragseinnahmen erwirtschafteten, was ca. 97 % des inländischen Gesamtbrutto-Beitragsaufkommens ausmacht. Vgl. GDV (2001b), S. 141 f.

[29] Siehe dazu die Angaben zur Gesamtentwicklung des Marktes in den entsprechenden Jahrgängen der GB BAV von 1981-2000, jeweils Teil B.

[30] Verglichen mit der Situation in den 60er Jahren hat die Zahl der Gesellschaften sogar absolut um ca. 120 Versicherer abgenommen. Vgl. Beck (1997), S. 264.

[31] Während es in den 80er Jahren durchschnittlich 13,1 pro Jahr waren, wurden in den 90er Jahren 28,1 pro Jahr gezählt; darunter fielen allerdings auch Teilbestandsübertragungen, bei denen die übertragenden Unternehmen mit einem Restbestand an Verträgen am Markt existent blieben. Vgl. die Veröffentlichungen des BAV (VerBAV) von 1981-2000.

[32] Knospe (1998), S. 190.

1.1 Relevanz des Themas aus empirischer Perspektive

schaftlichen Publikationen kolportiert wird, sollte man zum gegenwärtigen Zeitpunkt vorsichtig beurteilen.

Die Durchführung einer eigenen empirischen Studie zu Unternehmenszusammenschlüssen erscheint unseres Erachtens um so erforderlicher, als die in der Praxis populären und mit viel Euphorie behafteten Übernahmen nicht automatisch zum wirtschaftlichen Erfolg führen, sondern im Gegenteil oft mit negativen Erfolgswirkungen für die involvierten Unternehmen verknüpft sind. Zwar differieren die bereits zu dieser Problematik angefertigten empirischen Studien hinsichtlich ihrer Methodik und Erfolgsdefinition stark voneinander, sie gelangen aber tendenziell zu pessimistischen Bewertungen des Übernahmeerfolgs, was anhand der hohen „Flop Rates" deutlich wird, die von 40 % bis zu 85 % reichen.[33] Schätzungen zufolge wurden allein in den 80er Jahren im Zuge der vierten Merger Wave bei nicht erfolgreichen Unternehmenstransaktionen Vermögenswerte zwischen 153 und 255 Mrd. € vernichtet.[34] Sollten diese Aussagen auch auf die Versicherungsbranche zutreffen, der man eine große gesamtwirtschaftliche Bedeutung zuschreibt[35] und misslungene Übernahmen von Versicherern deshalb negative Konsequenzen nicht nur für den speziellen Wirtschaftszweig, sondern für die gesamte Volkswirtschaft eines Landes besäßen, müsste sicher der (unternehmerische und aufsichtsrechtliche) Umgang mit derartigen Aktivitäten überdacht werden.

Die vorangestellten Überlegungen zeugen übereinstimmend davon, dass Unternehmenszusammenschlüsse eine hohe empirische Relevanz besitzen, die bezogen auf die Assekuranz eine steigende Tendenz aufweisen und das Phänomen demnach einen interessanten und geeigneten Untersuchungsgegenstand für eine empirische, ökonomisch orientierte Analyse darstellt.

---

[33] Jansen (2000), S. 223 ff., liefert eine ausführliche Übersicht über Erfolgsstudien, die neben den Ergebnissen auch die Stichprobenumfänge und Kernaussagen der jeweiligen Untersuchungen beinhaltet.

[34] Vgl. Jansen (2000), S. 224.

[35] Zweifel/Eisen (2000), S. 15-19, schildern detailliert sechs verschiedene Wege (u. a. Verbesserung der Risikoallokation, Kapitalakkumulation, Entlastung des Staates), auf denen die Versicherungsbranche nachhaltig zur Steigerung der wirtschaftlichen Effizienz beiträgt und so indirekt das gesamte Wirtschaftswachstum fördert.

1.2 Relevanz des Themas aus theoretischer Perspektive

Untersuchungen mit empirischer Ausrichtung, in deren Kontext die vorliegende Arbeit einzuordnen ist, sollten unseres Erachtens stets auf ein umfassendes theoretisches Gedankengerüst zurückgreifen können. Diese Auffassung wird allerdings nicht von allen Forschern adaptiert, EISENHARDT als bekannter Vertreter der so genannten „Grounded Theory" etwa plädiert für ein rein induktives Vorgehen in der empirischen Forschung, d. h. der Wissenschaftler sollte möglichst ohne konzeptionelle oder theoretische Vorstellungen über das zu analysierende Phänomen in den Forschungsprozess eintreten: "Finally and most importantly, theory-building research is begun as close as possible to the ideal of no theory under consideration and no hypothesis to test."[36] Damit steht er in der Tradition von GLASER/STRAUSS, die den Empirismus selbst zum Forschungsprogramm erheben, indem sie dem Forschenden nahe legen, er möge sich ohne " ... preconcieved theory that dedicates, prior to research, relevancies in concepts and hypotheses ... "[37] seinem Untersuchungsgegenstand nähern. Implizit basiert diese Idee auf der Annahme, dass Wissenschaftler in der Lage sind, unproblematische Beschreibungen und Erklärungen für bestimmte Sachverhalte durch Formen naturalistischer Beobachtung zu liefern. Sie wird jedoch von einer Mehrheit der Forscher nicht geteilt, die im Unterschied dazu die These formulieren, Forschung ohne Kategorien, ohne Forschungsfragen bzw. Leitideen sei kaum vorstellbar: "In any empirical research the researcher requires a set of taxonomic categories as a basis for classifying data and some concept of relevance in deciding what to ignore."[38] Ihrer Meinung nach existiert dann die Gefahr, lediglich aneinandergereihte, beziehungslose Beobachtungen ohne Erklärungsnutzen für das zu untersuchende Phänomen zu produzieren. Dies soll hier vermieden werden, wenn es um die Beantwortung klarer, noch offener Forschungsfragen zum Phänomen des Unternehmenszusammenschlusses speziell in Bezug auf Versicherer geht.

Grundsätzlich existiert zum Thema Unternehmenszusammenschlüsse, das seit fast einem Jahrhundert in der Wissenschaft diskutiert wird, eine Fülle von Literatur, diese wird jedoch klar dominiert von den Rechtswissenschaften, die sich vor allem der

---

[36] Eisenhardt (1989), S. 536. Siehe darüber hinaus zur Konzeption der „Grounded Theory" Eisenhardt (1989).
[37] Glaser/Strauss (1967), S. 33.
[38] Archer (1988), S. 285. Ähnlich argumentiert auch Walgenbach (1998), S. 97.

1.2 Relevanz des Themas aus theoretischer Perspektive

Marktkonzentration und ihrer Subsumption unter wettbewerbsrechtliche Normen widmen, sowie der Volkswirtschaftslehre mit dem Fokus auf der Vermachtung von Märkten und den damit verknüpften Konsequenzen auf Wettbewerb und Preise; vereinzelt finden sich auch Beiträge rein psychologischer und soziologischer Natur.[39]

Primäre Aufgabe der Betriebswirtschaftslehre ist es hingegen zu analysieren, ob und wie Unternehmen – im Vergleich zu strategischen Alternativen – ihre Wettbewerbsposition auf dem (Produkt- und Kapital-)Markt mit Hilfe von Übernahmen verbessern können. Im Zentrum der betriebswirtschaftlichen Publikationen standen jedoch lange Zeit – wohl aufgrund der hohen Komplexität der Abwicklung des Unternehmenserwerbs – eher „technische" Einzelfragen der Unternehmensbewertung/-preisfindung sowie der steuerlichen und formaljuristischen Gestaltung des Eigentümerwechsels, welche die oben skizzierten Kernprobleme allenfalls gestreift haben.[40] Erst in jüngerer Zeit findet die betriebswirtschaftliche Auseinandersetzung mit dem Thema in einem umfassenderen Rahmen unter Einbeziehung strategischer Aspekte statt[41], ist aber trotzdem noch durch eine starke Heterogenität der Ansätze und dadurch bedingter schlechter Vergleichbarkeit der Studien gekennzeichnet.

Die große Schwierigkeit der ökonomischen Betrachtung liegt außerdem darin begründet, dass sich das komplexe Phänomen der Unternehmensübernahme in seinen vielfältigen Ausprägungen nicht monokausal mit Hilfe einer einzigen, geschlossenen Theorie hinreichend erklären lässt. Neben der mangelnden definitorischen Festlegung des Begriffs „Unternehmenszusammenschluss" wird im Schrifttum besonders das Fehlen einer betriebswirtschaftlich fundierten, geschlossenen „Theorie des Unternehmenszusammenschlusses"[42] beklagt; an ihre Stelle sind bislang sehr heterogen angelegte Ansätze mit – im Vergleich zum Ideal – beschränkter Reichweite, geringerer Erklärungskraft und niedrigerem Grad an empirischer Stützung getreten.[43]

---

[39] Gerpott (1993a), S. 3, nennt zahlreiche Quellen mit Abrissen der historischen Akquisitionsforschung und der Untersuchungsschwerpunkte verschiedener Disziplinen.

[40] Vgl. Kirchner (1991), S. 26.

[41] So widmen sich neuere Beiträge vermehrt der Gestaltung eines ganzheitlich konzipierten M & A-Prozesses in Kombination mit einer strategischen Unternehmensentwicklung oder dem Instrumentarium des „Post-Merger-Managements", siehe dazu exemplarisch Hagemann (1996) und Picot (2000).

[42] Beispiele sind bei Sautter (1989), S. 75 f., zu finden.

[43] Vgl. Spengler (1999), S. 38 f., zwar bezogen auf die Personalwirtschaftslehre, die sich jedoch einem ähnlichen Dilemma ausgesetzt sieht. Drumm (2000), S. 30 ff., bezeichnet solche Theorien

Eben diese Situation führte zu der angesprochenen isolierten Betrachtung von Einzelfragen und wirkte eher komplexitätserhöhend denn erkenntnissteigernd. Die Heterogenität vorhandener Erklärungsansätze ist unseres Erachtens primär darauf zurückzuführen, dass ebenso wenig eine allgemein gültige „Theorie der Unternehmung" für das hierarchisch darüber einzuordnende Untersuchungsobjekt „Unternehmung" existiert (die Palette der Theorien reicht hier von den „Klassisch-neoklassischen Ansätzen" bis hin zu den „Modernen Institutionenökonomischen Ansätzen"[44]), und die Resultate der Analysen von Unternehmenstransaktionen heute in außerordentlich hohem Maße durch das jeweils zugrunde liegende Unternehmensmodell determiniert sind, welches sowohl die Transaktionstypen als auch die Kriterien und Methoden, die zur Beurteilung konkreter Übernahmestrategien herangezogen werden, beeinflusst.[45] Anders formuliert ist die Aussagekraft der Analyse eines Zusammenschlusses oder eines spezifischen Typs von Zusammenschlüssen abhängig von demjenigen Bild, das sich der jeweilige Forscher vom Untersuchungsobjekt, in diesem Fall vom Unternehmen selbst, generiert.

Zur Überwindung dieser Abhängigkeiten werden zunehmend Forderungen nach *integrativen Konzepten* erhoben; es existieren schon einige wenige Integrationsversuche, die sich allerdings nicht auf die Unternehmensübernahme, sondern auf das Unternehmen selbst beziehen und dementsprechend nur einen geringen Beitrag zur Überwindung des Defizits leisten.[46]

(wiederum im Kontext der Personalwirtschaftslehre) lediglich als *Konzeptionen*, oder anders ausgedrückt, als *verkürzte instrumentelle Hypothesen* ohne umfassende empirische Prüfung ihres Wahrheitsgehalts. Jansen subsumiert diese speziell auf den Zusammenschluss fokussierten Hypothesen zum großen Teil unter der Überschrift „Erklärungsansätze der Strategiediskussion", welche in den 80er und 90er Jahren wesentlich von Porter geprägt wurde. Vgl. dazu ausführlich Jansen (2000), S. 78-87.

[44] In der Literatur besteht bisher kein Konsens darüber, was genau den Untersuchungsgegenstand, die relevanten Fragestellungen sowie die Ausrichtung der „Modernen Theorie der Unternehmung" ausmacht. Schoppe et al. (1995), S. 1, als Schöpfer dieser Metapher schlagen zur Klassifikation der verschiedenen Ansätze und zu ihrer Abgrenzung von anderen Forschungsgebieten folgende Definition vor:

„Gegenstand der Modernen Theorie der Unternehmung ist die Erklärung der Existenz, des Wachstums und der Organisationsstrukturen der Unternehmung für gegebene rechtliche und soziale Rahmenbedingungen auf der Grundlage des methodologischen Individualismus und des zielorientierten rationalen Verhaltens."

[45] Vgl. ähnlich u. a. Sautter (1989), S. 58.

[46] Sautter (1989), S. 76, führt entsprechende Quellen an. Kirchner (1991) beispielsweise konzentriert sich auf den speziellen Übernahmetyp Konzernbildung mit Hilfe von Akquisitionen und

1.2 Relevanz des Themas aus theoretischer Perspektive

Im Zentrum des wissenschaftlichen Interesses bei der *Versicherungsbetriebs(wirtschafts-)lehre* steht – vergleichbar mit der Allgemeinen Betriebswirtschaftslehre – die Entwicklung eines geschlossenen Aussagensystems über das Theorieobjekt Versicherungsunternehmen in Form allgemeingültiger Hypothesen, um darauf aufbauend Handlungsanweisungen für die Unternehmenspraxis zu erarbeiten.[47] Da hier die Komplexität des Untersuchungsobjekts gegenüber der Allgemeinen Betriebswirtschaftslehre kaum variiert, ist die Entwicklung differierender versicherungsbetrieblicher Konzeptionen bzw. Ansätze auch für die Versicherungsbetriebslehre symptomatisch.[48]

Sie repräsentiert das Kerngebiet der übergeordneten *Versicherungsökonomie*, die im Rahmen wirtschaftswissenschaftlicher Forschung aufgrund der Behandlung verschiedenster Fragestellungen zahlreiche Interdependenzen zu weiteren Teilgebieten der Ökonomie, u. a. der Ordnungspolitik, der Regulierungstheorie, der Finanzwissenschaft, der Risikotheorie und eben der Allgemeinen Betriebswirtschaftslehre aufweist.[49] Da das Phänomen Versicherung in der Realität außerdem durch eine große Komplexität gekennzeichnet ist, kommen neben den versicherungswissenschaftlichen

---

versucht einen integrativen Ansatz zu formulieren, der sich aus der Perspektive verschiedener betriebswirtschaftlicher Teildisziplinen (Mikroökonomie, Organisations- und Finanzierungstheorie etc.) theoretisch grundlegend mit der Systematisierung von Übernahmen im Konzern, dem Konzernakquisitionserfolg und dessen Determinanten beschäftigt.

[47] Vgl. Plein (1998), S. 710. Schulenburg (1992), S. 399, erwartet von der Versicherungsbetriebslehre konkret die Beantwortung folgender Frage: Was produziert ein Versicherungsunternehmen und welche Konsequenzen hat dies für Organisation und Controlling? Indem er gleichzeitig auf den schwer zu definierenden Charakter des Produkts bzw. der Finanzdienstleistung Versicherung hinweist, wird die Problematik dieser Fragestellung deutlich.

[48] Vgl. Plein (1998), S. 711.

[49] Vgl. Schulenburg (1992), S. 399. Er führt exemplarisch drei weitere Problemstellungen an, welche die Methodenvielfalt in der Versicherungsökonomie veranschaulichen:

1. Welche Rolle spielt die Versicherungswirtschaft als Bestandteil der Finanz- und Gesamtwirtschaft?
2. Wie viel Regulierung wird auf Versicherungsmärkten benötigt, um den Verbraucher zu schützen, und wie weit kann und muss eine Deregulierung gehen?
3. Wie gestaltet sich die Versicherungsnachfrage, und welche Wirkungen besitzt diese auf das Versicherungsangebot und auf den Versicherungsmarkt?

Ein gravierender Unterschied zwischen Versicherungsbetriebslehre und -ökonomie sei an dieser Stelle noch erwähnt: Während sich die Versicherungsökonomie partiell auch mit Problemen im Bereich der staatlich organisierten *Sozialversicherung* beschäftigt (die Frage nach den Wirkungen von Selbstbehalten in der gesetzlichen Krankenversicherung beispielsweise würde dazu zählen), stellt die Versicherungsbetriebslehre ausschließlich auf die *Individualversicherung*, d. h. die Theorie des Wirtschaftens im privaten Versicherungsunternehmen, ab.

Kernbereichen Versicherungsökonomie, -recht und -mathematik zur Entwicklung einer Versicherungstheorie Beiträge aus fast allen wissenschaftlichen Disziplinen zum Tragen: Naturwissenschaftliche Disziplinen beispielsweise werden zur Erklärung von Risiko- und Schadensystemen benötigt, Sozialwissenschaften für das Verhalten der Menschen und ihrer Beziehungen zueinander, letztlich dienen sogar Philosophie und Religionswissenschaften zur Erklärung der Leitlinien menschlichen Verhaltens im Hinblick auf Risiko und Sicherheit. Es existiert in der Realität nahezu kein Sachverhalt, der nicht mit Risiko und Versicherung in Beziehung gebracht werden kann, so dass die Gesamtheit *Versicherungswissenschaft* ein komplexes System mit vielfältigen Verknüpfungen verkörpert.[50]

Die Versicherungsbetriebslehre als elementarer Teilbereich der Versicherungsökonomie blickt auf zwei Entwicklungslinien zurück: Zum einen auf eine Entwicklungslinie mit hohem Praxisbezug, bedingt durch die ständige Fortentwicklung der Versicherungsbetriebslehre selbst, welche in der Vergangenheit oft Einzelthemen in den Fokus der Betrachtung rückte, wie etwa das Rechnungswesen und die Rechnungslegung, die Prämienkalkulation und die Organisation (induktive Methode). Zum zweiten auf eine Entwicklungslinie mit einer engen Verbindung zur Allgemeinen Betriebswirtschaftslehre und der sich später entwickelnden speziellen Betriebswirtschaftslehre für Dienstleistungsunternehmen, die heute ein hohes Niveau erreicht hat und die Berührungspunkte aller Dienstleister gegen die Besonderheiten einzelner Dienstleister abwägt (deduktive Methode). Die Nutzung der Allgemeinen Betriebswirtschaftslehre wurde vor allem dadurch gefördert, dass die Besonderheiten der Versicherungswirtschaft allmählich in den Hintergrund traten und eher die Gemeinsamkeiten aller produzierenden Unternehmen betont wurden.[51] Eine möglichst weitreichende Adaption des theore-

---

[50] Ein Szenario der Versicherungswissenschaft aus deutscher Perspektive entwirft Farny (2000b), S. 561-574, während sich Louberge (1998), S. 540-567, Gedanken zur internationalen Entwicklung der Wissenschaftsdisziplin macht (ein Vergleich der Publikationen verdeutlicht die behutsame Annäherung beider Forschungsrichtungen).

[51] Zweifel/Eisen (2000), S. V (im Vorwort), zählen seit langem zu Kritikern einer „Besonderheitenlehre der Versicherung", ihre Betrachtung der Versicherungsbetriebslehre aus überwiegend kapitalmarkttheoretischer Perspektive wird in der aktuellen versicherungswissenschaftlichen Literatur jedoch kontrovers diskutiert. Siehe dazu umfassend Plein (1998), der die zahlreichen heterogenen Ansätze zur Beschreibung und Erklärung des Untersuchungsobjekts Versicherungsunternehmen einander gegenübergestellt und hinsichtlich ihrer Leistungsfähigkeit zur geschlossenen Theoriebildung in der Versicherungsbetriebslehre analysiert. Dem kapitalmarkttheoretischen Ansatz billigt Plein nur in enger Verbindung mit Aussagen anderer versicherungsbetrieblicher Konzepte wie dem entscheidungsorientierten und dem funktionalen Ansatz eine hinreichende theoretische Erklärungskraft zu. Vgl. Plein (1998), S. 719 f.

tischen Rüstzeugs der Allgemeinen Betriebswirtschaftslehre darf nach Meinung von FARNY allerdings nicht den gänzlichen Verlust branchentypischer Charakteristika beinhalten, sondern heißt im Gegenteil, branchentypische Produktionsfaktoren, -prozesse bzw. -techniken und Produkte explizit zu berücksichtigen, aber betriebswirtschaftliche Modelle mit homogener Grundstruktur zur Erfassung, Beschreibung oder für Entscheidungen anzuwenden (so wird z. B. transparent, dass die Rückversicherung beim Erstversicherer einen Produktionsfaktor darstellt oder der Risikoausgleich im Kollektiv als Produktionstechnik im Risikogeschäft des Versicherers dient).[52] Ein umfassendes Konzept zur theoretisch befriedigenden Erklärung und Gestaltung von Zusammenschlüssen bei Versicherungsunternehmen müsste demnach diesen Kriterien gerecht werden.

1.3 Zielsetzungen der Arbeit

Unternehmenszusammenschlüsse stellen also unter empirischen und theoretischen Aspekten ein wichtiges ökonomisches Forschungsfeld dar. Die vorliegende Arbeit sieht nun konkret die Beantwortung folgender Fragestellungen vor:

➢ Was versteht man eigentlich unter Zusammenschlüssen, und welche Formen spielen im Rahmen der Versicherungswirtschaft eine herausragende Rolle? Damit wird das Ziel verfolgt, die momentan den Untersuchungsgegenstand selbst betreffende diffuse Begriffssituation in der Literatur zu schärfen und eine eindeutige definitorische Basis, auf der einen Seite für die eigene Studie, auf der anderen Seite für weitere Untersuchungen, zu generieren.

➢ Welche Theorien bzw. Hypothesen werden heute im Kontext von Zusammenschlüssen vorrangig zu deren Erklärung und Gestaltung – sowohl generell als auch bezogen auf Akquisitionen von Versicherungsunternehmen – herangezogen? Ziel dieser umfassenden Analyse ist die aktuelle Darstellung der theoretischen Behandlung des Phänomens im Schrifttum, die das dringende Erfordernis für die Einbindung eines integrativen theoretischen Bezugsrahmens verdeutlicht, der zudem die Besonderheiten Spezieller Betriebswirtschaftslehren, wie z. B. derjenigen der Versicherungsbetriebslehre, adäquat berücksichtigt.

---

[52] Vgl. Farny (1999), S. 581.

➢ Kann die Tauschtheorie von COLEMAN als ein solches Meta-Modell für die zuvor diskutierten theoretischen Ansatzpunkte dienen? Dazu wird eine Übertragung der Problematik des Zusammenschlusses von Versicherungsunternehmen auf das zunächst vom eigentlichen Untersuchungsgegenstand abstrahierende tauschtheoretische Gedankengut vorgenommen mit dem Ziel der Entwicklung eines eigenständigen theoretischen Fundaments zur Angleichung zwar divergierender, jedoch zugleich relevanter üblicher Argumentationsketten.

➢ Tragen Zusammenschlüsse zum ökonomischen Erfolg, m. a. W. zur Sicherung und Steigerung der Wettbewerbsfähigkeit von Versicherern bei? Ziel ist die empirische Überprüfung des Erfolgs dieser strategischen Option im quantitativ messbaren Sinne bzw. seiner unterschiedlichen Formen Fusion und Bestandsübertragung, aus der heraus in einem bestimmten Umfang Handlungsempfehlungen für Aufsicht und Management abgeleitet werden können.

Die vorliegende Arbeit unterstützt also die in der einschlägigen Literatur erhobene Forderung nach einer integrativen Betrachtungsweise des Unternehmenszusammenschlusses, um die wegen der Abhängigkeit vom jeweiligen Unternehmensmodell bestehende Heterogenität der Erklärungsansätze zu reduzieren und die darauf aufbauenden divergierenden Argumentationsketten einander anzunähern. Sie lehnt jedoch die bisher praktizierte Methode des „Rosinenpickens" ab, die aus der Kombination bestimmter, aus Sicht der jeweiligen Autoren komplementärer Elemente der ökonomischen Teildisziplinen bestand[53], und hebt mit Nachdruck hervor, dass sowohl Ansätze, die auf dem neoklassischen Modell des Unternehmens basieren, als auch Ansätze institutionenökonomischer Fundierung wertvolle Beiträge zum Verständnis des Phänomens Unternehmenszusammenschluss liefern. Kein Ansatz kann für sich allein genommen sämtliche Facetten erklären, geschweige denn dem Management konkrete Handlungsempfehlungen zur Implementierung erfolgversprechender Übernahmestrategien geben. Deshalb präferiert sie – natürlich unter Berücksichtigung der konkreten Fragestellung einer Analyse – die simultane Berücksichtigung einer Anzahl geeigneter („alter" und „neuer") ökonomischer Theorien des Unternehmens zur Erklärung und

---

[53] Vgl. Sautter (1989), S. 76.

1.3 Zielsetzungen der Arbeit

Gestaltung des Sachverhalts, auf die dann mögliche entsprechende Motive und Ziele sowie Effekte von Transaktionen zurückgeführt werden.[54]

Diese Vorgehensweise entspricht auch der aus unserer Sicht essentiellen Auffassung SCHÜLERS, „traditionelle" Theorien des Unternehmens als Basisobjekt seien stets nur unter dem Aspekt des Erkenntnisfortschritts durch „moderne" zu ersetzen.[55]

Dazu bedarf es eines theoretischen Bezugskonzeptes im Sinne eines übergeordneten *Meta-Denkrahmens*, der eben **nicht** auf der Ebene verschiedener ökonomischer Teildisziplinen angesiedelt ist und beliebig einzelne, einleuchtend klingende Argumente dieser Wissenschaftsgebiete kombiniert, sondern davon abstrahierend zur *ökonomischen Erklärung* und *Gestaltung* des betriebswirtschaftlichen Sachverhalts herangezogen werden kann. Da die Betriebswirtschaftslehre – und somit auch ihre Teildisziplinen – den Realwissenschaften zuzuordnen sind, genauer gesagt: den *explikativen, d. h. erklärenden Realtheorien*, welche Aussagen über die Wirklichkeit der Welt machen, indem sie diese erklären und aus der Erklärung heraus Empfehlungen zur Gestaltung der Welt abgeben[56], lassen sich folgerichtig für das Wissenschaftsprogramm einer so genannten „Unternehmenszusammenschlusslehre" grundsätzlich vier Zielsetzungen ableiten, nämlich *Erklärung, Gestaltung, Prognose* und *Kritik*, wobei das theoretische Erkenntnisinteresse dieser Arbeit im Sinne einer Grundlagen schaffenden Arbeit primär auf dem *Erklärungsziel* liegt, das wiederum als Basis für das *Gestaltungsziel* dient.

Eine explikativ ausgerichtete Theorie des Unternehmenszusammenschlusses ist allerdings nicht bemüht, bereits getroffene Entscheidungen ökonomisch zu rekonstruieren

---

[54] Vgl. Sautter (1989), S. 76. Neben dem ökonomisch-rationalen und dem verhaltenstheoretischen Ansatz stuft er hier insbesondere den Principal-Agent-Ansatz und das Transaktionskostenkonzept als relevante Konzeptionen für Unternehmensübernahmen ein, vgl. ähnlich Pausenberger (1993), Sp. 4441 ff., der ferner die Portfoliotheorie berücksichtigt. Plöger/Kruse (2001), S. 42 f., beziehen darüber hinaus die Koalitionstheorie in ihre speziell auf den Finanzdienstleistungssektor ausgerichteten Überlegungen mit ein.

[55] Schüler kritisiert im Kontext der Diskussion um eine geschlossene „Theorie der Unternehmung" vorrangig die weit verbreitete Radikalität des Ablehnens traditioneller betriebswirtschaftlicher Ideen Gutenbergscher Prägung durch zumeist anglo-amerikanisch initiierte mikroökonomische Entwicklungen. Er zeigt deshalb in seinem Beitrag, der einen gelungenen Vergleich der Basiskonzepte wirtschaftswissenschaftlicher Forschung darstellt, Bereiche auf, wo die betriebswirtschaftlichen Annahmen Gutenbergs ihre Gültigkeit behalten und wo sich eine Ergänzung um mikroökonomisch fundierte „Moderne Theorien" anbietet. Vgl. Schüler (1996).

[56] Vgl. Drumm (2000), S. 12 ff.

(dazu müssten für **alle** Entscheidungszeitpunkte die von den Entscheidungsträgern verwendeten Entscheidungsmodelle rekonstruiert werden, m. a. W. es müsste eine vollständige Analyse erfolgen), sondern sie untersucht, ob Unternehmenszusammenschlussentscheidungen retrospektiv (auch) als ökonomisch rational deklariert werden können.[57] Ökonomische *Re*konstruierbarkeit würde außerdem begriffsnotwendig ökonomische *K*onstruiertheit der zu analysierenden Sachverhalte implizieren, so dass zufälliges, unbedachtes und spontanes Handeln der Analyse auf ökonomische Vernünftigkeit per se entzogen würde.[58]

Eine integrative Sichtweise ist hier demzufolge auch nicht gleichzusetzen mit dem Versuch der Entwicklung einer geschlossenen „Theorie der Unternehmensübernahme bzw. des -zusammenschlusses" im idealtypischen Sinne einer den gesamten Gegenstandsbereich umspannenden, empirisch gestützten und Vollständigkeit der Erklärungen gewährleistenden Theorie[59]; dies würde der Komplexität des Phänomens im gegenwärtigen Stadium der Forschung tatsächlich nicht gerecht werden. Vielmehr soll es sich hier um die Erprobung eines so allgemein formulierten Meta-Modells handeln, das unabhängig von der vertretenen Auffassung des jeweiligen Forschers universell einsetzbar ist, m. a. W. seine Operationalisierung stets erst durch die verschiedenen ökonomischen Erklärungs- und Gestaltungsansätze zum Unternehmenszusammenschluss erfährt. Zwar wird auch eine derart normierte Methode zur Erklärung des Problems und Gestaltung von Lösungsansätzen keine homogenen Ergebnisse produzieren, sie trägt aber wesentlich zur Erweiterung des Blickwinkels sowohl der Wissenschaft als auch der Praxis bei.

Als übergeordneter Bezugsrahmen bietet sich unserer Überzeugung nach die ökonomisch ausgerichtete *Tauschtheorie* von COLEMAN an, die – sowohl aus Sicht neoklassischer als auch institutionenökonomischer Argumentation zu Zusammenschlüssen – zur Analyse des ökonomischen Verhaltens in informellen Gruppen ebenso tauglich erscheint wie zur Erklärung und Gestaltung ökonomischen Verhaltens oder institutioneller Strukturen auf Makroebene (zu verstehen als die kollektive Handlungsebene) sowie auf Mikroebene (die der individuellen Handlungsebene entspricht.)

---

[57] Vgl. Spengler (1999), S. 61.
[58] Vgl. dazu detailliert Spengler (1999), S. 60 ff., unter Verweis auf Kossbiel (1997), S. 9.
[59] Vgl. Spengler (1999), S. 38, der diese Kriterien auf die Personalwirtschaftslehre anwendet; sie gelten aber ebenso für eine idealtypische Unternehmenszusammenschlusslehre.

1.3 Zielsetzungen der Arbeit

Dass die Tauschtheorie ein sehr geeignetes Meta-Denkmodell zur Untersuchung des komplexen Phänomens Unternehmenszusammenschlüsse verkörpert, indem sie vorrangig die Heterogenität in der Herangehensweise an die Thematik vermindert und zum besseren Verständnis des Gegenstandes beiträgt, ohne gleichzeitig eine Wertung verschiedener Erklärungsansätze vorzunehmen, soll exemplarisch am Beispiel des Erfolgs von Transaktionen zwischen Versicherungsunternehmen in Verbindung mit dem methodischen Instrumentarium der Jahresabschlussanalyse analysiert werden. Der Blick auf den deutschen Versicherungsmarkt hat gezeigt, dass dort seit der Realisierung des Europäischen Binnenmarktes für Finanzdienstleistungen im Jahre 1994 vermehrt Unternehmenszusammenschlüsse als strategische Option zur Verbesserung der Wettbewerbsposition angewendet werden; ein Ende dieses Trends scheint aufgrund zahlreicher, sich in der Planungsphase befindlicher Projekte, wie man der Wirtschaftspresse entnehmen kann, derzeit nicht in Sicht zu sein. Verlässliche Informationen über den messbaren Erfolg bzw. Misserfolg bereits vollzogener Transaktionen, die eine ex post-Beurteilung dieser Wachstumsstrategie erlauben und daraus mögliche Handlungsempfehlungen für Aufsicht und Praxis ableiten, liegen jedoch nicht vor, da die wenigen auf den deutschen Markt fokussierten Akquisitionserfolgsstudien die gesamtwirtschaftlich bedeutsame Versicherungswirtschaft eben wegen ihrer Branchencharakteristika in Bezug auf Rechnungslegung, Organisation, Finanzierung etc. stets vernachlässigen.[60]

Ob man eine 1:1-Übertragung der Resultate aus anderen Branchen bzw. anglo-amerikanischen Schriften auf deutsche Verhältnisse vertreten kann, ist wegen der divergierenden Rahmenbedingungen der Versicherungswirtschaft fraglich und sollte zumindest mit dem aus der Allgemeinen Betriebswirtschaftslehre zur Verfügung stehenden Instrumentarium empirisch überprüft werden. Neben dem erhofften theoretischen Erkenntnisgewinn durch Erprobung der Tauschtheorie möchte die vorliegende Arbeit also mit der empirischen Jahresabschlussanalyse zum Zusammenschlusserfolg von Versicherern eine weitere bedeutende Forschungslücke in der Akquisitionsliteratur schließen.

---

[60] Auch Kreditinstitute finden bei eigentlich branchenübergreifend konzipierten Studien i. d. R. keine Berücksichtigung, so dass oft eine separate Betrachtung dieser Unternehmen erfolgt. Haun (1996), S. 61-88, gibt eine umfassende Übersicht über Anzahl, Methoden und Ergebnisse zu Studien speziell über den Zusammenschlusserfolg von Banken.

1.4 Aufbau der Arbeit

Der Gegenstandsbereich der Arbeit wird entscheidend vom Verständnis des Begriffs der Unternehmenstransaktion determiniert. Während in der einführenden Problemskizze noch auf eine präzise Definition des Untersuchungsgegenstandes verzichtet werden konnte (die Termini Übernahme, Akquisition, Transaktion, Fusion usw. wurden synonym verwendet und zeugen von der enormen Bandbreite des Begriffs), arbeitet das zweite Kapitel detailliert heraus, welcher Akquisitionsbegriff zweckmäßigerweise der eigenen Studie zugrunde liegt bzw. welche Realphänomene hier unter dem Terminus Unternehmenszusammenschluss subsumiert und später im empirischen Teil explizit untersucht werden sollen. In Anlehnung an die zu beobachtende (überwiegend deduktiv geprägte) Entwicklung in der Versicherungsbetriebslehre geschieht eine Abgrenzung von der Allgemeinen Betriebswirtschaftslehre lediglich dort, wo Unterschiede festzustellen sind und eine vollständige Adaption aufgrund der Besonderheiten der Branche nicht sinnvoll erscheint; dies gilt im Übrigen auch für die weiteren Überlegungen theoretischer und empirischer Natur in den nachfolgenden Kapiteln.

Das dritte Kapitel beschäftigt sich ausführlich mit den zahlreichen Theorien/Hypothesen, die – üblicherweise aufbauend auf den verschiedenen theoretischen Modellen des Unternehmens selbst – zur Erklärung von Unternehmenszusammenschlüssen in der wirtschaftswissenschaftlichen Literatur herangezogen werden, m. a. W. welche Motive/Ziele (Versicherungs-)Unternehmen, genauer gesagt deren handlungsbefugte Akteure, die i. d. R. die Manager verkörpern, mit derartigen externen Wachstumsstrategien verfolgen und welche Wirkungen jeweils für die verschiedenen Anspruchsgruppen im Unternehmen damit verknüpft sein können. Es bildet quasi den theoretischen Ausgangspunkt zur Bewertung der Zielerreichung bei den empirisch untersuchten Zusammenschlüssen von Versicherern.

Daran schließt sich im vierten Kapitel eine zunächst allgemein gehaltene, umfassende Beschreibung des Konzeptes der handlungsorientierten Tauschtheorie von COLEMAN in seiner Grundstruktur und einigen – unter ökonomischen Gesichtspunkten ausgewählten – spezifischen Modellerweiterungen an, bevor darauf aufbauend versucht wird, diese Überlegungen unter den jeweiligen Blickwinkeln der einzelnen „Theorien der Unternehmung" konkret auf das Erkenntnisobjekt Unternehmenszusammenschluss bei Versicherern als übergeordneten Denkrahmen anzuwenden und somit ein innovatives theoretisches Fundament zur Stärkung der bislang existierenden ökonomischen

1.4 Aufbau der Arbeit

Argumentationsketten zu entwickeln, das den Erfordernissen der Allgemeinen Betriebswirtschaftslehre sowie Spezieller Betriebswirtschaftslehren entspricht. Gegenstand des fünften Kapitels ist die vergleichende Darstellung von im Schrifttum diskutierten, geeigneten empirischen Ansätzen zur Messung des Akquisitionserfolgs unter Einbeziehung des tauschtheoretischen Gedankengutes, an dessen Ende die theoretisch und praktisch begründete Entscheidung für eine bestimmte Methode zur Ermittlung speziell des Transaktionserfolgs bei Versicherern, nämlich für die der Jahresabschlussanalyse in der vorliegenden Arbeit, steht.

Vor dem Hintergrund der Kapitel zwei bis fünf, in denen die für die empirische Analyse notwendigen systematischen, theoretischen und methodischen Grundlagen erarbeitet wurden, erfolgt im sechsten Kapitel die Durchführung der empirischen Untersuchung des ökonomischen Erfolgs von Fusionen und Bestandsübertragungen bei auf dem deutschen Markt tätigen Versicherungsunternehmen. Da – unter Beachtung des im zweiten Kapitel entwickelten Begriffsverständnisses – sämtliche Fusionen und Bestandsübertragungen der 90er Jahre, die den Großteil der Übernahmeaktivitäten dieses Zeitraums abdecken, Eingang in die selektierte Stichprobe gefunden haben, sind auf Basis der Studie erstmals in einem bestimmten Umfang generelle Aussagen darüber möglich, ob Akquisitionen (konkret deren spezielle Ausprägungen Fusion und Bestandsübertragung) prinzipiell die Wettbewerbsposition von Versicherungsunternehmen auf dem deutschen Markt zu verbessern helfen.

Das den Abschluss der vorliegenden Arbeit bildende siebte Kapitel fasst die Ergebnisse kurz zusammen und weist auf mögliche Ansatzpunkte für weitere theoretisch und/oder empirisch orientierte Untersuchungen zum ökonomischen Phänomen des Unternehmenszusammenschlusses hin.

2. Grundlagen zur Beschreibung von Unternehmenszusammenschlüssen

2.1 Definitorische Basis

2.1.1 Ausgangssituation im Schrifttum

Unternehmerische Zusammenarbeit vollzieht sich in der Praxis in zahlreichen, sehr differenzierten Formen, diese außerordentliche Vielfalt spiegelt sich auch in der einschlägigen Literatur wider. So finden sich im deutschsprachigen Schrifttum beispielsweise nebeneinander die Begriffe Unternehmenszusammenschluss, Kauf oder Akquisition, Übernahme, Kartell, Konzernbildung, Verschmelzung bzw. Fusion, Kooperation, neuerdings ebenso Joint Venture und Strategische Allianz, um nur einige zu nennen.[61] Anglo-amerikanische Publikationen dagegen sprechen u. a. von Mergers & Acquisitions, Tender Offer oder Takeover, Consolidation, Deal, Management Buyout oder Leveraged Buyout.[62] Problematisch angesichts dieser Fülle von Begriffen sind verschiedene Sachverhalte:

➢ Es existiert keine Transparenz dahingehend, welche Abgrenzungen mit einem gewählten Begriff im Detail verknüpft sind, d. h. die Zweckmäßigkeit von Begriffen für das jeweilige Anliegen der entsprechenden Publikationen wird von den Verfassern nicht ausreichend diskutiert, so dass dem Leser – vor allem bei empirischen Analysen – oft nicht plausibel erscheint, warum gerade diese Form des Zusammenschlusses und nicht jene für den betreffenden Untersuchungszweck gewählt wurde.[63]

➢ Man greift mit identischen Termini auf nicht kongruente Kategorien von Realphänomenen zu, m. a. W. es herrscht in der Literatur eine große Heterogenität

---

[61] Vollständige Übersichten über die zahlreichen Formen unternehmerischer Zusammenarbeit finden sich z. B. bei Schubert/Küting (1981), S. 10 f. und Bamberger (1994), S. 6.

[62] Vgl. ähnliche Aufzählungen bei Bamberger (1994), S. 3 f., Gerpott (1993a), S. 18, oder Eckhardt (1999), S. 20.

[63] So lässt beispielsweise Reineke (1989) in seiner Arbeit über „ ... Möglichkeiten und Grenzen der Akkulturationsbeeinflussung" grenzüberschreitende Zusammenschlüsse ohne Angabe von Gründen außer Acht, die sich aus theoretischer Perspektive zur Analyse dieses Problems besonders angeboten hätten.

bezüglich der Vorstellungen, was unter den einzelnen Begriffen konkret zu verstehen ist, was die Vergleichbarkeit der Studien unnötig erschwert.[64]

➤ Viele Autoren verzichten in ihren Arbeiten mittlerweile gänzlich auf eine explizite Gegenstandsbestimmung, sondern verwenden verschiedene Begriffe synonym, eine Vorgehensweise, die angesichts der bestehenden unklaren Begriffssituation als besonders schwer nachvollziehbar zu bewerten ist.[65]

Resultierend aus diesen drei zentralen Problembereichen in der Literatur ergibt sich für die vorliegende Arbeit in diesem Kapitel erstens aufgrund der vielen definitorischen Widersprüche und Unklarheiten die Konsequenz, den Begriff des Unternehmenszusammenschlusses samt seiner später empirisch zu analysierenden Facetten in der Versicherungswirtschaft detailliert zu erläutern und eine eindeutige Typologie zu entwickeln. Zweitens soll zur Vermeidung mangelnder Transparenz geschildert werden, warum bestimmte Realphänomene (nämlich *Fusion* und *Bestandsübertragung*) für das Anliegen der vorliegenden Arbeit zweckmäßig erscheinen. Drittens wird zur Verständnisverbesserung der Begriff selbst nicht nur explizit definiert, sondern in Beziehung zu anderen thematisch verwandten wichtigen Begriffen der wirtschaftswissenschaftlichen Terminologie wie *Unternehmenswachstum* und *Unternehmenskonzentration* gesetzt, die den Sachverhalt einerseits aus einem anderen Blickwinkel diskutieren (Stichwort Unternehmenswachstum), andererseits um weitere Sachverhalte ergänzen (Stichwort Unternehmenskonzentration).

2.1.2 Wichtige Begriffsdefinitionen und -erläuterungen

Eine umfassende Recherche in der einschlägigen deutschsprachigen Literatur ergibt, dass trotz der dort anzutreffenden Heterogenität der Begriffsverwendung der Terminus *Unternehmenszusammenschluss* bei der Mehrheit der Veröffentlichungen als Oberbe-

---

[64] Petri (1992), S. 8, versteht z. B. unter Akquisitionen sämtliche Formen des Erwerbs bzw. Teilerwerbs von Vermögensanteilen an anderen Unternehmen, mit denen sowohl die Intention, unternehmerischen Einfluss auszuüben, als auch die Absicht der Durchführung einer rein investiven Maßnahme verbunden sein kann. Viele andere Autoren sprechen hingegen nur dann von Akquisitionen, wenn danach ein maßgeblicher Einfluss auf die Unternehmenspolitik des erworbenen Objekts unterstellt wird, siehe u. a. Bamberger (1994), S. 5.

[65] Exemplarisch sei hier Müller-Stewens (1991), S. 158-170, angeführt, in dessen Publikation man parallel die Begriffe Akquisition, Übernahme sowie Mergers & Acquisitions findet, ohne dass der Autor die Begriffe jeweils explizit erläutert und voneinander abgrenzt.

2.1 Definitorische Basis

griff dient, d. h. alle anderen Begriffe, die Unternehmenszusammenschlüsse im weitesten Sinne umschreiben, mit Ausnahme der Akquisition hierarchisch darunter anzusiedeln sind.[66] Ein Zusammenschluss entsteht durch die Verbindung von rechtlich und wirtschaftlich selbstständigen Unternehmen zur Verfolgung einer (gemeinsamen) wirtschaftlichen Zielsetzung. Diese Verbindung führt zu einer Einschränkung der wirtschaftlichen Dispositionsfreiheit – in Abhängigkeit von der Form des Zusammenschlusses – bis hin zum völligen Verzicht auf die wirtschaftliche und rechtliche Selbstständigkeit mindestens eines der beteiligten Unternehmen.[67] Der Zusammenschluss repräsentiert weiterhin sowohl einen *dynamischen Prozess* – ein Unternehmen geht mit einem anderen eine Verbindung ein oder verstärkt diese mit der Konsequenz der Einschränkung bzw. Beseitigung wirtschaftlicher Autonomie mindestens eines Partners – als auch einen *statischen Zustand* – eine Mehrheit von Unternehmen ist durch ein Beziehungsgeflecht so miteinander verknüpft, dass wenigstens in Partialbereichen ein gemeinsames Handeln erreicht wird.[68]

Das in der vorliegenden Studie explizit zu analysierende Realphänomen *Fusion* stellt eine branchenübergreifend anzutreffende Form des Unternehmenszusammenschlusses dar; zusätzlich wird die *Bestandsübertragung* unter dem Oberbegriff subsumiert. Dabei handelt es sich um eine spezifische Form des Zusammenschlusses, die ausschließlich in der Versicherungswirtschaft anzutreffen ist. *Kooperation* und *Konzernbildung* als weitere Typen spielen insofern bei den Betrachtungen eine Rolle, als Fusionen und Bestandsübertragungen einerseits manchmal die Fortsetzung von bereits bestehenden Kooperationen bilden und andererseits vielfach innerhalb eines Konzerns (zwischen Tochtergesellschaften) stattfinden bzw. zur Konzernbildung und -umstrukturierung herangezogen werden. Es reicht für die Zwecke der Untersuchung jedoch aus, beide zuletzt genannten Formen in den Kontext der definitorischen Grundlagen einzuordnen,

---

[66] Siehe dazu Koberstein (1955), S. 18 ff., Ziegler (1966), S. 15 ff., Weber (1972), S. 12, Gimpel-Iske (1973), S. 7 f., Schubert/Küting (1981), S. 4 f., Möller (1983), S. 13, Pausenberger (1989a), S. 622, oder Bamberger (1994), S. 6. Schubert/Küting nehmen eine weitere Differenzierung in *Unternehmungs-* und *Unternehmens*zusammenschlüsse vor, bei der sie letztere als Unterfälle der ersten interpretieren, wenn bereits wirtschaftliche Abhängigkeiten zwischen rechtlich selbstständigen Unternehmungseinheiten, z. B. Konzerntochtergesellschaften, existierten. Vgl. Schubert/Küting (1981), S. 5 f. Ihr Gliederungsvorschlag wird jedoch von den meisten anderen Autoren nicht übernommen, so dass er auch in dieser Arbeit vernachlässigt wird.

[67] Vgl. Paprottka (1996), S. 5.

[68] Vgl. Pausenberger (1989a), S. 621.

ohne sie jeweils ausführlich zu diskutieren, da sie nicht den Gegenstand der späteren empirischen Studie zum Zusammenschlusserfolg bilden.

Der Terminus *Kooperation* besitzt bis heute in der Literatur aufgrund seiner Beziehungen zu verschiedenen Wissenschaftsdisziplinen und der Vermischung mit angloamerikanischen Begriffen (u. a. Strategic Alliance, Global Strategic Partnership oder Joint Venture) stark divergierende Bedeutungsinhalte; ein Konsens besteht insoweit, als dass die Kooperation – wie oben bereits angedeutet – als lose, meist kurzfristig ausgerichtete Form des Unternehmenszusammenschlusses interpretiert wird, die den Charakter der Freiwilligkeit zur Koordination bestimmter betriebswirtschaftlicher Funktionen bei den beteiligten Partnern mit dem Ziel der Verbesserung ihrer Wettbewerbsfähigkeit trägt.[69] In Bezug auf das Begriffsverständnis des *Konzerns* liegt wegen der unterschiedlichen Gewichtung einzelner Begriffsmerkmale ein breites Meinungsspektrum vor, zwei konstituierende Kriterien sind allerdings unumstritten: zum einen die rechtliche Selbstständigkeit der im Konzernverbund zusammengeschlossenen Gesellschaften, zum anderen deren einheitliche Leitung durch ein herrschendes Unternehmen, weshalb einige Verfasser versuchen, diese dem Konzerngebilde anhaftende inhärente Polarität von „wirtschaftlicher Einheit" und „rechtlicher Vielheit" mit dem Begriff des „Mehr-Firmen-Unternehmens" im Gegensatz zum „Ein-Firmen-Unternehmen" zu illustrieren.[70]

Zusammenschlüsse werden sehr häufig durch Kapitalverflechtungen begründet, d. h. sie erfolgen anhand eines *Kaufs* bzw. einer *Akquisition* von Unternehmen (Akquisitionsobjekt oder Zielobjekt bzw. -unternehmen genannt) durch andere Unternehmen (man bezeichnet diese als Käufer, Erwerber bzw. akquirierendes Unternehmen).[71] Die

---

[69] Ausführlich mit der Kooperation als hybrider Organisationsform beschäftigen sich z. B. Picot et al. (1999), S. 54 ff.; der Begriff selbst wird früh bei Bidlingmaier (1967), S. 358, und Knoblich (1969), S. 501, umfassend diskutiert. Zur Kooperation in der Versicherungswirtschaft siehe allgemein Farny (2000a), S. 269 f., neuere Entwicklungen wie z. B. virtuelle Versicherer stellen Koch/Köhne (2000) vor.

[70] Eine umfassende Auseinandersetzung mit dem Konzern aus betriebswirtschaftlicher Sicht nimmt Theisen (2000) in seinem Standardwerk vor, mit ökonomischen Argumenten nähern sich Ordelheide (1986) und Schenk (1997) dem Phänomen. Der Versicherungskonzern wird erschöpfend bei Farny (2000a), S. 237-268, beschrieben.

[71] Unter juristischem Blickwinkel betrachtet müsste nochmals zwischen Kauf und Akquisition differenziert werden, da zwischen beiden Varianten wesentliche Unterschiede existieren, welche die späteren Gewährleistungspflichten des Verkäufers betreffen. Vgl. dazu u. a. Hommelhoff (1982), S. 366 ff.

2.1 Definitorische Basis

Einschränkung „sehr häufig" soll an dieser Stelle verdeutlichen, dass z. B. sowohl Kooperation als auch Konzernbildung als Zusammenschlüsse im weitesten Sinne auch aufgrund personeller Verbindungen und/oder vertraglicher Vereinbarungen realisiert werden können und der Begriff Akquisition zumindest bei der Variante „Fusion durch Neugründung eines Unternehmens" problematisch erscheint.[72]

Der Begriff der Akquisition selbst hat erst Ende der 80er Jahre – angeregt durch angloamerikanische Publikationen, die in Bezug auf Zusammenschlussaktivitäten häufig von „Acquisitions" sprechen – Eingang in die deutschsprachige, betriebswirtschaftliche Literatur über Zusammenschlüsse gefunden, wo die Terminologie lange Zeit primär durch juristische Betrachtungsweisen geprägt war, die auf Formulierungen in den einschlägigen nationalen Gesetzen, vorrangig dem Aktiengesetz (AktG), zurückgriff.[73] Akquisition hingegen ist ein Terminus, der von der rechtlichen Ausgestaltung eines Zusammenschlusses abstrahiert, also per se keine Form des Zusammenschlusses im eigentlichen Sinne darstellt, sondern als universelles Instrument zu seiner Durchführung gilt.

Ein Unternehmenszusammenschluss mittels Akquisition lässt sich anhand einer gesellschaftsrechtlichen Lösung (Share Deal), bei der Unternehmensanteile erworben werden, oder über den Erwerb von Vermögensgegenständen, d. h. einer vermögensrechtlichen Lösung (Asset Deal), realisieren, mit denen jeweils ein hinreichender Einfluss auf das akquirierte Unternehmen verbunden ist.[74]

Den reinsten Typus einer Akquisition verkörpert der 100 %ige Erwerb der Anteile bzw. Vermögensgegenstände (dann ist sie identisch mit einer Übernahme), aber auch der Kauf geringerer Anteile/Vermögensgegenstände, mit denen das Beherrschungsverhältnis seine volle Gültigkeit behält, einschließlich des Teilerwerbs geschlossener Teilbereiche (z. B. der Absatzorganisation), stellt eine Akquisition dar. Zwar existiert im Schrifttum keine allgemein anerkannte, prozentual fixierte Beteiligungsuntergrenze, i. d. R. wird jedoch unterhalb einer Grenze von 50 % der Anteile (diese entspricht einer Minderheitsbeteiligung im Gegensatz zur darüber liegenden Mehrheitsbeteili-

---

[72] Siehe die Diskussion über die Einordnung der Akquisition in die Kategorie Unternehmenszusammenschlüsse bei Kirchner (1991), S. 30 f., Zoern (1994), S. 3 f, und ausführlich bei Gerpott (1993a), S. 22-36.
[73] Vgl. Sautter (1989), S. 6 f.
[74] Vgl. Sieben/Sielaff (1989), S. 1 f.

gung) nicht mehr von Akquisition, sondern lediglich von Beteiligungserwerb gesprochen.[75] Man ist der Auffassung, dass der Anteilsschwellenwert von 50 % einen objektiv relativ leicht identifizierbaren, quantitativen Indikator verkörpert, ob und inwieweit das Akquisitionsobjekt seine wirtschaftliche Unabhängigkeit verliert und zukünftig unter der Kontrolle des Erwerbers steht. Prinzipiell kann sicher nur im Einzelfall unter Berücksichtigung bestimmter Bedingungen wie u. a. der Streuung der Kapitalanteile auf verschiedene Eigentümer entschieden werden, welche Beteiligungshöhe konkret eine Einflussnahme auf die Unternehmensführung des erworbenen Objekts gestattet.[76]

Eine Ausrichtung der vorliegenden Arbeit auf Akquisitionen über Kapitalverflechtungen, wie sie in branchenübergreifenden empirischen Arbeiten zu dieser Thematik oft zu Recht geschieht (Zusammenschlüsse werden in der Praxis vornehmlich mit Hilfe von Akquisitionen, d. h. Mehrheitsbeteiligungen, getätigt[77]), ist einerseits wegen der spezifischen Unternehmensstrukturen auf dem deutschen Versicherungsmarkt nicht möglich. An Versicherungsvereinen (VVaG) und Öffentlich-rechtlichen Anstalten (ÖRA) können grundsätzlich keine Kapitalanteile erworben werden; unternehmerische Zusammenarbeit insbesondere auf dem Wege der Konzernbildung ist bei diesen Rechtsformen nur über Verträge und personelle Verflechtungen möglich, die entsprechend separat erfasst werden müssten.[78] Andererseits ist zwar in den 90er Jahren – gerade bei der Versicherungskonzernbildung und -umstrukturierung – anhand der Geschäftsberichte eine stetig wachsende Anzahl von Akquisitionen zu beobachten gewesen, gleichzeitig ist allerdings zu konstatieren, dass die überwiegende Mehrheit der entweder von Einzel- oder Konzernunternehmen erworbenen Versicherer, die zunächst als rein wirtschaftlich abhängige Glieder weiterhin rechtlich selbstständig am Markt

---

[75] Siehe exemplarisch für diese Meinung Weber (1972), S. 16, Möller (1983), S. 32, Lubatkin/ Shrieves (1986), S. 503, Kirchner (1991), S. 31 f., Gerpott (1993a), S. 28. Anders argumentieren Eckhardt (1999), S. 20, der auch bei einem unter der 50 %-Grenze liegenden Anteilserwerb noch von Akquisition spricht, und Sieben/Sielaff (1989), S. 15, die im Gegensatz dazu sogar eine 75 %ige Beteiligungshöhe als notwendige Voraussetzung für eine beherrschende Einflussnahme auf die Geschäftspolitik des übernommenen Objekts ansehen.

[76] Siehe dazu ausführlich Eckhardt (1999), S. 27 f., der auf der Basis des AktG sechs Gruppen von Beteiligungshöhen definiert und diese jeweils detailliert anhand ihrer Kontrollmöglichkeiten diskutiert.

[77] Von 1.429 dem Bundeskartellamt im Jahre 2000 angezeigten und vollzogenen Zusammenschlüssen sind 641 auf der Basis von Mehrheitsbeteiligungen zustande gekommen (zum Vergleich: Die restlichen 788 Transaktionen verteilen sich auf elf weitere Zusammenschlusstatbestände, darunter vertragliche Bindung und Personenidentität). Vgl. Bundeskartellamt (2001), Tab. 7, S. 220.

[78] Vgl. Farny (2000a), S. 207 ff.

2.1 Definitorische Basis

agierten bzw. in den Konzernverbund integriert waren, innerhalb weniger Jahre mit dem Einzelkäufer/Konzernunternehmen fusioniert wurden oder ihren Versicherungsbestand auf diese(n) übertrugen und danach gänzlich vom Markt verschwanden.[79] Akquisitionen und auch Kooperationen, im Rahmen derer die Zielobjekte rechtlich und/oder wirtschaftlich selbstständig bleiben, nehmen in der Assekuranz aufgrund dessen anscheinend eine *Transmitterfunktion* ein, indem diese Arten des Zusammenschlusses lediglich den Beginn einer mittelfristig angestrebten bindungsintensiveren Zusammenarbeit verkörpern, die ihren Abschluss in Fusionen oder Bestandsübertragungen findet, so dass sich auch aus inhaltlichen Gründen eine Fokussierung quasi auf dessen „Endtatbestände", nämlich auf Fusionen und Bestandsübertragungen, anbietet.[80]

Mit Blick auf das anglo-amerikanische Schrifttum soll an dieser Stelle noch kurz auf die dort verwendeten Begriffe eingegangen werden. Wie schon angedeutet, besitzen dort und inzwischen auch in deutschsprachigen Publikationen die Einzelbegriffe Merger und Acquisition sowie deren Kombination M(ergers) & A(cquisitions) eine weite Verbreitung, ohne dass jedoch bis heute eine Angleichung in der Interpretation dieser Begriffe stattgefunden hätte.[81] Größtenteils versteht man allerdings unter einem *Merger* eine Fusion, d. h. die Verschmelzung von Unternehmen, bei welcher der Käufer zunächst mit dem Management des Zielunternehmens verhandelt und dessen Zustim-

---

[79] Beispielsweise erwarb die AXA Colonia Konzern AG (heute nur AXA Konzern AG) im Mai 1999 die Mehrheit an der Albingia Versicherungs-AG und der Albingia Lebensversicherungs-AG, welche dann zum 01.01.2000 auf die AXA Colonia Versicherung AG und AXA Colonia Lebensversicherung AG verschmolzen wurden. Vgl. GB AXA Colonia Konzern AG 2000 (2001), S. 13. In der Praxis lassen sich zahlreiche entsprechende Beispiele finden, viele der Zusammenschlüsse, die Eingang in die Stichprobe der vorliegenden Arbeit gefunden haben, zeichnen sich ebenfalls durch diese Vorgehensweise aus (z. B. kaufte die CENTRAL Krankenversicherung zunächst 1996 die SAVAG Krankenversicherung und verschmolz dann 1997 mit ihr).

[80] So wird jedenfalls in Bezug auf Kooperationen von ÖRA Prokop in o. V. (1998), S. 429, zitiert: „Kooperationen ... , die zunächst zwei oder drei Unternehmen beginnen, und an denen sich später weitere beteiligen, sind für uns ein Schritt in die richtige Richtung ... zu einem stärkeren Miteinander."

[81] Vgl. z. B. Ansoff/Weston (1963), S. 56, Ansoff et al. (1971), S. 4, Halpern (1983), S. 297. Eine andere Auffassung vertritt Jansen (2000), S. 37 f., für den M & A in den USA hinreichend genau definiert ist. Er verweist auf Copeland/Weston (1988), S. 676 ff., die eine Differenzierung von M & A-Aktivitäten in vier große Teilbereiche (Expansion, Sell-Offs, Corporate Control, Changes in Ownership Structure) vornehmen und seiner Meinung nach so einen breiten Einblick in die Bereiche des M & A liefern. Probleme sieht jedoch auch er bei der unkritischen Übertragung der Sachverhalte in die deutschsprachige Literatur ohne Berücksichtigung der divergierenden Rechtsgrundlagen beider Länder.

mung zur Verbindung erreicht. Danach werden die Aktionäre des Zielunternehmens und des Käufers um Zustimmung für den Zusammenschluss gebeten. Bei so genannten *Tender Offers* umgeht der Interessent das Management des Zielobjekts und richtet sich mit einem Angebot direkt an die Aktionäre des betreffenden Unternehmens. Individuell entscheiden die Eigentümer dann, ob sie innerhalb der Angebotsfrist ihre Aktien zu einem fixierten Preis an den Interessenten verkaufen.[82] Ist das betroffene Management mit dem Zusammenschluss nicht einverstanden und interveniert dagegen, z. B. durch Verteidigungsmaßnahmen oder der Empfehlung an die Aktionäre, das Angebot nicht anzunehmen, spricht man von einem *Unfriendly/Hostile Tender Offer* oder auch *Takeover*.[83] In Deutschland sind feindliche Übernahmen bislang aufgrund restriktiver gesetzlicher Bestimmungen, der besonderen Rechtsformen- und Eigentumsstruktur sowie des Entwicklungsstandes des Kapitalmarktes und der Geschäftsmentalität deutscher Manager sehr selten anzutreffen gewesen.[84] Daher erregte die zu Beginn des Jahres 2000 durchgeführte feindliche Übernahme der Mannesmann AG durch den britischen Mobilfunkkonzern Vodafone Airtouch mit einem Transaktionsvolumen von rund 198 Mrd. € nach monatelangen vergeblichen Abwehrversuchen seitens des Mannesmann-Managements erhebliches Aufsehen in der deutschen Öffentlichkeit und veranlasste die Bundesregierung zur Entwicklung eines neuen Regelwerks für Unternehmensübernahmen.[85]

Unter *Acquisition* ist im Gegensatz zum Merger oder Tender offer/Takeover ein umfassenderer Begriff wie derjenige der Akquisition zu verstehen; ebenso verhält es sich mit der Kombination M & A, die mittlerweile als „ ... Sammelbegriff für alle mit Fusionen, Akquisitionen, Beteiligungen und ganzen oder teilweisen Unternehmensverkäufen (Divestments) zusammenhängenden Aktivitäten der Unternehmen und ihrer Berater ... "[86] dient, also in etwa vergleichbar mit dem deutschen Unternehmenszusammenschluss den Oberbegriff der Kategorie Unternehmensverbindungen darstellt. Insgesamt gesehen herrscht also auch in der anglo-amerikanischen Literatur eine große Begriffsheterogenität in Bezug auf Unternehmenszusammenschlüsse, so dass zu Zwecken ei-

---

[82] Vgl. Jensen/Ruback (1983), S. 6 f.

[83] Vgl. Preuschl (1997), S. 19 f.

[84] Einen aktuellen Abriss über feindliche Übernahmen und -versuche liefert Jansen (2000), S. 53.

[85] Vgl. o. V. (2000), S. 18. Mit Hilfe der Akquisition entwickelte sich Vodafone Airtouch zum damaligen Zeitpunkt zum weltweit größten Mobilfunkanbieter.

[86] Zwahlen (1994), S. 25. Ähnlich bei Huemer (1991), S. 6, Nolte (1991), S. 819, und Hagemann (1996), S. 54.

2.1 Definitorische Basis

ner fundierten Begriffsreflexion und eines möglichst transparenten Begriffsverständnisses auf eine unkritische Adaption sämtlicher Begriffe verzichtet werden sollte. Die vorliegende Studie verwendet daher allgemein den Terminus des *Unternehmenszusammenschlusses* als Oberbegriff (die analoge Nutzung der Kombination M & A ist inhaltlich vertretbar), wenn es im Sinne der instrumentalen Durchführung ist, den Begriff der Akquisition und bezogen auf die später empirisch zu untersuchenden Realphänomene die im weiteren Verlauf näher erläuterten Begriffe Fusion und Bestandsübertragung. Beim Verweis auf anglo-amerikanische Quellen greift sie auf M & A als Oberbegriff oder Einzelbegriffe wie z. B. Merger oder Friendly/Unfriendly Takeover zurück.

2.2 Systematisierung von Unternehmenszusammenschlüssen

2.2.1 Vorbemerkungen

Der Oberbegriff Unternehmenszusammenschluss bildet den Ausgangspunkt für zahlreiche Systematisierungsansätze, die sich wiederum erheblich anhand der jeweils verwendeten Kriterien unterscheiden. Ein Konzept, das in der Literatur auf breite Akzeptanz gestoßen ist und deshalb in der nachfolgenden Tab. 2.1 veranschaulicht wird, entwickelte PAUSENBERGER. Für die betriebswirtschaftliche Analyse haben zwei Systematisierungskriterien herausragende Bedeutung erlangt: die *Bindungsrichtung* und die *Bindungsintensität*.[87]

---

[87] Vgl. exemplarisch Picot et al. (1999), S. 126, die diese beiden Kriterien als die wichtigsten bezeichnen.

Tab. 2.1: Systematisierung von Unternehmenszusammenschlüssen[88]

Kriterium	Ausprägungen
Freiheitsgrad der Entscheidung	• freiwillig • erzwungen
Dauer	• befristet • unbefristet
Bindungsrichtung	• **horizontal** • **vertikal** • **lateral**
Reichweite	• teilfunktionsbezogen • funktionsbezogen • unternehmensweit
Bindungsinstrumente	• Vertrag • personelle Verflechtung • Kapitalbeteiligung
Bindungsintensität	• **eingeschränkte Selbstständigkeit** • **beseitigte Selbstständigkeit**
Institutionalisierung	• ohne eigenen Geschäftsbetrieb • mit eigenem Geschäftsbetrieb
Verhältnis der Partner	• gleichgeordnet • untergeordnet
Wettbewerbswirkung	• förderlich • neutral • beschränkend

2.2.2 Systematisierung nach der Bindungsrichtung

Bei der Betrachtung der *Bindungsrichtung* unterscheidet man zwischen der vertikalen, der horizontalen und der lateralen, in jüngster Zeit meist abweichend konglomerat[89] genannten Richtung. In der anglo-amerikanischen Literatur werden die ersten beiden Bindungsrichtungen oft unter dem Attribut „related" subsumiert, während die letztere als „unrelated" bezeichnet wird; diese vereinfachende Klassifikation deutet an, dass bei den ersten beiden Kategorien schon vor dem Zusammenschluss gewisse Überein-

---

[88] Vgl. Pausenberger (1993), Sp. 4438.

[89] Vgl. Gaughan (1996), S. 7 f. Es existieren weitere Attribute wie anorganisch, diagonal oder heterogen als Synonyme bzw. verwandte Begriffe für konglomerate Zusammenschlüsse, die jedoch teils andere Inhalte abdecken (bei heterogenen Zusammenschlüssen würde z. B. noch eine geringe Verwandtschaft hinsichtlich der Produktionstechnik oder der absatzmäßigen Verwertung auftreten) und wegen der Abgrenzungsproblematik kaum Verbreitung gefunden haben.

2.2 Systematisierung von Unternehmenszusammenschlüssen

stimmungen, z. B. bezogen auf die Produkte, zwischen den Unternehmen bestanden, beim konglomeraten Zusammenschluss hingegen keine.[90]

Ein *vertikaler Zusammenschluss* liegt vor, wenn sich Unternehmen aufeinanderfolgender Produktions- oder Handelsstufen verbinden, dementsprechend eine Erhöhung der Fertigungs- bzw. Leistungstiefe der beteiligten Unternehmen erfolgt. Im Falle der so genannten Backward Integration (Rückwärtsintegration) wird eine Vorstufe, d. h. ein Zulieferer angegliedert (Automobilhersteller kauft Scheinwerferunternehmen), im Falle der Forward Integration (Vorwärtsintegration) mit Eingliederung einer Nachstufe stößt man weiter zum Endverbraucher vor.[91]

Das Bundeskartellamt nennt hier als Beispiel für letzteres gern den Erwerb eines Getränkegroßhandels durch eine Brauerei. Bezogen auf die Versicherungswirtschaft kann ein vertikaler Zusammenschluss als Verbindung eines Erstversicherers mit einem Rückversicherer, der den zur Produktion des Versicherungsschutzes notwendigen Rückversicherungsschutz liefert (Rückwärtsintegration), oder eines Erstversicherers mit einer Maklergesellschaft zur Ausdehnung der Absatzmöglichkeiten (Vorwärtsintegration) im Rahmen von Konzernen oder Kooperationen gestaltet sein.[92]

Unter einem *horizontalen Zusammenschluss* im engsten Sinne versteht man allgemein die Verbindung von Unternehmen, die gleiche oder ähnliche Produkte herstellen und in ein und demselben Marktsegment agieren; die Fertigungstiefe bleibt dem gemäß konstant.[93] Ist auch die Fertigungsbreite, d. h. das Produktionsprogramm unverändert, dann ist ein solcher Zusammenschluss gleichzeitig konzentrierend (konzentrisch), da sich Unternehmen verbinden, die dieselben Käufergruppen ansprechen und von daher als direkte Konkurrenten zu bezeichnen sind. Erweitert sich das Produktionsprogramm dahingehend, dass zukünftig bisherige Produkte mit hinzukommenden verwandten Produkten auf zumindest verwandten Märkten vertrieben werden, handelt es sich um

---

[90] Vgl. Walsh (1988), S. 174 f.

[91] Vgl. Korndörfer (1993), S. 6. Zur Beurteilung des vertikalen Zusammenschlusses unter strategischen Aspekten siehe Porter (1989), S. 375 ff., oder Sautter (1989), S. 8-13.

[92] Beck (1997), S. 37, interpretiert hier Vorwärts- und Rückwärtsintegration abweichend von der herrschenden Literaturmeinung, indem sie die Unterscheidung von der Initiierung des Zusammenschlusses abhängig macht: Bei der Forward Integration ist es also der Erstversicherer, der diesen forciert, bei der Backward Integration geht der Zusammenschluss vom Rückversicherer aus.

[93] Vgl. Pausenberger (1993), Sp. 4438.

einen diversifizierenden horizontalen Zusammenschluss.[94] Das Bundeskartellamt verwendet für seine Statistiken sprachlich abweichend die Unterfälle „horizontaler Zusammenschluss mit und ohne Produktausweitung".

Horizontale Zusammenschlüsse ohne Produktausweitung machen weltweit den weitaus größten Teil aller Zusammenschlüsse aus, im Rahmen der in den 90er Jahren angesiedelten letzten Merger Wave betrug ihr Anteil 75 % an den Gesamttransaktionen, während vertikale und konglomerate Zusammenschlüsse auf niedrigem Niveau stagnierten.[95] Innerhalb der Versicherungswirtschaft finden horizontale Zusammenschlüsse zwischen Unternehmen gleicher Sparten bzw. Versicherungszweige statt; Produktausweitungen sind trotzdem vorstellbar, indem z. B. ein Lebensversicherer, dessen Produktportfolio bislang durch die klassische kapitalbildende Lebensversicherung dominiert wurde, einen führenden Wettbewerber auf dem Gebiet der Fondsgebundenen Lebensversicherung übernimmt, mit dem neue Kunden oder Vertriebswege (beispielsweise über Banken oder Bausparkassen) angesprochen werden sollen.

Zu den *konglomeraten Zusammenschlüssen* zählen alle Verbindungen, die nicht in die Kategorien des vertikalen bzw. horizontalen Zusammenschlusses fallen, m. a. W. weder auf der Produkt- noch auf der Marktseite bei den beteiligten Unternehmen Kongruenz feststellbar ist.[96] Derartige Zusammenschlüsse treten in der ökonomischen Praxis im Wesentlichen nur in Form von branchenübergreifend agierenden Konzernen, nicht in Form von Einzelunternehmen auf (der Oetker-Konzern, der u. a. Nahrungsmittelhersteller, Reedereien und Banken unter seinem Dach vereint, kann hier als treffendes Beispiel genannt werden).

Da innerhalb der Assekuranz (rechtliche) Rahmenbedingungen, Rechnungsgrundlagen und die Produkte selbst stark divergieren, mit der Konsequenz, dass sie nicht direkt im gleichen Marktsegment um dieselben Kunden konkurrieren (die private Krankenversicherung steht beispielsweise nicht mit der Hausratversicherung im Wettbewerb), spricht man – abweichend vom allgemeinen Sprachgebrauch – des öfteren schon von

---

[94] Vgl. Paprottka (1996), S. 11. Probleme bestehen hinsichtlich der genauen Abgrenzung dieser Unterfälle des horizontalen Zusammenschlusses; einige Autoren ordnen den diversifizierenden horizontalen Zusammenschluss bei sehr geringem Produkt-Markt-Verwandtschaftsgrad bereits dem konglomeraten Zusammenschluss zu. Ein Konsens konnte bislang nicht erzielt werden. Siehe dazu die Diskussion bei Gerpott (1993a), S. 43-50.

[95] Vgl. Jansen (2000), S. 25.

[96] Vgl. Pausenberger (1989a), S. 623.

konglomeraten Zusammenschlüssen, wenn sich Versicherungsunternehmen verschiedener Sparten miteinander verbinden.

Aufgrund des zentralen *Gebots der Spartentrennung*, welches die Auflage beinhaltet, bestimmte Versicherungszweige nur in gesonderten, rechtlich selbstständigen Unternehmenseinheiten anbieten zu dürfen[97], kommen folgerichtig ausschließlich der Versicherungskonzern bzw. die Kooperation als konglomerate Zusammenschlusstypen in Frage.

2.2.3 Systematisierung nach der Bindungsintensität

Das zweite herausragende Merkmal zur Charakterisierung von Unternehmenszusammenschlüssen, die *Bindungsintensität*, betrachtet zwei unterschiedliche Sachverhalte: einmal die formale Ausgestaltung der Zusammenarbeit, zum anderen das Ausmaß der eingeschränkten Dispositionsfreiheit[98]. Was den ersten Sachverhalt betrifft, können Unternehmen entweder auf der Basis einer mündlichen oder schriftlichen Vereinbarung zusammenarbeiten oder diese allein durch konkludente Handlungsweisen realisieren.[99]

Der zweite Sachverhalt, d. h. der Einschränkungsgrad der Dispositionsfreiheit, repräsentiert nach herrschender Auffassung **das** genuine problemadäquate Gliederungskri-

---

[97] Der *Grundsatz der Spartentrennung* wurde erst 1975 explizit in das VAG aufgenommen, bildete aber faktisch schon seit der Einführung des Gesetzes zu Beginn des 20. Jahrhunderts ein wichtiges Element der deutschen Versicherungsaufsichtspraxis. Vorrangiges Ziel des Gebots stellt die Gewährleistung der dauernden Erfüllbarkeit der Versicherungsverträge dar, demzufolge ist der gleichzeitige Betrieb der sozialpolitisch als sehr bedeutsam eingestuften Lebens- und Krankenversicherung sowie deren Kombination mit anderen Versicherungszweigen in einer einzigen rechtlich selbstständigen Unternehmenseinheit untersagt. Vgl. § 8 Abs. 1a VAG. Dasselbe galt bis zum 01.07.1990 auch für die Kredit- und Kautionsversicherung sowie die Rechtsschutzversicherung, im Zuge der Realisierung des Europäischen Binnenmarktes für Finanzdienstleistungen wurde diese Regelung jedoch 1994 aufgehoben und durch einen mehrere Maßnahmen umfassenden Katalog ersetzt, der Interessenkollisionen zwischen den oben genannten Sparten und anderen zukünftig vermeiden soll. Vgl. detailliert z. B. Beck (1997), S. 104 ff.

[98] Vgl. Schubert/Küting (1981), S. 8 f.

[99] In der Praxis ist eine Vielzahl von auf stillschweigenden oder nicht-vertraglichen Bindungen beruhenden Zusammenschlüssen anzutreffen, manchmal weisen diese sogar eine stärkere faktische Bindungsintensität auf als schriftlich fixierte Abkommen, die nicht selten bewusst unverbindlich formuliert sind und demzufolge sinnleere Regelungssätze beinhalten. Schrader (1996), S. 63 f., führt einige derartige Beispiele (und Gegenbeispiele) an.

terium für Unternehmenszusammenschlüsse.[100] Dabei differenziert man prinzipiell nach eingeschränkter und vollständig beseitigter Selbstständigkeit der Entscheidungsfreiheit; eng mit diesem Kriterium verbunden ist gleichzeitig die Frage nach der Dauer der Bindung. So kann man davon ausgehen, dass marginal eingeschränkter Entscheidungs- und Handlungsspielraum auf beiden Seiten immer nur kurzfristiger Natur sein wird, wie es z. B. bei Kooperationen mit zeitlicher Begrenzung (für gemeinsame Forschungs- und Entwicklungsanstrengungen (F & E) in der Chemieindustrie etwa) zu beobachten ist.

Wird die rechtliche und/oder wirtschaftliche Selbstständigkeit zumindest eines am Unternehmenszusammenschluss beteiligten Partners vollständig aufgegeben – im Gegenzug erweitert der andere Partner seinen Entscheidungs- und Handlungsspielraum – ist damit vermutlich eine langfristige Bindung geplant. Als Resultat solcher Aktivitäten entsteht ein (größeres) Unternehmen, weshalb diese Zusammenschlussart auch immer eine Unternehmens*vereinigung* nach sich zieht; darunter fallen vor allem die Fusion und – mit Abstrichen – die Konzernbildung[101] (versicherungsmarktbezogen ebenso mit Einschränkung die Bestandsübertragung).

Grundsätzlich ist davon auszugehen, dass je formstrenger, intensiver und länger die Dispositionsfreiheit limitiert wird, der Zusammenschluss um so strenger zu werten ist (et vice versa) und infolgedessen die meisten betriebswirtschaftlichen Effekte bei den involvierten Unternehmen hervorruft.[102]

Versicherungsfusion und Bestandsübertragung eignen sich daher unter dem Blickwinkel der zentralen Systematisierungskriterien der Bindungsintensität (als bindungsstärkste Formen von Zusammenschlüssen) und der Bindungsrichtung (aufgrund ihrer Häufigkeit, da in der Versicherungswirtschaft nur horizontale Zusammenschlüsse innerhalb bestimmter Sparten erlaubt sind, die wiederum auch branchenübergreifend den weitaus größten Teil aller Zusammenschlüsse verkörpern) bevorzugt als Objekte zur Analyse von Zusammenschlusswirkungen.

---

[100] Vgl. beispielsweise Schubert/Küting (1981), S. 8, und Pausenberger (1989a), S. 623.

[101] Beim Konzern ist zu beachten, dass dieser selbst keine rechtliche Einheit darstellt, sondern die Summe der angegliederten Tochtergesellschaften das (neue) Unternehmensgebilde verkörpert, insofern die Bezeichnung ein größeres Unternehmen nur in eingeschränktem Maße zutrifft (der Begriff des „Mehr-Firmen-Unternehmens" wird dem Charakter des Konzerns – wie schon vorher angedeutet – eher gerecht). Vgl. Schubert/Küting (1981), S. 239.

[102] Diese Auffassung vertreten u. a. Schubert/Küting (1981), S. 9, Bamberger (1994), S. 8, und Ebert (1998), S. 14.

2.3 Abgrenzung zu verwandten ökonomischen Begriffen

2.3.1 Unternehmenszusammenschlüsse und Unternehmenswachstum

Unternehmenszusammenschlüsse, vor allem deren strenge Formen wie die Fusion und versicherungsspezifisch die Bestandsübertragung, implizieren bei den betroffenen Unternehmen Wachstumsprozesse. Allgemein ist das *Unternehmenswachstum* seit langer Zeit Untersuchungsgegenstand wirtschaftswissenschaftlicher – sowohl betriebswirtschaftlich als auch volkswirtschaftlich orientierter – Wachstumstheorien, aber auch moderne Ansätze wie die institutionenökonomischen Theorien, speziell der Transaktionskostenansatz, sowie die jüngeren Managertheorien befassen sich mit der Erklärung des Wachstumsprozesses innerhalb eines Unternehmens.[103] Der Terminus selbst ist – vergleichbar mit dem des Unternehmenszusammenschlusses – durch eine Fülle von Definitions- und Messmöglichkeiten gekennzeichnet, die aus den vielen differierenden Betrachtungsweisen resultieren. Einigkeit konnte jedoch dahingehend erzielt werden, dass Wachstum eine langfristige positive Veränderung der Unternehmensgröße darstellt, die „offiziell" von den Verantwortlichen als Unternehmensziel angestrebt wird, demnach keinen zufälligen, sondern adaptiv-rationalen Charakter aufweist.[104] Die Langfristigkeit, verstanden als ein von der Kalenderzeit abstrahierter, relativierter Zeitraum, schließt dabei im Entwicklungsprozess enthaltene temporäre Phasen der Stagnation oder gar Schrumpfung nicht aus.

In Bezug auf die Messung von Unternehmenswachstum existiert hingegen kein Konsens, die Bestimmung des geeigneten Maßstabs für eine Untersuchung verkörpert eine Grundsatzentscheidung des jeweiligen Autors. Als Wachstumsindikatoren finden nahezu alle Mengen- und Wertgrößen des Unternehmens Anwendung: Die Palette reicht von Umsatz, Bilanzgewinn, Bilanzsumme und Anlagevermögen über die Mitarbeiter-

---

[103] Fragen, die innerhalb der betriebswirtschaftlich orientierten Wachstumstheorien beantwortet werden sollen, sind z. B. diejenigen, ob die einzelnen Mitglieder eines Unternehmens Wachstum anstreben oder ob Wachstum die Organisationsstruktur signifikant beeinflusst. Eine Übersicht über betriebswirtschaftliche Wachstumstheorien findet sich bei Kieser (1984), Sp. 4310-4315. Unter volkswirtschaftlichen Gesichtspunkten interessiert vor allem, welchen Wachstumsverlauf ein Unternehmen unter bestimmten Voraussetzungen und Zielsetzungen nehmen wird. Siehe dazu Schoppe et al. (1995), S. 21.

[104] Vgl. z. B. Albach (1965), S. 10, oder Kieser (1984), Sp. 4302.

zahl bis hin zum Marktwert, um nur einige anzuführen.[105] In der Versicherungswirtschaft misst man Wachstum entweder am Mengengerüst des Versicherungsbestands (u. a. anhand der Stückzahlen von Kunden, Kontrakten, versicherten Risiken bzw. Versicherungssummen) oder an den dazu gehörigen Wertgrößen in Form der Prämieneinnahmen.[106]

Diskutiert wird in der Literatur außerdem, ob die Messung von Wachstum ein- oder mehrdimensional zu erfolgen hat. Während einige Verfasser jeweils die Verwendung eines einzigen Maßstabs als hinreichend genau erachten, liegt Wachstum bei den anderen nur dann vor, wenn sich zwei oder mehr Maßgrößen im beobachteten Zeitraum positiv verändern.[107] Eine weitere Gruppe von Autoren ist schließlich der Auffassung, dass die Wachstumsdefinition von der individuellen Erfolgsdefinition ihrer Zielträger abhinge; dies hieße dann aber auch, dass eine einheitliche inhaltliche Ausgestaltung von Wachstum unmöglich wäre.[108] Da diese theoretische Forderung mit einem nicht unerheblichen Verlust an intersubjektiver Vergleichbarkeit erkauft werden müsste, hat sie in der Literatur keine weite Verbreitung erfahren.

Ebenso zahlreich sind die Kriterien zur Beschreibung von Wachstum, wie Tab. 2.2 zeigt. Hier werden Interdependenzen zwischen der Systematisierung von Zusammenschlüssen und der Systematisierung von Wachstum deutlich. So korrespondiert die Richtung der Expansion mit dem Kriterium der Bindungsrichtung bei Zusammenschlüssen (horizontal, vertikal, konglomerat). Nur der Bezugspunkt variiert: Während es vorher die Zusammenschlüsse waren, auf die sich die Ausprägungen bezogen, sind es hier die verschiedenen Arten von Wachstum. Da sich Wachstum auf das Unternehmen bezieht und Zusammenschlüsse mit einem Wachstumsschub einhergehen, ist eine Gleichsetzung möglich.

---

[105] Eine umfassende Darstellung möglicher Maßgrößen liefert Brockhoff (1966), S. 85 ff.
[106] Vgl. Farny (2000a), S. 491.
[107] Vgl. Sigloch (1974), S. 26.
[108] Vgl. ebenda.

2.3 Abgrenzung zu verwandten ökonomischen Begriffen

Tab. 2.2: Systematisierung von Unternehmenswachstum[109]

Kriterium	Ausprägungen
Richtung der Expansion	• horizontal • vertikal • konglomerat
Art der Produkt-Markt-Beziehung	• Marktdurchdringung • Produktentwicklung • Marktentwicklung • Diversifikation
Art der Marktentwicklung	• internes Wachstum • externes Wachstum
Art des Zusammenschlusses	• Fusion • Joint Venture/Strategische Allianz • Lizenzvergabe
Ausrichtung	• quantitatives Wachstum • qualitatives Wachstum
Art der technologischen Erweiterung	• multiples Wachstum • dimensioniertes Wachstum • mutatives Wachstum

Eine bedeutende Rolle in der Beziehung zwischen Unternehmenszusammenschluss und -wachstum spielt die Art der Marktentwicklung, im anglo-amerikanischen Schrifttum als „Ways of Growth" oder „Forms of Growth" bezeichnet, die den Unternehmen zur Verfügung stehen.[110] Unternehmenswachstum ist prinzipiell sowohl durch internes als auch durch externes Wachstum erreichbar.

Internes Wachstum ist als Wachstum mit Hilfe des Erwerbs von Verfügungsgewalt über neu erstellte Kapazitäten charakterisiert, wobei das Management des betroffenen Unternehmens den Kombinationsprozess der neuen sachlichen und personellen Ressourcen selbst realisiert, kurz gesagt: Es handelt sich um Wachstum aus eigener Kraft.[111]

---

[109] In Anlehnung an Schoppe et al. (1995), S. 23.

[110] Vgl. Penrose (1959), S. 247 f., deren Überlegungen die Basis für die weitere Beschäftigung mit Unternehmenswachstum vor allem in der anglo-amerikanischen Literatur schufen.

[111] Vgl. Schubert/Küting (1981), S. 53. Breßlein (1985), S. 139, weist zu Recht darauf hin, dass der Sprachgebrauch internes Wachstum insofern als verfehlt erscheint, da auch hier die Rekrutierung zusätzlicher Ressourcen extern über Marktverträge bei sachlichen Ressourcen und über Arbeitsverträge bei personellen Ressourcen erfolgt. Um aufgrund des herrschenden Sprachgebrauchs keine Verwirrung zu stiften, behält sie jedoch in ihren weiteren Ausführungen die Unterscheidung internes vs. externes Wachstum bei. Ebenso wird in der vorliegenden Arbeit verfahren.

Dieses kann durch die Ausweitung vorhandener Produktionsfaktorbündel, den Neubau von Fertigungsstätten oder die Gründung neuer rechtlich selbstständiger Unternehmenseinheiten geschehen. Internes Wachstum sichert dem Management deshalb auch zukünftig vollständigen Einfluss auf das gesamte Unternehmensgeschehen, und Integrationsprobleme von Zielobjekten sowie die damit verbundenen Kosten können weitgehend vermieden werden, indem der Aufbau eines passgenauen Zielobjekts hinsichtlich der Standortwahl, des Produktionsprogramms etc. intern durchgeführt wird.

Unter *externem Wachstum* versteht man den Erwerb von Produktionsfaktorbündeln, die bereits von anderen Unternehmen erstellt worden sind, und ihre anschließende – partielle oder vollständige – Integration in die Organisationsstruktur des erwerbenden Unternehmens.[112] Externes Wachstum geschieht demnach mit Hilfe von Unternehmenszusammenschlüssen bzw. Zusammenschlüsse implizieren grundsätzlich externes Wachstum. Ein engeres Begriffsverständnis fasst Zusammenschlüsse dagegen nur dann als externen Wachstumsvorgang auf, wenn die Identität eines der involvierten Unternehmens erhalten bleibt, was bei der Akquisition von Unternehmen sowie bei der Fusion durch Aufnahme der Fall wäre.[113] Das erwerbende bzw. aufnehmende Unternehmen stellt das Wachstumsobjekt dar, dessen Größe sich durch die Integration des Zielobjekts positiv verändern würde; umstritten ist in diesem Zusammenhang, ab welcher Beteiligungshöhe es sich um externes Wachstum handelt.[114] Unternehmenszusammenschlüsse in Form von wechselseitigen Kapitalbeteiligungen oder Fusion durch Neugründung, bei denen kein Unternehmen eindeutig als aufnehmendes und damit wachsendes Unternehmen identifiziert werden könnte, verkörpern dieser Meinung nach keinen mikroökonomischen Wachstumsprozess im ursprünglichen Sinne der Vergrößerung eines Unternehmens, sondern lediglich ein Zusammenwachsen einzelner, ex ante rechtlich und wirtschaftlich selbstständiger Unternehmen zu einer neuen Unternehmenseinheit.[115]

---

[112] Vgl. Penrose (1959), S. 68 f.
[113] Vgl. Kieser (1970), S. 46, und Zahn (1971), S. 63.
[114] Siehe dazu bereits die Diskussion über die Fixierung einer quantifizierbaren Untergrenze als Differenzierungskriterium zwischen der Akquisition und der damit verknüpften Möglichkeit gezielter Einflussnahme auf das Unternehmensgeschehen sowie dem Beteiligungserwerb als reiner Kapitalanlagealternative unter Abschnitt 2.1.2.
[115] Vgl. Gimpel-Iske (1973), S. 13.

2.3 Abgrenzung zu verwandten ökonomischen Begriffen

Zuordnungsprobleme ergeben sich bei dieser Form des Unternehmenszusammenschlusses vorrangig hinsichtlich der Messung des Wachstums, die entweder vor dem Zusammenschluss durch Aggregation der Wachstumsindikatoren oder nachher durch Bereinigung gelöst werden müssen. Insgesamt ist davon auszugehen, dass auf Dauer jede Form des Unternehmenszusammenschlusses – unabhängig von der Strenge der Verbindung – einen Wachstumsvorgang hervorruft, sofern damit Impulse für weiteres (internes) Wachstum ausgelöst werden und ein Beitrag zur Zielerreichung des Unternehmens geleistet wird.

Externes Wachstum unterscheidet sich von internem in zwei Punkten[116]:

1. Zeitaspekt

Bei externem Wachstum erhöht sich der Produktionsfaktorbestand des erwerbenden Unternehmens schlagartig, so dass kein Beschaffungsproblem für die Produktionsfaktoren existiert und ein sofortiger Produktionsbeginn bzw. die Fortführung der Produktion erfolgen kann. Erweitert das Unternehmen gleichzeitig seine Produktionstiefe und/oder -breite in Form diversifizierender horizontaler, vertikaler oder konglomerater Zusammenschlüsse, so profitiert es dabei unverzüglich von Erfahrungen, Leistungen und Know-how des Partners auf dem entsprechenden Gebiet, die andernfalls erst unter Inkaufnahme von Zeitverzögerungen erarbeitet werden müssten. Die Zeit selbst stellt hier einen Wettbewerbsvorteil dar, der besonders im Bereich Kunden-Goodwill und Kundenvertrauen zum Tragen kommt. Zudem findet bei Übernahme von vorhandenen erfolgreichen Produkten, Märkten oder Marktsegmenten bzw. Marktanteilen des Zielobjekts eine Reduzierung des Innovationsrisikos statt.

2. Zugangsaspekt

Durch externes Wachstum werden marktwirksame Kapazitäten nicht erhöht, sondern lediglich umverteilt; der Umfang des Marktangebots bleibt somit unverändert. Dies erleichtert Unternehmen den Zugang insbesondere zu solchen Märkten, die hohe Eintrittsbarrieren aufweisen und/oder bereits Symptome von Marktsättigung – wie auf dem Versicherungsmarkt – zeigen. Oft wird anhand externen Wachstums auch erst die Beschaffung von Ressourcen bestimmter Qualität realisierbar, die intern nur zu überproportional hohen Kosten zu erreichen wäre.

---

[116] Vgl. Riege (1994), S. 229 f.

Strenge Formen des Zusammenschlusses wie Konzernbildung mittels Eingliederung und Fusion führen wegen der Übernahme vorhandener Kapazitäten weiterhin zu einer Reduktion vorhandener Wettbewerber, was vor allem auf gesättigten Märkten mit geringem Marktwachstum ein großer Vorteil sein kann (vor allem, wenn damit im Anschluss an die Übernahme eine vorübergehende oder permanente (Teil-)Stilllegung von Kapazitäten beim übernommenen Konkurrenten verbunden ist). Bei internem Wachstum tritt dieser Effekt allenfalls mittelbar und zeitverzögert ein.

Die Wahl zwischen der Verfolgung internen oder externen Wachstums ist daher eine echte Führungsentscheidung – dem Management obliegt es, die Entscheidung zugunsten jenes Wachstumswegs zu treffen, der eine optimale Zielerfüllung im Hinblick auf den erwarteten Netto-Nutzen verspricht. Welche Strategie man dabei verfolgen sollte, ist individuell abhängig von der spezifischen Unternehmenssituation, in der sich das betroffene Unternehmen befindet. BÜHNER schlägt in diesem Zusammenhang sogar vor, dass „ ... ein Zusammenschluss ... aus Zeit-, Ertrags- und Risikogründen nur in Betracht gezogen werden sollte, wenn ein internes Wachstum durch eigene Forschungs- und Entwicklungsanstrengungen nicht (mehr) möglich ist."[117]

2.3.2 Unternehmenszusammenschlüsse und Konzentration

Im Rahmen der Entscheidung für oder gegen die Realisierung eines Unternehmenszusammenschlusses sind sicherlich primär einzelwirtschaftliche Zielsetzungen der an der Verbindung interessierten Partner ausschlaggebend; darüber hinaus bewirken derartige Entscheidungen aber auch gesamtwirtschaftliche Effekte, die in der Literatur unter dem Schlagwort *(Markt-)Konzentration* diskutiert werden.

Der bereits im Kontext von Unternehmenszusammenschluss und Unternehmenswachstum angesprochene Begriffsreichtum existiert auch in Bezug auf den Begriff Konzentration.[118] Ein Großteil dieser Definitionsversuche trägt lediglich zur Erklärung eines

---

[117] Bühner (1990b), S. 210. Auch Jansen (2000), S. 95 ff., weist explizit darauf hin, dass die Entscheidung internes vs. externes Wachstum einer sorgfältigen Abstimmung auf die finanzielle und strategische Ausrichtung der betroffenen Unternehmen bedarf. Zwahlen (1994), S. 15, spricht sogar von großen Gefahrenpotenzialen, die Zusammenschlüsse seiner Meinung nach bergen, ohne diese jedoch inhaltlich zu präzisieren.

[118] Vgl. z. B. Plan (1970), S. 4 ff., der eine detaillierte Übersicht über mögliche Kriterien zur Definition von Konzentration bietet, oder Kroll (1975), S. 3 f.

2.3 Abgrenzung zu verwandten ökonomischen Begriffen

Partialbereiches des Phänomens bei, so dass an dieser Stelle versucht wird, eine möglichst weite, alle Problemfelder umspannende Definition zu verwenden. Aus etymologischer Perspektive versteht man unter Konzentration die Gruppierung von Elementen um einen Mittelpunkt.[119] Wird diese Definition auf ökonomische Sachverhalte übertragen, so bedeutet Konzentration die Ballung (Verdichtung) ökonomischer Größen, wobei sich diese Ballung – vergleichbar mit einem Begriff des Unternehmenszusammenschlusses – sowohl auf einen *Prozess* (Zeitraumbetrachtung) als auch auf einen *Zustand* (Zeitpunktbetrachtung) beziehen kann.[120] Der Unterschied zwischen Konzentration als Prozess und Konzentration als Zustand lässt sich am ehesten mit Hilfe des Extremfalls Monopol verdeutlichen: Konzentration als Prozess kann in diesem Falle nicht mehr stattfinden, da lediglich ein einziges Unternehmen am Markt existiert; gleichzeitig liegt Konzentration als Zustand in seiner schärfsten Form vor.

Als ökonomische Größen kommen prinzipiell sämtliche Kriterien von Wirtschaftseinheiten in Betracht (Einkommen und Vermögen bei Haushalten, Produktionskapazitäten bei Unternehmen usw.), zwischen denen wiederum zahlreiche Interdependenzen existieren,[121] ihre Auswahl erfolgt in Anlehnung an die spezifische Fragestellung der jeweiligen Untersuchung. In Zusammenhang mit Unternehmenszusammenschlüssen interessiert natürlich vorrangig Konzentration bezogen auf die Größe Unternehmen, d. h. Konzentration von Produktionskapazitäten sowie Konzentration von Verfügungsmacht, die beide durch externes Wachstum, also durch Zusammenschlüsse, impliziert werden können. Diese Einschränkung wird bewusst vorgenommen, um zu veranschaulichen, dass auch internes überproportionales Wachstum bei Unternehmen Modifikationen des Konzentrationsgrades hervorruft, ebenso wie der Eintritt in bzw. das Ausscheiden von Unternehmen aus dem Markt.[122] Um Konzentration im eigentlichen Sinne handelt es sich nur dann, wenn Wachstum in den oberen Unternehmensgrößenklassen – sei dieses nun intern oder extern motiviert – Ungleichverteilungen der Merkmale verstärkt. Man spricht in diesem Fall von „disproportionalem Wachs-

---

[119] Vgl. Schubert/Küting (1981), S. 55.

[120] Vgl. Kroll (1975), S. 3.

[121] Siehe die umfassende Darstellung ökonomischer Größen nebst Erläuterung möglicher Interdependenzen bei Pohmer/Bea (1984), Sp. 2223-2228.

[122] Vgl. Gimpel-Iske (1973), S. 15. Zahlreiche Autoren verzichten jedoch auf diese sowohl einzel- als auch gesamtwirtschaftlich geprägte Betrachtung des Konzentrationsphänomens, was einen Verlust an Transparenz und Erklärungsgehalt der Vorgänge auf dem Markt mit sich bringt.

tum".[123] Wachstum in mittleren oder kleineren Größenklassen tendiert hingegen zu einem Ausgleich von Ungleichverteilungen und müsste demnach korrekterweise als *Dekonzentration* bezeichnet werden.[124] Die Grenzen zwischen Konzentration und Dekonzentration sind fließend, da differierende Betrachtungsweisen eine unterschiedliche Beurteilung gleicher Tatbestände zulassen.

Eine Anknüpfung von Konzentration ausschließlich an das Kriterium des Wachstums – wie es oben beschrieben wurde – macht jedoch auch deutlich, dass bestimmte Formen von Unternehmenszusammenschlüssen durch eine solche Definition nicht als Konzentrationsvorgänge identifiziert würden. Davon wären z. B. *Kartelle* betroffen, welche nicht direkt zu einem Wachstum bei den beteiligten Partnern führen, Wettbewerbsstrukturen auf dem Markt aber trotzdem empfindlich beeinflussen können.[125] Daher ist es zweckmäßig, Konzentration zusätzlich aus einzelwirtschaftlicher (betriebswirtschaftlicher) Perspektive zu betrachten, die über den Wachstumsaspekt hinausgeht und in einem weiter gesteckten Rahmen eine differenzierte Beurteilung von Zusammenschlussformen ermöglicht.[126]

Zur Messung von Konzentration stehen eine Vielzahl von Maßgrößen zur Verfügung. Ein Vergleich der unter Zuhilfenahme dieser Variablen ermittelten Konzentrationsgrade zu unterschiedlichen Zeitpunkten lässt die Entwicklung des Konzentrationsprozesses erkennen. Die Messung selbst kann auf drei Ebenen geschehen: erstens auf der Ebene der so genannten „Overall Concentration", die Verhältnisse in global umrissenen Wirtschaftsbereichen analysiert, zweitens auf der Ebene von Wirtschaftszweigen und drittens auf der Ebene einzelner Märkte oder Marktsegmente, wobei eine Untersuchung letzterer sicherlich unter Wettbewerbsaspekten die interessanteste und geeignetste darstellt.[127] Die absolute Konzentration wird z. B. über Concentration Ratios

---

[123] Vgl. Pohmer/Bea (1984), Sp. 2221.

[124] Vgl. Gimpel-Iske (1973), S. 16, mit dem Hinweis auf weitere Autoren, die gleicher Auffassung sind.

[125] *Kartelle* zählen im Rahmen des Ordnungssystems Unternehmenszusammenschlüsse zu den Formen mit schwacher Bindungsintensität, sie sind demnach in die Kategorie der Kooperation im weitesten Sinne einzuordnen und können ferner von den Kooperationen im engeren Sinne (auch strategisch orientierte im Gegensatz zu operativ orientierten Kooperationen genannt) durch ihre ex ante angestrebte Wettbewerbsbeschränkung differenziert werden. Vgl. zum Kartell beispielsweise umfassend Ziegler (1966), S. 36-61.

[126] Vgl. Schubert/Küting (1981), S. 56 f.

[127] Vgl. Schubert/Küting (1981), S. 58.

2.3 Abgrenzung zu verwandten ökonomischen Begriffen

gemessen; diese geben an, welcher Anteil am gesamten Merkmalsbetrag (häufig wird dabei der Umsatz verwendet) auf die zwei, drei usw. größten Merkmalsträger (Unternehmen) entfällt. Relative Konzentration verdeutlicht, wie gleich bzw. ungleich sich ein bestimmter Merkmalsbetrag auf die einzelnen Merkmalsträger verteilt, sie ist m. a. W. ein Ausdruck für Gleichverteilung bzw. Disparität. Operationalisieren lässt sich die relative Konzentration über die Lorenzkurve und den daraus abgeleiteten Gini-Koeffizienten.[128] Weder absolute noch relative Konzentrationsmaße liefern Hinweise über die Ursachen von Konzentration, auch kann von der Höhe einer Maßzahl nicht direkt auf die Konsequenzen für die Wettbewerbsintensität auf dieser Ebene geschlossen werden. Zur umfassenden Beurteilung einer Marktsituation müssen daher in jedem Falle weitere relevante strukturelle Bedingungen geprüft werden, bevor eine abschließende Bewertung erfolgen kann.

Grundsätzlich sind die Ursachen von Konzentration sehr vielfältig, sie können jedoch grob in zwei Einflussrichtungen differenziert werden, die einerseits nichtstaatliche und andererseits staatliche Wurzeln besitzen. *Nichtstaatlich* motivierte Konzentration beruht auf der These, dass wachsende Unternehmen mit steigender Betriebsgröße aufgrund des erweiterten Handlungs- und Entscheidungsspielraums eher Kostenvorteile bei der Produktion, beim Absatz und der Finanzierung realisieren können als kleine Unternehmen[129], die Initiative zu Veränderungen des Konzentrationsgrades in einer Volkswirtschaft, Branche oder einem Marktsegment geht also hier von den agierenden Wirtschaftseinheiten selbst aus. Zu den *staatlichen* Einflüssen auf die Konzentration zählen Vorschriften des (nationalen und europäischen) Wirtschaftsrechts, speziell des Gesellschafts-, des Preis- und des Wettbewerbsrechts, welche die Konzentration entweder hemmen oder fördern. Ohne an dieser Stelle sämtliche Maßnahmen erläutern zu wollen, sei kurz auf das 1957 verabschiedete, mittlerweile mehrfach novellierte Gesetz gegen Wettbewerbsbeschränkungen (GWB) hingewiesen, das im Rahmen der Vorschriften eine herausragende Rolle einnimmt.[130] Darin sind ein grundsätzliches Verbot derjenigen Kartelle sowie ein abgeschwächtes Verbot derjenigen Unternehmenszu-

---

[128] Vgl. Pohmer/Bea (1984), Sp. 2222 f.
[129] Vgl. Pohmer/Bea (1984), Sp. 2228 f.
[130] Siehe zum GWB in dieser Arbeit eingehender unter dem Stichwort Fusionskontrolle in Zusammenhang mit Fusion als Typ unternehmerischer Zusammenarbeit unter Abschnitt 2.4.1.3. Eine ausführliche Besprechung des Gesetzes nimmt darüber hinaus Korndörfer (1993), S. 12-16, vor.

sammenschlüsse verankert, die zu einer Entstehung oder Verstärkung einer marktbeherrschenden Stellung führen (könnten).[131]

Wann nun der Staat eingreift, um Konzentration zu privilegieren oder zu diskriminieren, oder wann er sich neutral verhält, ist abhängig von der Beurteilung der Konzentration; dazu müssen zunächst Kriterien der Beurteilung definiert werden. In der wirtschaftspolitischen Diskussion nennt man am häufigsten das sozialpolitische, das produktionswirtschaftliche und das ordnungspolitische Lager, die unterschiedliche Thesen zum Verhalten des Staates formulieren.[132]

Das produktionswirtschaftliche Lager beispielsweise verneint jegliche Einmischung des Staates mit dem Argument, dass sich langfristig die kostengünstigsten Unternehmensgrößen am Markt durchsetzen, wovon alle Marktteilnehmer letztendlich profitieren, und dass Eingriffe des Staates diesen Prozess nur behindern würden. Das Gegenargument prognostiziert ein Überschreiten der kostenoptimalen Betriebsgröße aufgrund institutionell bedingter finanzieller Vorteile, verknüpft mit Nachteilen für andere Marktteilnehmer, z. B. für die Konsumenten durch überhöhte Preise.[133] So lassen sich für alle Lager sowohl Argumente als auch Gegenargumente finden, eine Meinungsbildung erscheint sehr komplex, da die Wahl der Wirtschaftsordnung kein rein ökonomisches, sondern ebenso ein politisches Problem ist.

Zum Vergleich von Unternehmenszusammenschlüssen und Konzentration sei abschließend gesagt, dass Zusammenschlüsse – einmal als Ausdruck externen Wachstums, zum anderen ohne Bindung an Wachstumsmerkmale, wie bei bestimmten kooperativen Formen des Zusammenschlusses anzutreffen – prinzipiell eine konzentrative Wirkung erzielen. Konzentration kann aber auch ohne Zusammenschlüsse, d. h. aufgrund von internen Wachstumsstrategien, induziert werden. Insofern greift die Kategorie der Konzentration weiter als die des Zusammenschlusses.

Von einer steigenden Anzahl von Unternehmenszusammenschlüssen direkt auf einen wachsenden Konzentrationsgrad in einer Branche zu schließen, wie es in der Literatur häufig geschieht, zeugt demnach von einem unpräzisen Umgang mit dem Terminus

---

[131] Vgl. § 1 und § 24 Abs. 1 GWB.
[132] Vgl. Pohmer/Bea (1984), Sp. 2231 f.
[133] Vgl. Pohmer/Bea (1984), Sp. 2231 f.

2.3 Abgrenzung zu verwandten ökonomischen Begriffen

Konzentration[134], zumal in empirischen Studien weiterhin deutlich wurde, dass internes Wachstum tendenziell eher eine dauerhafte Wettbewerbspositionsverschiebung bewirkt als externes Wachstum. Die Industriehistorie dokumentiert manchen Fall, bei dem ein mittels Zusammenschluss dominierendes Unternehmen seine Marktposition mittelfristig wieder verlor.

So konstatierte z.B. STIGLER in einer bekannten Untersuchung bei einem Großteil von um 1900 in den USA durch Fusion generierten Teilmonopolen in den Folgejahren den Verlust beträchtlicher Marktanteile.[135] Wettbewerbspolitisch ist damit das externe Wachstum zwar nicht bedeutungslos geworden, eine permanente Erhöhung der Marktkonzentration resultiert jedoch eher aus internem Wachstum.

2.4 Spezifische Formen von Unternehmenszusammenschlüssen

2.4.1 Fusion

2.4.1.1 Vorbemerkungen

Die *Fusion* von zwei oder mehreren Unternehmen als bindungsintensivste Form des Zusammenschlusses konnte in Deutschland im Vergleich zu anderen Ländern erst relativ spät an Bedeutung gewinnen; ihre lange Zeit unterschiedlich starke Anwendung liegt nicht zuletzt in den divergierenden Rahmenbedingungen des jeweiligen Wettbewerbs begründet. So wurden z. B. die Unternehmen in den USA aufgrund einer frühzeitig einsetzenden Antitrustpolitik Ende des 19. Jahrhunderts[136], die quasi die Basis

---

[134] Der Versicherungsmarkt bildet hier insofern eine Ausnahme, als man die zu erwartende bzw. schon zu beobachtende (geringe) Zunahme der Konzentration tatsächlich primär auf Unternehmenszusammenschlüsse zurückführen muss, da aufgrund des in den letzten Jahren verlangsamten Marktwachstums Unternehmenswachstum aus eigener Kraft kaum erreichbar erscheint und eine Reduzierung der Marktteilnehmer durch Marktaustritte wegen der Langfristigkeit des Geschäfts selten vorkommt. Außerdem fordert das zentrale Gebot der Spartentrennung geradezu Konzentrationstendenzen in Form der Konzernbildung als Vereinigung zwar wirtschaftlich abhängiger, zugleich aber rechtlich selbstständiger Unternehmenseinheiten heraus, wenn sich ein Versicherer nicht mit dem Angebot einer davon betroffenen Sparte begnügen möchte. Ähnlich argumentiert Beck (1997), S. 304.

[135] Vgl. Stigler (1950), S. 29.

[136] Eine umfangreiche Darstellung der nordamerikanischen Antitrustpolitik dieser Epoche findet sich im Standardwerk von Stocking/Watkins (1948).

für ein faktisches Kartellverbot schuf, zu einem Ausweichen auf andere Formen unternehmerischer Zusammenarbeit, vorrangig auf die Fusion, veranlasst. Deren Auftreten nahm daraufhin eine zyklische Entwicklung an, in der sich Phasen starker Fusionsaktivitäten (die bereits mehrfach angesprochenen Merger Waves) mit Phasen schwacher Fusionsaktivitäten abwechselten.

In Deutschland hingegen vollzog sich unternehmerische Zusammenarbeit unter dem Schirm der Kartellfreiheit traditionell im Wege der Kartellbildung; ein Einstellungswandel zeichnete sich nur langsam ab und fand schließlich mit der Einführung des – in Zusammenhang mit der Konzentration erwähnten – GWB[137] im Jahre 1957, das die Kartellbildung unter das strenge Verbotsprinzip, Fusion und Konzernbildung jedoch unter das schwächere Missbrauchsprinzip stellte, seinen ersten Höhepunkt.[138] Konsequenzen für die unternehmerische Praxis ergaben sich daraus allerdings erst Mitte der 70er Jahre, als ein starker Anstieg von Fusionen zu beobachten war, der nach einer kurzen Stagnationsphase zu Beginn der 80er Jahre bis heute im Sog der letzten Merger Wave wieder erheblich an Fahrt gewinnen konnte. Bezugnehmend auf diese Entwicklung beschäftigte sich die deutschsprachige Literatur zu Fusionen lange Zeit hauptsächlich mit den juristischen Aspekten dieser Thematik, und auch die frühen ökonomisch orientierten Publikationen über Unternehmenszusammenschlüsse trugen der Fokussierung auf Kartelle und andere operativ orientierte Kooperationen wie Interessengemeinschaften oder Wirtschaftsverbände in der Praxis Rechnung, indem sie vorrangig diese Zusammenschlussformen bzw. deren Auswirkungen auf die Funktionsfähigkeit des Wettbewerbs diskutierten (allenfalls die Konzerne wurden noch als weitere Zusammenschlussformen am Rande notiert[139]).

Erst zum Anfang der 70er Jahre fand die Fusion nebst ihren betriebswirtschaftlichen Effekten in der ökonomischen Theorie als spezielle Zusammenschlussform vermehrt

---

[137] Vgl. zum Sachverhalt genauer unter dem Stichwort „staatliche Eingriffe" zur Kontrolle von Marktkonzentration unter Abschnitt 2.3.2.

[138] Vgl. Sigloch (1974), S. 16 f.

[139] Man schaue beispielsweise auf die Literaturverzeichnisse in den frühen Arbeiten von Koberstein (1955) und Ziegler (1966), die einen erschöpfenden Überblick über die Veröffentlichungen zu Unternehmenszusammenschlüssen vom Beginn des 20. Jahrhunderts an bis zu diesen Zeitpunkten bieten und die genau diesen Fokus widerspiegeln. Bei König (1960), S. 303, gilt Deutschland zu dieser Zeit als das „klassische Land der Kartelle und Konzerne."

2.4 Spezifische Formen von Unternehmenszusammenschlüssen

Beachtung.[140] Sie wurde jedoch vielfach lediglich als Sondervorgang der Finanzierung interpretiert und ihre Problematik in diesem Rahmen auf die Vermögensübertragung mit den darauf zurückzuführenden steuerlichen, rechtlichen und bilanziellen Konsequenzen reduziert.[141] KNAPPE kritisierte diesen Zustand zum damaligen Zeitpunkt als eine unvollständige Erfassung des Inhalts der Fusionsentscheidung und regte eine künftige Auseinandersetzung mit dem Gesamtphänomen an, die sich seiner Meinung nach auf zwei Fragenkomplexe verdichten ließ:

➤ Fragestellungen im Stadium der Entscheidungsvorbereitung und Entscheidungsfindung (Pre-Merger-Phase),

➤ Fragestellungen im Stadium der Implementierung und Erfolgskontrolle einer Fusionsentscheidung (Post-Merger-Phase).[142]

Diesen Anforderungen wurde allerdings erst – angeregt durch anglo-amerikanische Veröffentlichungen – seit Beginn der 80er Jahre vermehrt entsprochen, wie folgender Vorschlag dokumentiert, der die Inhalte von M & A sehr weit fasst und sie verbindet mit

➤ Kauf und Verkauf von Unternehmen,

➤ Beratung und Koordinierung von Transaktionen unter betriebswirtschaftlichen, juristischen und steuerlichen Aspekten,

➤ Auswahl und Vermittlung von Zielobjekten,

➤ Zusammenstellung einer Finanzierung des Erwerbers,

➤ Anschlussbetreuung nach dem Kauf bei der vollständigen Integration des Zielobjekts in den Unternehmensverbund des Erwerbers.[143]

---

[140] Vgl. u. a. Eichinger (1971), Kurandt (1972), Raidt (1972), Gimpel-Iske (1973) und Sigloch (1974).

[141] Vgl. Knappe (1976), S. 3, unter Hinweis auf zahlreiche Veröffentlichungen mit dieser Akzentuierung.

[142] Vgl. Knappe (1976), S. 3 f.

[143] Diese Vorschläge stammen von Becker (1994), S. 198, für den M & A als eine von Banken und Beratungsfirmen zu erbringende Dienstleistung zur strategischen Neu- bzw. Umorientierung von Einzelunternehmen und Konzernen zu verstehen ist.

2.4.1.2 Begriff und Wesen der Fusion

Der Terminus Fusion stammt ursprünglich aus dem Lateinischen und bedeutet wörtlich übersetzt „gießen" oder „verschmelzen"; in seiner ursprünglichen Bedeutung wird er heute vor allem in den Naturwissenschaften verwendet. Die Literatur zu Unternehmenszusammenschlüssen ist in Bezug auf den Begriff Fusion – ähnlich wie beim Oberbegriff Unternehmenszusammenschluss – von großer Heterogenität gekennzeichnet. Es findet sich zwar in vielen Publikationen zum Thema Fusion eine Begriffsumschreibung; diese sind jedoch keineswegs kongruent. So ergeben sich weitgehende Berührungspunkte, aber auch Abweichungen, die aus den verschiedenen – juristischen bzw. ökonomischen – Blickwinkeln zur Betrachtung des Phänomens Fusion heraus resultieren und somit eine Präzisierung erschweren.

Prinzipiell sind in der deutschsprachigen Literatur drei große Gruppen von Ansätzen zu differenzieren: Jene, die den Begriff der Fusion *im weitesten Sinne* verwenden (dann wird er meistens unabhängig von juristischen oder ökonomischen Blickwinkeln benutzt) (1), andere, die ihn *in einem eher engen Sinne* verstehen (diese Sichtweise korrespondiert mit der juristischen Interpretation) (2), und drittens Ansätze mit einer Argumentation aus der ökonomischen Perspektive heraus, welche die Fusion *im eigentlichen Sinne* begreifen (3). Die Brauchbarkeit der Ansätze wird im folgenden diskutiert.

ad 1. In der sehr weit gefassten Bedeutung wird der Terminus Fusion mit jeglicher Art von unternehmerischer Zusammenarbeit gleichgesetzt, d. h. synonym zum allgemeinen Oberbegriff Unternehmenszusammenschluss verwendet. Dieser Fusionsbegriff im weitesten Sinne subsumiert unter einer Fusion alle denkbaren Zusammenschlussformen von Unternehmen in den verschiedensten Intensitätsgraden, also die

> ➢ Zusammenfassung von Unternehmen auf vertraglicher Basis unter Beibehaltung der wirtschaftlichen und rechtlichen Selbstständigkeit (a),

> ➢ Zusammenfassung von Unternehmen unter Aufgabe der wirtschaftlichen, jedoch Beibehaltung der rechtlichen Selbstständigkeit (b),

2.4 Spezifische Formen von Unternehmenszusammenschlüssen

> ➤ Zusammenfassung von Unternehmen unter Verzicht auf die wirtschaftliche und rechtliche Selbstständigkeit (c).[144]

Bei der Zusammenfassung von Unternehmen im Sinne des Punktes (a) handelt es sich zweifelsfrei um die nach dem Kriterium der Bindungsintensität schwach ausgeprägte Form der Kooperation, während der Punkt (b) unternehmerische Zusammenarbeit in Form des Konzerns darstellt. Die Befürworter einer Gleichsetzung von Fusion und Konzern rechtfertigen ihre Meinung mit den in vielerlei Hinsicht vergleichbaren Resultaten beider Zusammenschlussformen (wirtschaftliche Abhängigkeit, einheitliche Leitung, Verfügungsmacht über Ressourcenbündel etc.).[145] Auch der Staat hat im Rahmen der Fusionskontrollgesetzgebung den erweiterten Begriff (im Anschluss an die §§ 23 ff. GWB), der die Konzernierung beinhaltet, zugrunde gelegt, um einen möglichst weiten Handlungsspielraum zu erhalten. Für betriebswirtschaftliche Fragestellungen erscheint die weite Sichtweise jedoch unzweckmäßig, da zum einen der Vollzug beider Formen unterschiedlich geregelt ist, zum anderen zwischen einem Ein-Firmen-Unternehmen und einem Mehr-Firmen-Unternehmen in Bezug auf Leitungsorganisation, unternehmensinterner Leistungsabrechnung, Rechnungslegung, Publizitätspflicht sowie Finanzierung und Risiko- bzw. Haftungsstruktur erhebliche Divergenzen existieren.[146]

Die vorliegende Arbeit nimmt daher von der Definition im erweiterten Sinne Abstand und versteht Fusion und Konzernbildung theoretisch als zwar eng verwandte, jedoch als eigenständig zu interpretierende Instrumente externer Wachstumsstrategien. Es wird allerdings auch berücksichtigt, dass die Phänomene in der Praxis meistens Interdependenzen aufweisen, indem zunächst zwei gänzlich unabhängige Unternehmen mittels Akquisition Glieder eines Konzerns werden und später unter dieser Dachgesellschaft fusionieren (konzerninterne Fusion).

---

[144] Vgl. Sigloch (1974), S. 21, mit Angabe weiterer Quellen. Kaufer (1977), S. 1, spricht ebenfalls irrtümlich bereits von Fusion, „ ... wenn die Unternehmensverflechtung einer Firma einen beherrschenden Einfluss auf die Geschäftspolitik anderer Firmen gestattet."

[145] Vgl. Neumann (1994), S. 38 f.

[146] Dieser Auffassung vertreten u. a. Pausenberger (1984), Sp. 1604, Schubert/Küting (1981), S. 318, und Zwahlen (1994), S. 26.

ad 2. Ebenso ist das Verständnis von Fusion im engen Sinne prinzipiell eher ungeeignet zur Überprüfung sämtlicher betriebswirtschaftlichen Effekte dieser Zusammenschlussform. Denn hier umfasst der Fusionsbegriff, indem er aus juristischer Sicht interpretiert wird, lediglich die liquidationslose Übertragung des Vermögens einer Kapitalgesellschaft im Wege der Gesamtrechtsnachfolge[147] auf eine AG oder KGaA. Das AktG substituiert dazu den Begriff Fusion durch denjenigen der *Verschmelzung*.[148] Dabei werden die Gesellschafter der untergehenden Kapitalgesellschaft stets durch Anteile der übernehmenden entschädigt. Mit dem Verständnis von Fusion aus juristischer Sicht, das an das einengende Kriterium der *Rechtsformbindung* beteiligter Unternehmen gekoppelt ist, wird man dem betriebswirtschaftlichen Fusionsbegriff eigentlich nicht vollständig gerecht, da letzterer über den Begriff der Verschmelzung in den angesprochenen Gesetzen hinausgeht.[149] In der allgemeinen betriebswirtschaftlichen Literatur zu Unternehmenszusammenschlüssen wird allerdings mittlerweile zunehmend der Terminus Verschmelzung synonym zum Terminus Fusion gebraucht, ohne diesen auf die ursprünglich in den Gesetzen stehenden Fälle zu beschränken.[150] Zu dieser Vereinheitlichung hat sicherlich u. a. die Berücksichtigung anglo-amerikanischer Literatur mit der dort weit verbreiteten Begriffskombination M & A beigetragen, bei der ein Merger zwar überwiegend mit einer Verschmelzung in etwa im Sinne des deutschen AktG gleichgesetzt,[151] des öfteren aber – ebenso wie die Acquisition – grundsätzlich als Beteiligungsmöglichkeit an Aktiengesellschaften verstanden wird oder gar als Oberbegriff für Zusammenschlussprozesse allgemein dient.[152] Auch die Praxis verwendet sehr rasch den Terminus der Verschmelzung in Zusammenhang mit Fusionen, ohne sich dessen ursprünglicher – vornehmlich im Aktienrecht – genau abgegrenzter Bedeutung, nämlich der Rechtsformbindung, bewusst zu sein. Dem allgemeinen

---

[147] Die *Gesamtrechtsnachfolge* sieht den Übergang des Vermögens als Ganzes (einschließlich der Schulden) vor, während bei der *Einzelrechtsnachfolge* jedes einzelne Wirtschaftsgut nach den dafür geltenden Bestimmungen des Bürgerlichen Gesetzbuches (BGB) vom Zielobjekt auf den Erwerber übertragen werden muss.

[148] Vgl. § 339 AktG.

[149] Vgl. Eichinger (1971), S. 9, Pausenberger (1989a), S. 624, und Küting (1993), Sp. 1341 f.

[150] Vgl. beispielsweise Grandjean (1992), S. 71, Bamberger (1994), S. 7 f., Koch/Weiss (1994), S. 911 f., Zoern (1994), S. 25, Ossadnik (1995), S. 3.

[151] Vgl. Cartwright/Cooper (1992), S. 30 ff.

[152] Vgl. dazu Penrose (1959), S. 155, und Jensen/Ruback (1983), S. 6.

Sprachgebrauch schließt sich die vorliegende Arbeit aus Verständnisgründen, nicht aus inhaltlicher Überzeugung, an.

ad 3. Aus ökonomischer Sicht versteht man unter einer Fusion einen Unternehmenszusammenschluss, bei dem die sich vereinigenden Unternehmen im Zuge dieses Prozesses nicht nur in einer wirtschaftlichen, sondern auch in einer rechtlichen Einheit integriert werden (hier stimmen die Auffassungen von Fusion im weitesten Sinne unter Punkt (c) des ersten Ansatzes und die ökonomische Sichtweise überein).[153] Wesentliches Kriterium der Fusion – auch im Rahmen dieser Arbeit – ist demnach der **Verlust der rechtlichen Eigenständigkeit** zumindest eines Unternehmens. Der so definierte Fusionsbegriff ist prinzipiell von der Rechtsform der Partner sowie von der Art des Vermögensübergangs (Einzel- oder Gesamtrechtsnachfolge) und der Entschädigungsleistung (Barzahlung bzw. Gewährung von Gesellschaftsrechten) unabhängig.

In der Literatur spricht man in diesem Zusammenhang in vielen Fällen von den „eigentlichen" oder auch „echten" Fusionen.[154] Zieht man das genuine Ordnungskriterium der Bindungsintensität zur Charakterisierung von Fusionen heran, so ist unter diesem Blickwinkel zu konstatieren, dass die Fusion im Vergleich zu den anderen Zusammenschlussformen diejenige Form mit der stärksten Bindungsintensität repräsentiert. Sie ist nach PAUSENBERGER „ ... die intensivste, zugleich aber auch die organisatorisch, gesellschafts- und steuerrechtlich komplizierteste Form des Unternehmenszusammenschlusses"[155], indem sie ex ante sämtliche Produktionsfaktorenbündel in den Zusammenschluss einbezieht.

Hinsichtlich der Durchführung des Prozesses der Fusion existieren zwei Modelle: einmal die *Fusion durch Aufnahme*, zum zweiten die *Fusion durch Neubildung*. Bei der ersten Variante übernimmt ein bereits bestehendes Unternehmen (oft das größere) das Vermögen eines anderen (des kleineren) als Ganzes gegen Gewährung von Anteilen.[156] Im zweiten Fall wird ein neues Unternehmen gegründet, auf welches man das

---

[153] Vgl. Schubert/Küting (1981), S. 318, sowie Küting (1993), Sp. 1341.

[154] Vgl. Neumann (1994), S. 40.

[155] Pausenberger (1984), Sp. 1604. Siehe auch Gimpel-Iske (1973), S. 9, sowie Möller (1983), S. 14, die die Fusion gleichfalls als „ ... engste Form von Unternehmenszusammenschlüssen ..." charakterisieren.

[156] Weisen beide Partner vergleichbare Marktpositionen auf, spricht man von einer *Fusion unter Gleichen (Merger of Equals)*; der im Jahre 1998 vollzogene grenzüberschreitende Zusammen-

Vermögen der zu verschmelzenden Partner als Ganzes gegen Gewährung von Anteilen an der neuen Gesellschaft überträgt.[157]

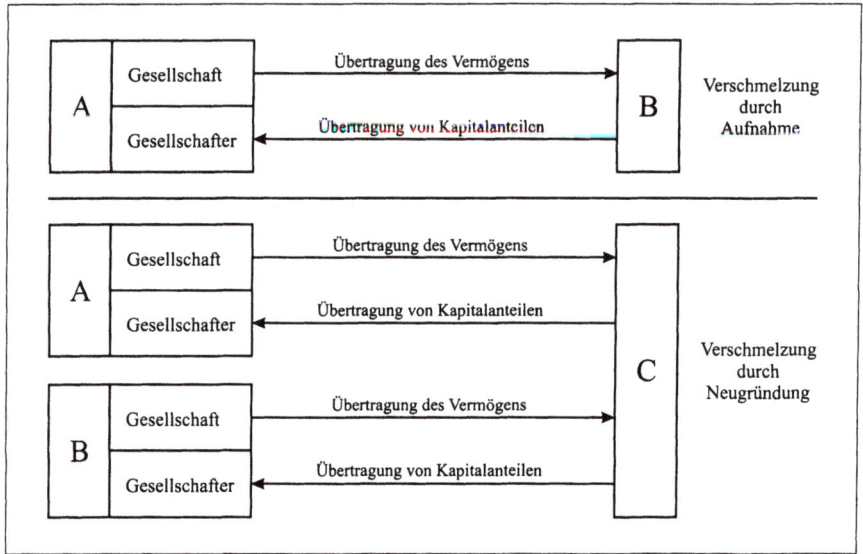

Abb. 2.1: Formen der Verschmelzung zwischen Unternehmen[158]

Die Fusion mittels Neubildung verursacht u. a. höhere Transaktionskosten, z. B. Gründungskosten in Form von Notariats- und Gerichtskosten, so dass in der Praxis die Fusion durch Aufnahme der Regelfall ist.[159] Auch in der Theorie konzentriert sich die Analyse auf dieses Modell des Vereinigungsprozesses, denn das Resultat einer Fusion durch Neubildung ist de facto ein neues Unternehmen und kein Ausdruck externer Wachstumsstrategien mehr, bei dem das übernehmende Unternehmen als Wachstumsobjekt und das übernommene Unternehmen als Zielobjekt identifiziert werden können

---

schluss der Automobilhersteller Daimler-Benz AG und Chrysler Corp. wurde z. B. von den verantwortlichen Managern beider Unternehmen gern als Merger of Equals bezeichnet, was sich später aus der Sicht des amerikanischen Partners als fragwürdig herausstellte.

[157] Vgl. zu beiden Vertragsvarianten ausführlich Bache (1972), S. 1331-1338.
[158] In Anlehnung an Ossadnik (1995), S. 4.
[159] Schubert/Küting (1981), S. 322, führen zwar auch einige Gründe für die Wahl der Fusion durch Neubildung an, weisen aber gleichzeitig darauf hin, dass insgesamt die Argumente für die Fusion durch Aufnahme überwiegen.

2.4 Spezifische Formen von Unternehmenszusammenschlüssen

und eine Erfolgsbeurteilung der Strategie ex post ermöglicht. PAUSENBERGER vernachlässigt sie daher in seinen Überlegungen zur Zusammenschlussplanung gänzlich[160], und in der anglo-amerikanischen Literatur spielt sie gleichfalls keine Rolle in der Merger-Thematik, sondern wird abweichend als „Consolidation" bezeichnet und entsprechend diskutiert[161].

2.4.1.3 Fusion und Fusionskontrolle

Da jede „echte" horizontale Fusion aufgrund der damit verknüpften Unternehmensvereinigung eine zahlenmäßige Reduzierung der Marktteilnehmer impliziert, was auf der einen Seite mit einer Schwächung der Wettbewerbsintensität, auf der anderen Seite mit einer unerwünschten Zunahme der Marktkonzentration verbunden sein kann (sofern simultan keine Markteintritte neuer Wettbewerber oder Marktanteilszuwächse anderer Marktteilnehmer durch internes Wachstum zu beobachten sind), bilden gerade Fusionen den bevorzugten Gegenstand wettbewerbspolitischer Maßnahmen, die in Deutschland innerhalb der Fusionskontrollgesetzgebung (abgekürzt Fusionskontrolle) niedergelegt worden sind. Im Zentrum dieser Gesetzgebung steht das GWB, das seit 1973 u. a. ein Verbot abgestimmter Verhaltensweisen, eine verschärfte Missbrauchsaufsicht über marktbeherrschende Unternehmen sowie eine Kontrolle bestimmter Unternehmenszusammenschlüsse enthält. So können z. B. geplante oder bereits vollzogene Fusionen vom zuständigen Bundeskartellamt untersagt bzw. widerrufen werden, wenn zu erwarten ist, dass durch die Fusion eine marktbeherrschende Position entsteht oder verstärkt wird.[162] Seit 1999 ist mit der 6. GWB-Novelle ein stark überarbeitetes GWB in Kraft, dessen vorrangige Zielsetzung eine Harmonisierung der deutschen und der europäischen Fusionskontrolle war.[163]

---

[160] Vgl. Pausenberger (1989b), Sp. 23.

[161] So definiert z. B. Gaughan (1996), S. 7, stellvertretend für viele: "A merger is a combination of two corporations in which only one survives and the merged company goes out of existence.... A merger differs from a *consolidation*, which is a business combination whereby two or more companies join to form an entirely new company."

[162] Vgl. § 24 Abs. 1 GWB.

[163] Ob die mit der jüngsten Novelle beabsichtigte Harmonisierung, die auch bei früheren Novellierungen des GWB stets ein Thema war, gelungen ist, wird in Theorie und Praxis kontrovers diskutiert. Vgl. beispielsweise skeptisch Schütz (2000) als Vertreter der betroffenen Unternehmenspraxis.

Diese supranationale Fusionskontrolle wurde Ende des Jahres 1989 nach lange Zeit kontroversen Diskussionen der europäischen Mitgliedsländer über die Ausrichtung einer derartigen Gesetzgebung mit Verabschiedung der so genannten Europäischen Fusionskontrollverordnung (FKVO) eingeführt.[164] Ihr Anwendungsbereich erstreckt sich auf den gesamten Europäischen Binnenmarkt und kommt dann zum Tragen, wenn der weltweite Gesamtumsatz aller am Zusammenschluss beteiligten Unternehmen und der gemeinschaftsweite Umsatz von mindestens zwei am Zusammenschluss beteiligten Unternehmen bestimmte Schwellenwerte überschreiten.[165] Die Parallelen zur deutschen Fusionskontrolle werden anhand des Eingreifkriteriums transparent: Fusionen, die eine beherrschende Stellung im **Binnenmarkt** – in der Definition des Marktumfangs besteht der Unterschied zur deutschen Gesetzgebung, die sich allein auf den nationalen Markt konzentriert – begründen oder verstärken, durch welche wirksamer Wettbewerb erheblich behindert wird, sind von der Kommission der Europäischen Union (EU) zu untersagen.

Seit Inkrafttreten der FKVO bis zum Ende des Jahres 2000 sind ca. 1500 Fusionsvorhaben bei der EU-Kommission angemeldet worden, von denen ein generelles Verbot beabsichtigter Zusammenschlüsse (darunter derjenigen von Deutsche Telekom/Betaresearch und Bertelsmann/Kirch/Premiere) lediglich für dreizehn Fälle erging.[166] Besonders das Jahr 2000 war durch einen starken Anstieg genehmigungspflichtiger Vorhaben gekennzeichnet, so wurde über insgesamt 345 Fälle entschieden, was im Vergleich zum Vorjahr einen Zuwachs von 28 % bedeutete. Auch in den kommenden Jahren wird seitens der EU-Kommission mit einer weiteren Zunahme bei gleichzeitiger Erhöhung der Komplexität der zu beurteilenden Zusammenschlüsse gerechnet.[167]

Sowohl für die langfristige Zukunft der deutschen als auch der europäischen Fusionskontrolle sind Fragen des Radius ihrer Anwendung von Bedeutung, wobei insbesondere das Problem der Kontrolle von Konzentration auf globalen, weltweiten Märkten, also über den Horizont des Europäischen Binnenmarktes hinaus, auf der Agenda wett-

---

[164] Vgl. zur Konzeption der europäischen Fusionskontrolle umfassend das dazugehörige Sondergutachten der Monopolkommission (1989).

[165] Vgl. Art. 1 Abs. 2 FKVO. Die Schwellenwerte werden regelmäßig an veränderte Marktbedingungen angepasst.

[166] Eine Aufschlüsselung der Fusionsvorhaben mit expliziter Begründung von Zustimmung bzw. Ablehnung durch die EU-Kommission bis zum Jahr 1999 findet sich bei Schmidt (2000), S. 9 ff.

[167] Vgl. o. V. (2001a), S. 12.

bewerbspolitischer Diskussion steht. Vermutlich wird sich die Fusionskontrolle zu einer multilateralen Zusammenarbeit mit anderen Wettbewerbsbehörden entwickeln, für die indes zunächst die notwendigen internationalen Abkommen weiter verbessert werden müssen.

2.4.1.4 Fusion in der Versicherungswirtschaft

Unter einer Fusion auf dem Versicherungsmarkt versteht man prinzipiell den Zusammenschluss von zwei oder mehreren Versicherern zu einer einzigen Rechts- und Wirtschaftseinheit.[168] Rechtsgrundlagen der Unternehmensvereinigung sind – in Abhängigkeit von der Rechtsform der beteiligten Unternehmen – für V-AG die §§ 339-353 AktG und nach dem Inkrafttreten des umfassend novellierten Umwandlungsgesetzes (UmwG) zu Beginn des Jahres 1995 für große VVaG die §§ 109-119 UmwG.

Obige Definition vermittelt auf den ersten Blick eine hohe Affinität zu der allgemeingültigen Beschreibung des Sachverhalts, wenn man von der Spezifizierung auf die Kategorie der beteiligten Versicherungsunternehmen abstrahiert (auch die Bestimmungen der nationalen und supranationalen Fusionskontrolle sind für Versicherer ebenso bindend wie für Unternehmen anderer Branchen). Fusionen in der Versicherungswirtschaft sind neben ihrer Genehmigungspflicht durch das BAV bei VVaG durch eine Reihe weiterer Restriktionen (die im Folgenden erläutert werden) gekennzeichnet, die u. a. dazu beigetragen haben, dass sie in der Praxis vielfach in Kombination mit anderen Zusammenschlussaktivitäten, wenn auch zeitversetzt, realisiert werden. Zahlreiche Fusionen stellen z. B. so genannte konzerninterne Fusionen dar, bei denen die involvierten Versicherer in der Vergangenheit bereits durch vorgeschaltete Akquisition Glieder eines Versicherungskonzerns waren. Als aktuelles Beispiel für eine derartige konzerninterne Fusion sei die Verschmelzung der AXA Colonia Lebensversicherung AG mit der Nordstern Lebensversicherungs-AG im Jahre 1999 angeführt, die beide dem AXA Konzern angehörten.[169] Eine der selteneren Fusionen, ohne dass vorher eine Zugehörigkeit zu einer übergeordneten Einheit bestand, haben im Jahre 1998 die Einzelversicherer Kölner Postversicherung VVaG und die Vereinigte Postversicherung VVaG vorgenommen.[170]

---

[168] Vgl. Farny (2000a), S. 235.
[169] Vgl. VerBAV (1999), S. 203.
[170] Vgl. VerBAV (1998), S. 219.

Der M & A-Markt für Versicherungsunternehmen wird – vergleichbar mit dem gesamten deutschen Markt und dem Weltmarkt – von (konzentrischen sowie diversifizierenden) horizontalen Fusionen dominiert, denn bedingt durch das Gebot der Spartentrennung sind nur Versicherungsunternehmen, die identischen Versicherungssparten angehören, also z. B. zwei oder mehrere Lebens-, private Kranken- oder Komposit- bzw. Sachversicherer, fusionsfähig. Demnach treten auch Fusionen zwischen Versicherern und Unternehmen anderer Branchen, d. h. konglomerate Fusionen, bei Zusammenschlüssen nicht auf.

Das Vorhandensein unterschiedlicher Rechtsformen verkörpert eine zusätzliche Barriere für die Realisierung von Fusionen, da diese nach dem VAG[171] eigentlich ausschließlich zwischen Unternehmen gleicher Rechtsform gestattet waren und das Potenzial möglicher Zielobjekte aus der Perspektive übernahmewilliger Unternehmen dadurch ex ante stark begrenzt wurde. Das novellierte UmwG hat jedoch dem vehementen Bedürfnis der Praxis nach Einführung einer so genannten *Mischverschmelzung* entsprochen und sie prinzipiell ermöglicht,[172] die Bestimmungen im VAG wurden gleichzeitig aufgehoben. Die Mischverschmelzung bezieht sich aber ausschließlich auf die Fusion durch Aufnahme eines VVaG von einer V-AG, bei der die in Verbindung mit dem Versicherungsvertrag erworbenen Mitgliedschaftsrechte der Policeninhaber in Aktionärsrechte überführt werden, um neben dem Versicherungsverhältnis die Gläubigerstellung der Versicherungsnehmer zu erhalten. Jede derartige Fusion bedarf außerdem nach dem neu in das Gesetz aufgenommenen § 14a VAG der Genehmigung durch das BAV (zuvor müssen die Mitglieder des Vereins den Verschmelzungsbeschluss des Vorstands mit drei Vierteln der abgegebenen Stimmen in der Mitgliederversammlung billigen[173]). Der umgekehrte Fall, d. h. die Aufnahme einer V-AG durch einen VVaG, ist auch zukünftig nicht erlaubt, da aufgrund der Struktur des VVaG nur dessen Versicherungsnehmer Mitglieder werden können und keine externen natürlichen oder juris-

---

[171] Vgl. §§ 44a - 44c VAG.

[172] Vgl. § 109 Abs. 1 Satz 2 UmwG.

[173] Die Funktionen der *Mitgliederversammlung* des VVaG (der Obersten Vertretung als Souverän) ähneln denen der Hauptversammlung einer V-AG, allerdings sind die Beziehungen zwischen den Mitgliedern und dem Verein inhaltlich wesentlich stärker in der Satzung geregelt als bei der V-AG und bedingen dadurch – zumindest theoretisch – verbesserte Einflussmöglichkeiten auf Satzungsmodifikationen. Bei sehr großen VVaG mit entsprechend hohen Mitgliederzahlen ersetzt die Mitglieder*vertreter*versammlung aus nachvollziehbaren praktischen Gründen die Vollversammlung. Vgl. Hoppmann (2000), S. 101 ff.

2.4 Spezifische Formen von Unternehmenszusammenschlüssen

tischen Personen, letztere z. B. in Form der V-AG.[174] Die Handlungsmöglichkeiten von Vereinen in Bezug auf Fusionsaktivitäten sind insofern im Vergleich zu den V-AG doppelt eingeschränkt, da gleichzeitig der gewisse Schutz vor feindlichen Übernahmen wegfällt, der die VVaG bislang auszeichnete, indem sie nicht mit V-AG gegen den Willen ihres Managements fusioniert werden durften (was nun über die direkte Ansprache der Mitglieder in der Mitgliederversammlung zumindest theoretisch möglich wäre), so dass sich z. Zt. viele Versicherungsvereine mit dem Gedanken an eine *Demutualisierung*, also der Umwandlung in eine Kapitalgesellschaft, tragen, um ihre Position auf dem M & A-Markt als aktive und nicht nur passive Marktteilnehmer zu verbessern.[175]

Insgesamt dokumentieren die vorangegangen Ausführungen, dass „echte" Fusionen auf dem Versicherungsmarkt – vor allem für VVaG – von zahlreichen Restriktionen betroffen sind, die diesen Typus von Unternehmenszusammenschlüssen aus theoretischer Perspektive eher unattraktiv erscheinen lassen. Um so erstaunlicher ist die doch recht hohe Anzahl von Fusionen, die jedes Jahr konstatiert werden kann (im Durchschnitt wurden in den 90er Jahren pro Jahr sechs Fusionen getätigt[176]).Welche Vorteile sich die involvierten Unternehmen davon erhoffen bzw. ob sich die Vor*ur*teile bestätigen, lässt sich demnach explizit nur mittels einer empirischen Analyse überprüfen.

2.4.2 Bestandsübertragung

2.4.2.1 Vorbemerkungen

Bei der *Bestandsübertragung* handelt es sich im Gegensatz zu den anderen branchenunabhängig anzutreffenden Formen des Unternehmenszusammenschlusses um einen versicherungsspezifischen Typ unternehmerischer Zusammenarbeit, der dort sowohl in der Theorie als auch in der Praxis eine lange Tradition besitzt. So findet in der deutschsprachigen versicherungswissenschaftlichen Literatur bereits seit Beginn des

---

[174] Vgl. § 109 UmwG. Siehe außerdem den Kommentar bei Goutier et al. (1996), S. 479.

[175] Vgl. Schweizer Rück (1999a). Siehe speziell zur Problematik der *Demutualisierung* von VVaG, die in den letzten Jahren in der Versicherungsliteratur unter verschiedenen Aspekten (Eigenkapitalbildung, Anbindung an den Kapitalmarkt usw.) umfassend diskutiert wurde, beispielsweise ausführlich Biewer (1998), einen strukturellen, z. T. institutionenökonomisch ausgerichteten Vergleich von VVaG und V-AG nimmt Breuer (1999) vor.

[176] Vgl. jeweils VerBAV (1990-2000) unter dem Stichwort „Fusion" bzw. „Verschmelzung".

vergangenen Jahrhunderts – parallel zur Entwicklung des Versicherungswesens – eine Diskussion von generellen und partiellen Problemen der Bestandsübertragung[177] statt, wobei allerdings in der Mehrzahl der Abhandlungen die juristische Ausgestaltung des Übertragungsprozesses im Vordergrund stand und steht.[178] Traditionell spielen weiterhin die Rechte der Versicherungsnehmer bei der Durchführung von Bestandsübertragungen eine wichtige Rolle in der wissenschaftlichen Betrachtung.[179] Besonderes Interesse hat im Laufe der Jahre zudem der Einfluss der Rechtsform beteiligter Unternehmen auf die erfolgreiche Realisierung von Bestandsübertragungen hervorgerufen, der – sofern diese unterschiedlicher Natur sind – zusätzliche Probleme verursachen kann.[180]

Hingegen werden die ökonomischen Motive der Unternehmen, die zu einer derartigen Entscheidung geführt haben, verbunden mit den daraus resultierenden betriebswirtschaftlichen Konsequenzen, in der Auseinandersetzung mit dem Phänomen der Bestandsübertragung auch heute noch weitgehend vernachlässigt. Es existieren so gut wie keine Publikationen mit ökonomischem Schwerpunkt zu Bestandsübertragungen.[181]

Dies mag zum einen damit zusammenhängen, dass zahlreiche Autoren die Bestandsübertragung lediglich als eine Ausprägung der „echten" Fusion ansehen und sie demnach nicht als eigenständige Form des Unternehmenszusammenschlusses zwischen Versicherern interpretieren. Die Beweggründe für eine Bestandsübertragung und deren betriebswirtschaftliche Effekte werden dann vollständig mit denen einer Fusion

---

[177] Bis in die 20er Jahre hinein sprach man teilweise abweichend von „Abtretung des Portefeuilles" oder „Bestandsänderung", danach konnte sich der Terminus Bestandsübertragung durchsetzen. Vgl. Scharping (1964), S. 23.

[178] Bereits im Jahre 1904 beschäftigte sich Ehrenberg in einem grundlegenden Artikel mit der Bestandsübertragung als juristischem Vertrag. Eine weitere frühe Publikation mit juristischem Fokus hat Ehrenzweig (1931) verfasst. Als Standardwerk juristischer Betrachtung der Bestandsübertragung in der jüngeren Geschichte gilt nach wie vor die Monographie von Scharping (1964).

[179] Erste Schriften zu dieser Thematik stammen von Leister (1930) und Gottschalk (1930).

[180] Vgl. dazu beispielsweise erschöpfend Bannier (1936) und Weber (1994).

[181] Eine Ausnahme stellt Riege dar, der im Rahmen seiner Untersuchung zu Gewinn- und Wachstumsstrategien in der Versicherungswirtschaft neben Fusion und Konzernbildung die Bestandsübertragung als eigenständiges Instrument externer Wachstumsstrategien diskutiert. Vgl. Riege (1994), S. 250-254.

2.4 Spezifische Formen von Unternehmenszusammenschlüssen 63

gleichgesetzt und entsprechend diskutiert.[182] Damit wird man dem Wesen der Bestandsübertragung jedoch sowohl aus Sicht der Theorie, wie die nachfolgenden Ausführungen zeigen werden, als auch aus Sicht der Praxis nur in den seltensten Fällen gerecht, wenn man bedenkt, dass diese in der Versicherungswirtschaft weitaus häufiger anzutreffen sind als z. B. die „echten" Fusionen. So betrug das Verhältnis von Bestandsübertragungen zu Fusionen in der jüngeren Vergangenheit, d. h. in den 90er Jahren, regelmäßig 3:1.[183]

Andererseits mögen die Motive, die früher zur Realisierung von Bestandsübertragungen geführt haben, zur Vernachlässigung des Phänomens beigetragen haben. Solchermaßen motivierte Zusammenschlüsse dienten nämlich vorrangig als Instrument zur Konkursverhinderung und nicht explizit zur Steigerung der Wettbewerbsfähigkeit anhand externen Wachstums.[184] Bestände von Versicherern, die Gefahr liefen, ihre versicherungstechnischen Verpflichtungen aus den abgeschlossenen Verträgen zukünftig nicht mehr erfüllen zu können, wurden – oft durch Initiative des BAV – auf wirtschaftlich stärkere Wettbewerber übertragen, um bereits im Vorfeld eventuelle Konkurse abzuwenden. Diese in der Praxis sehr erfolgreiche Methode stellt die wesentliche Basis für die im Vergleich zu anderen Ländern (beispielsweise Großbritannien) traditionell sehr niedrigen Konkursraten des deutschen Versicherungsmarktes dar und erlangte insbesondere bei den langfristig laufenden Kontrakten in der privaten Krankenversicherung und der Lebensversicherung große Bedeutung[185], da in diesen Sparten die Nachteile für die Versicherungsnehmer bei Zahlungsunfähigkeit des Unternehmens aus Sicht der Versicherungsaufsicht am gravierendsten eingeschätzt werden. So können u. U. fortgeschrittenes Alter und inzwischen aufgetretene Krankheiten dazu führen, dass Versicherungsnehmer in der privaten Kranken- und Lebensversicherung keinen adäquaten Versicherungsschutz mehr erhalten; jedenfalls nicht zu den ursprünglichen Konditionen, die von diesen Determinanten abhängen. Unter solchen Prämissen getätigte Übertragungen bedeuten für den übernehmenden Versicherer jedoch auch, dass der neue Bestand sanierungsbedürftig ist; ob damit also Wachstums- und Rentabi-

---

[182] Vgl. stellvertretend für viele Autoren Weiss (1975), S. 34, Farny (2000a), S. 235 f., und KPMG (1996), S. 43.

[183] Darin sind Teilbestandsübertragungen eingeschlossen. Vgl. VerBAV (1990-2000), jeweils S. X und XI.

[184] Vgl. Müller-Magdeburg (1996), S. 5-9, und Fahr/Kaulbach (1997), S. 305.

[185] Die durchschnittliche Laufzeit eines Vertrages in der klassischen kapitalbildenden Lebensversicherung beträgt z. Zt. rund 28 Jahre, vgl. Settnik (1996), S. 19.

litätssteigerungen einhergehen, darf zumindest bezweifelt werden. Das strategische Potenzial eines derartigen Zusammenschlusses ist im Vergleich zu anderen externen Strategien jedenfalls sehr gering, denn Zeit- und Zugangsvorteile zum Markt werden aufgrund des überproportionalen eigenen Ressourceneinsatzes zur Sanierung des Bestands möglicherweise (über-)kompensiert.

Seit der Öffnung des Europäischen Binnenmarktes im Jahre 1994 gewinnt die Bestandsübertragung jedoch als Mittel zur freiwilligen, aktiven Gestaltung der Unternehmenszukunft aller beteiligten Unternehmen im Rahmen externer Wachstumsstrategien an Relevanz, so dass sie in der vorliegenden Arbeit prinzipiell als eigenständige Alternative zu anderen Formen unternehmerischer Zusammenarbeit angesehen und analysiert werden soll. Eine sehr differenzierte Betrachtung der empirischen Fälle in Bezug auf die Motive ist trotzdem notwendig, da häufig auch z. B. auf das interne Unternehmensgeschehen fokussierte Konzernumstrukturierungen mit Hilfe von Bestandsübertragungen zwischen Tochtergesellschaften vorgenommen werden, die primär keine Steigerung des externen Wachstums zum Ziel haben.[186] Die Gründe für solche Maßnahmen sind komplexer Natur (Verbesserung der Eigenkapitalbasis, Steuererleichterungen usw.) und können jeweils nur auf den Einzelfall bezogen werden.[187] Insgesamt soll daher versucht werden, den Schwerpunkt der nachfolgenden empirischen Analyse auf diejenigen Bestandsübertragungen zu legen, die – aus der Sicht des übernehmenden Unternehmens – vorrangig eine Expansion des Versicherungsgeschäfts, verbunden mit einer raschen Steigerung des Wachstums, implizieren.

2.4.2.2 Begriff und Wesen der Bestandsübertragung

Bei der Bestandsübertragung handelt es sich um einen schriftlichen Vertrag, durch den der Versicherungsbestand eines Versicherungsunternehmens in seiner Gesamtheit (Gesamtbestandsübertragung) oder in Teilen (Teilbestandsübertragung) auf ein anderes Versicherungsunternehmen übertragen wird.[188] Im Falle der Teilbestandsübertragung ist es Sache der Vertragspartner, nach welchen Kriterien der Teilbestand selektiert wird: SCHARPING lässt hier ausschließlich eine Abgrenzung nach objektiven ver-

---

[186] Vgl. Fahr/Kaulbach (1997), S. 305.
[187] Siehe dazu z. B. die Aufzählung möglicher Gründe bei Müller-Magdeburg (1996), S. 4 f., mit weiterführenden Literaturhinweisen.
[188] Vgl. Koch/Weiss (1994), S. 144.

2.4 Spezifische Formen von Unternehmenszusammenschlüssen

sicherungstechnischen Kriterien (beispielsweise nach Risikoklassen, Anm. d. Verf.) gelten[189]; hingegen ist GATTINEAU der Auffassung, es reiche aus, dass die zu übertragenden Verträge „ ... hinreichend bestimmt und für einen Dritten objektiv erkennbar seien"[190]; somit könnte der Teilbestand z. B. aus einer Menge alphabetisch eingegrenzter Verträge bestehen. Charakteristisch für eine Bestandsübertragung ist es grundsätzlich, dass die einzelnen Versicherungskontrakte zusammenbleiben müssen, eine Aufspaltung (in Haupt- und Zusatzversicherung beispielsweise) ist nur in Ausnahmen gestattet.[191] Der Bestand stellt in diesem Zusammenhang die Summe der von einem Versicherer eingegangenen und noch laufenden Versicherungsverhältnisse bzw. -verträge dar. Er umfasst dabei auch die versicherungstechnischen Rückstellungen sowie die Beitragsüberträge[192] und Kapitalanlagen, sofern diese den zu übertragenden Verträgen zugeordnet werden können, m. a. W. bestandsbezogen sind. Sämtliche anderen Vermögenswerte sind der Definition nach also nicht zwingend in die Bestandsübertragung involviert.

Mit Hilfe der Einbeziehung von versicherungstechnischen Rückstellungen sollen keine Verluste jeglicher Art kompensiert, sondern die Erfüllung der Verpflichtungen aus den Versicherungsverträgen garantiert werden. Ob und in welcher Höhe für die Übernahme des Bestands vom erwerbenden Versicherer ein Entgelt, d. h. ein Kaufpreis, an das abgebende Unternehmen zu zahlen ist, richtet sich größtenteils nach den Situationsvariablen der Übertragung bzw. „ ... nach dem Willen der Parteien"[193]. Wird der erworbene Bestand z. B. als sanierungsbedürftig eingestuft, so kann dessen Abstoßen an sich schon einen Wert für das abgebende Unternehmen verkörpern, und man verzichtet auf eine zusätzliche Bezahlung. I. d. R. ist allerdings davon auszugehen, dass in einem Bestandsübertragungsvertrag auch explizit ein Entgelt vereinbart wird, wobei die Bewertung des Kaufpreises für ein Tochterunternehmen innerhalb eines Konzerns bei

---

[189] Vgl. Scharping (1964), S. 32.
[190] Gattineau (1999), S. 76.
[191] Vgl. ausführlich zum Sachverhalt der Teilbestandsübertragung Gattineau (1999).
[192] *Beitragsüberträge* umfassen denjenigen Teil der im Geschäftsjahr fälligen Beitragseinnahmen, der Leistungsentgelt für die Versicherungszeit nach dem Bilanzstichtag darstellt. Es handelt sich somit um die zum Bilanzstichtag noch nicht verdienten Prämien. Vgl. Koch/Weiss (1994), S. 129.
[193] Müller-Magdeburg (1996), S. 23.

Umstrukturierungsmaßnahmen sicher anders ausfällt als für einen externen Wettbewerber.[194]

An dieser Stelle wird bereits der signifikante Unterschied zwischen Bestandsübertragung und Fusion deutlich: Die Übernahme und Integration weiterer Produktionsfaktorbündel neben dem Versicherungsbestand sowie seiner versicherungstechnischen Rückstellungen und Kapitalanlagen durch das übernehmende Unternehmen sind bei der Bestandsübertragung **nicht** zwingend notwendig. Personelle Ressourcen, Sachanlagen sowie nichtversicherungstechnische Verpflichtungen, z. B. in Form von Pensionsrückstellungen für die Mitarbeiter des Zielobjekts, müssen demnach nicht auf den Erwerber übertragen werden. Gerade bei einer Teilbestandsübertragung führt das abgebende Unternehmen häufig sein Versicherungsgeschäft mit den verbliebenen Ressourcen, lediglich vermindert um den übertragenen Bestand oder ergänzt um neue, bislang nicht angebotene Tarife, unverändert fort; es besteht kein Anlass, an eine Auflösung zu denken.[195]

Aber auch Gesamtbestandsübertragung und Fusion sind sowohl in juristischer als auch in ökonomischer Hinsicht keine identischen Vorgänge. Die Gesamtbestandsübertragung bildet quasi ein unverzichtbares Element innerhalb einer Fusion von Versicherungsunternehmen, macht diese jedoch nicht vollständig aus. SCHARPING bezeichnet sie daher folgerichtig als das Geringere, das „Minus" gegenüber der Fusion.[196]

Eine Gleichsetzung beider Formen von Unternehmenszusammenschlüssen wäre nur zulässig, wenn – wie in der Praxis bei Gesamtbestandsübertragungen des öfteren zu beobachten – sämtliche Produktionsfaktorbestände von einem Unternehmen auf ein anderes übertragen würden.[197] Erst dann könnten die betriebswirtschaftlichen Konsequenzen tatsächlich analog denen einer Fusion sein.

---

[194] Die Literatur spricht in diesem Zusammenhang vom „Bestandskauf", der von einigen Autoren wegen steuerlicher und aufsichtsrechtlicher Probleme kritisch beurteilt wird. Sie präferieren daher gegenüber dem beschriebenen klassischen Weg eine Bestandsübertragung über Einbringung in eine AG gegen Gewährung von Aktien. Vgl. z. B. Diehl (2000), S. 269 f.

[195] Vgl. Müller-Magdeburg (1996), S. 50. So hat die VGH Landschaftliche Brandkasse Hannover ÖRA beispielsweise im Jahre 1984 die Zusatzversicherungen Haftpflicht-, Unfall- und Kaskoversicherung von der Provinzial Lebensversicherung Hannover ÖRA übernommen, die sich danach vollständig auf das Lebensversicherungsgeschäft konzentrierte.

[196] Vgl. Scharping (1964), S. 42.

[197] Dann spricht man eher von einer *Vermögensübertragung* (§§ 174, 175 Nr. 1a UmwG) als von einer (Gesamt-)Bestandsübertragung. Eine scharfe Abgrenzung dieser beiden sehr eng miteinan-

2.4.2.3 Rahmenbedingungen der Bestandsübertragung

Die Bestandsübertragung bedarf, unabhängig davon, ob es sich um eine Gesamt- oder Teilbestandsübertragung handelt, der Genehmigung durch das BAV, das für die involvierten Unternehmen zuständig ist. Dieses Erfordernis ist in § 14 VAG geregelt. Gleichzeitig mit der Übertragung des Bestands gehen die damit verknüpften Rechte und Pflichten des übertragenden Versicherers auf den übernehmenden Versicherer über. Dabei handelt es sich um diejenigen Rechte und Pflichten, die aus dem Verhältnis zu den Versicherungsnehmern resultieren. Die Kontrakte bestehen also zwischen dem übernehmenden Unternehmen und den (alten) Versicherungsnehmern unverändert weiter; beide Parteien besitzen in dieser Situation kein spezielles Kündigungsrecht. Auf die Prämisse der Zustimmung zur Bestandsübertragung seitens der Versicherungsnehmer hat der Gesetzgeber bewusst verzichtet, um die Blockierung des Prozesses durch einzelne Versicherungsnehmer zu verhindern, was vor allem im Sanierungsfall, der rasches Handeln erfordert, negative Folgen für die Gesamtheit der Verträge implizieren könnte.[198] Eine Aufweichung dieser Vorschrift ist jedoch zu beachten: Bei der Rechtsform des VVaG ist eine Zustimmung der Obersten Vertretung des übertragenden Unternehmens, also der Mitglieder(vertreter-)Versammlung des Vereins, mit einer Dreiviertel-Mehrheit der abgegebenen Stimmen erforderlich.[199]

Neben der grundsätzlichen Genehmigung durch das BAV ist die Bestandsübertragung an die Erfüllung weiterer aufsichtsrechtlicher Forderungen gebunden. So muss das übernehmende Unternehmen u. a. nachweisen, dass seine Solvabilität, d. h. die Ausstattung mit Sicherheitsmitteln, unter Berücksichtigung des neuen Bestands weiterhin ausreichend hoch ist; außerdem müssen die sozialen Belange der Arbeitnehmer des abgebenden Versicherers (mit Ausnahme der selbstständigen Versicherungsvertreter) gewahrt sein.[200]

---

der verwandten Alternativen des Unternehmenszusammenschlusses ist nach der Einführung der Teilvermögensübertragung durch Inkrafttreten des novellierten UmwG schwierig und kann allenfalls anhand des Objekts der Übertragung erfolgen: Während es bei der Vermögensübertragung ein willkürlicher Teil (oder die Gesamtheit) an Vermögenswerten sein kann, bildet den Gegenstand der Bestandsübertragung stets ein objektiv abgrenzbarer Teil (oder die Gesamtheit) eines Versicherungsbestands nebst den dazugehörigen Rückstellungen, Kapitalanlagen und Beitragsübertragen. Vgl. Müller-Magdeburg (1996), S. 77 f.

[198] Vgl. § 14 Abs. 1 Satz 4 VAG.
[199] Vgl. § 44 VAG.
[200] Vgl. § 14 Abs. 1a Satz 2 VAG.

Prinzipiell zeichnet sich die Bestandsübertragung durch ein einfaches unternehmensrechtliches Procedere aus. Das übertragende Unternehmen bleibt entweder – wie oben beschrieben – mit einem kleinen Teilbestand als rechtlich und/oder wirtschaftlich selbstständiger Wettbewerber am Markt erhalten oder es existiert zunächst nur der „Mantel" des Unternehmens ohne Versicherungsgeschäftsbetrieb weiter, der in der Folgezeit entweder liquidiert oder für andere Geschäfte genutzt werden kann.[201] Im Rahmen von Konzernumstrukturierungsmaßnahmen kommt es häufig vor, dass die (Teil-)Versicherungsbestände mehrfach zwischen Tochtergesellschaften hin und her übertragen werden, wobei die abgebenden Unternehmen dann kein eigenes Geschäft mehr zeichnen, aber trotzdem in dieser Zeit als rechtliche Einheiten unter Bundes- bzw. Landesaufsicht bestehen bleiben.[202]

Das rechtliche Procedere kann jedoch – analog zur Fusion – erheblich an Komplexität zunehmen, wenn die am Übertragungsprozess beteiligten Versicherungsunternehmen differierende Rechtsformen aufweisen. Die Diskussion konzentriert sich dabei vor allem auf den Fall des abgebenden Versicherers in Form eines VVaG und des aufnehmenden Unternehmens als V-AG.[203] Bei dieser Konstellation verlieren nämlich die Versicherungsnehmer nach § 20 Satz 3 VAG ihre Stellung als Mitglieder des Vereins. Es existieren kontroverse Auffassungen in Theorie und Praxis darüber, ob und in welcher Höhe den Versicherungsnehmern Ausgleichsansprüche aus dem Verlust ihrer Mitgliedschaft erwachsen.[204]

So machte das BAV im konkreten Fall eines Kompositversicherers die Genehmigung für die Durchführung einer Bestandsübertragung von der Zahlung einer Entschädigung für die verloren gegangenen Mitgliederrechte abhängig. Die aufnehmende V-AG kam

---

[201] Vgl. Farny (2000a), S. 236.

[202] So standen beispielsweise im Jahre 2000 38 Versicherer unter Bundesaufsicht, die im Berichtszeitraum vorrangig aus den o. a. Gründen kein eigenes Geschäft zeichneten. Vgl. GB BAV 2000 (2002), Teil B, S. 6 f.

[203] ÖRA spielen bei dieser Problematik nur eine untergeordnete Rolle, da u. a. die bis 1994 existierenden regionalen Monopolversicherer grundsätzlich vom Anwendungsbereich des VAG ausgenommen waren, vgl. § 1 Abs. 3 Nr. 4 VAG. Im Zuge des Wegfalls der Versicherungsmonopole sind allerdings von den Aufsichtsbehörden der zuständigen Bundesländer und des Bundes Voraussetzungen zur Überführung der monopol-rechtlichen in private Versicherungsverhältnisse geschaffen worden, so dass das Problem hier in Zukunft an Bedeutung gewinnen könnte. Ein praktischer Fall ist indes bis heute nicht bekannt. Vgl. Thode (1994), S. 324.

[204] Vgl. z. B. die unterschiedlichen Meinungen bei Scharping (1964), S. 108 f., Präve (1991), S. 496, Müller-Wiedenhorn (1993), S. 118-121, sowie Müller-Magdeburg (1996), S. 111.

2.4 Spezifische Formen von Unternehmenszusammenschlüssen

dieser Zahlungsaufforderung jedoch nicht nach, statt dessen beschloss der abgebende VVaG eine Satzungsänderung, der zufolge die von der Bestandsübertragung betroffenen Mitglieder bestimmte Mitgliedschaftsrechte am Vereinsvermögen behalten sollten. Dieser Satzungsmodifikation verweigerte das BAV daraufhin die Zustimmung mit dem Argument, die Belange der Versicherten seien so nicht hinreichend gewahrt.[205] Das Bundesverwaltungsgericht hob die Entscheidung des BAV später auf, da es in dem beschriebenen Vorgang durch die Aufrechterhaltung der vermögensrechtlichen Stellung der Mitglieder keine negative Beeinflussung der Belange der Versicherten erkennen konnte.[206]

Anders urteilte es in Übereinstimmung mit dem BAV bei der Bestandsübertragung eines Lebensversicherungsvereins auf eine Lebensversicherungs-Aktiengesellschaft, einer Sparte also, in der die Versicherungsnehmer im Gegensatz zur Kompositversicherung (mit Ausnahme des Kfz-Versicherungszweiges) gewinnberechtigte Kontrakte besitzen: Hier wurde der Entschädigungsanspruch dem Grunde nach anerkannt. Die Bestandsübertragung betraf die R + V Lebensversicherung a. G., die im Jahre 1989 96,4 % ihres Versicherungsbestands an die neu gegründete R + V Lebensversicherung AG abgab; bei der alten R + V a. G. verblieben lediglich die wirtschaftlich unbedeutenden Restkredit- und Vermögensbildungsversicherungen. Als Abfindung für den Verlust der Mitgliedschaftsrechte verpflichtete sich die R + V V-AG zur Zahlung eines Entgelts, das auf der Basis des damaligen Unternehmenswertes mit Hilfe der Ertragswertmethode errechnet werden sollte.[207] Darüber hinaus sicherte sie den Versicherungsnehmern für den Zeitraum von 14 Jahren eine Überschussbeteiligung in Höhe von 98,6 % zu (nach den Richtlinien des BAV müssen die Unternehmen nur mindestens 90 % ihres im Geschäftsjahr erwirtschafteten Rohüberschusses an die Versicherungsnehmer ausschütten; in der allgemeinen Praxis bewegt sich dieser Prozentsatz zwischen 95 % und 98 % und stellt einen wichtigen Wettbewerbsparameter im – dem Preiswettbewerb nachgelagerten – Überschussbeteiligungswettbewerb dar, der trotz der Freigabe der Prämien 1994 nichts von seiner Relevanz eingebüßt hat). Trotzdem waren jene mit der Regelung nicht einverstanden und verlangten zusätzlich eine Betei-

---

[205] Siehe dazu VerBAV (1991), S. 299 f.
[206] Vgl. VerBAV (1994), S. 169.
[207] Vgl. GB R + V Lebensversicherungs-AG 1989 (1990), S. 10.

ligung an den vermuteten stillen Reserven der im ursprünglichen Versicherungsverein einbehaltenen Aktiva.[208]

Wenngleich die Widersprüche letztendlich sowohl vom BAV als auch vom Bundesverwaltungsgericht zurückgewiesen wurden, da nach Auffassung beider Rechtsinstitutionen der übertragene Teilbestand nahezu das gesamte Vermögen des Unternehmens umfasste[209], wird an dieser Stelle die grundsätzliche Problematik der Bestandsübertragung deutlich, die in ihrem Wesen der Nicht-Einbeziehung sämtlicher Vermögenswerte des zu übertragenden Unternehmens begründet liegt. Den Unternehmen erwächst daraus ein erheblicher Spielraum bei der Gestaltung der Übertragung entsprechender Werte, der auch in der Folgezeit wiederholt zu Klagen seitens einzelner Versicherungsnehmer führte, die nach vollzogener Bestandsübertragung eine Verschlechterung ihrer Stellung – vorrangig im Hinblick auf den Überschussbeteiligungsanspruch – befürchteten.[210] Bisher wurden diese Einsprüche zwar als zulässig erklärt, aber stets als unbegründet abgewiesen, was auf erhebliche Kritik in der Theorie gestoßen ist (die Praxis befürwortet im Gegensatz dazu aus naheliegenden Gründen die Auffassung der Rechtsinstitutionen).[211] Eine einvernehmliche Lösung des Problems ist daher in naher Zukunft nicht zu erwarten.

Die obigen Ausführungen verdeutlichen, dass es sich bei der Bestandsübertragung um ein sehr spezifisches Instrument zur Realisierung externen Wachstums in der Versicherungswirtschaft handelt, dessen empirische Bewertung als Unternehmenszusammenschlusstypus zur Erzielung von Wettbewerbsvorteilen noch aussteht.

---

[208] Insbesondere in den 80er Jahren führte die nach dem strengen Niederstwertprinzip konzipierte Bewertung der Vermögensgegenstände des Anlagevermögens zu extrem hohen stillen Reserven, die sich Ende der 80er Jahre allein für die Lebensversicherung auf geschätzte 100 Mrd. DM beliefen. Vgl. dazu ausführlich Settnik (1996), S. 119. Mit Verabschiedung des Versicherungsbilanzrichtlinie-Gesetzes (VersRiLiG) und dem Erlass der „Verordnung über die Rechnungslegung von Versicherungsunternehmen" (RechVersV) im Jahre 1994 wurde die 1991 in Kraft getretene europäische „Richtlinie des Rates über den Jahresabschluss und den konsolidierten Abschluss von Versicherungsunternehmen" (VerBiRiLi) mit Zeitverzögerung (die Umsetzung war bereits für 1993 vorgesehen) in deutsches Recht transformiert. Sie sieht eine Aufweichung des Prinzips für bestimmte Vermögensgegenstände vor und bedingte demnach ein Abschmelzen der stillen Reserven in den vergangenen Jahren. Vgl. KPMG (1994), S. 30 ff.

[209] Vgl. VerBAV (1992), S. 3.

[210] Vgl. Mudrack (1995), S. 241 f.

[211] Vgl. z. B. Weber (1994), S. 76, mit Hinweisen auf weitere Literaturmeinungen zu den Urteilen von BAV und Bundesverwaltungsgericht.

2.5 Zusammenfassung

Die nachfolgende Abb. 2.2 veranschaulicht die in diesem Kapitel entwickelte Typologie von Unternehmenszusammenschlüssen, die keinesfalls den Anspruch der Repräsentativität erhebt, aber den Zwecken der vorliegenden Arbeit, der theoretischen und empirischen Analyse des Erfolgs von Fusionen und Bestandsübertragungen bei Versicherungsunternehmen, vollauf genügt. Die im Mittelpunkt der weiteren Überlegungen stehenden spezifischen Formen von Zusammenschlüssen, nämlich Fusionen und Bestandsübertragungen, sind optisch hervorgehoben.

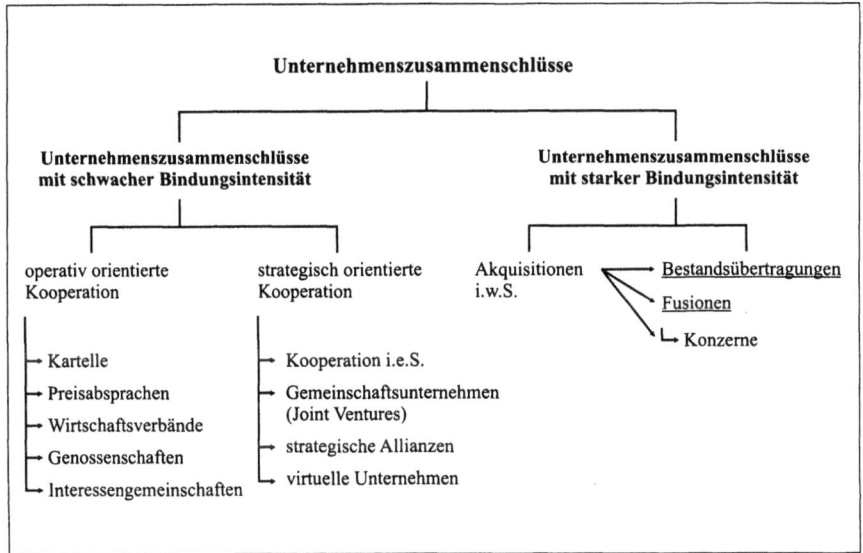

Abb. 2.2: Typologie von Unternehmenszusammenschlüssen[212]

Das zweite Kapitel vermittelte bereits einen nachhaltigen Eindruck von der Komplexität des Untersuchungsgegenstandes Unternehmenszusammenschlüsse vor dem Hintergrund seiner definitorischen Grundlagen, die sich in der einschlägigen Literatur zunächst durch ein fast unüberschaubares Spektrum der verwendeten Begriffe auszeichnen, verbunden mit dort oft anzutreffender unzureichend nachvollziehbarer Begrün-

---

[212] Quelle: eigene Darstellung.

dung von Begriffsfestlegungen, fehlender Übereinstimmung in der Begriffsverwendung auf nationaler und internationaler Ebene sowie dem z. T. vollständigen Verzicht vieler Autoren auf jegliche Begriffsumschreibung. Aufgrund dieser gravierenden Literaturdefizite erweist sich unseres Erachtens zur Erreichung der zentralen Zielsetzungen der vorliegenden Schrift die Sicherstellung eines möglichst transparenten Verständnisses des Sachverhalts und einer fundierten Begriffsreflexion mittels umfassender Diskussion der für das Anliegen der Arbeit bedeutenden Termini, wie es in den vorangegangenen Abschnitten geschehen ist, als besonders wichtig.

3. Theorien zur Erklärung von Unternehmenszusammenschlüssen

3.1 Ausgangssituation im Schrifttum

Unternehmenszusammenschlüsse finden nicht um ihrer selbst willen statt, sondern erfolgen aufgrund von *Motiven/Zielen*[213]; diese beschreiben, was die Partner damit erreichen möchten bzw. sie erklären umgekehrt, warum ein Zusammenschluss überhaupt getätigt wurde. Neben der Begründung für das Zustandekommen von Zusammenschlüssen liefern sie gleichzeitig den konzeptionellen Rahmen, um deren Erfolgspotenziale zu beurteilen, es existiert m. a. W. eine direkte Ursache-Wirkungs-Beziehung zwischen den eventuellen Effekten von Zusammenschlüssen und deren „Driving Forces".[214]

Grundsätzlich kann ein Zusammenschluss – wie schon im zweiten Kapitel angemerkt[215] – als Ausdruck zur Erzielung externen Wachstums interpretiert werden, der den Unternehmen wertvolle Zeit- und Zugangsvorteile zu Produkt- und Kapitalmärkten verschafft. Eine theoretisch vollständig befriedigende Erklärung des Auftretens von Unternehmenszusammenschlüssen liefert diese generelle Aussage jedoch nicht, obwohl viele Ziele nach herrschender Literaturmeinung direkt bzw. indirekt mit der Entscheidung internes vs. externes Wachstum verknüpft sind.[216]

---

[213] Beide Termini werden in der Literatur überwiegend synonym verwendet, Schmidt/Schettler (1999), S. 312 ff., geben jedoch zu bedenken, dass Unterschiede u. a. in Bezug auf den Zeithorizont ihrer Wirkung vorhanden sein können: Während es sich bei Motiven eher um auslösende Momente der Zusammenschlussentscheidung handelt, die sich auf gegenwärtige oder vergangene Ereignisse beziehen, leiten die Entscheider Ziele primär zukunftsbezogen ab. Ebert (1998), S. 97, stellt auf den Instrumentalcharakter von Unternehmenszusammenschlüssen ab und meint, dass bei Erfüllung mindestens eines Unternehmensziels durch den Zusammenschluss bereits ein hinreichendes Motiv zu seiner Durchführung existiert. Alle skizzierten Definitionen dokumentieren indes die enge Beziehung zwischen Motiven und Zielen, dementsprechend erscheint hier eine separate Betrachtung tatsächlich nicht sinnvoll; beide Begriffe werden also in der vorliegenden Arbeit ebenfalls synonym verwendet.

[214] Ganz ausgeschlossen werden kann natürlich auch die Annahme nicht, dass hinter einer erheblichen Anzahl von Unternehmenszusammenschlüssen keine explizit formulierbaren „Driving Forces" stehen. Das Resultat einer solchen Vorgehensweise bilden nach Zwahlen (1994), S. 86 ff., strategielose Akquisitionen, d. h. Zusammenschlüsse ohne große strategische Vorbereitung.

[215] Siehe dazu die Ausführungen unter Abschnitt 2.3.1.

[216] Vgl. z. B. Gimpel-Iske (1973), S. 48, unter Verweis auf weitere Vertreter der Argumentationsrichtung, Sieben/Sielaff (1989), S. 1, Petri (1992), S. 32, Jansen (2000), S. 95 ff.

Deshalb existiert in der Literatur eine fast unüberschaubare Fülle von Zielen, die als Gründe für den Zusammenschluss von Unternehmen angeführt werden[217]. Diese unterschiedlichen Zielsetzungen sind aufgrund eines fehlenden allgemein akzeptierten Systematisierungsansatzes in extrem heterogenen Strukturierungsformen anzutreffen[218], so dass einerseits in vielen Publikationen ex ante völlig auf eine Zuordnung diskutierter Einzelziele zu möglichen übergeordneten Zielkategorien bzw. -theorien verzichtet wird, mit der Konsequenz der Vernachlässigung eventueller Harmonie-, Konflikt- oder Indifferenzrelationen, was das Verständnis für die Entscheidung insgesamt beeinträchtigt, da diese meistens auf eine Kombination mehrerer, sich gegenseitig bedingender Zielsetzungen zurückzuführen ist. Andererseits reduzieren zahlreiche Autoren – vor allem bei empirischen Studien – ihre Ausführungen von vornherein, d. h. auch im theoretischen Teil, auf die Betrachtung spezifischer, später empirisch getesteter Einzelziele, ohne ausreichende Begründungen für die jeweilige Zielauswahl und -relevanz zu nennen. Auch diese Vorgehensweise trägt wenig zum Verständnis des Gesamtphänomens bei. Ebenso sind vorhandene empirische Untersuchungen, in denen das Management der betroffenen Unternehmen zur Bedeutung von Zusammenschlusszielen befragt wurde, nur begrenzt hilfreich, wenn es um die **theoretisch fundierte** Erkenntnis geht, welche *Basis*ziele mit Zusammenschlüssen *tatsächlich* erreicht werden bzw. erreicht werden sollen; die Befragungen enthalten nämlich oft sich überschneidende, z. T. interdependente Einzelziele, zudem lassen sie offen, ob die gegenüber dem Forscher angegebenen Ziele auch wirklich die mit dem Zusammenschluss beabsichtigten Ziele darstellen.

---

[217] Einen Zielkatalog, der die wichtigsten im Schrifttum diskutierten Ziele beinhaltet, entwickelte Gerpott (1993a), S. 64, wobei anzumerken ist, dass die Ziele der Partner nicht immer in einer harmonischen, sondern oft in einer neutralen oder sogar antinomischen Beziehung zueinander stehen. Kommt Informationsasymmetrie hinzu, sinken die Chancen auf die Realisierung eines Zusammenschlusses erheblich. Dabei wird der Zusammenschluss zwar u. U. publiziert und vollzogen, scheitert aber meistens in den späteren Phasen des Transaktionsprozesses, vgl. Kaufmann (1990), S. 33 f. Ein Beispiel dafür ist der im Frühjahr 2000 angekündigte Zusammenschluss der Deutschen und der Dresdner Bank, dessen Implementierung letztlich an der Einbindung der Investmentgesellschaft Kleinwort Benson in den Unternehmensverbund scheiterte. So hatte die Deutsche Bank die Dresdner Bank angeblich im Vorfeld der Verhandlungen nicht darüber informiert, dass ihr Tochterunternehmen im Zuge des Zusammenschlusses veräußert werden sollte.

[218] Bamberger (1994), S. 61, stellt übersichtsartig verschiedene, in der Literatur zu findende Klassifikationsansätze von Zusammenschlussmotiven vor. So gliedert beispielsweise der in seiner Übersicht enthaltene Klassifikationsvorschlag von Bühner (1990b) die einzelnen Motive in drei Kategorien: real, spekulativ und managementorientiert.

3.1 Ausgangssituation im Schrifttum

Viele Autoren sind sich der Tatsache nicht bewusst, dass die aus ihrer Sicht unbefriedigende Heterogenität der Ansätze in Bezug auf die Erklärung von Unternehmenszusammenschlüssen aus den verschiedenen Theorien zur Erklärung des Unternehmens selbst heraus resultiert, sie stellen infolgedessen keine direkten Verbindungen zwischen den einzelnen „Theorien der Unternehmung" und den zahlreichen isoliert stehenden Hypothesen zur Erklärung von Unternehmenszusammenschlüssen her[219], was u. a. bedeutet, dass bestimmte Zielsetzungen theoretisch und praktisch als nicht miteinander vereinbar gelten und sie separat diskutiert werden. Werden hingegen die unterschiedlichen Theorien der Unternehmung **gemeinsam** als Ausgangspunkte zur Erklärung des Auftretens von Unternehmenszusammenschlüssen genutzt – SAUTTER ist einer der wenigen Verfasser, die explizit auf diese Möglichkeit aufmerksam machen, er berücksichtigt in seiner Studie zur „Strategischen Analyse von Unternehmensakquisitionen" demgemäß verschiedene (auch neuere) Unternehmenstheorien[220] – arbeitet diese Vorgehensweise den *ergänzenden Charakter* der verschiedenen Theorien und darauf aufbauender Hypothesen heraus. Sie nähert sich dem Problem also, entsprechend den vielfältigen Aspekten des Basisgegenstandes „Unternehmung", von verschiedenen Seiten. SCHOPPE ET AL. sprechen in diesem Kontext sinnvollerweise von einem „Konglomerat unterschiedlicher Ansätze"[221] und betonen ausdrücklich, dass die Facetten des Unternehmens in einem einzigen Modell nicht aussagekräftig erfasst werden können.

Die nachfolgenden Ausführungen nehmen diese Anregungen auf und beschreiben die in der Literatur angeführten Hypothesen zur Erklärung von Unternehmenszusammenschlüssen aus den Blickwinkeln der verschiedenen Modelle des Unternehmens heraus. Sie beschränken sich dabei nicht auf die Schilderung derjenigen Ziele bzw. Effekte, die im Anschluss mittels der Jahresabschlussanalyse explizit empirisch überprüft wer-

---

[219] Indirekt bestehen diese Verbindungen jedoch schon, wenn man sich die einzelnen Systematisierungsansätze einmal genauer anschaut: So spiegelt beispielsweise Firths Differenzierung auf der einen Seite in „Motive zur Gewinnmaximierung" und auf der anderen Seite in „Motive zur Managernutzenmaximierung" de facto nichts anderes als die primären Zielsetzungen des Unternehmens aus der Perspektive der Klassik-Neoklassik bzw. der Manager- und bestimmter institutionenökonomischer Theorien wider. Vgl. Firth (1980), S. 235 ff. Vergleichbares ist bei anderen Gliederungsversuchen zu konstatieren.

[220] Vgl. Sautter (1989), S. 58. Schenk (1997) stellt insofern eine weitere Ausnahme dar, als er sich mit verschiedenen betriebswirtschaftlichen Unternehmenstheorien und darauf aufbauenden Hypothesen speziell zur Erklärung der besonderen Zusammenschlussform Konzern(bildung) auseinandersetzt.

[221] Schoppe et al. (1995), S. 1.

den können, obwohl der Schwerpunkt darauf liegt. Denn in Zusammenhang mit der späteren Erprobung der Tauschtheorie als übergeordnetem, vom eigentlichen Untersuchungsgegenstand abstrahierenden Bezugsrahmen, soll gerade die universelle Handhabbarkeit dieser Theorie veranschaulicht werden.

3.2 Neoklassische Theorie der Unternehmung als Erklärungsansatz

3.2.1 Vorbemerkungen

Die Hauptzielrichtungen der *neoklassischen Theorie der Unternehmung* bilden wettbewerbstheoretische Aussagen über das Wechselspiel von Anbieterstrukturen und Märkten sowie Aussagen über die jeweiligen Marktergebnisse; eine Frage, die die Neoklassiker besonders bewegt, ist diejenige nach der optimalen Ressourcenallokation unter gegebenen Bedingungen.[222] Die Marktprozesse sind dabei durch nachstehende Prämissen charakterisiert:

➢ Auf den Faktor- und Absatzmärkten herrscht vollkommene Konkurrenz.

➢ Die angebotenen Güter sind homogen.

➢ Alle Marktteilnehmer besitzen vollständige Informationen über alle Preise, Güter und Zustände der Welt.

➢ Die einzelnen Marktteilnehmer haben keine Präferenzen räumlicher, sachlicher, zeitlicher und persönlicher Art.

➢ Die einzelnen Marktteilnehmer handeln rational.

➢ Es existieren keine Transaktionskosten, d. h. Kosten der Koordination von Aktivitäten, über den Markt oder innerhalb des Unternehmens.[223]

Die Unternehmen als solche stehen nicht im Zentrum des Interesses, was zum einen dazu führt, dass ihre Existenz vorausgesetzt und nicht explizit begründet wird, zum anderen das Innere der Unternehmen eine nicht weiter zu hinterfragende „Black Box" darstellt, m. a. W. einen „Optimierungsautomaten" verkörpert, der sich passiv an die

---

[222] Vgl. z. B. Schoppe et al. (1995), S. 11 und S. 18.
[223] Siehe u. a. Schenk (1997), S. 28.

jeweils gegebenen Umweltbedingungen anpasst.[224] Auf Basis der klassischen Grundvorstellung, die Zielfunktion des Unternehmens und diejenige des Unternehmers als alleinigem Kapitalgeber und Eigentümer seien identisch, gleichzeitig sorge die „Invisible Hand" des Wettbewerbs dafür, dass der Eigentümerunternehmer durch das Motiv der Gewinnmaximierung dazu angehalten werde, aktiv zur Steigerung des Gemeinwohls beizutragen, ist eine sehr einfache, technologisch geprägte Modellierung des Unternehmens – quasi in Form einer reinen Produktionsfunktion – möglich, die für eine Transformation von Produktionsfaktoren in Güter verantwortlich ist. Produktion und Absatz von Gütern sind dabei so weit auszudehnen, bis nach dem Grenznutzenprinzip die aus der Kostenfunktion ableitbaren Grenzkosten gleich dem Grenzerlös sind. BRESSLEIN formuliert folgendermaßen: „Für die Funktion, die das Unternehmen in der Neoklassik bei der Koordination in Bezug auf die Allokation hat, reicht die Betrachtung des Unternehmens als theoretischer Begriff völlig aus. Das Unternehmen vollbringt dann seine Koordinationsleistung, indem es seinen optimalen Produktionsplan aufstellt, für den es die nötigen Informationen aus der bekannten Produktionsfunktion, den bekannten Preisen und der bekannten Preisabsatzfunktion erhält."[225]

Im Folgenden soll nun analysiert werden, ob bzw. aus welchen Gründen sich Unternehmenszusammenschlüsse aus der neoklassischen Theorie der Unternehmung herleiten lassen. Dazu bieten sich sowohl die *Marktmacht*- bzw. *Monopolhypothese* als auch die *Synergiehypothese* sowie ferner *informationseffizienzbezogene Hypothesen* an. Anzumerken ist an dieser Stelle, dass die genannten Hypothesen in ihrer Gesamtheit nur dann als neoklassisch begründete Zusammenschlussmotive angeführt werden können, wenn man die ursprünglich geltenden strengen Prämissen zur Beschreibung der Marktgegebenheiten sukzessive lockert (dies beginnt schon bei einigen Elementen der Synergiehypothese). Allerdings sollen nur solche Marktunvollkommenheiten Berücksichtigung finden, die nicht auf Organisationsspezifika im Sinne einer institutionenökonomischen Sichtweise des Unternehmens zurückzuführen sind.

3.2.2 Marktmachthypothese

Eine Erklärung für Unternehmenszusammenschlüsse stellt die damit verknüpfte Chance zur Erhöhung von *Marktmacht* dar, indem ein Unternehmen durch den Zusammen-

---

[224] Vgl. Schoppe et al. (1995), S. 5.
[225] Breßlein (1985), S. 41.

schluss mit einem Konkurrenten den Wettbewerb begrenzt und daraus entstehende Monopolgewinne abschöpfen kann.[226] Marktmacht wird hier definiert als "... the ability of a market participant or a group of participants to control the price, the quantity or the nature oft the products sold, thereby generating extra-normal profits."[227] Ein Unternehmen verschafft sich eine größere Marktmacht, d. h. eine größere Verhandlungsmacht gegenüber Lieferanten und Kunden, die zu Preis- und Mengenkonzessionen führt, wenn es im Vergleich zu seinen Konkurrenten relativ größer wird.

Nach der „Monopoly Theory"[228] wird das Unternehmen nun in die Lage versetzt, einen (gewinnmaximierenden) Marktpreis zu etablieren, der oberhalb des Konkurrenzpreises liegt. Erkenntnisse der Neoklassik, die sich aus dem Cournotschen Monopolmodell und verschiedenen Modellen der Oligopoltheorie herleiten, lassen vermuten, dass dieser erhöhte Preis zu einer geringeren Verkaufsmenge und damit zu einer verschlechterten Güterversorgung der Konsumenten zugunsten des Quasi-Monopolisten führt. Marktmachtvorteile rufen also keine gesamtwirtschaftlichen Ersparnisse hervor, sondern bedingen im Gegenteil einzelwirtschaftliche Verbesserungen in den Tauschrelationen zu Lasten der Marktgegenseite.[229] In diesem Fall entsteht ein Vermögenstransfer von den Kunden zu den Eigentümern, d. h. Wertsteigerungen in Bezug auf den Zusammenschluss stammen nicht aus Effizienzverbesserungen, sondern erfolgen durch eine Umverteilung der Konsumentenrente zugunsten der Produzentenrente.

Diese Form des Wertzuwachses ist aber auch, wie HAY/MORRIS zu bedenken geben, in bestimmtem Umfang von der Kooperationsbereitschaft anderer Marktteilnehmer abhängig.[230] In der Literatur wurde theoretisch gezeigt, dass in einem Cournot-Nash-Gleichgewicht die Gewinne der verbundenen Unternehmen sinken können. Ein Zusammenschluss bewirkt nämlich u. U., dass die Unternehmen ihre gemeinsame Produktion im Vergleich zu der Summe der vorher selbstständigen Unternehmen drosseln und die Konkurrenz gleichzeitig expandiert. Zwar liegt der Gewinn des Unternehmensverbundes bei jeder gegebenen Ausbringungsmenge der Konkurrenten höher als vorher bei Unabhängigkeit, aber der Gewinn fällt mit Anstieg dieser Ausbringungs-

---

[226] Vgl. Kurandt (1972), S. 141.
[227] Seth (1990a), S. 101.
[228] Trautwein (1990), S. 285.
[229] Vgl. Schenk (1997), S. 39.
[230] Vgl. Hay/Morris (1991), S. 510.

3.2 Neoklassische Theorie der Unternehmung als Erklärungsansatz

menge. Daher besteht die Gefahr, dass insgesamt der Effekt für die beteiligten Unternehmen negativ ist.[231]

Die Monopolhypothese findet besonders bei horizontalen Unternehmenszusammenschlüssen Anwendung, hier kommen vermehrt Absprachen zwischen Wettbewerbern, Gegenseitigkeits-, Ausschließlichkeits- und Kopplungsgeschäfte zum Tragen[232]. Allerdings weisen konglomerate Zusammenschlüsse ebenfalls Marktmachteffekte auf. So können die mit Hilfe der Marktmacht erwirtschafteten Zusatzgewinne aus einer Branche oder einem Marktsegment zum Ausbau der Marktstellung in einer anderen Branche bzw. einem anderen Marktsegment unter Inkaufnahme von Verlusten verwendet werden, indem Produkte auf diesem Markt zu Preisen angeboten werden, welche die entstandenen Kosten nicht decken. Die Mischkalkulation innerhalb eines Mehrproduktunternehmens ermöglicht also Unterkostenverkäufe bei einzelnen Produkten.[233] Ein kleineres und weniger diversifiziertes Konkurrenzunternehmen wird eventuell nicht über die notwendigen Ressourcen verfügen, um in einem solchen Preiskampf mittelfristig bestehen zu können, und womöglich auf diesem Wege zur Aufgabe gezwungen.

Historisch gesehen kommt der Monopolhypothese eine besondere Bedeutung zu: Die erste große Merger Wave in den USA um die vorletzte Jahrhundertwende, die von horizontalen Zusammenschlüssen (Trusts) geprägt war, begründet man in der Theorie vorrangig mit dem Streben der Unternehmen nach einer Monopolstellung; dem wurde 1904 mit dem Sherman Act, der die Trustbildung verbot, ein Ende gesetzt.[234] Wieder aufgegriffen wurde die These explizit in Zusammenhang mit der jüngsten zu beobachtenden US-amerikanischen Merger Wave, die nach Ansicht einiger Autoren u. a. durch eine Revision der Merger Guidelines im Jahre 1982, welche eine Erleichterung der Realisierung horizontaler Unternehmenszusammenschlüsse beinhaltete, zustande kam.[235]

---

[231] Vgl. Salant et al. (1983), S. 187 ff.

[232] Bei Albrecht (1994a), S. 11-16, werden diese Verhaltensweisen detailliert beschrieben.

[233] Vgl. dazu Trautwein (1990), S. 286. Edwards (1955), S. 334 f., spricht in diesem Zusammenhang von der „Deep Pocket"-Theorie, nach der große konglomerate Unternehmen den Preiskampf auf einem (Teil-)Markt durch Gewinne aus anderen Geschäftsbereichen intern subventionieren. In der anglo-amerikanischen Literatur werden dafür die Termini „Cross-Subsidizing" (Trautwein (1990), S. 286) oder auch „Predatory Pricing" (Lorie/Halpern (1970), S. 155) verwendet.

[234] Siehe dazu auch die Ausführungen zur Fusion unter Abschnitt 2.4.1.1 dieser Arbeit.

[235] Vgl. Preuschl (1997), S. 108, mit Hinweisen auf weitere Autoren.

Im Gegensatz zu anderen Zielen von Unternehmenszusammenschlüssen wird die Stärkung der Marktmacht heute als Argument nicht öffentlich kommuniziert, was einerseits aus der verschärften Wettbewerbsgesetzgebung resultiert, die dem Monopolgedanken enge Grenzen setzt (Stichwort Fusionskontrolle), andererseits aus sozial- und gesellschaftspolitischen Erwägungen der Unternehmensleitungen herrührt, die vor einer Ächtung der Monopolmacht durch die Gesellschaft zurückschrecken.[236] Dennoch darf angenommen werden, dass das Monopolstreben noch immer latent existiert und bei Zusammenschlussverhandlungen implizite Berücksichtigung findet; BÜHNER geht sogar davon aus, dass es in Deutschland im Vordergrund des Interesses steht[237]. Fraglich ist jedoch, inwieweit dieses Ziel tatsächlich erreicht wird, wenn konterkarierende Aktivitäten der Wettbewerbsbehörden in das Kalkül miteinbezogen werden müssen.

3.2.3 Synergiehypothese

3.2.3.1 Begriff und Wesen des Synergiekonzeptes

Kaum ein Terminus wird in Zusammenhang mit Unternehmenszusammenschlüssen so häufig verwendet wie derjenige der *Synergie*, der etymologisch gesehen vom griechischen „synergon" abstammt und sich wörtlich mit „zusammenwirken" oder „zusammenarbeiten" übersetzen lässt.[238] Die Realisierung von Synergien wird bei Management-Befragungen regelmäßig als Hauptmotiv genannt und eine Vielzahl von Publikationen beschäftigt sich explizit mit Synergien.[239] Aussagen wie die folgende repräsentieren keine Seltenheit: „Der entscheidende Grund, wenn nicht gar einzig ausschlaggebende für eine Akquisition (gesehen vom Management der übernehmenden Gesellschaft), ist der Synergieeffekt."[240]

---

[236] Auch in der Theorie steht man der These kritisch gegenüber, Kurandt (1972), S. 140 f., wertet: „ ... sind alle anderen Autoren der Meinung, dass eine Monopolisierungstendenz zu privatwirtschaftlichen Vorteilen und gesamtwirtschaftlichen Nachteilen führt, ..." und „In der Ablehnung solcher Monopolstellungen sind sich alle Autoren einig ..."
[237] Vgl. Bühner (1990b), S. 9.
[238] Vgl. Welge (1984), Sp. 3801.
[239] Siehe Übersichten über Befragungen bei Paprottka (1996), S. 39, und Ebert (1998), S. 5.
[240] Steinöcker (1998), S. 41.

3.2 Neoklassische Theorie der Unternehmung als Erklärungsansatz 81

Die wirtschaftswissenschaftliche Synergiediskussion ist durch eine inhomogene Begriffsverwendung gekennzeichnet, die definitorischen Probleme resultieren u. a. daraus, dass oft eine begriffliche Gleichsetzung von Synergie mit Synergieeffekten, Synergiepotenzialen, Verbundeffekten, Verbundpotenzialen, Interdependenzen, Integrationseffekten usw. erfolgt. Viele Autoren verzichten daher mittlerweile auf die Entwicklung eines expliziten Synergieverständnisses.[241] Man gewinnt außerdem den Eindruck, dass zahlreiche Motive, die im Kontext von Unternehmenszusammenschlüssen nicht explizit erläutert werden können, einfach zusammenhanglos unter der Synergiehypothese gebündelt werden.[242] So degeneriert der Synergiebegriff – ähnlich wie der Begriff M & A – zu einem Sammelbegriff für alle denkbaren werterhöhenden Mechanismen, die im Rahmen des Zusammenschlusses zweier bzw. mehrerer Unternehmen wirksam werden können.[243] Allerdings müssen zur Entlastung vieler Verfasser die engen Verbindungen der Synergiehypothese zu anderen Hypothesen betont werden: Beschaffungsvorteile des Unternehmensverbundes gegenüber Lieferanten können z. B. sowohl mit gestiegener Marktmacht (über Krediteinräumung, Qualitätsgarantien etc.) als auch mit Kostendegression (über einfache Preissenkungen) begründet werden; BÜHNER führt an, dass „Synergie ... oft das Ergebnis der Erreichung von Marktmacht ..."[244] sei.

Ein erstes heuristisches Synergiekonzept formulierte PENROSE, indem sie die durch Diversifikationsstrategien zu erlangenden Wettbewerbsvorteile in zwei Kategorien differenzierte: Einerseits kann ein diversifiziertes Unternehmen die Kosten bestimmter betriebswirtschaftlicher Funktionen in deren Geschäftsbereichen durch Zusammenarbeit in einem Unternehmensverbund reduzieren sowie das Know-how und die Fähigkeiten der in den Geschäftsbereichen tätigen Manager gemeinsam nutzen (Economies in Operation). Andererseits fällt die Diversifikation eines etablierten Unternehmens in neue Märkte zum Aufbau einer entsprechenden Wettbewerbsposition leichter als mit Hilfe von Neugründungen, die nicht auf bereits in anderen Unternehmensteilen vorhandene Ressourcen zurückgreifen können (Economies of Expansion).[245] Der Grund-

---

[241] Dieses fehlt u. a. bei Gomez/Weber (1989), S. 43.
[242] So werden z. B. Steuerersparnisse des Unternehmenszusammenschlusses bevorzugt als Synergieeffekte interpretiert, und selbst bilanzielle Gestaltungsmöglichkeiten oder der Austausch ineffizienten Managements finden Eingang in die Synergiehypothese.
[243] Vgl. Ropella (1989), S. 184, und Schenk (1997), S. 29.
[244] Bühner (1990b), S. 7.
[245] Vgl. Penrose (1959), S. 67.

gedanke des Synergiekonzeptes ist hier bereits ersichtlich: Durch Zusammenwirken der einzelnen Geschäftsbereiche in einem diversifizierten Unternehmen lässt sich ein ökonomischer Vorteil erzielen, der mit getrennten Geschäftsbereichen nicht realisierbar gewesen wäre.[246]

Aufbauend auf den Erkenntnissen von PENROSE war es ANSOFF, der als erster die systematische Suche nach Synergien als strategisches Problem identifizierte und diese explizit bei der Bewertung von Zusammenschlüssen berücksichtigte.[247] Im Mittelpunkt seiner Überlegungen steht das so genannte *Fähigkeitenprofil*, das als Ausgangspunkt einer synergetischen Diversifikationsstrategie dient und mit dessen Hilfe sich verschiedene Analysen durchführen lassen, die für den Entwurf von Zusammenschlussstrategien bedeutsam sind. Der Verfasser differenziert zwischen Synergien in der Anlaufphase (Start-up Synergies), die inhaltlich mit den von PENROSE entwickelten Economies in Expansion kompatibel sind, und in der Durchführungsphase anfallenden Betriebssynergien (Operating Synergies). ANSOFF gebührt das Verdienst, erstmals die Zeit als dynamische Komponente der Synergierealisierung einbezogen sowie unterschiedliche Synergieformen definiert zu haben. Insgesamt beschreibt er den durch die Kombination vorhandener Mittel und Fähigkeiten mit neuen Produkt-Marktbereichen in einem Unternehmen entstehenden Gesamtunternehmenserfolg, der größer als die Summe der Erfolge seiner Teilbereiche ist, als Synergie.[248]

In der Folgezeit sind zahlreiche verfeinerte Synergiekonzepte entwickelt worden, allen Ansätzen ist die Vorstellung gemeinsam, dass durch die Verbindung von mindestens zwei vormals selbstständig arbeitenden Elementen bzw. Einheiten eine *über*additive Wirkung entsteht.[249] In Bezug auf den Unternehmenszusammenschluss spricht man

---

[246] Die Auffassung von Penrose wurde wenig später durch Chandlers populäre empirische Studie zu Wachstumsprozessen einiger der bedeutendsten nordamerikanischen Unternehmen untermauert. Vgl. Chandler (1962), S. 385.

[247] Vgl. Ansoff (1965), S. 75-102.

[248] Vgl. Ansoff (1965), S. 75.

[249] Siehe dazu die Diskussion unterschiedlicher Synergiekonzepte bei Sautter (1989), S. 229-235, Gerpott (1993a), S. 78 ff., und Ebert (1998), S. 23-32. Vereinzelt spricht man in der Literatur auch von *Superadditivität*, vgl. beispielsweise Davis/Thomas (1993), S. 1334. Eine Übersicht über verschiedene Synergiedefinitionen, bezogen auf den Untersuchungsgegenstand Unternehmen, gibt auch Reißner (1992), S. 106.

3.2 Neoklassische Theorie der Unternehmung als Erklärungsansatz

– was aus streng neoklassischer Perspektive konsequent ist[250] – von Synergie, wenn der Wert V des kombinierten Unternehmens AB größer ist als die Summe seiner Teile, d. h. der unabhängigen Unternehmen A und B: $V(A) + V(B) < V(A + B)$. Um die Überadditivität zu illustrieren, werden im Schrifttum häufig die Gleichungen „2 + 2= 5" oder „1 + 1= 3" angeführt.[251] Nach Meinung WELGES entzieht sich das Synergiephänomen der Anwendung mathematischer Gesetze, so dass diese Gleichungen eher irreführend wirken als zur Verbesserung des Verständnisses beizutragen.[252] Sie suggerieren außerdem eine positive Besetzung von Synergien, die jedoch nicht zwangsläufig gegeben ist; diese können ebenso kontraproduktive Auswirkungen besitzen.[253] Treten negative Synergien (Dissynergien) als Resultat konfliktärer Wirkungsbeziehungen auf, charakterisiert SIGLOCH einen solchen Zusammenschluss als *diminutiv*.[254]

Darüber hinaus besteht nach WELGE durch die formale Ausdrucksweise die Gefahr, Synergien leichtfertig als „Automatic Benefits" einzuschätzen, die auch ohne den Einsatz von Managementressourcen abgeschöpft werden können, wie es SETH und HASPESLAGH/JEMISON primär für finanzwirtschaftliche Synergien postulieren.[255] Viele Autoren teilen WELGES Auffassung und empfehlen deshalb eine Differenzierung in Synergie*potenziale* und Synergie*effekte* (wobei Synergie und Synergieeffekt als Synonyme begriffen werden[256]; der herrschenden Meinung schließt sich auch die vorliegende Arbeit an. Im Zeitpunkt des Zusammenschlusses sind also zunächst nur potenzielle Synergien existent, deren spätere Umsetzung im Wesentlichen von der Integrations- und Gestaltungsleistung des Managements abhängt (es fungiert gewissermaßen

---

[250] Andernfalls gilt nämlich das *Wertadditivitätstheorem*, wonach bei Addition zweier Zahlungsströme zu einem dritten der Marktwert dieses dritten Zahlungsstroms gleich der Summe der Marktwerte der beiden ersten ist.

[251] Vgl. stellvertretend für viele Ansoff/Weston (1962), Ansoff (1965) und Kitching (1967).

[252] Diese Einschätzung teilen u. a. Ossadnik (1995), S. VII, der in diesem Zusammenhang von „Zauberformel" spricht, und Ebert (1998), S. 19.

[253] Vgl. Welge (1984), Sp. 3801. Auch zur Beschreibung dieses Sachverhalts wird des öfteren eine formale Darstellungsweise der Art „2+2=3"gewählt, vgl. Hovers (1973), S. 76. Mit negativen Synergien beschäftigen sich u. a. Klemm (1990), S. 52 ff., Ossadnik (1995), S. 6 f., und Paprottka (1996), S. 44 f.

[254] Vgl. Sigloch (1974), S. 148.

[255] Vgl. Seth (1990b), S. 434, oder Haspeslagh/Jemison (1991), S. 29 und dieselben (1991), S. 344.

[256] Vgl. u. a. Coenenberg/Sautter (1988), S. 698 ff., Reißner (1992), S. 105, Neumann (1994), S. 237, Delingat (1996), S. 107.

als „Katalysator" der Integration[257]). KLEMM interpretiert das Synergiepotenzial quasi als Obergrenze der Synergie, d. h. den maximal erreichbaren Nutzenzuwachs, der durch die Integration der beteiligten Partner herbeigeführt werden kann, wenn die vormals selbstständigen Unternehmen effizient geführt wurden.[258]

3.2.3.2 Quellen leistungswirtschaftlicher Synergiepotenziale

3.2.3.2.1 Vorbemerkungen

Sujet der nachfolgenden Ausführungen sind die hauptsächlich für (positive) leistungswirtschaftliche Synergien[259] verantwortlichen Economies of Scale und Economies of Scope[260]. Es werden dabei sowohl Wertsteigerungen durch Kostenersparnisse als auch durch Umsatzerhöhungen erläutert. Einige Literaturbeiträge nehmen a priori eine Eingrenzung des Konzeptes dahingehend vor, dass sie nur über Kostensenkungen erreichte Synergien betrachten, stichhaltige Argumente gegen die Einbindung von Umsatzsteigerungen bringen sie jedoch nicht vor.[261] Da auch aus neoklassischer Sicht Unternehmenszusammenschlüsse dann getätigt werden, wenn der Zusammenschluss entweder zu Kosteneinsparungen oder zu höheren Preisen für die von den betroffenen Unternehmen angebotenen Güter führt, ohne durch negative Nachfragereaktionen kompensiert zu werden, unterbleibt in der vorliegenden Arbeit ebenfalls eine derartige Einschränkung.

---

[257] Jung (1993), S. 56.

[258] Vgl. Klemm (1990), S. 51.

[259] Wenn im Anschluss von Synergien gesprochen wird, so sind damit auch ohne das Attribut positiv diese Synergien – im Gegensatz zu den negativen, den Dissynergien – gemeint. Über die leistungswirtschaftlichen Synergien hinaus finden *managementorientierte Synergien* Berücksichtigung, die auf die gleichen Quellen zurückzuführen sind und in enger Beziehung zu den erstgenannten stehen, indem sie diese erst ermöglichen.

[260] Einige Verfasser zählen *Economies of Vertical Integration* zu den Quellen von Synergiepotenzialen, die auf die Erklärung spezifischer Vorteile vertikaler Zusammenschlüsse ausgerichtet sind. Diese weisen jedoch enge Verbindungen zu den anderen Bindungsrichtungen auf, die im Rahmen obiger Konzepte diskutiert werden; der Ansatz wird bei den weiteren Betrachtungen vernachlässigt; vgl. umfassend Paprottka (1996), S. 123 ff.

[261] Vertreter dieser Sichtweise sind u. a. Jensen/Ruback (1983), S. 245, Roll (1988), S. 245, und Ropella (1989), S. 224 f. sowie derselbe (1989), S. 234.

3.2.3.2.2 Economies of Scale

Ein Unternehmer der Neoklassik orientiert seine Entscheidungen an der langfristigen Durchschnittskostenkurve, welche für einen gegebenen Stand der Technik und gegebene Faktorpreise die für jeden Output minimalen Durchschnittskosten angibt. Sie stellt die untere „Einhüllende" einer Vielzahl kurzfristiger Kostenkurven dar, die jeweils für eine bestimmte Technologie und Kapazität gelten. *Economies of Scale* (= Größendegressions-, Skalen- oder Volumeneffekte) liegen dann vor, wenn in einem determinierten Kapazitätsbereich die langfristigen Durchschnittskosten fallend sind. Dies ist jedoch nur bei Produktionsfunktionen mit steigenden Skalenerträgen zu beobachten, d. h. sofern bei wachsendem Faktoreinsatz der produktive Beitrag der jeweils letzten Faktoreinheit immer größer wird.[262]

Leistungswirtschaftliche Synergiepotenziale in Form von Kosteneinsparungen/Umsatzsteigerungen durch Economies of Scale beruhen auf dem Prinzip der Aufgaben-*zentralisierung*, bei der gleichartige Leistungen, die vor dem Zusammenschluss in den beteiligten Unternehmen getrennt erbracht wurden, an einer Stelle gebündelt und nachher gemeinsam ausgeführt werden; dazu bieten sich besonders horizontale Unternehmenszusammenschlüsse ohne Produktausweitung an. Sie lassen sich primär im Produktionsbereich erzielen[263], treten aber auch in anderen betriebswirtschaftlichen Funktionsbereichen auf, wie die nachstehenden Ausführungen zeigen:

1. Produktionsbereich

In Abhängigkeit von der Gestaltung des Zusammenschlusses werden hier unterschiedliche Degressionseffekte generiert[264]: Bleibt nach dem Zusammenschluss die technische Ausstattung der bisher selbstständigen Unternehmen im Prinzip unverändert bestehen, so kommen durch geeignete organisatorische Maßnahmen vor allem Vorteile der Ausnutzungsdegression, der Auflagendegression und der „organisatorischen" Spezialisierungsdegression zum Tragen. Erfolgt später eine Umgestaltung der technischen Produktionsanlagen, so können zusätzlich Vorteile der „technischen" Spezialisierungsdegression und der Größendegression der Be-

---

[262] Vgl. Chandler (1990), S. 17.
[263] So konstatiert z. B. Buckley (1975), S. 57: "It is generally considered that production is the most likely way of achieving gains from synergy."
[264] Vgl. Niemann (1995), S. 23 ff.

triebsmittel realisiert werden. Kostenersparnisse können sich darüber hinaus durch „Economies of Massed Reserves" ergeben. Diese resultieren aus der Reduzierung des Ersatzteilvolumens bei zentraler Lagerung für die Produktionsanlagen.[265] Die Summe der genannten Vorteile wird ferner im *Erfahrungskurvenkonzept* thematisiert.[266]

2. Beschaffungsbereich

Größere Mengen können i. d. R. zu niedrigeren Preisen beschafft werden, die auf Mengenrabatten, Preisnachlässen oder auf niedrigeren Frachtsätzen beruhen.[267] Auf dem Beschaffungsmarkt für personelle Ressourcen besitzt der Unternehmensverbund eine größere Attraktivität für potenzielle Arbeitnehmer, da diese mit der gestiegenen Unternehmensgröße ein höheres Lohnniveau verbinden, so dass sich von vornherein Arbeitnehmer mit besserer Qualifikation bewerben.

3. Vertriebsbereich

Economies of Scale betreffen hier sowohl die Kosten als auch die Nachfrage. Unter Ausnutzung von Degressionseffekten spart man einerseits Kosten durch geringere Werbedurchschnittskosten pro Ausbringungseinheit, beispielsweise indem Mengenrabatte bei Anzeigen oder Werbespots ausgehandelt werden, andererseits ist es bei konstant gehaltenem Werbeetat pro Einheit möglich, mit Hilfe des Einsatzes effektiverer Werbeinstrumente die Nachfrage zu steigern. Diese Economies of Scale können die produktionsbezogenen fördern, wenn bei gleichem Preis dadurch höhere Absatzmengen entstehen.[268] Neben den angeführten Größenvorteilen lässt sich bei vormals nicht vollständiger Auslastung durch Straffung und Zusammenfassung der Absatzorgane eine weitere Verringerung der Absatzkosten erreichen.

---

[265] Vgl. Hay/Morris (1991), S. 32 f.

[266] Dieser Ansatz beinhaltet so genannte „Lerneffekte", mit denen sich – so wird in empirischen Arbeiten zumindest behauptet – bei jeder Verdopplung der kumulierten Produktionsmenge die Stückkosten um 20-30 % senken lassen. Siehe ausführlich Albach (1987).

[267] Vgl. Niemann (1995), S. 23 f.

[268] Vgl. Eckhardt (1999), S. 42.

4. F & E-Bereich

Aufwendungen für F & E – in einigen Branchen wie der Pharma- und Chemieindustrie sind sie besonders bedeutsam – beinhalten tendenziell ein hohes Kosteneinsparungspotenzial., sie müssen aus bereits erfolgreich eingeführten Produkten vorfinanziert werden, was gerade kleineren Unternehmen schwer fällt. Ersparnisse ergeben sich hier durch die Vermeidung von Doppelforschung und durch Koordination der Forschungsprogramme mittels Zusammenlegung der Abteilungen. Ob aus solch reinen Kostenersparnissen allein jedoch Synergien abgeleitet werden können, ist umstritten, da das Ergebnis der Forschung nicht nur von der ökonomischen, sondern auch von der technischen Effizienz abhängt, die sich schwer in Kostengrößen messen lässt. Synergiepotenziale resultieren eher daraus, dass derartige Aktivitäten, die oft langwierig und in ihren Ergebnissen nicht völlig vorhersehbar sind, für größere Unternehmen die Möglichkeit darstellen, „nebenbei" anfallende Ergebnisse intern im eigenen Leistungsprozess oder extern als Patente wirtschaftlich zu verwerten. Größere F & E-Abteilungen können meist auch besser qualifiziertes Personal rekrutieren, da sie häufig attraktivere Arbeitsbedingungen und ein weites Spektrum von Forschungsaufgaben bieten.[269]

5. Verwaltung

Bezogen auf den Verwaltungsbereich existiert im Schrifttum die weit verbreitete Meinung, dass hier bei steigender Unternehmensgröße infolge der Gleichartigkeit der Verwaltungsfunktionen – ähnlich wie im Vertriebsbereich – eine Degression der Verwaltungsstückkosten angenommen werden kann, indem durch den Wegfall gleichartiger Stellen Ersparnisse möglich sind.[270] Diese Auffassung ist nicht unwidersprochen geblieben, denn wie kein anderer Funktionsbereich zeigt die Verwaltung die Grenzen des Economies of Scale-Konzeptes auf. Starkes Wachstum der Unternehmensgröße führt zu einer abnehmenden Überschaubarkeit der Zusammenhänge, die Koordination verschlechtert sich, und der Bedarf an administrativem Personal steigt im Verhältnis zu den in der Produktion tätigen Arbeitnehmern durch den notwendigen Aufbau neuer Hierarchiestufen überproportional an.[271] Schließlich kompensieren steigende Koordinationskosten die Grö-

---

[269] Vgl. Hay/Morris (1991), S. 470.
[270] Vgl. Sigloch (1974), S. 95.
[271] Vgl. Scherer/Ross (1990), S. 104.

ßendegressionseffekte und implizieren einen Anstieg der Durchschnittskosten: Es entstehen „Diseconomies of Scale". Zwar lassen sich diese mit Hilfe organisatorischer Maßnahmen wie z. B. Dezentralisierung (die in der M-Form des Konzerns zum Tragen kommen kann[272]) oder Bildung von Stäben zur Entlastung des Top-Managements hinausschieben, ab bestimmten Größengrenzen werden die Durchschnittskosten dennoch monoton ansteigen.[273]

Economies of scale bedingen überdies Synergiepotenziale im übergeordneten Managementsektor, wenn darin – vergleichbar mit den anderen geschilderten betriebswirtschaftlichen Funktionsbereichen – die Möglichkeit zur Eliminierung von Doppelfunktionen existiert und/oder aufgrund von verbesserter Motivation der Manager durch den (horizontalen) Zusammenschluss deren Leistungsfähigkeit steigt.

Insgesamt betrachtet hat das Economies of Scale-Konzept in Verbindung mit dem Auftreten von Synergiepotenzialen bei Unternehmenszusammenschlüssen keine uneingeschränkte Zustimmung erfahren. So liefert es nach JANSEN eher Argumente für internes als für externes Wachstum, da integrationsbedingte Investitionen, beispielsweise im Bereich des Marketing für einen einheitlichen Marktauftritt, die größenbedingten Einsparungen rasch übersteigen können.[274] GROTE merkt an, dass das Konzept modelltheoretisch eine gemeinsame Verwendung aller Ressourcen unterstellt, Synergiepotenziale indes schon bei partieller Integration von Aktivitäten und entsprechender partieller Ressourcennutzung entstehen.[275] Die Frage, ob ein Zusammenschluss ein taugliches Instrument zur Erlangung von Economies of Scale sei, welche wiederum die Chance zur Nutzung von Synergiepotenzialen eröffnen, lässt sich somit theoretisch nicht uneingeschränkt positiv beantworten, infolge des Größerwerdens des Unternehmens kann die Kostenentwicklung in einzelnen betriebswirtschaftlichen Funktionsbereichen sowohl sinkend, gleichbleibend oder steigend sein, so dass keine isolierte, sondern eine dynamische, über alle Funktionsbereiche gehende Beurteilung erfolgen muss.

---

[272] Dieser Begriff wurde von Williamson (1975), S. 133, geprägt. Unter der M-Form ist eine multidivisionale Struktur zu verstehen, bei der die einem Konzern angegliederten Geschäftseinheiten als Profit Center organisiert sind und dadurch nach Auffassung von Willliamson zum einen opportunistische Handlungsspielräume der Mitarbeiter limitieren und zum anderen das Top-Management von operativen Aufgaben entlasten. Vgl. zu dieser Thematik u. a. v. Werder (1986).

[273] Vgl. Scherer/Ross (1990), S. 106 f.

[274] Vgl. Jansen (2000), S. 64 f.

[275] Vgl. Grote (1990), S. 101.

3.2.3.2.3 Economies of Scope

Die Darstellung von Quellen möglicher Synergieeffekte stützte sich bisher hauptsächlich auf Erkenntnisse des neoklassischen Einproduktunternehmens, das in der Praxis heute eher selten anzutreffen ist. Das Economies of Scope-Konzept berücksichtigt die Existenz von Mehr-Produkt-Unternehmen und ist somit in der Lage, weitere Gründe zur Erklärung von Zusammenschlüssen zu liefern, die über diejenigen für horizontale Zusammenschlüsse ohne Produktausweitung hinausgehen.

Economies of Scope (auch Verbundeffekte genannt[276]) entstehen durch die mehrfache, zeitgleiche und/oder zeitverzögerte Verwendung von Produktionsfaktoren bei der Entwicklung, Erstellung und Vermarktung von **mehreren** (ähnlichen) Produkten. Die gemeinsame Nutzung wird einerseits möglich durch die Existenz unvollständig teilbarer Produktionsfaktoren, die durch die Herstellung eines Produktes nicht voll ausgelastet sind (Verwaltungstätigkeiten stellen einen solchen Produktionsfaktor dar), und dadurch dass eine Erweiterung des Produktionsvolumens aufgrund von Nachfragerestriktionen nicht realisierbar ist[277], andererseits durch Produktionsfaktoren, die zwar für die Herstellung eines bestimmten Produktes erworben wurden, aber später auch anderen Produkten kostenlos zur Verfügung stehen, wie z. B. spezialisiertes Forschungs-Know-how.[278] Synergiepotenziale basieren hier also nicht auf dem Produktions*volumen*, sondern auf der Produkt*vielfalt*, GERPOTT spricht demgemäß von Leistungs*erweiterung* im Gegensatz zur Leistungs*zentralisierung*.[279]

Das Konzept geht auf PANZAR/WILLIG zurück, es besagt, dass diese Effekte dann auftreten, wenn es für ein Unternehmen kostengünstiger ist, unterschiedliche Produkte gemeinsam zu produzieren, anstatt sie in separaten Unternehmenseinheiten herzustellen (Kosten- und Produktionsfunktionen müssen dabei bestimmte Eigenschaften aufweisen).[280] Die Summe der Kosten der getrennt hergestellten Produkte wäre somit hö-

---

[276] An dieser Stelle wird deutlich, dass die in der Literatur oft zu findende Gleichsetzung sämtlicher Synergieeffekte mit Verbundeffekten nicht korrekt ist, da die Verbundeffekte nur einen Teil der Synergien zu erklären vermögen.

[277] So können Leerkosten in Nutzkosten umgewandelt werden. Kloock/Sabel (1993), S. 213 und dieselben (1993), S. 220, bezeichnen diese Effekte dann als „Economies of Stream."

[278] Vgl. Singh/Montgomery (1987), S. 379.

[279] Vgl. Gerpott (1993a), S. 81.

[280] Vgl. Panzar/Willig (1981).

her als die Kosten einer gemeinsamen Produktion. Für den Zweiproduktfall mit den Produkten 1 und 2 stellen sich die Economies of Scope formal wie folgt dar:

$$C(q_1, q_2) < C(q_1, 0) + C(0, q_2) \text{ für } q_1 > 0 \text{ und } q_2 > 0,$$

wobei $C(q_1, q_2)$ die minimalen Kosten der gemeinsamen Produktion (Kuppelproduktion) von q_1 Einheiten des Produktes 1 und q_2 Einheiten des Produktes 2 abbildet.[281] Als anschauliches Beispiel für eine kombinierte Produktion zweier Güter sei die gemeinsame Produktion von Wolle und Hammelfleisch angeführt: So ist es kostengünstiger, eine einzige Schafherde zu unterhalten, um von dieser gleichzeitig Wolle und Fleisch zu beziehen, als zwei getrennte Herden zu versorgen, von denen die eine Herde Wolle und die andere Fleisch liefert.[282]

Prämissen für die Nutzung von Economies of Scope auf leistungswirtschaftlicher Ebene stellen die bestmögliche Verwendung und der Transfer vorhandenen Know-hows dar, letzterer besitzt gleichzeitig die größte Bedeutung für die Existenz managementorientierter Synergiepotenziale, vorausgesetzt, es handelt sich um fortgeschrittenes und ausreichend geschütztes Know-how über zentrale Unternehmensaktivitäten, welches den Mitbewerbern nicht zur Verfügung steht und nicht jederzeit kopiert werden kann. Es umfasst sowohl fachliches Wissen als auch die Fähigkeit, dieses im Hinblick auf alle angestrebten Unternehmensziele effektiv einzusetzen, wozu persönliche Eigenschaften wie Überzeugungskraft, Integrität, Problembewusstsein usw. zählen.[283] Management-Know-how sollte grundsätzlich in allen Funktionsbereichen genutzt werden, sofern die Anwendung geeigneter Austauschmechanismen erfolgt.[284]

---

[281] Ist die obige Ungleichung nicht erfüllt, treten *Diseconomies of Scope* (negative Verbundeffekte) auf, bei denen es aus wohlfahrtstheoretischer Sicht vorteilhafter wäre, das Mehrproduktunternehmen in mehrere spezialisierte Einzelteile zu zerlegen. Sie resultieren aus Kosten der Erzeugung weiterer Produkte neben dem ursprünglichen Produkt auf bestehenden Anlagen wie Umstellungs- und Anlaufkosten. Vgl. Baumol et al. (1988), S. 72 ff.

[282] Vgl. Bailey/Friedlaender (1982), S. 1026.

[283] Vgl. Sautter (1989), S. 254.

[284] Siehe dazu Sautter (1989), S. 256 f. Er erklärt Economies of Scope beim Know-how mit Hilfe des *Transaktionskostenansatzes*, was eine radikale Abkehr vom neoklassischen Modell der Unternehmung bedeutet, in dem Transaktionskosten vernachlässigt werden, siehe dazu Abschnitt 3.2.1. So ist der externe Transfer unter den Bedingungen beschränkter Rationalität in Verbindung mit opportunistischem Verhalten der Partner und einer mit Unsicherheit behafteten Umwelt, die der Transaktionskostenansatz postuliert, u. U. mit zu vielen Problemen behaftet, um überhaupt eine Austauschbeziehung entstehen zu lassen, da Know-how gegen Missbrauch geschützt werden

3.2 Neoklassische Theorie der Unternehmung als Erklärungsansatz

Kostensenkungen bzw. Umsatzsteigerungen mittels Economies of Scope sind vor allem bei horizontalen Zusammenschlüssen mit Produktausweitung sowie bei konglomeraten Zusammenschlüssen zu erwarten. Im Produktionsbereich führt der Einsatz flexibler Produktionsanlagen zu Economies of Scope.[285] Bei der Beschaffung können Synergiepotenziale erzielt werden, wenn man z. T. gleiche Produktionsfaktoren benötigt oder zumindest unterschiedliche Produktionsfaktoren aus derselben Quelle bezieht, weil dadurch beim Einkauf Ersparnisse in Bezug auf Lagerung, Transport etc. entstehen. Des Weiteren sind Preissenkungen durch Abnahme größerer Mengen vorstellbar. Besitzen Unternehmen gleiche Absatzkanäle für das kombinierte Produktionsprogramm, ergeben sich bei konglomeraten Zusammenschlüssen dadurch Umsatzsteigerungen, dass komplementäre Güter, die einem Gesamtzweck dienen, quasi als Komplettpaket angeboten werden, wie es u. a. bei Hard- und Software der Fall ist, die die Kunden aus Zeit- und Kostengründen bevorzugt bei einem einzigen Anbieter kaufen. Steigt der Absatz eines Gutes, ist davon automatisch der Absatz des Komplementärgutes betroffen. Zudem ist die Übertragung von bereits beim Kunden vorhandenen Goodwills mit Produkten des erwerbenden Unternehmens auf Güter des erworbenen Unternehmens denkbar (diesen Gedanken verfolgt der *Spill-Over-Effect*, der besagt, dass Erfahrungen des Kunden mit einem einzigen Produkt des Unternehmens oft auf alle anderen projiziert werden[286]).

Das Economies of Scope-Konzept hat in der Literatur zwar nicht die gleiche Verbreitung wie das Economies of Scale-Konzept erfahren, sieht sich jedoch weniger Kritik ausgesetzt.[287] ZIEGLER spricht von einer sinnvollen Ergänzung der beiden Konzepte, die seiner Meinung nach theoretisch überschneidungsfrei und eindeutig voneinander abgrenzbar sind. Inwieweit sie allerdings zur Lösung der Synergieproblematik beitragen können, muss vor dem Hintergrund ihrer Entwicklung gesehen werden, die zu einem anderen Zweck und in einem anderen Kontext geschah, so dass keines nach

---

muss. Selbst wenn eine Beziehung zustande käme, wäre es vermutlich sehr kostenintensiv, diese vertraglich zu spezifizieren; ein Unternehmenszusammenschluss könnte daher zur Transaktionskostenreduzierung beitragen. Die Zugehörigkeit des Transferempfängers zum Unternehmen würde außerdem eine Verwendung zum Schaden des Übertragenden verhindern und den Empfänger vor falschen Versprechungen bewahren.

[285] Vgl. Bühner (1990b), S. 12 f.
[286] Vgl. Möller (1983), S. 142 f. Der Effekt kann sowohl positiven als auch negativen Einfluss besitzen, da negative Erfahrungen entsprechend übertragen werden.
[287] Vgl. Jansen (2000), S. 65.

ZIEGLER vollständig als Basis überzeugen kann.[288] Bezogen auf die Rolle des Economies of Scope-Konzeptes als Einflussfaktor für die Entstehung von Synergiepotenzialen merkt EBERT eine Nebenbedingung an: Synergien sind ausschließlich dann zu erwarten, wenn keine Beeinträchtigungen der Produktionsfaktoren aufgrund gemeinsamer Verwendung zu erwarten sind (diese Eigenschaft ist ein Charakteristikum der o. a. Produktionsfunktionen).[289]

3.2.3.3 Quellen finanzwirtschaftlicher Synergiepotenziale

3.2.3.3.1 Vorbemerkungen

Neben leistungswirtschaftlichen Synergiepotenzialen auf Produktmärkten existieren weitere Potenziale in Form finanzwirtschaftlicher Synergien auf Kapitalmärkten, denen in der Diskussion über Ziele von Unternehmenszusammenschlüssen jedoch weniger Beachtung geschenkt wird.[290] Dies mag zum einen darin begründet liegen, dass die meisten theoretisch identifizierten Finanzsynergien primär auf konglomerate Zusammenschlüsse zutreffen, welche wiederum in der Praxis am wenigsten verbreitet sind (und die einschlägige Literatur praxisorientiert ausgerichtet ist).[291] Zum anderen bedingt das Vorhandensein finanzwirtschaftlicher Synergiepotenziale die Abkehr von den strengen Modellprämissen des vollkommenen Marktes der Neoklassik und zeigt so einen notwendigen „Brückenschlag" zu anderen Theorien auf, was die Kritiker eines „Konglomerates von Ansätzen" zur Erklärung des Phänomens Unternehmenszusammenschlüsse ablehnen.[292]

---

[288] Vgl. Ziegler (1997), S. 37.
[289] Vgl. Ebert (1998), S. 58.
[290] Vgl. Brühl (2000), S. 521.
[291] Scharlemann (1996), S. 33, vertritt hier eine gegensätzliche Auffassung, indem er anmerkt, dass gerade Praktiker finanzwirtschaftlichen Synergiepotenzialen einen hohen Stellenwert beimessen, theoretische Ansätze hingegen von untergeordneter Bedeutung dieser Potenziale ausgehen. Seiner Meinung steht allerdings eine ganze Reihe empirischer Studien entgegen, siehe exemplarisch Ansoff et al. (1971), S. 30 ff., und Sigloch (1974), S. 153.
[292] Dass auch die Erklärung zur Entstehung managementorientierter Synergiepotenziale auf der Basis von Economies of Scope schon eine Theorieerweiterung beinhaltet, da hier nach Sautter mit eventuellen Transaktionskostenersparnissen argumentiert werden kann, wird im Schrifttum weitgehend ignoriert.

PERIN und BRÜHL weisen explizit darauf hin, dass komplexe Interdependenzen zwischen leistungs- und finanzwirtschaftlichen Synergiepotenzialen bestehen: So beeinflussen Veränderungen im operativen Geschäft die Kapitalkosten, und umgekehrt besitzen die Kapitalkosten Einfluss auf die Rentabilität von Investitionsentscheidungen.[293] Im Gegensatz zu den leistungswirtschaftlichen sind finanzwirtschaftliche Synergiepotenziale wegen der Ballung der Finanzkraft relativ unabhängig vom effizienten Einsatz der Managementressourcen.

3.2.3.3.2 Verbesserter Zugang zum Kapitalmarkt

Kapitalkostenersparnisse[294] durch Economies of Scale kommen im finanzwirtschaftlichen Bereich zuerst bei der Ausgabe neuer Aktien und Anleihen zum Tragen.[295] Aus der Emission solcher Wertpapiere resultieren nämlich erhebliche administrative Kosten, wozu als erster großer Kostenblock u. a. Gebühren von Rechtsanwälten und Steuerberatern sowie die durch die damit verbundene Planung im Unternehmen entstehenden Kosten gehören. Der zweite Kostenblock umfasst die Kosten der Platzierung der Emission, also Ausgaben für Dienstleistungen von Banken und „Underwriters". Diese Kosten sind prozentual gesehen um so niedriger, je höher sich der gesamte Emissionsbetrag darstellt, d. h. die zunehmende Unternehmensgröße bedingt in diesem Fall den Zugang zu günstigerem Kapital.

Finanzwirtschaftliche Synergiepotenziale ergeben sich darüber hinaus aufgrund eines verbesserten Zugangs zum Kapitalmarkt, indem z. B. die Bildung eines *internen Kapitalmarktes* für den Unternehmensverbund geschieht, welcher zu einer effizienteren Kapitalallokation mittels des Transfers liquider Mittel innerhalb des Unternehmensverbundes führen kann. Während Wachstumsmärkte liquide Mittel über selbst erwirtschafteten Cash Flow für Erweiterungsinvestitionen benötigen, sind in gesättigten

---

[293] Vgl. Perin (1996), S. 36 f., und Brühl (2000), S. 526.

[294] In Anlehnung an den anglo-amerikanischen Terminus der *Capital Costs* sollen Kapitalkosten verstanden werden als alle Entgelte für überlassenes Kapital, womit Zinszahlungen auf Fremdkapital, Ausschüttungen auf Eigenkapital, sämtliche Nebenkosten der Fremd- und Eigenkapitalaufnahme und schließlich die Opportunitätskosten der Selbstfinanzierung angesprochen sind. Subziele des Motivs Kapitalkostenreduzierung können bilanzpolitische Zielsetzungen sein, diese Sachverhalte sollen hier aber nicht weiter diskutiert werden. Vgl. dazu erschöpfend Sautter (1989), S. 181 ff.

[295] Vgl. z. B. Sautter (1989), S. 137, und Bühner (1989a), S. 159.

Märkten vorwiegend weniger kapitalintensive Ersatz- und Rationalisierungsinvestitionen erforderlich, so dass zusätzliche Mittel aus den entsprechenden Bereichen bereit gestellt werden könnten.[296] Dieser interne Ausgleich ist i. d. R. flexibler und mit niedrigeren Transaktionskosten verbunden als die Deckung des Kapitalbedarfs über den externen Kapitalmarkt.[297]

3.2.3.3.3 Co-Insurance-Effekt

Als weitere Quelle finanzwirtschaftlicher Synergiepotenziale haben die *erhöhte Verschuldenskapazität* und die damit verbundene *geringere Konkurswahrscheinlichkeit* im Schrifttum Bedeutung erlangt. Das Phänomen der Kopplung von Verschuldenskapazität und Konkurswahrscheinlichkeit wird unter dem Stichwort „Co-Insurance-Effekt" diskutiert.[298] Die erhöhte Verschuldenskapazität ermöglicht es dem Unternehmensverbund, sich zu gleichen Kosten höher zu verschulden als die Gesamtheit aller zu ihm zählenden Unternehmen bei Unabhängigkeit.[299]

Ein vor und nach dem Zusammenschluss identischer Kapitalbedarf kann nach Auffassung dieser Hypothese nachher zu niedrigeren Kosten als vorher befriedigt werden. Die Erklärung für die höhere Verschuldenskapazität liegt im reduzierten Konkursrisiko des zusammengeschlossenen Unternehmens begründet: "If we assume that in any given year (or run of years) there exists for each individual firm some positive probability of suffering losses large enough to induce financial failure, it can readily be shown that the joint probability of such an event is reduced by a conglomerate merger ... "[300] Dadurch können gegebenenfalls auch *Konkurskosten* vermieden werden, die sich aus direkten (darunter sind mit dem Konkursverfahren zusammenhängende Kosten zu verstehen) sowie indirekten Kosten (drohende Kundenverluste, Probleme bei Kreditvergabe und Kapitalerhöhung verschlechtern die Wettbewerbsposition des be-

---

[296] Vgl. Eckhardt (1999), S. 50.
[297] Vgl. Perin (1996), S. 36.
[298] Siehe beispielsweise Bühner (1990b), S. 14, Albrecht (1994a), S. 9, Bamberger (1994), S. 62, und Perin (1996), S. 35 f. Der Terminus selbst wurde von Seth (1990b), S. 432, geprägt.
[299] Vgl. Sautter (1989), S. 164.
[300] Levy/Sarnat (1970), S. 801.

3.2 Neoklassische Theorie der Unternehmung als Erklärungsansatz

troffenen Unternehmens weiter) zusammensetzen.[301] Mit der Frage nach dem Einfluss einer durch Zusammenschluss bedingten höheren Verschuldenskapazität auf den Unternehmenswert hat sich eine Reihe von Autoren beschäftigt, deren Modelle hier jedoch nicht diskutiert werden sollen, es sei dazu auf die umfangreiche, einschlägige Literatur verwiesen.[302]

3.2.3.3.4 Risikoreduktion durch Unternehmensdiversifikation

Vorrangiges Ziel einer Diversifikationsstrategie ist es – vergleichbar mit dem Co-Insurance-Effekt –, die Varianz der Ertragsströme und damit des unternehmerischen Risikos zu verringern, indem sich Unternehmen zusammenschließen, die hinsichtlich ihres Angebotes unterschiedlichen saisonalen, konjunkturellen und strukturellen Nachfrageschwankungen unterliegen; dazu sind nach herrschender Meinung konglomerate Zusammenschlüsse am besten geeignet.[303] Die Risikoverminderung geschieht insbesondere marktseitig, denn durch Streuung der Unternehmensaktivitäten in nichtverwandte Branchen lässt sich die Abhängigkeit des Unternehmensverbundes gegenüber den Konsumenten einer einzigen Branche verringern. Im Extremfall kann ein Absatzeinbruch bei einem bestimmten Produkt mit Hilfe der Absatzausweitung eines anderen Produktes nahezu ausgeglichen werden. Die auf diese Weise initiierte Stabilisierung der Gesamtabsatzmenge zieht eine geringere Anfälligkeit der Gesamterlöse auf Umweltmodifikationen nach sich.[304] Der größte Diversifikationseffekt und damit die umfangreichste Risikoreduzierung würde bei vollständig negativer Korrelation erzielt. Dieser Fall gilt jedoch als atypisch und wenig wahrscheinlich[305], da das Gesamtrisiko durch Diversifikation nicht ganz eliminiert werden kann, sondern nur seine Komponente des so genannten „unsystematischen" bzw. „spezifischen" Risikos.[306]

---

[301] US-Studien zufolge liegen die direkten Konkurskosten bei ca. 3 % des Unternehmenswertes, die indirekten Kosten sind schlecht quantifizierbar, sollen aber im Vergleich zu den direkten Kosten erheblich höher anzusiedeln sein. Vgl. White (1995), S. 40.

[302] Eine umfassende Auseinandersetzung mit den wichtigsten Modellen nimmt beispielsweise Sautter (1989), S. 165-181, vor.

[303] Vgl. z. B. Leiendecker (1978), S. 50-53, Salter/Weinhold (1979), S. 84-112, 139-146, 183-189, Bühner (1989a), S. 159, Sautter (1989), S. 184-209, Kirchner (1991), S. 142-145, Zwahlen (1994), S. 67-71, Brühl (2000), S. 523 ff.

[304] Vgl. Paprottka (1996), S. 63.

[305] Vgl. Sigloch (1974), S. 131.

[306] Vgl. Jennings (1971), S. 797.

Spezifisches Risiko resultiert aus denjenigen Unsicherheiten, mit denen ein einzelnes Unternehmen konfrontiert wird; es handelt sich quasi um unternehmensindividuelle Risiken, Beispiele dafür stellen Managementfehler, neue Wettbewerber, Produktionsausfälle durch Streiks etc. dar. Das Marktrisiko, auch „systematisches" Risiko genannt, ist dadurch gekennzeichnet, dass bei allgemeinen Marktschwankungen, ausgelöst z. B. durch gesamtwirtschaftliche, politische u. a. Faktoren, die Gewinnerwartungen aller Wettbewerber in mehr oder weniger starkem Ausmaß einbezogen werden; SHARPE nennt diese Erscheinung in Zusammenhang mit Aktienkursschwankungen „Market Sensitivity"[307]. Das Marktrisiko bleibt auch bei Zunahme der Diversifikation konstant.[308] Die Risikoreduktion mittels Diversifikation besitzt nur indirekten Einfluss auf die Entstehung finanzwirtschaftlicher Synergiepotenziale; von diesen kann man erst sprechen, wenn entweder Einsparungen bei risikoabhängigen Kosten und Investitionen oder Umsatzsteigerungen zu beobachten sind, wobei unter den risikoabhängigen Kosten solche der Absicherung zur Risikobegrenzung verstanden werden (darin integriert sind Kosten der Kapitalbeschaffung). Die Ersparnisse basieren auf den folgenden Sachverhalten: Gelingt dem Unternehmensverbund eine Risikoreduktion, lässt sich eine präzisere Liquiditätsplanung vornehmen, die zu effizienterem Kapitaleinsatz führt. Denn Verluste oder Kapitalengpässe, hervorgerufen durch Umsatzschwankungen, können durch Glättung der Gesamtabsatzmengen verkleinert werden, dadurch sinkt das Konkursrisiko externer Kapitalgeber, was wiederum mit einer Verbesserung der Verschuldenskapazität und im nächsten Schritt mit einer Verringerung der Kapitalkosten einhergeht.[309] Das diversifizierte Unternehmen wäre dann mehr wert als die

---

[307] Sharpe (1972), S. 74 f.

[308] U. U. ist durch Diversifikation mittels Zusammenschluss auch eine Reduzierung des systematischen Risikos denkbar, wenn der Markt Informationsineffizienzen aufweist, die dem Unternehmensverbund als institutionellem Anleger prinzipiell bessere Anlagemöglichkeiten als dem einzelnen Investor eröffnen, z. B. durch Insider-Informationen oder die Anlage in nicht-börsennotierte Unternehmen. Vgl. dazu Kirchner (1991), S. 144. Auch internationale Diversifikationen bieten Chancen zur Reduzierung des systematischen Risikos. Dabei fällt der Effekt umso größer aus, je weniger ausgeprägt der Integrationsgrad und unterschiedlicher der wirtschaftliche Entwicklungsstand der Länder ist, aus denen die Partner stammen. Vgl. Scharlemann (1996), S. 81.

[309] Vgl. Paprottka (1996), S. 63. Eckhardt (1999), S. 53 f., weist in diesem Zusammenhang darauf hin, dass Transaktionskostenersparnisse auf der Ebene der Investoren eine Rolle spielen können: Sind die Transaktionskosten für die einzelnen Aktionäre in Zusammenhang mit dem Erwerb von Anteilen höher als für die am Zusammenschluss beteiligten Unternehmen, kann es effizienter sein, Aktien eines Konglomerates zu halten als Aktien verschiedener Einzelunternehmen, um eine individuelle Risikominimierung zu erreichen.

3.2 Neoklassische Theorie der Unternehmung als Erklärungsansatz

Summe seiner Teile, d. h. es wurde ein zusätzlicher Nutzen aus der mit dem Unternehmensverbund einhergehenden Risikominimierung generiert.

Die obigen Annahmen treffen jedoch nur zu, wenn man von der aus Sicht der Neoklassik geforderten Prämisse eines vollkommenen Kapitalmarktes abstrahiert. Unter Zugrundelegung des Wertadditivitätstheorems und theoretischer Überlegungen auf Basis des *Capital Asset Pricing Model (CAPM)*[310] kann nämlich gezeigt werden, dass eine konglomerate Zusammenschlussstrategie, die eine Diversifikation des Unternehmensportfolios beabsichtigt, nicht zwangsläufig einen Unternehmenswertzuwachs bewirkt. Sind zwei Unternehmen korrekt – entsprechend ihrer Rendite-/Risikokombination – bewertet, unterscheidet sich die Rendite-/Risikokombination des zusammengeschlossenen Unternehmens zwar von denjenigen der Einzelunternehmen, liegt aber trotzdem auf der *Wertpapierlinie*, die die erwarteten Returns als Funktion des systematischen Risikos widerspiegelt. Eine Bewegung entlang dieser Geraden erreicht jedoch keine Wertsteigerung, da weder Unternehmen noch Investoren das systematische Risiko wegdiversifizieren können; der Zusammenschluss besitzt keinen Einfluss auf die Höhe der Kapitalkosten und damit auf den Unternehmenswert.[311]

Außerdem können sich die Eigner unter den Annahmen eines vollkommenen Kapitalmarktes selbst die günstigste Rendite/Risiko-Kombination wählen und eventuell bereits vor dem geplanten Zusammenschluss seitens des Erwerbers Aktien des Zielobjekts halten. Die Wertpapierdiversifikation durch individuelle Aktionäre ist darüber hinaus flexibler und einfacher als die Diversifikation realer Vermögensinvestitionen durch Zusammenschlüsse. Das diversifizierende Unternehmen müsste außerdem Management- und Kontrollkosten in Bezug auf die Integration des Zielobjekts beim Kauf berücksichtigen. Ein konglomerater Zusammenschluss zum Zwecke der reinen Risikoreduktion wäre demnach aus der Perspektive der Aktionäre überflüssig.[312] Bezogen auf das Argument der Risikoreduktion besitzen also die Eigenschaften des Kapitalmarktes, in dem die Marktteilnehmer agieren, großen Einfluss auf ihre Umsetzung. Je eher der

---

[310] Das *CAPM* ist ein für den Kapitalmarkt entwickeltes Gleichgewichtsmodell zur Preisbildung, es wurde von Sharpe (1964), Lintner (1965) und Mossin (1966) entworfen und basiert auf der Portefeuilletheorie von Markowitz (1952), vgl. ausführlich z. B. Copeland/Weston (1988), S. 193 ff.

[311] Vgl. Coenenberg/Sautter (1988), S. 707.

[312] Levy/Sarnat (1970) weisen anhand eines Modells mit drei Unternehmen, von denen zwei zu einem späteren Zeitpunkt einen Zusammenschluss tätigen, unter der Prämisse des vollkommenen Kapitalmarktes nach, dass gegenüber der individuellen Portfolioselektion damit keine weitere Risikominderung erzielt werden kann.

Kapitalmarkt dem Ideal eines vollkommenen Marktes entspricht (und damit den Anforderungen der neoklassischen Theorie der Unternehmung genügt), desto weniger erscheint eine Diversifikation über Unternehmenszusammenschlüsse als Quelle finanzwirtschaftlicher Synergiepotenziale geeignet.

3.2.3.4 Quellen versicherungsspezifischer Synergiepotenziale

3.2.3.4.1 Vorbemerkungen

Die Synergiehypothese stellt in der Assekuranz analog zu anderen Wirtschaftszweigen eine wichtige, wenn nicht sogar **die** bedeutendste Antriebskraft für Unternehmenszusammenschlüsse dar, wie ein Auszug aus dem Geschäftsbericht des AXA Colonia Konzerns im Jahre 2000 dokumentiert: „Ein weiterer wesentlicher Gesichtspunkt für die vollständige Integration der Albingia in den AXA Colonia Konzern war der unaufhörlich härter werdende Wettbewerb in der Versicherungswirtschaft, der alle Anbieter zur Nutzung von Synergien zwingt."[313] Durch die Verschmelzung hofft man, mittelfristig jährliche Kostenvorteile in Höhe von rund 76 Mio. € zu erzielen.[314] Eine Managerbefragung bei Versicherern zu den Motiven für Unternehmenszusammenschlüsse bestätigt das o. a. Beispiel: Danach wird an oberster Stelle die Nutzung von Synergien genannt.[315]

Im Gegensatz zur Systematisierung in leistungs- und finanzwirtschaftliche Potenziale ist eine scharfe inhaltliche Separierung dieser beiden Bereiche hier allerdings nicht sinnvoll, da das Versicherungsgeschäft und das Kapitalanlagegeschäft traditionell eng miteinander verknüpft sind (letzteres trägt demzufolge oft die Bezeichnung Sekundärgeschäft). Aufgrund der jüngst erfolgten Erweiterung des Kapitalanlagegeschäfts durch Prinzipien des *Asset-Liability-Management*[316] ist seine Position noch gestärkt worden, indem es z. B. in der Lebensversicherung nicht nur Wertsteigerung,

---

[313] GB AXA Colonia Konzern AG 2000 (2001), S. 13.
[314] Vgl. GB AXA Colonia Konzern AG 2000 (2001), S. 13.
[315] Vgl. Meyer (1999), S. 70.
[316] Unter der Bezeichnung *Asset-Liability-Management* ist eine integrierte, unternehmensbezogene Finanzierungspolitik zu verstehen, die eine zielentsprechende Optimierung des gesamten, dem Versicherer zur Verfügung stehenden Kapitalfonds verfolgt; das gesamte verfügbare Kapital gilt dabei als "Liabilities", die Summe der einzelnen Verwendungen des Kapitals in Form von Vermögenswerten verkörpert die "Assets". Vgl. z. B. detailliert Busson et al. (2000), S. 104-109.

-erhaltung und Rentabilität zu bewirken hat, wie sie den Versicherungsnehmern im Rahmen ihrer Policen garantiert bzw. in Aussicht gestellt werden, sondern sich die Höhe der Versicherungsleistungen ganz oder partiell nach den tatsächlichen Ergebnissen des Kapitalanlagegeschäfts richtet.[317] Leistungs- und finanzwirtschaftliche Synergiepotenziale werden daher anhand von Economies of Scale und Scope gemeinsam betrachtet. Für Versicherer existiert – hervorgerufen durch so genannte „retardierende Kräfte"[318] – gleichfalls die Gefahr von Dissynergien; HOLZHEU spricht sogar davon, dass Synergien stets mit zunehmenden größenbedingten Ineffizienzen „erkauft" werden müssen[319]

3.2.3.4.2 Versicherungsspezifische Economies of Scale

Kostensenkungen auf der Basis von Betriebsgrößeneffekten können im Versicherungsunternehmen bei den *Betriebskosten* auftreten. Unter dieser Hauptkostenart (oft fälschlich als Verwaltungskosten bezeichnet, obwohl auch Abschlusskosten zu den Betriebskosten zählen) subsumiert man in der einschlägigen Literatur die Kosten aller im Unternehmen anfallenden Arbeits- und Dienstleistungen, ferner die materiellen Betriebsmittel, Hilfs- und Betriebsstoffe sowie die Zinsen auf das in reale Produktionsfaktoren investierte Kapital; im Einzelnen zählen dazu u. a. Personalkosten, Provisionen, Betriebsmittelkosten in Form von Abschreibungen und Mieten für Bürogebäude und Informationskosten.[320] Das Einsparungspotenzial bei den Betriebskosten als Argument für Synergien anzuführen ist allerdings gar nicht so offensichtlich, wenn man bedenkt, dass ein bedeutender Teil dieser Kostenart (hier sind vor allem Vertriebspro-

---

[317] Nach dem kapitalmarkttheoretischen Ansatz, der in der Versicherungsbetriebslehre seit einiger Zeit als Grundlage zur Entwicklung einer Theorie der Versicherung diskutiert wird, bildet das Kapitalanlagegeschäft sogar das Kerngeschäft des Versicherers, wohingegen das Versicherungsgeschäft lediglich als Mittel zum Zweck der Kapitalbeschaffung dient. Vgl. Farny (2000a), S. 11 ff. Auch diese Überzeugung wird durch Modelle des Asset-Liability-Management gestützt, sie vermag die betriebswirtschaftliche Realität der Unternehmen jedoch nur partiell widerzuspiegeln und konnte sich daher in der Theorie bislang nicht durchsetzen.

[318] Eisen (1972), S. 61.

[319] Vgl. Holzheu (1991), S. 547. Ähnlich äußert sich schon früher Farny (1973), S. 17 f. Benölken (1995), S. 1556, nimmt eine ausführliche Diskussion möglicher Unterschiede der an einem Zusammenschluss beteiligten Versicherer vor, die zu Diseconomies of Scale und somit insgesamt zu Dissynergien führen können.

[320] Vgl. Farny (2000a), S. 573 f.

visionen zu nennen) variabel ist[321]; die Verteilung von Fixkosten auf einen größeren Output als Grund für das Zustandekommen von Economies of Scale dürfte also a priori keine sehr große Rolle spielen.

Trotzdem existieren Anhaltspunkte für Ersparnisse bei den betriebstechnischen Verfahren, d. h. der Anwendung moderner Informations- und Kommunikationstechnologien wie dem Internet/Intranet, Point of Sale (POS)-Systemen und dem elektronischen Dokumentenmanagement etc., die durch verstärkte Auslastung ihrer Kapazitäten, größeren Möglichkeiten der Spezialisierung bei Software und bedienendem Personal sowie besserer Abstimmung untereinander zu erhöhter Produktivität führen. Daneben sind weitere Einsparungen durch optimierte Geschäftsprozesse für die Vertrags- und Schadenbearbeitung zu erwarten, die u. a. auf den Einsatz hochspezialisierter Mitarbeiter für eine bestimmte Art von Versicherungsgeschäft zurückzuführen sind, von dem eine gewisse Mindestmenge vorhanden sein muss, um deren Spezialisierung zu rechtfertigen. Auch im Kapitalanlagemanagement können durch Zusammenschlüsse und damit einhergehende Professionalisierungsmöglichkeiten erhebliche Synergiepotenziale freigesetzt werden.[322] Diese resultieren einerseits aus verbesserten Kapitalanlageergebnissen durch höhere Volumina (so wird es beispielsweise erst ab bestimmten Größen möglich, verschiedene Kapitalanlagekategorien unter Risiko/Rendite-Gesichtspunkten optimal zu gewichten) und andererseits aus Kostenersparnissen bei Aktienhandels- und Abwicklungssystemen, geringeren Brokeragegebühren bzw. Spreads im Handel sowie der Vermeidung von Doppelarbeit im Research. Insgesamt gesehen ergeben sich Größenvorteile in Bezug auf die Betriebskosten vorrangig in den Backoffice-Bereichen des Versicherers.

Skaleneffekte bei Versicherungsunternehmen wären nur unzureichend beschrieben, ließe man die Diskussion der zweiten Hauptkostenart, nämlich der *Risikokosten*, außer Acht, die aus der Übernahme von Wahrscheinlichkeitsverteilungen von Schäden und deren Ausgleich im Kollektiv und im Zeitverlauf resultieren und sich aus den drei - Elementen Schadenkosten, Rückversicherungskosten sowie Zinsen für das in den Versicherungsbeständen an Geld und Kapitalanlagen für erwartete zukünftige Versicherungsleistungen bzw. für in darüber hinaus gehaltenen Sicherheitsmitteln investierte

---

[321] Mit den Schadenkosten zusammen, die zur Kategorie der Risikokosten zählen, machen die variablen Kosten ca. 80 % der Gesamtkosten eines Versicherungsunternehmens aus. Vgl. Venohr et al. (1998), S. 1121.

[322] Vgl. Holzheu (1991), S. 538, und Venohr et al. (1998), S. 1122.

3.2 Neoklassische Theorie der Unternehmung als Erklärungsansatz

Kapital zusammensetzen [323]. ZWEIFEL/EISEN sprechen in diesem Kontext generell von der „theoretischen Begründbarkeit" der Skaleneffekte, bezogen auf die Risikokosten.[324] Ihre Aussage betrifft Kostenvorteile, die aufgrund eines verminderten oder modifizierten Bedarfs an Rückversicherungsschutz und an Kapitalnutzungen für Sicherheitsmittel generiert werden, denn unter sonst identischen Prämissen nimmt das *Zufallsrisiko*, gemessen an der Streuung der Gesamtschadenverteilung, mit wachsender Zahl von unabhängigen Individualrisiken im Portefeuille relativ ab.[325] Je größer ein Risikokollektiv ist, desto zuverlässiger können demnach die Schadenerwartungswerte mit Hilfe von Erfahrungen aus der Vergangenheit durch die effektiven Schäden abgebildet werden. Dieser Tatbestand ermöglicht es dem Versicherer, den *Sicherheitszuschlag* in der Bruttorisikoprämie, der als Äquivalent für die Tragung des versicherungstechnischen Risikos durch das Unternehmen, d. h. als Ausgleich für die Streuung der kollektiven Gesamtschadenverteilung, interpretiert wird, zu senken.[326] ·

Um Economies of Scale in Bezug auf die Risikokosten vollständig nutzen zu können, müssen Zusammenschlüsse in Form von Bestandsübertragungen oder Fusionen konzipiert sein, die – anders als Kooperationen – das Volumen von Beständen durch Integration erhöhen. Was das Ausmaß dieser Effekte anbelangt, so gibt jedoch beispielsweise SCHEELE zu bedenken, dass die Streuung mit zunehmender Größe des Versicherungsbestands nur stark unterproportional abnimmt, so dass die Auswirkungen auf die Bruttorisikoprämie seiner Meinung nach lediglich marginal sind[327], zumal gleichzeitig *Änderungs-* und *Irrtumsrisiko*, welche die anderen beiden Elemente des versicherungstechnischen Risikos verkörpern, proportional mit der Ausdehnung des Bestands steigen und laut FARNY größere Gefahren für die Existenz des Versicherers darstellen als

---

[323] Vgl. Farny (2000a), S. 572.

[324] Vgl. Zweifel/Eisen (2000), S. 270. Farny (1973), S. 18, wählt den Ausdruck „technologische Begründung für Zusammenschlüsse", um den Zusammenhang zu veranschaulichen.

[325] Vgl. Eisen (1972), S. 59 f. Das *Zufallsrisiko*, das eine Komponente des gesamten versicherungstechnischen Risikos bildet, bezeichnet die zufällige Abweichung des kollektiven Effektivwertes der Schäden vom geschätzten Erwartungswert, d. h. es treten zufällig besonders viele/wenige Versicherungsfälle und zufällig besonders hohe/niedrige Einzelschäden auf. Vgl. Koch/Weiss (1994), S. 1036.

[326] Vgl. Hax (1972), S. 272. Zur Bemessung des notwendigen *Sicherheitszuschlags* und damit der Bruttorisikoprämie existieren in der versicherungswissenschaftlichen Literatur verschiedene risikotheoretisch fundierte Kalkulationsvorschläge, siehe dazu einige wichtige Literaturhinweise bei Farny (2000a), S. 61.

[327] Vgl. Scheele (1994), S. 96 ff.

das Zufallsrisiko, dessen Bedeutung in der Vergangenheit kontinuierlich abgenommen hat.[328] Außerdem weisen zahlreiche Autoren darauf hin, dass sich diese Kostenvorteile bezüglich des Mindestbestands an Sicherheitsmitteln in der Realität nicht vollständig nutzen lassen, da vom Gesetzgeber Proportionalität zwischen Sicherheitsmitteln und Größenparametern des Bestands vorgeschrieben ist.[329] Würde ein Versicherungsunternehmen als Folge wachsender Versicherungsbestände z. B. seinen Rückversicherungsschutz abbauen, müsste es gemäß der Solvabilitätsvorschriften andere Sicherheitsmittel vermehrt vorhalten. Die traditionelle Argumentation der Risikokostenreduzierung mittels der „Gesetze der großen Zahl(en)" besitzt infolge ihrer Konzentration auf das Zufallsrisiko also einige inhaltliche Schwächen.

Nicht bestritten werden in der Literatur allerdings Risikokostenersparnisse, die in einem größeren Datenbestand über die gezeichneten Individualrisiken begründet liegen. Die dadurch entstehende Informationsdichte erlaubt bei Anwendung moderner versicherungstechnischer Verfahren eine deutliche Qualitätsverbesserung des Tarifierungs- und Underwriting-Know-hows, zugleich können der Datenbestand und das entsprechende Wissen auch gewinnbringend im Marketingbereich, besonders im Absatz, eingesetzt werden, indem der betroffene Versicherer eine „richtigere" Risikoprämie und dadurch bedingt eine „richtigere" Bruttoprämie am Markt offerieren kann. Kleinere Versicherer, die nicht über eine derartige Informationsfülle verfügen, müssen u. U. eine negative Risikoauslese befürchten, was zur Folge hat, dass gute Risiken zu günstigeren Tarifen der risikoadäquat differenzierenden Wettbewerber abwandern, während schlechte Risiken entweder im eigenen Portefeuille verbleiben oder sogar noch angezogen werden.[330]

Eine bedeutende Quelle für Umsatzsteigerungen repräsentiert die durch Zusammenschlüsse induzierte erhöhte *Risikotransfer-* bzw. *Zeichnungskapazität* involvierter Versicherungsunternehmen. Diese ist definiert als das Leistungsvermögen der Versicherer bei der Übernahme von einzelnen Risiken, von Risiken einer spezifischen Art (z. B. innerhalb einer Versicherungssparte) oder von Risiken verschiedener Art im Gesamtbestand; die maßgeblichen Potenzialfaktoren der Leistungskraft bilden die verfügbaren Sicherheitsmittel, die Rückversicherungspotenziale sowie der vorhandene Versiche-

---

[328] Vgl. Farny (1973), S. 18. Änderungs- und Irrtumsrisiko werden im folgenden Abschnitt näher erläutert.

[329] Vgl. u. a. Scheele (1994), S. 97.

[330] Vgl. Venohr et al. (1998), S. 1122, und Führer (2000), S. 840.

rungsbestand.[331] Der Vorteil größerer Zeichnungskapazität berührt nicht nur direkt den dadurch möglichen Transfer (industrieller) Großrisiken, sondern übt darüber hinaus oft eine Katalysatorwirkung auf weitere Versicherungsarten aus (Stichwort „Hausversicherer"). In der Literatur gilt die Zeichnungskapazität deshalb unbestritten als wichtiger Indikator zur Messung der Wettbewerbsfähigkeit von Versicherungsunternehmen, obwohl von einer Bestandsvergrößerung nicht automatisch auf eine erhöhte Zeichnungskapazität geschlossen werden kann, da vor allem die jeweilige Bestandszusammensetzung eine Rolle spielt.[332] Bei Zusammenschlüssen müsste also dieses Kriterium ex ante berücksichtigt werden, um die erwarteten Umsatzsteigerungen auch tatsächlich zu erzielen.

Umsatzsteigerungen resultieren nicht zuletzt aus dem in der Praxis zu beobachtenden, rational nicht zu erklärenden, aber wirksamen Sachverhalt, dass große Unternehmen unabhängig vom aktiven Werbebudget i. d. R. einen hohen Bekanntheitsgrad aufweisen, weiterhin in der Einschätzung der Versicherungsnehmer überproportional mehr Vertrauen genießen als kleine und ihr Image deutlich positiver ist, was ihr absatzpolitisches Potenzial stark erhöht und ihnen auf dem Markt bessere Wettbewerbschancen im Vergleich zu den kleineren Konkurrenten eröffnet.[333]

Bislang existieren nur wenige Studien, die sich explizit mit der Messung von Skaleneffekten bei Versicherungsunternehmen beschäftigen, da Uneinigkeit darüber besteht, welche Inputs und vor allem welche Outputs sich zur Modellierung des Versicherungsgeschäfts eignen und welche (technischen) Verfahren zur Messung der Effekte verwendet werden können.[334] In Abhängigkeit von analysiertem Markt und Sparte ergeben sich daher differenzierte Ergebnisse: So kommt eine neuere Studie von MAHLBERG, bezogen auf den deutschen Markt und spartenübergreifend konzipiert, mit Hilfe der Data Envelopment Analysis (DEA) zu dem Schluss, dass insbesondere kleinere Versicherer bei Zusammenschlüssen mit erheblichen Betriebskostensenkungen, hervorgerufen durch Economies of Scale, rechnen können, während sich die Kostensitua-

---

[331] Vgl. Koch/Weiss (1994), S. 437.

[332] Vgl. z. B. Farny (2000a), S. 479.

[333] Vgl. Braeß (1971), S. 472, und Apitz (1987), S. 22.

[334] Seit geraumer Zeit erfreuen sich hier nichtparametrische Verfahren, zu denen beispielsweise die o. a. auf der linearen Programmierung basierende *DEA* zählt, wachsender Beliebtheit. Im Rahmen dieser Methode werden zunächst Inputs und Outputs einander gegenübergestellt, und man versucht, die Grenze der Produktionsmöglichkeiten aus den Daten zu bestimmen. Zu den Einzelheiten der Methode siehe u. a. Coelli et al. (1998).

tion bei Zusammenschlüssen großer Unternehmen hingegen marginal verschlechtert.[335] MAHLBERG prognostiziert deshalb insgesamt für den deutschen Versicherungsmarkt zukünftig weitere Zusammenschlüsse. Auch KALUZA weist im Rahmen einer früheren Arbeit anhand empirischer Daten Kostensenkungen von Schaden- und Betriebskosten bei privaten Krankenversicherern nach, wenn deren Betriebsgröße steigt.[336]

Demgegenüber liefern die Resultate von KÜRBLE/SCHWAKE keine Anhaltspunkte für derartige Vorteile bei den Betriebskosten von Schaden- und Unfallversicherern.[337] ZWEIFEL/EISEN machen auf Widersprüche zwischen Schätzergebnissen empirischer Untersuchungen und Beobachtungen in der Praxis, z. B. auf dem US-amerikanischen Lebensversicherungsmarkt, aufmerksam. So belegen diese Studien allesamt positive Skaleneffekte, die eigentlich zu Marktaustritten, Zusammenschlüssen kleiner Versicherer und dadurch bedingter Zunahme der Konzentration geführt haben müssten, was aber in der Realität nicht der Fall war.[338] Demnach hegen ZWEIFEL/EISEN gewisse Vorbehalte gegenüber der Gültigkeit von Aussagen solcher Untersuchungen, deren Abweichung vom Marktgeschehen sie auf die Verwendung ungeeigneter Funktionstypen für die Kostenfunktion (linear, quadratisch oder logarithmisch) zur Messung des Sachverhalts zurückführen.

3.2.3.4.3 Versicherungsspezifische Economies of Scope

Economies of Scope werden in der Versicherungswirtschaft vorrangig mit der Realisierung konglomerater Zusammenschlüsse in Verbindung gebracht, die wegen des Spartentrennungsgebots entweder in Form der Kooperation oder diversifizierender Konzernbildung gestaltet sind. Aber auch bei horizontalen Zusammenschlüssen mit und ohne Produktausweitung innerhalb einer Sparte lassen sich Verbundvorteile realisieren, wenn beispielsweise ein Sachversicherer zu den bisher betriebenen Versicherungsarten Hausrat- und Wohngebäudeversicherung die Hagelversicherung in sein Portefeuille aufnimmt oder ein traditioneller Versicherer, der im Vertrieb bislang mit fest angestellten Ausschließlichkeitsvertretern arbeitete, nun zusätzlich das Direktge-

---

[335] Vgl. Mahlberg (1999), S. 365.
[336] Vgl. Kaluza (1990), S. 269.
[337] Vgl. Kürble/Schwake (1984), S. 130.
[338] Vgl. Zweifel/Eisen (2000), S. 272 ff.

3.2 Neoklassische Theorie der Unternehmung als Erklärungsansatz 105

schäft über das Internet betreibt. Economies of Scope betreffen ebenso wie Economies of Scale die beiden Hauptkostenarten Betriebs- und Risikokosten.

Eine unterproportionale Zunahme von Betriebskosten im Zusammenhang mit zunehmender Produktvielfalt ergibt sich nach Auffassung zahlreicher Autoren vorrangig aufgrund von „Best Practice"-Effekten[339], mit deren Hilfe die operative Effizienz des neuen Unternehmensverbundes, z. B. im Bereich der Vertriebssteuerung, verbessert wird.[340] So sind Mitarbeiter des übernommenen Versicherers, die schon Erfahrungen mit dem Direktgeschäft besitzen, bei einer vermehrten Transformation des gesamten Vertriebs auf diese Vertriebsform wahrscheinlich in der Lage, ihr spezifisches Knowhow über dort herrschende Marktverhältnisse an die neuen Kollegen weiterzuleiten. Oder das Management eines Versicherungsunternehmens, das von einem anderen Versicherer eine spezielle Versicherungsart (in der Lebensversicherung könnte hier z. B. die Fondsgebundene Lebensversicherung angeführt werden) übernimmt, hat bereits in der Vergangenheit besondere Fähigkeiten zur Lösung der für diese Art typischen Probleme entwickelt, welche es nun gezielt nutzen kann.[341] Betriebskostenersparnisse sind außerdem zu erwarten, wenn durch Ausweitung des Aktivitätsspektrums bestehende Informations- und Kommunikationstechnologien und Vertriebsnetze intensiver genutzt sowie im Bereich der Vertrags- und Schadenbearbeitung verschiedene Arten von Leistungen in den Kontrakten vereinbart und gemeinsam administriert werden können.[342]

Zu Betriebskosteneinsparungen trägt generell die mehrfache Anwendung kundenbezogener und aktuarischer Informationsbestände bei, indem z. B. Kunden, die schon einen Vertrag in einer bestimmten Versicherungsart oder -sparte abgeschlossen haben, ohne Verursachung zusätzlicher Vertriebskosten auf die eventuelle Notwendigkeit des Abschlusses in einer anderen, im Unternehmensverbund angebotenen Versicherungsleis-

---

[339] In der Literatur werden neben den „Best Practice"-Effekten hier vielfach Lern- bzw. Erfahrungskurveneffekte als Gründe für Betriebskostenersparnisse angeführt, vgl. stellvertretend Holzheu (1992), S. 114. Abgesehen davon, dass solche Effekte keine Verbundvorteile, sondern Größenvorteile generieren, also inhaltlich in das Economies of Scale-Konzept einzuordnen sind (siehe dazu die Ausführungen im vorherigen Abschnitt und allgemein unter Abschnitt 3.2.3.2.2), ist eine Adaption des Erfahrungskurvenmodells auf Versicherungsunternehmen nur partiell, und zwar auf fehlerfreie Prämienkalkulation, Underwriting und Schadenregulierung sowie weitere interne Geschäftsprozesse im Dienstleistungsgeschäft möglich, und nicht auf das eigentliche Versicherungsgeschäft anzuwenden. Vgl. dazu umfassend Kaluza/Kürble (1986), S. 193 ff.

[340] Vgl. z. B. Venohr et al. (1998), S. 1122,

[341] Vgl. Zweifel/Eisen (2000), S. 263.

[342] Vgl. Holzheu (1991), S. 538 f.

tung angesprochen werden (in der Literatur verbindet man die Ausnutzung von Chancen des gegenseitigen Verkaufs allgemein mit dem übergeordneten Terminus „Cross Selling"[343]).

Zusammenschlüsse von Versicherungsunternehmen auf der Basis der diversifizierenden Konzernbildung, die ein spartenübergreifendes Angebot von Versicherungsprodukten beinhalten, eröffnen dem Versicherungskonzern außerdem erhebliche Risikokostensenkungspotenziale, die zum einen aus einem verbesserten Risikoausgleich zwischen den Versicherungsteilbeständen des Gesamtunternehmens, zum anderen aus besseren Risikoausgleichsmöglichkeiten in den Kapitalanlagebeständen und zwischen Versicherungs- und Kapitalanlagebeständen (Asset-Liability-Management) resultieren.[344] Der verbesserte Risikoausgleich zwischen den Teilbeständen kommt durch dort zu beobachtende entgegengesetzte Verläufe der *Änderungsrisiken*[345] einzelner Konzernversicherer zustande, die sich ganz oder teilweise – bezogen auf einen (fiktiven) heterogenen Gesamtversicherungsbestand – kompensieren. Ein besonderes Änderungsrisiko bergen biometrische Parameter: Steigt z. B. die Lebenserwartung der Bevölkerung, so wird womöglich die reine Todesfallversicherung geringere Schadenzahlungen hervorrufen, da während der Vertragslaufzeit weniger Versicherungsnehmer sterben (und im Rahmen dieser Versicherungsart nur der angesprochene Sachverhalt die Auszahlung der Versicherungssumme an die Bezugsberechtigten rechtfertigt); hingegen muss der Konzern bei der Erlebensfall-, privaten Kranken- und Pflegeversicherung wahrscheinlich mit erhöhten Auszahlungen wegen der längeren Lebensdauer der Versicherten und ihrer wachsenden Pflegebedürftigkeit aufgrund der tendenziell schlechteren gesundheitlichen Situation im hohen Alter rechnen.[346]

---

[343] Unter dem Terminus „Cross Selling" werden Vorteilswirkungen, die aus dem so genannten „One-Stop-Shopping" sowie dem gemeinsamen Nutzen von Kundeninformationen und verknüpfter Werbung bzw. Goodwill resultieren, subsumiert. Das „One-Stop-Shopping" beinhaltet externe Vorteile aus der Perspektive des Kunden, der durch Verringerung der Zahl seiner Geschäftsbeziehungen individuelle Transaktionskosten reduzieren kann, während die übrigen Vorteile intern im Unternehmen aufgrund seiner Produktvielfalt entstehen und hier im Mittelpunkt der Betrachtung stehen. Vgl. Scheele (1994), S. 102.

[344] Vgl. Mittendorf/Schulenburg (2000), S. 1390 f.

[345] Das *Änderungsrisiko* als Komponente des versicherungstechnischen Risikos veranschaulicht die Veränderlichkeit der versicherten Risiken im Laufe der Zeit, es wird durch verschiedene Risikoursachensysteme (dazu zählen u. a. die Bereiche Natur, Technik, Gesellschaft und Staat) determiniert, die in komplexen Kausalketten zur Entstehung von Schäden führen sowie die Höhe der Schäden beeinflussen. Vgl. detailliert z. B. Albrecht/Schwake (1988), S. 651-657.

[346] Vgl. Farny (2000a), S. 244.

Positive Auswirkungen auf den Risikoausgleich sind auch durch entgegengesetzte Verläufe des *Irrtumsrisikos* (seltener Diagnoserisiko genannt) möglich, das als eine vom Versicherer falsch eingeschätzte Gesamtschadenverteilung bei der Prämienkalkulation definiert ist, die wiederum durch eine fehlerhafte Analyse vergangenheitsbezogener, kalkulationsrelevanter Informationen zustande kommt.[347] Irrtumsrisiken spielen vor allem bei selten auftretenden und neuen Risiken eine wichtige Rolle, im Konzern ist allerdings anzunehmen, dass dieser eine Mischung aus solchen Risiken und häufig vorkommenden bzw. altbekannten Risiken zeichnet, bei denen das Irrtumsrisiko signifikant an Bedeutung verliert und man daraus einen verbesserten Risikoausgleich ableiten kann. Aufgrund der Volumenerhöhung des Gesamtbestands durch Zusammenschlüsse ist ferner – wie bereits im Kontext der Economies of Scale diskutiert – eine Abnahme des *Zufallsrisikos* zu erwarten., so dass insgesamt – zumindest aus theoretischer Perspektive – eine Reduzierung des versicherungstechnischen Risikos erzielt wird und als Folge davon im konzernweiten Kollektiv der Einsatz von Rückversicherungsschutz relativ gesenkt werden kann.[348]

Die Realisierung dieser vorteilhaften Risikowirkungen setzt in der Praxis jedoch einerseits die Anwendung spezifischer versicherungstechnischer Verfahren, insbesondere der konzerninternen Rückversicherung, voraus und stößt andererseits an die Grenzen der unter dem Konzerndach vereinten einzelnen Rechtseinheiten. Der zentrale Gedanke des Spartentrennungsgebots beinhaltet nämlich zum Schutz der Versicherungsnehmerinteressen die Eingrenzung von Risiken auf die jeweiligen Rechtseinheiten, wodurch eine Abschottung der Konzerntochtergesellschaften gegenüber krisenhaften Entwicklungen wie Unterdeckung oder Illiquidität untereinander bewirkt werden soll.[349] Im Extremfall können einzelne Spartenunternehmen sogar in Konkurs gehen, ohne die Existenz des Konzerns generell zu gefährden. Da aber gerade in der Versicherungswirtschaft die These des *Spill-Over-Effects*[350] weit verbreitet ist (zumal wenn dieser mit Hilfe eines gemeinsamen Konzernnamens im Marketing gefördert wird), ist

---

[347] Vgl. Koch/Weiss (1994), S. 427.

[348] Nicht ganz außer Acht zu lassen sind allerdings eventuelle negative Einflüsse auf das versicherungstechnische Risiko im Konzern, die hauptsächlich im Falle von Schadenkumuls (Häufung von Schadenfällen durch ein einziges Ereignis, z. B. Erdbeben) oder bei der Zeichnung von Groß- und Größtrisiken drohen.

[349] Vgl. § 8a Abs. 1a VAG und den dazugehörigen Kommentar von Fahr/Kaulbach (1997), Rdnr. 48 und 49.

[350] Siehe dazu genauer unter Abschnitt 3.2.3.2.2.

es wahrscheinlich, dass eine derartige Entscheidung die wirtschaftliche Zukunft des gesamten Unternehmensverbundes nachhaltig negativ beeinflussen würde, und insofern eine Sanierung des maroden Bestands von der Unternehmensleitung (unterstützt zugleich vom BAV) präferiert wird.

Auch im finanzwirtschaftlichen Bereich können Risikoausgleichspotenziale durch gegenläufige Tendenzen der Marktentwicklung heterogener Kapitalanlagebestände erzeugt werden, wobei damit jedoch nicht die vertraglich übernommenen Individualrisiken angesprochen sind, sondern – analog zu anderen Branchen – Marktrisiken, konjunkturelle Risiken usw. Die Konsolidierung der Kapitalanlageergebnisse einzelner Geschäftsbereiche verkörpert einen konzerninternen Kapitalmarkt, der dem (großen) Konzern eine gewisse Unabhängigkeit vom externen Kapitalmarkt verschafft und ihm Kostenvorteile aufgrund von geringeren Transaktions- und Informationskosten liefert.[351] Darüber hinaus nimmt die risikobedingte Streuung der Kapitalanlageergebnisse ab, weil die einzelne risikobehaftete Anlage, bezogen auf das Gesamtportefeuille, nur noch ein geringes Gewicht besitzt. Eine konzernweite Liquiditätssteuerung senkt außerdem den relativen Bedarf an liquiden Mitteln. Aus der Perspektive des Asset-Liability-Managements, das die traditionelle Isolierung von Kapitalanlage- und Versicherungsbeständen aufhebt, prognostiziert man im Fall der Unabhängigkeit der Risikolagen beider Bestände, die im diversifizierten Konzern i. d. R. anzutreffen ist, zusätzliche Risikoausgleichseffekte.[352]

Economies of Scope im Zuge von Zusammenschlüssen tragen außer zu Kostenersparnissen auch zu Umsatzsteigerungen bei, die speziell durch das im Konzern integrierte umfassende Programm an Versicherungs- und Kapitalanlageprodukten mit den dazu komplementären Dienstleistungen wie Schadenregulierung bedingt sind.[353] Mit Hilfe von Cross Selling werden sowohl Kontakte der Kunden, die vollständigen Versicherungsschutz bzw. im Sinne des Allfinanzgedankens ein Angebot weiterer Finanzdienstleistungen (Bank- und Bausparprodukte beispielsweise) wünschen, als auch Kontakte von (unabhängigen) Versicherungsvermittlern, die ein möglichst breites Produktsortiment der jeweiligen Unternehmen offerieren wollen, zur Konkurrenz entbehr-

---

[351] Vgl. Holzheu (1992), S. 114.
[352] Vgl. Farny (2000a), S. 803.
[353] Vgl. Führer (2000), S. 840.

lich.[354] Diese Verbundvorteile überwiegen bei weitem eventuelle Nachteile substitutiver Nachfrageverbindungen (nach Unfall- oder Berufsunfähigkeitsversicherungen). Auf die Ausschöpfung dieser Vorteile hofft beispielsweise der sich selbst als „Vorsorgekonzern" bezeichnende W & W-Konzern, der 1999 durch Verschmelzung der Holdings von Württembergischer Versicherungsgruppe und Wüstenrot entstand und seitdem Schaden-Unfall- und Personenversicherer, Bausparkassen, Baufinanzierungsbanken sowie eine Investmentgesellschaft unter seinem Dach vereint.[355]

In der Literatur jedoch ist die empirische Evidenz von Economies of Scope bei Versicherern noch sehr viel schwächer ausgeprägt als diejenige von Economies of Scale, da keine geeigneten Verfahren zu ihrer Quantifizierung existieren. Auch die bei Economies of Scale zuletzt häufig angewendete DEA stellt keine Alternative dar, MAHLBERG weicht in seiner Studie des deutschen Marktes daher auf die Parametrisierung aus, indem er einen Parameter für die Diversifikation der einzelnen Unternehmen als erklärende Variable in die Regression der Effizienzwerte integriert; er kommt hier zu dem Ergebnis, dass vieles gegen die Existenz von Verbundvorteilen in Bezug auf die Betriebskosten spricht.[356] Um eine exakte Quantifizierung zu erreichen, müssten seiner Auffassung nach aber zunächst bestimmte Ansätze auf Basis der DEA weiter entwickelt werden. Eine frühere empirische Analyse von SURET über den kanadischen Nichtlebensversicherungsmarkt unter Zuhilfenahme der so genannten *Translog-Kostenfunktion*[357] liefert ähnliche Resultate: Würde ein Versicherer nach dem Baukastenprinzip jeweils zwei Versicherungsarten kombinieren, könnte er kaum mit Economies of Scope rechnen, allenfalls die Aufnahme zusätzlicher Geschäftsfelder in ein bereits bestehendes Portfolio wäre mit geringen Verbundvorteilen bei den Betriebskosten verknüpft, die jedoch nur bei großen Unternehmen auftreten.[358] Die empirische Ermittlung von Economies of Scope in Bezug auf die Risikokosten ist mit zusätzlichen

---

[354] Vgl. Venohr et al. (1998), S. 1121.

[355] „Die jeweiligen Geschäftsfelder ... ergänzen sich in nahezu idealer Weise". GB W & W AG 2001 (2002), S. 14.

[356] Vgl. Mahlberg (1999), S. 366.

[357] In ihrer Grundform enthält die *Translog-Kostenfunktion* als erklärende Variablen lediglich die Logarithmen der Outputs selbst und Interaktionsterme, Faktorpreise und ihre Interaktionsterme sowie nochmals Interaktionsterme zwischen Outputs und Faktorpreisen. Siehe dazu genauer Zweifel/Eisen (2000), S. 266 f.

[358] Vgl. Suret (1991), S. 254 ff.

Problemen behaftet, die wenigen existierenden Untersuchungen deuten trotz ihrer heterogenen Ergebnisse im Ganzen nicht auf ein großes Potenzial solcher Vorteile hin.[359]

Aus den theoretischen und empirischen Überlegungen zu speziellen Synergiepotenzialen bei Versicherungsunternehmen lässt sich insgesamt das Fazit ziehen, dass zwar insbesondere für kleinere Versicherer durchaus einige Ansatzpunkte für (Betriebs- und Risiko-)Kostensenkungen und Umsatzsteigerungen, basierend auf Economies of Scale und Scope, existieren, die z. T. sogar theoretisch begründbar sind, sie jedoch nach herrschender Meinung nur ein geringes Ausmaß erreichen können (und außerdem relativ schnell wieder verschwinden).[360]

Damit stehen die Aussagen von Theorie und Praxis einander kontrovers gegenüber, denn gerade externes Wachstum in Form von horizontalen, konglomeraten und vertikalen Zusammenschlüssen wird oft mit dem Argument der dadurch bedingten raschen Nutzung von Synergien begründet, wobei sich die Verantwortlichen auch nicht scheuen, diese Vorteile – wie das Beispiel der AXA im Abschnitt 3.2.3.4.1 verdeutlicht – zu quantifizieren, obwohl die empirische Evidenz solcher Effekte zumindest in Bezug auf Economies of Scope laut verschiedener Analysen äußerst schwach ist. MITTENDORF/ SCHULENBURG vertreten insofern – analog zu BÜHNER – die These, dass Versicherer mit Hilfe von Zusammenschlüssen primär Marktmacht zur Abschöpfung von Monopolrenten erlangen wollen bzw. unter Berücksichtigung der jeweiligen Wettbewerbsgesetzgebung einen Zusammenschluss wenigstens zum Ausbau und zur Stärkung ihrer Marktposition verwenden möchten.[361]

---

[359] Siehe dazu die Übersicht von Studien mit dieser Problemstellung bei Kotsch (1991), Kap. III.6.
[360] Vgl. u. a. Doherty (1981), S. 398 ff., Eisen et al. (1990), S. 51, Holzheu (1991), S. 547, und Mittendorf/Schulenburg, Graf v. d. (2000), S. 1390.
[361] Vgl. Mittendorf/Schulenburg, Graf v. d. (2000), S. 1387.

3.2.4 Informationseffizienzbezogene Hypothesen

3.2.4.1 Vorbemerkungen

Einen weiteren Versuch zur Erklärung von Unternehmenszusammenschlüssen stellen den Kapitalmarkt betreffende *informationseffizienzbezogene Hypothesen* dar.[362] Dieser ist dann (informations-)effizient bzw. vollkommen, wenn sämtliche Wertpapierpreise jederzeit alle verfügbaren Informationen reflektieren.[363] Voraussetzung für die Informationseffizienz ist das Fehlen von Transaktionskosten, mithin die kostenlose Verfügbarkeit sämtlicher Informationen für alle Marktteilnehmer.[364] Nach FAMA lassen sich drei Formen der Informationseffizienz differenzieren:

1. Schwache Form der Informationseffizienz

    Hier reflektiert der aktuelle Marktpreis lediglich die Informationen der vergangenen Preise, d. h. den historischen Kursverlauf; kein Investor kann daher abnormale Renditen[365] erzielen, indem er Strategien verfolgt, die sich nur auf vergangene Kurse oder Renditen stützen.

2. Mittelstrenge Form der Informationseffizienz

    In den aktuellen Marktpreisen sind hier alle öffentlich verfügbaren Informationen (Mitteilungen über die Ertragslage der Unternehmen, Änderungen bei Dividendenausschüttungen usw.) enthalten, die Preise passen sich allen neuen Informationen unmittelbar an. Ein Investor kann demnach mit Hilfe von Strategien, die vollständig auf der Auswertung öffentlich verfügbarer Informationen beruhen, keine abnormalen Renditen erzielen.

---

[362] Die anglo-amerikanische Literatur spricht insgesamt von der „Valuation Theory", siehe dazu beispielsweise Steiner (1975) und Trautwein (1990), S. 286 f.

[363] Fama (1970), S. 387: "Security prices fully reflect all available information".

[364] Vgl. Fama (1970), S. 387.

[365] Unter *abnormalen (außerordentlichen) Renditen* versteht man von der normalen Rendite abweichende Aktienrenditen, die durch ein bestimmtes Ereignis, z. B. durch einen Unternehmenszusammenschluss, hervorgerufen werden. Vgl. genauer Bühner (1990a), S. 9-17, und Grandjean (1992), S. 31.

3. **Strenge Form der Informationseffizienz**

Dabei fließen neben den öffentlichen Informationen schließlich sämtliche Informationen, also auch diejenigen, die nicht jeder Marktteilnehmer besitzt (Insiderinformationen), in den aktuellen Marktpreis ein. Hier können Investoren auch unter Rückgriff auf derartige Insiderinformationen keine abnormalen Renditen erwirtschaften.[366]

Die drei Formen der Informationseffizienz stehen in einer hierarchischen Ordnung zueinander, d. h. die jeweils strengere Form umfasst die Kriterien der schwächeren Formen. Damit die Resultate von Kapitalmarktstudien zur Erfolgsmessung Relevanz aufweisen, muss mindestens eine mittelstrenge Form vorliegen; die überwiegende Anzahl der Studien geht deshalb von dieser Annahme aus. Gleichzeitig bedeutet dieses Postulat aber auch eine Aufweichung der strengen Modellprämissen der Neoklassik.

Informationseffizienzbezogene Hypothesen zählen zwar wie Marktmacht- und Synergiehypothese zu den wertsteigernden Ansätzen der Erklärung von Unternehmenszusammenschlüssen, die Ursache dafür wird jedoch nicht mit synergetischen oder Marktmachtvorteilen in Verbindung gebracht, sondern mit der Wahrnehmung und Ausnutzung von *Marktunterbewertungen* beim Zielobjekt.[367] Zielobjekte bilden demnach Gesellschaften, für die gilt: Price < Value.[368] Einer Untersuchung der US-amerikanischen Federal Trade Commission zufolge soll sogar die Mehrheit von Unternehmenszusammenschlüssen von den Betroffenen noch vor allen anderen Motiven mit diesem Argument begründet worden sein.[369] Um die Marktunterbewertung charakterisieren zu können, zieht man zwei verschiedene Konzepte, nämlich die *reine Informationshypothese* und die *Unterbewertungshypothese* heran.

3.2.4.2 Reine Informationshypothese

Ausgangspunkt der Überlegungen ist hier die Annahme, dass der Kapitalmarkt nicht die Kriterien strenger Informationseffizienz erfüllt, PREUSCHL umschreibt dies mit

---

[366] Vgl. Fama (1970), S. 388 f.
[367] Vgl. Preuschl (1997), S. 102.
[368] Vgl. Lowenstein (1983), S. 273 ff.
[369] Vgl. Davidson (1984), S. 19 ff.

dem Vorliegen „temporärer Marktineffizienzen"[370]. Daraus resultieren Informationsdefizite für die Marktteilnehmer, d. h. nicht alle unternehmensbezogenen Informationen über sämtliche Unternehmen werden ohne Zeitverzögerung im Aktienkurs reflektiert.

Nun ist es aber denkbar, dass nicht alle Marktteilnehmer unter diesem Informationsdefizit leiden, sondern bestimmte Personengruppen (im Allgemeinen geht man von den Managern des Kaufinteressenten aus) monopolistischen Zugang zu Informationen über das Zielobjekt haben, die nicht öffentlich bekannt sind und das Unternehmen daher am Markt unterbewertet ist, z. B. aufgrund hoher stiller Reserven.[371] In der Literatur nennt man diese von Informationsasymmetrie geprägte Situation „Sitting on a Gold Mine"[372]. Oder der potenzielle Käufer besitzt Informationen über Strategien, wie das Zielobjekt zukünftig besser geführt werden könnte, was zunächst die Identifizierung von Synergiepotenzialen und später eine Wertsteigerung bewirken würde.[373] Beide Situationen, die z. T. gleichzeitig auftreten[374], geben dem Käufer Gelegenheit, das temporär unterbewertete Zielobjekt unterhalb seines wahren Wertes günstig zu kaufen und Übernahmegewinne zu realisieren[375], vorausgesetzt, es gilt wenigstens die Annahme mittelstrenger Informationseffizienz. Ist dies der Fall, so ist mit der Veröffentlichung der Kaufabsicht ein Anstieg der Aktienkurse des Zielobjekts zu erwarten, da der Markt nun das Unternehmen als bislang unterbewertet einstuft. Der Wert des Zielobjekts am Markt nach der Ankündigung muss aber nicht genau den Vorstellungen des potenziellen Erwerbers aufgrund seiner Insiderkenntnisse entsprechen. Die Kenntnisse selbst werden nach erfolgter Preisgabe zu einem „Public Good", dessen Wert unabhängig von der Realisierung der Übernahme ist.

---

[370] Preuschl (1997), S. 102.

[371] Vgl. Halpern (1983), S. 300.

[372] Bradley et al. (1983), S. 184.

[373] Die Variante wird mit "Kick in the Pants" umschrieben, vgl. Bradley et al. (1983), S. 184. Das amtierende Management des Zielobjekts kann natürlich selbst – sofern es diese Strategien kennt und umsetzen möchte – eine Wertsteigerung seines Unternehmens herbeiführen und so im Vorfeld eine Übernahme verhindern. Vgl. Limmack (1994), S. 259.

[374] Dieser Auffassung sind u. a. Hauschka/Roth (1988), S. 186, Fn. 58.

[375] Inhaltlich handelt es sich nach Sautter (1989), S. 130, um die gleiche Logik, die auch der Anlagestrategie eines privaten Investors zugrunde liegt, der einen bestimmten Aktienwert kauft, weil er aufgrund gewisser Informationen der Meinung ist, eine Unterbewertung durch den Kapitalmarkt identifiziert zu haben.

In diesem Zusammenhang kann das „Free-Rider"-Problem (Trittbrettfahrerproblem) auftreten, was davon ausgeht, dass der potenzielle Käufer auf jeden Fall einen höheren Preis für die Aktien des Zielobjekts als den gegenwärtigen Kurs bieten muss, um die Anteilseigner zum Verkauf ihrer Aktien zu bewegen, denn jene hegen Erwartungen hinsichtlich des Unternehmenswertes nach abgeschlossener Übernahme. Liegt der angebotene Übernahmepreis unterhalb des erwarteten Kurses, verkauft ein Teil der Aktionäre nicht und denkt, dass genügend andere verkaufen und sie später trotz ihrer passiven Haltung vom gestiegenen Kurs profitieren. Geht man von homogenen Erwartungen innerhalb der Anspruchsgruppe aus, muss der Verkauf scheitern, da niemand verkaufen möchte. Dabei unterstellen GROSSMAN/HART eine unendliche Anzahl von Aktionären mit jeweils zu geringem Aktienbesitz, um den Ausgang des Angebots signifikant zu beeinflussen. Wollte der Erwerber eine erfolgreiche Übernahme durchführen, so wäre er demnach gezwungen, den „Nachübernahmewert" zu übertreffen, was für ihn zur Konsequenz hätte, dass das eigentliche Motiv des Zusammenschlusses, die Realisierung von Übernahmegewinnen, wegfiele, da allein die Eigentümer des Zielunternehmens von den positiven Effekten profitieren würden. Es käme folgerichtig kein Zusammenschluss zustande. Das rationale Verhalten der Aktionäre generiert deswegen ein suboptimales Resultat, da ein ineffizient arbeitendes Management durch Übernahmen nicht mehr sanktioniert werden könnte.[376]

Die Plausibilität der Informationshypothese wird in einigen Literaturbeiträgen angezweifelt. So stimmt SAUTTER zwar mit der Annahme einer mittelstrengen Informationseffizienz des Kapitalmarktes in der Realität überein, seiner Meinung nach bleibt allerdings fraglich, ob die Manager des Erwerbers nebst ihren Beratern tatsächlich über „echte" Insiderinformationen verfügen. Unterscheiden sich diese Kenntnisse nämlich nur marginal von den öffentlich verfügbaren Informationen, können unterbewertete Zielobjekte nicht identifiziert werden.[377]

PREUSCHL hält es vor dem Hintergrund umfassender Insidervorschriften[378] für wenig wahrscheinlich, dass es einem Erwerber gelingen könnte, einen wesentlichen Informa-

---

[376] Vgl. Grossman/Hart (1980), S. 42 ff. In der Literatur wurden zahlreiche Lösungsvorschläge für das Trittbrettfahrerproblem entwickelt, vgl. dazu Eckhardt (1999), S. 58 f.
[377] Vgl. Sautter (1989), S. 131.
[378] So ist in den USA der Handel mit Wertpapieren auf der Basis von „Material Nonpublic Information" nach dem Securities Exchange Act strikt verboten; Verstöße gegen diese Regeln werden mit Geldstrafen und/oder Gefängnis bestraft. Als Insider gelten dabei alle Personen, die aufgrund ihrer Position Zugang zu vertraulichen Informationen haben, also Manager, Angestellte, Berater

tionsvorsprung bis nach dem Kauf der Anteile zu verteidigen. Darüber hinaus wäre dieser Informationsvorsprung allein für den erfolgreichen Übernehmer wertlos, wenn es ihm nicht gelänge, die bis dato noch nicht im Aktienkurs reflektierten Informationen zu verbreiten und den Markt von der Glaubwürdigkeit dieser Informationen zu überzeugen.[379] PREUSCHL hält ein anderes Szenario für plausibler: Der Bieter nutzt das Angebot lediglich als Instrument zur Initiierung eines Arbitrageprozesses, der zur Aufwertung von einer bereits **vor** der Veröffentlichung des Angebotes existierenden (Minder-)Beteiligung am unterbewerteten Zielobjekt dienen soll.[380] Er besitzt demnach kein reales Interesse am Erwerb einer Aktienmehrheit, da er auch, ohne die Kontrolle über das Zielobjekt zu erlangen, Übernahmegewinne realisiert und gleichzeitig das „Free-Rider"-Problem vermeidet.

3.2.4.3 Unterbewertungshypothese

Im Unterschied zur reinen Informationshypothese geht die *Unterbewertungshypothese (Market-Myopia-Hypothesis)* von „systematischen Markineffizienzen"[381] aus. Gemäß diesem Ansatz resultieren Falschbewertungen von Zielobjekten aus der extremen Kurzsichtigkeit (Myopia) des Marktes, indem dieser kurzfristige Gewinnerwartungen eines Unternehmens überbewertet, während er den langfristigen weniger Gewicht beimisst. Deshalb können die Marktpreise von den tatsächlichen Preisen abweichen. Der Grund für diese Kurzsichtigkeit – bezogen vor allem auf den US-amerikanischen Markt – wird im dominanten Einfluss institutioneller Investoren, d. h. von Versicherungen, Pensions- und Investmentfonds gesehen, die angeblich allein auf kurzfristige Profite fixiert sind. Unternehmen, die sich in langfristigen Projekten engagierten und insbesondere hohe Investitionen im F & E-Bereich vornähmen, würden vom Markt niedriger bewertet als Gesellschaften mit vergleichsweise kurzfristigerer Projekt- und Gewinnorientierung, und infolgedessen zu Übernahmekandidaten mutieren.[382]

---

etc. In Deutschland besteht zwar auch nach § 14 des Wertpapierhandelsgesetzes (WpHG) ein Verbot von Insidergeschäften, die strafrechtliche Verfolgung von Verstößen ist indes unklar, bislang wurden sie kaum sanktioniert.

[379] Vgl. Bradley (1980), S. 350.
[380] Vgl. Preuschl (1997), S. 102 f.
[381] Preuschl (1997), S. 102.
[382] Vgl. Romano (1991), S. 26. Eine empirische Bestätigung gerade für das Postulat der Unterbewertung speziell forschungsintensiver Unternehmen konnte bislang allerdings nicht erbracht werden, vgl. dazu die Übersicht über derartige empirische Analysen ebenda (1991), S. 27.

Übernahmegewinne potenzieller Käufer werden hier nicht durch Informationsvorsprünge erzielt, da der Markt langfristige Investitionsprojekte bewusst unterbewertet. Nach KRAAKMAN kommen sie „von selbst" zustande, sobald der Markt wieder funktioniert und das übernommene Unternehmen richtig bewertet, etwaige Veränderungen beim Zielobjekt, z. B. der Austausch des Managements, sind daher nicht notwendig.[383] PREUSCHL entwickelt davon abweichend für den myopischen Markt zwei sich dem Erwerber bietende Alternativen zur Wertsteigerung: Er kauft entweder das Zielobjekt zum aktuellen Marktpreis und verkauft dessen Aktiva anschließend zu ihrem wahren Wert, m. a. W. er zerschlägt bzw. liquidiert das Unternehmen. Oder er modifiziert die Investitionspolitik der Zielgesellschaft, indem langfristige Investitionsvorhaben zugunsten kurzfristiger Überschussmaximierung gekappt werden, was der myopische Markt mit einer Aufwertung der Zielanteile honoriert. Beide Vorhaben setzen voraus, dass der Bieter die Kontrolle über das Management des Zielobjekts erlangt.[384]

Probleme bei der Anwendung informationseffizienzbezogener Hypothesen ergeben sich, wenn die unterbewerteten Zielobjekte nicht börsennotiert sind, so dass als Maßstab zur Beurteilung des Unternehmenswertes kein Aktienkurs herangezogen werden kann. Für ROLL ist der Erwerb des Zielobjekts über die Börse sogar eine wesentliche Bedingung der reinen Informationshypothese.[385] I. d. R. liegen für nicht-börsennotierte Unternehmen nur wenige öffentlich verfügbare Informationen vor. Gerade bei geplanten feindlichen Übernahmen ist der potenzielle Käufer dann auf Studien von Auskunfteien, Beratern und Investmentbanken angewiesen, um überhaupt einigermaßen zuverlässige Schätzwerte zu erhalten. Bei einvernehmlichen Zusammenschlüssen ist nach SAUTTER das gesamte Instrumentarium der Unternehmensbewertung anwendbar, mit Ausnahme des kapitalmarkttheoretisch beeinflussten Teils.[386]

3.2.5 Beurteilung der neoklassischen Theorie der Unternehmung als Erklärungsansatz

Motive wie das Streben nach Marktmacht oder die erhoffte Nutzung von Synergieeffekten bilden sicherlich in der unternehmerischen Praxis einen wichtigen, wenn nicht

---

[383] Vgl. Kraakman (1988), S. 920.
[384] Vgl. Preuschl (1997), S. 104.
[385] Vgl. Roll (1988), S. 242 f.
[386] Vgl. Sautter (1989), S. 131 f.

3.2 Neoklassische Theorie der Unternehmung als Erklärungsansatz

sogar **den** wichtigsten Motor für Zusammenschlüsse. Die Dominanz der Synergiehypothese bei Befragungen zu Zielen von Unternehmenszusammenschlüssen überrascht indes nicht, da ihre Nutzung über Economies of Scale und Scope zu Kostensenkungen und Umsatzsteigerungen führt, was grundsätzlich den Interessen der Anteilseigner und auch der Gesamtwirtschaft entgegenkommt und somit nur schwer von außen angreifbar ist. PORTER und TRAUTWEIN gehen allerdings davon aus, dass dieses Motiv häufig nur als Alibi für Zusammenschlüsse dient, die aus anderen Gründen von der Unternehmensleitung realisiert wurden. TRAUTWEIN sieht seine Annahme durch eine Reihe von Fällen, in denen erhebliche Unterschiede in der Einschätzung von Gründen für Zusammenschlüsse zwischen Managern und unabhängigen, externen Beobachtern festgestellt wurden, erhärtet.[387] Aus theoretischer Perspektive kann man damit also nicht alle Argumente abdecken. Selbst die Einführung bestimmter Marktunvollkommenheiten, die bereits weitreichende Einschnitte bei den ursprünglich formulierten Prämissen des Erklärungsansatzes bedeuten, liefert keine vollständig befriedigenden Ergebnisse, zumal es sich bei diesen Marktunvollkommenheiten nach Auffassung von TEECE meistens um nicht weiter erläuterte Ad hoc-Annahmen handelt, die eben die Konsistenz der neoklassischen Argumentation oft durchbrechen[388]. Er äußert dementsprechend die Überzeugung, dass sich ohne diese Annahmen keine Gründe für die Existenz von Unternehmen selbst bzw. darauf aufbauend Unternehmenszusammenschlüsse ergäben, da sich sämtliche Probleme, die bei marktlichen Transaktionen auftreten, unter neoklassischen Postulaten nicht begründen ließen. So wirft TEECE die Frage auf, warum man in einem Unternehmen vorhandene Überschusskapazitäten, die nach dem Economies of Scope-Konzept als Quelle von Synergiepotenzialen fungieren, welche wiederum als Motiv für den Zusammenschluss mit einem anderen Unternehmen angeführt werden, in Abwesenheit von Transaktionskosten nicht einfach über den Markt verkauft oder vermietet.[389] Alles in allem beinhaltet die Herleitung von Unternehmenszusammenschlüssen auf Basis der Neoklassik einige gravierende „Schönheitsfehler"[390].

---

[387] Vgl. Porter (1987b) S. 38-41, und Trautwein (1990), S. 286.

[388] Ein gewisses Maß an Willkürlichkeit bei der Einordnung bestimmter Aspekte in die verschiedenen Theorien der Unternehmung lässt sich nicht vermeiden, wird von einem Großteil der Literatur jedoch akzeptiert. Sie sind außerdem ein Indiz für die engen inhaltlichen Beziehungen zwischen den einzelnen Theorien. Vgl. z. B. Kropp (1992), S. 49, oder Schenk (1997), S. 29.

[389] Vgl. Teece (1980), S. 225.

[390] Kropp (1992), S. 36, Fn. 14.

Neben den stark vereinfachenden Prämissen zur Beschreibung der Marktprozesse resultieren diese Defizite daraus, dass man das Unternehmen als rein technologische Produktionsfunktion interpretiert, was zur Folge hat, dass dem internen Unternehmensgeschehen keine Aufmerksamkeit geschenkt wird.[391] In der Realität stellen Unternehmen allerdings weitaus komplexere Gebilde als eindimensionale Produktionsfunktionen dar. Viele sind heute in der Rechtsform der Kapitalgesellschaft, insbesondere der AG organisiert, aufgrund der damit verknüpften beschränkten Haftungsrisiken sowie verbesserter Eigen- und Fremdkapitalaufnahmefähigkeit. Ein wesentliches Merkmal, das diesen Unternehmenstyp vom Unternehmensmodell der Neoklassik differenziert, betrifft die Gestaltung der Geschäftsführung. Während der Eigentümer-Unternehmer traditioneller Prägung als alleiniger Kapitalgeber und Geschäftsführer fungiert, obliegt die Unternehmensleitung in der AG dem vom Aufsichtsrat gewählten Vorstand und nicht den Eigentümern in Form der Aktionäre; es findet also eine scharfe Separierung beider Funktionen statt. Die Trennung von Eigentum und Verfügungsmacht bzw. Kontrolle eröffnet den nun Kontrollberechtigten, d. h. den Managern, nach BERLE/MEANS einen diskretionären Spielraum, den sie womöglich unter Beachtung gewisser Restriktionen zur Verfolgung persönlicher Ziele nutzen und der sie dabei nicht immer im Sinne der Eigentümer handeln lässt. Anders ausgedrückt, führt der Wandel in der Struktur der Eigentumsrechte u. U. zu Interessenkonflikten zwischen den am Unternehmen beteiligten Gruppen in Bezug auf seine Zielsetzung, indem die durch die Kräfte des Wettbewerbs gesteuerte und zugleich begrenzte Unternehmenspolitik der Gewinnmaximierung, die das Bindeglied zwischen Privateigentum und effizienter Ressourcenallokation darstellte, wegfällt. Die frühen Erkenntnisse von BERLE/MEANS[392] leiten direkt über zu den institutionenökonomischen Ansätzen der Theorie der Unternehmung, mit deren Instrumentarium sich u. a. dieser Sachverhalt noch erheblich präziser beschreiben und analysieren lässt.

---

[391] Vgl. Schoppe et al. (1995), S. 52.
[392] Die bahnbrechende Arbeit von Berle/Means wurde bereits 1932 publiziert. Sie ziehen ihre Ergebnisse aus einer empirischen Studie, an der deutlich wurde, dass Anfang 1930 von den 200 größten US-amerikanischen Publikumsgesellschaften 44 % managerkontrolliert waren, d. h. kein Aktionär mehr als 5 % an Anteilen besaß.

3.3 Institutionenökonomische Theorien der Unternehmung als Erklärungsansatz

3.3.1 Vorbemerkungen

Das Gedankengebäude der „*Neuen Institutionenökonomie*"[393] stellt einen Versuch dar, den Anwendungsbereich der Neoklassik unter Berücksichtigung der z. T. bereits genannten Kritikpunkte sinnvoll zu erweitern; d. h. es beabsichtigt nicht die Entwicklung einer gänzlich neuen Lehre, sondern auf der Basis von Bewährtem die Modifikation bestimmter Grundannahmen, um Funktionsweise und Gestaltung institutioneller Arrangements besser zu erklären und somit Geltungsbereich und Prognosefähigkeit der Mikroökonomie zu vergrößern.[394] Deshalb ist die Institutionenökonomie der Neoklassik in vielerlei Hinsicht ähnlich, zeichnet sich jedoch durch den anderen Blickwinkel aus, unter dem *Institutionen*, verstanden im Sinne eines Systems formeller und informeller Regeln einschließlich der Vorkehrungen zu ihrer Durchsetzung, und *Organisationen*, interpretiert als Institutionen inklusive der daran beteiligten Personen, betrachtet werden.[395] Folgende Annahmen sind besonders bedeutsam[396]:

➢ *Methodologischer Individualismus*

Organisationen werden nicht länger als Kollektive im Sinne homogener Entscheidungseinheiten angesehen, die sich wie Einzelpersonen verhalten, sondern es wird betont, dass die Individuen verschieden sind und demnach vielfältige Präferenzen, Ziele, Ideen usw. haben, m a. W. eine Mikrostruktur existiert.

➢ *Nutzenmaximierung*

Die Individuen verfolgen ihre eigenen Interessen, indem sie Nutzenmaximierung betreiben; ihr Streben danach wird auf **alle** individuellen Wahlhandlungen in den Grenzen, die ihnen von der Struktur der jeweiligen Organisation gesetzt sind, projiziert.

---

[393] Richter (1998), S. 323, nennt eine Reihe bedeutender Vertreter dieser Forschungsrichtung.
[394] Vgl. Richter/Furubotn (1999), S. 2 f.
[395] Zitiert bei Richter/Furubotn (1999), S. 8.
[396] Vgl. Richter/Furubotn (1999), S. 3-9.

➢ *Beschränkte Rationalität*

Man geht davon aus, dass die Individuen zwar versuchen, vollständig rational zu handeln, es aber aufgrund ihrer begrenzten kognitiven Fähigkeiten nicht schaffen, stets sämtliche zur Verfügung stehenden Informationen zu empfangen, zu speichern und zu verarbeiten. Die Denkfähigkeit mutiert damit zu einem knappen Faktor, der zum sparsamen Einsatz bei der Durchführung ökonomischer Aktivitäten zwingt.

➢ *Opportunistisches Verhalten*

Vor dem Hintergrund der persönlichen Nutzenmaximierungsprämisse und der beschränkten Rationalität ist es nachvollziehbar, dass die Individuen Methoden wie List, Lüge usw. anwenden, um ihre Interessen durchsetzen zu können. Diese Vorgehensweise erzeugt durch unvollständige oder verzerrte Informationsweitergabe eine asymmetrische Informationsverteilung und infolgedessen eine Wohlfahrtsverschiebung zwischen den Individuen.

Das Unternehmen im Sinne einer formeller Organisation (die Marktgemeinschaft als Fall informeller Organisation stellt dazu den Gegenpol dar) wird als ein Netzwerk von Verträgen zwischen den Individuen aufgefasst.[397] Zu den institutionenökonomischen Theorien zählt man in erster Linie den Property-Rights-Ansatz[398], die Transaktionskostentheorie und das Principal-Agent-Konzept[399]; jede dieser Theorien ist auf die Behandlung bestimmter Fragen spezialisiert, jede durch verschiedene modifizierte Annahmen in Bezug auf das neoklassische Paradigma charakterisiert. Für die Zwecke der

---

[397] Vgl. Schoppe et al. (1995), S. 142.

[398] Die wichtigste Aussage des semiformalen *Property-Rights-Ansatzes* besteht in der Behauptung, dass die Gestaltung von Verfügungsrechten Allokation und Nutzung wirtschaftlicher Ressourcen auf spezifische und vorhersehbare Weise beeinflusst. Verfügungsrechte im Sinne des Ansatzes stellen dabei jegliche Art von Berechtigung dar, über bestimmte Ressourcen zu verfügen, damit ist also nicht nur das Eigentumsrecht im Wege des Tausches gemeint (es kann auch Zwang ausgeübt werden). Diese Kerneinsicht wird durch zahlreiche Fallstudien manifestiert. Siehe genauer zum Property-Rights-Konzept die grundlegenden Arbeiten von Coase (1960), Alchian (1965) und Demsetz (1967).

[399] Richter (1998), S. 323, nennt weitere Konzepte wie die Public Choice Theorie, die ökonomische Analyse des Rechts etc., welche seiner Überzeugung nach eigentlich zur Institutionenökonomie gerechnet werden müssten, schließt sich aber später bei der Beschreibung von Theorien der herrschenden Meinung an, indem er sich auf die o. a. konzentriert. Ähnlich argumentiert Sydow (1999), S. 165.

3.3 Institutionenökonomische Theorien der Unternehmung als Erklärungsansatz

vorliegenden Arbeit reicht es aus, den Fokus auf Transaktionskostentheorie und Principal-Agent-Konzept zu richten.

Die *Transaktionskostentheorie* ist eine unter der Federführung von WILLIAMSON vorangetriebene konsequente Weiterentwicklung des von COASE dargelegten Grundgedankens, wonach der Leistungsaustausch über den Markt bestimmte Kosten verursacht, hervorgerufen durch beschränkte Rationalität und opportunistisches Verhalten der Individuen, und diese Kosten – eben die besagten *Transaktionskosten* – ursächlich zur Entstehung von Unternehmen beitragen.[400]

Als Transaktion bezeichnet man dabei den „Prozess der Klärung und Vereinbarung eines Leistungsaustausches"[401] zwischen ökonomischen Akteuren. Transaktionskosten, die gleichzeitig das zugrunde liegende Effizienzkriterium der Theorie verkörpern, werden allgemein als Kosten der Koordination ökonomischer Aktivitäten umschrieben und nach den Phasen einer Transaktion in vier Kategorien eingeteilt:

➢ *Anbahnungskosten* beinhalten die Suche nach möglichen Transaktionspartnern und die Beurteilung der von diesen angebotenen Konditionen,

➢ *Vereinbarungskosten* resultieren aus Verhandlungen, der Vertragsformulierung sowie der Einigung,

➢ *Kontrollkosten* entstehen, weil die Einhaltung von vereinbarten Terminen, Qualitäten, Preisen, Mengen und eventuellen Nebenverpflichtungen sichergestellt werden soll,

➢ *Anpassungskosten* sind darauf zurückzuführen, dass ein Vertrag während der Laufzeit an veränderte Bedingungen angepasst werden muss, die vor Vertragsabschluss nicht vorhersehbar waren.[402]

Da der Transaktionskostenansatz eine ökonomische Begründung dafür sucht, wieso Transaktionen in der einen oder der anderen Organisationsform auftreten, müssen bestimmte Dimensionen der Transaktion definiert werden, um deren Höhe und damit die relative Effizienz verschiedener institutioneller Arrangements beurteilen zu können; WILLIAMSON differenziert hier nach den drei Dimensionen Häufigkeit, Unsicherheit

---
[400] Vgl. Coase (1937) und Williamson (1979), (1989) und (1990).
[401] Picot (1982), S. 269.
[402] Vgl. exemplarisch Picot (1982), S. 270.

und Spezifität[403]. Die *Spezifität* (Asset Specifity) als wichtigster Einflussfaktor zeigt denjenigen Wertverlust an, der entsteht, wenn die für eine Transaktion benötigten Human- und Sachvermögen einer anderen Verwendung als der intendierten Leistungsbeziehung zugeführt werden; dieser ist umso höher, je spezifischer dauerhafte Investitionen getätigt werden (Büromöbel, Autos, Computer usw. sind vielfältig einsetzbar und stellen unspezifische Faktoren dar, man bezeichnet sie demnach auch als Mehrzweckinvestitionen im Gegensatz zu den spezifischen Investitionen wie z. B. Spezialwerkzeugmaschinen). Mit *Unsicherheit* (Uncertainty) lässt sich die Opportunitätsgefahr umreißen, die umso höher ausfällt, je größer die Veränderungen sind, denen die Transaktion z. B. aufgrund unsicherer Umweltentwicklungen im Zeitablauf unterliegt. Eine zunehmende *Häufigkeit* (Frequency) gleichartiger oder ähnlicher Transaktionen bedingt hingegen fallende Durchschnittskosten pro Transaktion, indem durch Fixkostendegression, Lerneffekte und Spezialisierung Skaleneffekte auftreten; entscheidungsrelevant wird die Häufigkeit der Transaktion allerdings erst dann, wenn die Zukunft bei Vertragsabschluss unsicher ist und nicht alle Bedingungen eindeutig determiniert werden können, sie kommt also lediglich in Kombination mit den anderen beiden Dimensionen zum Tragen.

Insgesamt gesehen bietet sich ein formaler, d. h. organisationsinterner Leistungsaustausch aus Sicht der Transaktionskostentheorie immer genau dann als relativ günstigstes institutionelles Arrangement an, wenn große Unsicherheit herrscht und außerdem hohe transaktionsspezifische Investitionen getätigt werden müssen, da sich auf diese Art und Weise sowohl Transaktionskosten einsparen als auch Anpassungen an die Bedingungen des Leistungsaustausches schnell und kostengünstig per Anweisung erwirken lassen.[404]

Während die Transaktionskostentheorie allgemein Leistungsbeziehungen zwischen ökonomischen Akteuren betrachtet, charakterisiert die *Principal-Agent-Theorie* (kurz: Agency-Theorie) Leistungsbeziehungen speziell als Auftraggeber-Auftragnehmer-Beziehungen. Aufbauend auf den Erkenntnissen von BERLE/MEANS, dass mit der Delegation von Verfügungsmacht an Dritte nicht nur ökonomische Vorteile, sondern auch Nachteile verknüpft sind, sowie der (neoklassisch basierten) Annahme rational handelnder Akteure, die mit Hilfe opportunistischen Verhaltens Nutzenmaximierung

---

[403] Vgl. Williamson (1989), S. 135 ff.
[404] Vgl. Tacke (1999), S. 85.

3.3 Institutionenökonomische Theorien der Unternehmung als Erklärungsansatz

betreiben, beschäftigt sie sich mit solchen Auftraggeber (Principal)-Auftragnehmer (Agent)-Beziehungen (den so genannten Agency-Beziehungen), aus denen aufgrund divergierender Interessenlagen beider Seiten Agency-Konflikte erwachsen können.[405] Eine vollständige Lösung des Konfliktes ist aufgrund der Annahme unvollkommener Märkte und damit einer gehender Informationsasymmetrie allerdings nicht möglich, so dass das Ziel von Principal (P) und Agent (A) darin bestehen muss, wenigstens eine „Second-Best-Lösung" zu erreichen, die eine situationsabhängige Minimierung der anfallenden *Agency-Kosten*,[406] definiert als Differenz zwischen einer bei vollkommener Information erzielbaren „First-Best-Lösung" und der bei unvollkommener Information realisierten Second-Best-Lösung, vorsieht.

Auftraggeber-Auftragnehmer-Beziehungen im Sinne der Agency-Theorie existieren im Privat- und Geschäftsleben in großer Zahl; sie treten überall dort auf, wo die Wohlfahrt des delegierenden Principals von den Leistungen eines verfügungsberechtigten Agent direkt oder indirekt tangiert wird (beispielsweise bei Kreditgeber (P) und Kreditnehmer (A) oder bei Patient (P) und Arzt (A)).[407] Als Anwendungsfall, der im Rahmen des Ansatzes die meiste Aufmerksamkeit in Bezug auf den Untersuchungsgegenstand Unternehmen erfährt und natürlich auch in der vorliegenden Arbeit vor dem Hintergrund des zentralen Themas Unternehmenszusammenschlüsse am meisten inte-

---

[405] Innerhalb der Agency-Theorie existieren zwei Hauptforschungsrichtungen: die *Ökonomische (Normative) Agency-Theorie* und die *Finanzielle Agency-Theorie*. Erstere konzentriert sich auf die mathematische Beschreibung der Auswirkungen von Marktunvollkommenheiten auf Agency-Beziehungen, während es Ziel der letzteren ist, die in der Praxis zu beobachtenden Designs verschiedener Agency-Verträge und das Verhalten der Vertragspartner zu erklären; insofern kann diese Strömung als Anwendung der ersten interpretiert werden. Siehe grundlegend zur Agency-Theorie Ross (1973), Jensen/Meckling (1976) und Pratt/Zeckhauser (1985). Umfassende Auseinandersetzungen mit der Theorie im deutschsprachigen Schrifttum nehmen u. a. Elschen (1991) und Picot et al. (1999) vor.

[406] Die *Agency-Kosten* setzen sich aus drei Komponenten zusammen: den Selbstbindungskosten des Agent (Bonding Costs), den Überwachungskosten des Principal (Monitoring Costs) sowie dem verbleibenden Wohlfahrtsverlust (Residual Loss), der trotz aller Bindungs- und Kontrollanstrengungen beider Seiten nicht vermieden werden kann, da der Agent eine Entscheidung fällt, die der Principal zwecks eigener Nutzenmaximierung nicht getroffen hätte. Sie sind ebenso wie die Transaktionskosten keiner Messung zugänglich, so dass die zentrale These institutionenökonomischer Argumentationen, es würden sich transaktionskosten- oder agencykosten-minimierende Institutionen durchsetzen, niemals direkt empirisch getestet werden kann, sondern allenfalls indirekt über Zusammenhänge zwischen Transaktionssituation und Institutionenbildung, die unter Zugrundelegung der Annahme der Transaktions- bzw. Agency-Kostenminimierung prognostiziert werden. Vgl. zu dieser Meinung insbesondere Terberger (1994), S. 34.

[407] Vgl. Schoppe et al. (1995), S. 180.

ressiert, gilt das Verhältnis von angestelltem Management und Anteilseignern, hier wird ein besonders großes Konfliktpotenzial aufgrund divergierender Interessen, verbunden mit dadurch entstehenden Agency-Kosten, vermutet.

In welcher Form Unternehmenszusammenschlüsse dazu beitragen können, Agency-Kosten und auch Transaktionskosten entweder zu erhöhen oder zu dezimieren bzw. ob überhaupt ein Einfluss vorhanden ist, veranschaulichen die nachfolgenden Ausführungen.

3.3.2 Disziplinierungshypothese

EASTERBROOK/FISCHEL, die beiden Protagonisten der *Disziplinierungsthese*, interpretieren Unternehmenszusammenschlüsse in erster Linie als wirksames Instrument auf dem Markt für Unternehmenskontrolle[408]; DELINGAT spricht von einem „Korrektiv für Managementwillkür"[409]. Unternehmenszusammenschlüsse sind demnach eine Antwort auf Managementfehlleistungen beim Zielobjekt, die entweder aus mangelnden Managementfähigkeiten (als Beispiel kann die Situation kleiner, stark expandierender Unternehmen angeführt werden, die infolge ihres Wachstums nun anderes Know-how benötigen als zur Gründungszeit, u. a. in Bezug auf Marketingstrategien etc., und sich das entsprechende Wissen nicht rechtzeitig angeeignet haben) oder aus individuellen Nutzenmaximierungskalkülen resultieren (das Management tätigt Ausgaben zur persönlichen Bereicherung, beispielsweise in Form von Luxusdienstwagen, großzügigen Spesenkonten oder Mitgliedschaften in teuren Clubs[410], die dadurch zustande kom-

---

[408] Vgl. Easterbrook/Fischel (1981), S. 1169, und dieselben (1991), S. 171. Das Konzept des „Market for Corporate Control" stammt von Marris (1963) und Manne (1965). Unter Corporate Control verstanden sie das Recht von Marktakteuren zur Kontrolle der Unternehmensressourcen. Zusammenschlüsse wurden durch private Investoren initiiert, die einen Nutzen aus dem Austausch des Managements und der dadurch erhofften Wertsteigerung des Unternehmens mittels Weiterverkauf ihrer Anteile zu einem höheren Preis erzielen wollten. In dieser traditionellen Sichtweise waren die Anleger aktive Wettbewerber, das betroffene Management spielte nur eine passive Rolle. Später entwickelten Jensen/Ruback (1983) das Konzept weiter und übertrugen es auf den auf diesem Markt herrschenden Wettbewerb zwischen verschiedenen Managementteams um das Recht zur Kontrolle der Ressourcen. Nun verkörpern die Anleger im Gegensatz zu den Managern passive Marktteilnehmer, die lediglich das nötige Kapital zur Verfügung stellen. Die Funktionsfähigkeit des Marktes für Unternehmenskontrolle kann anhand der Kriterien Wettbewerbs-, Allokations- und Informationseffizienz abgebildet werden, vgl. dazu Jung (1993), S. 76 f.

[409] Delingat (1996), S. 61.

[410] Die Zweckentfremdung von Unternehmensressourcen für (persönliche) Ziele des Managements ist im Schrifttum mit einer Reihe verschiedener Bezeichnungen belegt worden, Jensen/Meckling

men, dass der Beitrag jedes einzelnen Managers am Gesamtoutput schwer quantifizierbar ist und er insofern nicht den vollen Vorteil aus seiner Arbeit erhält), so dass die Unternehmensressourcen in der Vergangenheit suboptimal eingesetzt wurden, was zu einem Sinken des Marktwertes im Vergleich zum Branchendurchschnitt führte. Zwar wäre die Disziplinierung des Managements nach Meinung von ROLL auch ohne die Notwendigkeit eines Zusammenschlusses, z. B. mittels wirksamer Aktionärskontrolle, möglich.[411] Diese ist für einzelne Anteilseigner jedoch wegen der Trittbrettfahrerproblematik mit erheblichen Transaktionskosten und Risiken verknüpft, denen kein entsprechender Vorteil gegenübersteht.[412]

Die Disziplinierungsthese postuliert einen informationseffizienten Kapitalmarkt, dessen Kurse den Wert der Zielobjekte korrekt widerspiegeln; der Grund für einen Wertabschlag ist ausschließlich durch den ineffizienten Einsatz von Managementressourcen bedingt. Sobald ein derartiges Unternehmen vom Erwerber identifiziert wurde und sich die neu verantwortliche Unternehmensführung aus Sicht der Aktionäre wertmaximierend verhält, nimmt der Kapitalmarkt den Wertabschlag für das Zielobjekt wieder zurück. Auf diese Weise profitieren die Anteilseigner aller beteiligten Unternehmen vom Zusammenschluss: einerseits der Käufer von der Wertdifferenz zwischen bezahltem Preis und realem Wert, andererseits die Verkäufer von Kurssteigerungen beim Halten ihrer Aktien oder aufgrund der gezahlten Übernahmeprämie.[413]

In welcher konkreten Form ein erfolgreicher Bieter die Disziplinierung des Zielmanagements und damit einen produktiveren Einsatz seiner Unternehmensressourcen anstrebt, lassen EASTERBROOK/FISCHEL offen. Die naheliegende Möglichkeit besteht in der Entlassung des amtierenden Managements und deren Ersatz durch bessere Manager; diese Auffassung wird von zahlreichen Autoren in der Literatur vertreten.[414] Entlassungen verkörpern aber keine zwingende Methode zur Verbesserung von Ma-

---

(1976), S. 313, sprechen in ihrem Originalaufsatz von „Perquisites", alternativ sind in der Agency-Literatur die Termini „Fringe Benefits", „On-the-job-consumption" oder „Perk Consumption" zu finden. Anders als in der neoklassischen Theorie, die den Konsum ausschließlich den Haushalten zuordnet, geht man also davon aus, dass in Unternehmen nicht nur produziert, sondern auch konsumiert werden kann.

[411] Vgl. Roll (1988), S. 246.

[412] Dieser Sachverhalt spielte schon in Zusammenhang mit informationseffizienzbezogenen Hypothesen unter Abschnitt 3.2.4.2 eine wichtige Rolle.

[413] Vgl. Eckhardt (1999), S. 60.

[414] Vgl. z. B. Roll (1988), S. 246, Bühner (1990b), S. 15, Albrecht (1994a), S. 25.

nagementleistungen. Man kann ebenso versuchen, mit Hilfe einer Neugestaltung interner Anreiz- und Kontrollmechanismen, z. B. in Form leistungsbezogener Entlohnung oder Umverteilung bzw. Limitierung von Kompetenzen, die amtierenden Manager zu wertsteigernden Entscheidungen zu bewegen.[415] Voraussetzung für eine solche interne Reorganisation ist stets die Erlangung der Kontrollmehrheit über die Zielgesellschaft zur Erstellung von Richtlinien für die Unternehmenspolitik. Insgesamt gesehen bieten horizontale Zusammenschlüsse, auch unter dem Aspekt der Reduktion von Transaktionskosten, die besten Ansatzpunkte zur Verbesserung der Managementleistungen.[416]

Da der potenzielle Erwerber im Falle eines Austausches mit Widerstand seitens des betroffenen Managements rechnen muss, ist er laut EASTERBROOK/FISCHEL gezwungen, den Zusammenschluss als kostenintensive feindliche Übernahme zu realisieren, denn nur auf diese Art und Weise gelangt er ohne dessen Zustimmung in den Besitz der Kontrollmehrheit des Zielobjekts.[417] Beabsichtigte Verbesserungen der Managementleistungen zur Unternehmenswertsteigerung repräsentieren hier insofern die einzige plausible Erklärung für das Auftreten von feindlichen Übernahmen; sämtliche anderen Wertsteigerungen, z. B. solche durch Ausschöpfung von Synergiepotenzialen, sind schneller und kostengünstiger über einvernehmliche Zusammenschlüsse zu erzielen. Insgesamt gesehen vertreten die Autoren der Hypothese unter dem Blickwinkel der Managementdisziplinierung eine durchweg positive Sichtweise von Unternehmenszusammenschlüssen, da ein aktiver, ausgereifter Markt für Unternehmenskontrolle den Transfer von Ressourcen zum „besten Wirt"[418] initiiert.

Für KIRCHNER betrifft diese Wirkung nicht nur den Unternehmensverbund, sondern sie trägt auch zur gesamtwirtschaftlichen Wohlfahrtsmaximierung bei, indem auch nicht direkt betroffene Manager den Wert der von ihnen geführten Gesellschaften – quasi vorbeugend, um eine feindliche Übernahme zu verhindern – zu steigern versuchen.[419] DELINGAT gibt hingegen zu bedenken, dass Unternehmenszusammenschlüsse letztendlich oft nur eine ex post-Korrektur vorheriger Versäumnisse darstellen, also

---

[415] Vgl. Halpern (1983), S. 297 ff.
[416] Vgl. Apenbrink (1993), S. 45.
[417] Vgl. Easterbrook/Fischel (1991), S. 171. Diese Meinung teilt u. a. Jung (1993), S. 75 ff.
[418] Delingat (1996), S. 65.
[419] Vgl. Kirchner (1991), S. 38.

nicht ex ante zur Vermeidung von Krisen bzw. Wertverlusten dienen können.[420] Auch das empirische Datenmaterial legt keine eindeutig positive Beurteilung nahe: Während einige Untersuchungen nach Austausch des vormalig verantwortlichen Managements steigende Renditen konstatieren[421], weisen andere Studien einen negativen Zusammenhang zwischen Renditeentwicklung und Ausscheiden des Managements nach.[422]

3.3.3 Hybris- und Overpayment-Hypothesen

Den Ausgangspunkt der Hybris-Hypothese von ROLL bildet die Beobachtung, dass viele Übernahmeangebote über den Marktpreisen der betreffenden Unternehmen liegen.[423] ROLL unterstellt nun, dass das erwerbende Unternehmen tatsächlich einen zu hohen Kaufpreis für das Zielobjekt zahlt, der aber nicht bewusst mit dem Ziel persönlicher Nutzenmaximierung zustande kommt, sondern unbewusst aus managerialer Borniertheit oder Arroganz (Hybris) resultiert. Die Fehleinschätzung beruht einerseits auf einer überoptimistischen Einschätzung möglicherweise existierender Synergiepotenziale beim Zielobjekt und andererseits auf einer Überschätzung der eigenen Fähigkeiten zu ihrer Realisierung, die ferner dem amtierenden Management abgesprochen werden.[424] Besonders Manager, die in der Vergangenheit große Erfolge erwirtschaftet haben, unterliegen dieser Fehleinschätzung ihrer Fähigkeiten, gleichzeitig steht gerade ihnen oft ein hoher Free Cash Flow für Unternehmenszusammenschlüsse zur Verfügung, so dass sie sich derartige Aktivitäten auch bei Zahlung überhöhter Kaufpreise leisten können.[425]

---

[420] Vgl. Delingat (1996), S. 63.
[421] Siehe z. B. die Beschreibung einiger dieser Studien bei Eckhardt (1999), S. 61 f. Zu demselben Ergebnis kommt auch Preuschl (1997), S. 98 ff.
[422] Zu einem solchen Schluss für deutsche Unternehmen kommt beispielsweise Gerpott (1993b), S. 1280 f.
[423] Vgl. Roll (1986).
[424] Die Ausführungen zur Synergiehypothese haben verdeutlicht, dass die Nutzung von Synergiepotenzialen eine adäquate (Teil-)Integration der relevanten Wertschöpfungsketten verlangt, welche wiederum – mit Ausnahme einiger finanzwirtschaftlicher Potenziale – einen effizienten Einsatz der Managementressourcen voraussetzt.
[425] Siehe zum Verständnis des Terminus Free Cash Flow genauer unter Abschnitt 3.3.6 in Zusammenhang mit der Free Cash Flow-Hypothese.

Was die Wertsteigerungen des kombinierten Unternehmens für die Anteilseigner betrifft, schließt die Hybris-Hypothese nicht aus, dass das Management des Erwerbers grundsätzlich im Interesse seiner Aktionäre handeln möchte, d. h. das Postulat der Unternehmenswertsteigerung behält prinzipiell seine Gültigkeit.[426] Sie thematisiert demnach eigentlich keinen Agency-*Konflikt*, obwohl ein Agency-*Problem* vorliegt, indem das Handeln des Agent aufgrund von Fehleinschätzungen voraussichtlich mit negativen Konsequenzen für den Principal verbunden sein wird. Da ROLL von der Annahme streng effizienter Märkte ausgeht, die sich auf Kapital-, Produkt- und Arbeitsmärkte erstreckt, und dementsprechend der Kapitalmarkt das Zielobjekt richtig bewertet, sind insgesamt keine signifikanten Wertsteigerungen zu erwarten. Es finden lediglich Wertverschiebungen zwischen den Anteilseignern der involvierten Unternehmen statt.[427] Wertverluste für die Eigentümer des Erwerbers zeichnen sich schon in der Phase der Kaufverhandlungen ab, je wahrscheinlicher der Kauf wird (der Umstand wird allerdings ignoriert, da der Erwerber seiner individuellen Bewertung mehr vertraut als der objektiven des Marktes), und erreichen ihren Höchststand bei Abschluss der Transaktion. Bleibt hingegen ein Übernahmeangebot erfolglos, dann resultieren daraus zum Bekanntgabezeitpunkt fallende Kurse beim Zielobjekt, sofern kein anderer Bieter es erwerben will, und steigende Kurse beim erfolglosen Bieter.[428]

Ähnliche Überlegungen wie ROLL verfolgt BLACK im Rahmen seiner *Overpayment-Hypothese*.[429] Im Gegensatz zu ROLL, bei dem **alle** Unternehmenszusammenschlüsse von Überschätzung gekennzeichnet sind, geht BLACK jedoch nicht von streng effizienten Märkten aus, sondern führt die Überzahlung des Zielobjekts auf ineffiziente Kapital-, Produkt- und Arbeitsmärkte zurück. Diese bedingen u. a. Ungewissheit über den wahren Wert des Zielobjekts, eine Konkurrenzsituation mit mehreren potenziellen Interessenten, die im Durchschnitt die übernehmenden Unternehmen einen zu hohen Preis zwecks Erhalt des Zuschlags zahlen lässt, sowie Manager(über-)optimismus und einen Agency-Konflikt zwischen Managern und Eigentümern, der die Manager primär im persönlichen Interesse agieren lässt.[430] Nach BLACKS Auffassung dürfte die Prämisse effizienter Märkte keine Überzahlung erlauben, da auf einem perfekten Markt

---

[426] Beck (1996), S. 60, spricht in diesem Kontext von Käufen „ ... in guter Absicht ...".
[427] Vgl. Roll (1986), S. 213.
[428] Vgl. Roll (1988), S. 249.
[429] Vgl. Black (1989).
[430] Vgl. Black (1989), S. 624 ff.

für Unternehmenskontrolle die Unternehmen derjenigen Manager, die zuviel für das Zielobjekt zahlen und denen man ineffiziente Managementleistungen attestieren müsste, sofort von anderen Wettbewerbern übernommen würden.[431]

Die Bedeutung der Hybris- und Overpayment-Hypothesen als Erklärung für konglomerate Unternehmenszusammenschlüsse (dort sind die Kenntnisse über das Zielobjekt tendenziell am geringsten) wird in der Literatur ambivalent diskutiert. Selbstüberschätzung des Managements, die in „Bidder Overpayments" enden, verkörpert nach JUNG einen wesentlichen Grund für den Misserfolg vieler Zusammenschlüsse.[432] Dem hält PREUSCHL die negativen Erfahrungen entgegen, aus denen die Käufer lernen und die sie ihre Angebote im Laufe der Zeit folgerichtig nach unten korrigieren lassen.[433] Ähnlich argumentiert BÜHNER, für den positive Zusammenschlusserfahrung die Erwerber zunächst bei der Identifikation geeigneter Zielobjekte unterstützt, m. a. W. Transaktionskosten einspart, und sie später vor der Zahlung überhöhter Kaufpreise bewahrt; er kann diesen Zusammenhang anhand seiner eigenen Studie empirisch belegen.[434] Objektiv wird schwer feststellbar sein, ob das Management eines Käufers der Selbstüberschätzung unterlag.

3.3.4 Empire-Building-Hypothese

Die Umkehrung der Disziplinierungshypothese repräsentiert die im Schrifttum ebenso umfassend diskutierte *Empire-Building-Hypothese*[435]. Während die erstgenannte Unternehmenszusammenschlüsse als wirksames Instrument zur Reduzierung von Agency-Kosten begreift, sollen nach Auffassung letzterer Zusammenschlüsse gerade Agency-Kosten produzieren.[436] Befürworter der These argumentieren, dass ein ineffizienter Markt für Unternehmenskontrolle dem Management Möglichkeiten zur Verfolgung persönlicher Interessen und damit zur Abweichung von wertsteigerndem Verhalten

---

[431] Vgl. Black (1989), S. 625.
[432] Vgl. Jung (1993), S. 86.
[433] Vgl. Preuschl (1997), S. 113.
[434] Vgl. Bühner (1990b), S. 18.
[435] Bedeutendster Vertreter der Hypothese ist Mueller (1969), (1977), (1979), (1980), (1987), (1995), dessen Überlegungen auf den Äußerungen zur „Theory of the Firm" von Marris (1963), Williamson (1964) und Baumol (1967) basieren. Eine Übersicht sämtlicher Anhänger der Schule findet sich bei Marris/Mueller (1980), S. 41 ff.
[436] Vgl. Preuschl (1997), S. 111.

liefert, indem ihnen mit dem Recht zum Wettbewerb um Unternehmensressourcen eine aktive Rolle auf dem Markt übertragen wurde. Unter Einbeziehung persönlicher Managementinteressen lässt sich deshalb nach MUELLER eine Reihe von Unternehmenszusammenschlüssen erklären, die für externe Beobachter zunächst unmotiviert erscheinen.[437] Dieses Problem ist wiederum ursächlich auf die Trennung von Eigentum und Kontrolle im Unternehmen und damit verbundener Agency-Konfliktpotenziale zurückzuführen. Welche Ausmaße diese Konflikte tatsächlich erreichen, hängt von den Maßnahmen des Managements zur persönlichen Nutzenmaximierung und den Kontrollmöglichkeiten der Anteilseigner ab.

Den Expansionsdrang des Managements erklärt die Empire-Building-Hypothese mit der dadurch möglichen Realisierung individueller Interessen wie Einkommenserhöhungen, Macht- und Prestigestreben sowie dem Bedürfnis nach (Arbeitsplatz-)Sicherheit.[438] So konnte in Bezug auf das Einkommen anhand zahlreicher empirischer Studien festgestellt werden, dass dieses, bestehend aus fixem Grundgehalt, variablen Bonuszahlungen und zusätzlichen Vergünstigungen[439], positiv korreliert ist mit der Unternehmensgröße, gemessen überwiegend an Umsatz, Beschäftigtenzahl sowie Bilanzsumme: Je größer das Unternehmen ist, desto besser werden die Manager also entlohnt, weitgehend unabhängig von der Gewinnentwicklung.[440] Aufgrund dessen werden seitens des Managements Zusammenschlüsse u. U. als reiner Beitrag zur Unternehmensvergrößerung getätigt, mit denen Wertminderungen für die Anteilseigner einhergehen (einschränkend muss gesagt werden, dass sich diese Minderung vorwiegend auf die Aktionäre des Erwerbers bezieht, während die Aktionäre des Zielobjekts z. T. von überhöhten Kaufpreisen profitieren). Ob der Zusammenschluss dabei erfolgreich ist oder nicht, spielt lediglich in Bezug auf die Steigerungsrate der Entlohnung eine Rolle, empirischen Untersuchungen zufolge stiegen selbst die Vergütungen derjenigen Manager signifikant an, deren Unternehmen zum Zeitpunkt der Transaktion negative Kapitalmarktreaktionen zu verzeichnen hatten; erfolgreiche Zusammenschlüsse ver-

---

[437] Vgl. Mueller (1977), S. 318, mit Angabe weiterer Literaturquellen.
[438] Vgl. Marris (1963), S. 186 ff. Monsen/Downs (1965), S. 227, subsumieren sämtliche dieser Elemente, d. h. neben den monetären auch die nicht-monetären wie Macht und Anerkennung in den sozialen Bezugsgruppen, unter dem Oberbegriff Einkommen.
[439] Damit sind die „Perquisites" nach Jensen/Meckling (1976) gemeint, anschauliche Beispiele für solche Zuwendungen nennen auch Brickley et al. (1997), S. 148.
[440] Siehe beispielsweise Mueller (1969), S. 644 f., und Scherer/Ross (1990), S. 50.

3.3 Institutionenökonomische Theorien der Unternehmung als Erklärungsansatz

halfen den Managern sogar zu überproportionalen Einkommenssteigerungen.[441] Diese sind in einem größeren Unternehmen aufgrund von verbesserten Karrierechancen der Manager durch zusätzliche Hierarchiestufen zu erwarten.

Unternehmenszusammenschlüsse sind darüber hinaus die wichtigste Möglichkeit zur Unterstützung des Macht- und Prestigestrebens, da das Management damit schlagartig die Menge der von ihm kontrollierten Unternehmensressourcen vergrößert und einen raschen Zuwachs an Macht erlebt. Insbesondere die Anzahl der Untergebenen, verbunden mit einer bestimmten Position und entsprechender Leitungsbefugnis, repräsentiert ein Indiz für großen Einfluss und Macht und wird damit wesentliches Element des Prestiges, das ein Manager genießt.[442] Schließlich gewinnt ein vergrößertes Unternehmen an gesellschaftlicher Bedeutung und verleiht deshalb seinen Führungsinstitutionen eine Zunahme an (sozialem) Prestige und Status.

Vergleichbar mit der Entwicklung des Einkommens hängen wahrscheinlich auch die nicht-monetären Ziele wie Macht- und Prestigestreben, obwohl sie kaum quantifizierbar sind, mehr von der Größe und dem Bekanntheitsgrad des Unternehmens in der Öffentlichkeit ab als von seiner Ertragskraft, solange sich letztere nicht bedenklich niedrig gestaltet.

Zusammenschlüsse können nach Aussage der Empire-Building-Hypothese außerdem präventiv als Abwehrstrategie gegen feindliche Übernahmeversuche angewendet werden, bei denen das Management des Zielobjekts den Zusammenschluss, besonders in Erwartung managementorientierter Synergien, häufig mit einem Verlust des Arbeitsplatzes bezahlen muss.[443] Zwar stellt eine erhöhte Unternehmensgröße noch keine Garantie gegen Übernahmen dar, aber die Anzahl potenzieller Käufer nimmt dann wegen der erforderlichen Finanzkraft und der Anstrengungen, die unternommen werden müssen, um die Aktionäre des Zielobjekts von der Vorteilhaftigkeit eines Verkaufs ihrer

---

[441] Eine Übersicht über derartige Studien findet sich bei Eckhardt (1999), S. 64 f.

[442] Williamson (1963), S. 1034, ordnet die Befriedigung des Bedürfnisses nach Macht und Prestige durch eine große Zahl von Mitarbeitern als indirekten Konsum am Arbeitsplatz (Staff Expenses) ein, der dazu führt, dass das Management insgesamt keine neutrale Haltung zu den Kostenblöcken pflegt, d. h. bestimmte Kostenarten, eben die Staff Expenses, nehmen aus Sicht der Manager positive Werte an, die die Bemühungen um Kostensenkungen in anderen betriebswirtschaftlichen Funktionsbereichen z. T. konterkarieren.

[443] So werden Synergieeffekte, bedingt durch Economies of Scale im Managementbereich, u. a. über die Eliminierung von Doppelfunktionen hervorgerufen, was in der Praxis folgerichtig den Wegfall eines Teils des neu formierten Managementteams impliziert.

Anteile zu überzeugen, ab. Ein größeres Unternehmen verringert somit das Entlassungsrisiko und trägt dem Sicherheitsbedürfnis des Managements Rechnung.

Unter diesem Aspekt ist es für das Management des Erwerbers einerseits sinnvoll, horizontale Zusammenschlüsse zu tätigen, bei denen die eigenen Managementqualitäten im Sinne des erforderlichen Know-hows zukünftig vollständig zur Geltung kommen können. Erkennt ein Management hingegen, dass externe Managementteams das Unternehmen in der aktuellen Situation effizienter führen könnten und daher eine Übernahme droht, bieten sich verstärkt konglomerate Zusammenschlüsse mit solchen Unternehmen an, denen der Einsatz bisheriger Managementfähigkeiten des erwerbenden Unternehmens eventuell nutzt (z. B. weil sich deren Produkte in einer früheren Lebenszyklusphase als diejenigen des Erwerbers befinden, die Internationalisierung dort noch nicht so weit fortgeschritten ist etc.).[444] Eine derartige Maßnahme des Managements zur Verhinderung einer Übernahme kann nicht im Interesse der betroffenen Aktionäre sein, da sie auf Wertsteigerungen durch den Austausch ihres ineffizienten Managements verzichten müssten.

Die Empire-Building-Hypothese liefert nach Meinung von PREUSCHL speziell für feindliche Übernahmen eine plausible Erklärung. Unterstellt man nämlich als Ziel des Übernehmers eine reine Unternehmensvergrößerung zur Realisierung managerialer Interessen, dann ist anzunehmen, dass das Zielmanagement seine Zustimmung zu einer Übernahme verweigert. Der Bieter wäre gezwungen, sich per direktem Übernahmeangebot an die Anteilseigner die Kontrollmehrheit über das Zielobjekt zu beschaffen.[445] Der Annahme von PREUSCHL sind die o. a. Ausführungen in Bezug auf synergetisch geprägte Zusammenschlüsse entgegenzuhalten, bei denen die Gefährdung des Arbeitsplatzes für die Manager des Zielobjekts ungleich höher erscheint als bei Zusammenschlüssen ohne eine derartige Motivation.

Generell erfreut sich die Empire-Building-Hypothese in der M & A-Literatur einer weiten Verbreitung. Vor allem das Argument, die Schaffung großer heterogener und damit sehr komplexer Unternehmensgebilde erhöhe sowohl Kosten als auch Schwierigkeitsgrad der Aktionärskontrolle und erleichtere gleichzeitig die Zweckentfremdung von Ressourcen gemäß den Präferenzen des Managements, stößt auf breite Zustim-

---

[444] Vgl. Shleifer/Vishny (1989), S. 134 f.
[445] Vgl. Preuschl (1997), S. 112.

mung.[446] Aus der Perspektive der Agency-Theorie würden aufgrund von Zusammenschlüssen dann tatsächlich zusätzliche Agency-Kosten produziert. So muss man lediglich einschränkend zu bedenken geben, dass die Kopplung von Managementinteressen primär an Wachstumsgrößen z. T. wirtschaftshistorisch bedingt ist und ein Großteil der Studien, die eine solche Verbindung eruieren, in einer Periode (1950 bis 1990) entstanden sind, in der dem Wachstumsdenken vor dem Ertragsdenken Vorrang eingeräumt wurde. Trotzdem identifiziert BÜHNER einen direkten Zusammenhang zwischen dem Größenstreben des Managements und dem Umfang seiner beobachteten externen Wachstumsaktivitäten.[447]

3.3.5 Risk-Reduction-Hypothese

Im Rahmen der Synergiehypothese wurde schon die Möglichkeit zur Verminderung des Unternehmensrisikos geschildert. Die Ausführungen verdeutlichen, dass nur unter bestimmten Bedingungen, und zwar denjenigen eines ineffizienten Kapitalmarktes, ein durch Risikoreduktion motivierter Zusammenschluss für die Anteilseigner der involvierten Unternehmens vorteilhaft ist, da sie sonst schnellere und flexiblere Möglichkeiten zur individuellen Portfolioselektion besitzen.[448]

Zu einem ähnlichen Ergebnis kommt die *Risk-Reduction-Hypothese* von AMIHUD/ LEV.[449] Ihr Ausgangspunkt ist die Annahme, dass Zusammenschlüsse überwiegend zum Zwecke der Verringerung des persönlichen Beschäftigungsrisikos (Employment Risk) der Manager des erwerbenden Unternehmens, d. h. als Ausdruck ihres Sicherheitsstrebens, durchgeführt werden, wobei das persönliche Risiko eng mit dem Unternehmensrisiko korreliert. Bei Verlust seines Arbeitsplatzes müsste der Manager mit temporärer Arbeitslosigkeit, Einkommenseinbußen und Schädigung seiner Reputation rechnen, was er demnach zu vermeiden sucht. Den Managern wird hier eine risiko-

---

[446] Vgl. Weidenbaum/Vogt (1987), S. 163. Dem stehen allerdings Beobachtungen in Zusammenhang mit den jüngsten Merger Waves entgegen, die eher eine Dekonglomeralisierung bzw. eine Neustrukturierung von Konglomeraten durch Verkauf unrentabler Geschäftseinheiten und Tochtergesellschaften erkennen ließen. Vgl. Jansen (2000), S. 62.
[447] Vgl. Bühner (1990c), S. 303.
[448] Siehe dazu ausführlich unter Abschnitt 3.2.3.3.3.
[449] Vgl. Amihud/Lev (1981).

averse Haltung unterstellt[450], die als weitere Konsequenz zu einer Unterbewertung des Unternehmens am Markt führt (vergleichbar mit den Auswirkungen der Unterbewertungshypothese), wenn man demgegenüber von einem risikofreudigeren Verhalten der Aktionäre ausgeht. Mittels einer risikoreicheren Verschuldung oder höheren Auszahlungen an die Anteilseigner könnte also der Marktwert des Unternehmens erheblich gesteigert werden.

Insofern schätzen die Manager – analog der Situation bei allgemeiner Risikoreduktion – auch im Falle der Verringerung ihres persönlichen Beschäftigungsrisikos vor allem konglomerate Zusammenschlüsse als geeignetes Instrument zur Unternehmensdiversifikation ein. Aufgrund dessen erhöht sich einerseits die Sicherheit ihres Arbeitsplatzes, indem die Konkurswahrscheinlichkeit abnimmt, und andererseits verbessern sich im größeren Unternehmen ihre Karrierechancen, die einen Ausgleich für die unternehmensspezifischen Investitionen in ihr Humankapital darstellen.[451] Damit bildet die Verringerung des Beschäftigungsrisikos die Basis zur Verwirklichung der in Zusammenhang mit der Empire-Building-Hypothese diskutierten persönlichen monetären und nicht-monetären Vorteile des Managements wie Einkommenssteigerungen und Macht- und Prestigezuwachs.[452]

MARRIS weist dagegen auf eine mögliche Kollision der Ziele Sicherheitsstreben und Wachstum als Selbstzweck hin: Zur Umsetzung der Größenmaximierung sind der Einsatz finanzieller Ressourcen oder Kreditaufnahme erforderlich, der Expansionsdrang

---

[450] Entscheider können risikoavers, -neutral oder -freudig sein. Im Sinne des Bernoulli-Prinzips werden sie dann als risikoneutral bezeichnet, wenn sie für die Teilnahme an einem fairen Spiel gerade den Erwartungswert der Spielergebnisse als Einsatz leisten würden; risikoaverse Entscheider hingegen möchten – da das Spiel mit Risiko verbunden ist – weniger als die erwarteten Rückströme zahlen (das Umgekehrte träfe auf risikofreudige Entscheider zu). In der Versicherungswirtschaft spricht vieles für eine risikoaverse Haltung von Managern, wenn auch in der Literatur vereinzelt Modelle zur Prämiengestaltung diskutiert werden, die ihnen Risikoneutralität oder -freude unterstellen. Vgl. z. B. Zweifel/Eisen (2000), S. 195 ff., oder Farny (2000a), S. 662-665.

[451] Vgl. Penrose (1959), S. 46. Den wichtigsten Aktivposten des Managements verkörpert das Humankapital, das gewöhnlich nur in ein Unternehmen, und zwar in das aktuelle, investiert werden kann. Je firmenspezifischer dieses Humankapital, desto geringer stellt sich dessen Wert außerhalb des aktuellen Unternehmens dar und desto eingeschränkter sind die Möglichkeiten zum Arbeitsplatzwechsel. Manager sind also ungleich stärker dem firmenspezifischen Risiko ausgesetzt als Anteilseigner, die es durch externe Portefeuillebildung reduzieren können.

[452] Deshalb wird oft keine Differenzierung in Empire-Building- und Risk-Reduction-Hypothese vorgenommen, da man letztlich alle damit verknüpften Interessen unter dem Oberbegriff „manageriale Interessen" subsumieren kann, vgl. u. a. Albrecht (1994a), S. 23 ff.

3.3 Institutionenökonomische Theorien der Unternehmung als Erklärungsansatz 135

des Managements kann somit das Sicherheitsbedürfnis verletzen.[453] Einschränkend muss auch gesagt werden, dass sich nach dem Zusammenschluss zwar eventuell die Konkurswahrscheinlichkeit und dementsprechend die Gefahr des Arbeitsplatzverlustes verringert, gleichzeitig jedoch ein anderes spezielles Risiko wächst: das Entlassungsrisiko, das vorrangig das Management des Zielobjekts betrifft, aber auch für das Management des Erwerbers von Bedeutung ist, wenn es mit der Komplexität des Unternehmensverbundes überfordert ist. So konstatiert WESTON bei nahezu jedem Zusammenschluss personelle Veränderungen im Management des übernommenen Unternehmens, wobei die Schnelligkeit des Wechsels allein von der Qualität der Managementfähigkeiten determiniert wird.[454] Das höhere Entlassungsrisiko verkörpert somit eine „natürliche" Grenze für mögliche Diversifikationsbestrebungen des Managements. Es hängt außerdem von der Form des Zusammenschlusses ab; so ist z. B. die Gefahr der Doppelbesetzung von Managerfunktionen im Fall des horizontalen Zusammenschlusses wahrscheinlicher als bei vertikalen und konglomeraten Verbindungen, die hingegen eher eine Überforderung des Managements verursachen.

Das Ziel managerialer Risikoreduktion wird vom effizienten Kapitalmarkt nicht honoriert, sondern im Gegenteil mit einem Kursabschlag sanktioniert. Empirische Analysen zum Erfolg dokumentieren, dass konglomerate Zusammenschlüsse – gemessen an anderen externen Wachstumsstrategien – unterdurchschnittlich erfolgreich sind und damit keine optimalen Strategien für die Eigentümer repräsentieren.[455] Allenfalls bei in effizientem Kapitalmarkt vermag ein aufgrund von Insiderinformationen initiierter konglomerater Zusammenschluss Diversifikationsvorteile auszulösen und ist dann auch aus Aktionärssicht als vorteilhaft einzustufen. Bedingt durch die Trennung von Eigentum und Kontrolle im Unternehmen und der damit vorhandenen Gelegenheit zur Verfolgung persönlicher Interessen des Managements kann es also aus der Perspektive der Risk-Reduction-Hypothese zu einem Agency-Konflikt zwischen Managern und Aktionären kommen.

Insgesamt betrachtet weist die Risk-Reduction-Hypothese in der einschlägigen Literatur eine hohe Akzeptanz auf, DELINGAT bezeichnet sie neben der Empire-Building-

---

[453] Vgl. Marris (1963), S. 1888 f. Als Lösung bieten sich „Non Cash Acquisitions" an, die alle Transaktionen erfassen, bei denen der Erwerber das Zielobjekt gegen eigene Aktien kauft (nach deutschem Recht spricht man hier von Kapitalerhöhung gegen Sacheinlage).

[454] Vgl. Weston (1983), S. 310 ff.

[455] Exemplarisch seien hier Eckbo (1983), S. 241 ff., und Lubatkin (1987), S. 39 ff., genannt.

Hypothese als theoretischen Hauptansatzpunkt des „Self-Interest-of-Management"-Ansatzes, d. h. desjenigen Ansatzes, der Unternehmenszusammenschlüsse primär durch Managementinteressen motiviert sieht.[456] Inwieweit sie allerdings in der Praxis überhaupt zum Tragen kommen kann – und das gilt prinzipiell für alle Hypothesen auf Basis der Agency-Theorie – hängt entscheidend vom Grad der Eigentümerkontrolle ab, d. h. den Einflussmöglichkeiten der Aktionäre und weiteren Kontrollmechanismen auf die Geschäftspolitik. So stellten AMIHUD/LEV fest, dass eigentümerkontrollierte im Vergleich zu managerkontrollierten Unternehmen zum einen weniger konglomerate und zum anderen allgemein weniger Zusammenschlüsse realisieren[457]; eigentümerkontrollierte Unternehmen besitzen also Vorteile unter der Prämisse, konglomerate Zusammenschlüsse seien erfolgloser als Zusammenschlüsse anderer Form. AMIHUD ET AL. schlagen deshalb ein Konzept vor, welches die Funktionsfähigkeit sowohl des Management-Arbeitsmarktes als auch des Marktes für Unternehmenskontrolle garantieren soll; ihre zentrale Forderung stellt die Anwendung von Entlohnungsmodellen für Manager dar, bei denen die Bezüge an die Aktienkurse des Unternehmens gekoppelt werden.[458]

In Frage gestellt wird von einigen Autoren die grundsätzlich risikoaverse Haltung des Managements, aus der hier risikosenkende Maßnahmen in Form von Zusammenschlüssen letztlich abgeleitet werden: So eruieren sie zunächst eine Abhängigkeit der Risikoneigung von der spezifischen Situation, in der eine bestimmte Entscheidung getroffen werden muss; ferner sollen in Bezug auf Zusammenschlüsse vorrangig die Kriterien „Incentives and Experience" (positiven) Einfluss auf die individuelle Risikoeinstellung ausüben[459]. Abstrahiert man nach Überzeugung dieser Verfasser von der Prämisse des risikoaversen Managements, würden keine Zusammenschlüsse mehr auf der Basis dieses Motivs realisiert.

---

[456] Vgl. Delingat (1996), S. 66. Der gleichen Auffassung sind beispielsweise auch Firth (1980), S. 236, Bühner (1990d), S. 8, und Rühli/Schettler (1999), S. 208.

[457] Vgl. Amihud/Lev (1981), S. 615 ff. Managerkontrolliert bedeutet in diesem Kontext, dass kein Eigentümer einen Anteil von mehr als 10 % am Unternehmen besitzt. Obwohl willkürlich gewählt, wird diese Grenze von der Mehrheit der Autoren empirischer Analysen akzeptiert und entsprechend angewendet.

[458] Vgl. Amihud et al. (1986), S. 409.

[459] Vgl. March/Shapira (1987), S. 1408.

3.3.6 Free Cash Flow-Hypothese

Große Aufmerksamkeit hat ferner die von JENSEN entwickelte *Free Cash Flow-Hypothese* erregt.[460] Ihre Kernaussage postuliert einen Zusammenhang zwischen dem Free Cash Flow in einem Unternehmen und dessen externen Wachstumsaktivitäten. Als Free Cash Flow definiert JENSEN den folgenden Ausdruck: "Free cash flow is cash flow in excess of that required to fund all projects that have positive net present values when discounted at the relevant cost of capital."[461] Die erwirtschafteten Mittel übersteigen demnach die zur Finanzierung von profitablen Neuinvestitionen erforderlichen Beträge; die Beträge können daher ohne Inanspruchnahme der Kapitalmärkte auf dem Wege der Selbstfinanzierung entgolten werden. Free Cash Flow ist für die Gesamtwirtschaft aus einem bestimmten Grund bedeutsam: So wird ein wesentlicher Teil der Ressourcenverwendungsentscheidungen nicht mehr über die Kapitalmärkte koordiniert (und entzieht sich insofern ihrem Monitoring-Mechanismus), sondern in die Sphäre des Unternehmens, d. h. in den Einflussbereich des Managements verlagert.

Free Cash Flow entsteht vor allem in ausgereiften, stagnierenden oder schrumpfenden Branchen (Declining Industries), wo keine profitablen Investitionsprojekte in der angestammten Geschäftstätigkeit mehr zur Verfügung stehen.[462] Aus der Perspektive der Anteilseigner wäre dann eine Ausschüttung des Free Cash Flow wünschenswert. Ihren Interessen stehen jedoch die Interessen des Managements gegenüber, sie präferieren den unternehmensinternen Verbleib der Ressourcen, da sie so die Kontrolle darüber bewahren und diese ihnen die Umsetzung von Risikominimierungsstrategien bzw. Wachstum außerhalb des angestammten Geschäftsbereiches erlauben. Außerdem sind Reputation und Einkommen eng mit der Unternehmensgröße verknüpft, was ebenfalls die Bereitschaft zum Abfluss von Ressourcen vermindert. Anstatt die freien Ressourcen also den Eigentümern zukommen zu lassen, investieren die Manager freie liquide

---

[460] Exemplarisch seien an dieser Stelle Bühner (1990b), S. 20, Bamberger (1994), S. 67 f., Delingat (1996), S. 90 ff., Eckhardt (1999), S. 66 f., und Jansen (2000), S. 67 f., genannt.

[461] Jensen (1986), S. 323.

[462] Delingat (1996), S. 93 f., führt als Beispiel die Mineralölindustrie an, die in den 70er Jahren bei stabilen Produktionskosten in Verbindung mit stark steigenden Rohölpreisen hohe Free Cash Flows erwirtschaftete, welche man zur Reinvestition, vorrangig zur Aufstockung des Explorationsbudgets, verwendete. Der Aufbau dieser Kapazitäten sowie der geringere Ölverbrauch führten in den 80er Jahren zu einem Rückgang der Preise und drastischen Gewinneinbrüchen, die die Unternehmen wegen der hohen Förderkosten statt durch Exploration über konglomerate Zusammenschlüsse zu kompensieren versuchten.

Mittel lieber in immer erfolglosere Projekte mit einer unter den Kapitalkosten liegenden internen Verzinsung, um einen aus ihrer Sicht drohenden Substanzverlust zu vermeiden.

Dazu bieten sich als schnelles und flexibles Instrument Zusammenschlüsse an, da die freien liquiden Mittel sofort zur Zahlung des Kaufpreises eingesetzt werden müssen (Non Cash Acquisitions sind in der Praxis wenig verbreitet). Man zieht die Investition in Zusammenschlüsse auch aufgrund des prinzipiell geringeren Erfordernisses an organisatorischen Ressourcen internen Investitionsmöglichkeiten vor.[463] Als bevorzugte Zielobjekte vermutet JENSEN entweder Unternehmen mit ineffizientem Management oder besonders erfolgreiche Unternehmen mit entsprechend hohem Free Cash Flow, der aber nicht an die Eigentümer ausgezahlt wird und im Rahmen des Zusammenschlusses zu einer weiteren Vermehrung unternehmensinterner Ressourcen beiträgt. Er geht überdies davon aus, dass solche Aktivitäten vor allem dann auftreten, wenn interne Kontrollsysteme ineffizient arbeiten und gleichzeitig ein geringes Maß an Eigentümerkontrolle vorherrscht.[464] Empirisch gesehen trifft die Free Cash Flow-Hypothese zumindest auf den deutschen Markt bezogen nicht zu: Bei BÜHNER zeichnen sich speziell diejenigen Unternehmen, die vor dem Zusammenschluss einen hohen Free Cash Flow aufwiesen, danach durch signifikante Renditesteigerungen aus, während die mit vorher wenig Free Cash Flow ausgestatteten Unternehmen erhebliche Renditeeinbußen hinnehmen mussten.[465]

3.3.7 Beurteilung der institutionenökonomischen Theorien der Unternehmung als Erklärungsansatz

Die Verwendung transaktionskostenorientierter und agency-theoretischer Argumente auf Basis der institutionenökonomischen Sichtweise des Unternehmens führt im Rahmen des Zusammenschlussphänomens in jedem Fall zu einer „Stufe höherer theoretischer Reflexion"[466], deren Erreichung bei der Einengung auf streng neoklassisches

---

[463] Vorausgesetzt, der Zusammenschluss ist keine Fusion, die eine vollständige Integration des Zielobjekts bedeuten und insofern – zumindest kurzfristig – einen hohen Integrationsaufwand nach sich ziehen würde.

[464] Vgl. Jensen (1986), S. 328.

[465] Vgl. Bühner (1990b), S. 170 ff.

[466] Sydow (1994), S. 105.

3.3 Institutionenökonomische Theorien der Unternehmung als Erklärungsansatz

Gedankengut nicht möglich gewesen wäre. Wir urteilen daher mit SAUTTER folgendermaßen: „Beide (Ansätze, Erg. d. Verf.) erweisen sich ... für die Analyse von Unternehmensakquisitionen als außerordentlich hilfreich"[467].

Jedoch soll diese positive Grundhaltung nicht darüber hinwegtäuschen, dass insgesamt gesehen keiner der skizzierten Ansätze für sich allein genommen vollständig zu überzeugen weiß. Vor allem das Transaktionskostenkonzept ist in der Literatur z. T. fundamentaler Kritik ausgesetzt, die u. a. seine einseitige Kostenorientierung und die ungenügende Operationalisierbarkeit der Transaktionskosten sowie seinen komparativ-statischen Charakter durch Nicht-Berücksichtigung von Innovationen, Imitationseffekten und Lernprozessen betrifft.[468] In Bezug auf den Erklärungsgehalt des Konzeptes für Unternehmenszusammenschlüsse wird vielfach – bedingt durch seine diskretionäre Theorieanlage – die Vernachlässigung *hybrider Organisationsformen* im Sinne von Kooperationen bemängelt[469], die zwischen den beiden extremen Organisationsformen Markt und Unternehmen angesiedelt sind, und in denen eine Transaktion zwar enger und langfristiger ausgerichtet ist als die spontane Markttransaktion, aber nicht vollständig innerhalb eines Unternehmens abläuft. Neuere Entwicklungen des Ansatzes belegen solche Transaktionen daher mit dem Begriff der „mittleren Spezifität", um ihre explizite Einbindung in das Konzept zu ermöglichen und die Kritik abzuschwächen.[470]

Die Agency-Theorie muss sich dagegen – neben der mangelnden Quantifizierung auch der Agency-Kosten – oft den Vorwurf gefallen lassen, ihre Prämissen, vorrangig die der neoklassisch orientierten uneingeschränkten Rationalität von Principal und Agent, seien wenig realistisch, da sie die Gestaltung vollständiger Verträge implizieren, durch die wiederum ein Teil der auf unvollkommenen Märkten real existierenden Probleme u. U. unberücksichtigt bliebe[471] Dem kann größtenteils mit bereits bestehenden Wei-

---

[467] Sautter (1989), S. 2.

[468] Sydow (1999), S. 166, fasst die einzelnen Kritikpunkte übersichtsartig zusammen. Vgl. stellvertretend für viele Kritiker des Gesamtkonzeptes Schneider (1985), zurückhaltender äußert sich u. a. Vornhusen (1994), S. 25 f. Pro und Contra des Transaktionskostenansatzes sowie seine Bedeutung für die Betriebswirtschaftslehre insgesamt bilden den Untersuchungsgegenstand einer aktuellen Arbeit von Jost (2001), welche die Meinungen zahlreicher Autoren bündelt.

[469] Eine Ausnahme stellt Tröndle (1987) dar, der sich mit dieser Problematik beschäftigt.

[470] Vgl. zur Anwendung der Transaktionskostentheorie auf Kooperationsformen umfassend Picot et al. (1999).

[471] Vgl. Schoppe et al. (1995), S. 231.

terentwicklungen der Theorie bzw. ihrer Kombination mit anderen innovativen Theorien, z. B. der Spieltheorie, abgeholfen werden.[472]

3.4 Zusammenfassung

Die vorangegangenen Überlegungen haben verdeutlicht, dass zur Erklärung von Unternehmenszusammenschlüssen sowohl aus theoretischer als auch aus empirischer Sicht[473] eine Vielzahl möglicher Gründe herangezogen werden kann, deren Ursprünge sich – auch bei Versicherungsunternehmen – entweder auf die neoklassische (unter sukzessiver Aufweichung bestimmter Modellprämissen) oder auf die institutionenökonomische Theorie der Unternehmung zurückführen lassen. Beide Theoriegerüste stellen insofern unverzichtbare Bausteine zur Beschreibung des komplexen Phänomens Unternehmenszusammenschluss dar und sollten deshalb unseres Erachtens stets gemeinsam, d. h. im Sinne einer *ergänzenden Betrachtung*, Berücksichtigung finden.

Der begreiflichen Forderung nach einer integrativen Sichtweise der Problematik, wie sie in der Literatur mangels einer geschlossenen „Theorie der Unternehmensübernahme" vielfach erhoben wird, kann jedoch unserer Überzeugung nach nicht befriedigend entsprochen werden. Dazu bedarf es weiterer modelltheoretischer, auf einer übergeordneten, abstrahierenden Ebene angesiedelter Überlegungen, die nun in der vorliegenden Arbeit folgen werden. Die sich an die theoretischen Ausführungen anschließende empirische Untersuchung soll dann erste Aufschlüsse darüber geben, welche der hier diskutierten Ziele speziell bei Zusammenschlüssen von Versicherern eine Rolle spielen bzw. ob primär die Unternehmen als Ganzes im Sinne der Neoklassik, deren Interessen i. d. R. mit denen der Eigentümer/Principals übereinstimmen, davon profitieren oder eher Anspruchsgruppen wie besonders diejenige der angestellten Manager/Agents, denen die Aufmerksamkeit in der Institutionenökonomie gilt, einen Nutzen daraus ziehen.

---

[472] Siehe dazu Elschen (1991), S. 1003, mit Angabe weiterer Quellen zu dieser Meinung.

[473] Jansen (2000), S. 69, merkt zur Belegung der einzelnen Hypothesen mit empirischen Untersuchungen an: „Das empirische Datenmaterial, das zur Belegung und Widerlegung der einzelnen Hypothesen erarbeitet und herangezogen wurde, legt keine eindeutigen Erklärungsmuster nahe."

4 Sozio-ökonomische Tauschtheorie und Unternehmenszusammenschlüsse

4.1 Vorbemerkungen

Es entspricht allgemein dem Charakter der Institutionenökonomie, dass sich ihre Hypothesen für eine ergänzende Analyse mit Hilfe von Konzepten aus anderen, eng benachbarten Wissenschaftsdisziplinen anbieten.[474] Ob solche Konzepte auch speziell zum Verständnis des Phänomens des Unternehmenszusammenschlusses beitragen können, indem zunächst von der bisherigen theoretischen Betrachtungsebene des Basisgegenstandes Unternehmung abstrahiert wird, soll in diesem Kapitel explizit anhand der in die Handlungstheorie eingebetteten Tauschtheorie von COLEMAN überprüft werden.

Dieser weit gespannte Ansatz bildet unseres Erachtens den ambitioniertesten Entwurf eines Bezugsrahmens, der zur Analyse des Verhaltens in informellen Gruppen ebenso geeignet erscheint wie zur Erklärung kollektiven Verhaltens oder institutioneller Strukturen, da er Makro- und Mikroebene – anders als in verwandten Ansätzen, die Strukturen der Makroebene weitgehend ausklammern oder aber zur exogenen Modellvoraussetzung erheben – miteinander verbindet, wie die nachfolgende Abb. 4.1 verdeutlicht.[475]

Im Mittelpunkt der Argumentation von COLEMAN (und der nachfolgenden Ausführungen) steht – wie bereits kurz angesprochen – die *Tauschtheorie*[476], die von ihrer Anla-

---

[474] Richter (1998), S. 336 f., zitiert in diesem Kontext u. a. Baron/Hannan (1994), S. 1138 f., die von einer „Wiedergeburt der Wirtschaftssoziologie" sprechen. Der Verfasser führt darüber hinaus selbst einige Ansätze aus anderen Wissenschaftsdisziplinen an, die er als sehr passend zum Gedankengebäude der Neuen Institutionenökonomie einordnet.

[475] Quelle: Matiaske (1994), S. 3. Den Ausgangspunkt des gesamten Modells – wie prinzipiell aller *Makro-Mikro-Makro-Strukturen* in der Sozialtheorie – bilden strukturelle Variablen, welche die soziale Situation der Akteure schildern. In Verbindung mit einer sozialen Handlungstheorie wird zunächst individuelles Handeln auf der Mikroebene erklärt, bevor man versucht, kollektive Handlungsergebnisse auf der Makroebene des betrachteten Systems abzuleiten, die als beabsichtigte/unbeabsichtigte oder emergente Effekte individuellen Handelns auf der Mikroebene interpretiert werden.

[476] Die vorliegende Arbeit bietet lediglich einen rudimentären Einblick in den sehr komplexen Ansatz von Coleman, denn es sollen hier nur bestimmte Elemente seiner Theorie als übergeordnetes Denkmuster zur Erklärung von Unternehmenszusammenschlüssen geprüft werden; der Ansatz

ge her genauso wenig ein einheitliches Theoriegebäude verkörpert wie die ökonomische Theorie selbst; neben Arbeiten der Sozialanthropologie basiert sie auf sozialpsychologischen, neueren netzwerkanalytischen, soziologischen und eben primär ökonomischen Ideen.[477]

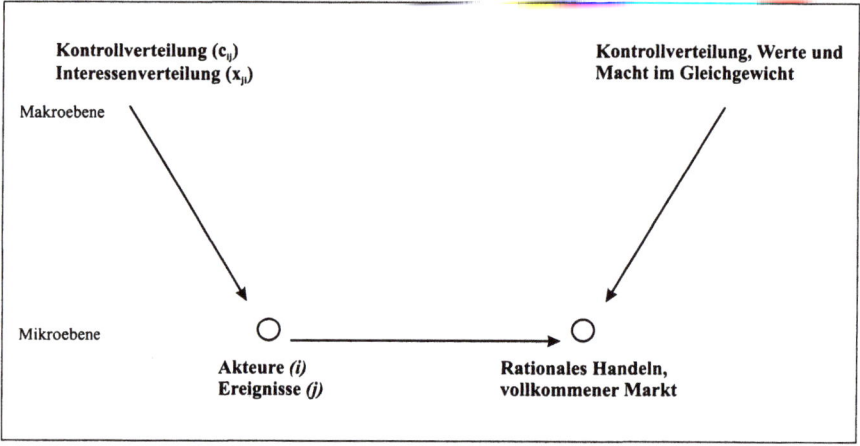

Abb. 4.1: Makro-Mikro-Makro-Struktur des Coleman-Modells

COLEMANS Verdienst ist es nun, eine direkte Anschlussfähigkeit der Theorie des Austausches an das ökonomische Denken der Betriebswirtschaftslehre generiert zu haben (MATIASKE spricht deshalb auch von der „modernen sozio-ökonomischen Tauschtheorie" COLEMANS im Gegensatz zu ihren klassischen Vorläufern[478]), ohne dass gleichzeitig die Gefahr besteht, die Bindung an die Diskussion in den Verhaltenswissenschaften zu verlieren. M. a. W. kann seine Konzeption für die Fragestellung der vorliegenden Arbeit eine (übergeordnete) Integration neoklassischer und institutionenökonomischer Sichtweisen derart ermöglichen, dass hier ein Zusammenschluss generell als (Aus-) Tausch von Ressourcen zwischen einzelnen Akteuren interpretiert wird, die, geleitet

---

wird demzufolge nicht in seiner Gesamtheit diskutiert, dies würde den Rahmen der Arbeit völlig sprengen. Der Leser sei daher auf Coleman (1991), (1992) und (1994) verwiesen, der in seinem dreibändigen Werk umfassend das Gesamtkonzept der von ihm entwickelten Handlungstheorie vorstellt.

[477] Matiaske (1999), S. 162 f., nennt einige einschlägige Arbeiten zu dieser Thematik.
[478] Vgl. Matiaske (1999), S. 3.

4.1 Vorbemerkungen   143

von ihren Interessen und unter Berücksichtigung ihrer Kontrollrechte über bestimmte Ressourcen/Ereignisse, Nutzenmaximierung anstreben.

Die nachfolgenden Überlegungen beschäftigen sich zunächst mit dem Grundmodell in qualitativer und formaler bzw. quantitativer Form, was – analog zu COLEMAN – separat erfolgt[479], bevor dann unter ökonomischem Blickwinkel spezifische Modellerweiterungen diskutiert werden und zum Schluss eine Übertragung auf den Sachverhalt des Unternehmenszusammenschlusses am Beispiel von Versicherern erprobt wird.

4.2 Qualitative Darstellung des tauschtheoretischen Grundmodells

Zentrale Begriffe des Handlungssystems oder spezieller formuliert des Tauschsystems im Sinne COLEMANS stellen einerseits Akteure und Ereignisse bzw. Ressourcen sowie andererseits Kontrolle und Interesse dar. Akteure und Ereignisse bilden dabei die auf der Mikroebene des Systems angesiedelten Basiselemente, während ihre Beziehungen zueinander mit Hilfe von Kontrolle und Interesse, zu finden auf der Makroebene des Erklärungsschemas, definiert werden.[480]

Als *Akteure* fungieren in erster Linie handelnde Individuen, es können darunter aber auch korporative oder kollektive Akteure verstanden werden, denen individuelle Akteure bestimmte Handlungsrechte übertragen haben.[481] Die Akteure zeichnen sich im Rahmen der Theorie primär durch Rationalität und Egoismus aus, d. h. sie sind rational im Sinne des Maximierungsprinzips, und sie handeln egoistisch, da ihre (individu-

---

[479] Coleman (1991), S. 33, erscheint diese Aufteilung in zweierlei Hinsicht zweckmäßig: Zum einen im Hinblick auf die Praktikabilität seiner Theorie, indem Ergebnisse, die vom formalen Modell unabhängig sind, dadurch nicht unverständlich gemacht werden, zum anderen bildet das formale Modell lediglich eine Untermenge der zahlreichen Phänomene ab, die bei ihm im qualitativen Teil behandelt werden, da die Entwicklung dort seiner Meinung nach schon weiter vorangeschritten ist.

[480] Vgl. Coleman (1991), S. 34.

[481] *Korporative Akteure* entstehen durch Pooling materieller und immaterieller Ressourcen, die letztendlich von individuellen Akteuren eingebracht werden (das Adjektiv letztendlich soll verdeutlichen, dass es eine Reihe korporativer Akteure gibt, die wiederum einen Teil Ressourcen direkt von anderen korporativen Akteuren erhalten, dies ist z. B. bei Dachorganisationen und staatlichen Behörden der Fall). Coleman (1979) beschäftigt sich im Rahmen seiner frühen Arbeit zu „Macht und Gesellschaftsstruktur", die man als Vorstufe zur Entwicklung seiner Handlungstheorie ansehen kann, detailliert mit der Entstehung korporativer Akteure und entwirft in diesem Kontext bereits eine Idee, wie mit diesen u. a. aus wirtschaftshistorischer Sicht neuen Akteuren umzugehen ist.

ellen) Nutzenkalküle nicht die Vermehrung oder Verminderung des Nutzens anderer implizieren; COLEMAN operiert also nach Meinung von MATIASKE weitgehend mit einer traditionellen Auffassung des „homo oeconomicus"[482].

Ereignisse bzw. *Ressourcen* verkörpern „Güter" oder „Ungüter", COLEMAN spricht zu Beginn ganz allgemein von *Dingen*, im weiteren Verlauf seiner Ausführungen wird allerdings deutlich, dass er damit – zumindest bezogen auf das Grundmodell – in Anlehnung an die volkswirtschaftliche Terminologie primär private teilbare Güter und Dienstleistungen meint, die unter der Kontrolle von Akteuren stehen, im Gegensatz zu öffentlichen Gütern, die u. a. Eigenschaften wie Unteilbarkeit und externe Effekte aufweisen.[483]

Kontrolle bedeutet im Kontext der Tauschtheorie, dass die Akteure in Bezug auf die Ressourcen mit Handlungs- oder Verfügungsrechten ausgestattet sind, die – wie aus Property-Rights-theoretischer Sicht bekannt – in Rechte der Nutzung, der Aneignung von Erträgen oder der Übereignung von Ereignissen differenziert werden können[484]; sie sind in der jeweiligen Verfassung eines Tauschsystems fixiert. Für die Anwendung der Tauschtheorie ist es zunächst unerheblich, ob diese Handlungs- und Verfügungsrechte formell oder informell determiniert sind, gleichwohl kann diese Differenzierung hinsichtlich der Gestaltung und Gestaltbarkeit von Handlungsrechten, aber auch für die Frage der faktischen Geltung eines bestimmten Rechts von erheblicher Bedeutung sein kann.

Den Begriff des *Interesses* hält COLEMAN inhaltlich weit offen und verwendet ihn weitgehend in alltagssprachlicher Manier (z. T. spricht er präziser von *subjektivem*

---

[482] Vgl. Matiaske (1999), S. 165. In einer früheren Publikation beobachtet der Autor beim handelnden Akteur im Coleman-Modell jedoch auch Eigenschaften, die einer Verbindung des „homo oeconomicus" und des „homo sociologicus" zum „homo socio-oeconomicus" entspringen. Dieser neue Mensch (abgekürzt: RREEM) ist einfallsreich (*R*esourceful), Restriktionen ausgesetzt (*R*estricted), bewertend (*E*valuating), von Erwartungen gesteuert (*E*xpecting) und maximierend (*M*aximizing) zugleich, ihm gelingt daher die Orientierung in evolutorischen und ungleichgewichtigen Systemen besser als seinen beiden „Vorfahren", die vorrangig idealen und stabilen Gleichgewichtswelten angepasst waren. Siehe umfassend Matiaske (1994), S. 24 ff.

[483] Vgl. Coleman (1991), S. 40 ff. In früheren Publikationen vertritt Coleman eher ein weiter gefächertes, primär soziologisch angelehntes Begriffsverständnis, indem er dort Ressourcen sowohl als übertragbare Mittel als auch als nicht veräußerbare, personengebundene Fähigkeiten oder Fertigkeiten definiert. Vgl. dazu z. B. Coleman (1974/75), S. 758 ff.

[484] Siehe dazu die knappen Ausführungen zu den Hauptaussagen des Property-Rights-Ansatzes der Institutionenökonomie in Abschnitt 3.3.1 der vorliegenden Arbeit.

4.2 Qualitative Darstellung des tauschtheoretischen Grundmodells

Interesse aus Sicht des Akteurs oder *Eigen*interesse), d. h. Akteure interessieren sich für bestimmte Ereignisse, und das macht diese entweder zu Gütern oder Ungütern. Ein Kind will die strafende Hand seiner Mutter vermeiden und tauscht eine absonderliche Geschichte, welche die Mutter zum Schmunzeln bringt (das „Gut"), gegen das Unterlassen der Strafe (das „Ungut"). Dieser eher vage Umgang mit dem Begriff wird nach Auffassung von MATIASKE seiner herausragenden Rolle in der Tauschtheorie nicht ganz gerecht.[485]

Wie kommt nun ein Handlungs- bzw. Tauschsystem zustande? Zur Realisierung von Eigeninteressen ist es eigentlich nicht unbedingt notwendig, mit anderen in einen Tauschprozess einzutreten. Falls alle Akteure nämlich sämtliche Ressourcen, an denen sie interessiert sind, vollständig kontrollieren können, hat man es lediglich mit einer Menge von Akteuren zu tun, die zur Wahrung ihrer Interessen unabhängig voneinander Kontrolle darüber ausüben und diese letztendlich verbrauchen; ihre Handlungen sind dann sehr einfach zu beschreiben.[486] Die Voraussetzung für die Existenz eines geschlossenen Tauschsystems bildet das strukturelle Charakteristikum, dass die Akteure bestimmte Ressourcen, die ihre Interessen befriedigen sollen, nicht völlig kontrollieren können, sondern dass sie erleben müssen, dass einige dieser Ressourcen partiell oder sogar vollständig von anderen Akteuren kontrolliert werden; und umgekehrt. Eine solche Kontrollverteilung erfordert nun – wenn die Annahme der Verfolgung von Interessen seitens der Akteure aufrecht erhalten wird – Transaktionen in irgendeiner Art zwischen den Akteuren; COLEMAN zählt zu solchen Transaktionen nicht nur Tauschgeschäfte im engeren Sinne, sondern auch Bestechungen, Drohungen, Versprechen und Investitionen an Ressourcen.[487]

Die minimale Basis für ein Tauschsystem stellen demnach zwei Akteure dar, die jeweils bestimmte Ressourcen kontrollieren, an denen der andere interessiert ist. Das spezielle Interesse gerade an denjenigen Ressourcen, die vom anderen kontrolliert werden (m. a. W. die Existenz von Interessenverflechtungen), bewegt die beiden als zielgerichtete Akteure, (Tausch-)Handlungen zu vollziehen, in die beide einbezogen werden. Diese Struktur ist, anders formuliert, verantwortlich für die Interdependenz

---

[485] Vgl. Matiaske (1999), S. 164.
[486] Coleman (1991), S. 35, führt hier beispielhaft für eine derartige Konstellation als Ressourcen Nahrungsmittel an, bei denen die Kontrolle durch ihren Verzehr ausgeübt wird.
[487] Vgl. Coleman (1991), S. 36.

oder den Systemcharakter ihrer Handlungen; Abb. 4.2 zeichnet sie nochmals graphisch nach.

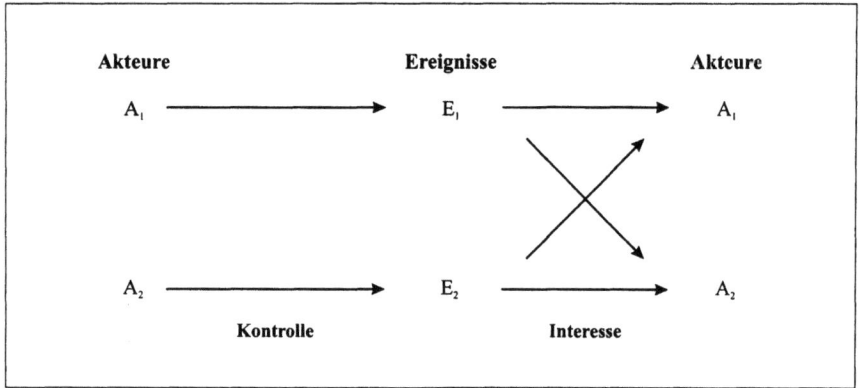

Abb. 4.2: **Bilaterales Tauschsystem mit zwei Akteuren und zwei Ressourcen**[488]

Damit sind die grundlegenden Termini der Tauschtheorie bereits dargelegt. Die Modellierung des Austausches geschieht logisch ausgehend von der geschilderten Kontroll- und Interessenverteilung, welche quasi seine institutionellen Prämissen repräsentieren. Akteure maximieren ihren Nutzen, indem sie entweder teilbare Ressourcen, die sie zur Interessenbefriedigung benötigen, unter ihrer eigenen Kontrolle selbst verbrauchen oder bei Überschussnachfrage unter Berücksichtigung ihrer individuellen Budgetausstattung[489] Kontrollrechte mit anderen Akteuren, die sich demgegenüber durch ein Überschussangebot auszeichnen, austauschen. Diese anderen Akteure werden die angebotenen Ressourcen akzeptieren, wenn sie damit ihre eigene Situation verbessern können. Der Tauschprozess kommt in dem Moment zum Stillstand, in dem aus weiteren Tauschhandlungen keine Verbesserungen der individuellen Positionen mehr resultieren. Kein Akteur kann also in diesem Gleichgewichtszustand seine Situation verbes-

---

[488] Quelle: Coleman (1991), S. 36.

[489] Analog zur Vorgehensweise in der Ökonomie werden über eine Nutzenfunktion Interessen und Budgetausstattung der Akteure kombiniert, dies entspricht zugleich der in der *Wert-Erwartungs-Theorie* angelegten motivationstheoretischen Annahme, dass inneres zu äußerem Handeln wird, sofern zur Motivation des Handelnden die Fähigkeit zur Handlungsausführung tritt. Tauschtheoretisch betrachtet stellen die Instrumente zur Handlungsausführung jedoch nicht persönliche Fähigkeiten, sondern handelbare Ressourcen dar. Siehe grundlegend zur Wert-Erwartungs-Theorie z. B. Heckhausen (1989), S. 168 ff.

4.2 Qualitative Darstellung des tauschtheoretischen Grundmodells

sern, ohne gleichzeitig diejenige des anderen zu verschlechtern. Mit der Erzielung des Gleichgewichts wird keinesfalls impliziert, dass jeder der betreffenden Akteure mit dem erreichten Zustand auch zufrieden ist (dies könnte beispielsweise im Falle von *Zwang* auftreten, der eine mit dem partiellen Fehlen inhärenter Freiwilligkeit behaftete Variante des reinen Tausches im Sinne des Erhaltens einer erwünschten gegen eine unerwünschte Ressource darstellt[490]).

Das beschriebene Modell des Austausches weist drei bedeutende Implikationen auf: Erstens verlangt es die Möglichkeit der ungestörten Kommunikation jedes interessierten Akteurs mit jedem anderen, um eine Verpflichtung zu übernehmen oder eine Gutschrift einzulösen; die Zugangsstruktur zum Tauschsystem spiegelt demnach eine so genannte *Vollstruktur* wider. Zweitens muss berücksichtigt werden, dass ein Tausch Zeit benötigt. Entsprechend spielt *Vertrauen* eine große Rolle, die Akteure vertrauen folglich darauf, dass die jeweils anderen ihren Verpflichtungen nachkommen und die Ressourcen auch tatsächlich übergeben. Vollständigkeit der Zugangsstruktur und des Vertrauens – zusammenfassend von COLEMAN als „vollkommenes soziales Kapital" bezeichnet[491] – bilden ein perfektes soziales System. Die dritte Annahme postuliert vollständige *Konvertierbarkeit* der Ressourcen, d. h. es existieren keinerlei Restriktionen, die u. U. den Austausch bestimmter Ressourcen (in Form von Verboten etc.) verhindern könnten, weil dieser z. B. aus gesellschaftspolitischer Sicht nicht erwünscht ist. Alle drei soziologisch ausgedrückten Annahmen sind den ökonomischen Formulierungen zur Beschreibung eines vollkommenen Marktes äquivalent, m. a. W. ist das Konzept des vollkommenen Handlungssystems als Analogon zum vollkommenen Wettbewerbsmarkt der Ökonomie zu interpretieren.

---

[490] Ein dritter Fall wäre der *Konflikt*, in dem beide Akteure die zu übertragenden Ressourcen gleichermaßen ablehnen würden. Damit werden die Grenzen des Tauschkonzeptes allerdings nach Meinung vieler Autoren weit überschritten. Vgl. dazu genauer Willer (1993), S. 52.

[491] Coleman (1991), S. 389-417, widmet der Erläuterung des *sozialen Kapitals* im Rahmen seiner qualitativ gestalteten Äußerungen zur Handlungstheorie ein ganzes Kapitel. Er füllt den Begriff mit mehreren Bedeutungsinhalten, indem er ihn einerseits auf kollektives Handeln projiziert (dann versteht er darunter die Etablierung und Akzeptanz formeller wie informeller Normen, die den Austausch und die Investition in kollektive Projekte erleichtern). Andererseits verwendet er ihn wegen seines speziellen Nutzens für den individuellen Akteur, in diesem Sinne besteht das individuelle soziale Kapital aus der Summe seiner persönlichen Gutschriften, die in perfekten sozialen Systemen (welche durch den Verzicht auf ein generelles Transaktionsmedium, z. B. Geld, charakterisiert sind, und demnach bargeldlosen Tausch beinhalten; an seine Stelle treten Gut- und Schuldschriften) mit seiner *Macht* identisch sind.

Im Ergebnis liefert die Tauschtheorie drei zentrale Resultate: Informationen über den relativen **Wert der Ressourcen** im Handlungssystem, die **Macht der Akteure** sowie die **Verteilung der Ressourcen** nach dem Austausch; sämtliche Resultate beziehen sich auf die Makroebene des Systems. Die Gleichgewichtsverteilung der Ressourcen ist vor allem deshalb interessant, weil der Vergleich der Verteilung vor und nach dem Austausch einen geeigneten Ansatzpunkt bietet, um die Frage nach denjenigen Akteuren zu beantworten, die miteinander womöglich in einen Tauschprozess treten[492]; (damit kann also außerdem explizit dem zu Beginn der vorliegenden Arbeit formulierten, im Kontext von Zusammenschlüssen dringend benötigten Gestaltungserfordernis einer zukünftigen, explikativen Theorie der Unternehmenszusammenschlusslehre entsprochen werden). Der Wert indiziert die Knappheit einer Ressource und stellt wie im ökonomischen Standardmodell eine Funktion von Angebot und Nachfrage dar. Macht bedeutet aus der Perspektive der COLEMANSCHEN Tauschtheorie nichts anderes als die bewertete Ressourcenausstattung der Akteure, sie ist gewissermaßen das soziologisch interessante Ergebnis des Tauschprozesses, wohingegen die Kehrseite der Medaille – der Wert der Ressourcen – in ökonomischer Hinsicht im Mittelpunkt des Interesses steht.

4.3 Quantitative Darstellung des tauschtheoretischen Grundmodells

4.3.1 Definitionen

Der Vorzug des hier erläuterten Ansatzes besteht darin, dass seine Ideen überwiegend mathematisch präzisiert sind, wodurch ein tieferes Verständnis der Tauschtheorie eben durch Präzisierung der Aussagen vermittelt werden kann. Die folgenden Überlegungen beziehen sich auf das Grundmodell, das den Austausch in einem perfekten Handlungssystem bzw. auf einem vollkommenen Markt beschreibt. Zur Erklärung des Modells werden die in der nachfolgenden Tab. 4.1 angeführten Symbole und Definitionen herangezogen.

---

[492] Vgl. Matiaske (1999), S. 166.

4.3 Quantitative Darstellung des tauschtheoretischen Grundmodells

Tab. 4.1: **Symbole und Definitionen des tauschtheoretischen Grundmodells**[493]

Symbol	Definition
$A := \{i \mid i = 1, ..., n\}$	Menge der Akteure
$E := \{j \mid j = 1, ..., m\}$	Menge der Ereignisse
$X := [x_{ji}]_{m \times n}$	Matrix der primären Interessenverteilung ($x_{ji} :=$ Relatives Interesse des Akteurs i an Ereignis j, $x_{ji} \in [0,1]$)
$C := [c_{ij}]_{n \times m}$	Matrix der primären Kontrollausstattung ($c_{ij} :=$ Kontrolle des Akteurs i über Ereignis j, $c_{ij} \in [0,1]$)
$r := (r_i)_{n \times 1}$	Vektor der Ressourcenmacht ($r_i :=$ Ressourcenmacht des Akteurs i)
$v := (v_j)_{m \times 1}$	Vektor der Ereigniswerte ($v_j :=$ Wert des Ereignisses j)
$Z := [z_{ih}]_{n \times n}$	Matrix der Interessenverflechtungen ($z_{ih} :=$ Interessenverflechtung zwischen den Akteuren $i \in A$ und $h \in A$)
$W := [w_{jk}]_{m \times m}$	Matrix der Kontrollverflechtungen ($w_{jk} :=$ Kontrollverflechtung zwischen den Ereignissen $j \in E$ und $k \in E$)
$C^* := [c^*_{ij}]_{n \times m}$	Matrix der Kontrollausstattung im Gleichgewicht ($c^*_{ij} :=$ Kontrolle des Akteurs i über Ereignis j im Gleichgewicht)

Das lineare Handlungssystem von COLEMAN umfasst eine endliche Menge von Akteuren $A = \{i \mid i = 1, ..., n\}$ und eine endliche Menge teilbarer homogener Ressourcen bzw. Ereignisse $E = \{j \mid j = 1, ..., m\}$. Diese Mengen werden hier durch zwei Matrizen gekoppelt: Während die *Kontrollmatrix* den Grad der Kontrolle dokumentiert, den die Akteure in Bezug auf verschiedene Ereignisse ausüben, dient die *Interessenmatrix* der Veranschaulichung ihres Interesses an den Ressourcen. Abb. 4.3 veranschaulicht die Beziehungen zwischen den Elementen des Systems.

---

[493] Quelle: eigene Darstellung.

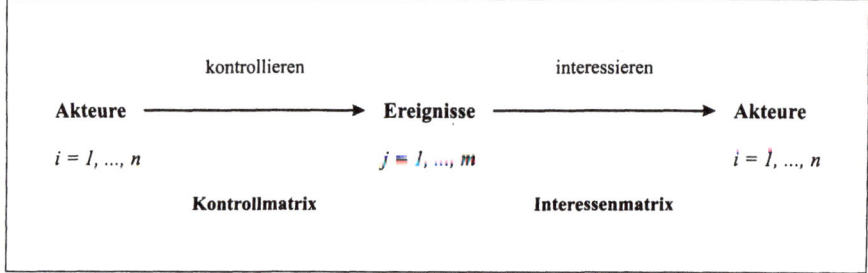

Abb. 4.3: Beziehungen im Grundmodell des Tausches[494]

Im Ausgangszustand verfügt jeder Akteur i über ein bestimmtes Ausmaß der Kontrolle über jedes Ereignis j, das als c_{ij} bezeichnet wird. Die Maßeinheit dieser Kontrolle wählt COLEMAN derart, dass sich die gesamte Kontrolle der Akteure über jedes Ereignis j auf 1 summiert. In Matrizenschreibweise erhält man so eine spaltensummenkonstante $n \times m$-Matrix der primären Kontroll- oder Ressourcenausstattung C. Diese Annahme führt zur Vollständigkeitsbedingung der Kontrolle:

$$\sum_{i=1}^{n} c_{ij} = 1, \ c_{ij} \geq 0 \qquad \text{für alle } j = 1, ..., m. \quad (1)$$

Das relative Interesse eines Akteurs i an einem Ereignis j heißt x_{ji}[495], das gesamte Interesse eines Akteurs i an den Ereignissen E im System wird auf 1 standardisiert; die $m \times n$-Matrix der Interessenverteilung X ist also ebenfalls spaltensummenkonstant und führt deshalb zur Vollständigkeitsbedingung des Interesses:

$$\sum_{j=1}^{m} x_{ji} = 1, \ x_{ji} \geq 0 \qquad \text{für alle } i = 1, ..., n. \quad (2)$$

---

[494] Quelle: Matiaske (1999), S. 211.

[495] Das Konzept des Interesses ist ebenso wie das damit verknüpfte Machtkonzept im Tauschmodell von Coleman strikt *relational* angelegt, d. h. der Wert einer bestimmten Ressource ist nicht nur von demjenigen Interesse abhängig, das ihm speziell der die Ressource kontrollierende Akteur entgegenbringt, sondern auch vom Interesse und der Macht anderer an ihr Interessierter. Ob jemand beispielsweise ein ausgewiesener Computerspezialist, besitzt für seinen Nachbarn nur dann eine Bedeutung, wenn er ein Problem mit seinem Computer hat und Hilfe benötigt. Wenn dieser interessierte Nachbar zugleich noch der Eigentümer des Hauses ist, in dem der Computerspezialist wohnt, gewinnt seine Ressource (in diesem Fall das Computerwissen) weiter an Wert. Für mächtige andere Akteure interessante Ressourcen zu kontrollieren, definiert aus tauschtheoretischer Perspektive Macht.

4.3 Quantitative Darstellung des tauschtheoretischen Grundmodells

Diese Ausgangsverteilung impliziert – wie schon im Rahmen der qualitativen Darstellung erörtert – Austauschhandlungen im System, sofern einige Akteure Interesse an Ressourcen bekunden, die unter der Kontrolle anderer Akteure stehen, und sie gleichzeitig über entsprechende Mittel verfügen, die sie zum Tausch anbieten können. Die Tauschmittel bilden ebenfalls Ressourcen, die aber für die sie kontrollierenden Akteure in der gegebenen Situation von geringerem Interesse sind.

Vor der Einführung weiterer Definitionsgleichungen ist es zweckmäßig, einige schon im qualitativen Teil angesprochenen Prämissen des Basismodells zu explizieren. Die Analyse des Tauschsystems erfolgt unter dem Postulat, dass der Austausch auf einem vollkommenen Markt stattfindet. Für ein perfektes System bedeutet dies, dass die Akteure über vollkommenes soziales Kapital verfügen, also eine vollständige Zugangsstruktur zum System und auch vollständiges Vertrauen in die Akteure vorhanden sein müssen.

Diese Annahmen implizieren aber nicht notwendigerweise einen Marktausgleich. Fehlt nämlich ein allgemein akzeptiertes Tauschmedium, findet das Tauschsystem nur unter der Bedingung *doppelter Komplementarität der Bedürfnisse* zum Gleichgewicht. Eine Transaktion kann demnach nur in einer Tauschdyade abgeschlossen werden, wenn Akteur $i \in A$ in Akteur $h \in A$ sowohl einen Lieferanten für das ihn interessierende Gut als auch einen Abnehmer für das von ihm kontrollierte Gut findet, welches im Moment für ihn weniger von Interesse ist.

In ökonomischen Systemen ermöglicht *Geld* als generelles Tauschmedium den Austausch in Form so genannter *Halb*transaktionen zwischen den Akteuren. Geld erlaubt es ihnen, die – oft als wenig realistisch anzunehmende – doppelte Komplementarität der Bedürfnisse bei einem direkten Tausch aufzuspalten; es fungiert dabei einerseits als Maßstab der Bewertung und andererseits als generalisiertes Zahlungsversprechen. So erwirbt jemand z. B. Güter oder Dienstleistungen von einem anderen gegen Geld, der dieses Geld wiederum zum Kauf von Gütern/Dienstleistungen von einem Dritten verwendet. Prinzipiell kann jedes Gut die beiden o. a. Rollen des Geldes übernehmen, insofern verzichtet COLEMAN in seinem Modell auf die Spezifikation eines Geldäquivalents, er berücksichtigt diesen Aspekt jedoch implizit durch die Annahme vollständigen Vertrauens.[496]

---

[496] Coleman operiert in Bezug auf den sozialen Tausch mit so genannten „Gut- und Schuldschriften". Die einseitige Leistung des Akteurs i wird von h gutgeschrieben und i erwartet (bzw. vertraut

Der Autor nimmt weiterhin eine große Zahl von Akteuren an, wodurch die Erlangung einer Monopolstellung eines einzelnen Akteurs ebenso wie opportunistisches Verhalten der Marktteilnehmer verhindert werden sollen.[497] Zusammengefasst definieren diese Prämissen ein perfektes Tauschsystem, welches formal dem aus der Neoklassik bekannten Modell des vollkommenen Wettbewerbsmarktes gleicht.

Unter diesen Bedingungen können nun zwei weitere Konzepte auf der Makroebene eingeführt werden: der Wert der Ereignisse und die Ressourcenmacht der Akteure. Im Gleichgewicht wird jedes Ereignis zu einem bestimmten Kurs getauscht. Der Tauschkurs eines Gutes oder der Wert v der vollständigen Kontrolle eines Ereignisses j wird als v_j bezeichnet. In Matrizennotation erhält man einen $m \times 1$ Vektor $\mathbf{v}$. Da nur die relativen Werte der Ereignisse von Bedeutung sind, ist die Maßeinheit willkürlich, so dass der Einfachheit halber die Summe der Werte aller Ereignisse ebenfalls auf 1 normiert wird:

$$\sum_{j=1}^{m} v_j = 1. \qquad (3)$$

Die Ressourcenmacht r_i eines Akteurs i entspricht dem Gesamtwert seiner Ressourcenausstattung (man kann diese auch als Kaufkraft interpretieren), sie lässt sich als Summe der bewerteten Kontrolle über Ereignisse eines Akteurs i definieren und verkörpert quasi die aus der ökonomischen Terminologie bekannte Budget- oder Bilanzgleichung eines Akteurs.

$$r_i = \sum_{j=1}^{m} c_{ij} v_j. \qquad (4)$$

Aufgrund der Standardisierung von v gilt für die Summe der Elemente des $n \times 1$ Vektors der Macht $\mathbf{r}$ ebenso

$$\sum_{i=1}^{n} r_i = 1. \qquad (5)$$

---

darauf), dass sich h damit verpflichtet, seine Schuld bei nächster Gelegenheit auszugleichen. Das perfekte soziale System, wie es von Coleman unterstellt wird, verlangt zudem von i die Erwartung (das Vertrauen), dass auch Dritte, die in der Schuld von h stehen, seine Gutschriften einzulösen vermögen. Die Summe dieser Gutschriften ist dann identisch mit dem sozialen Kapital des Akteurs, welches wiederum in einem perfekten System mit der Macht des Einzelnen übereinstimmt.

[497] Vgl. Coleman (1994), S. 70 ff.

4.3.2 Nutzenmaximierung der Akteure

Eine charakteristische Eigenschaft des hier skizzierten Tauschsystems ist seine *Übersichtlichkeit*; Akteure sind mit Ressourcen (und somit indirekt miteinander) nur mittels zweier Beziehungen verbunden: einerseits ihrer Kontrolle über bestimmte Ressourcen und andererseits ihrem Interesse an bestimmten Ressourcen. Außerdem handeln die Akteure lediglich nach einem einzigen Prinzip, nämlich dem der Maximierung ihrer Interessenbefriedigung bzw. ihres Nutzens. Eine solche Handlung kann entweder einfach im Verbrauch einer Ressource bestehen, ist dies nicht der Fall, weil die Ressourcen eben fremdkontrolliert sind, so führt das Nutzenmaximierungsprinzip nach Auffassung von COLEMAN überwiegend zu einer einzigen alternativen Handlungsart, d. h. dem Austausch von Kontrolle über Ressourcen/Ereignisse.[498] Was nun hier konkret unter dem Begriff des Nutzens verstanden wird, verdeutlichen die nachfolgenden Ausführungen. COLEMAN betrachtet ihn zunächst als Funktion des Ausmaßes der kontrollierten Güter des Akteurs i.

$$U_i = U_i(c_{i1},...,c_{im}).$$

Wie bereits mehrfach betont, ist jedoch der Beitrag, den die Kontrolle einer Ressource zum Gesamtnutzen des Individuums hervorbringt, auch vom Interesse des Akteurs an den jeweiligen Ressourcen abhängig; Kontrolle und Interesse sind also in der Nutzenfunktion miteinander zu verknüpfen. COLEMAN wählt dazu die Form

$$U_i = c_{i1}^{x_{1i}} c_{i2}^{x_{2i}} ... c_{im}^{x_{mi}}.$$

Jedes Gut von Interesse leistet demnach einen positiven Beitrag zum Gesamtnutzen des Akteurs, wohingegen ein uninteressantes Ereignis ($x_{ji} = 0$) nicht dazu beiträgt. Ist ein Akteur nur an einer bestimmten Ressource interessiert, gilt für diesen trivialen Fall $x_{ji} = 1$ für dieses Gut und für alle anderen 0.

---

[498] Vgl. Coleman (1991), S. 46.

Man kann die Nutzenfunktion auch folgendermaßen formulieren:

$$U_i = \prod_{j=1}^{m} c_{ij}^{x_{ji}}. \tag{6}$$

Dieser Funktionstyp wird in der ökonomischen Literatur als *Cobb-Douglas-(Produktions-)Funktion* bezeichnet. Mit Ausnahme des o. a. trivialen Falls erfüllt sie die üblichen Annahmen der ökonomischen Theorie hinsichtlich des Nutzens, denn zum einen steigt der Nutzen mit der Menge des sich im Besitz des Akteurs befindlichen Gutes an, m. a. W. die erste partielle Ableitung der Funktion $\partial U_i / \partial c_{ij}$ ist für alle Werte von $j = 1, ..., m$ positiv. Zum anderen gilt die Annahme des sinkenden Grenznutzens (Marginalprinzip). Der partielle Differentialquotient zweiter Ordnung $\partial^2 U_i / \partial c_{ij}^2$ ist also für alle Stellen $j = 1, ..., m$ negativ. Die aus der Cobb-Douglas-Nutzenfunktion abgeleiteten Indifferenzkurven weisen daher die wünschenswerten Eigenschaften der Monotonie und der konvexen Form auf, die den Fall „normaler", unvollkommen substituierbarer Güter widerspiegeln.[499]

Die Akteure handeln nun im Sinne der Verhaltensannahme des Modells rational, wenn sie ihren Nutzen unter Berücksichtigung ihrer bewerteten Ressourcenausstattung maximieren:

$$U_i = \prod_{j=1}^{m} c_{ij}^{x_{ji}} \to \max! \text{ u. d. N. } r_i = \sum_{j=1}^{m} c_{ij} v_j \quad \text{für } i = 1, ..., n \tag{7}$$

Die Auflösung der Maximierungsaufgabe unter der Nebenbedingung der Budgetrestriktion soll an dieser Stelle nicht nachvollzogen werden, da sie nicht den Gegenstand späterer Überlegungen bildet; sowohl bei COLEMAN als auch bei MATIASKE finden sich die zugehörige Lösung und einige weitergehende Erläuterungen zu den ökonomischen Implikationen des Grundmodells.[500]

---

[499] Matiaske (1999), S. 214 f., stellt unter seiner Fn. 3 in knapper Form weitere mögliche Ausprägungen der Nutzenfunktion vor, die in der Literatur diskutiert werden.

[500] Vgl. Coleman (1994), S. 20 ff., und Matiaske (1994), S. 8 ff.

4.3.3 Interessen-, Macht- und Kontrollverteilung im Gleichgewicht

Die Ableitungen aus der oben angeführten Gleichung (7) führen zur Gleichgewichtsannahme des Modells:

$$c_{ij}^* v_j = x_{ji} r_i. \qquad (8)$$

Gleichung (8) definiert das Ausmaß der Kontrolle c^* eines Ereignisses j durch Akteur i im Gleichgewicht mit Hilfe seines Interesses x, seiner Macht r und dem Wert v des Ereignisses. Aus der Lösung lässt sich ableiten, dass im Gleichgewicht das Verhältnis der Grenznutzen dem Verhältnis der Werte der Ressourcen entspricht. Das Verhältnis der Grenznutzen wird als Grenzrate der Substitution bezeichnet, das Preisverhältnis entspricht der Steigung der Bilanzgeraden. Ökonomisch spricht man vom Äquimarginalprinzip, da die Grenznutzen bei allen Arten der Ressourcenverwendung im Nutzenmaximum gleich sind. Die Lösung impliziert die zentrale Verhaltensannahme des tauschtheoretischen Modells: Ein Akteur handelt rational, wenn er unter Berücksichtigung seines Budgets die zur Verfügung stehenden Ressourcen proportional zur Stärke seines Interesses einsetzt. Anders formuliert, ist die Nachfrage eines Akteurs bzgl. der Kontrolle eines bestimmten Ereignisses umso größer, je höher sich sein Interesse und je größer sich sein Budget darstellen. Die Nachfrage ist anders herum umso geringer, je höher der Wert eines Ereignisses ist. Diese Verhaltensmaxime wird als Regel der *proportionalen Ressourcenallokation* bezeichnet.[501]

---

[501] In ökonomischen Kategorien lässt sich diese Entscheidungsregel mit Hilfe der *Elastizität* präziser beschreiben, welche die relative Veränderung einer abhängigen Variable, z. B. die Veränderung der nachgefragten Menge eines Gutes, im Verhältnis zur relativen Veränderung einer unabhängigen Variablen, beispielsweise dem Preis, veranschaulicht (dann spricht man von direkter Preiselastizität, die Veränderung der Nachfrage im Verhältnis zum Einkommen heißt entsprechend Einkommenselastizität). Bei Coleman nimmt die direkte Preiselastizität der Nachfrage einen Wert von -1 und die Einkommenselastizität einen Wert von 1 an. Inhaltlich bedeutet dies, dass die Nachfrage nach einem Gut umgekehrt proportional zum Preis der Kontrolle dieses Gutes variiert, d. h. ein Akteur wird unabhängig vom Preis jeweils den gleichen Anteil seiner Ressourcenausstattung einsetzen, um ein bestimmtes Gut zu erwerben. Von der Seite des Angebots aus betrachtet impliziert dieser Sachverhalt einen konstanten Erlös bei Veränderung des Preises, Preis- und Mengeneffekt gleichen einander demnach aus. Da die Einkommenselastizität = 1 ist, investiert ein Individuum also – unabhängig von der Höhe des Einkommens – stets den gleichen Anteil seiner Kaufkraft zur Kontrolle eines bestimmten Ereignisses. Erhöht sich z. B. das Einkommen um 10 %, wird der Akteur auch von jedem Gut 10 % mehr erwerben. Siehe umfassend Coleman (1994), S. 36 f.

Wenn die letzte Gleichung (8) über alle Akteure i summiert wird, erhält man die bewertete Gesamtnachfrage **D** nach einem Ereignis j.

$$D_j = \sum_{i=1}^{n} c_{ij}^* v_j = \sum_{i=1}^{n} x_{ji} r_i. \tag{9}$$

Das gesamte Angebot ist durch die Ressourcenausstattung aller Akteure, d. h. durch die Matrix **C** gegeben. Das bewertete Angebot **S** für die Kontrolle eines Ereignisses j erhalten wir durch die Multiplikation von c_{ij} mit dem Marktpreis v_j.

Aufgrund der Standardisierung von $\sum_{i=1}^{n} c_{ij} = 1$ in der Definitionsgleichung (1) gilt

$$S_j = \sum_{i=1}^{n} c_{ij} v_j = v_j. \tag{10}$$

Die Bedingung für das Marktgleichgewicht ergibt sich logischerweise als Gleichsetzung von Angebot und Nachfrage.

$$v_j = \sum_{i=1}^{n} x_{ji} r_i. \tag{11}$$

Damit sind sämtliche notwendigen Gleichungen entwickelt, um den Wert der Ereignisse, die Ressourcenmacht der Akteure sowie die Kontrollverteilung im Gleichgewicht zu determinieren. Ausgehend von den Informationen über die Interessen der Akteure in der Matrix **X** und über die Kontrollverteilung, die in der Matrix **C** abgelegt ist, lassen sich mittels der Gleichungen (4), (8) und (11) alle notwendigen Koeffizienten bestimmen. Substituiert man r_i in Gleichung (11) durch die Definition in Gleichung (4), ergibt sich

$$v_j = \sum_{i=1}^{n} \sum_{k=1}^{m} x_{ji} c_{ik} v_k, \forall j = 1,...,m. \tag{12}$$

Gehen wir von der Koeffizienten- zur Matrixschreibweise über, so erhalten wir für die letzte Gleichung den Ausdruck

$$\mathbf{v} = \mathbf{W}\mathbf{v}, \textit{ mit } \mathbf{W} = \mathbf{X}\mathbf{C}, \tag{12'}$$

4.3 Quantitative Darstellung des tauschtheoretischen Grundmodells

wobei **W** als Matrix der Ereignis- oder Kontrollverflechtungen bezeichnet werden kann, aus der man dann abliest, wie die Ereignisse des Systems miteinander verknüpft sind. Damit ist der relative Wert der Ereignisse ermittelt. Durch die äquivalente Substitution für (4) erhalten wir das Gleichungssystem zur Bestimmung der Ressourcenmacht. Die Macht eines Akteurs *i* entspricht der gewichteten Summe der von ihm ausgeübten Kontrolle, indem sich die Gewichtung aus dem Interesse der anderen Akteure an seinen Ressourcen und der Macht dieser anderen rekrutiert.

$$r_i = \sum_{j=1}^{m} \sum_{h=1}^{n} c_{ij} x_{jh} r_h, \forall i = 1,...,n. \tag{13}$$

In der kompakteren Matrixschreibweise mit der Matrix **Z** als Matrix der Akteurs- oder Interessenverflechtungen, welche die Beziehungen zwischen den Akteuren anzeigt (über die Zeilen der Matrix variieren die Werte der von den Akteuren ausgeübten Kontrolle, über ihre Spalten variieren die Koeffizienten für das Interesse der Akteure; auf der Hauptdiagonalen von **Z** sind also die Koeffizienten der Kontrolle und des Interesses ein und desselben Akteurs über alle Ressourcen im System verbunden), lautet die Gleichung (13)

r = **Zr**, *mit* **Z** = **CX**. (13')

Gleichung (13') verdeutlicht die relationale Gestaltung des Machtkonzeptes im tauschtheoretischen Modell von COLEMAN, die besagt, dass die Macht eines Akteurs im System eben nicht nur von seiner eigenen Ressourcenausstattung und seinen spezifischen Interessen abhängt, sondern auch von der Ressourcenmacht aller übrigen Akteure und deren Interessen.[502] Ferner veranschaulicht sie die Äquivalenz der beiden Konzepte „Wert der Ereignisse" und „Macht der Akteure", da der Gesamtwert im System entweder als Summe der Werte aller Güter oder als Summe der Macht aller Akteure ausgedrückt werden kann, denn diese Summe stellt lediglich eine Verrechnungseinheit dar und wurde jeweils in Gleichung (3) und (5) auf 1 normiert; damit sind die homogenen Gleichungssysteme (12) und (13) lösbar. Schließlich ist noch die Kontrollvertei-

---

[502] Siehe dazu schon die Ausführungen in den Fußnoten zum Konstrukt der Macht im Rahmen der Entwicklung der Definitionsgleichungen.

lung im Gleichgewicht zu bestimmen, die man durch Umstellung von Gleichung (8) nach c^* erhält:

$$c_{ij}^* = \frac{x_{ji} r_i}{v_i}. \qquad (14)$$

Die Lösung entspricht dem Wettbewerbs-Gleichgewicht der Neoklassik, COLEMAN berechnet eine Lösung für diesen Fall[503]; außerdem lässt sie sich für den bilateralen Fall zweier Akteure und Ereignissen anschaulich anhand der *Edgeworth-Box* illustrieren[504]. So zeigt diese in Abb. 4.4 jeweils zwei Indifferenzkurven der Akteure A_1 und A_2, die Kurven von A_1 sind in der üblichen Form, diejenigen von A_2 spiegelbildlich zum Ursprung eingetragen. Beide Akteure sind in gleichem Maße an den Ereignissen interessiert, d. h. $x_{ji} = 0.5$ für $i = 1,2$ und $j = 1,2$. Der Punkt p auf der Budgetgeraden P kennzeichnet die primäre Ressourcenausstattung von A_1 und A_2, A_1 verfügt über 0.15 Kontrolle von E_1 und über 0.85 von E_2; reziprok verhält sich der Sachverhalt für A_2. Aufgrund der Differenz von Kontrollrechten und Interessen ergeben sich Tauschmöglichkeiten zwischen den Akteuren. Die Fläche zwischen den Indifferenzkurven I_a und I_b beinhaltet alle Punkte, bei denen sich die Akteure besser stünden als im Ausgangspunkt p. Speziell für das bilaterale Monopol existiert nun ein Spektrum paretooptimaler Lösungen, das durch die so genannte Kontraktkurve K abgebildet wird. Welche dieser Reallokationen eintritt, ist nicht determiniert, sondern hängt von den Verhandlungsfähigkeiten der Akteure ab. Je größer die Zahl der Akteure ist, desto geringer wird der Einfluss des einzelnen, und bei einer hinreichend großen Zahl stellt sich das Konkurrenzgleichgewicht ein, hier unter Punkt p^* zu erkennen, bei dem die Indifferenzkurven I_a^* und I_b^* der Akteure die Budgetgerade P tangieren.

---

[503] Coleman (1994), S. 6 ff., führt dieses Beispiel im Kontext seiner Ausführungen zur formalen Gestaltung des Grundmodells an.
[504] Siehe auch Matiaske (1994), S. 13 f.

4.3 Quantitative Darstellung des tauschtheoretischen Grundmodells

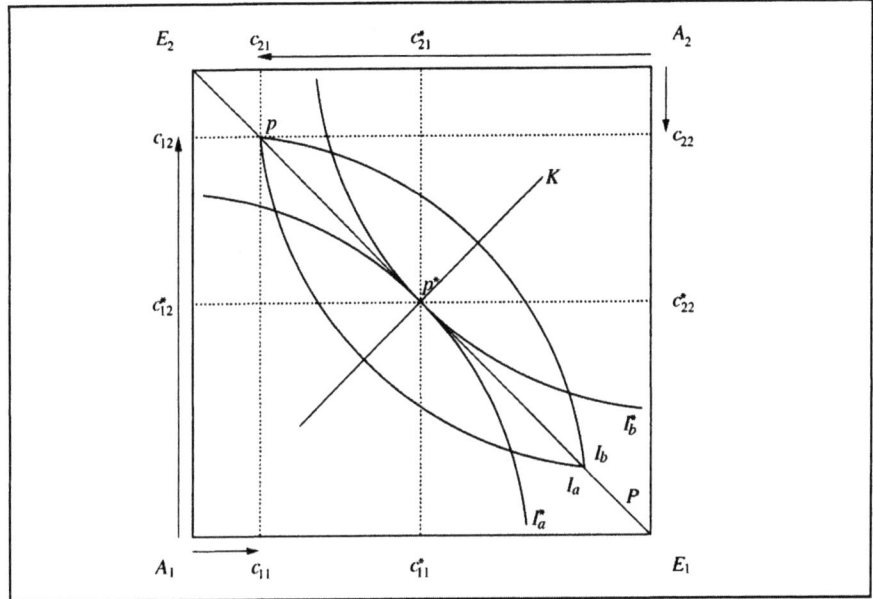

Abb. 4.4: Edgeworth-Box (Gleichgewicht in einer Tauschdyade)[505]

4.4 Erweiterungen des tauschtheoretischen Grundmodells

4.4.1 Vorbemerkungen

Das Grundmodell COLEMANS kann in vielerlei Hinsicht modifiziert werden und als Basis komplexerer Modellbildungen dienen. COLEMAN hat im Anschluss an die Entwicklung seiner Grundidee einige Vorschläge unterbreitet, wie die Annahmen eines perfekten Systems, das sich durch rationale Akteure und eine vollständige Zugangsstruktur auszeichnet, welche den Tausch von Ressourcen durch die Akteure in keinem

---

[505] In Anlehnung an Matiaske (1994), S. 13.

Punkt behindert, weniger restriktiv gehandhabt werden können; hier sollen lediglich zwei besonders wichtige Erweiterungen, nämlich die Berücksichtigung von *Transaktionskosten* und *mangelndes Vertrauen*, vorgestellt werden[506].

Der Vergleich beider Restriktionen zeigt, dass das Vorhandensein von Transaktionskosten und Misstrauen ähnliche Konsequenzen für das Handlungssystem besitzt. Der zentrale Unterschied zwischen beiden Tauschrestriktionen besteht darin, dass Misstrauen die Analyse auf einfache, direkte Tauschhandlungen beschränkt, während bei Auftreten von Transaktionskosten auch längere Tauschketten zum Tragen kommen. Zu den bekannten Symbolen und Definitionen des tauschtheoretischen Grundmodells werden zur Formalisierung die folgenden hinzugefügt:

Tab. 4.2: Symbole und Definitionen bei Erweiterung des Grundmodells[507]

Symbol	Definition
$T := [t_{ih}]_{n \times n}$	Matrix der Tauscheffizienzen
	($t_{ih} :=$ Effizienz des Tausches zwischen den Akteuren $i \in A$ und $h \in A$, $t_{ih} \in [0,1]$)
$F := [f_{ih}]_{n \times n}$	Matrix des Ressourcenflusses
	($f_{ih} :=$ Ressourcenfluss zwischen den Akteuren $i \in A$ und $h \in A$, $f_{ih} \in [0,1]$)
$B := [b_{jk}]_{m \times m}$	Matrix der Abhängigkeiten
	($b_{jk} :=$ Abhängigkeit zwischen den Ereignissen $j \in E$ und $k \in E$, $b_{jk} \in [0,1]$)

4.4.2 Einbeziehung von Transaktionskosten

Um bestimmte Marktunvollkommenheiten des Handlungssystems abbilden zu können, schlägt COLEMAN in Zusammenhang mit der Zugangsstruktur, bezogen auf die Verwendung der Ressourcen, das auf institutionenökonomischem Gedankengut basierende Transaktionskostenkonzept vor. Als Transaktionskosten bezeichnet er hier *Reibungs-*

---

[506] Der Autor erhofft sich durch die Einbeziehung derartiger Marktunvollkommenheiten die Konstruktion theoretischer Systeme, welche die Handlungssysteme in der Realität adäquat widerspiegeln. Vgl. Coleman (1994), S. 70.

[507] Quelle: eigene Darstellung.

4.4 Erweiterungen des tauschtheoretischen Grundmodells

verluste in Bezug auf die Tauschhandlungen der Akteure, die von keiner der an einem Tausch beteiligten Parteien wieder wettgemacht werden können.[508] Diese Reibungsverluste stellen dabei Verluste in striktem Sinne dar, d. h. sie fallen nicht zugunsten anderer Akteure an, sondern fließen dem Tauschsystem insgesamt ab.[509] Sie können außerdem unterschiedlich hoch sein, und darüber hinaus unter den Tauschpartnern unterschiedlich aufgeteilt werden. Eine reziproke Formulierung für das Auftreten von Transaktionskosten ist, dass derartige Kosten die Effizienz des Austausches mindern. Solche *Ineffizienzen* beruhen nach Auffassung von COLEMAN häufig auf logistischen und/oder anderen Kommunikationshemmnissen, m. a. W. müssen zur Durchführung der Tauschhandlungen von den Akteuren oft räumliche, zeitliche und/oder soziale Distanzen überwunden werden.[510]

Besonders wichtig ist an dieser Stelle festzuhalten, dass sich das Auftreten von Transaktionskosten auf **Paare von Akteuren** bezieht, und nicht auf **Paare von Ressourcen**, was ebenso denkbar wäre und von COLEMAN auch im weiteren Verlauf seiner Ausführungen als zusätzliche Modellerweiterung diskutiert wird.[511] Im letztgenannten Fall entstehen Transaktionskosten jedoch nicht – eher unbewusst und unerwünscht – durch

---

[508] Vgl. Coleman (1994), S. 87.

[509] Somit kann nicht mehr von einem geschlossenen System gesprochen werden, wie Coleman es prinzipiell für das Grundmodell postuliert, sondern es gilt statt dessen die Annahme eines *offenen Systems* dergestalt, dass sich die Akteure auch für Ressourcen interessieren, die außerhalb des eigentlichen Tauschsystems platziert sind. Formal bedeutet das Interesse an solchen „externen Ressourcen" die Abkehr von der Standardisierung der Interessen aller beteiligten Akteure auf 1, deshalb führt Coleman hier ein zusätzliches Ereignis und einen fiktiven Akteur ein. Dieser neue Akteur $n + 1$ kontrolliert das weitere Ereignis $m + 1$ vollständig, es gilt also $c_{i, m+1} = 0$ für $i = 1, ..., n$ und $c_{n+1, m+1} = 1$. Dem Ereignis $m + 1$ gelten die überschüssigen Interessen der n Akteure, so dass wiederum gilt: $x_{m+1, i} = 1 - \sum x_{ij}$ für $i = 1, ..., n$. Das Interesse des fiktiven Akteurs an den internen Ereignissen ist unbekannt, es sollte allerdings so gewählt werden, dass es keinen Einfluss auf die relative Machtverteilung und die Werte der Ereignisse im System ausübt. Dies ist dann der Fall, wenn die Interessen dieses Akteurs genau die Werte v_j annehmen. Einen sinnvollen Ausgangspunkt der Berechnungen stellt dann die Matrix der Akteursverflechtungen Z und die Auflösung des Gleichungssystems nach r dar. Das Resultat liefert den Machtvektor r', dessen Element r'_{n+1} den auf der Einbeziehung externer Interessen der Akteure basierenden Machtverlust innerhalb des Systems reflektiert. Siehe detailliert zum Konzept des offenen Tauschsystems Coleman (1994), S. 39 ff.

[510] Vgl. Coleman (1994), S. 92.

[511] Da die formale Behandlung solcher Kosten analog derjenigen der Behandlung von Kosten bei Ineffizienzen zwischen Paaren von Akteuren konfiguriert ist, soll hier auf eine separate Betrachtung verzichtet werden. Der Leser sei dazu auf die Überlegungen bei Coleman (1994), S. 92-96, verwiesen.

bestimmte Austauschhemmnisse, sondern werden normalerweise bewusst durch akteursunspezifisch ausgerichtete Gesetze, Normen oder Vorschriften erzeugt. Als Beispiel für die beabsichtigte Generierung (hoher) Transaktionskosten in Bezug auf die Ressourcen könnte man den unerlaubten Kauf von Wählerstimmen gegen Zahlung eines Entgelts anführen.

COLEMAN nimmt nun an, dass im Falle von Transaktionskosten Tauschhandlungen in geringerem Maße als im perfekten System erfolgen, obwohl die Akteure wiederum Ressourcen kontrollieren, die für sie von gegenseitigem Interesse sind.[512] Er schließt weiterhin ex ante spezielle, mit Informationskosten verbundene Probleme[513] sowie die Existenz mangelnden Vertrauens im Handlungssystem aus dem von ihm verwendeten Transaktionskostenbegriff aus (letzteres stellt eine andere Modellvariante dar, die im Anschluss separat zu erläutern sein wird), was bedeutet, dass die Akteure einerseits die Höhe der Transaktionskosten kennen, und andererseits ein allgemeines Tauschmedium, nämlich das Vertrauen, vorhanden ist. Auf diesen Überlegungen aufbauend wird die Effizienz des Tausches zwischen zwei Akteuren i und h als t_{ih} bezeichnet, wobei t_{ih} Werte zwischen 1 und 0 annimmt. Der Koeffizient t_{ih} ist genau dann gleich 1, wenn der interessierte Akteur i keine Kosten aufbringen muss, um mit h in einen Austauschprozess zu treten. Der Koeffizient ist 0, sofern die Transaktionskosten prohibitiv hoch sind. I. d. R. sollen die Transaktionskosten von beiden Partnern i und h gemeinsam getragen werden; diese Annahme ist allerdings – wie oben bereits angesprochen – nicht zwingend, d. h. die Formalisierung lässt $t_{ih} \neq t_{hi}$ zu. Die Koeffizienten stellen die $n \times n$-Matrix der Tauscheffizienz **T** dar.

Transaktionskosten beeinflussen demnach weder die Interessen der Akteure noch deren anfängliche Kontrolle über bestimmte Ereignisse, vielmehr definieren sie die Zugangsstruktur, die Auswirkungen auf die Akteurs- oder Interessenverflechtungen besitzt. Formal ausgedrückt, sind daher die Elemente der Matrix der Akteursverflechtungen **Z** mit den Elementen der Tauscheffizienzmatrix **T** zu multiplizieren.

---

[512] Vgl. Coleman (1994), S. 87.130

[513] Nach Matiaske (1999), S. 240, Fn. 20, würde die Integration von *Informationskosten* als Bestandteil von Transaktionskosten in den Kalkül der Akteure bedeuten, dass sich die unklare Situation, in der sich die Akteure *vor* dem Austausch befinden, durch eine Kostenkategorie erfassen lässt, die erst – sofern überhaupt möglich – *nach* dem Austausch determiniert werden kann. Prinzipiell wäre die Formulierung dieses Postulates nicht notwendig, da die Transaktionskosten im Konzept von Coleman a priori keinen Eingang in das Nutzenkalkül finden, sondern lediglich als Abschlag von den Interessenverflechtungen interpretiert werden.

4.4 Erweiterungen des tauschtheoretischen Grundmodells

$Z.T = z_{ih}t_{ih}$.

Diese neue Matrix ist nun, da einige Werte für t_{ih} kleiner als 1 sind, im Gegensatz zu den im Grundmodell entwickelten Matrizen nicht mehr spaltensummenkonstant. Es wird daher eine erweiterte Matrix Z.T definiert, der eine Zeile und eine Spalte hinzugefügt worden sind (somit entsteht eine $((n + 1) \times (n + 1)$-Matrix). Die zusätzliche Zeile steht dabei für die Abhängigkeit eines jeden Akteurs von der Umgebung bei der Wahrnehmung seiner Interessen aufgrund von Reibungsverlusten zwischen ihm und denjenigen Akteuren, die ihn interessierende Ressourcen kontrollieren, m. a. W. sie illustriert den Effizienzverlust, den jeder interessierte Akteur nun tragen muss. Für Akteur i ist diese Abhängigkeit gleich $1 - \sum_h z_{ih}$. Die zusätzliche Spalte beinhaltet den Koeffizienten der Ressourcenmacht r_i, sie steht also für die Abhängigkeit der Umgebung von jedem einzelnen Akteur, die für Zeile i gleich r_i gesetzt werden kann. Mit Hilfe dieser erweiterten Z.T-Matrix lässt sich nach COLEMAN also berechnen, in welchem Umfang die Macht jedes einzelnen Akteurs – analog zum Schema des Grundmodells, allerdings unter Einbeziehung von Ineffizienzen – durch seine Kontrolle über das, was andere Akteure interessiert, vergrößert oder verringert wird.[514]

Welche Auswirkungen besitzt nun die Berücksichtigung von Transaktionskosten auf die Ressourcenallokation im Vergleich zu einer Situation ohne derartige Austauschhemmnisse? Zu konstatieren ist hier zunächst, dass die Erweiterung des sozialen Systems um diese Komponente **nicht** das ursprüngliche Interesse tangiert, welches jeder einzelne Akteur an verschiedenen Ressourcen aufbringt, denn ein Interessenausgleich zwischen den Akteuren ist weiterhin – wenn auch nur über „Umwege" – zu erzielen. Solange das Netzwerk der Akteursverflechtungen wegen der Transaktionskosten nicht in isolierte Teilstrukturen zerfällt, die getrennt voneinander analysiert werden müssten, da die Paare von Akteuren nicht mehr über indirekte Tauschhandlungen verknüpft wären, werden also Ressourcen zwischen den Akteuren fließen, obwohl sie unter Ineffizienzen zu leiden haben. Diese Annahme gilt selbst dann, wenn die Transaktionskosten zwischen einigen Paaren prohibitiv hoch sein sollten.

Ebenso wenig beeinflussen sie die Ressourcenverteilung im Gleichgewichtszustand, die Existenz indirekter Tauschhandlungen impliziert quasi eine „Kettenreaktion", in-

---

[514] Vgl. Coleman (1994), S. 89, der im Anschluss an die formale Darstellung dazu ein anschauliches Beispiel liefert.

dem Akteur i, falls er von Akteur h keine Ressourcen aufgrund seiner ungünstigen Tauschposition erhalten kann (seine Effizienz beim Tausch liegt unter 1), diese von g bekommt, nachdem g sie von l erworben hat, der sie zuerst von h bezog.[515] Wenn sämtliche Paare von Akteuren mit Hilfe solcher indirekten Tauschhandlungen agieren ($i \to g, g \to l, l \to h$), sind lediglich die relative Macht der Akteure sowie der relative Wert der Ereignisse direkt von den Transaktionskosten betroffen. Die Veränderung der Machtverteilung bedingt vor allem einen Rückgang bei den Werten bzw. bei den Preisen derjenigen Ressourcen, welche gerade im Interesse von Akteuren liegen, die aufgrund von Tauschrestriktionen an Macht eingebüßt haben, da ihre Kaufkraft und mithin ihre Nachfrage nach den entsprechenden Gütern nun geringer ausfällt.[516]

Trotz dieser plausiblen Resultate kann man in zweierlei Hinsicht an COLEMANS Methodik zur Einbeziehung von Transaktionskosten Kritik üben[517]:

1. So interpretiert COLEMAN zunächst Austauschhemmnisse lediglich im Sinne von Effizienzverlusten als Abzug von Ressourcen aus dem Tauschsystem, d. h. die Kosten werden zwar effektiv von den beteiligten Akteuren getragen, fallen aber nicht innerhalb des Systems an. Bildlich gesprochen, analysiert COLEMAN einen Gütertransport zwischen einzelnen Akteuren, positioniert den Spediteur aber außerhalb des Systems. Bestimmte Situationen können so sicherlich angemessen beschrieben werden, anderen wird diese Perspektive nicht gerecht, wenn nämlich die involvierten Akteure in einer Doppelrolle auftreten, da sie einerseits als Lieferanten oder Abnehmer von Ressourcen fungieren und andererseits Transporteu-

---

[515] Wenn zwischen einzelnen Akteuren i und h eigentlich kein Austausch möglich ist ($t_{ih} = t_{hi} = 0$), aber wegen der Vermittlung über g ein Ressourcenfluss zustande kommt, ist dieser zwar empirisch nicht beobachtbar, aber trotzdem vorhanden. Um nun unter der Bedingung von Tauschbarrieren zu Aussagen über beobachtbare Handlungen zu gelangen, werden sinnvollerweise die Matrizen des Ressourcenflusses und der Tauschrestriktionen verknüpft:
$F.T = f_{ih} \, t_{ih}$.
Die Elemente der Matrix $F.T$ nehmen hohe Werte an, wenn der mögliche Ressourcenfluss und die Effizienz des Austausches hoch sind; ist hingegen einer der Koeffizienten gleich 0, existiert also kein (ökonomisches) Interesse oder keine Chance zum Austausch, dann ist auch die Wahrscheinlichkeit einer Tauschhandlung in der betreffenden Dyade gleich 0.

[516] Vgl. Matiaske (1999), S. 242. Im Gegensatz zu Coleman (1994), S. 91, nimmt Matiaske deshalb auch Konsequenzen für die Ressourcenverteilung im Gleichgewicht an, seiner Meinung nach können hier Akteure, die keine Transaktionskosten tragen müssen, u. U. ihre Position gegenüber einem friktionslosen Zustand verbessern.

[517] Vgl. ähnlich Matiaske (1999), S. 244.

re bzw. Agenten darstellen. In diesen speziellen Fällen würden die Transaktionskosten innerhalb des Systems verbleiben und wären an Akteure zu entrichten, die aufgrund ihrer effizienten Position ihre Beziehungen zur Verfügung stellen. Anders formuliert würde das Sozialkapital im Rahmen des Tauschsystems hier nicht pauschal durch Transaktionsbarrieren dezimiert, vielmehr könnten einige Akteure ihr individuelles Sozialkapital gewinnbringend einsetzen, indem sie anderen Kontakte vermittelten und dadurch den Weg zum Austausch ebneten. Der (Mehr-)Wert ihres Sozialkapitals gegenüber den anderen bestünde m. a. W. vor allem darin, über Beziehungen zu verfügen, die andere Akteure benötigen, um Zugang zu interessanten Ressourcen zu erhalten (die Zugangsstruktur der Akteure wird formal implizit als *sekundäre Ressource* berücksichtigt).

2. Außerdem behandelt COLEMAN Transaktionskosten lediglich als „Abschlag" vom Ausmaß der Interessenverflechtungen und bezieht diese nicht ex ante in das Nutzenkalkül der Akteure mit ein, d. h. sowohl die Kontrollausstattung als auch die ursprünglichen Interessen der Akteure bleiben per definitionem davon unberührt. Die skizzierte Problembehandlung ist insofern nur dann hinreichend, wenn das Augenmerk vorrangig auf die veränderte Machtverteilung wegen auftretender Tauschineffizienzen gerichtet ist. Insgesamt machen die Ausführungen deutlich, dass sich COLEMAN unter dem Stichwort der Transaktionskosten nur der Lösung bestimmter Teilprobleme zur Zugangsstruktur widmet.

4.4.3 Einbeziehung von Misstrauen

Auf den zweiten, im vorangegangenen Abschnitt aufgeworfenen Kritikpunkt zur Behandlung von Transaktionskosten kann unmittelbar mit derjenigen Modellerweiterung COLEMANS geantwortet werden, die sich speziell mit Transaktionshemmnissen in Form *mangelnden Vertrauens* beschäftigt; in diesem Fall bezieht COLEMAN nämlich Zugangsbarrieren von vornherein in das Nutzenkalkül der Akteure mit ein[518].

---

[518] Die Erweiterung des Grundmodells um die Annahme von Misstrauen bedingt zunächst ähnlich wie bei der Modellvariante zur Einbeziehung von Transaktionskosten eine Modifikation bestimmter Herleitungen des geschlossenen Grundmodells. In diesem Fall ist das Postulat nicht mehr haltbar, dass die Mengen der einzelnen gehandelten Ressourcen keine Rolle spielen, d. h. es gilt nicht mehr – wie in Gleichung (1) definiert – $\sum c_{ij} = 1$. Ein solches *System variierender Gütermengen* ist mittels des Grundmodells zu lösen, wenn die Matrizen der Kontroll- und Interessenverflechtungen **C'** und **X'** zunächst durch Prozentuierung standardisiert werden, d. h. man ihre Spaltensummen berechnet und die Werte jeder Spalte durch ihre Summe dividiert. Als Matrizen-

Die bisherigen Ausführungen gehen allesamt von der Existenz eines allgemeinen Tauschmediums aus, das sich für COLEMAN – bezogen auf ein Handlungssystem – mit dem Terminus des „vollständigen Vertrauens" umschreiben lässt[519]; gleichzeitig repräsentiert vollständiges Vertrauen ein zentrales Kriterium zur Bildung eines perfekten Systems. Diese Annahme unterstellt, dass jede tatsächliche Übertragung von Kontroll- bzw. Verfügungsrechten eines Akteurs i auf einen anderen Akteur h **kostenlos** (im Falle der Abwesenheit von Transaktionskosten) und **umgehend** (zeitlich betrachtet in einer Tauschdyade) mit einem Rückfluss von Ressourcen an i ausgeglichen wird, eine Nichteinlösung kann so nach Auffassung COLEMANS gar nicht erst auftreten. Analog zu ökonomischen Systemen, in denen Ware-Geld-Beziehungen vorherrschen, erhält jeder Akteur hier ein Äquivalent für die den anderen Akteuren übertragenen Ressourcen. Dieser Sachverhalt ist als direkte Zugriffsmöglichkeit von Geber i vermittels seiner Gabe auf die Lieferungen des Nehmers h und seiner Schuldner zu interpretieren. Die Vergabe von (individuellem) Vertrauen ist unter dieser Prämisse demnach eigentlich nicht notwendig, da der Austausch keinerlei Risiken birgt bzw. das Vertrauen, welches in sozialen Systemen die Mittlerfunktion von Geld übernimmt, eben vollständig ist; COLEMAN beschäftigt sich trotzdem ausführlich mit den Konsequenzen, die dieses zentrale Kriterium für die Funktionsweise eines linearen Handlungssystems besitzt.[520]

---

kalkül lassen sich diese Gleichungen schreiben, wenn zwei quadratische Diagonalmatrizen vom Typ $m \times m$ bzw. $n \times n$ erzeugt werden und die Diagonale mit den Werten der Spaltensummen von C' und X' und Nullen sonst besetzt wird. Die Inversen dieser Matrizen enthalten dann auf der Hauptdiagonalen bestimmte Elemente, mit denen sich die Matrizen der Kontrolle und des Interesses für das Grundmodell nun modifiziert schreiben lassen und – ausgehend von diesen Modifikationen – wieder die Gleichungen des Grundmodells anwendbar sind. Lediglich die Berechnung der Werte von Ereignissen muss angepasst werden; ist man am Wert einer einzelnen Einheit von j interessiert, gilt somit $v_j / \sum c_{ij}$. Insgesamt betrachtet bleibt die Summe der Macht auch in diesem System 1, aber v_j gibt nun den Wert pro Einheit des Gutes an und x_{ji} spiegelt das Interesse der Akteure pro Einheit des Gutes wider. Siehe umfassend zum Konzept des Tausches bei variierenden Gütermengen Coleman (1994), S. 31-34.

[519] Matiaske (1999), S. 187-206, setzt sich aus der Perspektive verschiedener wissenschaftlicher Theorien (u. a. Sozialpsychologie, Spieltheorie) ausführlich mit dem Begriff des Vertrauens als Tauschmedium auseinander, das allgemein als sehr fragiles Konstrukt gilt, weshalb die Entscheidung Colemans, es als Basiskriterium seiner linearen Handlungstheorie zu verwenden, von Matiaske zu Beginn als „tollkühne Idee" bezeichnet wird. Der Verfasser selbst kommt allerdings nach Abschluss der Diskussion zu dem Ergebnis, die Vertrauensproblematik sei theoretisch auf verschiedene Weise und recht einfach lösbar, demnach sei eine Anwendung des Tauschmodells auch unter dieser Prämisse akzeptabel.

[520] Formal geschieht dies bei Coleman (1994), S. 105-109.

4.4 Erweiterungen des tauschtheoretischen Grundmodells

So wird die Vergabe von Vertrauen als Entscheidungsproblem unter Unsicherheit bzw. als Problem der Wert-Erwartungstheorie formuliert, indem zunächst ein Treugeber oder Vertrauender über die einseitige Transaktion von Ressourcen an einen Treunehmer entscheidet. Das Vertrauen richtet sich dabei auf zukünftige Handlungen des Treunehmers, diese können für den Treugeber entweder einen Gewinn (G, Gain) hervorbringen, wenn das Vertrauen gerechtfertigt war, oder bei Vertrauensbruch zu einem Verlust (L, Loss) führen. Den dritten Parameter als Bestimmungsgröße im Kalkül des Treugebers stellt seine a priori subjektive Einschätzung der Wahrscheinlichkeit über die Vertrauenswürdigkeit des Treunehmers (p) (reziprok ausgedrückt: seine Einschätzung der Wahrscheinlichkeit eines möglichen Vertrauensbruchs ($1 - p$) durch den Tauschpartner) dar.

Formal lässt sich der Prozess der Vertrauensvergabe mit folgender Ungleichung dokumentieren:

$$pG > (1-p)\,L.$$

Der Treugeber wird auf der Basis dieser Annahmen Vertrauen vergeben, wenn $p / (1 - p)$ größer ist als L / G und Vertrauen verweigern, wenn L / G größer ist als $p / (1 - p)$.[521] Genauer gesagt, muss er eine Menge von Ressource 2 erhalten, die größer ist als die Menge seiner abgegebenen Ressource 1, multipliziert mit dem Verhältnis der Menge von Ressource 2, die er vor dem Tausch besaß, zu der Menge von Ressource 1, die er nach Abschluss der Transaktion besitzt (die Abhängigkeit des Vertrauenskriteriums von den Mengen der beiden ursprünglich sich im Besitz des Treugebers befindlichen Güter resultiert aus dem sinkenden Grenznutzen, wonach die Menge eines beliebigen Gutes für einen Akteur einen geringeren Wert aufweist, wenn er davon bereits viel besitzt).

Die Abkehr von der Prämisse des vollständigen Vertrauens, wie es im Grundmodell postuliert wird, lässt sich nun nach COLEMAN mit Hilfe einer einfachen Modifikation in ein Handlungssystem integrieren, indem man nämlich die vormals als **ein** Ereignis konzipierte Tauschhandlung in **zwei** Komponenten aufspaltet: einerseits in ein (Zahlungs-)Versprechen und andererseits in die Lieferung der Leistung (in ökonomischen Systemen bezeichnet man diesen Sachverhalt üblicherweise als „Lieferung gegen Rechnung"). Lieferungen des Treugebers $i \in A$ und der Ressourcenrückfluss von Treunehmer $h \in A$ fallen also auseinander, d. h. die Lieferung von i gestattet keinen direkten Zugriff mehr auf die Gegengabe des Nehmers h. Akteur i erhält statt eines

---

[521] Vgl. Coleman (1991), S. 123 ff.

Verfügungsrechtes lediglich ein Zahlungsversprechen auf die erwarteten Rückflüsse des Nehmers h, so dass für ihn bei dieser Art der Ressourcenübertragung ein Risiko auftritt, und zwar in Abhängigkeit von der Einschätzung der Bonität des Schuldners.

Ein Tauschsystem mit zwei Akteuren i und h, in dem – wie oben geschildert – i sofort liefert und h erst zeitverzögert, ist demnach im Gegensatz zum perfekten System, das beim bilateralen Tausch lediglich zwei Ereignisse aufweist, durch **drei** Ereignisse gekennzeichnet: E_1 stellt die Lieferung von Gut 1 durch i dar, E_2 bildet das Versprechen von h ab, Gut 2 tatsächlich zu liefern, und im Rahmen von E_3 erfolgt schließlich die Lieferung von Gut 2 durch h.[522] Die Lieferung wird dabei teilweise, jedoch nicht völlig, vom jeweiligen Zahlungsversprechen determiniert; d. h. es existieren nun auch direkte Beziehungen zwischen einzelnen Ereignissen (Versprechen → Leistungen), die im Basismodell nicht auftreten (darin sind die Ereignisse ausschließlich durch die Interessen der Akteure von anderen Ereignissen abhängig[523]). Somit ist eine Erweiterung der Konzeption des Grundmodells erforderlich, die in einer Verfeinerung der Interessenverflechtungen zwischen den Akteuren mündet, welche prinzipiell mit Hilfe der Matrix **Z** widergespiegelt wird; Abb. 4.5 veranschaulicht den modifizierten Zusammenhang.

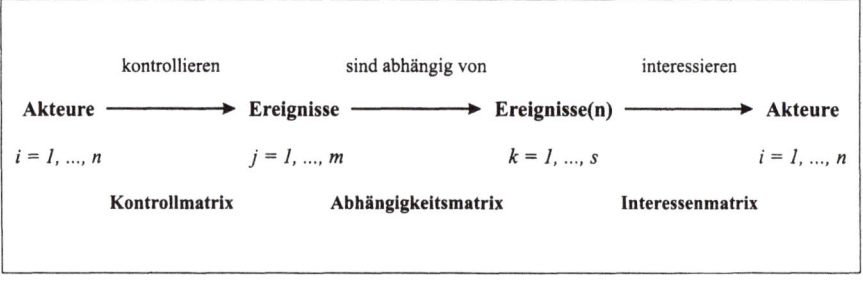

Abb. 4.5: **Beziehungen im erweiterten Tauschmodell bei Auftreten von Misstrauen**[524]

Im verfeinerten bzw. erweiterten Interessenkonzept kontrollieren die Akteure analog zum Grundmodell eine Menge von Ereignissen $E(1) = \{j \mid j = 1, ..., m\}$, jedoch beschränkt sich ihr Interesse nicht allein auf diese Ereignisse. Vielmehr interessieren sie

---

[522] Vgl. Coleman (1994), S. 109.
[523] Siehe dazu im Vergleich die Abb. 4.3, die diese Beziehungen schematisch – bezogen auf das Grundmodell des Tausches – aufzeigt.
[524] In Anlehnung an Coleman (1994), S. 109.

4.4 Erweiterungen des tauschtheoretischen Grundmodells

sich für eine weitere Ereignismenge $E\ (2) = \{k \mid k = 1, ..., s\}$, wobei die Elemente der beiden Ereignismengen voneinander abhängig sind. Ferner gilt, dass $E\ (1) \subseteq E\ (2)$ oder $E\ (2) \subseteq E\ (1)$ ist. Die Kontrollmatrix **C** enthält wie gewöhnlich m Spalten, die Interessenmatrix **X'** beinhaltet allerdings s Zeilen. Zur Verknüpfung dieser Matrizen wird eine zusätzliche $m \times m$-Matrix **B** benötigt, um die Abhängigkeit eines Ereignisses j von einem Ereignis k beschreiben zu können; deren Elemente b_{jk} bildet die Wahrscheinlichkeit ab, dass das Ergebnis von Ereignis k durch j determiniert wird. Die Multiplikation der Matrizen **B** und **X'** führt dann zur verfeinerten Interessenmatrix **X**, die in der Analyse zur Kontroll-, Macht- und Interessenverteilung im System die gleiche Rolle spielt wie im Grundmodell.

$$x_{ji} = \sum_{k=1}^{s} b_{jk} x'_{ki} \text{ oder } \mathbf{X} = \mathbf{BX'}.$$

COLEMAN und darüber hinaus MATIASKE zeigen anhand von Beispielen, dass sich die Macht eines Akteurs, dessen Lieferung von Versprechen abhängt, denen man nicht uneingeschränkt vertrauen kann, verringert, m. a. W. der Wert von Versprechen niedriger ist als der Wert von Ressourcen ohne Versprechen.[525] Infolge dessen nimmt bei vorherrschendem Misstrauen im System insgesamt der Umfang des Austausches im Vergleich zu einer Situation mit vollständigem Vertrauen ab. Allerdings stellt sich der ursprüngliche Wert der Ressourcen desjenigen Akteurs, der umgehend liefert, dem also von den anderen vertraut wird, hier höher dar; er ist somit in der Lage, seine individuelle Situation gegenüber einer Situation vollständigen Vertrauens zu verbessern. Diese Resultate können für eine bilaterale Tauschsituation unter Misstrauen als typisch charakterisiert werden.

Die Effekte auf die Gleichgewichtslösung bei Einbeziehung von Misstrauen und bei Auftreten von Transaktionskosten differieren demnach nicht, die entscheidende Divergenz zwischen den beiden Modellerweiterungen besteht lediglich darin, dass ein Modell mit eingeschränktem Vertrauen keine Transaktionsketten höherer Ordnung erlaubt oder – anders formuliert – jede Ressource nach höchstens einer Transaktion ihren letzten Bestimmungsort erreichen muss, da der Transaktionsverlauf oder die Anzahl der Transaktionen für jedes einzelne Gut sonst nicht bekannt wären. Indem Vertrauen im Sinne COLEMANS die Eigenschaft einer bestimmten Transaktion verkörpert und das

---

[525] Vgl. Coleman (1994), S. 110 f., und Matiaske (1999), S. 247 f.

Ergebnis dieser Transaktion beeinflusst, muss ein Modell mit Misstrauen, das aufgrund irgendwelcher Anfangsbedingungen Resultate für das System voraussagt, von einem festgelegten Transaktionsverlauf ausgehen. Diese Einschränkung gilt ferner für komplexere Spezialfälle, in denen nicht nur – wie im bilateralen Fall – den Lieferungen des Treunehmers Misstrauen entgegen gebracht wird, sondern man beispielsweise von allen Seiten sämtlichen Transaktionen gleichermaßen misstraut, einem bestimmten Akteur von allen anderen misstraut wird oder ein einziger Akteur allen anderen misstraut, die ihm allesamt jedoch Vertrauen entgegenbringen.[526]

4.5 Ein sozio-ökonomisches Modell des Unternehmenszusammenschlusses von Versicherern

4.5.1 Vorbemerkungen

Die im dritten Kapitel erfolgte detaillierte Schilderung der wichtigsten Hypothesen zur Erklärung von Unternehmenszusammenschlüssen, um nun zum Ausgangspunkt der vorliegenden Arbeit zurückzukehren, zeigt deutlich, dass in Abhängigkeit vom zugrunde liegenden theoretischen Unternehmensmodell sehr unterschiedliche Gründe dafür hervorgebracht werden können (welche den meisten Autoren zudem häufig gar nicht bewusst sind, da sie – wie bereits mehrfach angesprochen – ex ante auf deren systematische Einordnung in einen theoretischen Zusammenhang verzichten, indem sie lediglich einzelne, überwiegend in der Praxis angeführte, Motive diskutieren).

Demzufolge zeichnen sich die zahlreichen Beiträge zu Unternehmenszusammenschlüssen durch eine große Heterogenität bzw. eine fehlende Integrität aus, was wiederum von vielen Seiten beklagt wird, die sich dadurch ein besseres Verständnis des Phänomens erhoffen.[527] Eine integrative Darstellung auf der Ebene der verschiedenen Erklärungsansätze dürfte das Problem unserer Überzeugung nach jedoch nicht befriedigend lösen, da die direkte Kombination von Motiven divergierender Unternehmens-

---

[526] Coleman (1994), S. 116-131, widmet sich unter der Überschrift „Das Fehlen uneingeschränkten Vertrauens in größeren Systemen" erschöpfend dieser Problematik.

[527] Dabei ist es u. a. nach Plöger/Kruse (2001), S. 3, vorrangig im Kontext dieser Thematik wichtig, wissenschaftlich fundierte und auf theoretischen Erkenntnissen beruhende Aussagen zu erhalten, um Folgewirkungen von Zusammenschlüssen auch für die Praxis eruieren zu können.

modelle stets die Rationalität des jeweils anderen Modells verletzen würde; wir lehnen deshalb derartige Forderungen strikt ab.[528]

An dieser Stelle soll deshalb überprüft werden, ob sich der Unternehmenszusammenschluss mit Hilfe des Gedankengebäudes der Tauschtheorie auf einer von den jeweiligen Motiven abstrahierenden Ebene am Beispiel von Versicherern argumentativ beschreiben lässt. Dann wäre außerdem eine sinnvolle Orientierung des Sachverhalts am Kernparadigma der Ökonomie erreicht: dem (bilateralen) Tausch. In diesem Sinne wird anschließend die Übertragung des „Meta-Denkmusters" der Tauschtheorie auf die Problematik des Unternehmenszusammenschlusses erprobt. In Kap. 2.1.2 wurde der vielschichtige Terminus Unternehmenszusammenschluss grundsätzlich als eine sehr unterschiedlich ausgeprägte Verbindung von rechtlich und/oder wirtschaftlich selbstständigen Unternehmen (in Form von Kooperation, Konzernbildung, Fusion etc.) zwecks Verfolgung einer – z. T. gemeinsamen – wirtschaftlichen Zielsetzung definiert.[529] Diese Definition bildet in der nun folgenden Diskussion die Richtschnur zur Bestimmung der für das Tauschmodell charakteristischen Elemente *Akteure* und *Ereignisse* auf der Mikroebene, die durch die auf der Makroebene angesiedelten Konstrukte *Kontrolle* (durch bestimmte Akteure) sowie *Interesse* (an bestimmten Ereignissen) miteinander verflochten sind.

4.5.2 Akteure des Unternehmenszusammenschlusses von Versicherern

Voraussetzung einer tauschtheoretischen Analyse ist es in jedem Fall, dass Eigner – oder weniger formaljuristisch ausgedrückt – „Kontrolleure spezifischer Ressourcen" identifiziert werden können, m. a. W. es stellt sich zunächst die konkrete Frage, welche Menge handelnder Akteure $A = \{i \mid i = 1, ..., n\}$ bei der Anwendung des Modells auf den Unternehmenszusammenschluss denn überhaupt auftritt. COLEMAN richtet seine Überlegungen primär auf individuelle Akteure aus, d. h. auf natürliche Personen; dies zeigt sich u. a. daran, dass sämtliche Beispiele, die er zur Illustration seiner formalen Ausführungen heranzieht, auf Tauschsystemen mit individuellen Akteuren basie-

---

[528] Vgl. ähnlich Sautter (1989), S. 58.

[529] Siehe zur Entwicklung des für die vorliegende Arbeit grundlegenden Begriffsverständnisses vom Untersuchungsgegenstand des Unternehmenszusammenschlusses den gesamten Abschnitt 2.1.2.

ren.⁵³⁰ Er lässt aber als reale Handlungseinheiten ebenso einen zweiten, physisch nichtgreifbaren Typ von Akteuren, und zwar die so genannten *korporativen Akteure* (synonym finden die Begriffe *juristische Personen* und *Korporationen* Anwendung) zu, die insbesondere bei der in der vorliegenden Arbeit im Vordergrund stehenden ökonomischen Ausgestaltung des Modells von Bedeutung sind.⁵³¹ Mit Hilfe dieses Typs von Akteuren, der in früheren Versuchen anderer Autoren zur Entwicklung einer sozialen Handlungstheorie keine Rolle spielte, ist es nach Auffassung von COLEMAN (und seiner Befürworter) erstmals möglich, auf der Basis einer Theorie individuellen Handelns kollektive Entscheidungen und kollektives Handeln zu erklären, indem quasi eine Einbettung individuellen Handelns in kollektive Strukturen (der mehrfach zitierte gelungene Makro-Mikro-Makro-Übergang) geschieht.⁵³²

Die zentrale theoretische Idee der von COLEMAN qualitativ formulierten Konzeption des korporativen Akteurs besteht darin, (soziale) Beziehungen nun als interpersonale Beziehungsgeflechte interpretieren zu können, die dadurch gekennzeichnet sind, dass mehrere individuelle Akteure bestimmte Ressourcen in einen Pool einbringen, der dann einer gemeinsamen Nutzung bzw. Disposition unterliegt (bestand dieser Pool bereits vorher, spricht man von einer Teilnahmeentscheidung, wird dadurch ein solcher Pool neu geschaffen, von einer Gründungsentscheidung⁵³³). Die Existenz korporativer Akteure setzt demnach die rationale Entscheidung individueller Akteure **gegen** den individuellen Einsatz ihrer Ressourcen und **für** deren gemeinsamen Einsatz (Verbrauch oder Tausch mit anderen individuellen bzw. korporativen Akteuren) in einem Ressourcenpool voraus.

Ein korporativer Akteur muss folglich überall dort definiert werden können, wo man Ressourcen mehrerer individueller Akteure bündelt und kollektiv disponiert, wobei die Zahl der „Investoren" ebenso variieren kann (diese reicht von Zweierbündnissen wie

---

[530] Vgl. dazu exemplarisch die ersten formalen Ausführungen des Grundmodells bei Coleman (1994), S. 6 ff., wo er den Tausch mittels des Austausches von Baseball- und Footballbildern durch zwei Jugendliche, Tom und John, veranschaulicht.

[531] Der Begriff des korporativen Akteurs wurde bereits in Zusammenhang mit der allgemeinen Erläuterung der Basiselemente des Tauschsystems unter Abschnitt 4.2 kurz angesprochen.

[532] „Man muss daher fehlgehen, wenn man bei der Entwicklung einer soziologischen Handlungstheorie versäumt, diesen Akteuren (den korporativen, Anm. d. Verf.) in der Theorie einen ebenso fundamentalen Platz einzuräumen wie den Akteuren, die einen physischen Körper besitzen, und die die Umgangssprache als Personen, das Recht als „natürliche Personen" bezeichnet." Coleman (1979), S. X (im Vorwort).

[533] Vgl. Kossbiel/Spengler (1992), Sp. 1952.

4.5 Ein sozio-ökonomisches Modell des Unternehmenszusammenschlusses von Versicherern

der Ehe bis hin zu vielköpfigen Vereinen, Gemeinden, Kirchen und Staaten) wie Art und Umfang der zusammengelegten Ressourcen (darunter sind u. a. Geld in Form von finanziellen Investitionen oder Mitgliedsbeiträgen sowie Rechte wie beispielsweise das Recht einer Gewerkschaft, im Namen ihrer Mitglieder flächendeckende Tarifverträge abzuschließen, zu verstehen). Sämtliche korporativen Akteure leiten ihre Ressourcen letztendlich von natürlichen Personen ab, wenn diese Herleitungskette auch für verschiedene korporative Akteure unterschiedlich lang und komplex sein mag, etwa aufgrund ihrer Historie oder weil sie ihre Ressourcen direkt von anderen korporativen Akteuren (beim Staat überwiegend anzutreffen) und nur indirekt von natürlichen Personen erhalten haben.[534]

Mit der Entscheidung für die Teilnahme an einem bestehenden korporativen Akteur bzw. mit der Entscheidung für seine Neugründung stellt sich gleichzeitig die Frage nach den spezifischen Motiven, die die individuellen Akteure dazu bewegen, eine solche Korporation einzugehen. COLEMAN argumentiert hier – obwohl die Rahmenbedingungen divergieren – analog zum bekannten Verhalten/Kalkül des Akteurs beim Austausch von Ressourcen, d. h. der einzelne Beteiligte orientiert sich bei der Zusammenlegung von Ressourcen ausschließlich an seinem persönlichen Nutzen, den er dadurch zu maximieren hofft: Danach wird die Alternative des Ressourcenpooling im Prinzip immer dann gewählt, wenn die Differenz aus dem Nutzenerwartungswert der mit dem Ressourcenpooling zu erwartenden Synergieeffekte und dem Kostenerwartungswert des Verlustes an Kontrolle über die eingebrachten Ressourcen positiv ist (und umgekehrt bei der Entscheidung für eine individuelle Nutzung)[535].

Einfach ausgedrückt, erfolgt eine Zusammenlegung von Ressourcen stets in der Annahme, auf diese Weise größere persönliche Vorteile erzielen zu können als bei deren individuellem Einsatz.

Die vorangestellten Überlegungen lassen schon erahnen, dass die Ökonomie im Kontext der Theorie korporativer Akteure eine herausragende Position einnimmt, indem die dort vorrangig dem Forschungsinteresse zugrunde liegenden Untersuchungsobjekte, nämlich die Unternehmen, zum Typ der korporativen Akteure zählen. An ihnen zeigte sich laut COLEMAN auch zuerst der Wandel in der Gesellschaft, in der frühe korporative Akteure die ihnen zugehörigen natürlichen Personen samt deren Ressour-

---

[534] Vgl. Coleman (1974/75), S. 760.
[535] Vgl. Kossbiel/Spengler (1992), Sp. 1952.

cen völlig umfassten (bekannte Beispiele dafür stellen Grundherrschaften, Zünfte/Gilden oder Dörfer dar, die vollkommene Autorität und Verantwortlichkeit gegenüber ihren – zumeist nicht beliebig austauschbaren – Mitgliedern besaßen und darüber hinaus innerhalb einer hierarchischen Struktur stabile Beziehungen zu unter- bzw. übergeordneten Korporationen unterhielten; diese Korporationen forderten stets den „ganzen Menschen"), hin zu einer reformierten Gesellschaft, in der sich spätere moderne korporative Akteure nur noch über diejenigen Ressourcen, die ihre Mitglieder in sie eingebracht haben (und u. U. die Dienstleistungen der darin für sie tätigen Agenten[536]), definieren.[537]

Nicht alle Unternehmen sind aus entwicklungsgeschichtlicher Perspektive gesehen theoretisch als moderne korporative Akteure einzustufen, denn die Eigentümer-Unternehmer neoklassischer Prägung zeichnen sich ja gerade dadurch aus, dass sie als natürliche Person(en) und Initiator(en)/Organisator(en) korporativen Handelns (sie verkörpern quasi gleichzeitig die o. a. Agenten) mit den jeweiligen korporativen Akteuren (in diesem Fall den Unternehmen) eine faktisch unauflösliche Gemeinschaft bilden – Zielsetzung und Existenz des korporativen Akteurs Unternehmen werden hier von Zielsetzung und Existenz bestimmter individueller Akteure, den jeweiligen Eigentümern, determiniert. Der Eigentümer ist demzufolge auch nicht beliebig austauschbar, sondern haftet persönlich – wie heute der Name Personengesellschaft für diese Form der rechtlichen Verfassung eines Unternehmens explizit dokumentiert – mit seinem gesamten Vermögen, d. h. auch mit seinem Privatvermögen, für eventuelle Verbindlichkeiten der Gesellschaft gegenüber Außenstehenden.[538] Das neoklassische Unter-

---

[536] Aufgrund der Tatsache, dass korporative Akteure nicht-greifbare physische Konstrukte verkörpern, besteht aus Sicht der sie konstituierenden individuellen Akteure die Notwendigkeit, weitere natürliche Personen als Handlungsberechtigte, d. h. als angestellte Agenten, einzusetzen, um die zusammengelegten Ressourcen auch aktiv nutzen zu können (z. B. Funktionäre bei der Gewerkschaft, Beamte beim Staat). Die Beziehung dieser Agenten zum korporativen Akteur ist vertraglich geregelt, indem sich die Agenten verpflichten, dem korporativen Akteur ihre persönlichen Dienste (Arbeitskraft) im Austausch gegen eine extrinsische Kompensation (einen festgelegten Einnahmestrom) zur Verfügung zu stellen.

[537] Vgl. Coleman (1979), S. 17. Korporative Akteure befinden sich demnach ebenso wie die Gesellschaft insgesamt in einem permanenten Entwicklungsprozess, der ständig neue Formen dieses Typs von Akteuren generiert.

[538] Beim Einzelunternehmen ist dies in vollem Umfang der Fall, aber auch bei Personengesellschaften mit mehreren Gesellschaftern, beispielsweise der Offenen Handelsgesellschaft (OHG), gilt zumindest im Außenverhältnis weiterhin das Postulat der unbeschränkten Haftung sämtlicher Eigentümer.

4.5 Ein sozio-ökonomisches Modell des Unternehmenszusammenschlusses von Versicherern

nehmensmodell lässt sich deshalb eher, wenn auch nicht in striktem Sinne, in die Kategorie der frühen korporativen Akteure einordnen.

Im Gegensatz dazu weist das Unternehmen aus institutionenökonomischer Perspektive das charakteristische Attribut moderner korporativer Akteure auf: die vollständige Definition des Konstruktes über die dort eingebrachten Ressourcen (finanzielle Mittel, Kapital) und eben nicht über die sie einbringenden zahlreichen Mitglieder als natürliche Personen (Eigentümer, Aktionäre). Die Funktion individueller Akteure in ihrer Eigenschaft als Eigentümer eines solchen Unternehmens reduziert sich auf die Bereitstellung von materiellen/immateriellen Ressourcen; sie selbst als natürliche Personen stellen keine Grundelemente der Struktur des korporativen Akteurs, d. h. keine Voraussetzung für seine Existenz mehr dar, und sind somit aus seiner Sicht jederzeit problemlos ersetzbar.[539] Daraus eröffnen sich ebenfalls den individuellen Akteuren neue Freiheiten, indem sie nun ihrerseits die Ressourcen aus dem korporativen Akteur zurückziehen und alternativen (aus ihrer Perspektive effizienteren) Verwendungsmöglichkeiten zuführen können, ohne befürchten zu müssen, zugleich ihre Identität zu verlieren (wie es z. B. früher bei Ausschluss eines Handwerkers aus seiner Zunft der Fall gewesen wäre).

Am Beispiel von Versicherern, insbesondere bei der Betrachtung von VVaG und V-AG, lässt sich unseres Erachtens die Entwicklung von Unternehmen hin zu modernen korporativen Akteuren sehr gut nachvollziehen. Zeichneten sich die ersten Versicherungsvereine, deren Ursprünge in den früheren Brandgilden zu finden sind, noch durch eine kleine, geschlossene Mitgliederzahl mit vielfältigen persönlichen Beziehungen untereinander und ohne echte Austrittsmöglichkeit (diese war nur bei Inkaufnahme erheblicher Sanktionen zu realisieren) sowie die Pflicht der darin zusammengeschlossenen natürlichen Personen aus, über die Finanzierung ihrer Versicherungsleistungen hinaus zusätzliche Beiträge zur Existenzsicherung des Vereins, z. B. in Krisensituationen, abzuführen, so agiert der heutige große VVaG[540] bzw. seine Agenten in Form des Vorstands weitgehend unabhängig von den jeweiligen

---

[539] Auch die real handelnden Agenten spiegeln sich in der Struktur moderner korporativer Akteure nicht als natürliche Personen wider, sondern füllen lediglich Positionen (Geschäftsführer, Abteilungsleiter usw.) aus, sind also gleichfalls austauschbar.

[540] Im Gegensatz zum „kleineren Verein" ist der große VVaG nicht auf einen nach sachlichen, örtlichen oder personenbezogenen Kriterien begrenzten Wirkungskreis beschränkt, sondern betreibt das Versicherungsgeschäft professionell, überregional und generell; er ist in seiner ökonomischen Bedeutung für den Versicherungsmarkt deshalb mit V-AG und ÖRA gleichzusetzen. Siehe zu den Unterschieden zwischen kleinerem VVaG und großem VVaG genauer Hoppmann (2000), S. 36

Form des Vorstands weitgehend unabhängig von den jeweiligen Mitgliedern, d. h. den individuellen Akteuren (zwischen denen persönliche Beziehungen ebenso keine Rolle mehr spielen, wenn man von mehreren hunderttausend Mitgliedern ausgeht). Sie können zwar i. d. R. bei Bedarf satzungsbedingt zur Zahlung von Nachschüssen aufgefordert werden[541]; eine tatsächliche Umsetzung dieser Vorschrift ist allerdings in den letzten Jahrzehnten nicht publik geworden[542].

Andererseits verfügen auch die individuellen Akteure nun über die Option, ihre Ressourcen in Form der gezahlten bzw. zukünftig zu zahlenden Versicherungsbeiträge jederzeit aus dem Verein abzuziehen, ohne zugleich existenziell bedroht zu sein.[543]

Damit ist jedoch im Falle des VVaG, bei dem Mitglied und Versicherungsnehmer Personenidentität aufweisen[544], zugleich der Verzicht auf den Versicherungsschutz verbunden, der zwar bei erneutem Abschluss eines Versicherungskontraktes wieder erworben werden kann, u. U. allerdings zu erheblich schlechteren Konditionen, was z. B. in der privaten Kranken- und Lebensversicherung, die altersabhängige Prämien berechnen, berücksichtigt werden müsste. Darüber hinaus erreicht der Rückkaufswert in der Lebensversicherung, definiert als derjenige Geldbetrag, der dem Versicherungsnehmer bei vorzeitiger Kündigung seines Kontraktes zusteht[545], nur ein sehr geringes Ausmaß, so dass de facto die Freiheiten, die die individuellen Akteure im VVaG besitzen, stark eingeschränkt sind. Aus der Perspektive der individuellen Akteure ist Unabhängigkeit vom korporativen Akteur deshalb eher bei der V-AG gegeben, wo sich ihre Verbindung zum Unternehmen allein aus ihrer Eigentümerposition heraus ableiten

---

ff. Beispiele für solche großen VVaG sind in der privaten Krankenversicherungssparte der Debeka VVaG, der gemessen an den jährlichen Brutto-Beitragseinnahmen im Jahre 2000 bei 55 aktiven Unternehmen die zweitgrößte Versicherungsgesellschaft verkörperte, und im Schaden- und Unfallversicherungssektor der Gothaer Versicherungsbank VVaG an neunter Stelle der Rangliste mit 260 Unternehmen. Vgl. GB BAV 2000 (2002), Teil B, Tab. 460 und 560.

[541] Dieser Sachverhalt zählt zum vorgeschriebenen Mindestinhalt der Satzung eines VVaG, vgl. dazu die §§ 24-27 VAG.

[542] Vgl. Farny (2000a), S. 193.

[543] Fama/Jensen (1983), S. 326, setzen diese Möglichkeit deshalb mit einer effektiven Kontrollmöglichkeit durch den Produktmarkt gleich. Siehe dazu außerdem Abschnitt 4.5.4.

[544] Siehe dazu ebenfalls genauer die Ausführungen in Abschnitt 4.5.4

[545] In den ersten zwei bis drei Jahren nach Vertragsabschluss wird durch die in der Praxis übliche Verrechnung der gezahlten Beiträge mit den Abschlusskosten (man bezeichnet dies als *Zillmerung*) überhaupt kein Rückkaufswert gebildet, die Nachteile für den Versicherungsnehmer sind in diesem Zeitraum daher besonders groß einzuschätzen. Vgl. Koch/Weiss (1994), S. 714.

lässt. Umgekehrt gilt dies ebenso für den korporativen Akteur: Mittelabfluss wäre hier nicht gleichzusetzen mit dem gleichzeitigen Verlust von Beitragseinnahmen wie beim VVaG, sondern lediglich mit dem Verlust von Eigenkapital. V-AG repräsentieren folglich moderne korporative Akteure.

Als vorläufiges Fazit ist zu konstatieren, dass sich die Beteiligten an Unternehmenszusammenschlüssen, d. h. Unternehmen und speziell auch Versicherungsunternehmen, treffend mit Hilfe der Theorie korporativer Akteure, wie COLEMAN sie interpretiert, beschreiben lassen, indem sowohl Unternehmen mit neoklassischen Eigenschaften als auch vermehrt Unternehmen institutionenökonomischer Couleur darin Berücksichtigung finden (sehr wichtig ist hier noch anzumerken, dass dabei nicht nur eine reine Schilderung der Konstrukte erfolgt, sondern auch eine plausible Begründung für ihre Existenz, wie sie die Institutionenökonomie fordert, geliefert wird).

4.5.3 Ereignisse des Unternehmenszusammenschlusses von Versicherern

Neben der Menge der handelnden Akteure A repräsentiert die Menge der interessierenden/kontrollierten Ressourcen oder Ereignisse $E = \{j \mid j = 1, ..., m\}$ die zweite Kategorie von Basiselementen innerhalb eines Tauschsystems, diese umfassen nach Auffassung COLEMANS oft eine Anzahl sehr unterschiedlicher Dinge, gemeinsam ist ihnen lediglich, dass sie in einer gegebenen Situation für die involvierten Akteure mehr (wenn sie sich für bestimmte fremdkontrollierte Ressourcen interessieren) oder weniger (wenn sie zum Tausch der unter eigener Kontrolle stehenden Ressourcen bereit sind) persönlichen Nutzen stiften.[546] Ein Tauschsystem kann jedoch ebenso durch eine einzige zum Tausch angebotene und/oder nachgefragte Ressource charakterisiert sein, MATIASKE beispielsweise entwirft ein sozio-ökonomisches Grundmodell des Austausches bei lateraler Kooperation mit nur einer zentralen Ressource: der *Information*.[547]

Die Nachfrage nach dieser Ressource spielt vermutlich auch bei einer Vielzahl von Unternehmenszusammenschlüssen eine herausragende Rolle, besonders in Branchen, in denen sie als Produktionsfaktor einen elementaren Bestandteil des Leistungsprozesses darstellt. Zu einer solchen Branche zählt natürlich die Versicherungswirtschaft, deren Produktion des immaterielles Gutes „bedingtes Versicherungsschutz(-ver-

---

[546] Siehe dazu bereits die allgemeinen Ausführungen unter Abschnitt 4.3.1.
[547] Vgl. Matiaske (1999), S. 268 ff.

sprechen)" in hohem Maße auf effiziente Informationsverarbeitung sowie Kommunikation angewiesen ist.[548]

Die zu verarbeitenden Informationen stammen dabei einerseits aus dem Einzelgeschäft (hier betreffen sie primär den Versicherungsnehmer[549], das versicherte Risiko und die autgetretenen Versicherungsfälle), andererseits werden auf den gesamten Versicherungsbestand fokussierte Informationen, gegliedert nach Kunden, Versicherungssparten, Regionen etc., – welche im Prinzip Aggregate einzelgeschäftsbezogener Informationen bilden – aufbereitet, um beispielsweise in Bezug auf die Versicherungsfälle als wertvolle prognostische Grundlage zur Erstellung unternehmensinterner Schadenstatistiken zu dienen.[550]

Das Interesse an der Ressource Information wird demnach im Kontext von Versicherungsunternehmenszusammenschlüssen zum größten Teil mit Hilfe des Erwerbs eines *Versicherungsbestands* befriedigt werden können.[551] Während die Befriedigung des Informationsbedarfs aus der Perspektive des Unternehmens primär intern ausgerichtet ist, wird ein vergrößerter Versicherungsbestand extern zugleich als Indiz für die Verbesserung der relativen Wettbewerbsfähigkeit des Versicherers gewertet, deren Mes-

---

[548] Vereinzelt gehen Versicherungswissenschaftler mittlerweile so weit, *Information* als originären Output von Versicherungsunternehmen, d. h. als Kernprodukt derselben, zu interpretieren. Nach Müller (1995), S. 1024, der im einschlägigen Schrifttum als einer der wichtigsten Vertreter dieser Produktauffassung gilt, besteht die Leistung eines Versicherers vorrangig darin, dem Versicherungsnehmer Garantieinformationen für bestimmte Vermögenszustände zu liefern, wobei diese Garantieinformationen den Informationsstand des Empfängers bei seinen Entscheidungsergebnissen, nicht dagegen bei den Eintrittswahrscheinlichkeiten der Umweltzustände zu verbessern helfen. U. a. Köhne (1998) setzt sich in seiner Publikation detailliert mit aktuellen Vorschlägen zur Gestaltung einer Versicherungsproduktkonzeption auseinander, darunter auch dem Informationsansatz von Müller (welcher sich bislang in der Literatur jedoch nicht durchsetzen konnte).

[549] Der Versicherungsnehmer per se stellt im Rahmen der Versicherungsproduktion einen Produktionsfaktor dar, man bezeichnet ihn hier in Analogie zur allgemeinen Dienstleistungsproduktion als „externen Faktor", ohne dessen aktive Einbindung der Produktionsprozess weder begonnen noch abgeschlossen werden kann. Seine Mitwirkung umfasst verschiedene Komponenten: zunächst die Einbringung des individuellen Risikos als Voraussetzung für den Beginn des Produktionsprozesses, ferner die Lieferung von Informationen zur individuellen Gestaltung seines Versicherungsschutzes sowie später die persönliche Beteiligung an den so genannten Abwicklungsleistungen im Schadenfall.

[550] Darüber hinaus werden gesamtunternehmens- und selbstverständlich auch umweltbezogene Informationen zur Versicherungsschutzproduktion benötigt.

[551] Es würde insofern ausreichen, Zusammenschlüsse in Form von Bestandsübertragungen zu konzipieren, die per definitionem nicht die Übertragung weiterer Produktionsfaktoren implizieren. Vgl. zu Begriff und Wesen der Bestandsübertragung umfassend den Abschnitt 2.4.2.2.

4.5 Ein sozio-ökonomisches Modell des Unternehmenszusammenschlusses von Versicherern

sung sich zum großen Teil an seiner gegenwärtigen und zukünftigen versicherungstechnischen Kapazität, d. h. der Zeichnungskapazität, die direkt mit quantitativen Merkmalen der versicherten Risiken gekoppelt ist, orientiert.[552]

Wegen der versicherungsspezifischen Abhängigkeit von Produktion und Absatz fungiert der Versicherungsbestand jedoch nicht nur als Produktionsfaktor, indem dort der zur Produktion notwendige Risikoausgleich im Kollektiv stattfindet, sondern dieser ist außerdem Ausdruck für das Produktionsergebnis, also die in der Vergangenheit erfolgreich getätigten Vertragsabschlüsse. Aufgrund dessen erhält der Akteur/Käufer über den Versicherungsbestand direkten Zugang zu den akquirierten Kunden, m. a. W. zum Markt. Zur effizienten Nutzung dieses Marktzugangs ist eine weitere Ressource, nämlich die *Außenorganisation* interessant, welche die Gesamtheit von Mitarbeitern/Vermittlern nebst sachlichen Betriebsmitteln einschließlich der darin verankerten organisatorischen Regelungen zwecks Absatz, (Erst-)Vertrags- und Schadenbearbeitung umfasst[553]; sie fällt von Unternehmen zu Unternehmen sehr differenziert aus (u. a. beobachtet man in der Praxis die Verbreitung von Direktvertrieb, Einschaltung gebundener Makler, neuerdings auch den Absatz über das Internet). Ihr interner Auf- und Ausbau gestaltet sich i. d. R. sehr langwierig und ist mit hohen Kosten verbunden (die Außenorganisation verkörpert daher für neue Wettbewerber eine wesentliche Eintrittsbarriere in den Markt), so dass Akteure, die im Rahmen eines Zusammenschlusses neben dem reinen Versicherungsbestand die externe Übernahme dieses Produktionsfaktors beabsichtigen (das wäre bei der Fusion der Fall), mit Zeit- und Zugangsvorteilen gegenüber internes Wachstum präferierenden Konkurrenten rechnen können.

Zeitvorteile lassen sich auch mittels der Übernahme der Ressource *menschliche Arbeitskraft* generieren, da der Anteil von Arbeits- und Dienstleistungen des (Innendienst-)Personals am Gesamtfaktoreinsatz gemäß dem immateriellen Charakter des Gutes Versicherungsschutz traditionell hoch ist und seine Qualität entscheidend von diesen Leistungen, vorrangig von Erfahrungen und vom versicherungstechnischen Know-how der Mitarbeiter (bzgl. der Strukturierung von Rückversicherungsschutz, im Bereich der Schadenforschung usw.), abhängt. Verfügt das zu übernehmende Versi-

---

[552] Die Möglichkeiten zur Verbesserung der Zeichnungskapazität, die oft mit dem Leistungsvermögen von Versicherern gleichgesetzt wird, spielen als Begründung für die Realisierung von Unternehmenszusammenschlüssen in der Praxis eine bedeutende Rolle, wie die Ausführungen in Abschnitt 3.2.3.4.2 gezeigt haben.

[553] Vgl. Farny (2000a), S. 552.

cherungsunternehmen dadurch bei den Kunden bereits über ein gewisses positives Image bzw. einen Goodwill, ist aufgrund des bekannten *Spill-Over-Effects*[554] anzunehmen, dass im Zuge eines Zusammenschlusses auch das Käuferunternehmen künftig von diesem Goodwill profitiert und Economies of Scope realisieren kann, sofern es ein zum Partner komplementär angelegtes Produktsortiment anbietet.

Vordergründig betrachtet verkörpern dementsprechend *materielle* und *immaterielle Produktionsfaktorbündel* zur Erweiterung der Kapazitäten diejenige Menge von Ereignissen E, die für die korporativen Akteure Versicherungsunternehmen im Rahmen von Zusammenschlüssen auf der einen Seite interessant sind und auf der anderen Seite von ihnen kontrolliert und zum Tausch angeboten werden.[555] Tatsächlich wird damit implizit der Erwerb von Zeit- und Zugangsvorteilen zum Versicherungsmarkt angestrebt, die bei effizienter Nutzung der sich darin befindlichen Potenziale eine Vielzahl weiterer Vorteile, beispielsweise in Form von Kostensenkungen und Umsatzsteigerungen mittels Synergieeffekten, eröffnen können.

4.5.4 Kontrollverflechtungen des Unternehmenszusammenschlusses von Versicherern

Ein wesentliches Merkmal des Tauschsystems im Sinne COLEMANS stellt seine *Übersichtlichkeit* dar, d. h. die Beziehungen zwischen den eben skizzierten Elementen „Akteure und Ereignisse" werden lediglich – wie mehrfach betont – durch Akteurskontrolle c_{ij} über und Akteursinteresse x_{ji} an bestimmten nutzenstiftenden Ereignissen abgebildet.

Die Anwendung des Tauschmodells in seiner Grundform verlangt bzgl. der *Kontrolle* nur eine eindeutige Aussage darüber, wer de facto handlungsberechtigt ist; Fragen nach der Entstehung der Kontrollverteilung sowie den ursprünglich Handlungsberechtigten werden hier nicht beantwortet, dazu müssten modifizierte Modelle entwickelt

---

[554] Die Idee des *Spill-Over-Effects* wurde schon in Zusammenhang mit Verbundvorteilen unter Abschnitt 3.2.3.2.3 eingehender beleuchtet.

[555] In Abhängigkeit von der jeweiligen Branche zielt das Interesse der korporativen Akteure verständlicherweise auf sehr unterschiedliche Produktionsfaktoren ab, außer den für die Assekuranz typischen Faktoren, wie sie in den vorangegangenen Ausführungen diskutiert wurden, kann der Fokus z. B. auf dem Erwerb von Betriebsmitteln (im Schwermaschinenbau etwa) oder auf dem Kauf von Vermarktungsrechten, Patenten und Lizenzen (u. a. in der Chemieindustrie) liegen.

4.5 Ein sozio-ökonomisches Modell des Unternehmenszusammenschlusses von Versicherern   181

werden.[556] Mit seiner „Theorie korporativer Akteure" liefert COLEMAN allerdings bereits einen essentiellen qualitativen Beitrag zur Lösung dieser komplexen Fragestellungen. Bei Unternehmenszusammenschlüssen können zweifelsfrei die korporativen Akteure in Form der beteiligten Unternehmen als kollektive Handlungsberechtigte identifiziert werden. Da diese jedoch physisch nicht-greifbare Konstrukte ohne eigene Handlungsfähigkeit – eben juristische und keine natürlichen Personen verkörpern –, sind es letztlich die von ihnen rekrutierten Agents/Manager (um mit der aus der Principal-Agent-Theorie vertrauten Terminologie zu sprechen, deren Gebrauch hier durchaus sinnvoll erscheint und zudem den engen inhaltlichen Bezug zur Ökonomie verdeutlicht), denen die Principals/Eigentümer in der Hoffnung auf persönliche Nutzenmaximierung Verfügungsrechte über die ihnen gehörenden Ressourcen einräumen. Die Delegation von Entscheidungsmacht „bezahlen" sie also mit dem Verlust direkter Kontrolle.[557]

Dieser direkte Kontrollverlust kann laut COLEMAN durch Etablierung spezieller Marktmacht- und Organisationsmachtmechanismen abgeschwächt werden, wobei der Terminus *Marktmacht* die Leichtigkeit charakterisiert, mit der der individuelle Akteur seine Ressourcen aus dem korporativen Akteur zurückziehen und alternativ verwenden kann, während unter *Organisationsmacht* die Gelegenheit des Einzelnen, intern auf Entscheidungen des korporativen Akteurs Einfluss zu nehmen, verstanden wird.[558]

Aus dem zuerst angeführten Faktor Marktmacht erwächst den Eigentümern, um nun die Problematik wiederum auf Unternehmen zu projizieren, insofern ein neues Machtpotenzial (man könnte es auch „Drohpotenzial" nennen), mit dessen Hilfe sie trotz des Verzichts auf die direkte Kontrolle ihrer Ressourcen weiterhin individuelle Interessensicherung betreiben können, da die permanente Gefahr des Mitgliederverlustes den korporativen Akteur bzw. in diesem Falle das handlungsbefugte Management quasi dazu zwingt, bei Verwendung der Ressourcen Rücksicht auf die individuellen Mitgliederinteressen zu nehmen. Die Dynamik dieses extern angesiedelten präventiven Schutzes ist jedoch von den (Transaktions-)Kosten des Austritts abhängig: Je höher sich

---

[556] Diese Meinung vertritt jedenfalls Matiaske (1999), S. 164.
[557] Vgl. Coleman (1979), S. 29. Dem Eigentümer-Unternehmer neoklassischer Prägung ist es dagegen mit Hilfe der Vereinigung von aktiven und passiven Eigentumsrechten in seiner Hand weiterhin möglich, alleinige, direkte Kontrolle über die sich in seinem Besitz befindlichen Ressourcen auszuüben, so dass er also nicht unter einem signifikanten Machtverlust leiden muss.
[558] Vgl. Coleman (1979), S. 62.

diese für den Einzelnen präsentieren (sie können im Einzelfall prohibitiv hoch sein, beispielsweise im Fall eines Bürgers, der aus einem kommunistischen Staat auswandern möchte), um so ineffektiver stellt sich der Schutz dar.

Ebenso schwierig gestaltet sich die Durchsetzung individueller Akteursinteressen mittels gemeinsamer interner Organisationsmacht, deren Wirksamkeit vor allem durch die Gefahr der Zersplitterung bei einer großen Anzahl von Mitgliedern beeinträchtigt wird (Stichwort Trittbrettfahrerproblematik[559]); versucht man, diese organisatorisch mit Hilfe institutionalisierter Gegen-Koalitionen zu vermeiden, entstehen auf anderer Ebene gerade jene Probleme korporativen Handelns, die erst den Anlass zu ihrer Konstituierung boten (bei der Bildung von Aufsichtsräten oder Aktionärsverbänden etwa, die wiederum Delegation von Handlungsmacht erfordern). Markt- und Organisationsmachtprinzipien tragen daher in der Praxis allenfalls zu einer approximativen Lösung des Kontrollproblems bei.

Insgesamt betrachtet schätzt COLEMAN den Aspekt der „Verselbstständigung des Sozialen" als zunehmend bedeutsam ein, worunter er die Bündelung von Macht versteht, die sowohl weitgehend losgelöst von ihren ursprünglichen Kontrolleuren, d. h. den individuellen Akteuren, operiert, als auch isolierbar ist von denen, die jeweils Gebrauch von ihr machen, ihren Sitz also tatsächlich in jenem strukturellen Gebilde hat, welches hier korporativer Akteur genannt wird.[560] Diese Beobachtung gilt in besonderem Maße für korporative Akteure mit einer Konzentration von Ressourcen, die zum – mehr oder minder großen Teil – nicht von den gegenwärtig darin engagierten individuellen Akteuren stammen, sondern von solchen, die längst aus dem Verbund ausgeschieden sind und bei Austritt ihre eingebrachten Mitgliedsbeiträge nicht (voll) zurückerstattet bekommen haben.

Ein adäquates Beispiel für einen korporativen Akteur, dem eine bedeutende verselbstständigte Macht innewohnt, stellen Versicherungsunternehmen dar, speziell der heutige VVaG, zu dem die dort engagierten individuellen Akteure – wie im Abschnitt 4.5.2

---

[559] Dahinter verbirgt sich das aus der Ökonomie bekannte Verhaltensmuster des einzelnen Akteurs, möglichst trotz der Zurückhaltung eigener Beiträge zur Erstellung des Korporationsertrags in dessen Genuss zu kommen, was u. U. dazu führt, dass der angestrebte Korporationsertrag für alle Akteure, auch für diejenigen, die ex ante eigene Beiträge geleistet haben, ausbleibt. Siehe dazu auch die Ausführungen unter Abschnitt 3.2.4.2 in Zusammenhang mit der reinen Informationshypothese.

[560] Vgl. Coleman (1979), S. 41 f.

4.5 Ein sozio-ökonomisches Modell des Unternehmenszusammenschlusses von Versicherern 183

schon kurz erwähnt – eine doppelgleisige Beziehung unterhalten: eine körperschaftliche als Mitglieder/Eigentümer und eine versicherungsvertragsrechtliche als Versicherungsnehmer, wobei der Erwerb der Mitgliedschaft im Verein direkt an die Begründung eines Versicherungsverhältnisses gekoppelt ist[561]. Endet das – meistens zeitlich befristete – Versicherungsverhältnis, wird automatisch die Mitgliedschaft aufgehoben, ohne dass zuvor gezahlte Beiträge wieder an die individuellen Akteure zurückfließen; das angesammelte Vermögen gehört juristisch gesehen nicht den Mitgliedern, sondern dem Verein, obwohl jeder Akteur entweder als Gründungsmitglied über die Tilgung des Gründungsstocks oder als Versicherter über die Ausweitung des Versicherungsbestands zum Aufbau seines Eigenkapitals beigetragen hat.[562] Die Bedeutung bzw. korporative Macht des VVaG rekrutiert sich demnach zu einem erheblichen Teil aus den Ressourcen ehemaliger Mitglieder, was die Kontrolle des Gebildes, genauer gesagt seiner Agents in Form der Unternehmensleitung, extrem erschwert, da das Organisationsmachtpotenzial der Principals – anders als bei der V-AG – stets auf die von ihnen kontrollierten Ressourcen zu bestimmten Zeitpunkten limitiert ist, die eben nicht notwendigerweise mit den Gesamtressourcen übereinstimmen (müssen).[563]

Es wird weiterhin durch das Fehlen von (Kapital-)Marktmacht dezimiert, da – anders als bei den Eigentümern von V-AG, die lediglich eine körperschaftliche Beziehung zu ihrem Versicherer unterhalten und denen zur alternativen Anlage ihrer Anteile der gesamte Kapitalmarkt zur Verfügung steht – die Mitgliedschaftsrechte am VVaG extern nicht veräußerbar sind. FAMA/JENSEN vertreten zwar die Auffassung, dieses Defizit könnte durch Entzug der Versicherungsbeiträge über vorzeitige Kündigung der Kontrakte, also quasi über Ausübung von Produktmarktmacht, kompensiert werden. Dabei sind die ökonomischen Nachteile für die Versicherungsnehmer jedoch weitaus höher einzuschätzen als diejenigen für die betroffenen Unternehmen, so dass die Meinung

---

[561] Vgl. § 20 VAG.

[562] Vgl. Hoppmann (2000), S. 68. Dieser Sachverhalt spielt auch bei Bestandsübertragungen eine gewichtige Rolle, wenn zwar die Versicherungsverträge in ihrer Gesamtheit nebst den dazugehörigen versicherungstechnischen Rückstellungen übertragen werden, nicht aber die restlichen Vermögensgegenstände, die theoretisch ebenfalls (beispielsweise durch Veräußerung) zur Gewinnbeteiligung der Versicherungsnehmer herangezogen werden könnten. Einen Einblick in diese Problematik vermittelte bereits Abschnitt 2.4.2.3 der vorliegenden Arbeit mit der Schilderung entsprechender Praxisbeispiele.

[563] Eine zusätzliche Schwächung vorhandener Organisationsmacht im großen VVaG bedingt die in der Praxis aus Praktikabilitätsgründen weit verbreitete Delegation der Stimmrechte an – von den Mitgliedern – gewählte Mitglieder*vertreter*, die erneut Probleme korporativen Handelns, dann auf einer anderen Ebene, hervorrufen.

von FAMA/JENSEN in der Literatur bislang weitgehend nicht auf Zustimmung stößt.[564] Vor dem Hintergrund der Erkenntnisse aus der Theorie korporativer Akteure erstaunt insgesamt die seit geraumer Zeit geführte versicherungswissenschaftliche Diskussion um den Bedarf an verbesserten Kontrollmöglichkeiten im VVaG[565] überhaupt nicht.

4.5.5 Interessenverflechtungen des Unternehmenszusammenschlusses von Versicherern

Während mit Hilfe des Konzeptes der Kontrolle eine eindeutige Zurechnung von Ereignissen erfolgen kann, indem individuelle bzw. korporative Akteure mit Handlungs- oder Verfügungsrechten in Bezug auf bestimmte Ereignisse ausgestattet werden, ermöglicht aus tauschtheoretischer Perspektive das Konzept des *Interesses* als theoretisches Kriterium die notwendige klare Abgrenzung eines Tauschsystems von der Gesellschaft, anders formuliert definiert es die sozialen Grenzen eines Tauschsystems und den „gemeinsamen Markt"[566]. Beziehungen zwischen den Akteuren, die sie innerhalb eines soziales Systems miteinander verbinden, werden von COLEMAN demnach explizit als Interessen an den Ressourcen anderer interpretiert, wobei er den eigentlichen Terminus des Interesses inhaltlich weit offen hält, das Prinzip der Interessen- bzw. Nutzenmaximierung unter Berücksichtigung der vorhandenen Budget- bzw. Ressourcenausstattung hingegen sehr präzise definiert.[567]

Die Interessenverflechtungen prognostizieren ein potenzielles System, das sowohl aktive Verbindungen als auch latente Beziehungen beinhaltet. Sie bilden demnach eine notwendige, aber nicht hinreichende Bedingung sozialen Austausches – dieser entwickelt sich erst, wenn auf der einen Seite eine Überschussnachfrage und auf der anderen Seite ein Überschussangebot zu verzeichnen sind. Akteur *i* kann sich u. U. für bestimmte Ressourcen interessieren, die Akteur *h* kontrolliert, und diese dennoch nicht nachfragen, weil er selbst in hinreichendem Maße über besagte Ressourcen verfügt und sie zur Bedürfnisbefriedigung verbraucht.

---

[564] Vgl. Hoppmann (2000), S. 79 f., mit Angabe weiterer Quellen zu dieser Auffassung.
[565] Vgl. dazu aktuell Hoppmann (2000), S. 73-76.
[566] Matiaske (1999), S. 170.
[567] Siehe dazu ausführlich die formalen Überlegungen unter Abschnitt 4.3.2.

4.5 Ein sozio-ökonomisches Modell des Unternehmenszusammenschlusses von Versicherern

Welche Interessen spielen nun speziell für Unternehmen als Produktionsfaktorbündel kontrollierende und zielgerichtete, d. h. nutzenmaximierende, korporative Akteure im Kontext von Zusammenschlüssen eine Rolle? Die literaturbasierte Diskussion der Ziele zur Erklärung des Phänomens im dritten Kapitel der vorliegenden Arbeit hat gezeigt, dass zwar eine Vielzahl unterschiedlicher Gründe dazu herangezogen werden kann, deren Ursprünge sich jedoch letztlich auf die beiden fundamentalen Erklärungsmodelle des Unternehmens – Neoklassik und Institutionenökonomie – zurückführen lassen. (Tausch-)Handlungen des korporativen Akteurs „neoklassisches Unternehmen" korrespondieren dabei im Allgemeinen unmittelbar mit den individuellen Interessen des zugleich handlungsbefugten Eigentümer-Unternehmers, denn sein Einkommen setzt sich vorrangig aus denjenigen Überschüssen zusammen, die durch seine unternehmerische Tätigkeit nach Entlohnung aller Produktionsfaktoren übrig bleiben: Das korporative Ziel „Maximierung des Unternehmensgewinns" stellt somit auch sein eigenes dar, es treten keine Interessenkonflikte in Bezug auf die Verwendung der Ressourcen auf.[568]

Für den angestellten Agent/Manager in der Kapitalgesellschaft ist die Situation jedoch eine andere: Direkt bedeutsam sind die jeweils durchgeführten Transaktionen (auch im Falle von Unternehmenszusammenschlüssen) nur für die Ziele des korporativen Akteurs, seine eigenen Ziele werden dadurch lediglich indirekt tangiert. Aus dieser misslichen Verbindung heraus ergeben sich eine Reihe gravierender Konsequenzen für die Interessenverteilung von Eigentümern und Unternehmensleitung. COLEMAN bezeichnet das Interesse der angestellten Agents an den (Tausch-)Handlungen des korporativen Akteurs treffend als „abgeleitetes Interesse"[569], dessen Stärke davon abhängt, wie gut es dem korporativen Akteur gelingt, die persönlichen Interessen seiner Agents an die korporativen Interessen zu koppeln. Diese Kopplung impliziert normalerweise keine direkte Verkettung von korporativen und persönlichen Interessen, vielmehr handelt es sich um eine „bedingte Abhängigkeit" dergestalt, dass persönliche Interessen – im Falle des Unternehmens persönliche Interessen des Managements wie Reputation, Ge-

---

[568] Demsetz (1983) relativiert diese Aussage später dahingehend, dass ein Eigentümer-Unternehmer dann nicht unbedingt den Gedanken der Gewinnmaximierung verfolgt, wenn er die Möglichkeit des Konsums am Arbeitsplatz besitzt (beispielsweise durch Schaffung einer angenehmen Arbeitsatmosphäre) und die Kosten des dadurch entstehenden Nutzenzuwachses geringer sind als der Einkommensverlust, der einen vergleichbaren Konsumnutzen im privaten Haushalt hätte finanzieren können.

[569] Coleman (1979), S. 78.

haltserhöhungen, Erhaltung des Arbeitsplatzes etc. – bis zu einem gewissen Grad an die Erreichung korporativer Interessen geknüpft sind, m. a. W. Anreize geschaffen werden, die den Agent dazu bewegen sollen, im korporativen Interesse zu handeln.

AMIHUD ET AL. schlagen zur Vermeidung wertmindernder bzw. zur Durchführung wertsteigernder Unternehmenszusammenschlüsse z. B. die Einführung von Entlohnungsmodellen vor, bei denen die Aktienkursentwicklung – zumindest partiell – die Entwicklung des Managereinkommens beeinflusst; einige empirische Studien bestätigen den Erfolg dieser Maßnahmen.[570] Bezogen auf Versicherungsunternehmen ist dieser Vorschlag unserer Meinung nach nur bedingt, und zwar für V-AG, praktikabel, da sowohl VVaG als auch ÖRA nicht mit Eigenkapital in Form von Aktien ausgestattet sind. Eine alternative Beteiligung des Managements von VVaG an der Unternehmensentwicklung über die Gewährung von Genussscheinen als verbriefte Vermögensrechte beispielsweise würde nicht die gleichen Effekte implizieren, denn zum einen vermitteln Genussscheine keine mitgliedschaftlichen Rechte (d. h. Teilnahme- und Stimmrecht an der Obersten Vertretung des VVaG, dem Pendant zur Hauptversammlung der V-AG), zum anderen sind die damit verknüpften finanziellen Anreize im Vergleich zu Aktien oder Aktienoptionen marginal.[571]

COLEMAN äußert sich insgesamt skeptisch zu den Erfolgsaussichten solcher Instrumente, da er grundsätzlich die Anbindung persönlicher an korporative Interessen als nicht besonders eng einstuft, d. h. für den Agent seiner Meinung nach gerade negative Konsequenzen von Tauschhandlungen weniger bedeutsam sind als für die Einbringer individueller Ressourcen.[572] Dies lässt sich in Bezug auf Unternehmenszusammenschlüsse wiederum beispielhaft anhand des Managementeinkommens veranschaulichen, das in vielen Fällen selbst dann hohe Steigerungsraten aufwies, wenn der Zusammenschluss für die betroffenen Aktionäre mit Wertminderungen einherging, ganz zu schweigen von der Zunahme an öffentlichem Prestige und Ansehen, welche den Managern allein aus der bloßen Unternehmensvergrößerung erwuchs.[573]

---

[570] Siehe dazu speziell die Ausführungen unter Abschnitt 3.3.5 im Kontext der „Risk-Reduction-Hypothese".
[571] Vgl. auch Hoppmann (2000), S. 93.
[572] Vgl. Coleman (1979), S. 78.
[573] U. a. diese Beobachtungen werden in der Akquisitionsliteratur zur Stützung der unter Abschnitt 3.3.4 erörterten „Empire-Building-Hypothese" angeführt.

Eine Angleichung von korporativen und persönlichen Interessen mittels spezifischer Anreizmechanismen für die Agents erscheint wegen der geringen Anbindungskraft folglich wenig effektiv, und auch die Wirksamkeit von Kontrollmechanismen, wie sie schon im vorangegangenen Abschnitt unter den Stichworten Markt- und Organisationsmacht diskutiert wurden, hängt entscheidend von den vorherrschenden Rahmenbedingungen ab, innerhalb derer sie angewendet werden können. Je wettbewerbs-, allokations- und informationseffizienter, d. h. funktionsfähiger sich z. B. der Markt für Unternehmenskontrolle darstellt, desto größer ist die Wahrscheinlichkeit, dass das Management im Interesse der Anteilseigner agiert, weil Fehlleistungen, die aus der Verfolgung persönlicher Interessen resultieren und mit der Zweckentfremdung von Unternehmensressourcen verbunden sind (Agency-terminologisch „Perquisites" genannt), sofort mit einem Kursabschlag des Unternehmens sanktioniert würden und es zu einem begehrten Übernahmeobjekt machten, im Zuge dessen das bislang verantwortliche Management i. d. R. mit seiner Entlassung rechnen müsste.[574] Die so erhoffte Disziplinierung des Managements kann jedoch für VVaG und ÖRA wegen ihrer Abkopplung vom Kapitalmarkt nicht erreicht werden.

Während die Macht des Marktes für Unternehmenskontrolle demnach für V-AG tatsächlich ein gewisses „Drohpotenzial" verkörpert, das aus der Perspektive der Eigentümer den Verlust ihrer direkten Kontrolle über die gepoolten Ressourcen teilweise kompensiert und eine Angleichung von korporativen und persönlichen Interessen erzwingt, werden der Organisationsmacht für alle Rechtsformen in der einschlägigen Literatur wenig Chancen zur Disziplinierung des Managements und damit zur Verhinderung unerwünschter Unternehmenszusammenschlüsse eingeräumt. Als Argument führt man hier häufig die bereits mehrfach erwähnte Trittbrettfahrerproblematik an, die ein gemeinsames Handeln aller Mitglieder/Aktionäre in weiten Teilen konterkariert. Bei der Einrichtung von Mitglieder- bzw. Aktionärsvertretungen hingegen geschieht lediglich die Verlagerung der Probleme korporativen Handelns auf eine andere, nämlich übergeordnete Ebene. Außerdem sind speziell im VVaG die Einflussmöglichkeiten des Vorstands erheblich, wenn dieser satzungsgemäß von seinem Recht Gebrauch macht, gemeinsam mit dem Aufsichtsrat die Mitglieder(-vertreter) für die Oberste Vertretung vorzuschlagen und dementsprechend wohl eher eine „managementfreundliche"

---

[574] Mit der Hypothese, dass ein effizienter Markt für Unternehmenskontrolle signifikant zur Disziplinierung des Managements beiträgt, setzt sich die vorliegende Arbeit im Abschnitt 3.3.2 detailliert auseinander.

Auswahl trifft.[575] Marktmacht- und Organisationsmachtprinzipien tragen also – analog zur Lösung des Kontrollproblems – allenfalls approximativ zur Lösung des Interessenproblems bei.[576]

Im Rahmen von Unternehmenszusammenschlüssen ist demzufolge davon auszugehen, dass sowohl persönliche als auch korporative Interessen für die Aufnahme von Tauschhandlungen zwischen den Akteuren, d. h. den Versicherungsunternehmen, verantwortlich sind, wobei diese Interessen durchaus identisch sein können (im Falle des Eigentümer-Unternehmers etwa oder wenn es gelingen sollte, die persönlichen Interessen unmittelbar mit den korporativen zu verknüpfen).

4.5.6 Der Unternehmenszusammenschluss von Versicherern als sozio-ökonomischer Austausch

In den vorangestellten Abschnitten sind zentrale, aus der Literatur über Unternehmenszusammenschlüsse vertraute ökonomische Argumentationslinien zu Interessenlage und Ressourcenkontrolle dieses Phänomens skizziert worden, die sich nahtlos in eine tauschtheoretische Argumentation haben übersetzen lassen. Mit Hilfe dieser Transformationen ist es nun möglich, das von COLEMAN allgemein formulierte Tauschmodell mit den entsprechenden Inhalten zur Abbildung eines Unternehmenszusammenschlusses am Beispiel der Versicherungswirtschaft zu füllen. Zuvor sind jedoch noch einige ergänzende Anmerkungen notwendig, um ein vollständiges, tauschtheoretisch orientiertes Bild des Unternehmenszusammenschlusses zu erhalten.

Der Tausch in der Handlungstheorie, wie COLEMAN ihn in seinen Ausführungen beschreibt, ist durch ein wesentliches Kriterium gekennzeichnet: den Verzicht auf die Verfügbarkeit eines allgemeinen und fungiblen Transaktionsmediums wie beispielsweise *Geld* (sozialer Tausch ist prinzipiell als geldloser Tausch definiert!). COLEMAN nimmt statt dessen vollständiges Vertrauen an, d. h. die Akteure vertrauen stets darauf,

---

[575] Vgl. Hoppmann (2000), S. 75.
[576] Coleman (1979), S. 25 ff., bezeichnet diejenige Situation als „grundlegendes Dilemma der Organisation", in der eine vollständige Interessenangleichung von individuellen und korporativen Akteuren bzw. deren handlungsberechtigten Agents nur durch die restriktive Regel der Einstimmigkeit aller Mitglieder als Handlungsvoraussetzung zustande käme, was wiederum deren Handlungsfähigkeit empfindlich beeinträchtigen und die Vorteile, die aus dem Ressourcenpooling erwachsen sollen, negieren würde.

dass die jeweils anderen ihre Verpflichtungen einlösen werden. Zusammen mit der Vollständigkeit der Zugangsstruktur stellt dieses Vertrauen das vollkommene soziale Kapital dar, welches Austauschhandlungen in einem Handlungssystem auch ohne generelles Transaktionsmedium, verbindliche Eigentumstitel und schriftlich fixierte Verträge ermöglicht.

Demgegenüber spricht man von ökonomischem Tausch, wenn ein monetäres Tauschmedium postuliert werden kann, das den Wert der einzelnen Marktgüter repräsentiert und sich gegen jede in das Tauschsystem einbezogene Ressource tauschen lässt.[577] Ökonomische Tauschbeziehungen stützen sich ferner auf formelle Eigentumsrechte und Verträge, die wiederum den Beistand eines mit Autorität ausgestatteten juristischen Systems als externem Garanten zur Durchsetzung derartiger Rechte sowie vertraglicher Vereinbarungen verlangen.; ökonomischer Tausch erfordert demnach mehr Voraussetzungen als der soziale Tausch. Trotzdem erleichtert die Einbeziehung von Geld als allgemein akzeptiertes Transaktionsmedium den Austausch von Ressourcen in einem Tauschsystem, da es die sonst zum reziproken Tausch notwendige doppelte Komplementarität der Bedürfnisse aufhebt.[578]

Indes ist der reine ökonomische Tausch, der Geld neben seiner Rolle als Transaktionsmedium außerdem als effizientes *Informationsmedium* begreift (mittels Preisen sind eindeutige Aussagen über die Qualität der angebotenen und nachgefragten Güter möglich) wegen der Existenz von Transaktionskosten in der Realität kaum noch anzutreffen. Die Information des Geldpreises auf unvollkommenen Märkten, d. h. bei Tauscharrangements mit Transaktionskosten, ist nicht mehr eindeutig, sondern interpretationsbedürftig, die handelnden Akteure können also nicht mehr sicher sein, ob nicht eventuell noch günstigere Tauschalternativen bestehen oder die Qualität des sie interessierenden Gutes auch tatsächlich dem dafür geforderten Preis entspricht. So mutiert der einstmals rein ökonomische Tausch (der Neoklassik) zum Elemente des sozialen Tausches beinhaltenden sozio-ökonomischen Tausch (der Institutionenökonomie). Akteure unterhalten „soziale Beziehungen" und wollen gleichzeitig wissen, mit wem sie es zu tun haben.[579]

---

[577] Vgl. Matiaske (1999), S. 155 f.
[578] Siehe umfassend zur Funktion des Transaktionsmediums Geld in Abschnitt 4.3.1.
[579] Vgl. Matiaske (1999), S. 160 f.

Der Austausch von Ressourcen im Rahmen von Unternehmenszusammenschlüssen verkörpert folgerichtig i. d. R. keinen rein sozialen Tausch, vielmehr handelt es sich um einen sozio-ökonomischen Tausch mit entsprechenden *Halb*transaktionen, in dem die Übertragung von materiellen und immateriellen Produktionsfaktorbündeln an das interessierte Unternehmen dieses zur Zahlung eines Entgelts, d. h. des Kaufpreises, an das die Ressourcen kontrollierende Unternehmen verpflichtet (Non Cash Acquisitions in Form von Aktientausch sind in der Praxis kaum verbreitet, außerdem werden auch dabei – genau genommen – die zu tauschenden Unternehmensanteile mit Preisen bewertet). Diese Tauschhandlung setzt die allgemeine Akzeptanz eines monetären Tauschmediums (in diesem Falle Geld) voraus, das zugleich als Bewertungsmaßstab für die Preissetzung fungiert.[580] Schon COLEMAN weicht im Rahmen seiner Überlegungen mit der Erweiterung der Tauschtheorie um Elemente wie beispielsweise Transaktionskosten und Misstrauen von den „heroischen Annahmen"[581] des zunächst vollständig formulierten, geschlossenen Grundmodells ab. Auch bei Unternehmenszusammenschlüssen spielen Beziehungen, welche bestimmte Transaktionen entweder erleichtern oder behindern, eine bedeutende Rolle. Das Bild eines vollkommenen sozio-ökonomischen Systems, das keine Restriktionen in Bezug auf die (Marktzugangs-) Struktur kennt, wird nur in wenigen Fällen angemessen sein.

So setzen z. B. Interessenverflechtungen genaue Kenntnisse der handelnden Akteure über Werte von Ressourcen und Interessen anderer voraus. Ist der Kapitalmarkt jedoch im Sinne der informationseffizienzbezogenen Hypothesen aus verschiedenen Gründen informationsineffizient, existieren auf der einen Seite Unternehmen, die wegen auftretender myopischer Markteneffizienzen andere Unternehmen falsch bewerten und deshalb von einer Transaktion absehen. Auf der anderen Seite besitzen u. U. Unternehmen bzw. deren Manager aufgrund von Insiderinformationen bessere Kenntnisse über

---

[580] Welcher Preis für ein Unternehmen angemessen erscheint, wird in der ökonomischen Literatur unter dem Stichwort „Unternehmensbewertung" seit geraumer Zeit umfassend diskutiert. In Abhängigkeit vom Bewertungszweck (wozu vornehmlich der Eigentümerwechsel zählt) findet eine nahezu unüberschaubare Fülle von Methoden Anwendung; eine aktuelle und theoretisch anspruchsvolle Auseinandersetzung mit der Thematik nimmt z. B. die Arbeit von Eidel (1999) vor. Speziell mit Methoden der Unternehmensbewertung im Akquisitionsprozess beschäftigen sich u. a. Hoormann/Lange-Stichtenoth (1997) im Rahmen einer empirischen Analyse, und Bewertungsmöglichkeiten von Versicherungsunternehmen und deren Bestände untersuchen schon früh Meyer (1975) und Hofmann (1981).

[581] Matiaske (1999), S. 238.

den „wahren Wert" der Ressourcen, d. h. des Zielobjekts, die sie gegenüber der unwissenden Konkurrenz auszeichnen und dementsprechend Transaktionen fördern.[582]

Ebenso ist die Gestaltung eines Zusammenschlusses für sein Zustandekommen relevant: Wird dieser als Unfriendly Takeover konzipiert, muss in vielen Fällen mit erheblichen Reibungsverlusten, also Transaktionskosten, gerechnet werden, da das übergangene Management wahrscheinlich Abwehrmaßnahmen ergreift und das interessierte Unternehmen darüber hinaus – bedingt durch die direkte Ansprache – mehr Zeit und Mühe benötigt, um die Aktionäre des Zielobjekts zum Verkauf ihrer Anteile zu bewegen. *Kooperatives Verhalten* zwischen den involvierten Unternehmen (genauer gesagt: den verantwortlichen Managern) stellt demnach zwar keine zwingende Prämisse zur Realisierung eines Unternehmenszusammenschlusses dar, kann aber bestimmte Tauschgelegenheiten (wenn u. a. die kurzfristige Ausschöpfung von Synergiepotenzialen angestrebt wird) erleichtern.

Andererseits bietet gerade die Möglichkeit der Durchführung eines Unternehmenszusammenschlusses in Form der feindlichen Übernahme aus der Perspektive des handelnden Akteurs Chancen zur Verwirklichung primär managerialer Interessen, indem hier die Zustimmung vom Management des Zielobjekts nicht erforderlich ist.[583] Das Tauschmodell des Unternehmenszusammenschlusses wird daher um eine mit Abhängigkeit überschriebene Facette erweitert, mit der eben jene vielfältigen direkten und indirekten Beziehungen gemeint sind, die derartige Transaktionen entweder erleichtern oder behindern.

Der folgende Satz repräsentiert nun unserer Überzeugung nach anschaulich die Quintessenz aus den hier dargelegten ergänzenden Überlegungen und der zuvor erfolgten Anwendung des Tauschmodells auf die Problematik des Zusammenschlusses bei Versicherungsunternehmen.[584]

---

[582] Vgl. zu den Inhalten der informationseffizienzbezogenen Hypothesen umfassend das Kapitel 3.2.4.

[583] Sowohl Disziplinierungs- als auch Empire-Building-Hypothese, die jeweils divergierende Ausgangspunkte für ihre Argumentation wählen, liefern nach Meinung zahlreicher Autoren plausible Erklärungen für das Auftreten von feindlichen Übernahmen, siehe dazu detailliert unter den Abschnitten 3.3.2 und 3.3.4.

[584] Quelle: eigene Darstellung.

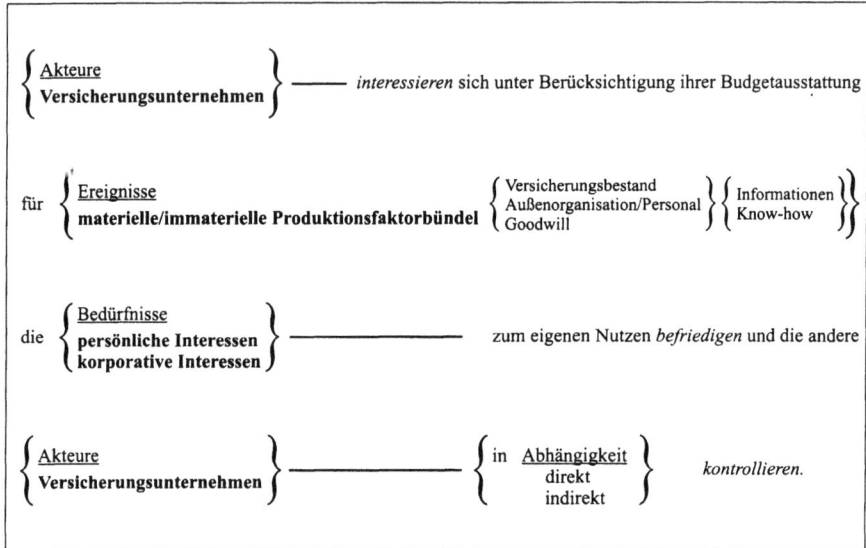

Abb. 4.6: Satz zur Abbildung von Unternehmenszusammenschlüssen als sozio-ökonomisches Tauschmodell am Beispiel von Versicherungsunternehmen

4.6 Zusammenfassung

Die vorangegangenen Äußerungen haben verdeutlicht, dass es tatsächlich möglich ist, das komplexe Phänomen des Unternehmenszusammenschlusses mit Hilfe der von COLEMAN entwickelten, sich auf einige wenige Basiselemente und Beziehungen konzentrierenden, (sozio-)ökonomisch orientierten Tauschtheorie beispielhaft für Zusammenschlüsse von Versicherungsunternehmen zu modellieren. Obwohl es zunächst gänzlich von der bisher diskutierten Ebene divergierender Unternehmensmodelle abstrahiert, gelingt es im konkreten Anwendungsfall trotzdem, sämtliche wichtigen Facetten der aus den verschiedenen Unternehmensmodellen resultierenden Erklärungsansätze für Zusammenschlüsse einzubeziehen.

Als zielgerichtete, handelnde Akteure können Versicherer identifiziert werden, die sich – unter Berücksichtigung ihrer Budgetausstattung – für bestimmte Ressourcen (materielle/immaterielle Produktionsfaktorbündel wie Versicherungsbestand, Information, Außendienstorganisation etc) interessieren, welche wiederum von anderen Akteu-

4.6 Zusammenfassung

ren, d. h. anderen Versicherern, kontrolliert werden. Diese wollen die interessierten Akteure gegen Zahlung eines Entgelts (im Falle des Zusammenschlusses handelt es sich dann konkret um den Kaufpreis) tauschen, um damit ausschließlich ihren – persönlichen bzw. korporativen – Nutzen befriedigen zu können, sofern die unter eigener Kontrolle stehenden Ressourcen dazu nicht ausreichen und die anderen Akteure in Bezug auf diese speziellen Ressourcen gleichzeitig ein Überschussangebot aufweisen, sie m. a. W. diese Ressourcen zur eigenen Nutzenbefriedigung im Zeitpunkt des Tausches nicht benötigen. Ob die betreffenden Transaktionen ungehindert (im Sinne COLEMANS ohne Reibungsverluste in Form von Transaktionskosten) ablaufen bzw. in einigen Tauschsituationen eventuell bestimmte Akteure gegenüber anderen (Informations-) Vorteile besitzen, die dadurch Tauschgelegenheiten erleichtern, ist wiederum von zahlreichen Faktoren abhängig, die bei Bedarf in das Modell über die Einbindung direkter und indirekter Beziehungen aufgenommen werden können.

Somit steht nun ein Meta-Denkmuster zur Verfügung, das allen ökonomischen, d. h. sowohl den theoretisch als auch den empirisch ausgerichteten Analysen über Unternehmenszusammenschlüsse als gemeinsamer Ausgangspunkt dienen kann.

5 Methoden zur Erfolgsmessung von Unternehmenszusammenschlüssen

5.1 Vorbemerkungen

Im Rahmen der bislang gemachten Ausführungen ist deutlich geworden, dass das Phänomen des Unternehmenszusammenschlusses eine hohe Komplexität aufweist, welche primär auf das Fehlen einer geschlossenen Theorie zurückzuführen ist und sehr heterogene konzeptionelle Vorgehensweisen im Umgang mit der Thematik hervorruft. Ähnlich wie zu den Motiven bzw. Zielen von Zusammenschlüssen existiert daher in der einschlägigen Literatur mittlerweile eine Fülle theoretischer und empirischer Untersuchungen, die den Anspruch erheben, allgemeingültige Schlussfolgerungen über den *Erfolg* bzw. *Misserfolg* solcher Transaktionen ableiten zu können. Dieser Aspekt stößt seit den 70er Jahren im anglo-amerikanischen Raum und seit Mitte der 80er Jahre zunehmend in Deutschland auf wissenschaftliches Interesse[585], da er wie kein anderer die Interdependenzen zwischen den angestrebten Zielen als Begründung für eine derartige Führungsentscheidung und den daraus resultierenden Konsequenzen für die involvierten Unternehmen – interpretiert eben vornehmlich als Erfolgswirkungen – verdeutlicht und insofern der aus ökonomischer Perspektive geforderten ganzheitlichen (strategisch orientierten) Betrachtung des Sachverhalts am nächsten kommt.[586]

Generalisierende Aussagen zum Erfolg von Unternehmenszusammenschlüssen gelten allerdings als ausgesprochen problematisch (PETRI spricht hier sogar von der „Fragwürdigkeit der Erfolgsmessung insgesamt"[587]), weil sehr häufig, selbst wenn es sich um empirische Studien handelt, keine exakte bzw. überhaupt keine Definition des der jeweiligen Untersuchung zugrunde liegenden Verständnisses von Zusammenschlusserfolg geschieht. Insbesondere in so genannten praxisorientierten Arbeiten begnügen sich die Autoren überwiegend mit der Erwähnung von Schlag- und Stichworten wie etwa der schon als stereotyp zu bezeichnenden Bemerkung, bei derartigen Transaktionen sei eine hohe bzw. niedrige Erfolgsquote beobachtbar, ohne gleichzeitig einen

---

[585] Kirchner (1991), S. 90, kritisierte noch Anfang der 90er Jahre die mangelnde Aufmerksamkeit, die solchen Arbeiten bis zu diesem Zeitpunkt in Deutschland zuteil wurde.

[586] Siehe dazu die Ausführungen zur theoretischen Relevanz des Themas unter Abschnitt 1.2 der vorliegenden Arbeit.

[587] Petri (1992), S. 104.

konkreten Erfolgsmaßstab anzugeben.[588] Diese konzeptionell und inhaltlich unbefriedigende Vorgehensweise ist sicher zum großen Teil bedingt durch die Tatsache, dass in der Literatur keine Übereinstimmung dahingehend existiert, was genau unter dem Terminus Zusammenschlusserfolg zu verstehen ist und wie er gemessen werden soll. GERPOTT zieht aus der Diskussion deshalb folgendes vorläufiges Fazit: „Konsens besteht allenfalls noch insoweit, als dass es bei einem Erfolg aus betriebswirtschaftlicher Sicht um für die beiden direkt beteiligten Unternehmen relevante und durch die Verzahnung der beiden Seiten hervorgerufene Veränderungen von Merkmalen des Akquisitionssubjektes und/oder -objektes geht."[589]

Um die Aussagekraft seiner eigenen empirischen Studie zur Messung des Erfolgs von Zusammenschlüssen zu verbessern, entwickelt GERPOTT eine „Vier-Problemfelder-Matrix der Erfolgsmessung", die ihn bei der Auswahl einer geeigneten Untersuchungsmethode – quasi im Sinne eines Pretests – unterstützen soll; diese Vorgehensweise empfiehlt er verallgemeinert auch anderen Analysten.[590] Abgesehen davon, dass die einzelnen Problemfelder inhaltlich sehr eng miteinander verflochten sind und demzufolge die von GERPOTT gleichzeitig geforderte analytische Trennung sehr schwer fällt – wie der Verfasser selbst zugeben muss –, trägt sein Vorschlag wenig zur Überwindung der beklagten Heterogenität im Rahmen der Beschäftigung mit der Problematik bei, da der Vorschlag einerseits trotz seines allgemein formulierten Anspruchs eng auf das spezifische Untersuchungsproblem GERPOTTS (nämlich die Messung von *Integrations*erfolg) zugeschnitten ist und andererseits das Gesamtproblem vernachlässigt, indem keine direkte Verbindung zu den Zielen von Zusammenschlüssen hergestellt wird.[591]

---

[588] Vgl. eine Aufstellung von Publikationen, die mit diesem Manko behaftet sind, bei Gerpott (1993a), S. 188. Ähnlich äußern sich Kirchner (1991), S. 90: „ ... obgleich ... selten versäumt wird, pauschal auf die hohen Misserfolgsquoten hinzuweisen," und Ebert (1998), S. 15: „In der Literatur bleibt überwiegend unerläutert, was unter Akquisitionserfolg oder auch -misserfolg verstanden wird."

[589] Gerpott (1993a), S. 188.

[590] Bei den vier angesprochenen Problemfeldern handelt es sich um das Akquisitionserfolgskonzept (was will ich messen?), die Dimensionalität des Erfolgs (in welcher Form will ich es messen?), Zeitpunkt und Zeitraum der Messung (wann will ich es messen?) sowie Bezugspunkte/Maßstäbe der Messung (woran kann ich es messen?). Vgl. dazu weiter umfassend Gerpott (1993a), S. 190 ff.

[591] So ist das Interesse Gerpotts im Kontext seiner Studie vorrangig auf qualitative Effekte von Zusammenschlüssen fokussiert, die er im Rahmen eines mehrstufigen Erfolgskonzeptes mit dem vagen Begriff des „Zwischenerfolgs" zu umschreiben versucht, wobei das Konzept dann zuletzt

5.1 Vorbemerkungen

Mit dem handlungsorientierten Modell der Tauschtheorie von COLEMAN, dessen Elemente und Beziehungen im vorangegangenen vierten Kapitel erfolgreich auf das Phänomen des Unternehmenszusammenschlusses transferiert werden konnten, steht der vorliegenden Arbeit ein übergeordnetes Denkmuster zur Verfügung, das unseres Erachtens bei der (sowohl theoretischen als auch empirischen) Auseinandersetzung mit dem Erfolg von Zusammenschlüssen hilfreich sein kann. Aus Sicht der insgesamt „sehr genügsam" konzipierten Tauschtheorie handeln die Akteure nämlich lediglich nach einem einzigen Kalkül, d. h. der *Maximierung ihrer Interessenbefriedigung* bzw. ihres *Nutzens* unter Berücksichtigung ihrer jeweiligen Budgetausstattung (die gleichzusetzen ist mit der bewerteten Ressourcenausstattung)[592]:

$$U_i = \prod_{j=1}^{m} c_{ij}^{x_{ij}} \rightarrow \max! \text{u. d. N. } r_i = \sum_{j=1}^{m} c_{ij} v_j. \qquad \forall\ i = 1, ..., n.$$

COLEMAN wählt mit den bekannten Prinzipien des Nutzens (hier zu verstehen als der Befriedigungsgrad, den der Akteur aus dem Tausch einer bestimmten Ressource erhält) und der Nutzenmaximierung (als angestrebtes Ziel der am Tausch beteiligten Akteure, operationalisiert in Form der Nutzenfunktion) den gleichen allgemein akzeptierten theoretischen Ausgangspunkt zur Beschreibung und Erklärung des Verhaltens von Akteuren, wie man ihn von der Mikroökonomie kennt, und stellt somit eine direkte Verbindung zur Ökonomie an sich her.

Im Satz zur Abbildung von Unternehmenszusammenschlüssen als sozio-ökonomisches Tauschmodell kommen diese Überlegungen in denjenigen Bestandteilen zum Ausdruck, die in der folgenden Abbildung optisch hervorgehoben sind.

---

doch auf die Erfassung quantitativer Erfolgsindikatoren in Form finanzieller Kennzahlen abstellt. Vgl. Gerpott (1993a), S. 190.

[592] Siehe umfassend zur Nutzenmaximierung im Tauschmodell von Coleman in dieser Arbeit unter Abschnitt 4.3.2 und darüber hinaus die einleitenden Bemerkungen von Coleman zur Adaption mikroökonomischen Gedankengutes für seine eigene Fragestellung bei Coleman (1994), S. 3 ff.

198   5. Methoden zur Erfolgsmessung von Unternehmenszusammenschlüssen

| Akteure | *interessieren* sich unter Berücksichtigung ihrer Budgetausstattung |
| Versicherungsunternehmen | |

für Ergebnisse		
materielle/immaterielle Produktionsfaktorbündel		
	Versicherungsbestand	Informationen
	Außenorganisation/Personal	Know-how
	Goodwill	

| die Bedürfnisse | zum eigenen Nutzen *befriedigen* und die andere |
| persönliche/korporative Interessen | |

| Akteure | in Abhängigkeit | *kontrollieren*. |
| Versicherungsunternehmen | direkt/indirekt | |

Abb. 5.1 Handlungsprinzip der Akteure im sozio-ökonomischen Tauschmodell des Unternehmenszusammenschlusses[593]

Einen Unternehmenszusammenschluss mit dem Attribut erfolgreich zu versehen, hieße demnach in der Terminologie der Tauschtheorie „ganz einfach", dass es den involvierten Akteuren durch den – mit Hilfe des Transaktionsmediums Geld über *Halb*transaktionen vollzogenen – Tausch von Ressourcen gelänge, ihren Nutzen zu maximieren, m. a. W. die Zielfunktion zu erfüllen; umgekehrt müsste von einem Misserfolg ausgegangen werden.

Vor allem aus der Perspektive des Erwerbers kann die Nutzenfunktion – wie der obige Satz verdeutlicht – unterschiedlich formuliert sein, je nachdem, ob ein Zusammenschluss eher zur Befriedigung *persönlicher Interessen* der handlungsbefugten angestellten Manager/Agents dient, oder *korporative Interessen* im Sinne des Unternehmens bzw. der individuellen Eigentümer/Principals, die das Pooling durch Einbrin-

---

[593] Quelle: eigene Darstellung.

5.1 Vorbemerkungen

gung ihrer Ressourcen beim korporativen Akteur erst ermöglicht haben, verfolgen soll (bei Interessenidentität würden sie hingegen gleiche Ziele anstreben).[594]

Eine grundsätzliche Beschreibung des Erfolgs von Unternehmenszusammenschlüssen unter Zuhilfenahme des Nutzen(maximierungs-)-kalküls schafft begriffliche Klarheit, wenn man bedenkt, dass in der Literatur bislang lediglich ein Konsens dahingehend existiert, Zusammenschlusserfolg vage als dadurch hervorgerufene Veränderungen von Merkmalen des Akquisitionssubjektes und/oder -objektes zu bezeichnen[595]; außerdem kann diese Formulierung sicherlich auf eine breite Akzeptanz in der Ökonomie zurückgreifen. Sie berücksichtigt weiterhin die bei Unternehmenszusammenschlüssen zu beobachtende Ursache-Wirkungs-Beziehung zwischen eventuellen Effekten von Zusammenschlüssen und deren ursächlichen „Driving Forces". Darüber hinaus lässt sie dem einzelnen Analysten aber trotzdem genügend Interpretationsspielraum, um mit konkreten Inhalten (hier mit den Konsequenzen von Zusammenschlüssen für die Anspruchsgruppe der Versicherungsnehmer beispielsweise) in Bezug auf seinen spezifischen Untersuchungsgegenstand gefüllt zu werden. Ebenso kann die Definition – selbstverständlich neben der jeweiligen Datenlage – als Ausgangspunkt für die Wahl einer geeigneten empirischen Analysemethode zur Messung des Zusammenschlusserfolgs dienen, wie die nachfolgenden Ausführungen dokumentieren.

Die nachstehende Abb. 5.2 liefert einen Überblick über die vier Kategorien der zur Verfügung stehenden Untersuchungsdesigns, die zunächst allgemein und daran anschließend unter dem Blickwinkel ihrer Eignung für die eigene Analyse des Erfolgs von Zusammenschlüssen bei Versicherungsunternehmen diskutiert werden sollen.[596]

---

[594] Abschnitt 4.5.5 beschäftigt sich aus tauschtheoretischer Perspektive mit den verschiedenen Interessen, die im Rahmen von Unternehmenszusammenschlüssen bei den betroffenen Akteuren eine Rolle spielen und sich unter den beiden Kategorien *persönliche* und *korporative Interessen* zusammenfassen lassen. Diese Differenzierung ist wiederum ursächlich auf die unterschiedliche Modellierung des Unternehmens selbst zurückzuführen, deren jeweilige Hypothesen zur Erklärung von Zusammenschlüssen den Untersuchungsgegenstand des dritten Kapitels der vorliegenden Arbeit verkörpern.

[595] Diese Beobachtung hat zumindest Gerpott (1993a), S. 188, – wie schon zuvor angedeutet – im Zuge seiner Recherchen zum Zusammenschlusserfolg machen müssen.

[596] Umfassende Auseinandersetzungen mit den Methoden, allerdings nur auf allgemeiner betriebswirtschaftlicher Ebene, haben Bühner (1990a), Gerpott (1993a), S. 186-240, Albrecht (1994a), S. 189-195, und Bamberger (1994), S. 108-133, vorgenommen.

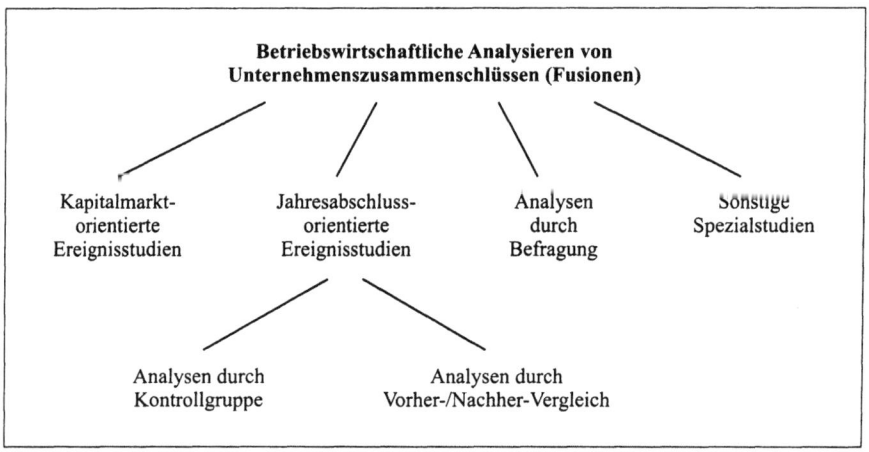

Abb. 5.2: Systematisierung empirischer Analysemethoden zum Unternehmenszusammenschlusserfolg[597]

5.2 Ansätze zur Messung von Zusammenschlusserfolg

5.2.1 Kapitalmarktorientierter Ansatz

5.2.1.1 Grundgedanken des Ansatzes

Den Schwerpunkt bei den Untersuchungsmethoden zur Analyse von Unternehmenszusammenschlüssen bilden heute im anglo-amerikanischen Schrifttum *kapitalmarktorientierte Studien,* welche die dort lange Zeit dominierenden, jahresabschlussorientierten Messkonzepte verdrängt haben[598]; mittlerweile findet der kapitalmarktorientierte An-

---

[597] Quelle: eigene Darstellung.

[598] Vgl. Gerpott (1993a), S. 197. Gerpott beklagt hier die in der deutschen Literatur vorhandene Nichtbeachtung bzw. falsche Rezitation kapitalmarktorientierter Indikatoren in Bezug auf die Beurteilung von Unternehmenszusammenschlüssen; inzwischen hat sich die Akzeptanz solcher Indikatoren, vornehmlich des Börsenkurses, jedoch deutlich erhöht.

5.2 Ansätze zur Messung von Zusammenschlusserfolg

satz auch vermehrt Eingang in die deutschsprachige Literatur[599]. Ein Großteil dieser Studien, bezogen auf den US-amerikanischen und den britischen Markt, kommt dabei zu dem Schluss: "There is empirical evidence that acquisitions on average create economic value"[600], während die bislang umfangreichste Studie von ECKHARDT für den deutschen Markt nur für die Zielobjekte kurzfristig positive Zusammenschlusseffekte nachweist[601].

Zentraler Gedanke der kapitalmarktbasierten Konzeption ist der Vergleich von Kapitalmarktreaktionen mit und ohne ein zuvor definiertes Ereignis in Abhängigkeit von der Informationsverarbeitung auf dem Markt (daher wird sie häufig als *Ereignisstudie* bzw. *Event Study* bezeichnet[602]); solche Ereignisse können z. B. Dividendenänderungen, Produktrückrufe oder eben Unternehmenszusammenschlüsse sein, zu denen man dann einen oder mehrere entsprechende Ereigniszeitpunkte definiert, die üblicherweise den Print-Medien entnommen werden.[603]

Während die frühen Untersuchungen dieser Art in Bezug auf Unternehmenstransaktionen als Ereigniszeitpunkt jeweils den Tag der effektiven Durchführung des Zusammenschlusses (Effective Date, Consummation Date) datierten und damit den Gesichtspunkt vernachlässigten, dass der Kapitalmarkt meistens schon früher über (inoffizielle) Informationen bezüglich der Transaktion verfügte, die sich im Aktienkurs niederschlagen, tragen neuere Publikationen dieser Beobachtung Rechnung und wählen den Tag der Ankündigung des Zusammenschlusses (Announcement Day), z. B. auf Pressekonferenzen oder anhand von Pressenotizen, bzw. ein Intervall um diesen Termin herum als Ereigniszeitpunkt und -zeitraum.[604] Diese Überlegung konnte auch empi-

---

[599] Bei Eckhardt (1999) findet sich im Anhang auf den S. 469-521 die wohl umfangreichste und aktuellste Übersicht über Kapitalmarktstudien aus verschiedenen Ländern, die bis zu diesem Zeitpunkt durchgeführt worden sind. Branchenübergreifende Analysen über den deutschen Markt haben bislang Blättchen (1981), Bühner (1990b), Grandjean (1992), Apenbrink (1993), Gerke et al. (1995) und Eckhardt (1999) vorgenommen. Daneben existieren zwei Fallstudien von Bühner (1983, 1984, 1989b).

[600] Seth (1990b), S. 431.

[601] Vgl. die Zusammenfassung der Ergebnisse seiner Arbeit bei Eckhardt (1999), S. 419-441.

[602] Eine Definition von Event Studies nimmt u. a. Mitchell (1991), S. 22, vor: "Empirical examination of an occurrence that causes investors to change their expectations regarding the discounted future cash flows of a stock."

[603] Als eine der ersten Event Studies gilt diejenige von Fama et al. (1969) über die Kursreaktion auf die Ausgabe von Gratisaktien.

[604] Vgl. Huemer (1991), S. 46 f.

risch manifestiert werden: Die größten Aktienkursveränderungen wurden schon in den Tagen vor und nach der Ankündigung und nicht erst vor und nach realisierter Durchführung eines Zusammenschlusses gemessen.[605]

Im Falle eines Zusammenschlusses geht es dann konkret darum, zu ermitteln, ob und wie stark die Erträge der Anteilseigner von Erwerber und Zielobjekt durch die Transaktion beeinflusst worden sind, wobei man die Ertragsveränderungen selbst in Form so genannter *abnormaler Aktienrenditen* veranschaulicht, indem von der tatsächlich erzielten Aktienrendite unter Bereinigung externer Effekte wie Dividendenzahlungen etc. im Untersuchungszeitraum eine berechnete erwartete Aktienrendite ohne den Zusammenschluss subtrahiert wird:

$AR_{it} = R_{it} - E(R_{it})$ mit

AR_{it} = abnormale Rendite der Aktie i im Zeitraum t,

R_{it} = tatsächliche Rendite der Aktie i im Zeitraum t,

$E(R_{it})$ = erwartete Rendite der Aktie i für den Zeitraum t.

Das Ausmaß der Differenz von tatsächlich festgestellter und prognostizierter (hypothetischer) Rendite spiegelt die Erwartungen des Kapitalmarktes bezüglich der Erfolgspotenziale des betreffenden Zusammenschlusses wider; als erfolgreich wird demnach ein solcher mit positiven kumulierten abnormalen Renditen bezeichnet.[606]

Beschäftigt sich eine Untersuchung nicht nur im Sinne einer Fallstudie mit einer einzigen Transaktion, sondern mit mehreren, vollzieht sich der Übergang von der Einzelfall- zur Portfolioanalyse überwiegend unter Zuhilfenahme der Bildung gleichgewichteter perioden- bzw. zeitraumbezogener Durchschnittswerte der abnormalen und kumulierten abnormalen Renditen aller untersuchten Fälle.

Während die tatsächlich erzielte Rendite anhand der realen Aktienkursentwicklung relativ problemlos festgestellt werden kann, muss zur Berechnung der erwarteten Ren-

---

[605] Vgl. Jensen/Ruback (1983), S. 9 f.
[606] Vgl. Jung (1993), S. 7. Anders formuliert: „Die kumulierte abnormale Rendite entspricht der Differenz der Eigenkapitalverzinsung nach erfolgter Akquisition und einer hypothetischen Verzinsung im fiktiven Fall der Weiterführung des Unternehmens ohne Akquisition." Perin (1996), S. 49.

5.2 Ansätze zur Messung von Zusammenschlusserfolg

dite und darauf aufbauend der abnormalen Rendite ein theoretisch fundiertes *Preisbildungsmodell* zugrunde gelegt werden, welches das Zustandekommen von Preisen/ Renditen am Kapitalmarkt erklärt. Prinzipiell stehen dazu folgende drei Modellvarianten zur Verfügung:

➢ das in der Literatur am weitesten verbreitete CAPM,

➢ Marktmodelle und

➢ bereinigte Modelle.[607]

Obgleich sich nach der Festlegung von Preisbildungsmodell, Ereigniszeitpunkt bzw. -zeitraum und Untersuchungszeitraum sowie Umfang der Stichprobe mit geringem technischen Aufwand (kumulierte) abnormale Renditen errechnen lassen, zumal, wenn das Gesamtmodell computergestützt erstellt wurde, sind drei wichtige Prämissen erforderlich, um das kapitalmarktorientierte Konzept in der empirischen Forschung zur Erfolgsmessung von Unternehmenszusammenschlüssen überhaupt sinnvoll anwenden zu können:

1. Sowohl das erwerbende Unternehmen als auch das Zielobjekt müssen – sofern Veränderungen des Unternehmenswertes beider Gesellschaften, m. a. W. des Ge-

---

[607] Der interessierte Leser sei hier beispielsweise auf Bühner (1990a), S. 9-17, oder Eckhardt (1999), S. 78-83, verwiesen, die detailliertere – auch formale – Beschreibungen der einzelnen Modellvarianten vornehmen. Die wesentliche Erkenntnis des schon in Abschnitt 3.2.3.3.4 kurz erwähnten CAPM besteht darin, dass für die Ermittlung der Gleichgewichtsrendite einer Aktie nicht ihr gesamtes Risiko (Varianz der Rendite), sondern ausschließlich ihr Beitrag zum Risiko des Marktportfolios (Kovarianz der Rendite mit der Rendite des Marktportfolios, dividiert durch die Varianz der Rendite des Marktportfolios) ausschlaggebend ist. Das gesamte Risiko einer Aktie i kann demnach in eine systematische, von der Entwicklung des Marktportfolios abhängige Komponente β_i und eine unsystematische, nur von unternehmensindividuellen Faktoren abhängige Komponente α_i differenziert werden. Während ein Investor das unsystematische Risiko durch die Diversifikation seines Portfolios vollständig eliminieren kann, lässt sich das systematische Risiko (oft einfach als Beta-Risiko bezeichnet) nicht durch Diversifikation reduzieren. Akzeptiert man die Ergebnisse des CAPM, so erhält der Investor nur für das systematische Risiko, das entweder stärker ($\beta > 1$), schwächer ($\beta < 1$) oder genau wie der Markt ($\beta = 1$) variiert, eine Risikoprämie. Empirische Untersuchungen dokumentieren, dass zwischen den Beta-Risiken einzelner Branchen bedeutende Differenzen existieren. Vgl. z. B. Fowler/Schmidt (1989), S. 343. Siehe dazu ebenfalls die Ausführungen unter Abschnitt 3.2.3.3.4 dieser Arbeit im Kontext finanzwirtschaftlicher Synergiepotenziale.

samtwertes, identifiziert werden sollen[608] – an der Börse notiert sein, da der Unternehmenswert, seien es die individuellen Werte oder auch der Gesamtwert des neuen Unternehmensverbundes, einzig anhand eines kapitalmarkttheoretischen Erfolgsindikators, nämlich des Aktienkurses, abgebildet wird. Diese summarisch-eindimensionale Fokussierung auf ein Formalkriterium impliziert gleichzeitig die Annahme einer Dominanz der Interessen der Aktionäre gegenüber anderen Anspruchsgruppen bei der Abschätzung des Erfolgs von Unternehmenszusammenschlüssen. Aus tauschtheoretischer und somit nutzenkalkülbasierter Perspektive bedeutet dies, dass die Nutzenfunktion ausschließlich die Maximierung korporativer Interessen, ebenfalls ausgedrückt durch die Interessenbefriedigung der Eigentümer als individuelle Akteure und Einbringer der zum Pooling notwendigen Ressourcen, vorsieht.

2. Außerdem muss mindestens eine mittelstrenge Form (besser noch: strenge Form) der Informationseffizienz des Kapitalmarktes vorliegen, d. h. der Marktpreis/ Kurswert der Unternehmen sollte sämtliche öffentlich verfügbaren Informationen über diese Unternehmen reflektieren und der Kapitalmarkt damit in der Lage sein, zukünftig zu erwartende akquisitionsbedingte Modifikationen der Unternehmenswerte bzw. des Gesamtwertes innerhalb eines bestimmten Anpassungszeitraums richtig zu prognostizieren.[609]

3. Damit die Ergebnisse von Ereignisstudien Relevanz aufweisen, ist ferner eine Übereinstimmung des verwendeten Preisbildungsmodells mit dem real beobachtbaren Verhalten von Kapitalmärkten notwendig.

Die nachstehende Abb. 5.3 vermittelt ein anschauliches Bild vom Grundmodell der Event Studies.

---

[608] Insbesondere bei der Analyse von Antizipations-, Verhandlungs-, Ankündigungs- und Angebotseffekten sind i. d. R. sowohl die Kapitalmarkteffekte beim Käufer- als auch beim Zielunternehmen relevant.

[609] Siehe genauer zu den von Fama definierten verschiedenen Formen der Informationseffizienz des Kapitalmarktes unter Abschnitt 3.2.4.1 in Zusammenhang mit den informationseffizienzbezogenen Hypothesen als Erklärungsansätze von Unternehmenszusammenschlüssen.

5.2 Ansätze zur Messung von Zusammenschlusserfolg

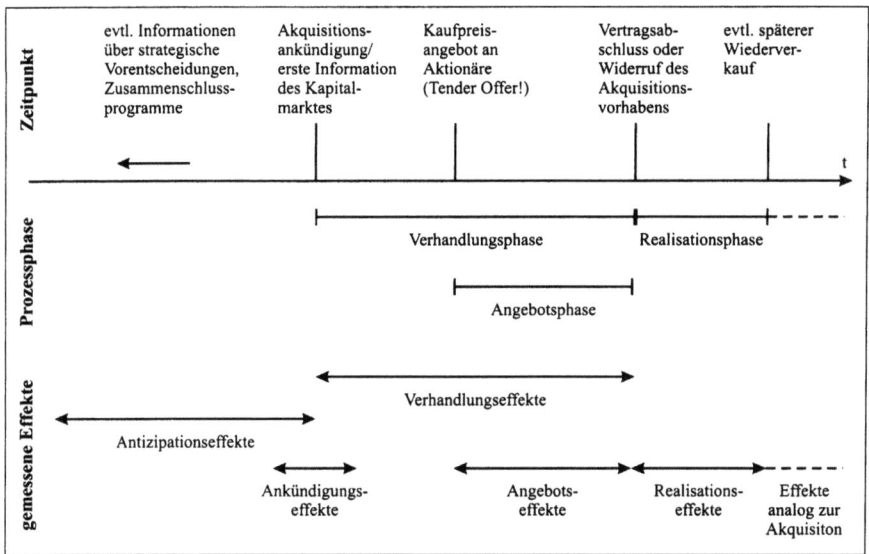

Abb. 5.3: Bezugspunkte und gemessene Effekte von Ereignisstudien[610]

5.2.1.2 Allgemeine Beurteilung des Ansatzes zur Erfolgsmessung

Der kapitalmarktorientierte Ansatz gilt bei vielen Autoren aus verschiedenen Gründen als derjenige mit der höchsten theoretischen Akzeptanz im Vergleich zu alternativen empirischen Methoden der Erfolgsmessung. So geschieht hier – anders als bei sämtlichen anderen Untersuchungsdesigns – eine „echte" ex ante-Betrachtung von Zusammenschlüssen, da explizit die Erwartungshaltung der Marktteilnehmer hinsichtlich der beabsichtigten Transaktion antizipiert wird. Außerdem weist das Konzept aufgrund der Verwendung des kapitalmarktorientierten Indikators Börsenkurs die engste Bindung zum bekannten *Shareholder Value-Ansatz* der Erfolgsmessung auf, indem eine Transaktion nur dann als erfolgreich bewertet wird, wenn – tauschtheoretisch formuliert – der Nutzen der Anteilseigner (*Shareholder*), d. h. der korporative Nutzen, hier operationalisiert als Marktwert des Eigenkapitals der betroffenen Unternehmen, maximiert werden kann. Die Interessen weiterer Anspruchsgruppen (*Stakeholder*), die u. U. dadurch Wertverluste erleiden, wie Manager oder Arbeitnehmer, spielen keine Rolle.

---

[610] Quelle: Kirchner (1991), S. 95.

Ferner nimmt allein das kapitalmarktorientierte Konzept nach Auffassung seiner Befürworter eine „richtige" Messung von Zusammenschlusserfolg für die Eigentümer beider Partner vor, weil

➢ es notwendigerweise zu einem die verschiedensten ökonomischen Effekte umfassenden, eindeutig interpretierbaren Gesamterfolgsindex führt,

➢ es konfudierende, allgemeine Markteinflüsse neutralisiert,

➢ es den Erfolg nicht nur für willkürlich herausgegriffene, kalendarische Zeitabschnitte im Lebenszyklus eines Unternehmens widerspiegelt,

➢ der Erfolg vom jeweiligen Management der involvierten Unternehmen nicht einfach mit Hilfe buchhalterischer Maßnahmen ohne realwirtschaftlichen Hintergrund effektiv beeinflusst werden kann.[611]

Sie vertreten deshalb die These, dass der Ansatz " ... reflects the viewpoint of the common shareholder better than do accounting based measures."[612]

Trotz der genannten Vorteile sehen sich die Ereignisstudien jedoch auch erheblicher Kritik ausgesetzt, wobei die Skeptiker in ihrer Ablehnung z. T. so weit gehen, eine generelle Richtungsänderung im Rahmen der empirischen Zusammenschlusserfolgsforschung zu fordern, und zwar weg von den kapitalmarktorientierten Analysen hin zu anderen Methoden (z. B. zu jahresabschlussbasierten Analysen).[613] Die Kritik lässt sich dabei in zwei grobe Zweige differenzieren, zum einen richtet sie sich gegen die grundsätzliche Gestaltung des Konzeptes (Fundamentalkritik), zum anderen macht sie auf verschiedene methodische Detailprobleme aufmerksam:

1. Bezogen auf die Basiskonzeption stellt man zunächst vielfach die restriktive Prämisse der (mittel-)strengen Informationseffizienz des Kapitalmarktes in Frage, d. h. man bezweifelt, dass Anteilseigner tatsächlich in der Lage sind, zu erwartende akquisitionsbedingte Unternehmenswertveränderungen der Partner schon um den Zeitpunkt der Bekanntgabe des Ereignisses herum richtig zu prog-

---

[611] Vgl. Gerpott (1993a), S. 202 f.
[612] Lubatkin/Shrieves (1986), S. 499.
[613] Bekannte Vertreter dieser Auffassung sind u. a. Conn (1985), Porter (1987a), S. 44f., und Trautwein (1990), S. 293. Ähnlich ablehnend äußert sich Petri (1992), S. 107: „ ... Aktienkursentwicklungen (erscheinen, Erg. d. Verf.) hier nicht als Maß für den Akquisitionserfolg geeignet ....".

nostizieren, da sie eben nicht – wie im Modell angenommen – einen ausreichenden Informationsstand besitzen, bzw. andere Akteure, besonders vermutlich das Management des erwerbenden Unternehmens, hier über Informationsvorsprünge verfügen. In der Literatur finden sich daher zahlreiche Arbeiten, welche die mangelnde Informationseffizienz des Marktes zumindest partiell belegen.[614] ECKHARDT gibt in diesem Zusammenhang zu Recht zu bedenken, dass im Prinzip die Informationseffizienz wegen ihrer Kopplung an das jeweils gewählte Preisbildungsmodell nicht separat getestet werden kann. Sollten sich die Resultate einer Event Study als nicht signifikant herauskristallisieren, so könnten demnach ebenso ein ungeeignetes Modell, falsche Signifikanztests oder falsch definierte Ereigniszeitpunkte dafür verantwortlich sein.[615]

Allerdings stößt die Anwendung des Preisbildungsmodells selbst – vornehmlich des CAPM – zur Berechnung der erwarteten Renditen auf elementaren Widerspruch. So wird es einerseits für zu vereinfachend gehalten, andererseits bezweifelt man die Übereinstimmung des Modells mit dem real beobachtbaren Verhalten des Kapitalmarktes.[616] Das zentrale Defizit stellt jedoch die mangelnde Berücksichtigung möglicher Modifikationen der Schätzparameter (systematisches Risiko, unsystematisches Risiko, Marktrendite, risikofreie Rendite, u. U. Industrieindex) über die Zeit dar, die im Untersuchungszeitraum allesamt als konstant betrachtet werden. Tatsächlich ist gerade die Stabilität des systematischen Risikos β_i, interpretiert als Sensitivitätsmaß der Aktie i in Bezug auf den Aktienindex im Zeitablauf, ungewiss; einige empirische Analysen – insbesondere solche über den deutschen Markt – sind von diesem Problem betroffen.[617] Sie konstatieren eine Beziehung zwischen Zusammenschlussaktivitäten und Änderungen im makroökonomischen Umfeld der Unternehmen. So steigen in einer Phase wirtschaftlichen Aufschwungs sowohl das Unternehmensrisiko als auch die Anzahl der Zusammenschlüsse, man rechnet bei diesen Transaktionen aufgrund der Verwen-

---

[614] Vgl. u. a. Malatesta (1983), S. 179, und Agrawal et al. (1992), S. 1606. Eine umfassende Aufstellung derartiger Publikationen liefert beispielsweise Albrecht (1994a), S. 191.

[615] Vgl. Eckhardt (1999), S. 83.

[616] Besondere Aufmerksamkeit in der Literatur zur Erklärungskraft des CAPM als Preisbildungsmodell findet eine empirische Publikation von Fama/French (1992).

[617] Demgegenüber weisen empirische Studien des US-amerikanischen Marktes eher eine Stabilität der Betawerte nach. Bei Coenenberg/Sautter (1988), S. 705, findet sich eine umfassende Übersicht entsprechender Untersuchungen.

dung von Vergangenheitsdaten also mit einem zu geringen systematischen Risiko β_i und überschätzt infolgedessen die abnormalen Renditen AR_{it}, d. h. die zukünftig erwarteten, auf den Zusammenschlüssen basierenden Wertsteigerungen.[618]

Das eben skizzierte Problem ist eng mit denjenigen der Bestimmung des Ereigniszeitpunktes, m. a. W. des Zeitpunktes, ab dem abnormale Renditen zu berech nen sind, und des Endzeitpunktes, also des Zeitpunktes, bis zu dem noch abnormale, akquisitionsbedingte Renditen zu erwarten sind, verknüpft. Je weiter dieser Schätzzeitraum (Event Period) vom eigentlichen Ereigniszeitpunkt entfernt liegt, desto unbrauchbarer werden die Parameter des Preisbildungsmodells.[619] Auch in Bezug auf den gesamten Untersuchungszeitraum (derjenigen Periode, über welche die abnormalen Renditen summiert werden) stellt die Länge ein gravierendes Problem dar. Kurze Untersuchungszeiträume sind nicht geeignet, weil sie nur erste, unsichere Einschätzungen der Aktionäre über den Zusammenschluss reflektieren, und Korrekturen dieser Erwartungen aufgrund späterer Informationen so vernachlässigt würden. Lange Zeiträume hingegen bergen die Gefahr der Verfälschung der Messergebnisse durch externe Störeinflüsse auf den Aktienkurs ohne Bindung zum eigentlichen Ereignis. GERPOTT spricht daher im Falle der Wahl des Endzeitpunktes von der Beachtung „schwierig abzuschätzender Tradeoffs"[620]. Die zahlreichen Event Studies differieren deshalb von der Länge ihrer Untersuchungszeiträume her sehr stark, was insgesamt die Vergleichbarkeit der Ergebnisse erschwert.

Schließlich kritisiert man im Schrifttum die Ausrichtung kapitalmarktorientierter Studien auf den Aktionärsnutzen als alleinigen Erfolgsindikator (tauschtheoretisch betrachtet: den korporativen Nutzen, der hier vollständig mit den Eigentümerinteressen übereinstimmt), der einem umfassenderen Erfolgsverständnis (also einer erweiterten Nutzenfunktion), z. B. mit Ansprüchen anderer Stakeholder wie den Managern und Mitarbeitern oder nicht exakt quantifizierbaren Facetten wie

---

[618] Vgl. Bühner (1990a), S. 20.

[619] Der Ereigniszeitraum beläuft sich gewöhnlich bei Verwendung monatlicher Renditen auf 24-60 Monate, bei wöchentlichen Renditen auf ein Jahr und bei täglichen Daten auf 100-300 Tage. Vgl. Eckardt (1999), S. 86.

[620] Gerpott (1993a), S. 204.

dem Ausmaß der Implementierung von Integrationsplänen (die durchaus im korporativen Interesse sein können), entgegensteht.[621]

2. In Bezug auf die Detailprobleme kapitalmarktorientierter Untersuchungen werden in der einschlägigen Literatur oft Eigenschaften genannt, welche die Zusammensetzung der analysierten Stichprobe betreffen. So besteht diese i. d. R. − bedingt durch die notwendige Voraussetzung der Börsennotierung − nur aus großen Unternehmen (zumindest aus der Perspektive des Erwerbers); deshalb kann die Vorteilhaftigkeit kleinerer Zusammenschlüsse ohne Beteiligung börsennotierter Gesellschaften nicht untersucht werden. Aber selbst wenn das (kleinere) Zielobjekt börsennotiert sein sollte[622], sind Verzerrungen bei der Messung abnormaler Renditen zu befürchten, denn im Rahmen des Zusammenschlusses eines in Relation zum Erwerber relativ kleinen Unternehmens ist wahrscheinlich nur von geringen Auswirkungen auf dessen Aktienkurs auszugehen, was dann fälschlicherweise mit fehlender statistischer Signifikanz gleichgesetzt würde.

Zu den Detailproblemen die Stichprobe betreffend zählt außerdem die *Heterogenität der Zusammenschlüsse* hinsichtlich ihrer Ausrichtung (horizontal, vertikal, konglomerat) und Bindungsintensität (Akquisition, Fusion usw. für den deutschen Markt; Merger, Friendly/Unfriendly Takeover etc. für den US-amerikanischen Markt), die man häufig in einer einzigen Stichprobe vereint und die dem nach keine aussagekräftigen Befunde liefern. Detailanalysen bzw. die a priori Einschränkung auf eine möglichst homogene Gruppe von Zusammenschlüssen können hier jedoch Verzerrungen der Aussagen entgegenwirken.

---

[621] Diese Kritik wird überwiegend von europäischen Akquisitionsforschern gestützt, vgl. stellvertretend für viele Gimpel-Iske (1973), S. 99, Grüter (1991), S. 43 f., und Haspeslagh/Jemison (1991), S. 298 ff. Allerdings sind in jüngster Zeit auch in den USA vermehrt Stimmen anzutreffen, die grundsätzlich die Forderung nach der Berücksichtigung der Interessen aller Anspruchsgruppen bei der Ermittlung des Unternehmenserfolgs stellen, wobei die Argumentation normativ auf Basis moralischer oder philosophischer Prinzipien erfolgt. Vgl. z.B. Donaldson/Preston (1995), S. 72.

[622] Als nachteilig für die Bewertung kleinerer börsennotierter Unternehmen im Vergleich zu großen Unternehmen erweist sich zudem häufig deren *geringe Marktgängigkeit* im Sinne eines unregelmäßigen Handels ihrer Aktien, so dass für sie womöglich weder Tages- noch Wochenkurse ermittelt werden können und das Problem des nicht-synchronen Handels auftritt, was zu weiteren Verzerrungen der Schätzungen führt. In der Literatur sind deshalb mehrere Ansätze zur Korrektur der Parameterschätzung entwickelt worden, von denen Eckhardt (1999), S. 89-92, einige kurz vorstellt.

Ein wichtiges Detailproblem bei der Ermittlung abnormaler Renditen resultiert darüber hinaus aus der Beobachtung, dass speziell große Unternehmen zum einen vielfach mehrere Zusammenschlüsse simultan realisieren, zum anderen solche Transaktionen meistens in langfristig ausgerichtete „Acquisition Programs" eingebettet sind; LUBATKIN/SHRIEVES bezeichnen diesen Sachverhalt als das *Paradigma des strategischen Managements*.[623] Beide Fälle erschweren eine isolierte Betrachtung einzelner Ereignisse. Der erste birgt die Gefahr der Unterbewertung des einzelnen Zusammenschlusses, während im zweiten Fall eventuell bereits die Ankündigung langfristig ausgerichteter Strategien abnormale Renditen generiert, so dass diese bei späteren Ereignissen nur noch Korrekturwerte der ursprünglichen Kurserwartungen darstellen.[624]

Die Ausführungen zu den Kritikpunkten von Event Studies illustrieren, dass neben den – vornehmlich aus theoretischer Sicht begründeten – Vorteilen eine ganze Reihe beträchtlicher Nachteile existieren, die primär die praktische Umsetzung des Ansatzes betreffen. So wird seine Anwendung besonders in Deutschland durch die äußerst geringe Anzahl an börsennotierten Unternehmen a priori drastisch eingeschränkt.[625] Selbst wenn ein sehr langer Untersuchungszeitraum gewählt wird, alle Branchen betrachtet und die Transaktionen der Grundstichprobe nicht nach den o. a., eigentlich notwendigen Kriterien der Zusammenschlussrichtung und Bindungsintensität differenziert werden, muss man an der Aussagekraft der Resultate bisher durchgeführter Analysen für den deutschen Markt zweifeln, da die meisten Stichproben trotzdem nur einen geringen Umfang aufweisen und die geschilderte Vorgehensweise natürlich bedeutende Verzerrungen hervorruft.[626]

---

[623] Vgl. Lubatkin/Shrieves (1986), S. 500.

[624] Vgl. Jensen/Ruback (1983), S. 18.

[625] Bei einer Gesamtzahl von knapp drei Mio. Gesellschaften in Deutschland machten davon im Jahre 2001 nur rund 10.000 AG und KGaA aus, von denen wiederum lediglich knapp 1000 Unternehmen börsennotiert waren. Vgl. Ballwieser (2001), S. 31.

[626] So sind bei Grandjean (1992) in lediglich zehn Fällen beide an einem Zusammenschluss beteiligten Unternehmen börsennotiert, bei Apenbrink (1993) handelt es sich um 14 Fälle, und die Studie von Gerke et al. (1995) kann bloß auf sechs Fälle zurückgreifen. Bühners Untersuchung (1990b) umfasst zwar 90 Fälle, diese stellen jedoch ausnahmslos börsennotierte Erwerber dar, so dass die Effekte von Zusammenschlüssen auf den *Gesamt*unternehmenswert des neuen Unternehmensverbundes, was den originären Zweck kapitalmarktorientierter Studien ausmacht, nicht analysiert werden können. Allein Eckhardt (1999) betrachtet in seiner Arbeit 113 Fälle, in denen sowohl erwerbendes Unternehmen als auch Zielobjekt börsennotiert sind. Um diese große Anzahl von Fällen zu erhalten, dehnt er allerdings den Zeitraum für die berücksichtigten Transaktionen auf 28

Insgesamt gesehen fällt die Beurteilung des kapitalmarktorientierten Ansatzes zur Vorteilhaftigkeitsanalyse von Unternehmenszusammenschlüssen demzufolge ambivalent aus, eine generelle Empfehlung für die Anwendung des Konzeptes kann trotz seiner umfassenden theoretischen Fundierung nicht gegeben werden.

5.2.1.3 Beurteilung des Ansatzes bei Unternehmenszusammenschlüssen von Versicherern

Zur Messung der Vorteilhaftigkeit von Unternehmenszusammenschlüssen in der Versicherungswirtschaft kann der kapitalmarktorientierte Ansatz in der vorliegenden Arbeit nicht herangezogen werden, da eine wichtige Prämisse des Konzeptes nicht erfüllt ist: das Vorhandensein einer ausreichend großen Anzahl börsennotierter Versicherungsunternehmen, die gleichzeitig in Zusammenschlüsse involviert sind. Zwar besitzen heute ca. 60 % aller aktiven Versicherer die Rechtsform der V-AG und erwirtschaften gemeinsam über alle Sparten summiert knapp 70 % der Brutto-Beitragseinnahmen im Erstversicherungsgeschäft (auch neu gegründete Gesellschaften nehmen vorrangig die Rechtsform der V-AG an); von diesen V-AG sind jedoch nur ca. 4,5 % an der Börse notiert, was den Aufbau einer repräsentativen Grundstichprobe verhindert.[627]

Selbst wenn eine steigende Anzahl börsennotierter Versicherer in Zukunft prinzipiell die Stichprobenbildung erleichtern sollte und damit eine bedeutende Prämisse zur praktischen Anwendung des Ansatzes für die Erfolgsmessung erfüllt wäre, blieben noch einige konzeptionelle Bedenken bestehen, die in der Versicherungswissenschaft in jüngster Zeit unter dem Stichwort „Kapitalmarkttheoretische Versicherungsbetriebslehre" diskutiert werden. Im Rahmen dieser Auseinandersetzung geht es u. a. um die Beantwortung der Frage, ob sich das am weitesten verbreitete CAPM überhaupt als Preisbildungsmodell für den Versicherungsbereich eignet.[628] Neben den Kritikpunk-

---

Jahre aus (1964-1992), was wiederum die Frage nach ihrer Vergleichbarkeit aufwirft, da sich die Umweltbedingungen in dem langen Zeitraum erheblich geändert haben dürften. Der Autor hat diese Problematik durchaus erkannt und differenziert seine Grundstichprobe deshalb ex post in zwei Teilstichproben älterer (60er und 70er Jahre) sowie neuerer Transaktionen (80er und 90er Jahre), mit der Konsequenz, dass sich dadurch natürlich auch der Umfang der jeweiligen Stichprobe deutlich reduziert.

[627] Vgl. zu den Zahlenangaben GDV (2000a), Tab. 3 und Tab. 8.
[628] Bei Oletzky (1998), S. 138, finden sich zahlreiche Hinweise auf deutschsprachige Beiträge zur Diskussion von Anwendungsmöglichkeiten des CAPM auf Problemstellungen der Versiche-

ten, die bereits in Zusammenhang mit der generellen Beurteilung des Modells erläutert wurden (zu stark vereinfachende Darstellung der Sachverhalte, Verwendung unrealistischer Prämissen, mangelnde empirische Validität der Befunde), weisen die Autoren hier auf zwei weitere versicherungsspezifische Problemkreise hin:

> erstens die fehlende Berücksichtigung des Insolvenzrisikos (Ruinwahrscheinlichkeit) sowie

> zweitens die geringe Erklärungskraft des Schätzparameters β_i für die Anwendung im versicherungswirtschaftlichen Bereich.[629]

Die Vernachlässigung einer Ruinwahrscheinlichkeit in der Theorie des CAPM stellt gerade für die Anwendung im Versicherungsunternehmen ein konzeptionelles Problem dar, da ein auf die Varianz der Aktionärsrenditen begrenzter Risikobegriff übersieht, dass die Existenzsicherheit eines Versicherers als eines der wesentlichen Elemente zur Produktion des Gutes Versicherungsschutz gilt.[630] Dem ist allerdings – zumindest in Bezug auf den deutschen Markt – die in der Praxis quantitativ als marginal einzuschätzende Ruinwahrscheinlichkeit aufgrund zahlreicher vorbeugender gesetzlicher Vorschriften[631] entgegenzuhalten; ihre Nicht-Berücksichtigung kann daher eigentlich kein gewichtiges Argument gegen die Nutzung des Modells liefern.

---

rungswirtschaft, diese konzentrieren sich vorrangig auf die Eignung des Modells zur Determinierung von Versicherungsprämien im Marktgleichgewicht. Die Verknüpfung des CAPM mit der Prämienkalkulation resultiert dabei aus nachstehender Überlegung: Die Preissetzung ist eine Management-Aufgabe, die im Interesse der Eigentümer derart zu erfolgen hat, dass die Eigenkapitalrendite des Versicherungsunternehmens unter Berücksichtigung des Risikos denjenigen Konditionen entspricht, die allgemein auf dem Kapitalmarkt erzielt werden können. Vgl. detailliert Zweifel/Eisen (2000), S. 246 ff.

[629] Vgl. z. B. Oletzky (1998), S. 140, und Zweifel/Eisen (2000), S. 249.

[630] Da der Versicherer im Grunde ein (Versicherungsschutz-)Versprechen verkauft, ist leicht nachzuvollziehen, dass dieses für seine Kunden nur dann einen Wert besitzt, wenn das zuständige Unternehmen zugleich ein hohes Maß an *Existenzsicherheit* aufweist. Die Sicherheitsziel bildet dementsprechend ein wichtiges Element im Zielbündel von Versicherungsunternehmen, wenngleich man es in der Versicherungswissenschaft obligatorisch nicht als Oberziel, sondern als Zwischen- oder Unterziel bzw. als restriktive Nebenbedingung interpretiert, da kein Versicherer um seiner bloßen Existenz willen gegründet und erhalten wird.

[631] Als Insolvenzgründe kommen primär Zahlungsunfähigkeit und Verlust des Eigenkapitals in Betracht, demnach besteht das Sicherheitsziel letztlich in der Vermeidung von Illiquidität und Überschuldung, so dass in den §§ 53 c und 54 Abs. 1 VAG dementsprechend die Verfügbarkeit über risikopolitische Instrumente in Form von liquiden Mitteln und Eigenkapital gefordert wird; außerdem ist die Kapitalanlagenausstattung unter Wahrung permanenter Liquidität des Unternehmens vorzunehmen.

Darüber hinaus billigen einzelne Autoren dem Risikomaß β_i nur eine geringe Erklärungskraft in Bezug auf das versicherungstechnische Risiko[632] zu, es wird demzufolge von ihnen für den Einsatz im Versicherungsbereich abgelehnt.[633] Akzeptiert man jedoch das grundlegende Ergebnis des CAPM, nämlich die Zahlung einer Risikoprämie an den Investor lediglich für systematische Risiken, dann ist es ebenso unproblematisch anzuerkennen, dass die Investoren für versicherungstechnische Risiken wegen der anzunehmenden schwachen Korrelation mit den übrigen Risiken im Marktportfolio keine oder nur eine geringe, für Anlagerisiken indes eine entsprechend hohe Risikoprämie erzielen.[634] ZWEIFEL/EISEN kommen insofern trotz der geschilderten Kritikpunkte insgesamt zu einer positiven Bewertung des CAPM für den Preisbildungsprozess auf dem Versicherungsmarkt.[635]

Konzeptionelle Bedenken einer künftigen Anwendung des kapitalmarktorientierten Ansatzes könnten ferner auf seiner engen Bindung zum Shareholder Value-Konzept der Messung des Unternehmenserfolgs beruhen, denn die Übertragbarkeit dieser Sichtweise auf die Versicherungswirtschaft wird vor allem aufgrund zweier spezifischer Charakteristika von Versicherungsunternehmen in der einschlägigen Literatur kontrovers diskutiert:

1. Das Konzept wurde – wie die englischsprachige Bezeichnung bereits impliziert – ursprünglich für den Einsatz in Aktiengesellschaften entwickelt. Damit einher

---

[632] Das *versicherungstechnische Risiko*, welches dem Versicherungsunternehmen als „arteigenes Risiko" anhaftet, ist Ausdruck der ungewissen Möglichkeit einer eventuellen Abweichung der effektiven künftigen Schäden in ihrer Summe von den erwarteten, vgl. stellvertretend für viele schon früh Karten (1966), S. 15. Siehe außerdem umfassend Farny (2000a), S. 80 f., mit Angabe weiterer Definitionen des Terminus, sowie ferner die Ausführungen zu versicherungsspezifischen Synergiepotenzialen in den Abschnitten 3.2.3.4.2 sowie 3.2.3.4.3 dieser Arbeit, in denen der Begriff näher erläutert wird.

[633] Vgl. beispielsweise Albrecht (1991), S. 515.

[634] Vgl. Oletzky (1998), S. 140. Bei Ablehnung dieses Befundes existiert alternativ die Möglichkeit, die Kapitalkosten mit Hilfe eines Multi-Faktor-Modells, wie z. B. der *Arbitrage-Pricing Theory (ABT)*, zu schätzen, die weitere Einflussfaktoren für das Zustandekommen der Risikoprämie zulässt und daher u. U. das versicherungstechnische Risiko besser berücksichtigt. Kritische Auseinandersetzungen mit diesem Gleichgewichtsmodell in Bezug auf seine Eignung für den Versicherungsmarkt finden sich u. a. bei Albrecht (1991), S. 521 ff., Oletzky (1998), S. 141 ff., und Zweifel/Eisen (2000), S. 142 ff.

[635] Vgl. Zweifel/Eisen (2000), S. 248 ff. Die Autoren weisen in diesem Zusammenhang zudem darauf hin, dass schon Versuche in der Literatur unternommen werden, u. a. das Insolvenzrisiko modelltheoretisch angemessen zu berücksichtigen.

geht zwar nicht prinzipiell eine Reduzierung seiner Anwendung nur auf V-AG[636], die Frage, die sich in diesem Kontext jedoch stellt, ist diejenige nach der Eignung des Prinzips der Marktwertmaximierung (= Maximierung des Eigenkapitals) auch zur Verkörperung korporativer Interessen von VVaG und ÖRA.[637] Sie wird von einigen Autoren pauschal mit ja beantwortet, ohne dass eine theoretische Begründung ihrer Annahme erfolgt, beispielsweise konstatiert NEUMANN: „Vorangestellt werden soll die grundlegende Erkenntnis, dass der Ansatz der wertorientierten Steuerung ebenfalls auf Gesellschaften in der Rechtsform des VVaG und der ÖRA übertragen werden kann ..."[638] Wesentlich kritischer urteilen hier u. a. FARNY und OLETZKY[639], die auf gravierende Differenzen in der Gestaltung der Rechtsformen aufmerksam machen. Während die Eigentümer einer V-AG ihren Eigentumsanspruch bei Bedarf am Kapitalmarkt veräußern können, ist dies den Eigentümern des VVaG, die zugleich die Versicherungsnehmer und somit insgesamt die *Mitglieder* des Vereins verkörpern, verwehrt. Ihr Eigentumsanspruch ist direkt an das Vertragsverhältnis gekoppelt, er beginnt bei Abschluss des Versicherungsvertrages und endet mit seinem Erlöschen, ohne dass sie an positiven/ negativen Wertveränderungen ihrer Eigentumsanteile im Laufe des Vertragsverhältnisses partizipieren. Unter diesen Umständen stellt also Marktwertmaximierung für die Mitglieder, d. h. die individuellen Akteure des korporativen Akteurs VVaG, keine sinnvolle Zielsetzung dar, da sie nur von den (mittelfristigen) Gewinnausschüttungen des Unternehmens in ihrer Funktion als gewinnberechtigte Versicherungsnehmer, nicht jedoch von dessen (langfristigen) Marktwertsteigerungen als Eigentümer profitieren.[640] OLETZKY spricht daher klar von einer theo-

---

[636] Oletzky (1998), S. 84-170, zeigt in seiner Arbeit, wie das Konzept für die Anwendung bei V-AG angepasst werden kann.

[637] In Bezug auf die Verfolgung des Gewinnziels bei Versicherern herrscht mittlerweile in der Versicherungswissenschaft trotz gelegentlicher Kritik Konsens; dies gilt sowohl für V-AG, bei denen das Streben nach Gewinn unmittelbar aus dem erwerbswirtschaftlichen Prinzip resultiert, als auch für VVaG und ÖRA, für die der Gewinn eine wichtige Quelle der Selbstfinanzierung darstellt. Vgl. den Literaturüberblick zu Zielen in der Versicherungswirtschaft z. B. bei Farny (2000a), S. 301 f.

[638] Neumann (2000), S. 239. Ähnlich argumentieren Buck (1997), S. 1660, und Metzler (2000), S. 459.

[639] Vgl. Oletzky (1998), S. 170 ff., und Farny (2000a), S. 316-322.

[640] Marktwertsteigerungen können nur dann im Interesse der Versicherungsnehmer eines VVaG sein, wenn sie die Sicherheit des Unternehmens erhöhen bzw. zur Aufstockung ihrer Gewinnbeteiligung beitragen. Letzteres stellt jedoch in der privaten Kranken- und Lebensversicherung eine Ausnahme dar, denn der Gewinnbeteiligungsanspruch resultiert im Allgemeinen allein aus dem

retisch nicht zu rechtfertigenden Übertragung des Shareholder Value-Gedankens auf VVaG.[641] Eigentlich gilt diese Aussage auch für ÖRA, bei denen der Verkauf von Unternehmensanteilen zu Marktpreisen ebenfalls nicht die Regel widerspiegelt. Indem sowohl ein entschädigungsloses Ausscheiden aus der Anteilseignerrolle als auch die Aufnahme neuer Gesellschafter ohne entsprechende Einlage bzw. Entschädigung der Alteigentümer jedoch nicht vorgesehen ist, muss sie abgeschwächt werden, besonders weil die aktuellen Eigentümer jederzeit – zumindest theoretisch – die Gelegenheit besitzen, ihr Eigentum auf dem Wege der Privatisierung zum Marktpreis am Kapitalmarkt zu veräußern (wobei die Rechtsgrundlagen für solche Verkaufspreise allerdings unklar sind).

2. Wie bereits mehrfach betont wurde, orientiert sich das Unternehmenswertsteigerungskonzept in der speziellen Ausprägung des Shareholder Value-Ansatzes an den ökonomischen Zielsetzungen der Anteilseigner (Dividendenzahlungen, Ausgabe von Gratisaktien, Kurssteigerungen im Falle des Verkaufs der Anteile etc.), deren Realisierung höchste Priorität innerhalb der Unternehmensziele besitzt; formal betrachtet treten die Interessen der Stakeholder in den Hintergrund.[642] Im Idealfall verkörpert die wertorientierte Steuerung eine *Symbiose der Interessen* von Anteilseignern und anderen Anspruchsgruppen, d. h. Shareholder- und Stakeholderinteressen sind positiv miteinander korreliert und können in **einer einzigen** Nutzenfunktion zusammengefasst werden.[643] Schon COLEMAN gibt allerdings im Rahmen seiner Theorie des korporativen Akteurs zu bedenken, dass eine Angleichung dieser Interessen (er bezieht sich dabei vorrangig auf die Interessen von Managern in ihrer Funktion als Agents und von Eigentümern in ihrer Funktion als Principals) aus verschiedenen Gründen kaum vorstellbar erscheint.[644]

---

schuldrechtlichen Verhältnis aufgrund des Versicherungskontraktes, nicht aus dem Tatbestand der Mitgliedschaft im Verein.

[641] Vgl. Oletzky (1998), S. 172.

[642] In der Praxis haben bislang nur sehr wenige Versicherer explizit das Konzept der Unternehmenswertsteigerung zum (übergeordneten) Unternehmensziel erklärt und in ihren Geschäftsberichten publiziert, siehe dazu Metzler (2000), S. 459, unter Hinweis auf die Allianz Holding AG, die im Jahre 1998 dort die konzernweite Anwendung eines derartigen Konzeptes ankündigte. Ob es tatsächlich in der Zwischenzeit implementiert wurde, bleibt bis heute unklar.

[643] Zahlreiche Autoren gehen von einer derartigen Konstellation in der Realität aus, siehe beispielsweise Buck (1997), S. 1660, Oletzky (1998), S. 76-79, und Zweifel/Eisen (2000), S. 178.

[644] Siehe dazu die Ausführungen zu den Interessenverflechtungen unter Abschnitt 4.5.5.

Bei Versicherungsunternehmen tritt ein weiterer schwerwiegender Konflikt auf, den man in der versicherungswissenschaftlichen Literatur mit dem Gegensatz „Shareholder Value vs. Policyholder Value"[645] umschreibt, und welcher speziell die Abwägung von Ansprüchen zwischen Eigentümern und gewinnbeteiligten Versicherungsnehmern, vorrangig in Unternehmen mit der Rechtsform der V-AG, betrifft.[646] Vor allem, wenn Steigerungen des Unternehmenswertes auf aktuellen oder zukünftigen Gewinnen aus dem Versicherungs- und Kapitalanlagegeschäft des Versicherers basieren, wird das Konfliktpotenzial transparent, indem die davon den Aktionären zufließenden Bestandteile nicht gleichzeitig den Versicherungsnehmern als Sicherheitsmittel und Gewinnanteile zur Verfügung stehen können und umgekehrt. Es verschärft sich zusehends, wenn man bedenkt, dass das handlungsbefugte Management – mit Ausnahme der Berücksichtigung aufsichtsrechtlicher Mindestvorschriften in der privaten Kranken- und Lebensversicherung – einen erheblichen Ermessensspielraum bei der Gewinnverwendung besitzt und diesen womöglich zur temporären Bevorzugung der einen oder anderen Anspruchsgruppe verwendet. Eine Ausrichtung der Nutzenfunktion allein auf korporative Interessen im Sinne rein eigentümerfokussierter Nutzenbefriedigung wird der Situation auf dem Versicherungsmarkt demnach nicht vollständig gerecht.

Mit der Schilderung o. a. Probleme ist insgesamt gesehen allerdings nicht zugleich die Forderung nach einer Verallgemeinerung des Shareholder Value-Konzeptes zum Stakeholder-Ansatz verknüpft, denn unabhängig von allen möglichen Konflikten trägt das Konzept der Unternehmenswertsteigerung dazu bei, eine höhere Effizienz der Un-

---

[645] Unter dem Begriff *Policyholder Value* wird in diesem Zusammenhang derjenige Wert eines Versicherungsunternehmens verstanden, der speziell den Versicherungsnehmern durch Entscheidungen seitens des Unternehmens bzw. seiner geschäftsführenden Organe zugewiesen wird (in puncto Festlegung der Höhe der Gewinnbeteiligung etwa). Vgl. Farny (2000a), S. 321.

[646] Selbst bei VVaG, die sich durch Identität von Versicherungsnehmern und Eigentümern auszeichnen, ist dieser Konflikt innerhalb der Anspruchsgruppe der Mitglieder latent vorhanden, je nachdem, welcher Aspekt der Vertragsbeziehung von größerer Bedeutung ist: So kann ein Teil von ihnen über die Ausschüttungspolitik des Unternehmens eine Nutzenmaximierung bedingt durch die Versicherungsnehmerstellung bevorzugen, während andere Nutzenmaximierung aus der Eigentümerposition heraus anstreben. U. U. ist dieser Konflikt sogar als „intraindividueller Konflikt" angelegt, da sich das einzelne Mitglied bei der Ausrichtung seiner Interessen permanent zwischen den Alternativen kurzfristiger Gewinnbeteiligung und langfristiger Existenzsicherung entscheiden muss.

5.2.2 Jahresabschlussorientierter Ansatz

5.2.2.1 Grundgedanken des Ansatzes

In Zusammenhang mit der Beschreibung von Event Studies wurde bereits ein zweites Konzept angesprochen, das im Rahmen empirischer Zusammenschlusserfolgsmessung trotz der zunehmenden Fokussierung auf kapitalmarktorientierte Ansätze seit langem einen breiten Raum einnimmt: der *jahresabschlussorientierte* bzw. allgemeiner formuliert *kennzahlenorientierte Ansatz*.[647] Wie der letzte Name schon andeutet, beurteilen derartige Analysen den Erfolg anhand bestimmter *Kennzahlen*[648], die – in Abhängigkeit von der Form des Zusammenschlusses – entweder aus den extern verfügbaren Einzeljahresabschlüssen des Zielobjekts und des erwerbenden Unternehmens bzw. aus den Konzernjahresabschlüssen des Erwerbers gewonnen werden. Einzige Voraussetzung für die Wahl geeigneter Unternehmen ist demnach ihre Publizitätspflicht, nicht aber eine Börsennotierung wie bei den Ereignisstudien.[649] Die bisherigen Ergebnisse jahresabschlussorientierter Arbeiten zeichnen sich durch länderspezifische Unterschiede aus: Während Zusammenschlüsse in den USA und Großbritannien anhand von

---

[647] Untersuchungen dieser Art in Bezug auf den deutschen Markt stammen u. a. von Kurandt (1972), Gimpel-Iske (1973), Mueller (1980), Bühner (1990b), Albrecht (1994a) und Perin (1996); zu den bekanntesten US-amerikanischen Publikationen zählen diejenigen von Lev/Mandelker (1972) und Ravenscraft/Scherer (1987). Umfassende Übersichten über die zahlreichen Studien finden sich bei Bühner (1990a), S. 87 ff., Kirchner (1991), S. 101 f., oder Süverkrüp (1992), S. 133 ff.

[648] Unter *Kennzahlen* versteht man hochverdichtete Maßgrößen, die als absolute oder relative Zahlen in einer konzentrierten Form über einen zahlenmäßig erfassbaren Sachverhalt berichten, ihre individuelle Konstruktion hängt entscheidend vom jeweiligen Informationsstand des Analysten bzw. Entscheidungsträgers ab. Mit ihrer Hilfe sollen die Datenmengen des Jahresabschlusses zu wenigen, aber aussagekräftigen Größen aggregiert werden, um auf relativ einfache Weise komplexe betriebliche Strukturen und Prozesse abzubilden. Vgl. detailliert Küting/Weber (2000), S. 23-41.

[649] Prinzipiell muss nicht einmal die Publizitätspflicht existieren, man könnte sich z. B. auch vorstellen, Daten für geforderten Kennzahlen mit Hilfe einer Befragung des betroffenen Managements zu erheben, was bei nicht publizitätspflichtigen Unternehmen in Zusammenhang mit der Erfolgsmessung auch häufig geschieht. Preuschl spricht deshalb allgemeiner von einem „Performance-Vergleich mittels fundamentaler Daten", vgl. dazu Preuschl (1997), S. 179.

Kennzahlen meistens Misserfolge darstellen, überwiegen für den deutschen Markt leicht positive Ergebnisse.[650]

Die Stichprobenbildung selbst kann auf zwei verschiedene Arten, nämlich *zusammenschluss*- oder *unternehmensbezogen*, erfolgen. Erstere sind auf den Zusammenschluss als direkten Bezugspunkt fixiert und berücksichtigen explizit den Zeitpunkt seiner Durchführung, letztere hingegen lassen die genauen Zeitpunkte der Zusammenschlüsse außer Acht und verwenden die Tätigkeit selbst als Auswahlkriterium, um in erster Linie Charakteristika akquisitionsaktiver Unternehmen zu ermitteln.[651] Zur Messung der Effekte von Zusammenschlüssen auf den Unternehmenserfolg differenziert man wiederum zwischen zwei Arten von Methoden:

1. Die *Vorher-Nachher-Analyse* nimmt einen reinen Zeitvergleich ausgewählter Kennziffern vor vs. nach der Transaktion, d. h. dem Durchführungszeitpunkt bei den betroffenen Unternehmen vor (dieser verkörpert i. d. R. dasjenige Geschäftsjahr, in dem beim Kauf erstmals die Beteiligung sichtbar bzw. bei der Fusion oder Bestandsübertragung der erste konsolidierte Jahresabschluss veröffentlicht wird); sie wird oft mit der zusammenschlussbezogenen Stichprobenbildung kombiniert.

2. Als Vergleichsmaßstäbe von Kennziffern bei der *komparativen Objektanalyse* (auch Betriebsvergleich genannt) dienen einerseits Kontrollgruppen (vorrangig zusammengesetzt aus Unternehmen ohne jegliche Zusammenschlusstätigkeit), andererseits Branchen- sowie Gesamtwirtschaftsdurchschnittswerte. Hier bietet sich eher die Stichprobenauswahl anhand zusammenschlussaktiver Unternehmen an, die mindestens einen Zusammenschluss im Untersuchungszeitraum vollzogen haben müssen.[652]

---

[650] Vgl. dazu die Übersichten speziell zu den Ergebnissen jahresabschlussorientierter Arbeiten und Studien zu Desinvestitionsquoten bei Bamberger (1994), S. 162-170.

[651] Vgl. Bühner (1990a), S. 84 f., und Kirchner (1991), S. 93.

[652] Vgl. Kirchner (1991), S. 92 f. Theoretisch könnte drittens ein *Soll-Ist-Vergleich* (auch Normvergleich genannt) zur Identifizierung des Erfolgs dienen, dieser setzt indes voraus, dass bestimmte Soll-Normen für die einzelnen Kennzahlen existieren und veröffentlicht werden. Eine generelle Pflicht zur Publizierung derartiger Plandaten kann man aus den entsprechenden Gesetzestexten aber nicht ableiten, so dass ein Soll-Ist-Vergleich nur in Ausnahmefällen durchführbar ist und in der Praxis der Jahresabschlussanalyse zur Erfolgsmessung von Zusammenschlüssen faktisch keine Rolle spielt.

5.2 Ansätze zur Messung von Zusammenschlusserfolg

Zwar schließen sich Zeit- und Betriebsvergleich nicht gegenseitig aus, sondern lassen im Gegenteil als sich ergänzende Methoden bessere Ergebnisse erwarten, sie werden im Rahmen der Erfolgsmessung aufgrund des damit verbundenen erhöhten Aufwands zur Datenerhebung jedoch nur selten gemeinsam eingesetzt. Was die Selektion der Kennzahlen aus den Hauptkomponenten des Jahresabschlusses – Bilanz sowie Gewinn- und Verlustrechnung (GuV) – als Indikatoren für den Zusammenschlusserfolg betrifft, so stehen dazu in der Literatur eine Fülle von Variablen zur Verfügung, die grundsätzlich in drei Kategorien eingeordnet werden können und meistens in Kombination Anwendung finden[653]:

➢ *Größenmaße* wie beispielsweise Umsatz, Mitarbeiter und Vermögen,

➢ *Rentabilitätsmaße* wie Umsatz-, Eigenkapital- oder Gesamtkapitalrentabilität etc. und

➢ *Börsenmaße* wie u. a. Börsenkurs, Gewinn je Aktie (Earnings per Share), oder Kurs-Gewinn-Verhältnis (Price-Earnings-Ratio).

Die geschilderten Merkmale jahresabschlussorientierter Arbeiten dokumentieren schon einen wesentlichen konzeptionellen Unterschied zu den Event Studies: Während die Ereignisstudien den Erfolg ex ante versuchen zu erfassen, indem sie diesen als bewertete Erwartungen aller Anteilseigner in Bezug auf zukünftige Ertragsströme charakterisieren, stellen die jahresabschlussorientierten Analysen auf den tatsächlich realisierten Erfolg (ex post) ab; sie werden daher häufig treffend als *Ergebnisstudien* (*Outcome Studies*) bezeichnet. Ebenso wie bei den Event Studies ist zwischen großzahligen, methodisch anspruchsvollen Untersuchungen (Portfolioanalysen) und der Darstellung einzelner Zusammenschlüsse (im Sinne von Fallstudien) zu differenzieren.

5.2.2.2 Allgemeine Beurteilung des Ansatzes zur Erfolgsmessung

In Analogie zu den kapitalmarktorientierten Studien fällt die Beurteilung jahresabschlussorientierter Studien in der Literatur äußerst ambivalent aus. Im Gegensatz zu den Ereignisstudien beruht hier die vorhandene Akzeptanz primär auf ihrer großen praktischen Bedeutung, denn die zumeist auf breiter Basis unternehmensextern ver-

---

[653] Vgl. z. B. Bamberger (1994), S. 115 und derselbe (1994), S. 162-168, wo ein Überblick über die verwendeten Kennzahlen zahlreicher empirischer Studien geliefert wird.

fügbaren Informationen in Form des Jahresabschlusses erleichtern die Datenbeschaffung und die Generierung größerer Untersuchungsgesamtheiten ebenso wie deren anschließende statistische Verarbeitung und Ableitung von Erfolgsdeterminanten, so dass das Problem mangelnder Repräsentativität selten gegeben ist.[654]

Diesen Vorteilen stehen aber eine Reihe theoretisch fundierter Unzulänglichkeiten der Methodik entgegen, die einerseits die Aussagefähigkeit von Jahresabschlussanalysen zur Bewertung der ökonomischen Unternehmenssituation generell anbelangen, andererseits speziell ihre Eignung als Instrument der Zusammenschlusserfolgsmessung betreffen, wobei die spezifischen Probleme zum großen Teil auf die allgemeinen zurückzuführen sind[655]:

1. Besonderen Anlass zu fundamentaler Kritik gibt die *Flexibilität* bei der Festlegung der Jahresabschlussdaten, die den Unternehmen trotz gesetzlich definierter formeller, zeitlicher und materieller Restriktionen einen gewissen Ermessensspielraum bewilligt und die u. U. gezielt zu Lasten seines Informationsgehaltes eingesetzt werden kann.[656] Zumindest ein Teil des Jahresabschlusses – vor allem bei grenzüberschreitend ausgerichteten Untersuchungen – ist infolgedessen vom dafür verantwortlichen Management bewusst gestalt- und subjektiv beeinflussbar (einige Autoren verwenden in diesem Kontext sogar den Terminus der Manipulation[657]), was die Vergleichbarkeit der Ergebnisse erheblich erschwert. Als prob-

---

[654] Vgl. Kirchner (1991), S. 91, und Ebert (1998), S. 113.

[655] Prinzipielle Kritik am Konzept der Jahresabschlussanalyse üben u. a. Seth (1990a), S. 99, und Rappaport (1999), S. 15 ff., welche die Auffassung vertreten, dass nahezu alle Informationen aus der externen Rechnungslegung fehlerhaft sind und deshalb keinen Eingang in die wirtschaftswissenschaftliche Forschung zur Erfolgsmessung finden sollten. Zu den Befürwortern des Ansatzes in Bezug auf die Ermittlung des Zusammenschlusserfolgs zählen u. a. Lev/Mandelker (1972), S. 85 ff., Albrecht (1994a), S. 73 ff., Perin (1996), S. 53 ff., und Ebert (1998), S. 113.

[656] Man differenziert in der Literatur in drei Arten der Ergebnisbeeinflussung des Jahresabschlusses:
1. in die *klassische Bilanzpolitik* mit Ausnutzung von Bilanzierungs-, Zuordnungs- und Bewertungswahlrechten,
2. in *sachverhaltsgestaltende Maßnahmen* während der Rechnungsperiode zur Bilanzierung in der gewünschten Weise sowie
3. in *Ermessensspielräume*, die bewusst auf die Allokation von Resultaten über aufeinanderfolgende Rechnungsperioden abzielen.

Siehe detailliert zu den Möglichkeiten managerialer Beeinflussung Baetge (1998), S. 63-68, und Küting/Weber (2000), S. 48-54.

[657] Vgl. beispielsweise Bamberger (1994), S. 113, und Perin (1996), S. 53. Das divergierende Verhalten des jeweiligen bilanzierenden Managements kann hier zusätzliche Verzerrungen hervorrufen, wenn man z. B. risikofreudige und risikoaverse Rechnungsleger einander gegenüberstellt.

lematisch schätzen die Kritiker des Konzeptes weiterhin seine weitgehende *Abstraktion von der gegebenen Risikosituation* ein (z. B. operationalisiert über die Varianz eines Erfolgsindikators im determinierten Zeitraum).[658]

Zu den gravierenden Defiziten jahresabschlussorientierter Studien zählt man im Schrifttum außerdem deren strikte *Vergangenheitsbezogenheit* sowie die mangelnde *intertemporale Vergleichbarkeit* verwendeter Daten.[659] Zwar finden im Jahresabschluss vereinzelt Zukunftsaspekte Berücksichtigung (durch Rückstellungsbildung, Festlegung von Nutzungsdauern etc.), gleichwohl dominiert der Vergangenheitsbezug, schon als Konsequenz des Vorsichtsprinzips in der Bilanzaufstellung. Es wird ferner unterstellt, dass die erhobenen Daten kaum explizit den Erfolg einer bestimmten Periode erfassen können, da sie Gewinne, die im Wesentlichen durch Investitionsentscheidungen früherer Perioden bedingt sind, in Relation zur aktuellen Kapitalausstattung eines Unternehmens setzen, die jedoch wiederum mit Blick auf die zukünftig zu erwartenden Gewinne gestaltet wurde. Die Betrachtung eines einzigen Jahresabschlusses ohne Bezug zu vor- bzw. nachgelagerten Perioden würde demnach nur eine wenig aussagefähige „Momentaufnahme" des Unternehmensgeschehens abbilden.[660]

Zahlreiche Autoren kritisieren darüber hinaus die vorherrschende Analysemethode des jahresabschlussorientierten Ansatzes in Form der *Kennzahlenbildung* und des darauf aufbauenden *Kennzahlenvergleichs*. So wird einerseits bemängelt, dass die Kennzahlenrechnung – anders als das Shareholder Value-Konzept, welches im Ergebnis zu einem eindeutig interpretierbaren Gesamtindex des Unternehmenserfolgs führt – kein integriertes Konzept zur Erfolgsmessung verkörpert, sondern diesen anhand einer Vielzahl potenzieller Einzelkennzahlen abzubilden versucht, die je nach Untersuchungszweck individuell definiert und kombiniert werden; die Vergleichbarkeit der Befunde ist dadurch stark reduziert.[661] Den verwendeten Kennzahlen wie z. B. Größen- oder Rentabilitätsmaßen sprechen die Befürworter des Shareholder Value-Konzeptes andererseits gänzlich die Fähigkeit einer sachgerechten Beurteilung des korporativen Erfolgs ab; ihrer Auf-

---

[658] Vgl. Küting/Weber (2000), S. 456.
[659] Vgl. stellvertretend die Kritik bei Gerpott (1993a), S. 195 f., und Albrecht (1994a), S. 73.
[660] Vgl. Küting/Weber (2000), S. 51, die verschiedene Beispiele dafür aufzeigen.
[661] Vgl. stellvertretend für viele Bamberger (1994), S. 113.

fassung nach kann aus Wertsteigerungen konventioneller Erfolgskriterien nicht automatisch auf Unternehmenswertsteigerungen im Sinne einer positiven Entwicklung der Eigentümerrendite, d. h. der Nutzenmaximierung für die Aktionäre, geschlossen werden.[662]

Dieser letzte Kritikpunkt an der generellen Jahresabschlussanalyse leitet über zu denjenigen, die direkt mit Vorteilhaftigkeitsmessung von Unternehmenszusammenschlüssen verknüpft sind. Auch hier werden insbesondere Zweifel an der Repräsentation mit von Zusammenschlüssen angestrebten Zielen (Unternehmenswertsteigerungen für die individuellen Akteure als Einbringer von Ressourcen, persönliche Interessen der angestellten Agents etc.) durch jahresabschlussbezogene Erfolgsindikatoren geäußert.[663] Erschwerend für die Identifikation von Gesamtakquisitionseffekten kommt bei den Outcome Studies die Konzentration auf eine periodenorientierte Auswertung von Jahresabschlüssen des Erwerbers hinzu, welche implizieren, dass sich zusammenschlussbedingte Unternehmenswertveränderungen von Erwerber **und** Zielobjekt vollständig in den dortigen Bilanz- und GuV-Positionen widerspiegeln. Außer Acht gelassen wird bei dieser Annahme jedoch der im konsolidierten Jahresabschluss des Erwerbers nicht enthaltene eventuelle Vermögenszuwachs der ehemaligen Eigentümer des Zielobjekts.[664] Betrachtet man hingegen nur unkonsolidierte Daten, vernachlässigt man die Möglichkeit der Erfolgsbeeinflussung über *Verrechnungspreise* für die zwischen den beteiligten Partnern ausgetauschten Leistungen (besonders bei Konzerntochtergesellschaften zu erwarten), die kaum aussagefähige Ergebnisse im Hinblick auf isolierte Zusammenschlusswirkungen liefern.[665]

Neben diesen für die jahresabschlussorientierte Erfolgsmessung typischen Defiziten weist der Ansatz eine Reihe weiterer Mängel auf, die z. T. bereits im Kon-

---

[662] Vgl. insbesondere Copeland et al. (1998), S. 17. Siehe zu diesem Vorbehalt ein Rechenbeispiel bei Rappaport (1999), S. 21 ff., das den fehlenden Zusammenhang zwischen Gewinn- und Unternehmenswertwachstum sowie Return on Investment (ROI) und internem Zins reflektieren soll.

[663] Vgl. exemplarisch Burgman (1983), S. 43-52, und Möller (1983), S. 52-57.

[664] Vgl. Gerpott (1993a), S. 194. Diese Vorgehensweise ist allerdings weniger durch theoretische Überlegungen als durch praktische Nebenbedingungen geprägt, denn nach Fusionen erstellt das aufgenommene Zielobjekt i. d. R. keinen separaten Jahresabschluss mehr, da es seine eigene Rechtspersönlichkeit aufgegeben hat, m. a. W. als selbstständiges Unternehmen nicht mehr existiert.

[665] Vgl. Bamberger (1994), S. 116.

5.2 Ansätze zur Messung von Zusammenschlusserfolg

text der kapitalmarktorientierten Studien speziell zur Messung des Zusammenschlusserfolgs diskutiert wurden. Dazu zählt u. a. die Frage nach der Determinierung des Beobachtungszeitraums.

Die lückenlose Erfassung meist erst langfristig wirksamer strategischer Erfolgseffekte erfordert im Grunde eine Ausdehnung des Beobachtungszeitraums nach realisierter Transaktion, erhöht zugleich aber die Wahrscheinlichkeit der Überlagerung zusammenschlussbedingter Befunde durch übergeordnete Ereignisse (allgemeine Konjunkturlage, Markteintritte neuer Wettbewerber, Steuergesetzänderungen usw.).[666] Die exakte Zuordnung von Transaktion und Unternehmenserfolg fällt außerdem um so schwerer, je geringer die relative Größe eines Zielobjekts ist und je häufiger ein Unternehmen solche Aktivitäten durchführt. Oft ist eine Einbindung kleinerer Zielobjekte von vornherein gar nicht möglich, da diese wegen Unterschreitung bestimmter Schwellenwerte nicht der Publizitätspflicht unterliegen und somit extern keine Daten erhoben werden können.[667]

Als Fazit der Ausführungen zu Vor- und Nachteilen des jahresabschlussorientierten Konzeptes der Erfolgsmessung ist festzuhalten, dass es sich hierbei um einen mit erheblichen methodischen und inhaltlichen Mängeln behafteten Ansatz handelt, mit dem sich verschiedene, zum großen Teil interdependente, aber nicht völlig kongruente Facetten finanzieller Zusammenschlusskonsequenzen erfassen lassen und dessen Akzeptanz in der empirischen Forschung vorrangig auf seine große praktische Relevanz zurückzuführen ist: „Die Bilanzanalyse wird vor allem dadurch legitimiert, dass dem externen Jahresabschlussadressaten keine anderen oder besseren Informationen über ein Unternehmen zur Verfügung gestellt werden als der Jahresabschluss."[668]

---

[666] In der Literatur werden demnach sehr unterschiedliche Zeitintervalle zur Messung des Zusammenschlusserfolgs herangezogen, am häufigsten legt man den Zeitraum von fünf Jahren vor bzw. nach der Transaktion zugrunde, es ist allerdings in jüngster Zeit eine wachsende Anzahl jahresabschlussorientierter Studien mit Verkürzung dieses Zeitrahmens auf drei Jahre vor bzw. zwei Jahre nach der Transaktion zu registrieren. Siehe dazu die Diskussion mit Angabe derartiger Arbeiten bei Petri (1992), S. 105. Die Zeitspanne zwischen Unternehmenskauf und Eintritt von Erfolgseffekten dürfte außerdem von Branche zu Branche, sogar von Unternehmen zu Unternehmen, variieren, so dass bei Annahme einer durchschnittlichen Dauer für die gesamte Stichprobe u. U. zusätzliche Unschärfen auftreten.

[667] Statistiken des Bundeskartellamtes zufolge weisen die Zielobjekte im Durchschnitt tatsächlich nur einen Bruchteil des Umsatzes ihrer Erwerber auf (meist deutlich unter 20 %), so dass dieser Sachverhalt große praktische Relevanz besitzt. Vgl. dazu Bundeskartellamt (2001), Tab. 4.2 und 4.3, S. 210 und 211.

[668] Baetge (1998), S. 76.

5.2.2.3 Beurteilung des Ansatzes bei Unternehmenszusammenschlüssen von Versicherern

Dasjenige Argument, das in der Erfolgsmessung von Unternehmenszusammenschlüssen allgemein zur Verbreitung der Jahresabschlussanalyse als Untersuchungsmethode beigetragen hat, nämlich ihr umfassender praktischer Nutzen, stellt auch bezüglich der Übertragbarkeit auf Versicherungsunternehmen **das** ausschlaggebende Kriterium dar: Im Gegensatz zum kapitalmarktorientierten Ansatz mit seinen restriktiven Prämissen erfordert das Konzept als einzige Voraussetzung zur Anwendung die im Beobachtungszeitraum extern verfügbaren Jahresabschlüsse der beteiligten Unternehmen. Da in der Assekuranz entgegen anderen Branchen sogar **alle** Unternehmen unabhängig von ihrer Größe und Rechtsform (mit Ausnahme sehr kleiner, regional bzw. kundengruppenspezifisch operierender oder an einen anderen Versicherer gekoppelter VVaG, z. B. Sach- und Tierversicherungsvereine[669]) zur Erstellung und Offenlegung ihrer Jahresabschlüsse verpflichtet sind[670], müsste der Aufbau einer repräsentativen Stichprobe über Zusammenschlüsse – bestehend aus den Jahresabschlüssen von Erwerber **und** Zielobjekt – innerhalb eines determinierten Zeitraums möglich sein.

Gewichtige Argumente gegen eine Anwendung des Konzeptes für die Erfolgsmessung bei Versicherern verkörpern indes seine zahlreichen, theoretisch fundierten Defizite, die jedoch, unterstützt durch bestimmte Charakteristika der Versicherungswirtschaft, mit Hilfe geeigneter Maßnahmen abgeschwächt bzw. vermieden werden können.

Tab. 5.1 veranschaulicht in Stichworten die Kritikpunkte der Jahresabschlussanalyse und stellt diesen bestimmte, im Anschluss hergeleitete Mechanismen gegenüber, die neben der praktischen Relevanz des Konzeptes zur Rechtfertigung seiner Nutzung in der Versicherungsbranche beitragen:

---

[669] Diese unter jeweiliger Bundeslandaufsicht stehenden Versicherer finden jedoch grundsätzlich wegen ihrer marginalen gesamtwirtschaftlichen Bedeutung keinen Eingang in Analysen über den gesamten deutschen Versicherungsmarkt, wie schon in der Einführung der vorliegenden Arbeit unter Abschnitt 1.1 deutlich wurde.

[670] Vgl. § 264 iVm § 242 HGB.

5.2 Ansätze zur Messung von Zusammenschlusserfolg

Tab. 5.1: **Möglichkeiten zur Erhöhung der Aussagefähigkeit von Jahresabschlussdaten als Erfolgsindikatoren**[671]

Grenzen der Aussagefähigkeit von Jahresabschlussdaten durch	Erhöhung der Aussagefähigkeit von Jahresabschlussdaten durch
➢ Mangelnde Zukunftsbezogenheit und intertemporale Vergleichbarkeit	➢ Geeignete Definition des Untersuchungsziels
➢ Subjektive Wertungsprozesse	➢ Mehrperiodige Ein-Branchen-Untersuchung
➢ Vernachlässigung von Risikoaspekten	➢ Komparative Objektanalyse
➢ Erfolgsmessung anhand buchhalterischer Einzelkriterien	➢ Geeignete Kennzahlensystembildung
➢ Fragwürdiger Nachweis von Zusammenschlusswirkungen	➢ Geeignete Stichproben- und Untersuchungszeitraumauswahl

GERPOTT weist in seinen Ausführungen zu den vier Problemfeldern der Messung von Zusammenschlusserfolg darauf hin, dass die Aussagefähigkeit derartiger Studien u. a. sehr stark von der Korrespondenz zwischen den theoretischen Vorstellungen des Analysten über das zu untersuchende Konstrukt und den zur Verfügung stehenden Mitteln, m. a. W. den Datenquellen, abhängt.[672] Jahresabschlussdaten reflektieren die Situation von Unternehmen in einem abgeschlossenen, vergangenen Zeitraum, Aussagen über deren weitergehende Entwicklung auf der Basis dieser Daten postulieren demnach die Extrapolation einer in der Vergangenheit sichtbaren Tendenz in die Zukunft; einige Autoren halten diese Vorgehensweise zu Recht für bedenklich[673]. Jahresabschlussorientierte Arbeiten eignen sich damit tatsächlich weniger als exklusives Planungsinstrument für zukünftige externe Wachstumsstrategien von Unternehmen denn als Möglichkeit zur Durchführung von ex post-Kontrollen der Effekte bereits realisierter Zusammenschlüsse. Wird das Untersuchungsziel – wie auch in der vorliegenden Arbeit – dementsprechend definiert, so stellt der Vergangenheitsbezug der Jahresabschlussdaten kein gravierendes Defizit mehr dar, zumal einzelne Publikationen über die bloße Differenzierung zwischen erfolgreichen und nicht erfolgreichen Transaktionen hinauszugehen versuchen, indem sie zusätzlich die Identifizierung genereller Faktoren (Zu-

---

[671] Quelle: eigene Darstellung.
[672] Vgl. Gerpott (1993a), S. 189.
[673] Vgl. beispielsweise Gomez/Ganz (1992), S. 45.

sammenschlussintensität, Erfahrung des Managements mit derartigen Aktivitäten, Größenverhältnisse und Alter der betroffenen Unternehmen usw.) verfolgen, die u. U. Einfluss auf den Erfolg besitzen und demnach auch für zukünftige Transaktionen eine Rolle spielen können; dies soll auch in der vorliegenden Arbeit geschehen.[674]

Indem die Jahresabschlussanalyse außerdem nicht nur isoliert anhand eines einzigen Abschlusses geschieht, sondern bei den selektierten Zusammenschlüssen von Versicherungsunternehmen jeweils auf einer Reihe aufeinanderfolgender Geschäftsjahre basiert, verbessert sich gleichzeitig die intertemporale Vergleichbarkeit der Kennzahlen, da Verzerrungen im Zeitablauf abnehmen. Ein weiterer Vorteil des Zeitvergleichs liegt darin, dass damit die negativen Effekte subjektiver (managerialer) Bewertung, bedingt u. a. durch die unterschiedliche Ausnutzung von Bilanzierungs- und Bewertungswahlrechten, abgeschwächt werden können. So verursacht der Einsatz bilanzpolitischer Instrumente in einer bestimmten Periode meistens schon in der folgenden Periode entgegengesetzte Wirkungen, die deshalb die früher vorgenommenen Bilanzgestaltungen z. T. konterkarieren.[675]

Die Subjektivität der Bewertung wird ferner mit Hilfe der Konzentration auf **eine** Branche (nämlich die Assekuranz) reduziert, da man in der Literatur annimmt, dass Bilanzierungs- und Bewertungswahlrechte innerhalb einer Branche von den Verantwortlichen relativ homogen ausgenutzt werden.[676] Ein-Branchen-Untersuchungen auf der Basis zumeist branchenabhängiger Kennzahlen aus Jahresabschlüssen erlauben nach Auffassung von BAETGE zudem differenziertere Aussagen über die ökonomische Situation von Unternehmen als z. B. branchenübergreifende Analysen mit vollständig branchen*un*abhängigen Kennzahlen.[677] Gerade die deutsche Versicherungswirtschaft zeichnet sich durch sehr spezifische Rechnungslegungsvorschriften aus, die nicht mit

---

[674] So nimmt z. B. Bühner (1990b) im Anschluss an eine grundlegende Analyse von Zusammenschlüssen weitere Partialanalysen unter Einbeziehung verschiedener Einflussfaktoren wie u. a. Diversifikationsrichtung, Größenverhältnisse, Managementinteressen und Zusammenschlusserfahrung vor, und Albrecht (1994a) berücksichtigt in seiner Arbeit sogar acht potenzielle kritische Faktoren (darunter sind einige der o. a. zu finden) auf den Zusammenschlusserfolg. I. d. R. wird in der Literatur allerdings lediglich auf eine Unterscheidung nach der Bindungsrichtung (horizontal, vertikal, konglomerat) abgestellt, vgl. dazu die Schilderung von Ergebnissen jahresabschlussorientierter Studien in der Übersicht bei Bühner (1990a), S. 91-97.

[675] Vgl. Kurandt (1972), S. 27. Siehe außerdem Küting/Weber (2000), S. 44, mit Angabe eines anschaulichen Beispiels.

[676] Vgl. Albrecht (1994a), S. 71.

[677] Vgl. Baetge (1998), S. 42 f.

denen anderer Branchen übereinstimmen, ihre Einbindung in eine branchenübergreifende Studie von Zusammenschlüssen unter Nutzung allein branchenunabhängiger Kennzahlen könnte deshalb zu erheblichen Verzerrungen führen, die bei einer isolierten Betrachtung der Branche wahrscheinlich nicht auftreten werden.[678]

Zu den Defiziten, welche die Aussagefähigkeit von jahresabschlussbasierten Kennzahlen signifikant mindern, zählt insbesondere die Vernachlässigung von Risikoaspekten. Gemäß der modernen Finanztheorie gilt ein Wertpapierportefeuille (P) genau dann als (risiko-)effizient, wenn

➢ bei gleicher erwarteter Rendite (μ) keine Alternativanlage mit weniger Risiko (σ),

➢ bei gleichem σ keine Alternativanlage mit höherem μ oder

➢ keine Alternative mit höherem μ und niedrigerem σ existiert.

Jahresabschlussorientierte Kennzahlen zur Erfolgsmessung – z. B. Rentabilitätsmaße – beinhalten im Gegensatz zur abnormalen Rendite, dem auf dieser Theorie basierenden Erfolgskriterium der Event Studies, zunächst keinen Risikobestandteil, d. h. sie liefern dem externen Bilanzanalysten keine Informationen darüber, unter Inkaufnahme welchen Risikos eine bestimmte Rentabilität erwirtschaftet wurde. Das beschriebene Defizit kann allerdings abgeschwächt werden, wenn man bedenkt, dass sich das Gesamtrisiko eines Unternehmens grundsätzlich aus zwei Komponenten zusammensetzt, nämlich dem unternehmensspezifischen (unsystematischen) Risiko α, das keinen Einfluss auf die Rentabilitäten anderer Unternehmen ausübt, sowie dem systematischen Risiko

---

[678] Diese Argumentation bewegt im Umkehrschluss den Großteil aller Autoren dazu, bei eigentlich branchenübergreifend angelegten Untersuchungen (Cross-sectional Analysis, Overall Approach) zum Zusammenschlusserfolg den Versicherungssektor a priori auszusparen. Siehe eine Aufstellung unterschiedlicher Ansätze bezüglich der Branchenzusammensetzung bei Albrecht (1994a), S. 43. Ähnliches gilt für den Bankenbereich, im Gegensatz zur Versicherungswirtschaft existieren hier jedoch schon eine Reihe empirischer, jahresabschlussorientierter Publikationen; bei Haun (1996), S. 63 ff., findet sich eine umfassende Zusammenstellung derartiger spezieller Studien. Erstaunlicherweise verzichten auch die meisten kapitalmarktorientierten branchenübergreifenden Arbeiten auf eine Integration des Bank- und Versicherungsgewerbes, obwohl die abnormale Rendite als Erfolgsindikator – zumindest nach Auffassung der Befürworter des Ansatzes – gänzlich von rechnungslegungsbedingten Einflüssen abstrahieren sollte. Eckhardt (1999), S. 515-519, gibt einen Abriss über spezielle Event Studies zu Bankenzusammenschlüssen.

β (Marktrisiko), dessen Quellen externer Natur sind und das alle Unternehmen einer Branche mehr oder weniger gleichermaßen tangiert.[679]

Überträgt man diese Erkenntnisse auf die Jahresabschlussanalyse, so ist anzunehmen, dass auch die Rentabilitäten eines jeden Unternehmens sowohl von einer systematischen als auch von einer unsystematischen Risikokomponente abhängen. Eine Berücksichtigung des Marktrisikos kann nun durch eine *komparative Objektanalyse* erfolgen, indem die Erfolgskennzahlen eines Unternehmens nicht isoliert aufgrund ihrer absoluten Höhe, sondern stets im Vergleich zur Gesamtwirtschaft bzw. zur Branche, m. a. W. zu Wettbewerbern, die ähnlichen Umweltbedingungen ausgesetzt sind, beurteilt werden; ALBRECHT entwickelt in diesem Kontext die Formulierung „abnormale Rentabilitäten" in Anlehnung an die abnormale Rendite der kapitalmarktorientierten Ansätze.[680] So findet de facto eine Bereinigung der Kennzahlen um Einflüsse der systematischen Risikokomponente statt, wodurch bis zu einem gewissen Grad auch die Jahresabschlussanalyse eine risikobereinigte Zusammenschlusserfolgsmessung ermöglicht. In der Praxis der empirischen Akquisitionserfolgsforschung stellt der Betriebsvergleich wegen des hohen Aufwands bei der Datenerhebung (neben den Jahresabschlussdaten der Untersuchungsobjekte müssen zudem die Daten einer genügend großen Stichprobe von Vergleichsunternehmen bzw. der gesamten Branche oder Volkswirtschaft erhoben werden) bislang die Ausnahme dar; die vorliegende Arbeit schließt insofern auch methodisch eine Lücke.[681]

Die Kritiker des jahresabschlussorientierten Ansatzes beanstanden ferner die Beurteilung des Erfolgs anhand einer scheinbar willkürlich auswählbaren Anzahl buchhalterischer Einzelkriterien, die darüber hinaus keine Verknüpfung zum Shareholder Value-Konzept der Erfolgsmessung aus Anteilseignerperspektive aufweisen. Diesen Vorwürfen kann einerseits durch die Anwendung von *Kennzahlensystemen* begegnet werden, im Rahmen derer die anfangs beziehungslos nebeneinander stehenden Einzelkennzahlen in einem System von gegenseitig abhängigen und einander sich ergänzenden Kennzahlen als geordnete Gesamtheit aggregiert werden. Die bekanntesten Praxisbei-

---

[679] Siehe genauer zum Gesamtrisiko des Unternehmens bereits Abschnitt 3.2.3.3.4 der vorliegenden Arbeit in Zusammenhang mit finanziellen Synergiepotenzialen.

[680] Vgl. Albrecht (1994a), S. 72. Ähnlich argumentiert Perin (1996), S. 67, der den Branchenvergleich als Instrument zur mindestens partiellen Herausfilterung nichtunternehmensspezifischer Überlagerungseffekte bezeichnet.

[681] Perin (1996), S. 69, gibt einige der wenigen Untersuchungen an, bei denen die Ermittlung des Zusammenschlusserfolgs mit Hilfe von Branchenvergleichen durchgeführt wurde.

spiele solcher Kennzahlensysteme repräsentieren das Du Pont-, das ZVEI- und das RL-Kennzahlensystem.[682] Neuere Entwicklungen von Verfahren im Bereich der Kennzahlensysteme erlauben nicht nur Krisendiagnosen in dem Sinne, dass mit Hilfe mathematisch-statistischer Verfahren solvente und insolvenzgefährdete Unternehmen identifiziert werden können, sondern nehmen weitere Differenzierungen u. a. in erfolgreiche und nicht erfolgreiche Gesellschaften vor, die in jüngster Zeit vor allem aus der Perspektive der Anteilseigner erfolgen und zugleich eine ganzheitliche Unternehmensbeurteilung ermöglichen sollen. Die Anwendung dieser neuen Verfahren stellt insofern andererseits eine, wenngleich indirekte, Verbindung zum ebenfalls ganzheitlich orientierten Shareholder Value-Konzept her, das aber ohnehin – wie die kontroverse Diskussion zur Eignung des Konzeptes bei Versicherungsunternehmen verdeutlicht – aufgrund der teils notwendigen Berücksichtigung von Interessen der Versicherungsnehmer nur eingeschränkt Anwendung finden könnte.[683]

In Bezug auf die postulierte Unabhängigkeit des Shareholder Value-Konzeptes von buchhalterischen Erfolgskriterien sollte nach Auffassung von PERIN überdies nicht vergessen werden, dass auch in die Berechnung der abnormalen Rendite bei Ereignisstudien Elemente einfließen, die in direkter Verbindung mit bestimmten Kennzahlen aus dem Jahresabschluss stehen (man denke hier z. B. an die Höhe der Dividende, die wiederum vom Jahresüberschuss determiniert wird). PERIN weist hier außerdem auf den empirisch nachgewiesenen signifikanten Zusammenhang zwischen Bewertungen der Marktteilnehmer und publizierten Informationen – insbesondere dem Jahresabschluss – hin. So wird die Annahme bestärkt, dass entweder die Bewertungen der Unternehmen durch den Kapitalmarkt direkt auf dem Jahresabschluss basieren oder die Marktteilnehmer mit Hilfe der Gesamtheit der ihnen zur Verfügung stehenden Informationen zu einer ähnlichen Bewertung der Unternehmen kommen wie bei einer ausschließlich auf dem Jahresabschluss beruhenden Beurteilung.[684]

Dem Problem des erschwerten Nachweises von Wirkungen aufgrund ungünstiger Größenverhältnisse bzw. vermehrter Zusammenschlussaktivitäten der Partner sowie der Konzentration auf einen entweder nur kurzen oder nur langen Beobachtungszeitraum, mit dem – analog zu den kapitalmarktorientierten Konzepten – der jahresab-

---

[682] Vgl. dazu genauer Küting/Weber (2000), S. 31-42.
[683] Vgl. dazu die Ausführungen unter Abschnitt 5.2.1.3.
[684] Vgl. Perin (1996), S. 54. Diese Interpretationsmöglichkeit entkräftet Perins Meinung zufolge den schwerwiegenden Vorwurf der Manipulation.

schlussorientierte Ansatz oft konfrontiert wird, kann man durch geeignete Stichprobenbildung und adäquate Festlegung des Beobachtungszeitraums entgegenwirken. Indem hier nur Transaktionen von Versicherern berücksichtigt werden, bei denen sowohl Erwerber als auch Zielobjekt im alljährlich erscheinenden *Hoppenstedt Versicherungsjahrbuch* aufgeführt werden, wird ex ante eine Beteiligung sehr kleiner Versicherer vermieden. Damit ist keine gravierende Einschränkung der Stichprobe verknüpft, denn das Jahrbuch verzichtet lediglich auf die Berichterstattung über Unternehmen, die für den Gesamtmarkt wegen starker Spezialisierung oder regionaler Ausrichtung von marginaler Bedeutung sind und deckt mit seiner Aufstellung ca. 90 % des Marktes, gemessen an den Brutto-Beitragseinnahmen, ab.[685]

Ein weiteres Merkmal der selektierten Unternehmen sollte ferner die Durchführung möglichst nur eines einzigen Zusammenschlusses zu bestimmten Zeitpunkten des Stichprobenzeitraums sein, um eine genaue Zuordnung von Zusammenschlussaktivitäten und Modifikationen der Erfolgsindikatoren vorzunehmen. Der Stichprobenzeitraum für zusammenschlussaktive Unternehmen umfasst ferner mehrere Jahre, über die der Beobachtungszeitraum wiederum mehrere Jahre hinausgeht. Deshalb sind für viele Unternehmen (besonders diejenigen, die den Zusammenschluss zu Beginn des Stichprobenzeitraums getätigt haben) sowohl kurz- als auch längerfristige Effekte von Zusammenschlüssen messbar.

Insgesamt demonstrieren die Überlegungen, dass bestimmte methodisch und inhaltlich begründete Unzulänglichkeiten des jahresabschlussorientierten Ansatzes zur Vorteilhaftigkeitsmessung von Zusammenschlüssen relativiert werden können, die ihn gerade für eine Anwendung bei Versicherungsunternehmen besser qualifizieren.

---

[685] Bei den nicht berücksichtigten Versicherungsunternehmen im alljährlich aufgelegten Hoppenstedt Versicherungsjahrbuch handelt es sich primär um die schon erwähnten sehr kleinen VVaG unter Landesaufsicht. ÖRA hingegen, die aufgrund ihrer auf ein einziges Bundesland begrenzten Tätigkeit ebenfalls unter Landesaufsicht stehen, aber eine viel größere ökonomische Bedeutung aufweisen, werden in die Berichterstattung aufgenommen, als Beispiel dafür können die in verschiedenen Bundesländern operierenden Provinzial Versicherungsanstalten (Provinzial Westfalen, Provinzial Schleswig-Holstein usw.) dienen. Vgl. jeweils die Angaben im Vorwort der einzelnen Jahrgänge des Hoppenstedt Jahrbuchs.

5.2.3 Befragungen

5.2.3.1 Grundgedanken des Ansatzes

Zu den bekannten empirischen Methoden der Messung des Erfolgs von Unternehmenszusammenschlüssen zählen weiterhin *Befragungen*, die vorrangig auf das Management des erwerbenden Unternehmens abzielen und mit Hilfe persönlicher Interviews oder standardisierter Fragebögen durchgeführt werden.[686] Prinzipiell könnten ebenso andere Anspruchsgruppen wie Arbeitnehmer, Anteilseigner oder Berater der involvierten Unternehmen zu einer Einschätzung des Zusammenschlusserfolgs aus ihrer jeweiligen Sicht herangezogen werden. Im Rahmen der Befragung steht jedoch oft die *interne Diagnose* einer solchen Transaktion im Fokus des Forschungsinteresses, d. h. man hofft, neben einer Erfolgsbeurteilung des korporativen Akteurs Unternehmen interne Informationen zur genauen Durchführung des Zusammenschlussprozesses sowie zu speziellen Rahmenbedingungen bei Erwerber und Zielobjekt zu erhalten[687], über welche die z. T. externen Anspruchsgruppen tendenziell schlechter unterrichtet sein dürften bzw. zu denen vergleichbare Informationen nur mit deutlich erhöhtem Aufwand zu bekommen wären. Da die Zusammenschlussentscheidung selbst außerdem überwiegend vom Management der beteiligten Unternehmen getroffen wird (mit Ausnahme von Unfriendly Takeovers), scheint eine Befragung dieser Anspruchsgruppe vor dem Hintergrund der angesprochenen Zielsetzungen für die Befürworter dieses Untersuchungsdesigns einen adäquaten Untersuchungsansatz zu bilden; KIRCHNER betitelt diese Analysemethode daher generell als „Insider-Befragung"[688].

Aufgrund der Einbeziehung interner Informationen ist es zum einen im Rahmen von Befragungen möglich, auch Zusammenschlüsse zu berücksichtigen, die in offiziellen

---

[686] Übersichten über derartige Arbeiten liefern u. a. Bühner (1990a), S. 98-101, und Kirchner (1991), S. 107 ff; Studien bezogen auf den deutschen Markt haben Möller (1983), Süverkrüp (1992), Gerpott (1993a) und Bamberger (1994) vorgenommen. Untersuchungsgegenstand der Arbeiten von Kaufmann (1990) und Neumann (1994) sind schweizerische Akquisitionen, Zoern (1994) vergleicht Akquisitionen deutscher und britischer Unternehmen und zu den bekanntesten US-amerikanischen Publikationen gehören neben der von Chatterjee (1992) diejenigen von Kitching (1967) und (1974), dessen spezielle Methodik des *semantischen Differentials* Hunt (1990) später auf neuere Akquisitionen anwendete.

[687] Möller gibt demzufolge auch als wichtigstes Ziel seiner Arbeit an, Beziehungen zwischen dem Vorgehen bei Akquisitionen und dem Erfolg herzustellen. Vgl. Möller (1983), S. 27.

[688] Kirchner (1991), S. 98.

Statistiken (wie den Darstellungen des Bundeskartellamtes beispielsweise) nicht enthalten sind, weil sie die dort fixierten Schwellenwerte unterschreiten, zum anderen besitzt die ex post-Befragung im Gegensatz zu den bisher diskutierten Methoden den wichtigen Vorteil, dass der Erfolg eines Zusammenschlusses auch tatsächlich direkt an den damit verbundenen angestrebten Motiven bzw. Zielen gemessen werden kann.[689]

Diese können aus tauschtheoretischer Sicht sowohl persönliche Interessen der handlungsbefugten Akteure, also der Manager, als auch korporative Interessen im Sinne des Unternehmens, d. h. vor allem der Anteilseigner, zur Nutzenmaximierung umfassen. Die Primärerhebung von Daten bietet somit eine differenziertere Betrachtung von Zusammenschlüssen einschließlich ihrer Erfolgsdeterminanten als die Sekundärerhebung z. B. in Form der jahresabschlussorientierten Ansätze und eröffnet demzufolge ein weites Spektrum an datenanalytischen Möglichkeiten.[690] Insiderbefragungen in den USA und Großbritannien kommen bislang zu einem positiven Gesamturteil, und auch die wenigen deutschen Untersuchungen sprechen von positiven Wirkungen der Zusammenschlüsse auf den Unternehmenserfolg.[691]

5.2.3.2 Allgemeine Beurteilung des Ansatzes zur Erfolgsmessung

Trotz der eben genannten Vorteile lässt die insgesamt geringe Verbreitung von Befragungen vermuten, dass diese mit einer Reihe gravierender Unzulänglichkeiten behaftet sind. U. a. nimmt MÖLLER in seiner eigenen Studie ausführlich zur Eignung der Befragung als Datenerhebungsmethode bei Unternehmenszusammenschlüssen Stellung und geht dabei vorrangig auf Probleme der Validität und Reliabilität ein.[692]

---

[689] Bei der Befragung wird der erstmals zu Beginn des dritten Kapitels der vorliegenden Arbeit betonte direkte Ursache-Wirkungs-Zusammenhang zwischen Zielen und Konsequenzen von Zusammenschlüssen am deutlichsten, d. h. die Interpretation des Erfolgs als Grad der Zielerreichung, vgl. dazu Abschnitt 3.1.

[690] Grundsätzlich sind sogar ex ante-Befragungen zu den Zielen und den damit verknüpften Erfolgspotenzialen eines beabsichtigten Zusammenschlusses denkbar, vgl. dazu als eine der wenigen Analysen dieser Art Ansoff et al. (1971). I. d. R. wird allerdings in der Literatur entweder auf eine Beurteilung des korporativen Erfolgs oder einzelner persönlicher Zielsetzungen nach bereits realisierter Transaktion abgestellt.

[691] Vgl. Perin (1996), S. 56.

[692] Vgl. Möller (1983), S. 38-51.

5.2 Ansätze zur Messung von Zusammenschlusserfolg

Die *Validität* einer Methode ist allgemein definiert als das Ausmaß, in dem sie auch tatsächlich das Konstrukt misst, das gemessen werden soll, wobei man im einzelnen zwischen interner und externer Validität differenziert. Interne Validität in Bezug auf Zusammenschlüsse ist ein Maßstab für die Sicherheit, mit welcher der beobachtete Unternehmenserfolg tatsächlich explizit auf der/den Transaktion(en) basiert. Ursachen für mangelnde interne Validität können demnach andere, nicht separat erfragte Faktoren – z. B. externe Effekte in Form einer sehr günstigen Konjunkturlage – repräsentieren, die im Beobachtungszeitraum einen solchen positiven Einfluss auf den korporativen Erfolg ausgeübt haben, dass die Transaktion trotz eines Misserfolgs vom Management entsprechend beurteilt wird. Externe Validität hingegen betrifft die Allgemeingültigkeit des Interferenz-/Induktionsschlusses und veranschaulicht, inwieweit die hinsichtlich der Stichprobe beobachtete Wirkung tatsächlich für die relevante Grundgesamtheit zutrifft. Hier existiert die Gefahr der Verzerrung aufgrund der Tendenz befragter Manager, bei aus ihrer Perspektive nicht erfolgreichen Zusammenschlüssen per se keine Auskunft zu erteilen; bezogen auf Fragebogenaktionen würde dieses Verhalten zu einer niedrigen, unbefriedigenden Rücklaufquote führen.[693]

Unter der *Reliabilität* eines Untersuchungsdesigns versteht man die Reproduzierbarkeit von Messergebnissen bei Wiederholungsmessungen, m. a. W. inwieweit die Resultate bei einer erneuten Befragung zum selben Sachverhalt unter identischen Bedingungen bestätigt werden können.[694] Sie ist bei Analysen zum Zusammenschlusserfolg in zweifacher Hinsicht problematisch: So erfordert eine ex post-Charakterisierung von Zusammenschlüssen einerseits, dass zwischen der eigentlichen Aktivität und deren Beurteilung eine gewisse Zeitspanne liegt, da viele (Synergie-)Effekte zeitverzögert eintreten. Dadurch wird es für die Manager allerdings zunehmend schwieriger, Detailfragen, z. B. über den seinerzeitigen Ablauf des vielfach sehr komplexen, mehrphasigen Zusammenschlussprozesses, korrekt zu beantworten, zumal sich ferner oft ihre Verantwortlichkeitsbereiche in der Zwischenzeit geändert haben. Handelt es sich weiterhin um verschiedene Ansprechpartner, muss der Analyst berücksichtigen, dass die

---

[693] Diese Annahme bestätigt sich mit einem Blick auf die Arbeit von Möller, bei der 270 Bitten um persönliche Interviews lediglich 111 Einladungen gegenüberstehen und die Absagen sehr häufig mit dem Misserfolg des Zusammenschlusses begründet wurden, vgl. Möller (1983), S. 34. Auch die Studie von Bamberger leidet unter diesem Manko, so wurden von 160 versendeten Fragebögen nur 35 bearbeitete Bögen zurückgeschickt, was einer Rücklaufquote von knapp 22 % entspricht. Vgl. Bamberger (1994), S. 38.

[694] Vgl. Albrecht (1994a), S. 193 f.

Erfolgseinschätzung letztlich immer eine subjektive Meinung darstellt, aufgrund derer objektiv gleiche Sachverhalte unterschiedlich beurteilt werden, wobei die Verantwortlichen wiederum sicherlich die Transaktion tendenziell positiver bewerten als nicht direkt betroffene Manager desselben Unternehmens.

Aufgrund der beschriebenen möglichen Verzerrungen sieht sich die Befragung erheblicher methodischer Kritik ausgesetzt, auf welche die Vertreter dieses Untersuchungsdesigns unterschiedlich reagieren. BAMBERGER beispielsweise verzichtet gänzlich auf die Beantwortung der berechtigten Frage, ob seine Ergebnisse den Gütekriterien Reliabilität und Validität überhaupt genügen und weist in diesem Zusammenhang nur allgemein auf die seiner Meinung nach in der Literatur erfolgte umfassende Diskussion hin.[695] Andere Autoren stufen die Mängel entweder als nicht gravierend ein bzw. versuchen, die Vorwürfe zu entkräften, indem sie in ihren Arbeiten z. B. die Manager Ausprägungen betriebswirtschaftlicher Kennzahlen angeben lassen, um eine rein subjektive (qualitative) Erfolgsbeurteilung approximativ in eine – von außen betrachtet – objektivere zu überführen; dementsprechend werden im Prinzip Elemente jahresabschlussorientierter Erfolgsmessung und Managementbefragung kombiniert.[696] Im Rahmen von Studien, die beide Konzepte anwenden, korrelieren die Angaben der Manager und Entwicklung der Kennzahlen tatsächlich oft positiv, was die Befürworter der Befragung als Bestätigung der hohen Aussagekraft ihrer Methode interpretieren.[697]

Summa summarum ist festzuhalten, dass sich die Befragung vorrangig als ergänzendes Instrument bei der Anwendung kapitalmarkt- und jahresabschlussorientierter Studien zur Zusammenschlusserfolgsmessung anbietet, wenn u. a. Daten zur finanziellen Lage

---

[695] Vgl. Bamberger (1994), S. 50.

[696] Siehe dazu eine Aufstellung derartiger Analysen bei Gerpott (1993a), S. 211 f. Der Autor geht in seiner eigenen Studie ähnlich vor, indem er versucht, die zunächst qualitativ ausgerichteten Erfolgswahrnehmungen der befragten Interviewpartner mit quantitativ-objektiv wahrnehmbaren Kenngrößen im Sinne periodenbezogener Daten der Finanzbuchhaltung wie ordentliches Betriebsergebnis, Umsatz etc. zu ergänzen bzw. ähnlich so in „quantifizierte Wahrnehmungen" umzuwandeln. Vgl. Gerpott (1993a), S. 196 f. Ebert (1998) erhebt in seiner Untersuchung mittels eines Fragebogens zunächst qualitative Aussagen der Manager über Synergieeffekte, die er dann mit Hilfe von Jahresabschlussdaten in so genannte Synergieindikatoren (die *Materialintensität* wird anhand des Quotienten aus Materialaufwand und Gesamtleistung dargestellt) umwandelt; vgl. Ebert (1998), S. 113 ff. Zwahlen (1994), S. 20, errechnet finanzielle Kennzahlen direkt aus den veröffentlichten Jahresabschlüssen seines Untersuchungsgegenstandes (es handelt sich um eine Fallstudie) und verzichtet gänzlich auf Informationen, die dazu vom Management stammen, obwohl die Befragung im Rahmen seiner Arbeit die zentrale empirische Forschungsmethode bildet.

[697] Vgl. Perin (1996), S. 56.

5.2 Ansätze zur Messung von Zusammenschlusserfolg

erhoben werden sollen, diese aber wegen mangelnder Publizitätspflicht der Unternehmen nicht extern zur Verfügung stehen. Außerdem eignet sich die Befragung vor allem dann, wenn es dem Analysten weniger um den korporativen Erfolg i. e. S. als um die interne Beurteilung einer Transaktion (und deren *prozessuale Eigenschaften* bzw. *Determinanten* wie beispielsweise der Zusammensetzung des verantwortlichen Teams, angewendeten Unternehmensbewertungsmethoden zur Einschätzung des Zielobjekts usw.[698]) geht. Das Interesse GERPOTTS ist z. B. auf den *Integrationserfolg* fokussiert, den der Autor als das Ausmaß definiert, „... in dem vom Erwerber durch eine Akquisition angestrebte ... Transfers materieller und immaterieller Ressourcen bis zu einem bestimmten Zeitpunkt erreicht wurden,"[699] und der sich logischerweise nicht unbedingt vollständig im ökonomischen Erfolg des korporativen Akteurs Unternehmen widerspiegeln muss. MÖLLER geht es primär um den *organisatorischen Erfolg*, der anhand der drei Kriterien Integrationsschwierigkeiten, Dauer organisatorischer Regelungen und Einschätzung durch den Interviewpartner bewertet wird.[700]

5.2.3.3 Beurteilung des Ansatzes bei Unternehmenszusammenschlüssen von Versicherern

Die Anwendung der Management-Befragung wird in der vorliegenden Arbeit einerseits aus den zuvor diskutierten, grundsätzlichen skeptischen, Erwägungen abgelehnt, andererseits ist sie als begleitendes Analyseinstrument anderer Konzepte zur Beurteilung des Zusammenschlusserfolgs von Versicherungsunternehmen überflüssig, da die hier vorgesehenen Quellen zur Datenerhebung, nämlich die Jahresabschlüsse der Erwerber und Zielobjekte aufgrund branchenspezifischer Rechnungslegungsvorschriften, z. B. den Informationspflichten gegenüber den Versicherungsnehmern, sehr umfassend gestaltet und damit trotz aller angesprochenen Defizite prinzipiell aussagekräftiger sind als diejenigen von Unternehmen anderer Branchen, so dass sie eine solide Basis

---

[698] Viele Arbeiten zur Zusammenschlusserfolgsmessung nehmen eine Gliederung nach *strukturellen Determinanten* des Erfolgspotenzials, zu denen u. a. Beteiligungsquoten, Wettbewerbsstärke und Technologieposition des Zielobjekts zählen, sowie *prozessualen Determinanten* der Potenzialvariation – wie oben beschrieben – vor. Eine Übersicht derartiger Determinanten, basierend auf ausgesuchten empirischen Studien, liefert Kirchner (1991), S. 112.

[699] Gerpott (1993a), S. 389.

[700] Vgl. Möller (1983), S. 60.

für die Ermittlung von Kennzahlen darstellen dürften.[701] Im Gegensatz zu anderen Branchen sind ferner **alle** Versicherer mit wenigen, für Gesamtmarktanalysen nicht interessierende Ausnahmen – wie in den Ausführungen zur jahresabschlussorientierten Methode bereits erläutert wurde – zur Veröffentlichung ihrer Geschäftsergebnisse verpflichtet. Eine Ergänzung der Daten nicht-publizitätspflichtiger Unternehmen (die in anderen Branchen meist die kleineren Zielobjekte betrifft) anhand der Befragung kann somit entfallen.

Weiterhin steht bei der nachfolgenden empirischen Untersuchung die rein ökonomische Dimension des Erfolgs von Zusammenschlüssen im Vordergrund, d. h. der Nachweis *korporativer ökonomischer Interessenbefriedigung* zur Nutzenmaximierung, und nicht diejenigen Erfolgsfacetten, zu deren Analyse sich primär Befragungen eignen, und die z. B. die „Qualität zwischenbetrieblicher Integration", „Transfer of Strategic Capabilities" oder „Effectiveness of M & A Implementation" betreffen.[702] Da jedoch persönliche Interessen am Rande eine Rolle spielen (lassen sich Zusammenschlüsse in der Versicherungswirtschaft tatsächlich ausschließlich mit Hilfe ökonomischer Kriterien erklären?), könnte man an dieser Stelle die Ansicht vertreten, persönliche Motive seien am ehesten mit Hilfe der Befragung zu identifizieren und weniger aus den – größtenteils quantitativ ausgerichteten – Jahresabschlüssen zu eruieren. Dem ist entgegenzuhalten, dass Manager im Rahmen von Befragungen wohl kaum wahrheitsgemäß auf die direkte Frage antworten würden, ob persönliche Interessen bei der Entscheidung von Bedeutung waren bzw. diese dann wohl eher als nachrangig einstufen.[703] Selbst ein Großteil der Analysen, der sich speziell mit dieser Problematik beschäftigt, weicht daher auf andere Untersuchungsmethoden aus, die indirekt über den korporativen Erfolg auf die Verfolgung von Managementinteressen schließen, obwohl tauschtheoretisch betrachtet von vornherein eine andere Nutzenfunktion formuliert werden müsste – nur bei Interessenidentität würden beide übereinstimmen.

---

[701] Vgl. Oletzky (1998), S. 16.

[702] Die genannten Erfolgsfacetten werden beispielsweise diskutiert bei Haspeslagh/Jemison (1991), S. 108, und Süverkrüp (1992), S. 128 und S. 173.

[703] Diese Meinung sind u. a. auch Kirchner (1991), S. 99, Petri (1992), S. 109 und Jung (1993), S. 4. Das Problem der Unzuverlässigkeit managerialer Aussagen wurde auch schon im Zusammenhang mit der Relevanz neoklassisch basierter Zielhypothesen zur Erklärung von Unternehmenszusammenschlüssen angesprochen, siehe dazu die Ausführungen unter Abschnitt 3.2.5.

5.2.4 Spezialansätze

5.2.4.1 Desinvestitionsquotenorientierter Ansatz

Im Rahmen von Spezialstudien zur Erfolgsmessung spielen *desinvestitionsquotenorientierte Untersuchungen* eine herausragende Rolle, die ihr Forschungsinteresse auf den Verbleib oder Nichtverbleib des akquirierten Unternehmens beim Erwerber richten.[704] Wie der Name dieses Messkonzeptes bereits dokumentiert, dient hier die so genannte *Desinvestitionsquote* des Erwerbers als Indikator für den Erfolg bzw. Misserfolg von Zusammenschlüssen, welche als prozentualer Anteil derjenigen vormals erworbenen Unternehmen am Unternehmensverbund definiert ist, die in einem bestimmten Zeitraum wieder veräußert oder sogar liquidiert werden. Je niedriger sich diese Quote darstellt (PORTER verwendet den Terminus dann gleichbedeutend mit einer „Success Ratio"), desto erfolgreicher sind Zusammenschlussstrategien beim Käufer zu bewerten.[705] Man unterstellt also implizit, dass erfolgreich integrierte Zielobjekte langfristig im Unternehmensportfolio des Erwerbers verbleiben, dieser sich hingegen von nicht erfolgreich verlaufenen Transaktionen rasch wieder trennt. Untersuchungen zu Desinvestitionsquoten liegen z. Zt. für den US-amerikanischen und den deutschen Markt vor; diejenigen für den US-amerikanischen Markt schätzen Zusammenschlüsse anhand dieses Kriteriums größtenteils negativ ein, im Gegensatz dazu fällt die einzige bislang existierende deutsche Studie ein positives Gesamturteil.[706]

Obgleich das Klassifikationsmaß Desinvestitionsquote grundsätzlich sehr einfach zu handhaben ist, weist diese Methode doch zahlreiche Mängel auf, welche die Akzeptanz des Konzeptes in der Literatur stark abschwächen. Es erlaubt lediglich eine dichotome Schwarz-Weiß-Messung, da bei einer Desinvestition von Zielobjekten innerhalb des festgelegten Analysezeitraums automatisch auf einen Misserfolg der entsprechenden Zusammenschlüsse geschlossen wird.[707] Die folgende Aufstellung möglicher

---

[704] In Bezug auf den US-amerikanischen Markt repräsentieren die Publikationen von Porter (1987a) und (1987b) die populärsten Studien dieser Art, weitere Analysen stammen u. a. von Montgomery/Wilson (1986) und Kaplan/Weisbach (1992). Für den deutschen Markt liegt bis zum jetzigen Zeitpunkt lediglich eine einzige, branchenübergreifende Arbeit von Hoffmann (1989) vor.

[705] Vgl. Porter (1987b), S. 34 ff.

[706] Vgl. Bamberger (1994), S. 170.

[707] Eine Ausnahme stellt – bezogen auf das angesprochene Defizit – die Arbeit von Kaplan/Weisbach (1992) dar, bei der die Autoren Desinvestitionen nicht pauschal als Misserfolge

Desinvestitionsmotive verdeutlicht jedoch, dass eine Vielzahl von Gründen für eine derartige Entscheidung relevant sein kann:

➤ Erzeugung von Steuerersparnissen,

➤ Minderung des Drucks von Wettbewerbsbehörden,

➤ Ausschaltung eines vorherigen Konkurrenten,

➤ Verringerung von Überkapazitäten in einer Branche,

➤ Verteidigung gegen eine feindliche Übernahme sowie

➤ Veräußerung mit Gewinn.[708]

Insbesondere eine Desinvestition aufgrund des zuletzt genannten Motivs ist als zielgerichtete Aktivität zur Erhöhung des gesamten Unternehmenswertes zu interpretieren, wenn ein sanierungsbedürftiges Zielobjekt günstig gekauft und nach erfolgten Sanierungs- und Restrukturierungsmaßnahmen zu einem höheren Preis wieder verkauft werden kann; in diesem Fall würde die Desinvestition dem eigentlichen Zusammenschlusszweck entsprechen und müsste als Erfolg eingestuft werden.[709]

Im Umkehrschluss ist auch nicht davon auszugehen, dass Zielobjekte, die tatsächlich langfristig im Unternehmensverbund verbleiben, uneingeschränkt erfolgreiche Transaktionen repräsentieren: Nimmt man beispielsweise an, der Zusammenschluss sei durch den Erwerb der Aktienmehrheit einer Gesellschaft erfolgt, deren Kurs nach der Übernahme aufgrund einer sich verschlechternden wirtschaftlichen Situation stark zurückgeht, so könnte der Mehrheitsaktionär zumindest mittelfristig von einer Verlustrealisierung, d. h. dem Verkauf seiner Anteile, absehen, oder er findet für das Unternehmen erst gar keinen Käufer.

Neben der Fundamentalkritik eines theoretisch nicht einwandfrei nachweisbaren Zusammenhangs zwischen Desinvestitionsverhalten und Zusammenschlusserfolg tragen weitere Detailmängel wie die unbeantworteten Fragen nach der Höhe einer noch ak-

---

charakterisieren, sondern diese hinsichtlich der Gründe, die explizit zum Verkauf geführt haben, sowie der erzielten Verkaufspreise genauer zu analysieren versuchen.

[708] Vgl. Bamberger (1994), S. 118 f.
[709] Vgl. Albrecht (1994a), S. 194.

5.2 Ansätze zur Messung von Zusammenschlusserfolg

zeptablen Desinvestitionsquote[710] und der allgemeingültigen Definition der Zeitspanne, während derer die Zielobjekte im Unternehmensverbund verbleiben müssen, um als erfolgreiche Transaktionen zu gelten[711], dazu bei, dass desinvestitionsquotenorientierte Untersuchungen in der Literatur als „kaum aussagefähig"[712] zur Identifikation von Zusammenschlusserfolg aufgefasst werden und sich bislang nicht als Standardtechnik etablieren konnten.

Der desinvestitionsquotenorientierte Ansatz ist aus verschiedenen Gründen zur spezifischen Analyse des Zusammenschlusserfolgs von Versicherungsunternehmen noch weniger geeignet als für denjenigen von Unternehmen anderer Branchen. So kommt eine Desinvestition in Form der Liquidation (Auflösung) in der Praxis bei Versicherern extrem selten vor, denn bevor der Geschäftsbetrieb endgültig eingestellt wird, müssen im Zuge der Abwicklung erst sämtliche, aus den laufenden Versicherungsverträgen resultierende Ansprüche der Versicherungsnehmer befriedigt werden, was wegen der Langfristigkeit der Kontrakte viele Jahre, in der Lebens- und privaten Krankenversicherung sogar Jahrzehnte dauern kann. Die kurz- bzw. mittelfristige Korrektur eines Fehlkaufs ist also durch eine Liquidation, wie sie im desinvestitionsorientierten Ansatz postuliert wird, in der Versicherungswirtschaft kaum zu erreichen. Würde sich ein akquiriertes bzw. mittels Fusion voll integriertes Versicherungsunternehmen aus der Perspektive des Erwerbers tatsächlich als kostspieliger Sanierungsfall herauskristallisieren, so geht man eher derart vor, dass zunächst die Versicherungsbestände auf andere übernahmewillige Versicherer übertragen werden, damit die Liquidation später eine nicht mehr aktiv das Versicherungsgeschäft betreibende Gesellschaft betrifft.[713] Diese vorgeschaltete Bestandsübertragung geschieht sehr häufig auf Initiative des BAV, welches „ech-

---

[710] Die auf der Basis dieser Methodik durchgeführten Studien weisen i. d. R. Desinvestitionsquoten zwischen 20 % und 60 % für die erwerbenden Unternehmen auf (Porter (1987a), S. 45, ermittelt in seiner Studie in Bezug auf konglomerate Zusammenschlüsse sogar eine Desinvestitionsrate von 74 %), wobei unklar bleibt, ab welcher Höhe eine Quote als „zu hoch" eingeschätzt wird und die Zusammenschlüsse demnach als insgesamt nicht erfolgreich aus der Perspektive des Erwerbers gelten müssten. Vgl. Gerpott (1993a), S. 207.

[711] Auch unter diesem Aspekt zeichnen sich die einzelnen Arbeiten durch große Unterschiede aus, die betrachtete Zeitspanne nach Vollzug einer Transaktion reicht von fünf bis zu 36 Jahren, was die Vergleichbarkeit der Ergebnisse erheblich erschwert. Vgl. Gerpott (1993a), S. 207.

[712] Perin (1996), S. 44.

[713] Vgl. Farny (2000a), S. 186.

te" Liquidationen im Insolvenzverfahren[714] unbedingt vermeiden möchte, um das Vertrauen der Versicherungsnehmer in das sensible Produkt Versicherungsschutz nicht zu erschüttern.

Strategisch ausgerichtete Liquidationen finden dagegen heute z. B. im Rahmen von Umstrukturierungen im Versicherungskonzern bzw. im Zusammenhang mit Rechtsformwechseln Anwendung, indem gekaufte Versicherungsbestände auf neu gegründete Tochtergesellschaften oder Gesellschaften anderer Rechtsform bzw. größere Unternehmen übertragen werden und man die ursprünglichen Unternehmen dann eine Zeitlang als „Mantel" bestehen lässt bzw. später vollständig liquidiert.[715] Diese Arten der Liquidation als Misserfolg früherer Zusammenschlüsse zu interpretieren würde folgerichtig dem eigentlichen Liquidationszweck widersprechen.

Die Alternative zur Liquidation, d. h. die Desinvestition in Form des Wiederverkaufs eines zuvor erworbenen Zielobjekts, in der Terminologie der Zusammenschlusserfolgsmessung definiert als mehr oder weniger vollständige Abstoßung von Kapitalanteilen bzw. Vermögensgegenständen durch den vormaligen Erwerber an Dritte[716], steht außerdem nicht allen Versicherungsunternehmen zur Verfügung, sondern nur den V-AG, da an VVaG und ÖRA grundsätzlich keine Kapitalbeteiligungen erworben und insofern auch nicht wieder veräußert werden können. Ein Untersuchungsansatz, der sich zur Analyse des Zusammenschlusserfolgs derartiger Indikatoren bedient, würde nur begrenzt aussagefähige Ergebnisse, also lediglich solche für denjenigen Teil der Zusammenschlüsse liefern, in den V-AG als Zielobjekte involviert sind, und nicht das gesamte Spektrum der Zusammenschlüsse bei Versicherungsunternehmen anderer

---

[714] Liquidationen im Insolvenzverfahren sind bei Versicherern durch ein komplexes rechtliches Procedere gekennzeichnet, dessen konkrete Ausgestaltung rechtsformspezifisch geregelt ist. So kann die Liquidation einer ÖRA beispielsweise nur per Gesetzgebungsakt, nach Maßgabe ihrer individuellen Satzung und unter Mitwirkung der Aufsichtsbehörden realisiert werden, die Entscheidung zur Liquidation liegt demnach nicht im alleinigen Ermessen der sonst für die Geschäftsführung verantwortlichen Unternehmensleitung. Vgl. Farny (2000a), S. 211 f.

[715] In den 60er und 70er Jahren wurde diese Methode häufig bei der Übernahme sehr kleiner, regional tätiger VVaG zur „Marktbereinigung" angewendet, die nach erfolgter Bestandsübertragung auf größere Versicherer gänzlich vom Markt verschwanden. Siehe dazu die detaillierten Angaben zu Bestandsübernahmen und Liquidationen in den VerBAV der entsprechenden Jahrzehnte (1960-1970).

[716] Siehe genauer zu den Termini Unternehmensakquisition und Unternehmensverkauf unter Abschnitt 2.1.2 der vorliegenden Arbeit.

Rechtsformen berücksichtigen. Das desinvestitionsquotenorientierte Konzept findet in der vorliegenden Arbeit aufgrund dieser und der o. a. Spezifika keine Anwendung.

5.2.4.2 Marktpositions- und risikoorientierte Ansätze

ALBRECHT und BAMBERGER komplettieren in ihren Übersichten zu empirischen Forschungsmethoden der Zusammenschlusserfolgsmessung die Spezialstudien um zwei weitere Konzepte, nämlich marktpositions- und risikoorientierte Untersuchungsdesigns, die deshalb auch an dieser Stelle kurz erläutert werden sollen.[717] *Marktpositionsorientierte Analysen* implizieren einen direkten Zusammenhang zwischen der Marktposition eines Unternehmens und dessen verfolgter Zusammenschlussstrategie, wobei die Marktposition anhand des Konzentrationsgrades der Branche, des Marktanteils, des Marktwachstums sowie der Branchenrentabilität operationalisiert werden kann. Man geht davon aus, dass diese Variablen in unterschiedlichem Maße mit der Unternehmensrentabilität verbunden sind. Die Vorgehensweise kann zwar prinzipiell interessante Erkenntnisse über die Auswirkungen von Zusammenschlüssen auf die Marktposition des Erwerbers liefern, es ist aber nicht einzusehen, warum nicht direkt die Unternehmensrentabilität in Form entsprechender Kennziffern untersucht wird, was z. B. mit Hilfe einer jahresabschlussorientierten Analyse möglich wäre. Insbesondere die im Rahmen der Hypothesen zu den Zielen von Zusammenschlüssen vorgestellten Wertschöpfungspotenziale dokumentieren, dass Verbesserungen der Marktposition nur eine von vielen Alternativen zur Wertschöpfung darstellen.[718]

Analog argumentiert man in der Literatur in Bezug auf *risikoorientierte Studien*, die entweder eine Analyse der Veränderung des gesamten Unternehmensrisikos oder speziell des systematischen bzw. unsystematischen Risikos, die aus Zusammenschlüssen resultieren, vornehmen.[719] Auch hier wird trotz der akzeptierten Bedeutung des (Unternehmens-)Risikos für den Unternehmenserfolg vorrangig die fehlende Verknüpfung

---

[717] Vgl. Albrecht (1994a), S. 194 f., und Bamberger (1994), S. 120 f. Der marktpositionsorientierte Ansatz findet sich bei Hopkins (1984) und (1987), Beispiele für risikoorientierte Studien stellen die Publikationen von Hogarty (1970), Salter/Weinhold (1978) und Mueller (1979) dar.

[718] Siehe dazu die zusammenfassenden Überlegungen zu den mit Unternehmenszusammenschlüssen verbundenen Motiven/Zielen unter Abschnitt 3.4 der vorliegenden Arbeit, die einerseits auf die Vielfalt von Zielen hinweisen, andererseits zahlreiche Interdependenzen zwischen diesen konzedieren.

[719] Vgl. Albrecht (1994a), S. 195.

mit der gesamten Unternehmenssituation kritisiert; dieses Manko vermeiden gerade die kapitalmarktorientierten Studien, die sich durch eine explizite Einbindung des Risikos bei der Berechnung der abnormalen Rendite auszeichnen, aber generell auf eine Beurteilung des korporativen Erfolgs abzielen.

Aufgrund der geschilderten Defizite und Ersatzmöglichkeiten durch andere, umfassendere Ansätze finden marktpositions- und risikoorientierte Konzepte in der empirischen Forschung nur sehr selten Anwendung und sollen demnach auch in der nachfolgenden Untersuchung von Zusammenschlüssen deutscher Versicherungsunternehmen keine Berücksichtigung erfahren.

5.3 Zusammenfassung

Die Darstellung zunächst des theoretischen Konstrukts Zusammenschlusserfolg und daran anschließend der verschiedenen, in der Literatur vorgeschlagenen empirischen Messmethoden dokumentiert, dass es sich auch bei diesem Aspekt des Untersuchungsgegenstandes Unternehmenszusammenschlüsse um ein komplexes, schwer handhabbares Phänomen handelt. Da keines der hier diskutierten Konzepte mit seinen angeschlossenen Erfolgsdefinitionen für sich in Anspruch nehmen kann, als allgemein akzeptiertes Standardinstrument zur Beurteilung des Erfolgs zu gelten – sämtliche Ansätze sind wegen erheblicher praktischer und/oder theoretischer Defizite bedeutender Kritik ausgesetzt –, tritt wiederum das Problem der Heterogenität und des dadurch schwach ausgeprägten inhaltlichen Konsenses im Umgang mit dem Sachverhalt auf.

Auch in diesem Fall kann die konsequente Anwendung des tauschtheoretischen Denkmusters, speziell seiner darin integrierten, ökonomisch fundierten Kalküle des Nutzens und der Nutzenmaximierung, wertvolle Hilfestellung zur Annäherung der verschiedenen Vorgehensweisen und zur Schaffung einer gemeinsamen Forschungsbasis leisten, indem a priori als generelle „Driving Force" das Ziel der Nutzenmaximierung formuliert wird, das je nach Ausgestaltung der (persönlichen bzw. korporativen) Interessen der handelnden Akteure unter Berücksichtigung der verwendeten empirischen Untersuchungsmethode entweder erfüllt wird (dann ist ein erfolgreicher Zusammenschluss zu konstatieren) oder nicht (dann müsste man von einem Misserfolg sprechen). In den vorangegangenen Abschnitten wurden die Überlegungen zur Beschreibung und Auswahl einer für den Untersuchungsgegenstand der vorliegenden Arbeit geeigneten Messmethode daher stets vor dem Hintergrund dieses Denkschemas vorgenommen, um eine Angleichung zu ermöglichen.

5.3 Zusammenfassung

Aus wissenschaftstheoretischer Perspektive ist der kapitalmarktorientierte Ansatz mit seiner aus der Befriedigung korporativer, vor allem eigentümerfokussierter, Interessen in Form der abnormalen Rendite abgeleiteten Nutzenfunktion zur Erfolgsmessung am besten geeignet. Auf diesen Ansatz kann man allerdings aufgrund fehlender Verfügbarkeit der Rohdaten, die börsennotierten, in Zusammenschlüsse involvierten Unternehmen entnommen werden müssen, nicht immer zurückgreifen. Vor allem in Deutschland ist es aus praktischen Erwägungen kaum vermeidbar, für breiter angelegte Portfoliountersuchungen Kennzahlen wie z. B. Rentabilitäts- und Wachstumsmaße zu verwenden, die aus Jahresabschlüssen stammen; dies gilt ebenso für die Versicherungswirtschaft. Darüber hinaus sollte man wegen bestimmter inhaltlicher Bedenken nicht ausschließlich den kapitalmarktorientierten Ansatz präferieren, denn die alleinige Ausrichtung auf den korporativen Erfolg im Sinne der Eigentümerinteressen spiegelt nicht immer sämtliche mit einem Zusammenschluss bezweckten korporativen Zielsetzungen wider, allgemein gesehen werden u. a. qualitative Ziele nicht berücksichtigt oder im Falle des Zusammenschlusses von Versicherern speziell Ziele für die Versicherungsnehmer in Verbindung mit spezifischen Rechtsformen (VVaG, ÖRA) vernachlässigt. Sowohl unter praktischen als auch unter theoretischen Gesichtspunkten stellt daher zweifelsohne der jahresabschlussorientierte Ansatz unter Verwendung eines kombinierten Zeit-/Betriebsvergleichs für die Zwecke der vorliegenden Arbeit die geeignetste Untersuchungsmethode dar.

Als Fazit ist festzuhalten, dass die eigene Vorgehensweise (in diesem Fall die Jahresabschlussanalyse) zur Erfassung des Erfolgs von Unternehmenszusammenschlüssen stets einen Kompromiss zwischen den theoretischen Anforderungen an ein entsprechendes Messkonzept und den praktischen Möglichkeiten großzahliger empirischer Forschung verkörpert. Sie ist damit nicht „perfekt" und kann als Resultat lediglich eine Näherungslösung präsentieren. Diese Erkenntnis sollte den externen Analysten allerdings nicht davon abhalten, überhaupt empirische Überlegungen zum Sachverhalt anzustellen, da auch aus solchen Untersuchungen wertvolle Anhaltspunkte, einerseits zur Identifikation von Erfolgspotenzialen und deren Umsetzung im Transformationsprozess, andererseits zur Ermittlung von generellen Erfolgsdeterminanten, gewonnen werden können. SIEBEN/SIELAFF merken daher zu Recht an, dass jede empirische Studie „ ... im Zweifel besser als der Verzicht auf eine (Erfolgs-, Erg. d. Verf.) Kontrolle überhaupt ..."[720] ist.

---

[720] Sieben/Sielaff (1989), S. 47.

6 Erfolgsbeurteilung von Unternehmenszusammenschlüssen bei Versicherern

6.1 Vorbemerkungen

Die folgenden Ausführungen, die nach Vollendung des theoretischen Teils der vorliegenden Arbeit ihren empirischen Teil mit dem Ziel der beispielhaften Erfolgsbeurteilung von Fusionen und Bestandsübertragungen bei Versicherungsunternehmen unter dem Blickwinkel des tauschtheoretischen Meta-Denkmusters umfassen, lassen sich – analog zu anderen Arbeiten, die sich mit der Zusammenschlusserfolgsmessung beschäftigen[721] – inhaltlich in zwei Hauptteile gliedern.

Der erste Hauptteil schildert die zur eigentlichen Durchführung der empirischen Untersuchung erforderlichen elementaren Schritte in Form von Stichprobenbildung und methodischer Gestaltung der im vorherigen Kapitel als geeigneten Ansatz bewerteten Jahresabschlussanalyse, mit deren Hilfe eine entsprechende Erfolgsmessung ermöglicht werden soll. Das Ergebnis dieses Prozesses stellen zunächst eine Reihe von Fusionen und Bestandsübertragungen der Versicherer dar, die im Anschluss daran anhand bestimmter, speziell auf die Versicherungswirtschaft ausgerichteter Kriterien, operationalisiert über Kennzahlen, auf ihren Erfolg hin analysiert werden. Die Resultate dieser Analyse bilden wiederum den Ausgangspunkt für den zweiten großen Teil dieses Kapitels, der sich vollständig auf die Interpretation der Untersuchungsergebnisse unter verschiedenen Aspekten konzentriert, die letztendlich eine Gesamtbeurteilung der in die Kategorie der externen Wachstumsstrategien einzuordnenden Instrumente Fusion und Bestandsübertragung im Hinblick auf die Erfüllung der – tauschtheoretisch formuliert – korporativen bzw. individuellen Nutzenfunktion von Versicherungsunternehmen implizieren.

---

[721] Vgl. exemplarisch Albrecht (1994a) und Perin (1996), jeweils im Inhaltsverzeichnis.

6.2 Stichprobenbildung

6.2.1 Grundkonzeption des Auswahlprozesses

Prinzipiell beinhaltet der Auswahlprozess zur Bildung einer Stichprobe für die empirische Analyse von Zusammenschlusserfolg zwei wesentliche Schritte: erstens die *Auswahl geeigneter Unternehmen* und zweitens die *Auswahl geeigneter Zusammenschlüsse*.[722] Dazu kommt als dritter Schritt die *Auswahl eines geeigneten Stichprobenzeitraums*, der wiederum indirekt die ersten beiden Schritte beeinflusst.

Bezogen auf den zu Beginn der theoretischen Ausführungen explizit definierten Untersuchungsgegenstand, Zusammenschlüsse auf dem deutschen Versicherungsmarkt zu betrachten[723], hat sich das Augenmerk des Analysten konkret auf **Versicherungsunternehmen** zu richten, die in einem **bestimmten Zeitraum** auf dem deutschen Markt Unternehmenszusammenschlüsse in Form von **Fusionen** oder **Bestandsübertragungen** realisiert haben. Da diese Aktivitäten der Anzeige- und Genehmigungspflicht nach § 14 VAG durch das BAV unterliegen, finden sie Eingang in die seit 1953 monatlich erscheinenden Veröffentlichungen des BAV (VerBAV) und können dort lückenlos nachvollzogen werden. Die nachstehende Abb. 6.1 vermittelt graphisch ein genaues Bild der Fusions- und Bestandsübertragungsaktivitäten von Versicherungsunternehmen über den gesamten Zeitraum auf Basis der hier zur Verfügung stehenden VerBAV bis zum Jahre 2000.

---

[722] Siehe exemplarisch die branchenübergreifenden Arbeiten von Bühner (1990b), S. 23, und Albrecht (1994a), S. 39, die auf der Basis dieses Schemas vorgehen.

[723] Viele Arbeiten zum Zusammenschlusserfolg gehen methodisch einen anderen Weg, indem sie undifferenzierte Analysen aller Ausprägungen des gesamten M & A-Marktes vornehmen, was u. U. zu verzerrten Aussagen führt. Einige Autoren ergänzen die zunächst sehr allgemein gehaltenen Analysen später durch Partialanalysen anhand bestimmter Kriterien, um diesen Vorwurf abzuschwächen; Beispiele solcher Untersuchungen sind diejenigen von Bühner (1990b), Albrecht (1994a) und Eckhardt (1999). Einschränkend muss allerdings betont werden, dass auch bei undifferenziertem Vorgehen eine gewisse Vorauswahl der Zusammenschlüsse erfolgt: So berücksichtigen sowohl Bühner (1990b), S. 28, als auch Albrecht (1994a), S. 52, durch Verwendung der offiziellen Statistik des Bundeskartellamtes ausschließlich Zusammenschlüsse kartellrelevanter Größenordnung, die dementsprechend nicht die Gesamtheit aller in einem bestimmten Zeitraum vollzogenen Zusammenschlüsse widerspiegeln. Allein Eckhardt (1999), S. 29 f., wird dem gesamten M & A-Markt annähernd gerecht, indem er neben der Statistik des Bundeskartellamtes eine weitere, nämlich die der M & A Review, als Datengrundlage heranzieht und somit ein genaueres Bild der Zusammenschlusstätigkeit auf dem deutschen Markt, jedoch lediglich für die Jahre 1985-1992 (sein Stichprobenzeitraum umfasst insgesamt die Jahre 1964-1992) vermittelt.

6.2 Stichprobenbildung

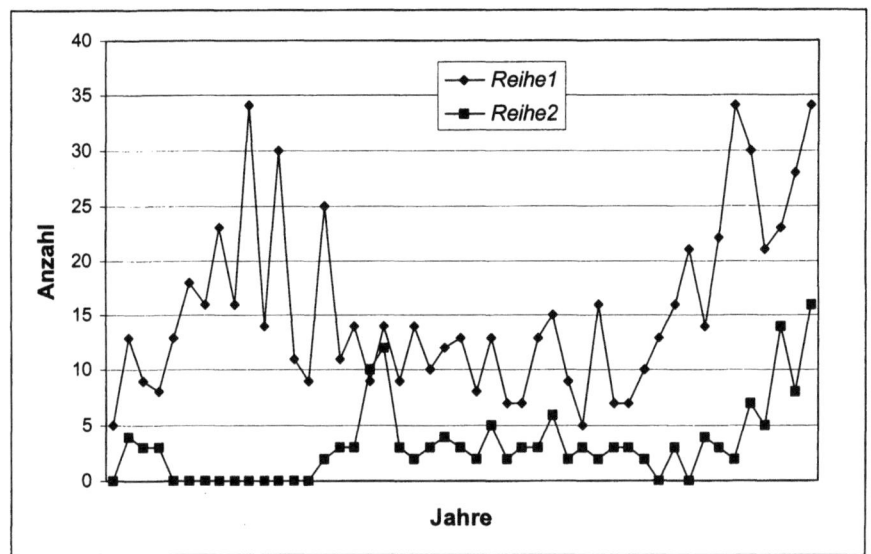

Reihe 1 = Bestandsübertragungen   Reihe 2 = Fusionen

Abb. 6.1.: Fusionen und Bestandsübertragungen auf dem deutschen Versicherungsmarkt von 1953-2000[724]

Anhand der Abb. 6.1 wird deutlich, dass eine erhöhte Anzahl von Bestandsübertragungen über den gesamten Berichterstattungszeitraum betrachtet bereits in den 60er Jahren zu verzeichnen war, während die Fusionsaktivitäten ihren ersten Höhepunkt zu Beginn der 70er Jahre erreichten. Nach einer eher von Stagnation auf relativ niedrigem Niveau geprägten Phase in den 80er Jahren waren dann Anfang der 90er Jahre bei beiden Formen des Zusammenschlusses weitere Steigerungen zu beobachten, die in Bezug auf die Bestandsübertragungen im Jahre 1994 ihr bisheriges Höchstmaß erzielten, während Fusionen in dieser Dekade im Jahre 2000 am häufigsten auftraten. Summiert über die Jahre 1953-2000 wurden von den Unternehmen auf dem deutschen Markt insgesamt 753 Bestandsübertragungen und 146 Fusionen vorgenommen. Diese Angaben können jedoch für den Stichprobenzeitraum der angestrebten empirischen Studie, der noch präzise zu definieren sein wird, aufgrund bestimmter inhaltlicher Anforderungen sowohl an Versicherer als auch an Zusammenschlüsse zwecks Vermeidung

---

[724] Quelle: eigene Darstellung.

verzerrter Aussagen nicht undifferenziert als Datengrundlage dienen, sondern müssen einer „Eignungsprüfung" unterzogen werden.

6.2.2 Auswahl geeigneter Versicherungsunternehmen

In den VerBAV werden Fusionen und Bestandsübertragungen **aller** am deutschen Markt aktiven Versicherer erfasst, d. h. auch derjenigen Anbieter, die in wissenschaftlichen Analysen zum Gesamtmarkt – unabhängig von der jeweils untersuchten Problematik – wegen ihrer marginalen ökonomischen Bedeutung per se keine Rolle spielen, also regional operierende Pensions- und Sterbekassen oder auf bestimmte Kundengruppen und Versicherungszweige konzentrierte Kranken-, Sach- und Tierversicherungsgesellschaften unter Landesaufsicht; deren Zusammenschlüsse im Übrigen primär verantwortlich für die frühen Merger Waves in den 60er und zu Beginn der 70er Jahre waren.[725] Anhand der Prämieneinnahmen lässt sich die geringe Bedeutung dieser Anbieter illustrieren: So betrug im Jahre 1960 die durchschnittliche Prämieneinnahme eines kleineren Tierversicherungsvereins weniger als 2000 DM.[726] FARNY spricht den meisten in der rechtlichen Spezialform des „kleineren VVaG" betriebenen Versicherern sogar gänzlich die Merkmale eines nach ökonomischen Grundsätzen geführten Unternehmens ab.[727] Aus diesen Gründen sollen sie auch in dieser empirischen Studie zum Zusammenschlusserfolg keine Berücksichtigung erfahren und müssen deshalb aus den Angaben in den VerBAV herausgefiltert werden.

Dies erfolgt anhand eines Abgleichs mit dem *Hoppenstedt Versicherungsjahrbuch*, das jährlich neu aufgelegt wird und auf Jahresabschlüssen und Firmengesprächen basierende Einzelberichte zu allen auf dem deutschen Gesamtmarkt „bedeutenden" aktiven Unternehmen enthält, die anhand ihrer gebuchten Brutto-Beitragseinnahmen ausgewählt werden, und eben jene oben beschriebenen „kleineren VVaG" und darüber hin-

---

[725] Beispiele für solche Zusammenschlussaktivitäten stellen u. a. die Verschmelzungen der Vorsorgekasse Hoesch, Dortmund, mit der Sterbekasse Henrichshütte, Hattingen oder der „Trampfahrt" Betriebs-Risiko-Versicherung für Seefrachtschiffe a. G. mit der WIKING Kranken- und Reederfürsorge-Versicherung für Küstenschiffer a. G. in den Jahren 1998 und 1999 dar. Siehe dazu die entsprechenden VerBAV der Jahre 1998 und 1999 jeweils unter dem Stichwort „Verschmelzung", S. 300 und S. 99.

[726] Vgl. Farny (2002), S. 8.

[727] Vgl. Farny (2000a), S. 205 f.

6.2 Stichprobenbildung

aus sehr kleinen Unternehmen vernachlässigt.[728] Das Jahrbuch deckt so regelmäßig ca. 90 % des Gesamtmarktes, gemessen an den gebuchten Brutto-Beitragseinnahmen, ab und stellt damit die repräsentativste Informationsbasis über die wichtigsten Gesellschaften dar. Sollten demnach diejenigen Versicherer, die den VerBAV-Angaben zufolge in eine Fusion oder Bestandsübertragung involviert waren, nicht über den noch festzulegenden Beobachtungszeitraum im Hoppenstedt Jahrbuch erscheinen, werden sie entsprechend in der empirischen Analyse nicht berücksichtigt. Dieses Kriterium gilt auch, wenn nur eines der betroffenen Unternehmen (i. d. R. das Zielobjekt) keinen Eingang in das Jahrbuch gefunden hat, was verhindert, dass Zusammenschlüsse untersucht werden, die für die aufnehmenden Unternehmen unbedeutend (bezogen auf das Verhältnis der Brutto-Beitragseinnahmen zueinander) sind.[729]

Aufgrund der generellen Anzeige- bzw. Genehmigungspflicht von Fusionen und Bestandsübertragungen für sämtliche am deutschen Markt tätigen Versicherer beinhaltet die Berichterstattung in den VerBAV konsequenterweise auch derartige Aktivitäten ausländischer Gesellschaften.[730] Bis zur formalen Realisierung des Europäischen Binnenmarktes für Finanzdienstleistungen am 01.07.1994 durften ausländische Unternehmen ihre Produkte in Deutschland ausschließlich über Niederlassungen vertreiben, wobei die Niederlassungen analog zu den deutschen Unternehmen vollständig der materiellen deutschen Versicherungsaufsicht unterlagen, die zugleich die Pflicht zur externen und internen Rechnungslegung mit Erstellung eines Jahresabschlusses nach HGB für das deutsche Geschäft beinhaltete. Nach Ablauf dieses Datums ist jedoch das Niederlassungserfordernis entfallen, ausländische Versicherer können nun außerdem

---

[728] Vgl. beispielsweise das Vorwort zum Hoppenstedt Jahrbuch 2000 (1999), S. V. Siehe außerdem die Ausführungen zur Qualifizierung jahresabschlussbasierter Studien als Messmethode des Zusammenschlusserfolgs unter Abschnitt 5.2.2.3, die dieses Kriterium bereits einbeziehen.

[729] Die Untergrenze dürfte hier für das Zielobjekt bei einem 5 %igen Anteil an den Brutto-Beitragseinnahmen des Erwerbers liegen. Zum Vergleich: Bühner (1990b), S. 29, vernachlässigt in seiner Untersuchung Zusammenschlüsse, bei denen das Nominalkapital des Zielobjekts weniger als 1 % des Nominalkapitals des Erwerbers betrug.

[730] Ein Beispiel für eine Bestandsübertragung mit Beteiligung der Niederlassung eines ausländischen Versicherers stellt diejenige der Zürich Versicherungs-Gesellschaft, Direktion für Deutschland, auf die Deutscher Lloyd Versicherungs-Aktiengesellschaft im Jahre 1992 dar. Vgl. VerBAV (1992), S. 383.

- sofern sie ihren Hauptsitz in einem Land der EU unterhalten – auf dem Wege des freien, grenzüberschreitenden Dienstleistungsverkehrs EU-weit tätig sein.[731]

Das mit der Vollendung des Binnenmarktes einhergehende *Prinzip der Sitzlandaufsicht*[732] über die Gesamttätigkeit von Versicherungsunternehmen bedingt erhebliche Einschränkungen der Aufsichtsmöglichkeiten des BAV in Bezug auf ausländische Gesellschaften, die u. a. die Rechnungslegungspflichten dieser Unternehmen betreffen. So sind ab dem Geschäftsjahr 1995, beginnend mit dem 01.01.1995, nur noch Niederlassungen von Versicherungsunternehmen zur Erstellung von Jahresabschlüssen ihres deutschen Geschäfts nach dem HGB verpflichtet, die zum Geschäftsbetrieb der Erlaubnis des BAV bedürfen, m. a. W. Niederlassungen von Versicherern aus Drittstaaten[733]. EU-Versicherer, die das Recht des freien Dienstleistungsverkehrs wahrnehmen und unter Sitzlandaufsicht stehen, sind ab 1995 gänzlich von dieser Pflicht befreit; Jahresabschlüsse dieser Unternehmen stehen also mit Beginn dieses Zeitraums nicht mehr zur Verfügung, so dass ihre Zusammenschlussaktivitäten wegen des jahresabschlussorientierten Hintergrundes zur Erfolgsbeurteilung in dieser Arbeit keinen Eingang finden können.[734]

Der Blick auf die nachfolgende Tab. 6.1 zeigt allerdings, dass das Gewicht des über Niederlassungen und über den freien Dienstleistungsverkehr abgewickelten Geschäfts im Verhältnis zum gesamten selbst abgeschlossenen Versicherungsgeschäft (SaV) auf dem deutschen Markt[735] sehr gering ist (es betrug 1999 lediglich 1,6 % im Lebens-

---

[731] Für Versicherungsunternehmen aus Ländern des Europäischen Wirtschaftsraums (EWR), dazu zählt u. a. die Schweiz, und so genannten Drittländern gelten spezielle Vorschriften, vgl. dazu die §§ 105-110 VAG. Ihre Möglichkeiten, in den EU-Ländern individuell Versicherungsgeschäfte betreiben zu können, sind insgesamt gesehen gegenüber Gesellschaften mit Sitz in der EU stark eingeschränkt.

[732] Dieser Grundsatz besagt, dass Zulassung, laufende Aufsicht und Kontrolle EU-weit tätiger Versicherer zentrale Aufgaben ihres Sitzlandes, d. h. ihres Herkunftslandes, nach den dort herrschenden gesetzlichen Vorschriften darstellen. Siehe zur Entwicklung des Europäischen Binnenmarktes für Versicherungen umfassend Settnik (1996), S. 57-66.

[733] Vgl. § 106 Abs. 2 Satz 4 VAG iVm § 55 Abs. 1 VAG bzw. § 110d Abs. 2 Satz 1 VAG iVm § 55 Abs. 1 VAG.

[734] Exemplarisch für einen solchen Fall sei die Bestandsübertragung der Winterthur-Europe Assurances Societe Anonyme, Brüssel, auf die Winterthur-International U. K. Limited, London, angeführt. Vgl. VerBAV (1996), S. 137.

[735] Das gesamte Geschäft eines (Erst-)Versicherers setzt sich – sofern er auch als Rückversicherer agiert – aus dem selbst abgeschlossenen und dem in Rückdeckung übernommenen Geschäft anderer Versicherer zusammen; letzteres nimmt i. d. R. jedoch nur einen Bruchteil des gesamten Ge-

6.2 Stichprobenbildung

bzw. 1,2 % im Nicht-Lebensbereich), d. h. selbst bei Kenntnis der individuellen Geschäftsergebnisse über die Jahresabschlüsse würden wohl alle Anbieter[736] wegen ihrer Bedeutungslosigkeit durch das zuvor definierte Raster des Abgleichs mit dem Hoppenstedt Jahrbuch fallen. Eine Bereinigung der Stichprobe um deutsches Geschäft ausländischer Niederlassungen und Dienstleistungsunternehmen führt demnach nicht zu aussageschwächeren Ergebnissen, zumal diejenigen Unternehmen, die in ausländischem Mehrheitsbesitz stehen[737] und von denen einige seit Jahren im Gegensatz zu den o. a. Unternehmen eine herausragende Marktposition einnehmen (u. a. die Konzerne AMB-Generali, AXA und DBV-Winterthur, die 1999 jeweils einen Marktanteil von ca. 1 % erwirtschafteten), von den modifizierten Aufsichts- bzw. Rechnungslegungsregeln und somit ex ante von der Bereinigung nicht betroffen sind.

Tab. 6.1: Beitragsvolumen des Niederlassungs- und Dienstleistungsgeschäfts ausländischer Versicherer auf dem deutschen Markt im Jahre 1999[738]

	Lebensversicherung				Nicht-Lebensversicherung			
	1999		1998		1999		1998	
	TDM	Anteil [%]	TDM	Anteil [%]	TDM	Anteil [%]	TDM	Anteil [%]
V-Geschäft durch								
- Niederl.	146.174	0,1	12.680	0	809.705	0,6	981.317	0,7
- Dienstl.	1.742.181	1,5	344.385	0,3	873.857	0,6	406.650	0,3
Insgesamt	1.888.355	1,6	357.065	0,3	1.683.562	1,2	1.387.967	1
SaV (inländisch) deutscher VU	114.907.289	98,4	102.686.560	99,7	137.702.679	98,8	135.910.703	99,0
Gesamtes SaV in Deutschland	116.795.644	100,0	103.043.625	100,0	139.386.241	100,0	137.298.670	100,0

---

schäfts ein (unter 10 %), da die meisten Versicherer dazu professionelle Rückversicherer in Anspruch nehmen.

[736] Im Jahr 2001 wurden 98 Niederlassungen und 552 so genannte Dienstleistungs-Versicherungsunternehmen ausländischer Gesellschaften registriert. Vgl. GB BAV 2000 (2002), Teil B, S. 6.

[737] Die letzten aktuellen Zahlen über die Marktanteile von in ausländischem Mehrheitsbesitz befindlichen Versicherern am deutschen Markt stammen aus dem Jahre 1999: Danach konnten die Unternehmen in diesem Geschäftsjahr einen prämienmäßigen Anteil von rund 20 % erzielen, der den bislang höchsten Wert aller jemals gemessenen Anteile repräsentiert. Vgl. Farny (2002), S. 11.

[738] Quelle: GB BAV 2000 (2002), Teil B, S. 6.

6.2.3 Auswahl geeigneter Unternehmenszusammenschlüsse

Neben den Unternehmen sollen auch die zu analysierenden Zusammenschlüsse, die zwar durch die Ausrichtung auf Fusionen und Bestandsübertragungen als bindungsintensivste Formen von Zuoammenschlüssen bereits einer Vorauswahl unterlagen, weiteren enger definierten, inhaltlichen Kriterien genügen, um verzerrten Aussagen der empirischen Studie vorzubeugen.

So subsumiert das BAV in seinen VerBAV beispielsweise unter dem Stichwort „Übernahme/Übertragung eines Versicherungsbestandes" sowohl *Gesamt-* als auch *Teilbestandsübertragungen*[739], wobei aus den Angaben im Einzelnen nicht ersichtlich ist, welchen quantitativen Umfang die Teilbestandsübertragungen am Gesamtbestand des übertragenden Versicherers, gemessen an den Brutto-Beitragseinnahmen, besitzen; es werden lediglich qualitative Informationen zu den übertragenen Versicherungszweigen geliefert.[740] Die qualitativen Informationen lassen allerdings erahnen, dass es sich i. d. R. bei den Teilbestandsübertragungen um die Übertragung einzelner Versicherungszweige handelt, die den Fortbestand des übertragenden Unternehmens als rechtlich und wirtschaftlich selbstständiger Wettbewerber am Markt mit den verbleibenden Zweigen nicht beeinträchtigen, d. h. das übernehmende Unternehmen übt nach vollzogener Teilbestandsübertragung keinerlei Einfluss mehr auf das übertragende aus.

In der vorliegenden Arbeit geschah in Anlehnung an die herrschende Meinung die inhaltliche Festlegung des Unternehmenszusammenschlusses als eine Verbindung von Unternehmen zur Verfolgung einer (gemeinsamen) wirtschaftlichen Zielsetzung, mit der zumindest eine zeitweilige Einschränkung der wirtschaftlichen Dispositionsfreiheit des Zielobjekts (z. B. bei Kooperationen) verknüpft ist, die im Extremfall bis zum völligen Verzicht auf seine wirtschaftliche und rechtliche Selbstständigkeit (bei Fusionen beispielsweise) führen kann.[741] Diese Eigenschaften weisen Teilbestandsübertragungen nicht auf, so dass sie aus den weiteren Untersuchungen ausgeschlossen werden.

---

[739] Siehe zu Begriff und Wesen der Bestandsübertragung als spezielle Form des Unternehmenszusammenschlusses in der Versicherungswirtschaft ausführlich unter Abschnitt 2.4.2.2.

[740] Eine Teilbestandsübertragung im obigen Sinne stellt u. a. die Übernahme des Hagelversicherungszweiges der Magdeburger Hagelversicherung Aktiengesellschaft durch die Münchener Hagelversicherung Aktiengesellschaft dar. Vgl. VerBAV (1999), S. 23.

[741] Vgl. dazu die Definition von Unternehmenszusammenschlüssen als Oberbegriff für die zahlreichen Ausprägungen unternehmerischer Zusammenarbeit unter Abschnitt 2.1.2.

6.2 Stichprobenbildung

Wenn im Folgenden von Bestandsübertragungen gesprochen wird, sind demnach ausschließlich *Gesamt*bestandsübertragungen gemeint, welche i. d. R. den Rückzug der übertragenden Unternehmen (Zielobjekte) vom Markt im Sinne einer Aufgabe ihrer Geschäftstätigkeit bedingen.[742]

Damit Bestandsübertragungen als externe Wachstumsstrategien interpretiert werden können, ist es ferner notwendig, dass sowohl übertragendes als auch übernehmendes Unternehmen bereits **vor** der Durchführung der Zusammenschlussaktivität als aktiv das Versicherungsgeschäft betreibende, entweder rechtlich selbstständige in einen Konzern eingebundene Tochtergesellschaften oder gänzlich eigenständige Einzelunternehmen am Markt existierten.[743] Im Zuge der besonders in den letzten Jahren verstärkt auftretenden Umstrukturierungen von reinen Versicherungskonzernen zu *Holding-Organisationen*[744] sind eine Reihe von Bestandsübertragungen zu beobachten gewesen, bei denen das bisher an der Konzernspitze stehende Versicherungsunternehmen, d. h. die Muttergesellschaft, ihr operatives Geschäft auf eigens dafür gegründete Tochtergesellschaften übertrug, um im Anschluss daran einerseits die Träger- bzw. Eigentümerschaft an den Konzernunternehmen durch Halten der Kapitalbeteiligungen wahrzunehmen, andererseits die strategische Leitung des Konzerns auszuüben.[745] Die Führung der operativen Geschäfte bleibt im Allgemeinen den entsprechenden Versicherern vorbehalten, die zugleich die Adressaten der Aufsicht bilden.

---

[742] Anders als bei der Fusion kann der übertragende Versicherer jedoch mit seinem „Mantel" als rechtliche Einheit bestehen bleiben, um u. U. später auf einfache Weise, d. h. ohne erneute Zulassung durch das BAV, seinen Geschäftsbetrieb wieder aufzunehmen. Im Jahre 2000 verzeichnete die Aufsichtsbehörde bei insgesamt 692 gemeldeten Gesellschaften 38 Unternehmen ohne Geschäftstätigkeit, von denen zwölf Neugründungen darstellten, die im Berichtsjahr ihren Geschäftsbetrieb noch nicht aufgenommen hatten; die restlichen 26 Unternehmen bildeten Versicherer, die das technische Geschäft über Bestandsübertragungen so weit abgewickelt hatten, dass sie keine entsprechenden Unterlagen mehr vorlegen mussten, aber trotzdem als rechtliche Einheiten erfasst wurden. Vgl. dazu GB BAV 2000 (2002), Teil B, S. 6 f.

[743] Siehe dazu detailliert die Ausführungen unter der Überschrift „Unternehmenszusammenschlüsse und Unternehmenswachstum" in Abschnitt 2.3.1.

[744] Vgl. allgemein zum Konstrukt der Holding-Organisation, auch in Abgrenzung zum „normalen" Konzern, umfassend Picot et al. (1999), S. 310-314.

[745] Ein Beispiel für eine in diesem Sinne realisierte Bestandsübertragung stellt diejenige der BERLIN-KÖLNISCHE Sachversicherung AG (der späteren Holding) auf die Neue BERLIN-KÖLNISCHE Sachversicherung AG dar, die danach wieder in BERLIN-KÖLNISCHE SACHVERSICHERUNG AG umfirmiert wurde. Vgl. VerBAV (1998), S. 219.

Holding-Organisationen bieten für Versicherungskonzerne zahlreiche Vorteile, die hier nur skizziert werden sollen: So wird z. B. eine Holding, die selbst kein Versicherungsgeschäft betreibt, nur über die Aktionärskontrolle nach § 104 VAG in die – trotz der im Jahre 1994 durch die Binnenmarktrealisierung initiierten Deregulierung – weiterhin restriktive Versicherungsaufsicht einbezogen. Ihr gegenüber gilt demzufolge weder das Verbot des Betreibens versicherungsfremder Geschäfte (dieser Spielraum wird häufig durch das Anbieten weiterer Finanzdienstleistungen genutzt) noch die Einschränkung auf die sonst vorgeschriebenen drei Rechtsformen der V-AG, VVaG oder ÖRA (theoretisch könnte also auch eine Holding in der Rechtsform der GmbH gegründet werden), so dass Versicherern damit die sonst verwehrte Möglichkeit zum Aufbau so genannter „gemischter Konzerne"[746] geschaffen wird. Muttergesellschaften in der Rechtsform des VVaG, die wegen ihrer speziellen Konstruktion keinen direkten Zugang zum Kapitalmarkt besitzen, können darüber hinaus über die Einbindung einer *Zwischenholding* in der Rechtsform der V-AG, an der sie die Mehrheit halten, weitere Beteiligungen an untergeordneten operativen V-AG erwerben und über diese in gewissem Umfang Beteiligungskapital am Kapitalmarkt aufnehmen.[747]

Übertragende Versicherer, die derartige Umstrukturierungen innerhalb von Konzernen implizieren (dazu zählen neben den die Bestandsübertragungen initiierenden Muttergesellschaften ebenso *Ausgliederungen* von „normalen" Konzernunternehmen, die ihre Versicherungsbestände auf neu gegründete, in der Konzernhierarchie gleichgestellte Konzerngesellschaften übertragen), erfüllen nicht die Anforderungen an mikroökonomische Wachstumsprozesse im ursprünglichen Sinne der Vergrößerung **eines** Unternehmens durch Zusammenschlüsse[748]. Es kann nämlich keines der involvierten Unternehmen im Kontext der beschriebenen Vorgänge eindeutig als Wachstumsobjekt identifiziert werden, da es sich bei den übernehmenden Versicherern, die diese Wachstumsobjekte i. d. R. repräsentieren, stets um Neugründungen handelt; eine Vorher-Nachher-Analyse der Unternehmenssituation (Zeitvergleich) wäre nicht durchführbar. Die Stichprobe wird insofern um Bestandsübertragungen mit diesem Hintergrund bereinigt.

---

[746] Bei *gemischten Konzernen*, die in der Praxis bislang (noch) selten und dann primär in der Form von Allfinanzkonzernen oder Finanzkonglomeraten vorkommen, werden Versicherungsunternehmen und Unternehmen anderer Wirtschaftszweige unter einheitlicher Leitung gebündelt; der Allianz-Konzern verkörpert das herausragende Beispiel für ein derartiges Gebilde.

[747] Vgl. Farny (2001a), S. 204.

[748] Vgl. dazu nochmals die Überlegungen unter Abschnitt 2.3.1.

6.2 Stichprobenbildung

Dasselbe Argument gilt in Bezug auf Fusionen, wenn diese – was zwar in der Praxis selten anzutreffen ist, aber als gleichberechtigte theoretische Alternative existiert – mittels der Modellvariante *Fusion durch Neubildung* erfolgen. Dabei wird ebenfalls ein neues Unternehmen gegründet, auf welches man dann das Vermögen der zu verschmelzenden Partner als Ganzes gegen Gewährung von Anteilen an der neuen Gesellschaft überträgt.[749]

Im Gegensatz zur Modellvariante *Fusion durch Aufnahme* ist es hier nicht möglich, die am Zusammenschluss beteiligten Unternehmen zweifelsfrei zum einen als aufnehmendes und damit wachsendes Unternehmen (Erwerber) und zum anderen als abgebendes Unternehmen (Zielobjekt) zu erkennen, so dass die Literatur auch in diesem Zusammenhang nicht von externen Wachstumsprozessen spricht, sondern lediglich vom Zusammenwachsen einzelner, ex ante rechtlich und wirtschaftlich selbstständiger Unternehmen zu einer völlig neuen Unternehmenseinheit, was eine ex post-Analyse des Zusammenschlusserfolgs verhindert. Sollten Fusionen von Versicherern mit Hilfe der Neubildung durchgeführt worden sein (entsprechende Angaben sind den VerBAV unter dem Stichwort „Verschmelzung" zu entnehmen), finden sie demnach keinen Eingang in die Stichprobe.[750]

Hingegen werden *Vermögensübertragungen*, die neben Verschmelzungen und Bestandsübertragungen vom BAV explizit angeführt werden, in die Stichprobe integriert, da sie „ ... weitestgehend der Definition der Verschmelzung (dazu § 2 UmwG Rn. 3 ff.) ..."[751] entsprechen. Der zentrale Unterschied zur Verschmelzung bzw. Fusion durch Aufnahme besteht darin, dass als Gegenleistung für die Vermögensübertragung nicht Anteile am übernehmenden Rechtsträger, sondern andere wirtschaftliche Vorteile (z. B. in Form von Vermögenswerten oder sonstigen Wertpapieren) gewährt werden.[752]

---

[749] Siehe dazu genauer die Ausführungen zu den verschiedenen Varianten der Durchführung von Fusionen sowie deren Beurteilung als Form des Zusammenschlusses in der einschlägigen Literatur unter Abschnitt 2.4.1.2.

[750] Dies war u. a. 1993 der Fall, als die LEIPZIGER HAGEL Versicherungs-Gesellschaft auf Gegenseitigkeit von 1824 mit der NORDDEUTSCHE HAGEL-Versicherungs-Gesellschaft auf Gegenseitigkeit zur Vereinigte Hagelversicherung VVaG verschmolz. Vgl. VerBAV (1993), S. 282.

[751] Dehmer (1996), S. 643.

[752] Vgl. § 174 UmwG.

Es finden allerdings nur solche Vermögensübertragungen Berücksichtigung, die auf dem Wege der Gesamtrechtsnachfolge durchgeführt wurden, d. h. der übertragende Versicherer muss sein Vermögen **als Ganzes** auf einen bereits bestehenden Versicherer übertragen haben (der übertragende Versicherer erlischt dann unter Ausschluss der Liquidation), da mit Teilvermögensübertragungen – analog zu den Teilbestandsübertragungen – kein signifikanter Einfluss auf das abgebende Unternehmen gegeben ist, dieses weiterhin als eigenständiger Wettbewerber am Markt agiert und demzufolge kein Zusammenschluss im eigentlichen Sinne vorliegt.[753]

6.2.4 Auswahl eines geeigneten Stichproben- und Beobachtungszeitraums

Die letzte Anforderung, die an die hier im Abschluss zu analysierenden Unternehmen bzw. deren Zusammenschlüsse gestellt wird, ist diejenige, dass die Zusammenschlüsse zur ex post-Beurteilung ihres Erfolgs für die involvierten Unternehmen in einem bestimmten, der Erstellung der Studie vorgelagerten Zeitraum (dem *Stichprobenzeitraum*) stattgefunden haben müssen.

Um eine umfangreiche Stichprobe zu erhalten (sofern eine großzahlige Portfolioanalyse angestrebt wird), bietet sich oberflächlich betrachtet die Wahl eines langen Stichprobenzeitraums an, da in diesem Fall wahrscheinlich viele Unternehmen mit ihren Zusammenschlüssen in die Untersuchung einbezogen werden könnten und sie an Repräsentativität gewinnen würde. Diesen Grundsatz befolgt anscheinend die kapitalmarktorientierte Studie von ECKHARDT, der seinen Stichprobenzeitraum auf 28 Jahre (1964-1992) ausdehnt und damit die Reichweite anderer Untersuchungen in hohem Maße übertrifft.[754] Eine Stichprobe sollte jedoch unter wissenschaftstheoretischen Gesichtspunkten der ökonomisch fundierten Erklärung des zugrunde liegenden Sachverhalts möglichst aktuelle Zusammenschlüsse beinhalten, d. h. die Zeitspanne zwischen Anfertigung der Studie und Durchführung der Zusammenschlüsse darf nicht zu groß ausfallen. In Bezug auf ECKHARDTS im Jahre 1999 erstellte Studie ist daher sein Anspruch, auf Basis ausgewerteter Kapitalmarktreaktionen Schlussfolgerungen für zukünftige Kursentwicklungen von in Unternehmenszusammenschlüsse involvierten

---

[753] Diese Art der Vermögensübertragung mit Hilfe der so genannten *Abspaltung* hat u. a. die DBV-Winterthur Versicherung Aktiengesellschaft realisiert, die damit lediglich einen Teil ihres Vermögens auf die Delfin Direkt Versicherung Aktiengesellschaft übertrug, vgl. VerBAV (1998), S. 142. Gleicher Auffassung ist Beck (1997), S. 109.

[754] Vgl. Eckhardt (1999), S. 16 f.

6.2 Stichprobenbildung

börsennotierten AG zu ziehen[755], sehr kritisch zu sehen, wenn man bedenkt, dass dazu überwiegend Zusammenschlüsse aus den 60er und 70er Jahren herangezogen werden (71 von insgesamt 113 Zusammenschlüssen fallen in diese beiden Jahrzehnte). Außerdem ist bei langen Stichprobenzeiträumen die Vergleichbarkeit der einbezogenen Zusammenschlüsse untereinander nicht mehr garantiert, weil sie womöglich unter sehr heterogenen externen Rahmenbedingungen (gesetzlichen Vorschriften, konjunkturellen Eckdaten etc.) durchgeführt wurden. ECKHARDT versucht diesen Vorwurf, der im Rahmen seiner Analyse primär die zu Beginn des Stichprobenzeitraums schwach entwickelte Funktionsfähigkeit des Kapitalmarktes betrifft, zu entkräften, indem er seinen extrem langen Stichprobenzeitraum wiederum in zwei aufeinander folgende zeitliche Abschnitte (60er und 70er Jahre sowie 80er und 90er Jahre) gliedert und nur die Zusammenschlüsse dieser Dekaden anhand von Teilstichproben vergleicht.[756] Letztendlich umfasst die relevante Teilstichprobe der 80er und 90er Jahre 42 Zusammenschlüsse, die ECKHARDT auch von vornherein durch eine sinnvolle Eingrenzung des Stichprobenzeitraums auf aktuelle Transaktionen hätte identifizieren können.

Die vorliegende Arbeit wählt daher im Gegensatz zu ECKHARDT einen Zeitraum, der sich an die Länge der verschiedenen Stichprobenzeiträume anpasst, die in der Literatur überwiegend Verwendung finden. Diese reichen i. d. R. von fünf über zehn bis hin zu maximal 20 Jahren, einige wenige Arbeiten konzentrieren sich sogar auf die Zusammenschlüsse eines einzigen Jahres[757]. Die unter Abschnitt 6.2.1 angeführte Abb. 6.1 veranschaulicht, dass der deutsche Versicherungsmarkt seit Beginn der Berichterstattung über Fusionen und Bestandsübertragungen in den VerBAV von zwei Merger Waves überrollt wurde, von denen die erste in den 60er und 70er Jahren angesiedelt war und die zweite, die ihr Ende noch nicht gefunden hat (das Jahr 2000 stellt den vorläufigen Höhepunkt dar), seit Anfang der 90er Jahre zu verzeichnen ist. Zusammenschlüsse der ersten Merger Wave finden keine Berücksichtigung, da einerseits die Rahmenbedingungen, unter denen derartige Zusammenschlüsse stattfanden, in der Zwischenzeit mehrfach modifiziert wurden (so hebt beispielsweise das 1995 novellier-

---

[755] Vgl. Eckhardt (1999), S. 16 ff.

[756] Vgl. Eckhardt (1999), S. 384-389. Siehe dazu genauer bereits die Ausführungen zu den generellen Problemen kapitalmarkt- und auch jahresabschlussorientierter Studien zur Messung von Zusammenschlusserfolg unter den Abschnitten 5.2.1.2 und 5.2.2.2.

[757] Siehe dazu die Angaben über Studien mit entsprechenden Stichprobenzeiträumen bei Albrecht (1994a), S. 54. Perin (1996), S. 70, ist ferner einer derjenigen Autoren, die als Stichprobenzeitraum lediglich ein Jahr festlegen.

te UmwG das bis dato geltende Verbot der Mischverschmelzung von V-AG und VVaG auf[758]), und andererseits die damaligen Zusammenschlüsse in der überwiegenden Mehrheit Pensions- und Sterbekassen sowie kleinere Kranken-, Sach- und Tierversicherungsvereine betrafen, d. h. diejenigen Versicherer, die schon bei der Auswahl geeigneter Unternehmen den inhaltlichen Kriterien nicht genügten. Die Stichprobe der nachfolgenden empirischen Studie setzt sich also ausschließlich aus Unternehmenszusammenschlüssen zusammen, die in den 90er Jahren realisiert wurden.

Da in der einschlägigen Literatur ein Konsens darüber besteht, dass die hypothetisch unterstellten Effekte von Zusammenschlüssen (insbesondere die ersehnten Synergieeffekte) bedingt durch notwendige Integrationsmaßnahmen häufig zeitverzögert eintreten, muss zwischen dem Ende des Stichprobenzeitraums und dem Ende des *Beobachtungszeitraums*, der zur Einschätzung dieser Effekte herangezogen wird, eine gewisse Zeitspanne liegen. Aus einer Befragung US-amerikanischer Manager nach demjenigen Zeitpunkt, ab dem die Ausschöpfung von Synergiepotenzialen ihrer Meinung nach voll erreicht war, resultierte folgende Verteilung der Antworten:

➢ In 28 % der Fälle waren die Synergien nach ein bis zwei Jahren,

➢ in 30 % nach zwei bis drei Jahren und

➢ in 29 % nach drei bis fünf Jahren realisiert.[759]

Diese Zeitspannen spiegeln den Umfang bisher verwendeter Spannen zum Zusammenschlusserfolg in empirischen Untersuchungen wider, nur wenige Autoren weichen davon nach oben ab.[760]

Die vorliegende Arbeit wählt daher in Anlehnung an die herrschende Meinung einen Beobachtungszeitraum nach formal vollzogenem Zusammenschluss, der mindestens drei Jahre umfasst. Für die hier durchzuführende jahresabschlussorientierte Studie ste-

---

[758] Vgl. dazu detailliert die Erläuterungen zur Fusion in der Versicherungswirtschaft in Abschnitt 2.4.1.4.

[759] Vgl. Perin (1996), S. 70.

[760] Vgl. die Übersicht bei Gerpott (1993a), S. 231-234, der selbst einen Beobachtungszeitraum von drei Jahren nach vollzogenem Zusammenschluss als angemessen bewertet. Eine Ausnahme bildet die Arbeit von Hoshino (1988), die einen Beobachtungszeitraum von zwölf Jahren aufweist. Derartig lange Zeiträume bergen allerdings die Gefahr der Überlagerung zusammenschlussbedingter Effekte durch externe Einflüsse, siehe dazu besonders die Diskussion der Wahl eines geeigneten Beobachtungszeitraums in den Abschnitten 5.2.1.2 und 5.2.2.2.

6.2 Stichprobenbildung

hen als neueste Jahresabschlüsse diejenigen per 31.12.2000 zur Verfügung, so dass die letzten betrachteten Zusammenschlüsse im Jahre 1998 stattgefunden haben müssen. Aus Vollständigkeitsgründen erfolgt keine Auslassung des Jahres des Zusammenschlusses, d. h. der erste gemeinsame Jahresabschluss ist demnach derjenige des Zusammenschlussjahres (+ 1); somit können auch kurzfristig auftretende Effekte gemessen werden.[761]

Die Gestaltung eines aussagefähigen Zeitvergleichs erfordert ferner eine Betrachtung der involvierten Unternehmen **vor** vollzogenem Zusammenschluss, so dass der Beobachtungszeitraum um weitere drei Jahre in Abhängigkeit vom jeweiligen Jahr des Zusammenschlusses ausgedehnt wird. Da die ersten berücksichtigten Zusammenschlüsse aus dem Jahre 1990 stammen, beginnt er im Jahre 1987 (aufgrund von Vergleichszwecken des Unternehmenswachstums müssen insofern zusätzliche Jahresabschlussdaten zum Abschlussstichtag des vierten Jahres vor dem Zusammenschluss, d. h. des Jahres 1986 erhoben werden). Abb. 6.2 verdeutlicht die Länge des Beobachtungszeitraums für jeden untersuchten Zusammenschluss.

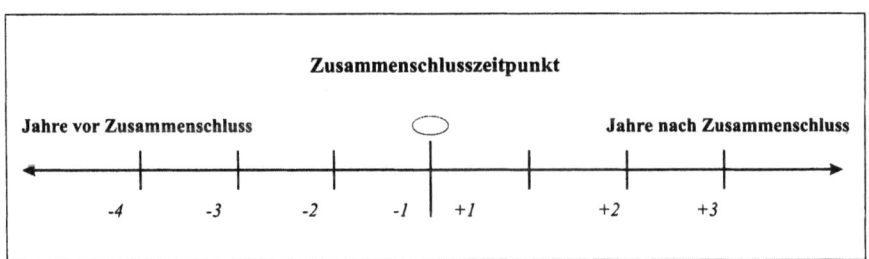

Abb. 6.2   Beobachtungszeitraum der vorliegenden empirischen Studie[762]

Insgesamt setzt sich der Beobachtungszeitraum T über alle Zusammenschlüsse des Stichprobenzeitraums aus fünfzehn Geschäftsjahren [T_v = [-4; -1], T_n = [+1; +3]] zusammen.[763] Ein mit $t = 0$ bezeichnetes Geschäftsjahr existiert nicht; für jedes Unternehmen umfasst der Beobachtungszeitraum vier Jahre vor (das vierte Jahr wird wegen

---

[761] Diese Vorgehensweise präferiert neben vielen anderen z. B. Haun (1996), S. 93. Anders gehen z. B. Lindner/Crane (1992), S. 42, vor, die das Zusammenschlussjahr im Rahmen ihrer Analyse vollkommen vernachlässigen.

[762] Quelle: eigene Darstellung.

[763] Kalender- und Geschäftsjahre stimmen bei Versicherungsunternehmen i. d. R. überein.

der Messung der Wachstumsraten benötigt) und drei Jahre nach dem jeweiligen Zusammenschluss.

6.2.5 Ergebnis des Auswahlprozesses

Die Eingrenzung des Stichprobenzeitraums auf die Jahre 1990-1998 ergibt zunächst eine Gesamtzahl von 199 Bestandsübertragungen und 45 Fusionen, die nun anhand der geschilderten Selektionskriterien einer präzisen Überprüfung unterzogen werden.

Bei den 199 Bestandsübertragungen handelte es sich in 95 Fällen um Teilbestandsübertragungen einzelner Versicherungszweige, die aus den o. a. Gründen von den weiteren Untersuchungen ausgeschlossen sind. 29 der verbliebenen 104 Bestandsübertragungen fanden unter Beteiligung von nicht mehr rechnungslegungspflichtigen Niederlassungen und Dienstleistungs-Unternehmen ausländischer Gesellschaften statt, so dass sich die Zahl auf 75 Bestandsübertragungen reduziert. Darunter sind 50 Bestandsübertragungen zu identifizieren, die zwischen Pensions- und Sterbekassen sowie kleineren VVaG bzw. unter deren Mitwirkung – i. d. R. als Zielobjekte – durchgeführt wurden, d. h. die Stichprobe wird ebenfalls um diese Fälle bereinigt. Acht dieser 25 restlichen Bestandsübertragungen dienten allein zum Zwecke der Holdingbildung, indem man die Bestände von ehemals operativ tätigen Muttergesellschaften auf eigens dazu gegründete Tochterunternehmen übertrug. Im Zuge des Abgleichs der in die verbleibenden 17 Bestandsübertragungen involvierten Versicherer mit dem Hoppenstedt Jahrbuch ist dann festzustellen, dass dort über zehn Gesellschaften (drei Erwerber sowie sieben Zielobjekte) nicht berichtet wird; deren Zusammenschlussaktivitäten spielen in den nachfolgenden Überlegungen daher keine Rolle mehr. Es bleiben faktisch lediglich sieben Bestandsübertragungen von sechs übernehmenden und sieben übertragenden Unternehmen übrig (ein Versicherer führte im definierten Stichprobenzeitraum im Abstand von vier Jahren zwei Bestandsübertragungen durch), die sich explizit als Untersuchungsgegenstand der empirischen Analyse im Sinne von Optionen zur Realisierung externer Wachstumsstrategien[764] eignen.

---

[764] Im Rahmen der einleitenden theoretischen Überlegungen zur Bestandsübertragung unter Abschnitt 2.4.2.1 wurden zahlreiche Motive geschildert, die in der Vergangenheit signifikant zur Verbreitung dieses Instruments in der Versicherungswirtschaft beitrugen (Sanierung, Konkursverhinderung etc.), und demzufolge eine differenzierte Betrachtungsweise im Zusammenhang mit der empirischen Analyse von Bestandsübertragungen als Ausdruck externer Wachstumsstrategien empfohlen.

6.2 Stichprobenbildung

Der Sachverhalt der Verschmelzung lässt aufgrund seiner präzisen juristischen Definition nicht so viele Differenzierungen wie die Bestandsübertragung zu, so dass von den insgesamt 45 Fusionen des Stichprobenzeitraums 18 für die weiteren Untersuchungen genutzt werden können, die von 17 Versicherern durchgeführt wurden und insgesamt 36 Versicherer betrafen (ein Unternehmen tätigte im Stichprobenzeitraum im Abstand von zwei Jahren zwei Fusionen, während eine Fusion zwischen drei Unternehmen stattfand). Neun der nicht berücksichtigten Verschmelzungen geschahen unter Beteiligung von Pensions- und Sterbekassen bzw. kleineren VVaG; über die Unternehmen bei acht Fusionen wird nicht im Hoppenstedt Jahrbuch berichtet, und zweimal wurde die Fusion mittels Neugründung durchgeführt, sie genügt demnach nicht den Anforderungen an eine externe Wachstumsstrategie. In vier Fällen handelte es sich um Abspaltungen, bei denen lediglich ein nicht quantifizierbarer Teil des Vermögens vom Zielobjekt auf den Erwerber überging, und eine Fusion wurde zwischen nicht rechnungslegungspflichtigen, ausländischen Dienstleistungsunternehmen vorgenommen. Die letzten drei vernachlässigten Verschmelzungen betrafen Unternehmen, die zum Zeitpunkt der Fusion kein operatives Versicherungsgeschäft mehr betrieben, dieses war im Zuge von Holdinggründungen schon früher auf andere Konzerntöchter übertragen worden.

Die aufgrund des differenzierten Auswahlprozesses generierte homogene Stichprobe setzt sich also aus 25 in den Jahren 1990-1998 realisierten Zusammenschlüssen mit 47 darin involvierten Versicherungsunternehmen als Erwerber bzw. Zielobjekte zusammen (zwei Unternehmen haben sowohl eine Fusion als auch eine Bestandsübertragung durchgeführt). Damit liegt hier der Stichprobenumfang für eine branchenspezifische jahresabschlussorientierte Untersuchung durchaus in der Größenordnung vergleichbarer Arbeiten, selbst branchenübergreifende Studien können häufig nur auf wenig mehr Zusammenschlüsse/Unternehmen zurückgreifen.[765]

Zwei der Zusammenschlüsse betrafen private Krankenversicherer, elf wurden von Lebensversicherungsunternehmen durchgeführt und zwölf von Sachversicherern; diese Verteilung spiegelt adäquat das Zusammenschlusspotenzial der einzelnen Sparten wider, das u. a. von dem dort vorhandenen jeweiligen Konzentrationsgrad determiniert

---

[765] So umfasst beispielsweise die sich auf Sparkassenfusionen konzentrierende Studie von Haun (1996), S. 98 f., 24 derartige Fälle mit 50 darin involvierten Instituten. Bei branchenübergreifenden Arbeiten reicht der Stichprobenumfang von 35 Unternehmen bis hin zu 478 bzw. von drei bis zu 226 analysierten Zusammenschlüssen, siehe dazu die Zusammenstellung über Ergebnisse jahresabschlussorientierter Publikationen bei Bühner (1990a), S. 91-97.

wird. So standen im Jahre 2000 55 private Krankenversicherungsunternehmen unter Bundesaufsicht, während es im Lebensversicherungsbereich immerhin noch 123 Unternehmen und im Kompositversicherungssektor sogar 260 Anbieter waren.[766]

Die Verteilung stimmt zugleich mit der Bedeutung der einzelnen Sparten für den Gesamtmarkt überein: Danach erwirtschafteten die privaten Krankenversicherer im Jahre 2000 14,9 % der gesamten Brutto-Beitragseinnahmen, während 43,9 % auf die traditionell für die Gesamtentwicklung herausragenden Lebensversicherer und 39,7 % der Beiträge auf die Sachversicherer entfielen.[767]

Ebenso sind die Rechtsformen entsprechend ihrer in den 90er Jahren anzutreffenden Verteilung in der Grundgesamtheit aller Unternehmen auf dem Markt in der Stichprobe vertreten: 37 der 47 in die Zusammenschlüsse involvierten Versicherer – rund 78 % – weisen die Rechtsform der V-AG auf, die restlichen 10 Unternehmen stellen VVaG dar (zum Vergleich: 1999 waren 75 % der Versicherer als V-AG und 19 % als VVaG konstituiert, die verbleibenden 6 % bildeten ÖRA, deren kontinuierlich rückläufige Anzahl seit Beginn der 90er Jahre im Wesentlichen aus dem Wegfall der Monopolversicherer und der Neugestaltung der regionalen Gruppen in Bayern, Baden-Württemberg und Hessen resultiert[768]).

Tab. 6.2 nennt die selektierten Versicherer und deren Zusammenschlüsse in alphabetischer Reihenfolge beim Namen.[769] Die Zusammenschlüsse wurden für spätere Darstellungen mit laufenden Nummern versehen.

---

[766] Vgl. GB BAV 2000 (2002), Teil B, S. 7.
[767] Vgl. GB BAV 2000 (2002), Teil B, S. 8.
[768] Vgl. Farny (2002), S. 7 f.
[769] Quelle: eigene Darstellung. Um Verwirrungen vorzubeugen, wird der Erwerber hier stets mit seiner aktuellen Bezeichnung, d. h. demjenigen aus dem letzten verarbeiteten Jahresabschluss, aufgeführt. Einige Unternehmen ändern im Beobachtungszeitraum mehrfach, z. T. ohne Bezug zu den Zusammenschlüssen, ihren Namen (so hieß beispielsweise die heutige ASSTEL Lebensversicherung auf Gegenseitigkeit vor ihrer 1990 erfolgten Fusion mit dem Berliner Verein Kölnische Lebensversicherung a. G. und firmierte danach bis 1997 als Berlin-Kölnische Lebensversicherung auf Gegenseitigkeit). Da dadurch aber u. U. die Verbindung zum Erwerber mit seinem ursprünglichen Namen verloren gehen kann (die DBV-Winterthur Lebensversicherung AG ist z. B. aus der traditionsreichen Deutsche Beamten Lebensversicherung AG als übernehmendes Unternehmen hervorgegangen), finden sich im Anhang in Tab. 1 sämtliche im Beobachtungszeitraum geführten Bezeichnungen.

Tab. 6.2: Zu analysierende Zusammenschlüsse von 1990-1998

Erwerber	Zielobjekt(e)	Zusammenschluss (ZU)
ADLER Versicherung AG	VÖDAG Versicherung AG	Fusion 1998 (1)
Allianz Lebensversicherungs-AG	Deutsche Lebensversicherungs-AG	Bestandsübernahme 1998 (2)
Allianz Versicherung AG	Allianz Rechtsschutzversicherung AG	Fusion 1996 (3)
	Deutsche Versicherung AG	Fusion 1998 (4)
Alte Leipziger Versicherung AG	Hamburger Phönix Gaedesche Versicherung AG	Bestandsübernahme 1995 (5)
ARAG Versicherung AG	ARAG KFZ Versicherung AG	Fusion 1992 (6)
ASSTEL Lebensversicherung a. G.	Berliner Verein Lebensversicherung VVaG	Fusion 1990 (7)
Bruderhilfe Sachversicherung a. G.	Bruderhilfe Rechtsschutzversicherung a. G.	Fusion 1998 (8)
CENTRAL Krankenversicherung AG	SAVAG Krankenversicherung AG	Fusion 1997 (9)
DBV-Winterthur Krankenversicherung AG	Partner-Gruppe Krankenversicherung AG	Fusion 1995 (10)
DBV-Winterthur Lebensversicherung AG	Delfin Lebensversicherung AG und Winterthur-Lebensversicherung AG	Fusion 1997 (11)
Deutscher Herold Lebensversicherungs-AG der Deutschen Bank	Lebensversicherungs-AG der Deutschen Bank	Fusion 1995 (12)
Generali Lloyd Lebensversicherung AG	Generali Lebensversicherung AG	Fusion 1994 (13)
	Deutscher Lloyd Lebensversicherung AG	Bestandsübernahme 1998 (14)
Gerling-Konzern Allgemeine Versicherungs-AG	Gerling-Konzern Rechtsschutz Versicherungs-AG	Fusion 1998 (15)
IDUNA Vereinigte Lebensversicherung aG für Handel, Handwerk und Gewerbe	ADLER Lebensversicherung AG	Fusion 1996 (16)
	NOVA Lebensversicherung AG	Bestandsübernahme 1998 (17)
NOVA Allgemeine Versicherung AG	NOVA Unfallversicherung AG	Fusion 1998 (18)
Stuttgarter Lebensversicherung a. G.	Direkte Leben Versicherung AG	Bestandsübernahme 1995 (19)
Vereinigte Postversicherung a. G.	Kölner Postversicherung VVaG	Fusion 1998 (20)
Vereinte Lebensversicherung AG	Magdeburger Lebensversicherung AG	Fusion 1993 (21)
Vereinte Versicherung AG	Magdeburger Versicherung AG	Fusion 1994 (22)
Württembergische und Badische Versicherungs-AG	ELEKTRA Versicherung AG	Bestandsübernahme 1994 (23)
	Nord-Deutsche Versicherungs-AG	Bestandsübernahme 1998 (24)
Württembergische Versicherung AG	Württembergische Rechtsschutzversicherung AG	Fusion 1996 (25)

6.3 Gestaltung der Jahresabschlussanalyse

6.3.1 Grundkonzeption der Erfolgsmessung

Zur Messung des Erfolgs von Unternehmenszusammenschlüssen – tauschtheoretisch formuliert: des korporativen Nutzens, den die korporativen Akteure mit Hilfe dieser Aktivitäten zu maximieren hoffen – auf Basis des jahresabschlussorientierten Ansatzes bieten sich verschiedene Methoden an (Zeit-, Betriebs- bzw. Soll-Ist-Vergleich von Kennzahlen), die in Zusammenhang mit der Beurteilung des generellen Ansatzes für die Anwendung auf die Versicherungsbranche bereits umfassend diskutiert wurden. Aus der Diskussion heraus ergab sich die begründete Entscheidung für einen *kombinierten Zeit-/Betriebsvergleich*, der wegen seiner höheren Messgenauigkeit durch Bereinigung der unternehmensbezogenen Kennzahlen um externe, d. h. systematische Einflüsse, erheblich aussagefähigere Resultate als der in der Literatur vorherrschende reine Zeitvergleich erwarten lässt.[770] Die Beschreibung der Grundkonzeption konzentriert sich daher hier auf diejenigen methodischen Details, die zum Verständnis der empirischen Studie notwendig erscheinen.

So fokussiert die überwiegende Mehrheit jahresabschlussorientierter Arbeiten ihre Überlegungen im Rahmen des Zeitvergleichs aus Vereinfachungsgründen auf die Unternehmensentwicklung der *Erwerber* vor und nach dem Zusammenschluss, die Zielobjekte spielen häufig nur indirekt eine Rolle[771], beispielsweise bei der Zusammenschlussauswahl zur Stichprobenbildung. Um die Auswirkungen des Zusammenschlusses auf den **gesamten** neuen Unternehmensverbund interpretieren zu können, wäre jedoch eine explizite Berücksichtigung des Zielobjekts bzw. seiner Jahresabschlüsse im definierten Beobachtungszeitraum vor und nach dem Zusammenschluss sinnvoll. Die nachfolgende empirische Studie trägt diesen Anforderungen Rechnung und führt den Zeitvergleich daher aus drei unterschiedlichen Perspektiven durch: aus Sicht der einzelnen Partner (Erwerber/Zielobjekt(e)) und aus Sicht eines Unternehmensverbundes, der vor dem Zusammenschluss fiktiver Natur ist. Dieser Sachverhalt bedingt zur

---

[770] Siehe dazu detailliert die Überlegungen unter Abschnitt 5.2.2.3.

[771] Diese Vorgehensweise ist u. a. bei Bühner (1990b), S. 38 f., und Perin (1996), S. 74, zu beobachten. Einschränkend muss betont werden, dass beide Autoren die Zielobjekte wenigstens nach erfolgtem Zusammenschluss berücksichtigen, da sie ihre Untersuchungen speziell auf Akquisitionen abstellen, bei denen die Geschäftsergebnisse der Zielobjekte konsolidiert in die späteren Konzernabschlüsse der Erwerber Eingang finden.

6.3 Gestaltung der Jahresabschlussanalyse

Analyse von Gesamtveränderungen neben den Einzeljahresabschlüssen einen Vergleichsmaßstab des Vorzusammenschlusszeitraums, der sowohl die Jahresabschlüsse der Erwerber als auch der Zielobjekte umfasst; er wird hier in Ermangelung konsolidierter Jahresabschlüsse mittels einfacher Addition generiert.

Nun stehen bei Fusionen und Bestandsübertragungen von Versicherern nach vollzogenem Zusammenschluss grundsätzlich keine Jahresabschlüsse der Zielobjekte mehr zur Verfügung, da sie – zumindest zeitweilig – kein eigenes Geschäft mehr zeichnen[772] und nach den Rechnungslegungsvorschriften somit nicht mehr zur Erstellung von Jahresabschlüssen verpflichtet sind. Im Rahmen dieser beiden Formen von Zusammenschlüssen werden die Zielobjekte jedoch fast vollständig in die Erwerber integriert, so dass sich der Einfluss des Zusammenschlussvorgangs für sie in den Jahresabschlüssen der Erwerber im so genannten Nach-Beobachtungszeitraum widerspiegeln müsste, d. h. es können u. U. trotzdem Aussagen darüber gemacht werden, ob die Zielobjekte im Verbund mit den Erwerbern ihre Wettbewerbssituation verbessert haben oder nicht (und umgekehrt). In jedem Fall gewinnt man durch die Einbeziehung von Jahresabschlüssen der Zielobjekte einen präziseren Einblick in die von Zusammenschlüssen hervorgerufenen Effekte für alle beteiligten Partner.

Des weiteren stellt der Zeitvergleich zwar den zentralen Ausgangspunkt der nachfolgenden Untersuchungen dar, dieser vernachlässigt jedoch in seiner reinen Form die bedeutende Tatsache, dass Modifikationen unternehmensbezogener Erfolgskennzahlen oft nicht auf unternehmensinternen Prozessen (hier speziell auf den von den jeweiligen Unternehmen initiierten Zusammenschlüssen), sondern z. T. auf unternehmensexternen Faktoren basieren. In diesen Fällen würde ein reiner Zeitvergleich verzerrte Aussagen bedingen, indem man Kennzahlenveränderungen fälschlich allein auf die beobachteten Zusammenschlussaktivitäten zurückführte; ein Großteil jahresabschlussorientierter Studien leidet unter dem beschriebenen Manko.[773]

Den Kern externer Einflussfaktoren auf den Unternehmenserfolg bilden nach PORTER neben gesamtwirtschaftlichen Einflüssen die Branchenstruktur und ihre Entwicklung, welche seiner Auffassung nach entscheidend von fünf Wettbewerbskräften determi-

---

[772] Versicherer, die sich auf dem Wege der Bestandsübertragung mit einem anderen Unternehmen zusammengeschlossen haben, können durchaus – sofern sie als rechtliche Einheit existent bleiben – ihr Geschäft später wieder aufnehmen.

[773] Siehe dazu die Übersicht derartiger Studien mit ihren angewandten Analysemethoden bei Bühner (1990a), S. 87 f.

niert werden, deren Stärke einerseits von Branche zu Branche variiert und andererseits im Zeitablauf massiven Veränderungen unterworfen ist.[774] Da die nachfolgende empirische Analyse ihren Fokus auf eine einzige Branche, nämlich die Assekuranz, richtet, reicht die Berücksichtigung von Branchendurchschnittswerten völlig aus, im Gegensatz zu branchenübergreifenden Arbeiten, die entsprechend eher Durchschnittswerte der Gesamtwirtschaft als Vergleichsmaßstäbe anwenden.[775] Für die Versicherungswirtschaft eignet sich die komparative Objektanalyse anhand von Branchendurchschnittswerten außerdem besonders gut, weil hier sehr häufig schon zur allgemeinen Beurteilung der Unternehmenssituation – ohne speziell auf Zusammenschlüsse abzustellen – ein Vergleich von Ausprägungen individueller Erfolgsindikatoren mit vom BAV errechneten Branchendurchschnittswerten erfolgt, und auch das BAV selbst damit arbeitet, beispielsweise bei der Überwachung des Einhaltens der Rückgewährquote seitens der Lebensversicherer.[776] Branchendurchschnittswerte gelten deshalb i. d. R. sogar als Soll-Werte, an denen sich die Versicherer im Sinne von *Benchmarks* orientieren. Der Zeitvergleich wird also um einen Betriebsvergleich in Form der *Branchenrelativierung* unternehmensbezogener Kennzahlen erweitert, der eine Bereinigung von systematischen, branchenbedingten Einflüssen ermöglicht, somit gleichzeitig Elemente des theoretisch fundiertesten, nämlich des kapitalmarktorientierten Ansatzes, und des Soll-Ist-Vergleichs beinhaltet.

Konkret soll die Bereinigung in Bezug auf die verwendeten Kennzahlen durch den Übergang von „Roh-Kennzahlen" auf so genannte „abnormale Kennzahlen" garantiert

---

[774] Zu diesen fünf Wettbewerbskräften zählen neben dem Markteintritt neuer Wettbewerber und der Gefahr von Substitutionsprodukten die Verhandlungsstärke der Lieferanten und Konsumenten sowie die Rivalität unter den vorhandenen Konkurrenten. Ihre jeweilige Wirkung auf den Unternehmenserfolg wird ausführlich bei Porter (1999), S. 25 ff., erläutert.

[775] Alternativ bietet sich zur komparativen Objektanalyse, wie der Betriebsvergleich auch genannt wird, die Gegenüberstellung zusammenschlussaktiver Unternehmen mit einer *Kontrollgruppe* solcher Unternehmen an, die im Stichprobenzeitraum keine derartigen Maßnahmen durchgeführt haben. Diese Vorgehensweise ist vorrangig bei älteren Arbeiten aus den 60er und 70er Jahre anzutreffen, denn die Bildung ausreichender Kontrollgruppen in obiger Form stößt heute sehr schnell an ihre Grenzen, da im Prinzip alle Unternehmen in erheblichem Maße Zusammenschlüsse tätigen, die lediglich in ihren spezifischen Ausprägungen divergieren. Vgl. dazu ausführlich die Diskussion bei Albrecht (1994a), S. 62 f., mit Angabe entsprechender Studien.

[776] Die *Rückgewährquote* (abgekürzt als R-Quote bezeichnet) ist eine nach § 81 c VAG geregelte Kennzahl in der Lebensversicherung, mit deren Hilfe die Aufsichtsbehörde die Angemessenheit der Überschussbeteiligung von Versicherungsnehmern überwacht. Sie stellt das Verhältnis der den Versicherten zufließenden Erträge zu auf der Basis von Branchenergebnissen ermittelten Normwerten dar.

werden, um auch terminologisch eine Verbindung zum kapitalmarktorientierten Konzept herzustellen. Der abnormale Wert der Kennzahl i gibt dabei in Analogie zum kapitalmarkttheoretischen Ansatz den Wert der Abweichung der beobachteten, d. h. der tatsächlichen Kennzahl i von ihrem erwarteten Wert an, wobei der erwartete Wert der Kennzahl i jeweils dem branchendurchschnittlichen Wert einer bestimmten Kennzahl i (m. a. W. der Benchmark) im definierten Beobachtungszeitraum T [T_v = [-4; -1], T_n = [+1; +3]] entspricht:

$$AW_{it} = W_{it} - E(W_{it}) \text{ mit}$$

AW_{it} = abnormaler Wert der Kennzahl i im Jahr t des Zeitraums T,

W_{it} = tatsächlicher Wert der Kennzahl i im Jahr t des Zeitraums T,

$E(W_{it})$ = erwarteter Wert der Kennzahl i im Jahr t des Zeitraums T.[777]

Mit Hilfe von Zeitreihen werden dann Veränderungen der abnormalen Werte zuvor bestimmter Kennzahlen im Beobachtungszeitraum von 1986-2000 berechnet. Für jedes Unternehmen bildet man dazu die Differenz aus den mittleren abnormalen Werten der Kennzahl i im Beobachtungszeitraum T_v vor und T_n nach realisiertem Zusammenschluss, wobei sich die mittleren abnormalen Werte aus den gleichgewichteten arithmetischen Mitteln der abnormalen Werte der entsprechenden Jahre von T_v und T_n ergeben:

$$\Delta AW_{iT} = \overline{AW_{iT_n}} - \overline{AW_{iT_v}}.$$

Je nachdem, wie die Kennzahl inhaltlich gestaltet ist, kann man einen positiven oder negativen Saldo entweder als Erfolg oder Misserfolg interpretieren. Beispielsweise müsste bei der versicherungstechnischen Kennzahl Schadenquote, die in der Sachversicherung das Verhältnis von Schadenaufwendungen zu den eingenommenen Beiträgen anzeigt, ein Rückgang als Erfolg gewertet werden[778], während bei den Wachs-

---

[777] Vgl. umfassend die Grundgedanken des kapitalmarkttheoretischen Ansatzes unter Abschnitt 5.2.1.1.
[778] Diese Verringerung kann verschiedene Gründe besitzen: Entweder ist es dem Unternehmen gelungen, aufgrund verbesserter Risikoselektionsmechanismen ex ante die Anzahl und Schwere der Schäden zu reduzieren, oder die Beiträge für alle Versicherungsnehmer wurden angehoben bzw.

tumsraten der Beitragseinnahmen eine negative Veränderung, d. h. ein Rückgang, grundsätzlich einen Misserfolg dokumentiert.

Insgesamt gesehen gilt ein Unternehmenszusammenschluss nach Auffassung der hier zugrundeliegenden Konzeption der Jahresabschlussanalyse genau dann als erfolgreich, wenn sämtliche einbezogenen abnormalen Kennzahlen im definierten Beobachtungszeitraum „günstige Veränderungen", d. h. bezogen auf die jeweilige Kennzahl entweder positive oder negative Werte für den davon betroffenen gesamten Unternehmensverbund aufweisen, die dann vor dem diskutierten tauschtheoretischen Hintergrund mit einem entsprechenden Nutzenzuwachs für die korporativen und individuellen Akteure (vorausgesetzt, es besteht Interessenidentität bei den Beteiligten) gleichgesetzt werden können. Um die 25 ausgewählten Zusammenschlüsse anhand dieses Kriteriums bewerten zu können, stellt sich konkret die Frage nach den dazu geeigneten Jahresabschlüssen und Kennzahlen.

6.3.2 Auswahl geeigneter Jahresabschlüsse

Viele jahresabschlussorientierte Untersuchungen zum Zusammenschlusserfolg zeichnen sich dadurch aus, dass im Falle der Zugehörigkeit zu einem Konzernverbund nicht die Einzeljahresabschlüsse der direkt an einer solchen Transaktion beteiligten Unternehmen betrachtet werden, sondern die *Konzern(jahres-)abschlüsse*[779] indirekt betroffener Muttergesellschaften.[780] Diese Vorgehensweise wird damit begründet, dass die Aussagekraft von Einzeljahresabschlüssen der Tochterunternehmen aufgrund des kon-

---

das Volumen erhöhte sich per Zusammenschluss, so dass sich eine gleichgebliebene Anzahl von Schäden auf ein insgesamt höheres Prämienniveau verteilt.

[779] Der *Konzernabschluss* hat – analog den Anforderungen an den Einzeljahresabschluss – nach § 297 Abs. 2 Satz 2 HGB ein den tatsächlichen Verhältnissen entsprechendes Bild der Vermögens-, Finanz- und Ertragslage des Konzerns unter Beachtung der Grundsätze ordnungsmäßiger Buchführung zu vermitteln. Die Gesamtlage soll dabei so dargestellt werden, als ob sämtliche einbezogenen Unternehmen zusammen ein einziges (fiktives) Unternehmen bilden würden (man bezeichnet letzteren Sachverhalt als „Fiktion der rechtlichen Einheit" gemäß § 297 Abs. 3 Satz 1 HGB).

[780] Konzernabschlüsse zur Analyse von Zusammenschlusserfolg verwenden z. B. die branchenübergreifenden empirischen Studien von Bühner (1990b), Albrecht (1994a) und Perin (1996). Gimpel-Iske (1973), S. 100, spricht lediglich von den Jahresabschlüssen der aufnehmenden Unternehmen, ohne auf eine eventuelle Konzerneinbindung der Käufer hinzuweisen. Sollte es sich bei diesen um Konzernunternehmen handeln, werden vermutlich die Jahresabschlüsse der Muttergesellschaften gemeint sein. Haun (1996), S. 100 ff., wertet zur Beurteilung des Fusionserfolgs von Sparkassen hingegen explizit die Einzeljahresabschlüsse der aufnehmenden Institute aus.

stituierenden Merkmals von Konzernen – nämlich der einheitlichen Leitung aller Konzernglieder – im Interesse des Gesamtgebildes eingeschränkt sein könnte. So geschehen beispielsweise Gewinnverlagerungen zwischen den einzelnen Gesellschaften durch eine entsprechende Bewertungs-, Abschreibungs- und Aktivierungspolitik und – falls die Konzernglieder untereinander Geschäftsbeziehungen unterhalten – durch den Ansatz von Verrechnungspreisen für Lieferungen und Leistungen, die u. U. erheblich von den Marktpreisen abweichen.[781] Außerdem lässt sich die Liquiditätssituation eines konzerngebundenen Unternehmens nicht sinnvoll isoliert beurteilen, wenn die Liquidität für alle Konzernunternehmen zentral gesteuert wird und man aus Sicht der Gesamtunternehmensleitung ein Liquiditätsdefizit in einem bestimmten Unternehmen einfach mit Hilfe eines Liquiditätsüberschusses in einem anderen Unternehmen ausgleicht.[782]

Abgesehen von diesen eher „technisch orientierten" möglichen Auswirkungen der Konzernzugehörigkeit auf den Einzeljahresabschluss eines Tochterunternehmens gibt ORDELHEIDE zu bedenken, dass im Zuge der Konzernbildung i. d. R. Verfügungsrechte zugunsten der Obergesellschaft verschoben werden, die dem übergeordneten Management weitreichende Handlungsspielräume eröffnen, aus deren Gebrauch es einen (persönlichen) Nutzen ziehen möchte, beispielsweise in Form reduzierter Verlustrisiken der Obergesellschaft und damit verbunden geringerer eigener Arbeitsplatz- und Einkommensrisiken.[783] Dispositive Maßnahmen der Konzernführung, die mit den Zielvorstellungen des Konzerns korrespondieren, müssen also nicht unbedingt mit den Zielvorstellungen des einzelnen Konzerngliedes übereinstimmen, welche jenes vielleicht als rechtlich und wirtschaftlich unabhängiges Unternehmen vertreten würde. ALBRECHT überträgt diese Problematik auf den Sachverhalt Unternehmenszusammenschlüsse bei Tochtergesellschaften und meint, dass derart wichtige Entscheidungen dann wahrscheinlich gleichfalls im Bereich der Konzernleitung angesiedelt sind und man infolgedessen aus ihrer Perspektive u. U. Zusammenschlüsse realisiert, die zwar vordergründig negative Effekte für die betroffenen Konzernglieder, aber positive Effekte für den Gesamtkonzern bzw. die Muttergesellschaft generieren.[784] Vor diesem

---

[781] Vgl. u. a. Ordelheide (1986), S. 307 f., und Tönnies (1996), S. 28 f.
[782] Vgl. Husmann (1997), S. 1660. Weitere Beispiele für solche Maßnahmen finden sich bei Ordelheide (1987), S. 978, und Meichelbeck (1997), S. 104 ff.
[783] Vgl. Ordelheide (1987), S. 978 f.
[784] Vgl. Albrecht (1994a), S. 41.

Hintergrund empfiehlt u. a. BAETGE, die Analyse von Einzeljahresabschlüssen konzerngebundener Unternehmen generell mit der Analyse von Konzernjahresabschlüssen zu verknüpfen, insbesondere im Falle der Existenz intensiver Geschäftsbeziehungen der Konzernglieder untereinander.[785]

Systematische Studien über den Grad der strategischen Eigenständigkeit von Versicherungskonzerngesellschaften existieren zwar in der einschlägigen Literatur nicht, man kann jedoch davon auszugehen, dass die o. a. Argumentation von ORDELHEIDE nur partiell auf die Versicherungswirtschaft übertragbar ist. Sie trifft beispielsweise auf den in der Realität häufig auftretenden *Vertragskonzern*, bei dem die Zusammenarbeit auf der Basis von Unternehmensverträgen zwischen den einzelnen Gesellschaften geschieht, nicht zu. So bleibt das Management eines (wirtschaftlich) abhängigen Unternehmens im Vertragskonzern trotzdem der rechtliche Adressat des BAV, obwohl es de facto per Beherrschungsvertrag an die Weisungen eines anderen, übergeordneten Versicherers gebunden ist.[786] Sollen Beherrschungsverträge abgeschlossen werden, in denen speziell Lebensversicherer die untergeordneten, abhängigen Gesellschaften verkörpern, verknüpft das BAV deren Genehmigung per se mit einer Einschränkung des Weisungsrechts der Obergesellschaft: „Das herrschende Versicherungsunternehmen enthält sich daher aller Weisungen – z. B. auf dem Gebiet der Überschussermittlung, der Überschussverwendung nach § 56a VAG, der Aufteilung der Personal- und Sachkosten für gemeinsame Innen- und Außendiensteinrichtungen, der Vermögensanlage –, deren Befolgung bei objektiver Beurteilung für die Belange der Lebensversicherten oder die dauernde Erfüllbarkeit der Lebensversicherungsverträge nachteilig ist."[787]

Eine Ausrichtung auf Konzernjahresabschlüsse zur Erfolgsmessung würde vor allem das bereits mehrfach angesprochene aufsichtsrechtliche Gebot der Spartentrennung konterkarieren, das in einem quasi „natürlichen" Gegensatz zum Prinzip des Konzerns

---

[785] Vgl. Baetge (1998), S. 6, unter Hinweis auf weitere Quellen, die seine Auffassung teilen.

[786] Vgl. Farny (2000a), S. 254. Dieser Sachverhalt wurde schon in Zusammenhang mit der Holding-Bildung erwähnt, siehe dazu unter Abschnitt 6.2.3.

[787] GB BAV 1966 (1967), S. 23 f. Unternehmensverträge, mit deren Hilfe sich Lebens- oder private Krankenversicherer als herrschende Unternehmen mit Komposit- und Rückversicherern zusammenschließen möchten, werden von vornherein von der Aufsichtsbehörde nicht gestattet, da in diesen Fällen die herrschenden Unternehmen etwaige Verluste aus der Komposit- bzw. Rückversicherung kompensieren müssten und somit das Gebot der Spartentrennung verletzt würde. Siehe zum zentralen Gebot der Spartentrennung erstmals die Ausführungen unter Abschnitt 2.2.2 der vorliegenden Arbeit.

unter einheitlicher Leitung steht und die tatsächliche, rechtliche und rechnungsmäßige Separierung von Versicherern unterschiedlicher Sparten, also von Lebens-, privaten Kranken- und übrigen Sachversicherern, geradezu betont. Dieses Gebot und die daraus resultierenden aufsichtsrechtlichen Regelungen bedingen natürliche Grenzen für Gewinn- und Verlustausgleichseffekte zwischen den einzelnen Konzerngesellschaften und erhöhen im Gegensatz zu anderen Branchen hier die Aussagefähigkeit der jeweiligen Einzeljahresabschlüsse.

Einzeljahresabschlüsse erhalten außerdem durch zahlreiche wirtschaftliche und rechtliche Beziehungen, welche die Versicherungsnehmer quasi als Gläubiger über den Versicherungskontrakt direkt mit den Konzerngliedern verbindet, eine besondere Bedeutung, speziell in denjenigen Versicherungszweigen, in denen sie einen Gewinnbeteiligungsanspruch besitzen (dazu zählen vorrangig Lebens- und private Krankenversicherung), da dort die Gewinnanteile eben nur aus den Daten des Einzeljahresabschlusses (genauer gesagt: der GuV-Position Rohüberschuss), und nicht aus dem Konzernjahresabschluss abgeleitet werden. Für einen Lebensversicherungsnehmer, der hohe Gewinnanteile von seinem Versicherer zu erhalten hofft, ist demnach mit der Erwirtschaftung eines niedrigen/hohen Gewinns bezogen auf den Gesamtkonzern kein persönlicher Nutzen verbunden.[788] Die herausragende Rolle der Einzeljahresabschlüsse spiegelt sich weiterhin in der „internen Rechnungslegungspflicht" gegenüber der Aufsichtsbehörde als weiterem Informationsempfänger wider, die primär auf Basis dieser Art der Abschlüsse erfolgt.[789]

Insgesamt gesehen zeichnen sich Versicherungsunternehmen im Konzernverbund also – zumindest theoretisch – durch eine höhere Eigenständigkeit gegenüber Konzerntochterunternehmen anderer Branchen aus, was wesentlich zur Befürwortung der Einzeljahresabschlüsse als Datenbasis für eine Erfolgsbeurteilung beiträgt. OLETZKY vertritt

---

[788] Vgl. Farny (2001a), S. 378.

[789] In Abhängigkeit vom Informationsempfänger differenziert man innerhalb der Versicherungswirtschaft in *interne* und *externe* Rechnungslegung. Während sich die externe Rechnungslegung an Informationsempfänger außerhalb des Unternehmens, also u. a. an den externen Analysten und die interessierte Öffentlichkeit, wendet, ist die interne Rechnungslegung eigentlich nur für die Unternehmensleitung vorgesehen, der Begriff hat sich jedoch in der Literatur als Ausdruck der exklusiven und detaillierten Rechnungslegungspflicht von Versicherern gegenüber dem BAV durchgesetzt. Die interne Rechnungslegung zeichnet sich durch eine stärkere Auffächerung der einzelnen Bilanz- und GuV-Positionen sowie eine Anzahl gesonderter Rechnungen aus; praktisch wird die externe Rechnungslegung aus der internen durch Zusammenfassungen und Umgestaltungen hergeleitet. Vgl. umfassend Farny (1992), S. 20.

zwar abweichend die Meinung, man könne im Umkehrschluss die Vorgaben des BAV auch so interpretieren, es sei dadurch jede Steuerung seitens der Konzernebene unbegrenzt zulässig, die **nicht** die Belange der Versicherten tangiere. Er weist in diesem Zusammenhang auf die vielfältigen Beziehungen zwischen den Tochtergesellschaften hin, die sich oft u. a. in einer Dachmarke für die verschiedenen Produkte und in gemeinsamen Vertriebswegen ausdrücken und deswegen einer konzernweiten Koordinierung geschäftspolitischer Ziele sowie Strategien der Marktbearbeitung und Ressourcennutzung bedürfen. Zu Umsetzungsmöglichkeiten einer solchen konzernweiten Steuerung äußert sich jedoch sogar OLETZKY selbst aufgrund der starken Heterogenität des Versicherungsgeschäfts, bezogen auf die einzelnen Sparten, skeptisch.[790]

Der sinnvollen Nutzung von Konzernjahresabschlüssen steht ferner die eingeschränkte Verpflichtung zur Konzernrechnungslegung bestimmter Typen von Versicherungskonzernen entgegen. Handelt es sich bei den Konzernobergesellschaften um zwei oder mehrere VVaG oder ÖRA, die einen so genannten *Gleichordnungskonzern* bilden, sind diese nach deutschem Recht grundsätzlich von der Konzernrechnungslegungspflicht befreit, weil bei Gleichordnungskonzernen (wie die Bezeichnung schon andeutet) nicht von einem Über- bzw. Unterordnungsverhältnis, d. h. von der zur Konzernrechnungslegung notwendigen Erfüllung des Tatbestandes der einheitlichen Leitung aufgrund von Eigentumsverhältnissen durch die Muttergesellschaft, ausgegangen werden kann.[791] Im letzten zur vorliegenden Analyse herangezogenen Geschäftsjahr 2000 waren von 54 größeren am Markt aktiven Versicherungskonzernen deshalb zwölf Konglomerate von dieser Pflicht befreit, die m. a. W. keinen Konzernjahresabschluss erstellen mussten und demzufolge in einer darauf aufbauenden Untersuchung ex ante nicht hätten berücksichtigt werden können.

In Bezug auf börsennotierte Konzernobergesellschaften in der Rechtsform der V-AG ergibt sich ein weiteres, speziell die Vergleichbarkeit der Konzernjahresabschlüsse

---

[790] Vgl. Oletzky (1998), S. 29.

[791] Die obige Begründung erscheint Wollmert (1992), S. 63, sachlich nicht überzeugend: Er ist der Auffassung, dass im Gleichordnungskonzern aufgrund der faktisch bestehenden Leitungsverhältnisse ähnliche Konsequenzen für die Gestaltung der Einzeljahresabschlüsse auftreten können wie im durch Über- und Unterordnungsverhältnisse gekennzeichneten „normalen" Konzern, und plädiert demzufolge für die Einbeziehung von Gleichordnungskonzernen in die Rechnungslegungspflicht. In Ausnahmefällen ist es heute schon möglich, eine Konzernrechnungslegungspflicht nach § 11 Abs. 1 PublG für Gleichordnungskonzerne zu „konstruieren", indem die einheitliche Leitung einem verbundenen Unternehmen bzw. einer als solche definierten Obergesellschaft übertragen wird.

6.3 Gestaltung der Jahresabschlussanalyse   273

betreffendes Problem: Börsennotierte deutsche Mutterunternehmen können nämlich seit kurzem bei der Aufstellung ihrer Jahresabschlüsse zwischen den Vorschriften des HGB und den International Accounting Standards (IAS) wählen[792]. Von dieser Wahlmöglichkeit haben im Geschäftsjahr 2000 bereits fünf Konzerne Gebrauch gemacht (Allianz, AMB Generali, ERGO, Gerling und Münchener Rück[793]), was dazu geführt hat, dass für identische Sachverhalte – vorrangig das verfügbare Eigenkapital und die erwirtschafteten Gewinne betreffend – sehr verschiedene Szenarien der Vermögens-, Finanz- und Ertragslage aus der jeweiligen Perspektive des HGB und der IAS entworfen wurden. Diese gravierenden Differenzen lassen sich nach herrschender Auffassung nicht durch einfache Überleitungsrechnungen eliminieren, sie erschweren insofern vergleichende Analysen zwischen HGB- und IAS-Abschlüssen bzw. machen diese in vielen Fällen sogar unmöglich.[794] An dem äußerst unbefriedigenden Zustand wird sich auch in naher Zukunft nichts ändern, da einerseits die nach aktueller Rechtslage ursprünglich bis zum Geschäftsjahr 2004 befristete Regelung für eine Befreiung von den IAS verlängert wird und andererseits nicht damit zu rechnen ist, dass sämtliche rein deutschen, vor allem nicht-börsennotierten, Versicherungskonzerne ohne Zwang von einem Konzernjahresabschluss nach HGB auf IAS wechseln, um vergleichende Analysen der Abschlüsse zu erleichtern.[795]

Vor dem Hintergrund der hier diskutierten theoretischen und praktischen Überlegungen ist demnach als Fazit festzuhalten, dass zur Messung des Erfolgs der 25 selektierten Zusammenschlüsse die *Einzeljahresabschlüsse* der 47 im Rahmen der Stichprobenbildung ausgewählten Unternehmen als Datengrundlage dienen (müssen), selbst wenn es sich dabei – wie in der Praxis meistens üblich – um zusammenschlussaktive Unternehmen handelt, die als Tochtergesellschaften einem Konzernverbund angehören.

---

[792] Diese Wahlmöglichkeit wurde durch den 1998 eingeführten § 292a HGB geschaffen und galt erstmals für das Geschäftsjahr 1999.
[793] Vgl. Farny et al. (2001), S. 43 ff.
[794] Vgl. Farny et al. (2001), S. 10, mit Angabe weiterer Quellen.
[795] Vgl. Farny (2001a), S. 380, und derselbe (2001b), S. 456.

6.3.3 Auswahl geeigneter Kennzahlen

6.3.3.1 Vorbemerkungen

Die letzte wichtige Aufgabe, die im Rahmen der Gestaltung des jahresabschlussorientierten Ansatzes zur Erfolgsmessung noch zu erfüllen ist, betrifft die Identifikation empirisch wahrnehmbarer, d. h. quantitativ messbarer Kriterien, mit deren Hilfe – tauschtheoretisch formuliert – der Nutzen, den die korporativen (und individuellen) Akteure durch Zusammenschlüsse bzw. durch die damit verknüpften Effekte (Marktmachteffekte, Synergieeffekte etc.) zu maximieren hoffen, adäquat abgebildet wird.

In der versicherungswissenschaftlichen Literatur stellen nach herrschender Meinung *Sicherheit*, *Wachstum* und *Gewinn* diejenigen Kriterien dar, anhand deren Operationalisierung in Form von Kennzahlen die Wettbewerbssituation eines Versicherers umfassend beurteilt werden kann[796]; anders ausgedrückt handelt es sich um die Ziele, die im Interesse der jeweiligen Akteure vom korporativen Akteur Unternehmen zu ihrer Bedürfnisbefriedigung verfolgt werden sollten. Das seit einiger Zeit in der Versicherungswissenschaft diskutierte globale Ziel der Unternehmenswertsteigerung, verankert im Shareholder Value-Konzept, welches sich durch die Fokussierung auf ein einziges Formalkriterium des Unternehmenserfolgs auszeichnet, nämlich den Marktwert des Eigenkapitals, den es aus Eigentümerperspektive zu maximieren gilt, wird – wie die Ausführungen im fünften Kapitel klar dokumentiert haben – der derzeitigen komplexen Interessensituation auf dem Versicherungsmarkt nicht gerecht (Shareholder Value vs. Policyholder Value-Problematik) und infolgedessen vernachlässigt.[797] Die theoretischen Überlegungen zu den genannten Zielen in der Versicherungswirtschaft korrespondieren dabei weitgehend mit den Ergebnissen einer empirischen Untersuchung von KALUZA[798], der im Rahmen einer repräsentativen Befragung von Kfz-Ver-

---

[796] Diese Auffassung vertreten neben vielen anderen Autoren u. a. Weiss (1975), S. 121 ff., Kürble (1991), S. 16-23, Oletzky (1998), S. 4 ff., Farny (2000a), S. 306-316, Zweifel/Eisen (2000), S. 176-183, und Plöger/Kruse (2001), S. 56.

[797] Siehe dazu besonders den Abschnitt 5.2.1.3 im Kontext der Beurteilung des kapitalmarkttheoretischen Ansatzes zur Erfolgsmessung bei Versicherern.

[798] So findet diese Studie heute noch Eingang in viele Arbeiten über Ziele von Versicherungsunternehmen, wie die Anmerkungen bei Riege (1994), S. 20, und Zweifel/Eisen (2000), S. 179 f., belegen. Einen guten Überblick über Inhalte versicherungswirtschaftlicher empirischer Zielforschung gibt Kürble (1991), S. 42-48.

6.3 Gestaltung der Jahresabschlussanalyse

sicherungsunternehmen Ende der 70er Jahre folgende Rangordnung von Zielen ermittelte:

Tab. 6.3: Zielhierarchie von Versicherungsunternehmen[799]

Zieldimension	Einstufung (6 = max., 1 = min.)
1. Sicherheit des Unternehmens	4.21
2. Befriedigung der Versicherungsnachfrage	3.00
3. Deckung der Kosten	2.56
4. Wachstum des Umsatzes und der Aktiven	2.51
5. Steigerung des Gewinns	2.49
6. Aufrechterhaltung und Zunahme der Unternehmensgröße	2.33
7. Erhaltung der Solvenz	1.72

Neben den bereits angesprochenen *formalen Zielen* Sicherheit, Wachstum und Gewinn scheint mit Blick auf die Tab. 6.3 weiterhin die Befriedigung der Versicherungsnachfrage, oft kurz mit dem Begriff Bedarfsdeckungsstreben umschrieben, eine zentrale Rolle im Zielbündel von Versicherungsunternehmen zu spielen. Dabei sind Gründung und Fortbestand von Versicherern direkt mit dem Auftrag verknüpft, generellen oder speziellen Versicherungsschutz für andere Wirtschaftseinheiten bereitzustellen.[800] Das Bedarfsdeckungsstreben ist dann am ausgeprägtesten, wenn die Bedarfsträger, d. h. die Versicherungsnehmer selbst, das Unternehmen gründen und fortführen, was heute in der Praxis nur noch bei kleineren VVaG, also bei Pensions- und Sterbekassen bzw. Sach-, Kranken- und Tierversicherungsvereinen zu beobachten ist (in der Phase ihrer Existenzgründung zu Beginn des 20. Jahrhunderts konnte man auch ÖRA das Bedarfsdeckungsziel zuordnen, da sie meistens auf Initiative des Staates gegründet wurden, der sich für den Versicherungsschutz seiner Bürger verantwortlich fühlte). Deshalb steht die Beurteilung des Unternehmenserfolgs anhand der Erfüllung des Bedarfsdeckungsziels, das zur Kategorie der den Unternehmenszweck konkretisierenden *Sachziele* zählt, in der versicherungswissenschaftlichen Diskussion seit geraumer Zeit

---

[799] Quelle: Kaluza (1982), S. 248 ff.
[800] Vgl. Farny (2000a), S. 305.

nicht mehr im Vordergrund der Betrachtung.[801] Außerdem sind Sachziele, speziell das Bedarfsdeckungsziel, auf Dauer ohne Berücksichtigung der skizzierten Formalziele, die deshalb in der Literatur als übergeordnete Unternehmensziele eingestuft werden, nicht realisierbar: So fördert beispielsweise das Wachstum des Versicherungsbestands die Bedarfsdeckung, d. h. die Versorgung von Kunden mit Versicherungsschutz, dieses Wachstum setzt jedoch Gewinnerzielung zur Selbst- oder Beteiligungsfinanzierung aufsichtsrechtlich geforderter Solvabilitätsmittel voraus, welche wiederum zur Existenzsicherung des Unternehmens dienen.

Die vorliegende empirische Studie zieht hier demnach zur Implementierung des kombinierten Zeit-/Betriebsvergleichs zusammenschlussaktiver Versicherungsunternehmen im definierten Beobachtungszeitraum von 1986-2000 branchenspezifische Kennzahlen aus den Bereichen Sicherheit, Wachstum und Gewinn bzw. Rendite der Erwerber und Zielobjekt(e) heran, die im Sinne eines sachlogisch konstruierten Kennzahlenordnungssystems[802] eine ganzheitliche, nachvollziehbare und weitgehend vergleichbare Beurteilung ihrer Wettbewerbssituation ermöglichen sollen. Sie steht damit in der Tradition solcher Analyseverfahren wie z. B. demjenigen von SCHMIDT, der ebenfalls eine Gesamtbewertung der Unternehmenssituation anhand sachlogisch determinierter Kennzahlen vornimmt, die sich an den drei Kriterien Rendite (R), Sicherheit (S) und Wachstum (W) orientieren, allerdings wegen der branchenübergreifenden Ausrichtung des Verfahrens sowohl branchenunabhängig als auch branchenspezifisch konzipiert sind.[803] Im Gegensatz zu SCHMIDT verzichtet die vorliegende Arbeit jedoch auf die mit Hilfe von Scoring-Modellen induzierte Verdichtung aller einbezogenen Kennzahlen zu einem Gesamtscore, der im RSW-Verfahren letztlich als alleiniger Bewertungsmaßstab fungiert, da wesentliche Einzelinformationen durch eine derartige Aggregation

---

[801] Vgl. zur Klassifizierung von Zielen in der Versicherungswirtschaft und dem Umfang ihrer wissenschaftlichen Behandlung detailliert Riege (1994), S. 1-7.

[802] Die ursprüngliche Eindimensionalität der bloßen Kennzahlenanalyse kann auf relativ einfache Weise, nämlich durch Nutzung von Kennzahlensystemen, zu einer „multidimensionalen Kennzahlenanalyse" ausgebaut werden. Dies geschieht z. B. über ein *Ordnungssystem*, in dem man – wie oben geschehen – die zunächst isoliert stehenden Kennzahlen nach betriebswirtschaftlichen Zusammenhängen ordnet, um sämtliche Bereiche des Unternehmens abzudecken und Interdependenzen zwischen diesen aufzuzeigen. Siehe außerdem die Anmerkungen zu den Anforderungen an eine aussagefähige Jahresabschlussanalyse in Bezug auf die Kennzahlenbildung unter Abschnitt 5.2.2.3.

[803] Vgl. zum RSW-Verfahren erstmals Schmidt/Wilhelm (1987) und aktuell u. a. Schmidt (1997). Eine komprimierte Darstellung des seitdem mehrfach modifizierten Verfahrens findet sich bei Baetge (1998), S. 550-559.

verloren gehen (u. a. eventuelle Zielantinomien) und diese Vorgehensweise deshalb auch in der Literatur zur Jahresabschlussanalyse vielfältiger Kritik ausgesetzt ist.[804]

Die nachfolgenden Abschnitte widmen sich jeweils zunächst der Bedeutung von Sicherheit, Wachstum und Gewinn (auch in ihrer Wechselwirkung) für den Unternehmenserfolg, bevor konkret auf die Operationalisierung anhand geeigneter Kennzahlen für private Kranken-, Lebens- und Sachversicherer eingegangen wird.[805] Nur im Idealfall stimmen jedoch – wie schon COLEMAN anmerkte – die Zielvorstellungen aller am korporativen Akteur Unternehmen beteiligten individuellen Akteure überein, so dass die Ziele von Versicherungsunternehmen ferner auf ihre Relevanz, d. h. auf ihren Beitrag zur Nutzenmaximierung, für die verschiedenen Akteure (speziell für die Principals und angestellten Agents, hier kommen die Versicherungsnehmer als weitere Gruppe von Akteuren hinzu, die bei VVaG annähernd die Principals verkörpern) überprüft werden, um im Anschluss eine differenzierte Erfolgsbeurteilung der Zusammenschlüsse zu ermöglichen.

6.3.3.2 Kennzahlen zur Sicherheit

Die Verfolgung des *Sicherheitsziels* (alternativ *Erhaltungsziel* genannt) lässt sich unmittelbar aus der Natur des betriebenen Versicherungsgeschäfts ableiten. Versicherungsgeschäfte repräsentieren abstrakte Versicherungsschutzversprechen an die Kunden zur Minderung der bei diesen vorliegenden individuellen Risikolagen. Der Nutzen einer Versicherung für Versicherungsnehmer setzt also die auf Dauer und unter allen Umständen garantierte Fähigkeit des Versicherers voraus, die abgegebenen Schutzversprechen nach Eintritt von Versicherungsfällen durch Versicherungsleistungen tatsächlich einlösen zu können (diese Fähigkeit bezeichnet man zusammengefasst als *Solvabilität* oder *Solvenz*, rechnerisch meint sie eine ausreichende Relation zwischen Beitragseinnahmen und Eigenmitteln einerseits und Schadenbelastung andererseits[806]).

---

[804] Vgl. Baden (1992), S. 124 f., der diese Kritik aufgreift und ausführlich bespricht.

[805] Zwar ist die Operationalisierung der Kennzahlen von vornherein auf die Charakteristika der Versicherungswirtschaft abgestimmt, aufgrund der Einbeziehung sämtlicher Sparten in die Untersuchung sind jedoch zusätzliche Differenzierungen notwendig, um Verzerrungen der Aussagen entgegenzuwirken. Dies gilt auch für die Branchendurchschnittswerte, die zur Bildung der abnormalen Kennzahlen benötigt werden, d. h. auch diese orientieren sich an der jeweiligen Sparte und müssten eigentlich „spartenspezifisch" genannt werden.

[806] Vgl. z. B. Koch/Weiss (1994), S. 777.

Die Sicherheit der Leistungserfüllung von Versicherungsverträgen stellt somit ein signifikantes Qualitätsmerkmal des produzierten Schutzes dar und ist direkt an die Existenz des Versicherers und sein Leistungspotenzial gekoppelt.[807]

Aus diesen Gründen wird das Sicherheitsziel, das einen dynamischen Zeitbezug aufweist, indem es permanent während der gesamten Lebensdauer des Unternehmens erfüllt sein muss[808], durch zahlreiche allgemeine unternehmensrechtliche (u. a. Risikoerkennungssysteme gemäß § 92 Abs. 2 AktG) und besondere aufsichtsrechtliche Vorschriften gefördert bzw. gefordert (§§ 8 Abs. 1 Satz 3, 53 c Abs. 1 und 81 Abs. 1 VAG). Die Forderungen betreffen dabei vorrangig die Verfügbarkeit von bestimmten risikopolitischen Instrumenten in Form von Eigenkapital zur Deckung von Verlusten (Solvabilitätsmittel gemäß § 53 c VAG, Mittel der Schwankungsrückstellung (SR)[809]) und in Form von liquiden Mitteln zur Vermeidung der Zahlungsunfähigkeit, d. h. Mischung und Streuung der Kapitalanlagen sind so vorzunehmen, dass die Liquidität des Versicherungsunternehmens gewährleistet ist (§ 54 Abs. 1 VAG). Global gesprochen impliziert das Sicherheitsziel die Verminderung der Ruinwahrscheinlichkeit des Versicherers[810] auf einen möglichst niedrigen Wert, letztendlich besteht es in der Vermeidung des Verlusts des gesamten Eigenkapitals sowie in der Vermeidung von Illiquidität.

---

[807] Vgl. Albrecht (1994b), S. 3.

[808] Im Gegensatz dazu kann Wachstum (in der Versicherungswirtschaft überwiegend gemessen anhand der Beitragseinnahmen) im Zeitablauf durch temporäre Phasen der Stagnation oder sogar des Rückgangs gekennzeichnet sein, ohne dass damit sofort eine Existenzgefährdung der betroffenen Unternehmen verbunden ist. So mussten beispielsweise die Kfz-Versicherer in den 90er Jahren drastische Prämieneinbußen wegen des – im Zuge der Binnenmarktrealisierung auftretenden – verschärften Preiswettbewerbs hinnehmen. Auf Dauer ist das Prämienwachstum jedoch ebenso eine unabdingbare Komponente des Unternehmenserfolgs wie die Einhaltung der Solvabilität.

[809] Die *Schwankungsrückstellung (SR)* dient bei Kompositversicherern zum Ausgleich der Schwankungen im jährlichen Schadenbedarf bestimmter Versicherungszweige. Liegen die realisierten Jahresschäden im Geschäftsjahr unter dem Durchschnitt der Schadenhöhe (Unterschäden) der vergangenen Jahre, wird sie um den Unterschaden erhöht; sind die Schäden hingegen höher als der Durchschnitt der Schadenhöhe (Überschäden) und kann die daraus resultierende zusätzliche Belastung nicht über den Sicherheitszuschlag in der Prämie abgedeckt werden, wird der Mehraufwand der Schwankungsrückstellung entnommen. Vgl. Beck (1997), S. 105.

[810] Die *Ruinwahrscheinlichkeit* ergibt sich aus der kollektiven Schadenverteilung des Versicherers mit folgenden Komponenten: primäre Gesamtschadenverteilung, Prämieneinnahmen, Sicherheitsmittel und Rückversicherung. Der Ruin tritt ein, wenn Prämien, Sicherheitsmittel und Rückversicherungsschutz zusammengenommen nicht mehr ausreichen, um die Kosten, insbesondere die Schadenkosten, zu decken.

Das Sicherheitsziel kann in der Versicherungswissenschaft auf einen breiten Konsens zurückgreifen, denn es wird einerseits vom Gesetzgeber und der Aufsicht gefordert und besitzt andererseits für alle wesentlichen Akteure gleichermaßen Priorität. So partizipieren langfristig betrachtet die Eigentümer daran mit ihrem Kapitaleinsatz – wenn man von Spekulanten absieht, die nach der Realisierung von Gewinnchancen ihr Kapital sofort wieder zurückziehen – und die Versicherungsnehmer mit ihren bestehenden Ansprüchen auf Versicherungsschutz. Da man in der Öffentlichkeit die Verfehlung des Sicherheitsziels i. d. R. dem verantwortlichen Management anlastet, was neben dem Verlust des Arbeitsplatzes dessen zukünftige Einkommenschancen stark beeinträchtigen würde (das Auftreten eines Konkurses gilt gerade in der Assekuranz als extrem schwerwiegendes Management-Versagen), ist auch das Management in hohem Maße an der Erhaltung des Unternehmens interessiert.[811]

Umstritten ist in Bezug auf die Existenzsicherung allenfalls der Einsatz geeigneter sicherheitspolitischer Instrumente (u. a. Schadenverhütungs-, Schadenminderungsforschung, Umfang der Rück- und Mitversicherung, Bildung von Sicherheitskapital, Prämienanpassungsaktionen) und die Positionierung des Sicherheitsziels im Zielbündel der Versicherer. Indem sie quasi nicht mehr zur Disposition steht, weil sie unter allen Umständen eingehalten werden muss, weist sie eher die Eigenschaften einer Nebenbedingung (Restriktion) denn eines zu erfüllenden Ziels auf. Außerdem wird kein Versicherer um der bloßen Erhaltung willen gegründet und fortgeführt, sondern strebt (Bestands-)Wachstum und Gewinnmaximierung an. Eine alleinige Ausrichtung des Unternehmenserfolgs auf die Sicherheit der Leistungen würde demnach der Entscheidungssituation des Versicherers nicht gerecht.[812]

Die Überbrückung von Verlustsituationen geschieht im Wesentlichen durch bereitstehendes Eigenkapital (EK), Kennzahlen zur Unternehmenssicherheit bauen daher auf der relativen Eigenkapitalausstattung auf[813], die bei privaten Krankenversicherern (KV) und Sachversicherern (SV) durch das Verhältnis von „Verfügbarem Eigenkapital" zu bestimmten risikoproportionalen Größen (entweder „Gebuchten" oder „Ver-

---

[811] Vgl. Zweifel/Eisen (2000), S. 177.

[812] Vgl. Farny (2000a), S. 316.

[813] Siehe dazu die Berichterstattung zur Sicherheitslage der einzelnen Sparten in den GB BAV des Beobachtungszeitraums, jeweils Teil B, unter dem Stichwort „Eigenkapitalausstattung bzw. Solvabilität". Auch Kürble (1991), S. 22, betont, dass das Verhältnis von Sicherheits-(Eigen-)kapital zu Beiträgen einen geeigneten Vergleichsmaßstab der Sicherheitslage von Versicherungsgesellschaften darstellt.

dienten Brutto-Beitragseinnahmen" bzw. „Prämien für eigene Rechnung (f. e. R.)")[814], bei Lebensversicherern (LV) durch das Verhältnis von Verfügbarem Eigenkapital zur Brutto-Deckungsrückstellung (ohne Brutto-Deckungsrückstellung für Fondsgebundene Lebensversicherung)[815] operationalisiert wird. FARNY ergänzt bei den Sachversicherern das Verfügbare Eigenkapital um die Schwankungsrückstellung (SR), die seiner Auffassung nach wesentliche Eigenkapitalmerkmale beinhaltet, indem sie zur Verlusttragung geeignet ist und die Sicherheitslage besser widerspiegelt.[816] Die vorliegende Arbeit schließt sich dieser Meinung an und beschreibt die Sicherheitslage von Sachversicherern dementsprechend anhand einer Kennzahl, die beide Elemente (Eigenkapital plus Schwankungsrückstellung) berücksichtigt. Insgesamt finden folgende Kennzahlen Verwendung:

$$\text{Solvabilität (SOL) KV (in \%)} = \frac{\text{Verfügbares Eigenkapital}}{\text{Verdiente Brutto - Beiträge}} \times 100,$$

$$\text{Solvabilität (SOL) LV (in \%)} = \frac{\text{Verfügbares Eigenkapital}}{\text{Brutto - Deckungsrückstellung}} \times 100,$$

$$\text{Solvabilität (SOL) SV (in \%)} = \frac{\text{Verfügbares Eigenkapital} + SR}{\text{Prämien f. e. R.}} \times 100.$$

---

[814] Als *Gebuchte Brutto-Beiträge* werden in der GuV des Versicherers alle im Geschäftsjahr fällig gewordenen Bruttoprämien des gesamten Geschäfts ausgewiesen, bei den *Verdienten Beiträgen* korrigiert man die Prämien um die Veränderung der so genannten Beitragsüberträge. Durch dieses Verfahren werden die Prämieneinzahlungen des Vorjahres, die das Geschäftsjahr betreffen, in diesem erfolgswirksam, während die Prämieneinzahlungen des Geschäftsjahres, die das Folgejahr betreffen, für das Geschäftsjahr erfolgsmäßig neutralisiert werden. Bei den *Prämien für eigene Rechnung (f. e. R.)* handelt es sich um die Prämien nach Abzug der Rückversicherungsanteile (auch Selbstbehaltsprämie genannt). Zum größten Teil werden – vor allem bei der Operationalisierung des Gewinnziels – die Brutto-Beiträge als Bezugsgröße verwendet, da nur sie die im Interesse der Unternehmenssicherheit in Kauf genommene Gewinnminderung durch passive Rückversicherung adäquat verdeutlichen. Vgl. zu den Prämienarten umfassend Farny (1992), S. 146.

[815] Die *Deckungsrückstellung (DR)* repräsentiert den wichtigsten Passivposten der Bilanz, sie lässt sich mathematisch definieren als der Barwert des Erwartungswertes der künftigen Verpflichtungen aus Versicherungskontrakten abzüglich dem Barwert des Erwartungswertes künftiger Prämieneinzahlungen; es handelt sich also um das Verpflichtungsvolumen aus dem Versicherungsbestand. Da bei der Fondsgebundenen Lebensversicherung als Spezialfall der konventionellen Kapitallebensversicherung auf den Todes- und Erlebensfall das Kapitalanlagerisiko auf den Versicherungsnehmer übergeht, muss dafür eine separate DR gebildet werden, die in die Beschreibung der allgemeinen Sicherheitslage prinzipiell keinen Eingang findet. Vgl. ausführlich Koch/ Weiss (1994), S. 308.

[816] Vgl. Farny (1992), S. 133. Ähnlich argumentieren Brachmann/Niekirch (1994), S. 45.

6.3.3.3 Kennzahlen zum Wachstum

Neben dem Sicherheitsziel spielt das *Wachstumsziel* in der Versicherungswirtschaft eine große Rolle, das aus Gründen der Quantifizierbarkeit vornehmlich an Veränderungen verschiedener mengen- bzw. wertmäßiger Größen des Versicherungsbestands (u. a. Stückzahlen von Kunden, Versicherungsverträgen oder an den dazugehörigen Beitragseinnahmen), seltener auch an der Bilanz- oder Kapitalanlagesumme gemessen wird. Ein Verzicht auf (Bestands-)Wachstum würde langfristig gesehen zu einem risikopolitisch unausgeglichenen Versicherungsgeschäft und überalterten Beständen mit inflationsbedingt geringen Versicherungssummen führen und demzufolge nicht ausreichend kalkulierte Betriebskosten hervorrufen. Geplantes Bestandswachstum mit einer damit verknüpften Diversifizierung der individuellen Risiken verbessert also – anders ausgedrückt – den Risikoausgleich im Kollektiv durch Minderung des Zufallsrisikos, wovon letztlich speziell die Versicherungsnehmer profitieren. Dieser primär für die Sicherheit des Unternehmens vorteilhafte Effekt ist in den vergangenen Jahrzehnten vorrangig in der Sachversicherung bestätigt worden, wo der Wechsel von guten und schlechten Resultaten in einzelnen Versicherungszweigen (Industrie-, Feuer-, Kfz- und Sturmversicherung) bislang völlig ungewohnte Dimensionen erreichte.

Aufgrund seiner o. a. engen Verbindung zum Sicherheitsziel, aber auch zum Gewinnziel, z. B. durch die dadurch bedingte Nutzung von Economies of Scale, lässt sich nach Auffassung einiger Autoren die Relevanz des Wachstumsziels, obwohl es große empirische Bedeutung besitzt, wie u. a. die Untersuchung von KALUZA anhand der Tab. 6.3 zeigt, als hierarchisch gleichgestelltes, formales Unternehmensziel in der Zielfunktion eines Versicherers kaum rechtfertigen. Eine eigenständige Formulierung des Wachstumsziels wäre nur dann möglich und sinnvoll, falls Wachstum auch unabhängig von anderen Zielen Nutzen stiften würde; dies ist ihrer Meinung nach jedoch nicht der Fall. Denn auch aus der Perspektive der Eigentümer sei es schwierig, ein eigenständiges Interesse am Wachstum des Versicherungsunternehmens abzuleiten, allenfalls könnte man argumentieren, Wachstum eröffne ihnen die Chancen zu weiteren, profitablen Investitionen. Hier stehen aber faktisch wiederum die Gewinnerzielungsmöglichkeiten und nicht das Wachstum des Versicherers für sich genommen im Vordergrund, so dass sie grundsätzlich für eine Einordnung des Wachstumsziels in das Zielbündel von Versicherern als Unterziel der Gewinnerzielung (d. h. als Mittel zum Zweck) plädieren.[817]

---

[817] Vgl. Riege (1994), S. 41, mit Angabe weiterer Quellen zu dieser Auffassung.

Darüber hinaus ist Wachstum mit gewissen Risiken behaftet, die sowohl in den damit verbundenen Investitionen in Außenorganisation und Vertragsabschlüsse (über vorausgezahlte Abschlussprovisionen) als auch in der Gefahr sinkender Prämiensätze und steigender Kosten durch Finanzierung zusätzlicher Solvabilitätsmittel begründet liegen. Das Wachstumsstreben kann also – zumindest kurzfristig betrachtet – in Konflikt zum Erhaltungs- und Gewinnziel geraten. Trotz dieser durchaus nachvollziehbaren Argumentation konnte sich diese Meinung bislang in der Literatur nicht etablieren, das Wachstumsziel bildet weiterhin ein zentrales Element in der Diskussion des Zielkatalogs von Versicherungsunternehmen.

Besonders ausgeprägt ist das Interesse an Wachstum hingegen – was in der Literatur dementsprechend nicht umstritten ist – beim handlungsbefugten Management, denn gerade in der Versicherungswirtschaft dient es als Symbol erfolgreicher unternehmerischer Tätigkeit.[818] So spielt der Marktanteil als relative Formulierung des Wachstumsziels in der Praxis eine überragende Rolle, d. h. der Anteil unternehmensindividueller Größen am Gesamtaggregat der Branche, etwa als Marktanteil gemessen anhand von Bestands- oder Neugeschäftsprämien, Bilanzsummen oder Kapitalanlagen.[819] Alljährlich werden in mehreren versicherungswissenschaftlichen Zeitschriften von BAV und GDV ermittelte Ranglisten mit den 50 oder 100 größten Versicherungsunternehmen in Abhängigkeit von den verschiedenen Sparten veröffentlicht und dort die „Auf- bzw. Absteiger" besonders hervorgehoben.[820] Ein rückläufiger Marktanteil gilt bereits als Indiz für unternehmerische Schwäche, was natürlich im Einzelfall völlig falsch ist, wenn etwa parallel die Ertragslage durch Risikoselektion, welche wiederum eine Reduzierung der Schadenaufwendungen impliziert, verbessert werden konnte. Nach Einschätzung von FARNY würde deshalb das Management von Versicherern, vor die Alternative gestellt, entweder die Versicherungsbestände bei sinkendem Gewinn zu vergrößern oder den Gewinn bei stagnierendem bzw. rückläufigem Bestand zu erhöhen, in der Mehrheit die erste Strategie wählen, da diese nach allgemeiner Auffassung in der Branche größeres Prestige verschafft.[821] Der intraindividuelle Interessenkonflikt beim Management wird insofern meistens zugunsten des Wachstumsziels, seltener

---

[818] Vgl. Riege (1994), S. 17.

[819] Vgl. Farny (2001a), S. 312.

[820] Siehe dazu beispielsweise die jeweils Mitte des Jahres erscheinenden Übersichten in der Zeitschrift für Versicherungswesen, die sich auf die Position des Vorjahres beziehen.

[821] Vgl. Farny (1974), S. 1244. Diese Aussage gilt auch heute noch.

6.3 Gestaltung der Jahresabschlussanalyse

zugunsten des Gewinnziels, gelöst. Vor der Deregulierung im Jahre 1994 waren der Gewinnerzielung außerdem durch die Genehmigungspflicht der Tarife enge Grenzen gesetzt (so galten beispielsweise für die Lebensversicherung außerordentlich vorsichtige Rechnungsgrundlagen, welche den Gewinn ex ante limitierten), die das Management mit der Konzentration auf das Wachstumsziel, d. h. der Erzielung eines möglichst hohen Prämienvolumens (= Umsatzsteigerungen), zu kompensieren versuchte.[822]

Die Wachstumslage der in Unternehmenszusammenschlüsse involvierten Versicherer wird in der nachfolgenden empirischen Untersuchung vornehmlich anhand der *Entwicklung des Bestands*, d. h. anhand der Wachstumsraten (WR) ihrer „Verdienten Brutto-Beiträge" im Geschäftsjahr *t* gegenüber dem Vorjahr *t*-1, gemessen:

$$WR_t \text{ Bestand KV, LV, SV (in \%)} = \frac{\text{Verdiente Brutto - Beiträge}_t}{\text{Verdiente Brutto - Beiträge}_{t-1}} \times 100 - 100.$$

Sowohl bei der privaten Kranken- als auch bei der Lebensversicherung finden demzufolge in Anlehnung an die Vorgehensweise des BAV die so genannten Beiträge aus der Bruttorückstellung für (erfolgsabhängige) Beitragsrückerstattung keine Berücksichtigung. Diese Beiträge repräsentieren kein „echtes Wachstum aus dem Markt", vielmehr handelt es sich bei ihnen um einen über die Erfolgsrechnung laufenden Passivtausch. In der Lebensversicherung werden dazu bestimmte Gewinnanteile nach dem Bonussystem der Rückstellung für Beitragsrückerstattung (RfB)[823] entnommen und im Sinne einer Einmalprämie zwecks Erhöhung des Versicherungsschutzes der Deckungsrückstellung zugeführt. In der Krankenversicherung dienen die Beiträge aus der RfB zur Begrenzung notwendiger Tarifsanierungen; auch hier werden sie als Einmalprämien in der Erfolgsrechnung verrechnet, ihnen stehen Zuführungen zur Altersrückstellung gegenüber.[824]

---

[822] Vgl. Zweifel/Eisen (2000), S. 177.

[823] Unter der *Rückstellung für Beitragsrückerstattung (RfB)* versteht man diejenige Gewinnmasse, die zwar schon der Gesamtheit der gewinnberechtigten Versicherungsnehmer gewidmet ist, den einzelnen Verträgen allerdings noch nicht zugeteilt wurde. Das Sammelbecken RfB erfüllt somit eine Pufferfunktion, es glättet die in Gewinnwellen einströmenden Beträge und lässt sie gleichmäßig herausfließen.

[824] Vgl. Farny (1992), S. 147.

In Bezug auf Zusammenschlüsse von Versicherungsunternehmen ist allerdings nicht nur das Bestandswachstum interessant (dies müsste sich eigentlich aus der Natur der Aktivität als externe Wachstumsstrategie quasi „von selbst" ergeben), sondern ebenso die Entwicklung des *Neugeschäfts*, das spezifische Aussagen zur Kundenakquise bzw. zur Leistungsfähigkeit der Absatzorgane ermöglichen dürfte, denn es verkörpert das Volumen der im jeweiligen Geschäftsjahr abgeschlossenen Versicherungen (im darauf folgenden Geschäftsjahr zählt dieses dann zum Bestand)[825]. In der Krankenversicherung misst man das Neugeschäft auf der Basis von Monatssollbeiträgen, während es in der Lebensversicherung mit Hilfe der gesamten Versicherungssumme auf Basis der eingelösten Versicherungsscheine (diese dokumentieren den formalen Beginn des Versicherungsschutzes für die Versicherungsnehmer) operationalisiert wird.[826] Da sich die Sachversicherung gegenüber den beiden anderen Sparten durch erheblich kürzere Laufzeiten der Kontrakte und eine dadurch bedingte höhere Fluktuation auszeichnet, geschieht in den dortigen Jahresabschlüssen prinzipiell keine isolierte Betrachtung des Neugeschäfts; die Beschreibung der Wachstumslage bleibt demnach auf die Entwicklung ihres Bestandswachstums beschränkt.

Indem die Kennzahlen in der vorliegenden Analyse als „abnormale Kennzahlen" konzipiert sind, werden die Branchen- bzw. Spartendurchschnittswerte zur Berechnung des Neugeschäfts benötigt. Diese liegen für die Krankenversicherung in Form der Monatssollbeiträge jedoch erst ab 1994 vor und können für den definierten Beobachtungszeitraum, der bis in das Jahr 1986 zurück reicht, aus den Angaben in den GB BAV nicht explizit nachvollzogen werden; auf die Betrachtung des Neugeschäfts bei Krankenversicherern muss daher leider verzichtet werden. Lediglich die Analyse der Wachstumslage von Lebensversicherern erfolgt also anhand von zwei Kennzahlen, nämlich zum einen anhand der Entwicklung des Bestands und zum anderen anhand der Entwicklung des Neugeschäfts (NG):

$$WR_t \, Neugeschäft \, LV(in \, \%) = \frac{Versicherungssumme \, Neugeschäft_t}{Versicherungssumme \, Neugeschäft_{t-1}} \times 100 - 100.$$

---

[825] Vgl. Koch/Weiss (1994), S. 587.

[826] Siehe dazu exemplarisch den aktuellen GB BAV 2000 (2002), Teil B, S. 15 und S. 22, jeweils unter dem Stichwort „Zugänge bzw. Neugeschäft".

6.3.3.4 Kennzahlen zum Gewinn

Das Streben nach Gewinn, rein rechnerisch ermittelt als der Saldo zwischen den kalkulatorischen bzw. pagatorischen Zu- und Abgängen bestimmter Erfolgsgrößen, die ein Versicherungsunternehmen in einer Periode realisiert, ist trotz gelegentlicher, oft mit nichtökonomischen oder irrationalen Argumenten begründeter Kritik für sich in einer freien Marktwirtschaft bewegende Versicherer nicht nur legitim, sondern unerlässlich.[827] Neben der V-AG als Prototyp des nach erwerbswirtschaftlichen Prinzipien geführten Versicherungsunternehmens gilt dies mittlerweile ebenso für den großen VVaG und die ÖRA, denen in der Vergangenheit historisch bedingt eher das Bedarfsdeckungsziel als das Gewinnziel als oberstes Unternehmensziel zugeordnet worden war, denn für beide Rechtsformen ist der Gewinn eine wichtige Quelle der Eigenkapitalbildung.[828]

Vordergründig betrachtet scheint das Gewinnziel in Bezug auf die Interessenverteilung der individuellen Akteure am korporativen Akteur Versicherungsunternehmen analog zum Sicherheitsziel kaum Kontroversen auszulösen. Sämtliche Anspruchsgruppen unterstützen demnach prinzipiell das Streben nach Gewinn, jedoch weisen die Motive, die explizit damit verknüpft sind, sehr heterogenen Charakter auf. So besitzt das Gewinnziel naturgemäß für die Principals in Gestalt der Anteilseigner eine herausragende Bedeutung, denn es sind ausschließlich die erwirtschafteten Gewinne, die ihnen als Entgelt für die Bereitstellung ihrer individuellen Ressourcen (Kapital) zwecks Pooling im korporativen Akteur Unternehmen dienen können. Je nachdem, ob es sich dabei um Groß- oder Kleinaktionäre handelt, werden verschiedene Ausschüttungsmodalitäten präferiert: So bevorzugen (private) Kleinaktionäre in der Praxis häufig eine regelmäßige, d. h. konstante Ausschüttung in Form von Dividenden, während Großaktionäre (institutionelle Anleger) oft bereit sind, zugunsten anderer Verwendungsarten, z. B.

---

[827] Beispiele für solche kritischen Argumente finden sich aktuell bei Kürble (1991), S. 18 f., und Farny (2000a), S. 306, früh schon bei Grossmann (1967), S. 97 f. Die grundsätzliche Anerkennung des Gewinnstrebens in Theorie und Praxis bezieht sich auch auf den Zeitraum vor der Deregulierung des Versicherungsmarktes im Jahre 1994, in dem zentrale Funktionen des freien Wettbewerbs (z. B. der Preiswettbewerb) wegen der materiellen Aufsicht außer Kraft gesetzt waren. Heute gilt vor allem die Gewinn*verwendung* aufgrund von zahlreichen handels-, versicherungsvertrags- und aufsichtsrechtlichen Vorschriften „fremdgesteuert".

[828] Vgl. Oletzky/Schulenburg, Graf v. d. (1998), S. 70.

der Gewinnthesaurierung, eine gewisse Zeit auf Dividendenzahlungen zu verzichten.[829]

Wichtig ist außerdem anzumerken, dass der Anspruch der Eigentümer auf eine angemessene Verzinsung ihres bereitgestellten Kapitals – anders als die Gewinnbeteiligungsansprüche der übrigen Akteure, die entweder durch gesetzliche Regelungen oder explizite Verträge zwischen dem Versicherer und den jeweiligen individuellen Akteuren manifestiert sind – einen *Residualanspruch* darstellt, der erst nach Abgeltung aller anderen Ansprüche befriedigt werden darf und grundsätzlich abhängig vom tatsächlichen Erfolg des Versicherers ist.[830] Diese versicherungswirtschaftliche Besonderheit bedingt ein großes Konfliktpotenzial zwischen Anteilseignern und Versicherungsnehmern bezüglich der Ausschüttungspolitik des Unternehmens (Dividendenzahlungen vs. Barausschüttungen, Prämienrückvergütungen, Erhöhungen der Versicherungsleistungen etc.), das einer Lösung in Form einer beide Parteien zufriedenstellenden Kompromissstrategie durch das handlungsbefugte Management bedarf.

Wie die Principals besitzen auch die Agents nach herrschender Meinung ein starkes Interesse an der Erzielung von Gewinnen[831], das jedoch nur z. T. mit den Interessen des korporativen Akteurs Unternehmen korrespondiert. Die Übereinstimmung von Interessen betrifft vorrangig das Gewinnziel im Hinblick auf seine Komplementarität zum Erhaltungsziel, denn die Gewinnerzielung trägt signifikant zur Existenzsicherung des Versicherers bei, indem sie Kapital für die erforderlichen sicherheitspolitischen Maßnahmen bereitstellt. Diese Grundannahme ist u. a. in der Versicherungsaufsicht verankert, welche insofern das Gewinnstreben für alle Rechtsformen befürwortet. Gerade VVaG und ÖRA sind in hohem Maße auf Gewinnerzielung angewiesen, da ihnen im Gegensatz zu V-AG der direkte Zugang zum Kapitalmarkt verwehrt ist und alternative Möglichkeiten der Kapitalbeschaffung für Solvabilitätszwecke in Form der Aus-

---

[829] Vgl. Farny (1974), S. 1242.

[830] Die Beeinträchtigung von Aktionärsrechten wird vorrangig bei Gewinnverwendung in der V-AG am Beispiel der Kranken- und Lebensversicherung deutlich. Dort legt der Vorstand mit Zustimmung des Aufsichtsrates zunächst die der Gewinnbeteiligung der Kunden gewidmeten Beträge fest, welche bei der Aufstellung des Jahresabschlusses bereits als Aufwendungen verrechnet werden. Diese sind dann nicht mehr Element des Jahresüberschusses, über dessen Verwendung später nach § 58 AktG auf der Hauptversammlung zu entscheiden ist; es findet also faktisch eine Vorabdisposition von Überschussanteilen zugunsten der Versicherungsnehmer statt.

[831] Vgl. z. B. Farny (1974), S. 1242 f., und Riege (1994), S. 17.

gabe von Genussscheinen und der Aufnahme nachrangiger Verbindlichkeiten nur unter bestimmten Voraussetzungen realisierbar sind.[832]

Um die Existenzsicherung effektiv unterstützen zu können, darf der erwirtschaftete Gewinn aber nicht an Aktionäre und Versicherungsnehmer ausgeschüttet werden, sondern muss im Unternehmen verbleiben; dieser Tatbestand erklärt zum großen Teil die Priorität des Managements für die Gewinnthesaurierung. Die Gewinnthesaurierung kann darüber hinaus mit dessen persönlichen Interesse an Vergrößerung der Verfügungsmacht durch Einbehaltung von Ressourcen begründet werden, welches den Interessen von Anteilseignern und Versicherungsnehmern entgegenläuft, die eine Ausschüttung des Gewinns – wenn auch aus verschiedenen Perspektiven – präferieren. ZWEIFEL/EISEN machen ferner auf einen in der einschlägigen Literatur überwiegend vernachlässigten Aspekt aufmerksam, der grundsätzlich das in vielen Publikationen zu dieser Thematik unterstellte Interesse des Managements an Gewinnerzielung kritisch hinterfragt und auf die Trennung von Eigentum und Kontrolle im korporativen Akteur Unternehmen zurückzuführen ist. So gehen die Autoren davon aus, dass im Falle der Existenz eines diskretionären Handlungsspielraums für die Manager/Agents, bedingt eben durch die begrenzten Kontrollmöglichkeiten der Anteilseigner/Principals, sich die Agents risikoavers verhalten, was u. U. nicht im Interesse der Eigentümer ist, wenn dadurch lukrative Investitionschancen zur Steigerung des Gewinns nicht wahrgenommen werden.[833] Dieses Verhalten wiegt in der Versicherungsbranche besonders schwer, da nach der Kapitalmarkttheorie Versicherer zu jenen Unternehmen zählen, die ihre Aktiven und Passiven – im Vergleich zu Unternehmen der Pharmaindustrie etwa, wo marktfähige Innovationen jahrelange kostenintensive Investitionen verlangen – gut diversifiziert haben. Der Grund für die Risikoaversion resultiert ZWEIFEL/EISEN zufolge aus den mangelnden Diversifizierungsmöglichkeiten managerialer Aktiva, speziell der zentralen Komponente Humankapital, vor allem dann, wenn Manager zum Kauf von Aktien des eigenen Unternehmens veranlasst wurden, um ihr persönliches (Beschäftigungs-)Risiko noch enger an das firmenspezifische zu binden.[834] Nach Meinung der Autoren sollte daher die Risikoaversion bezüglich des Gewinnziels zur par-

---

[832] Vgl. Farny (2001a), S. 199.

[833] Vgl. Zweifel/Eisen (2000), S. 177 f.

[834] Das Streben des Managements nach Verringerung seines persönlichen Risikos wurde bereits in Zusammenhang mit der Risk Reduction-Hypothese zur Erklärung von Unternehmenszusammenschlüssen unter Abschnitt 3.3.5 umfassend erläutert.

tiellen Abbildung des Handlungsspielraums der Manager gegenüber den Interessen der Aktionäre stets berücksichtigt werden.

Auch die Haltung der Versicherungsnehmer in Bezug auf das Gewinnziel kann man als ambivalent bezeichnen. Einerseits besitzen sie eine „natürliche Abneigung" gegen das Gewinnstreben des Versicherers, da dieses vom Unternehmen sowohl durch sparsame Schadenregulierung (Senkung der Schadenaufwendungen) als auch durch hohe Prämien realisiert werden kann.[835] Andererseits trägt die Erzielung von Gewinnen auf Dauer durch Bildung von Eigenkapital (sei es über die Selbstfinanzierung oder über die Attraktivität für Aktionärskapital) und durch Unterstützung/Finanzierung des Bestandswachstums zur Stabilität des Unternehmens bei. Außerdem stellt die Gewinnerzielung eine unabdingbare Prämisse zur Erfüllung des in fast allen Sparten gesetzlich verankerten Gewinnbeteiligungsanspruchs der Versicherungsnehmer dar[836]; denn wenn ex ante keine Gewinne erwirtschaftet wurden, können ex post keine Gewinnbeteiligungsansprüche befriedigt werden. Wo nun die quantifizierbare Grenze liegt, bei der Gewinnsteigerungen zur Förderung des Sicherheitsziels im Interesse der Versicherungsnehmer keinen Nutzen mehr stiften oder sogar in Konflikt damit geraten, indem sie exorbitante Kosten verursachen, die wiederum den Gewinn schmälern, lässt sich nicht generell determinieren.[837] FARNY schlägt in diesem Kontext pragmatisch ein Regulativ derart vor, dass von einem definierten Gewinnlimit an ein Gewinnanteilsrecht der Versicherungsnehmer konstituiert wird, d. h. die über ein bestimmtes Maß hinausgehenden Gewinne stets an die Versicherten zurückvergütet werden müssen.[838]

Kennzahlen zum Gewinn werden entweder als absolute Beträge oder als *Rentabilität* in Relation zu bestimmten Bezugsgrößen formuliert; im letztgenannten Fall findet

---

[835] Vgl. Riege (1994), S. 17 f.

[836] Gesetzliche Garantievorschriften in Form von Mindestquoten zur Beteiligung der Versicherungsnehmer am Gewinn beziehen sich in der Kranken- und Lebensversicherung konkret auf den *Rohüberschuss*, in der Sachversicherung auf den *technischen Überschuss*, die jeweils durch bestimmte Umstrukturierungen der GuV rechnerisch ermittelt werden können. In der Sachversicherung fallen die Überschüsse tendenziell wesentlich geringer als in den beiden anderen Sparten aus, so dass dort die Überschussbeteiligung mit Ausnahme des Kfz-Zweiges keine Rolle spielt. Vgl. dazu detailliert Beck (1997), S. 19-23.

[837] Exemplarisch sei hier die Rückversicherung genannt, durch die sich bestimmte Risiken verlagern lassen, gleichzeitig jedoch Kosten beim Erstversicherer durch Zahlung von Rückversicherungsprämien hervorgerufen werden. Langfristig betrachtet bedeutet der Saldo von Erträgen und Aufwendungen zwischen Erst- und Rückversicherer stets einen Aufwand für den Erstversicherer.

[838] Vgl. Farny (1974), S. 1245.

6.3 Gestaltung der Jahresabschlussanalyse

überwiegend die *Umsatzrentabilität (UR)* Anwendung, die den in einer Rechnungsperiode erwirtschafteten Gewinn ins Verhältnis zu den Verdienten Brutto-Beiträgen oder Prämien f. e. R. setzt. Der Gewinn selbst ist dabei keinesfalls mit dem in der GuV ausgewiesenen Jahresüberschuss/Jahresfehlbetrag (JÜ) bzw. mit dem Bilanzgewinn/Bilanzverlust identisch, denn Bildung und Auflösung von offenen und stillen Rücklagen werden hier z. T. als Aufwendungen und Erträge deklariert. Außerdem sind die Erfolgsgrößen im Jahresabschluss vorsichtig ermittelt und im Gewinnfall u. a. darauf abgestellt, welche Beträge an Aktionäre und Versicherungsnehmer ausgeschüttet oder im Unternehmen thesauriert werden sollen. Schließlich sind Aufwendungen und Erträge nicht um die außerordentlichen Teile bereinigt, so dass ohne Zusatzberechnungen ein falsches Bild von der gegenwärtigen und zukünftigen Ertragslage gezeichnet würde.[839]

Die vorliegende empirische Studie trägt diesen vielfältigen Anforderungen Rechnung und verwendet in Anlehnung an das BAV[840] als absolute Gewinnvariable in der privaten Kranken- und Lebensversicherung jeweils den *Rohüberschuss nach Steuern*, der sich aus dem Jahresüberschuss plus den Brutto-Aufwendungen für (erfolgsabhängige) Beitragsrückerstattung, die den weitaus größten Teil der zu berücksichtigenden o. a. Aufwendungen ausmachen, zusammensetzt. In der Sachversicherung wird der Gewinn als Jahresüberschuss nach Steuern ausgewiesen, der die Summe des versicherungstechnischen Ergebnisses und des Ergebnisses aus Kapitalanlagen (m. a. W. das Gesamtergebnis) bildet.

Die Berechnung der Umsatzrentabilität (UR) für die einzelnen Sparten sieht demnach wie folgt aus:

$$\textit{Umsatzrentabilität KV (in \%)} = \frac{\textit{Rohüberschuss nach Steuern}}{\textit{Verdiente Brutto-Beiträge}} \times 100,$$

$$\textit{Umsatzrentabilität LV (in \%)} = \frac{\textit{Rohüberschuss nach Steuern}}{\textit{Verdiente Brutto-Beiträge}} \times 100,$$

---

[839] Vgl. Farny (1992), S. 178 f.

[840] Siehe dazu exemplarisch den GB BAV 2000 (2002), Teil B, S. 18, S. 24 und S. 46, jeweils unter dem Stichwort „Ertragslage bzw. allgemeines Ergebnis und Gesamtergebnis".

$$\text{Umsatzrentabilität SV (in \%)} = \frac{\text{Jahresüberschuss nach Steuern}}{\text{Prämien f.e.R.}} \times 100.$$

Die Ertragslage von Versicherungsunternehmen wird ferner sehr häufig anhand ihrer Kostensituation analysiert. Kostenziele als Unterziele des Gewinnziels sind Ausdruck des Strebens nach Wirtschaftlichkeit, eine bestimmte Leistungsmenge soll mit einem begrenzten oder möglichst sogar minimalen Kostenbetrag hervorgebracht werden. Differenziert man Kostenziele artenmäßig nach dem Mengengerüst der Produktionsfaktoren und deren Preisen, verkörpern die Ziele bezüglich des Produktionsfaktormengenverbrauchs auch das Streben nach Produktivität. Da die wichtigsten Kostenarten im Versicherungsunternehmen auf dem Wege der funktionsorientierten Gliederung Betriebs- und Risikokosten darstellen, beziehen sich die Kennzahlen zur Veranschaulichung der Kostensituation i. d. R. auf diese beiden Bereiche.[841]

Betriebskosten entstehen primär durch Abschluss und Verwaltung der Versicherungsverträge, die man in der GuV unter der Position „Brutto-Aufwendungen für den Versicherungsbetrieb" subsumiert; sie werden üblicherweise spartenunabhängig in Relation zu den Verdienten Brutto-Beiträgen gesetzt und dann als Kostenquoten (KQ) bezeichnet. Im Rahmen der Risikokosten spielen die Schadenkosten (GuV-Position „Brutto-Aufwendungen für Versicherungsfälle (VF)") eine herausragende Rolle, die den Verbrauch des Versicherers an Geld für Versicherungsleistungen widerspiegeln; auch sie werden meistens in Relation zu den Verdienten Brutto-Beiträgen betrachtet. Die daraus resultierenden Schadenquoten SQ (Loss Ratios) lassen Rückschlüsse über unternehmensinterne Entscheidungen zu, z. B. in Bezug auf Risikozeichnungspolitik und Entwicklung der Schadenfälle.[842] Schadenquoten können lediglich für private Kranken- und Sachversicherer ermittelt werden, in der Lebensversicherung ist der Begriff nicht anwendbar, da dort weder die Prämien ohne Spartenanteile noch die daraus zu deckenden Versicherungsleistungen (d. h. Versicherungsleistungen für riskiertes Kapital im Sinne der Differenz zwischen der Versicherungssumme und dem vorhandenen Sparguthaben) transparent sind.[843]

---

[841] Vgl. Brachmann/Niekirch (1994), S. 15.
[842] Vgl. Zweifel/Eisen (2000), S. 173 f. Werden Kosten- und Schadenquote – wie in den USA vor allem in der Rückversicherung gebräuchlich – in einer einzigen Kennzahl vereint, spricht man von „Combined Ratio".
[843] Vgl. Farny (1992), S. 178.

6.3 Gestaltung der Jahresabschlussanalyse

Bei der Sachversicherung sind die Aufwendungen für Versicherungsfälle um „Erträge aus der Abwicklung der Rückstellung für Versicherungsfälle des Vorjahres (Abwicklungsgewinn)" und „Aufwendungen aus der Abwicklung der Rückstellung für Versicherungsfälle der Vorjahre (Abwicklungsverlust)" zu vermindern bzw. zu erhöhen. Abwicklungsgewinne bzw. -verluste bilden die Differenz der am Ende der Vorperiode gebildeten Schadenrückstellung und der im Geschäftsjahr für Vorjahresschäden gezahlten und − falls die Regulierung noch nicht abgeschlossen wurde − weiter zurückgestellten Beträge. Sie resultieren aus dem Erfordernis der Schätzung bei der Schadenrückstellung; diese erweist sich ex post entweder als zu hoch (Abwicklungsgewinn) oder zu niedrig (Abwicklungsverlust).[844]

Die Ertragslage der in Zusammenschlüsse involvierten Versicherer wird demnach zusätzlich anhand folgender Brutto-Kosten- und Schadenquoten beurteilt:

$$\textit{Brutto-KQ KV (in \%)} = \frac{\textit{Brutto - Aufwendungen Versicherungsbetrieb}}{\textit{Verdiente Brutto - Beiträge}} \times 100,$$

$$\textit{Brutto-KQ LV (in \%)} = \frac{\textit{Brutto - Aufwendungen Versicherungsbetrieb}}{\textit{Verdiente Brutto - Beiträge}} \times 100,$$

$$\textit{Brutto-KQ SV (in \%)} = \frac{\textit{Brutto - Aufwendungen Versicherungsbetrieb}}{\textit{Verdiente Brutto - Beiträge}} \times 100,$$

$$\textit{Brutto-SQ KV (in \%)} = \frac{\textit{Brutto - Aufwendungen Versicherungsfälle}}{\textit{Verdiente Brutto - Beiträge}} \times 100,$$

$$\textit{Brutto-SQ SV (in \%)} = \frac{\textit{Brutto - Aufwendungen VF nach Abwicklung}}{\textit{Verdiente Brutto - Beiträge}} \times 100.$$

---

[844] Vgl. Farny (1992), S. 150 f.

6.3.4 Datenerhebung und -aufbereitung

Die zur abnormalen Kennzahlenbildung im Rahmen der jahresabschlussorientierten Analyse des Zusammenschlusserfolgs von Versicherungsunternehmen benötigten Rohdaten der Branche bzw. der einzelnen Sparten sowie der an Zusammenschlüssen beteiligten Versicherer stammen aus verschiedenen Quellen. So wurden die Unternehmensdaten einerseits der schon elektronisch aufbereiteten GDV-Jahresabschlussstatistik entnommen, die die wesentlichen Positionen der Geschäftsberichte[845] aller im GDV zusammengeschlossenen Versicherer sämtlicher Sparten beinhaltet. Die GDV-Jahresabschlussstatistik existiert seit 1982, der Marktanteil der dort erfassten Mitgliedsunternehmen, gemessen an den gesamten inländischen Brutto-Beitragseinnahmen, bewegte sich im Beobachtungszeitraum zwischen 95 und 97 %[846], so dass sie die umfangreichste Datenbank dieser Art für die Zwecke der vorliegenden Untersuchung repräsentiert.[847]

Da die GDV-Jahresabschlussstatistik andererseits jedoch einige Datenlücken in Bezug auf die zur Unternehmenskennzahleneruierung erforderlichen Positionen aufwies, mussten diese Daten per Hand nacherhoben werden. Dazu wurden das Hoppenstedt Jahrbuch, dessen Informationen sowohl auf Jahresabschlüssen als auch auf Befragungen der Unternehmen basieren, und die Geschäftsberichte des BAV (jeweils Teil B)[848], herangezogen. Letztere enthalten neben einer Beschreibung der Gesamtentwicklung der Versicherungsbranche in tabellarischer Form Informationen zu ausgewählten GuV-Positionen und Kennzahlen aller Kranken-, Lebens- und Sachversicherer mit Geschäftstätigkeit unter Bundesaufsicht, die in der absteigenden Rangfolge ihrer ver-

---

[845] Neben Bilanz- und GuV-Daten werden in der GDV-Jahresabschlussstatistik auch quantitative Angaben aus dem Anhang und dem Lagebericht erfasst, deren gemeinsame Veröffentlichung in einer Broschüre man häufig als *Geschäftsbericht* bezeichnet.

[846] Siehe dazu die entsprechenden Jahrbücher des GDV jeweils unter dem Stichwort „Der GDV und seine Mitglieder".

[847] Die GDV-Jahresabschlussstatistik steht zwar i. d. R. nur Mitgliedsunternehmen des Verbandes zur Verfügung, wurde der Verfasserin der vorliegenden Studie jedoch freundlicherweise zur wissenschaftliche Nutzung überlassen.

[848] Teil A der jährlich zeitversetzt erscheinenden Geschäftsberichte des BAV (für 2000 erschien er 2001) berichtet über Allgemeines auf dem Versicherungsmarkt, u. a. Interna das BAV betreffend, die Beschwerdestatistik, internationale Entwicklungen und besondere Angelegenheiten der Finanzaufsicht. Siehe dazu exemplarisch das Inhaltsverzeichnis des GB BAV 2000 (2001), Teil A, S. 3.

6.3 Gestaltung der Jahresabschlussanalyse

dienten Brutto-Beiträge dargestellt werden und für die Kennzahlenberechnung genutzt werden konnten.[849] Einige der vom BAV publizierten Kennzahlen stimmen dabei mit den für die vorliegende Analyse ausgewählten Kennzahlen überein, so dass diese nicht mehr explizit, d. h. auf die Unternehmen bezogen – die Bereinigung um Brancheneinflüsse hat selbstverständlich noch stattzufinden – berechnet werden mussten.[850] Im Berichtsjahr 1995 fehlen allerdings Angaben zu Unternehmenskennzahlen vollständig, da neue Rechnungslegungsvorschriften in Kraft traten, die einen Vergleich mit den Vorjahreswerten ohne entsprechende Anpassung erschwerten.[851]

Bei Ermittlung der Branchen- bzw. Spartendurchschnittswerte für die ausgewählten Unternehmenskennzahlen bildeten ausschließlich die Geschäftsberichte des BAV (Teil B) die Grundlage der Berechnung. Zwar lag dort schon ein Großteil der Kennzahlen im Sinne der Definitionen dieser Arbeit vor[852], eine Überprüfung sämtlicher Kennzahlen im Rahmen des Beobachtungszeitraums ergab jedoch einige Inkonsistenzen bezüglich ihrer Zusammensetzung bzw. ließ im verbalen Teil der Geschäftsberichte wesentliche Fragen zu ihrer Gestaltung offen. So wird z. B. anhand der Formulierung der Kennzahl Umsatzrentabilität in der Lebensversicherung nicht deutlich, ob in den Rohüberschuss als Größe im Zähler Steuern einbezogen werden oder nicht: „Überschuss ist die Summe aus den Brutto-Aufwendungen für die Beitragsrückerstattung und dem Jahresüberschuss/Jahresfehlbetrag."[853]; eine eigene Berechnung wies auf die Bereinigung um Steuern hin. Im Gegensatz dazu handelt es sich beim Rohüberschuss in der Krankenversicherung um denjenigen vor Steuern: „Der Rohüberschuss vor Steuern, der sich aus dem Jahresüberschuss bzw. -fehlbetrag, den Bruttoaufwendungen für die erfolgsabhängige und die erfolgsunabhängige Beitragsrückerstattung, den Aufwen-

---

[849] Vgl. jeweils die Tab. 160, 460 und 560 in den GB BAV, Teil B, des Beobachtungszeitraums.

[850] Die Übereinstimmung betrifft die Krankenversicherungsunternehmen bezüglich der Schadenquote und die Sachversicherer im Hinblick auf Umsatzrentabilität, Kosten- und Schadenquote, vgl. dazu exemplarisch für den gesamten Beobachtungszeitraum GB BAV 2000 (2002), Teil B, Tab. 460 und 560.

[851] Diese Vorschriften, dem VersRiLiG und der RechVersV zu entnehmen, fanden erstmals Anwendung auf Einzel- und Konzernjahresabschlüsse desjenigen Geschäftsjahres, das nach dem 31.12.1994 begann. Vgl. detailliert KPMG (1994), S. 10 f., und bereits unter Abschnitt 2.4.2.3 der vorliegenden Arbeit.

[852] Spartenspezifische jährliche Durchschnittswerte im Sinne der vorliegenden Arbeit ermittelt das BAV für die Wachstumsraten des Bestands und des Neugeschäfts, die Kosten- und Schadenquote sowie für die Solvabilität nach BAV aller Versicherer.

[853] GB BAV 2000 (2002), Teil B, S. 18.

dungen für Steuern vom Einkommen und vom Ertrag sowie für sonstige Steuern zusammensetzt, ..."^{854}.

Weitere Inkonsistenzen beruhen primär auf dem 1995 erfolgten Bruch in den Rechnungslegungsvorschriften: So umfasste z. B. die GuV-Position Brutto-Aufwendungen für den Versicherungsbetrieb, die als Zähler in die Kostenquote eingeht, bis einschließlich 1994 lediglich die Verwaltungsaufwendungen, nicht aber die Abschlussaufwendungen, die jedoch nur summiert die gesamten Betriebskosten ergeben; eine Orientierung allein an den Bezeichnungen hätte verzerrte Aussagen über die Entwicklung der Kennzahlen hervorgerufen. Deshalb verzichtete die vorliegende Arbeit in diesen Fällen aus Kontinuitätsgründen auf die Übernahme bereits vom BAV errechneter Durchschnittswerte für bestimmte Kennzahlen und ermittelte diese selbstständig auf der Basis ihrer theoretisch begründeten Bestandteile.^{855} Die dazu notwendigen Branchen- bzw. Spartenrohdaten konnten dem Tabellenteil der Geschäftsberichte, der nach Sparten gegliedert ist und sich an die überwiegend verbale Schilderung der Gesamtentwicklung der Branche sowie der verschiedenen Sparten anschließt, entnommen werden.^{856} Die nachfolgende Tab. 6.4 liefert eine komprimierte Darstellung der verwendeten Kennzahlen zur Durchführung des kombinierten Zeit-/Betriebsvergleichs, die sowohl für die in Unternehmenszusammenschlüsse involvierten Versicherer als auch für die verschiedenen Sparten übernommen bzw. berechnet wurden.

---

[854] GB BAV 2000 (2002), Teil B, S. 24.

[855] Eine Ausnahme stellt die Schadenquote in der Krankenversicherung dar, die bis 1994 neben den Aufwendungen für Versicherungsfälle die Aufwendungen für erfolgsabhängige Beitragsrückerstattung beinhaltete. Letztere besaßen jedoch nur einen marginalen Einfluss auf die Schadenquote, so dass hier ein Vergleich der Werte ab 1995 mit den Werten der Vorjahre trotzdem aussagekräftig ist und insofern die Werte der Kennzahl sowohl für die in Zusammenschlüsse involvierten Krankenversicherer als auch für die gesamte Sparte unverändert in die vorliegende Studie übernommen werden konnten. Vgl. GB BAV 1995 (1996), S. 23.

[856] Vgl. zum generellen Aufbau der Geschäftsberichte beispielhaft das Inhaltsverzeichnis des GB BAV 2000 (2002), Teil B, S. 3. Für die Lebensversicherungssparte sind dabei die Tab. 120, 130 und 140 relevant, die Werte für die Krankenversicherung entstammen den Tab. 420, 430 und 440, und in Bezug auf die Sachversicherer wird auf die Tab. 520, 530 und 540 (jeweils in den Geschäftsberichten des Beobachtungszeitraums von 1986-2000) zurückgegriffen.

6.3 Gestaltung der Jahresabschlussanalyse

Tab. 6.4: Kennzahlen zur Zusammenschlusserfolgsanalyse in der Versicherungswirtschaft[857]

Krankenversicherung	Lebensversicherung	Sachversicherung
Wachstumslage: ➢ Zuwachsrate der *verdienten Brutto-Beiträge* (ohne Beiträge aus erfolgsabhängiger RfB) in %	**Wachstumslage:** ➢ Zuwachsrate der *verdienten Brutto-Beiträge* (ohne Beiträge aus RfB) in % ➢ Zuwachsrate der *Versicherungssumme des Neugeschäfts* (nur eingelöste Versicherungsscheine) in %	**Wachstumslage:** ➢ Zuwachsrate der *verdienten Brutto-Beiträge* in %
Ertragslage: ➢ Entwicklung der *Umsatzrentabilität* in % (Rohüberschuss n. Steuern (JÜ + Brutto-Aufwendungen f. erfolgsabhängige Beitragsrückerstattung) / verdiente Brutto-Beiträge) ➢ Entwicklung der *Brutto-Kostenquote* in % (Brutto-Aufwendungen f. d. Versicherungsbetrieb (Abschluss- und Verwaltungskosten) / verdiente Brutto-Beiträge) ➢ Entwicklung der *Brutto-Schadenquote* in % (Brutto-Aufwendungen f. Versicherungsfälle / verdiente Brutto-Beiträge)	**Ertragslage:** ➢ Entwicklung der *Umsatzrentabilität* in % (Rohüberschuss n. Steuern (JÜ + Brutto-Aufwendungen f. Beitragsrückerstattung) / verdiente Brutto-Beiträge) ➢ Entwicklung der *Brutto-Kostenquote* in % (Brutto-Aufwendungen f. d. Versicherungsbetrieb (Abschluss- und Verwaltungskosten) / verdiente Brutto-Beiträge)	**Ertragslage:** ➢ Entwicklung der *Umsatzrentabilität* in % (JÜ n. Steuern (Vt. Ergebnis + Ergebnis aus Kapitalanlagen) / Prämien f. e. R.) ➢ Entwicklung der *Brutto-Kostenquote* in % (Brutto-Aufwendungen f. d. Versicherungsbetrieb (Abschluss- und Verwaltungskosten) / verdiente Brutto-Beiträge) ➢ Entwicklung der *Brutto-Schadenquote n. Abwicklung* in % (Brutto-Aufwendungen f. Versicherungsfälle -/+ Abwicklungsgewinn bzw. -verlust / verdiente Brutto-Beiträge)
Sicherheitslage: ➢ Entwicklung der *Solvabilität* in % (verfügbares EK / verdiente Brutto-Beiträge)	**Sicherheitslage:** ➢ Entwicklung der *Solvabilität* in % (verfügbares EK / Brutto-DR (ohne Brutto-DR f. Fondsgebundene LV))	**Sicherheitslage:** ➢ Entwicklung der *Solvabilität* in % (verfügbares EK + SR / Prämien f. e. R.) nach Farny

---

[857] Quelle: eigene Darstellung.

6.4 Datenauswertung

Nachdem die Betrachtung der Grundlagen der jahresabschlussorientierten Analyse zur Messung des Zusammenschlusserfolgs von Versicherungsunternehmen abgeschlossen ist, kann nun die Berechnung der abnormalen Kennzahlen und ihrer Veränderungen im Zeitablauf vorgenommen werden und darauf aufbauend die Interpretation der Ergebnisse erfolgen.

Um den Rechenweg transparent zu machen, sei an dieser Stelle ein Beispiel angeführt, und zwar die Ermittlung der abnormalen Kennzahl „Wachstum des Bestands" sowie deren Veränderung anhand des Zusammenschlusses der Allianz Lebensversicherungs-AG als Erwerber (kurz: Allianz Leben) mit der Deutsche Lebensversicherungs-AG als Zielobjekt (kurz: Deutsche Leben). Dieser Zusammenschluss in Form der Bestandsübertragung fand im Jahre 1998 statt[858], so dass der Beobachtungszeitraum insgesamt die Jahre 1994-2000 umfasste. Die Jahre 1994-1997 bildeten dabei den ex ante-Beobachtungszeitraum: Das Jahr 1994 wurde explizit nur für die Ermittlung der Wachstumsraten benötigt, die Jahre 1998-2000 stellten den ex post-Beobachtungszeitraum dar, der über drei Jahre ging (per definitionem existierte ein Jahr $t = 0$ des Zusammenschlusses nicht).

Das Wachstum des Bestands in der Lebensversicherung kann am ehesten – wie in Kap. 6.3.3.3 geschildert – mit Hilfe der Zuwachsraten der Verdienten Brutto-Beiträge (ohne Beiträge aus der RfB) gemessen werden. Die Berechnung der Kennzahl erforderte also die Erhebung der GuV-Position Verdiente Brutto-Beiträge, und zwar vor dem Zusammenschluss sowohl für den Erwerber als auch für das Zielobjekt und danach allein für den Erwerber (das Zielobjekt war darin integriert worden).[859]

---

[858] Vgl. VerBAV (1997), S. 326.

[859] Die Verdienten Brutto-Beiträge konnten für Erwerber und Zielobjekt vor bzw. für den Erwerber nach erfolgtem Zusammenschluss jeweils direkt der Tab. 160 in den GB BAV der Jahre 1994-2000 mit Ausnahme des Jahres 1995 entnommen werden, siehe zur Entstehung dieser Lücke die Ausführungen im vorherigen Abschnitt. Für das Jahr 1995 wurde daher das GDV-Band herangezogen, indem man den Saldo aus der GuV-Position „Gebuchte Brutto-Beiträge" und der GuV-Position „Veränderung der Brutto-Beitragsüberträge" bildete. Die Allianz Leben hat auf dem GDV-Band die Nr. 20100064, die Deutsche Leben trägt die Nr. 20101484. Diese Angaben finden sich im Datenservice zur GDV-Jahresabschlussstatistik.

Außerdem mussten die Branchen- bzw. Spartendurchschnittswerte der Bestandsentwicklung für den Beobachtungszeitraum erhoben werden, um eine Bereinigung von systematischen Einflüssen zu ermöglichen.[860] Die nachfolgende Tab. 6.5 veranschaulicht die zur Ermittlung der abnormalen Kennzahl Wachstumsrate des Bestands erhobenen Rohdaten aus dem GDV-Band und den Geschäftsberichten des BAV der Jahre 1994-2000.

Tab. 6.5: Rohdaten zur Berechnung der abnormalen Kennzahl Wachstumsrate des Bestands beim Zusammenschluss Allianz Leben – Deutsche Leben im Beobachtungszeitraum T[861]

Verd. Brutto-Beiträge Sparte Leben (in Mio. DM)		Verd. Brutto-Beiträge Allianz Leben (in Mio. DM)		Verd. Brutto-Beiträge Deutsche Leben (in Mio. DM)	
1994	83.400	1994	10.746	1994	1.289
1995	88.900	1995	11.418	1995	1.329
1996	93.200	1996	11.821	1996	1.372
1997	98.300	1997	12.474	1997	1.440
1998	102.800	1998	14.302	1998	-
1999	112.700	1999	15.670	1999	-
2000	119.700	2000	16.530	2000	-

Aus diesen Rohdaten ergaben sich zunächst mittels der Formel für die Berechnung der Wachstumsraten des Bestands[862] die in der folgenden Tab. 6.6 genannten Werte.

---

[860] Diese stehen unter dem Stichwort „Beitrags- und Bestandsentwicklung" unter Punkt 2 („Lebensversicherungsunternehmen") in den GB BAV der entsprechenden Jahre, vgl. exemplarisch GB BAV 2000 (2002), S. 14.
[861] Quelle: eigene Darstellung.
[862] Siehe zur Gestaltung der Kennzahl umfassend Abschnitt 6.3.3.3.

Tab. 6.6: **Wachstumsraten des Bestands beim Zusammenschluss Allianz Leben – Deutsche Leben im Beobachtungszeitraum T^{863}**

WR Bestand Sparte Leben (in %)		WR Bestand Allianz Leben (in %)		WR Bestand Deutsche Leben (in %)	
1995	6,6	1995	6,3	1995	3,1
1996	4,9	1996	3,5	1996	3,2
1997	5,5	1997	5,5	1997	5,0
1998	4,6	1998	14,7	1998	
1999	9,6	1999	9,6	1999	
2000	6,2	2000	5,5	2000	

Im nächsten Schritt wurde der mittlere Branchen-, genauer gesagt Spartendurchschnitt als gleichgewichtetes arithmetisches Mittel der Wachstumsraten des Bestands drei Jahre vor bzw. nach dem Zusammenschluss berechnet. Analog erfolgte die Berechnung der mittleren Wachstumsraten des Bestands vor dem Zusammenschluss für Erwerber und Zielobjekt sowohl getrennt als auch konsolidiert (in Ermangelung „echter" konsolidierter Jahresabschlüsse wurden die Werte der beiden beteiligten Unternehmen addiert) und nach durchgeführtem Zusammenschluss für den Erwerber. Tab. 6.7 illustriert die mittleren Wachstumsraten des Bestands in Bezug auf die Sparte Lebensversicherung sowie für Allianz Leben und Deutsche Leben (getrennt bzw. konsolidiert).

Tab. 6.7: **Mittlere Wachstumsraten des Bestands von Sparte, Allianz Leben und Deutsche Leben im Beobachtungszeitraum T^{864}**

∅ WR Bestand Sparte Leben (in %)	∅ WR Bestand Allianz Leben (in %)	∅ WR Bestand Deutsche Leben (in %)	∅ WR Bestand Konsolidiert (in %)
199 -1997 = 5,6	1995-1997 = 5,1	1995-1997 = 3,8	1995-1997 = 4,4
1998-2000 = 6,8	1998-2000 = 9,9		

Daran anschließend wurde jeweils die Differenz aus den tatsächlichen mittleren Werten der Wachstumsrate des Bestands und dem erwarteten, d. h. dem spartendurch-

---

[863] Quelle: eigene Berechnung mit kaufmännischer Rundung.
[864] Quelle: eigene Berechnung.

6.4 Datenauswertung

schnittlichen Wert der Kennzahl gebildet, um die mittleren *abnormalen (bereinigten) Wachstumsraten des Bestands* beider Unternehmen – getrennt bzw. konsolidiert – zu erhalten.[865] Tab. 6.8 gibt diese wider.

Tab. 6.8: **Mittlere abnormale Wachstumsraten des Bestands von Allianz Leben und Deutsche Leben im Beobachtungszeitraum T**[866]

ØAbnormale WRBestand Allianz Leben (in %)	ØAbnormale WRBestand Deutsche Leben (in %)	ØAbnormale WRBestand Konsolidiert (in %)
1995-1997 = -0,5	1995-1997 = -1,8	1995-1997 = -1,2
1998-2000 = 3,1		

Im letzten Schritt erfolgte zur Durchführung des Zeitvergleichs die Bildung der Differenz aus der mittleren abnormalen Wachstumsrate des Bestands vom Erwerber **nach** vollzogenem Zusammenschluss und der mittleren abnormalen Wachstumsraten von Erwerber bzw. Erwerber und Zielobjekt **vor** dem Zusammenschluss, um die Veränderung der entsprechenden Kennzahl – verursacht durch den Zusammenschluss – im Zeitablauf deutlich zu machen. Diese Veränderung stellte dann die Maßgröße dar, die zur Erfolgsbeurteilung des Zusammenschlusses Anwendung fand. Aus der Perspektive des Erwerbers Allianz Leben betrug die Veränderung „+3,6"[867], so dass der Zusammenschluss – zumindest bezogen auf die Kennzahl abnormale Wachstumsrate des Bestands – als Erfolg für den Erwerber gewertet werden kann, denn sie hat sich im Vergleich zum Beobachtungszeitraum vor dem Zusammenschluss verbessert. Auch das Zielobjekt Deutsche Leben profitierte von dem Zusammenschluss, sogar in höherem Umfang als die Allianz Leben: Hier nahm die Veränderung den Wert „+4,9"[868] an. Betrachtete man Erwerber und Zielobjekt vor dem Zusammenschluss aus gemeinsamer Sicht, betrug die Veränderung „+4,3"[869]; sie blieb damit positiv und kann ebenso als Erfolg – bezogen auf die entsprechende abnormale Kennzahl – für den Unternehmensverbund interpretiert werden.

---

[865] Siehe allgemein zur Bildung der abnormalen Kennzahlen im Rahmen der vorliegenden Analyse ausführlich Abschnitt 6.3.1.

[866] Quelle: eigene Berechnung.

[867] Dieser Wert kam durch Bildung der Differenz von 3,1 und -0,5 zustande, vgl. Tab. 6.8.

[868] Dieser Wert errechnete sich aus der Differenz von 3,1 und -1,8, vgl. Tab. 6.8

[869] Dieser Wert ergab sich aus der Differenz von 3,1 und -1,2; vgl. Tab. 6.8.

Sämtliche anderen abnormalen Kennzahlen und deren Veränderungen, die in der vorliegenden Analyse zur Messung des Zusammenschlusserfolgs von Versicherungsunternehmen dienen, wurden auf vergleichbare Weise ermittelt.

6.5 Darstellung der Untersuchungsergebnisse

Die Untersuchungsergebnisse für die selektierten 25 Zusammenschlüsse mit ihren 47 davon betroffenen Versicherern im Hinblick auf die in der vorliegenden Arbeit definierten Kriterien, d. h. die Veränderungen der abnormalen Kennzahlen im Beobachtungszeitraum T können vollständig der nachstehenden Tab. 6.9 entnommen werden.

Tab. 6.9: Ergebnisse der Zusammenschlusserfolgsmessung bei Versicherern[870]

ZU-Nr.	ΔWR Bestand T	ΔWR NG T	ΔUR T	ΔBrutto-KQ T	ΔBrutto-SQ T	ΔSOL T
1	36,7;35,7/36,2		4,1;3,7/3,9	-10,6;0,5/-5,1	11,6;7,7/9,7	6,7;-22,4/-7,9
2	3,6;4,9/4,3	-1,0;2,2/1,6	0;10,2/5,0	0,2;-5,1/-2,4		0,04;0,03/0,04
3	1,9;4,8/3,4		-2,5;-12,1/-7,3	1,6;-7,3/-2,9	6,2;6,2/6,2	-1,4;-23,3/-12,3
4	2,4;-0,8/0,8		-0,3;-1,5/-0,9	0;4,6/2,3	-2,7;11,0/4,2	-7,5;-17,1/-12,3
5	10,0;7,1/8,6		-1,0;4,4/-1,7	1,4;2,3/6,8	3,5;2,0/2,8	-20,1;-29,5/-24,8
6	10,3;7,3/8,8		0,1;-1,4/0,6	-2,5;14,7/6,1	4,3;2,0/3,2	1,0;-17,1/-8,0
7	6,0;3,0/4,5	9,9;8,7/9,3	-3,5;16,8/6,6	-7,8;-4,7/-6,3		0,01;-0,55/-0,24
8	4,7;-9,1/-2,2		-1,7;2,7/0,5	1,0;-2,6/-0,8	3,2;-16,5/-6,7	-1,3;16,6/7,7
9	-0,2;4,1/2,1		-1,9;-0,4/-0,4	0,5;-0,7/-0,1	0,3;-11,1/-5,4	0,10;-0,90/-0,50
10	29,0;28,6/28,8		5,0;-0,5/1,2	2,2;-2,5/-0,1	-6,3;2,0/-1,8	-0,7;0,6/-0,2
11	10,9;11,4;21,4 /14,6	21,3;-0,1;17,9 /13,0	-2,7;4,4;2,6	-4,0;-2,1;-1,9 /-2,7		0,17;-2,2;0,65 /-0,43
12	3,1;-22,4/-9,7	-13,5;13,3/-0,1	-8,1;10,5/1,2	-2,8;5,2/1,2		0,12;-9,05/-4,43
13	30,3;31,1/35,0	62,5;47,4/54,9	-5,2;3,8/-0,6	7,3;6,8/7,1		-0,12;-0,6/-0,25
14	47,9;51,8/49,8	27,5;30,2/28,9	-5,5;-8,4/-6,9	-4,3;-0,2/-2,3		-0,69;-0,72/-0,71
15	1,3;0,3/0,7		-0,9;-6,6/-3,8	-0,4;-13,7/-6,9	4,9;17,6/11,3	-9,9;-3,4/-6,5
16	0,5;4,2/2,4	10,2;9,0/9,6	4,9;-2,1/1,4	0,9;6,2/3,6		0,02;-0,79/-0,14

---

[870] Quelle: eigene Berechnung. Die Werte vor dem Schrägstrich betreffen die Veränderungen der abnormalen Kennzahlen im Beobachtungszeitraum für Erwerber und Zielobjekt(e) bei separater Betrachtung, während sich die Werte nach dem Schrägstrich auf die Veränderung für den – fiktiven – Unternehmensverbund beziehen. Sämtliche Einzelwerte der Kennzahlen für die Sparten und Unternehmen jeden Jahres im Beobachtungszeitraum T, aus denen zunächst die abnormalen Kennzahlen und dann deren Veränderungen berechnet wurden, sind im Anhang unter Tab. 2 aufgeführt. Mit Hilfe der dargestellten Formeln in Abschnitt 6.3.3.3 zur Berechnung der abnormalen Kennzahlen und ihrer Veränderungen ist demnach ein lückenloses Nachvollziehen der Ergebnisse möglich.

6.5 Darstellung der Untersuchungsergebnisse

Tab. 6.9: Ergebnisse der Zusammenschlusserfolgsmessung bei Versicherern (Fortsetzung)

ZU-Nr.	ΔWR Bestand T	ΔWR NG T	ΔUR T	ΔBrutto-KQ T	ΔBrutto-SQ T	ΔSOL T
17	9,8;8,4/9,1	14,4;6,3/10,4	2,0;4,9/3,4	-1,4;-0,4/-0,9		0,05;0,15/0,05
18	-0,6;4,8/2,1		7,9;0,6/4,2	4,1;-7,8/-1,9	-0,4;22,9/11,3	-5,5;-5,3/-5,4
19	6,9;-20,1/6,4	12,9;39,8/26,4	3,2;3,9/13,0	2,7;12,0/7,4		-0,07;-0,97/-0,52
20	14,1;14,1/14,1	-9,4;-26/-11,5	-0,7;7,9/1,1	-1,2;-5,9/-3,5		0,14;-0,01/0,06
21	17,5;17,6/17,5	4,7;16,4/9,4	6,5;12,3/9,4	-0,3;0,9/0,3		0,04;0,07/0,05
22	2,6;7,2/4,9		-0,9;-1,5/-0,2	1,4;-0,2/0,6	1,8;4,2/3,0	-2,7;-13,6/-8,2
23	30,7;29,6/30,2		-2,0;-15,3/-8,7	6,5;-1,7/2,4	-9,3;8,9/-0,2	-0,6;49,8/-25,2
24	1,8;1,9/1,9		-0,7;-4,8/-2,7	4,2;4,2/4,2	3,2;1,6/2,5	-8,7;-95,6/-52,2
25	3,3;7,8/5,6		-0,1;-1,0/-0,5	-0,8;-12,1/-6,5	6,7;-1,4/2,7	-10,0;-24,3/-17,1

6.6 Interpretation der Untersuchungsergebnisse

Die Untersuchungsergebnisse sollen zunächst explizit in Bezug auf die Veränderungen der einzelnen abnormalen Kennzahlen analysiert werden[871], die jeweils den Zielen Wachstum, Gewinn und Sicherheit zugeordnet sind und dementsprechend eine Beurteilung der Wachstumslage, Gewinn-/Ertrags- und Sicherheitslage von Erwerber und Zielobjekt(en) sowie Unternehmensverbund erlauben. An diese separate Betrachtung schließt sich dann ein Gesamturteil über den Erfolg von Zusammenschlüssen aus der Perspektive des Unternehmensverbundes an.

---

[871] Die Veränderungen der abnormalen Kennzahlen wurden mit Hilfe eines *paarweisen, zweiseitigen T-Tests für abhängige Stichproben* auf Signifikanz geprüft. Signifikant waren die Veränderungen der Kennzahlen bei einem T-Test über alle Sparten für die abnormalen Wachstumsraten des Bestands und des Neugeschäfts sowie für die abnormale Solvabilität, d. h. hier konnte die Nullhypothese abgelehnt werden, dass der Zusammenschluss keinen Einfluss auf die Veränderungen der abnormalen Kennzahlen besaß. Ein T-Test in Abhängigkeit von der Sparte ergab für die Lebensversicherung wiederum signifikante Veränderungen bei den abnormalen Wachstumsraten des Bestands und des Neugeschäfts, bei der Sachversicherung kam zur abnormalen Wachstumsrate des Bestands und der abnormalen Solvabilität die Brutto-Schadenquote hinzu. Eine isolierte Betrachtung der Krankenversicherungssparte lieferte wegen der geringen Anzahl untersuchter Zusammenschlüsse keine aussagefähigen Ergebnisse. Die detaillierten Resultate des T-Tests sind der Tab. 3 im Anhang zu entnehmen. Vgl. allgemein zum T-Test in der angewandten Statistik mit Hilfe des Programmpakets SPSS/PC+ z. B. Saurwein/Hönekopp (1992), S. 265-268.

6.6.1 Wachstumslage

6.6.1.1 Beurteilung der Wachstumszielerfüllung

Jeder Zusammenschluss stellt per se einen (externen) Wachstumsvorgang dar und bewirkt insofern einen unmittelbaren Beitrag zum Wachstum des Erwerbers bzw. des neuen Unternehmensverbundes; so ist es zumindest zahlreichen Beiträgen zu Unternehmenszusammenschlüssen in der einschlägigen Wachstumsliteratur zu entnehmen.[872] Für Zusammenschlüsse von Versicherern müsste diese Aussage nach Auffassung von RIEGE einen geradezu „explosionsartigen" Anstieg vor allem der abnormalen Wachstumsrate des Bestands als originärer Kennzahl zur Bewertung der Wachstumslage implizieren, denn der gesamte Versicherungsbestand des übernommenen Unternehmens bedeutet für den Erwerber zusätzliches Geschäft, m. a. W. einen Zuwachs an Beitragseinnahmen.[873] RIEGE prognostiziert diesen Vorteil allerdings nur für diejenige Periode, in der der Zusammenschluss realisiert wurde, bezogen auf die folgenden Perioden geht er von Wachstumsraten aus, die sich oft unterhalb des Niveaus bewegen, das vor dem Zusammenschluss zu beobachten war.[874] Abb. 6.3 veranschaulicht den zeitlichen Verlauf der Wachstumszielerfüllung in der Vorstellung RIEGES.

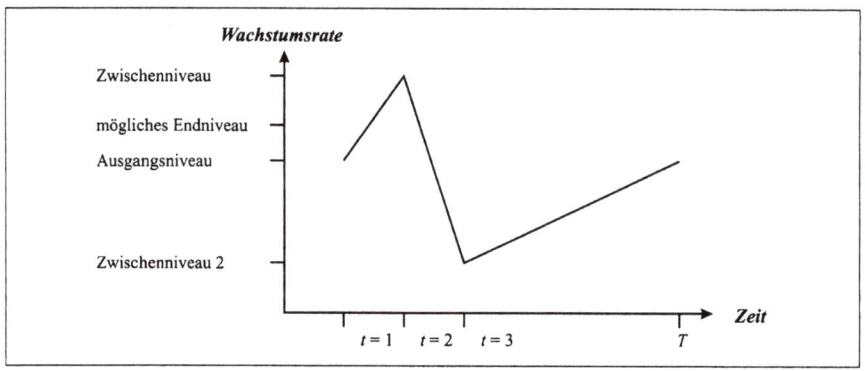

Abb. 6.3: Zusammenschluss und zeitlicher Verlauf der Wachstumszielerfüllung[875]

---

[872] Siehe zum Zusammenhang von Unternehmenszusammenschlüssen und Unternehmenswachstum umfassend Abschnitt 2.3.1 der vorliegenden Arbeit.
[873] Vgl. Riege (1994), S. 239 f.
[874] Vgl. Riege (1994), S. 240.
[875] In Anlehnung an Riege (1994), S. 241.

6.6 Interpretation der Untersuchungsergebnisse

Die theoretischen Annahmen von RIEGE lassen sich auf Basis der Ergebnisse der vorliegenden Analyse empirisch voll bestätigen. Aus der Perspektive des Unternehmensverbundes weisen zwei Zusammenschlüsse (Nr. 8 und Nr. 12) negative Veränderungen ihrer abnormalen Wachstumsrate des Bestands auf, (mit Werten von „-2,2" und „-9,7") d. h. ihre abnormalen Wachstumsraten waren vor dem Zusammenschluss konsolidiert betrachtet höher als nachher bzw. haben sich anders formuliert im Beobachtungszeitraum T signifikant verschlechtert. Auch die Erwerber profitieren nicht immer von einem Zusammenschluss, in zwei Fällen sind ihre abnormalen Wachstumsraten ebenfalls signifikant zurückgegangen (Nr. 9 mit einem Wert von „-0,2" und Nr. 18 mit einem Wert von „-0,6"). Die Zielobjekte mussten sogar in vier Fällen z. T. erhebliche Rückgänge bei der abnormalen Wachstumsrate des Bestands hinnehmen (Nr. 4 mit einem Wert von „-0,8", Nr. 8 mit einem Wert von „-9,1", Nr. 12 mit einem Wert von „-22,4" und Nr. 19 mit einem Wert von „-20,1"). Diese Versicherer hätten sich also bezüglich ihres Bestandswachstums besser gestellt, wenn sie keine Verbindung mit einem anderen Unternehmen eingegangen wären. So sind nur bei 19 der 25 Zusammenschlüsse in der Stichprobe, d. h. bei 76 % aller Zusammenschlüsse, signifikante positive Veränderungen der abnormalen Wachstumsrate des Bestands sowohl bei Erwerber als auch bei Zielobjekt(en) im Beobachtungszeitraum T zu konstatieren.

Die positiven Veränderungen resultieren tatsächlich – wie RIEGE vermutet – überwiegend aus sehr hohen, „explosionsartigen" Zuwächsen im Jahr des Zusammenschlusses. Wie ein Vergleich der Veränderung abnormaler Wachstumsraten des Bestands einerseits bezogen auf $t = 1$ und andererseits bezogen auf T anhand der nachfolgenden Tab. 6.10 dokumentiert, liegt bei 88 % der Zusammenschlüsse die Veränderung der abnormalen Wachstumsrate des Bestands in $t = 1$ erheblich über derjenigen des gesamten Zeitraums, d. h. falls die Veränderung über den Beobachtungszeitraum T für die am Zusammenschluss beteiligten Unternehmen positiv ausfiel, war dies i. d. R. durch die schlagartige Zunahme des Wachstums im Jahr des Zusammenschlusses $t = 1$ bedingt (besonders hervorzuheben sind hier die Zusammenschlüsse Nr. 1, Nr. 10, Nr. 13 und Nr. 14, bei denen die Veränderung Werte bis zu „+188,6" annahm).

In den beiden Folgejahren schwächte sich die Zunahme der abnormalen Wachstumsrate des Bestands dann mit Ausnahme von drei Fällen (Nr. 15, Nr. 16 und Nr. 24) über alle Sparten und Formen des Zusammenschlusses gesehen stark ab. In zwei Fällen (Nr. 8 und Nr.12), die im Bereich der Sachversicherung und der Lebensversicherung angesiedelt sind, fiel sie sogar unter das Niveau vor dem Zusammenschluss, so dass man hier für die Mehrzahl der Unternehmen von nur kurzfristig wirksamen Wachstums-

bzw. Synergieeffekten ausgehen muss (in der Literatur – wie mehrfach betont – auch „überadditive Wirkungen" genannt), im Rahmen derer die abnormale Wachstumsraten nach dem Zusammenschluss für den Unternehmensverbund eigentlich höher ausfallen sollten als vor dem Zusammenschluss für den fiktiven Unternehmensverbund. Insgesamt bezeichnet RIEGE die Zunahme der Wachstumsrate des Bestands in der ersten Phase nach einem Zusammenschluss als „sicher" (in der Terminologie der Synergie hypothese könnte man demnach von der Nutzung von Synergieeffekten sprechen, die ohne den Einsatz von Managementressourcen im Sinne von „Automatic Benefits" zustande kamen[876]), ihre langfristige Entwicklung lässt sich seiner Meinung nach hingegen nur schwer abschätzen.[877]

Für die Lebensversicherungssparte wurde neben der Veränderung der abnormalen Kennzahl Wachstumsrate des Bestands die Veränderung der abnormalen Wachstumsrate des Neugeschäfts berechnet, die aufgrund der Langfristigkeit des Geschäfts eine große Bedeutung besitzt. Hier weisen zwei Zusammenschlüsse aus der Sicht des Unternehmensverbundes negative Veränderungen im Beobachtungszeitraum T auf (Nr. 12 und Nr. 20), wobei einer der davon betroffenen Zusammenschlüsse, nämlich die Nr. 12, bereits eine negative Veränderung der abnormalen Wachstumsrate des Bestands zu verzeichnen hatte. Dieser Zusammenschluss hat das Wachstumsziel demnach vollständig verfehlt. Bezogen auf die Erwerber verzeichneten drei Versicherer einen Rückgang im Neugeschäft (bei Nr. 21, Nr. 12 und Nr. 20), während dieser zwei Zielobjekte (bei Nr. 11 und Nr. 20) betraf; die Zielobjekte haben also eher bezüglich der Entwicklung ihres Neugeschäfts von den Zusammenschlüssen profitiert.

War die Veränderung über den gesamten Beobachtungszeitraum T positiv, so resultierte diese in 81,8 % der Fälle – vergleichbar mit der Entwicklung der Wachstumsrate des Bestands – aus dem hohen Zuwachs des Neugeschäfts im Jahr $t = 1$. Die Veränderung der Wachstumsrate des Neugeschäfts für die Lebensversicherer nahm auch hier teilweise sehr hohe Werte (bis zu „+133,9") an, die sich in den beiden Folgejahren über alle Lebensversicherer in der Stichprobe gesehen wiederum erheblich reduzierten und im Falle des Zusammenschlusses Nr. 12 sogar zu einer insgesamt negativen Veränderung dieser abnormalen Kennzahl für den betroffenen Unternehmensverbund führten („-0,1"). Die nachfolgende Tab. 6.10 fasst die diskutierten Untersuchungser-

---

[876] Siehe dazu umfassend die Ausführungen in Abschnitt 3.2.3.1 der vorliegenden Arbeit.
[877] Vgl. Riege (1994), S. 241.

6.6 Interpretation der Untersuchungsergebnisse

gebnisse zur Erreichung des Wachstumsziels anhand der Veränderungen der genannten abnormalen Kennzahlen für die in Zusammenschlüsse involvierten Versicherer der Stichprobe übersichtsartig zusammen.

Tab. 6.10: Veränderungen der abnormalen Wachstumsraten (WR) des Bestands in $t = 1$ und T für alle Sparten und des Neugeschäfts (NG) für Lebensversicherer[878]

ZU-Nr.	ΔWR Bestand $t = 1$	ΔWR Bestand T	ΔWR NG $t = 1$	ΔWR NG T
1	100,2;99,2/99,7	36,7;35,7/36,2		
2	10,7;9,8/10,2	3,6;4,9/4,3	17,5;20,1/19,1	-1,0;2,2/1,6
3	3,3;6,2/4,8	1,9;4,8/3,4		
4	6,5;3,3/4,9	2,4;-0,8/0,8		
5	24,4;21,5/23,0	10,0;7,1/8,6		
6	34,4;28,1/31,3	10,3;7,3/8,8		
7	24,0;21,0/22,5	6,0;3,0/4,5	29,0;27,8/28,5	9,9;8,7/9,3
8	11,9;-1,9/5,0	4,7;-9,1/-2,2		
9	1,6;7,9/6,8	-0,2;4,1/2,1		
10	188,6;188,2/188,4	29,0;28,6/28,8		
11	43,8;39,6/49,6 /47,5	10,9;11,4;21,4 /14,6	83,6;62,2;80,2 /75,3	21,3;-0,1;17,9 /13,0
12	35,2;9,7/22,4	3,1;-22,4/-9,7	12,0;38,8/25,4	-13,5;13,3/-0,1
13	114,0;106,2/110,1	30,3;31,1/35,0	128,2;113,1/120,6	62,5;47,4/54,9
14	167,3;168,2/167,7	47,9;51,8/49,8	130,9;133,6/132,2	27,5;30,2/28,9
15	-1,7;-2,5/-2,1	1,3;0,3/0,7		
16	-1,8;1,9/0,1	0,5;4,2/2,4	-1,4;-2,6/-3,5	10,2;9,0/9,6
17	3,3;2,0/2,7	9,8;8,4/9,1	6,5;-1,6/2,5	14,4;6,3/10,4
18	7,8;13,2/10,5	-0,6;4,8/2,1		
19	10,1;25,8/18,0	6,9;-20,1/6,4	11,3;38,2/24,8	12,9;39,8/26,4
20	59,7;59,7/59,7	14,1;14,1/14,1	25,8;21,8/23,8	-9,4;-26,0/-11,5
21	53,3;53,4/53,4	17,5;17,6/17,5	37,7;45,6/41,7	4,7;16,4/9,4
22	5,6;10,2/7,9	2,6;7,2/4,9		
23	71,0;70,2/70,8	30,7;29,6/30,2		
24	-3,9;-3,8/-3,8	1,8;1,9/1,9		
25	4,1;3,2/3,6	3,3;7,8/5,6		

---

[878] Quelle: eigene Berechnung.

6.6.1.2 Ursachenforschung

Die Ursachen für das z. T. auftretende Verfehlen des Wachstumsziels bei Unternehmenszusammenschlüssen von Versicherern, wie es theoretisch postuliert und anhand der vorliegenden empirischen Studie verifiziert werden konnte, weisen zwar prinzipiell eine hohe Komplexität auf, sie lassen sich allerdings oft auf die Form des Zusammenschlusses zurückführen. Im Rahmen dieses Abschnitts werden daher Fusion und Bestandsübertragung einer differenzierten Analyse im Hinblick auf die Wachstumszielerfüllung unterzogen.

In Bezug auf die Fusion hängt nach Meinung von BENÖLKEN und RIEGE die Wachstumszielerfüllung in erheblichem Maße von der erfolgreichen Implementierung bestimmter *Integrationsaktivitäten* ab.[879] Diese erweisen sich im Zuge von Zusammenschlüssen, speziell im Zuge von Fusionen, die eine Übernahme sämtlicher materieller und immaterieller Produktionsfaktoren implizieren, grundsätzlich als notwendig, weil die betrieblichen Abläufe im aufnehmenden Versicherer mit denen des übernommenen Versicherers koordiniert werden müssen. Integrationsgrad und Realisierung vor allem leistungswirtschaftlicher Synergieeffekte stehen nach herrschender Auffassung in engem Zusammenhang: ANSOFF ET AL. fanden beispielsweise im Kontext einer Befragung heraus, dass im Zuge einer kompletten Integration der Partner bei rund 76 % der Unternehmen und bei einer partiellen Integration noch bei 62 % der Unternehmen leistungswirtschaftliche Synergiepotenziale erschlossen werden konnten, während es ohne Integrationsbemühungen seitens der Partner in nur knapp 58 % der Fälle zur Nutzung dieser Synergieeffekte kam.[880]

Integration bedeutet in diesem Sinne allerdings nicht generell den Abbau bestehender Divergenzen, sondern zielt in vielen Fällen eher auf die systematische Nutzung dieser Unterschiede, also quasi auf eine Synchronisation ab, denn die Ausschöpfung von

---

[879] Vgl. Riege (1994), S. 240 f., und Benölken (1995), S. 1555 ff. Vgl. ähnlich schon früher Weiss (1975), S. 278 ff.

[880] Vgl. Ansoff et al. (1971), S. 38. Anzumerken ist hier, dass der o. a. Zusammenhang zwischen Integrationsgrad und Nutzung von Synergieeffekten abhängig ist von der Form des Zusammenschlusses: Wenn a priori lediglich eine Kooperation oder eine Konzernierung angestrebt werden, bewegen sich die dazu notwendigen Integrationsaktivitäten wahrscheinlich auf einem sehr niedrigen Niveau. Trotzdem können i. d. R. Synergieeffekte, die jedoch eher auf der finanziellen oder der Management-Ebene angesiedelt sind, genutzt werden. Vgl. dazu genauer Petri (1992), S. 93 ff., und bereits unter Abschnitt 3.2.3.1 der vorliegenden Arbeit.

6.6 Interpretation der Untersuchungsergebnisse

Synergiepotenzialen durch Economies of Scope beispielsweise basiert gerade auf dem Prinzip der *Leistungserweiterung* über *Produktvielfalt*.[881]

Wesentliche versicherungsspezifische Besonderheiten zwischen den an einer Fusion beteiligten Unternehmen treten vorrangig im Vertriebsbereich und in den Backoffice-Bereichen auf. Im Vertriebssektor sind z. B. unterschiedliche Vertriebswege (eigene/ kooperative), verschiedene Organisationsstrukturen (zentrale/dezentrale Servicefunktionen) und Vergütungssysteme (Zusammensetzung von Fixum und variablen Anteilen für den Außendienst) anzutreffen, während sich die Unterschiede im Backoffice u. a. auf die eingesetzte Hard- und Software (individuell/standardisiert) sowie auf die versicherungstechnischen Konzepte zur Prämienkalkulation (bei der Lebensversicherung z. B. die Zillmerung[882]), zur Überschussbeteiligung (Erhöhung der Versicherungsleistungen, Barauszahlung, Beitragsrückerstattung etc.) und zur Rückversicherungspolitik (hohe vs. niedrige Selbstbehalte, proportionale/nicht-proportionale Rückversicherung usw.) beziehen.[883] Darüber hinaus existieren bei den Partnern oft sehr heterogene Kundenstrukturen (Industrie- vs. Privatkundengeschäft) und Bestandszusammensetzungen, die einer Integration bedürfen, um die Ausschöpfung von mit dem Zusammenschluss erhofften Synergiepotenzialen durch Economies of Scale und Economies of Scope überhaupt zu ermöglichen. Die Lösung dieser komplexen Integrationsprobleme ist zwar nicht illusorisch, verlangt laut BENÖLKEN und FARNY aber einen sehr branchenspezifischen Ansatz.[884]

Mit den erforderlichen Integrationsmaßnahmen geht deshalb der Einsatz von Ressourcen einher, die für andere Verwendungen in der Phase des Integrationsprozesses nicht mehr zur Verfügung stehen können. Die Reallokation von Ressourcen findet dabei in zwei Richtungen statt[885]:

1. Transfer von Ressourcen aus dem *angestammten Geschäft* in die Fusionsproblematik sowie

2. Transfer von Ressourcen aus dem *Absatzbereich* in die Fusionsproblematik.

---

[881] Siehe zum Konzept der Economies of Scope ausführlich Abschnitt 3.2.3.2.3 der vorliegenden Arbeit.
[882] Das Prinzip der Zillmerung wird im Abschnitt 4.5.2 näher beleuchtet.
[883] Vgl. Mittendorf/Schulenburg, Graf v. d. (2000), S. 1391.
[884] Vgl. Benölken (1995), S. 1555, und Farny (2000a), S. 492.
[885] Vgl. Riege (1994), S. 240.

ad 1. Zeichneten sich die involvierten Unternehmen vor der Fusion i. d. R. durch konstante und klar definierte Ziele sowie ein Management aus, das seine Aufmerksamkeit in vollem Umfang auf die jeweiligen Nicht-Fusions-Aktivitäten, d. h. auf das angestammte Geschäft, konzentrierte, so ist der neue Unternehmensverbund nach der Fusion meistens durch einerseits im Umbruch befindliche Ziele und Strukturen gekennzeichnet, andererseits besitzt er nur noch ein einziges Management, welches außerdem seinen Fokus zum großen Teil auf die Fusion selbst, m. a. W. auf den damit verknüpften Integrationsprozess, richtet. Das gesamte Geschäft wird also komplexer, gleichzeitig stehen zu seiner Bewältigung weniger qualifizierte (Personal-)Ressourcen zur Verfügung, da der Ressourcenvorrat insgesamt vermindert und dann zu Lasten des angestammten Geschäfts umverteilt wurde. Einbußen im angestammten Geschäft, verbunden mit einem Rückgang der Wachstumsrate des Bestands, stellen die wahrscheinliche Konsequenz dar. Empirische Analysen von Bankenfusionen offenbaren Kundenfluktuationsquoten von bis zu 30 %, die vornehmlich aus den in der Integrationsphase häufig anzutreffenden Stellenwechseln, Anpassungen im Betreuungskonzept sowie Filialzusammenlegungen resultieren und damit den auf der Präferenzskala der Kunden weit oben stehenden Wunsch nach Kontinuität in Bezug auf die Ansprechpartner extrem vernachlässigen.[886] Ähnliche Beweggründe für Vertragskündigungen lassen sich für die Kunden in der Versicherungswirtschaft vermuten, denn auch hier gehen mit Fusionen vielfach Umgestaltungen der Betreuungszuständigkeit durch Standortstreichungen etc. einher. Die erhöhte Komplexität und verminderte Ressourcenausstattung des angestammten Geschäfts mit entsprechend schlechten Wachstumsaussichten bleiben nach RIEGE[887] über einen längeren Zeitraum hin existent, denn Umfang und Komplexität des Integrationsprozesses schließen eine einmalige simultane Lösung aus.

ad 2. Durch eine Fusion verändern sich sowohl die interne Situation des aufnehmenden Versicherers als auch seine Beziehungen zur Umwelt. Zweckmäßigerweise konzentriert das fusionierte Unternehmen seine Kräfte zunächst darauf, die aufgrund der Fusion erhöhte Komplexität der internen Situation zu reduzieren, bevor es den Schwerpunkt seiner Aufmerksamkeit auf die Feinanpassung des Un-

---

[886] Vgl. Plöger/Kruse (2001), S. 72 f.
[887] Vgl. Riege (1994), S. 235.

6.6 Interpretation der Untersuchungsergebnisse

ternehmens an die externen Bedingungen verlagert. Von herausragender Bedeutung zur Komplexitätsreduktion ist die Implementierung einer homogenen Organisationsstruktur in Verbindung mit einer homogenen Datenverarbeitung (DV), da diese u. a. die Kommunikationswege im Unternehmen determinieren und damit weitgehend die Produktionsstruktur festlegen, denn Versicherungsproduktion ist zum großen Teil mit Informationsverarbeitung gleichzusetzen.[888] Beim Versicherer führen deshalb Versäumnisse primär in der DV-Gestaltung, die z. B. Fehler im für die Kunden sehr wichtigen Schadenregulierungsprozess generieren, unmittelbar zu – aus der Perspektive der Versicherungsnehmer – als niedrig wahrgenommenen Produktqualitäten und erhöhen somit die Gefahr vorzeitiger Vertragskündigungen. Zur Vermeidung dieser langfristig wirksamen negativen Konsequenzen für das Image erhält im fusionierten Unternehmen daher meistens die interne Orientierung im Form einer verstärkten Ressourcenzuwendung (Anpassung der DV, Bildung von Fusionsteams, Projektstäben usw.) temporär den Vorrang gegenüber der externen, d. h. der Marktbearbeitung bzw. dem Absatz, was sich in einer abnehmenden Wachstumsrate des Neugeschäfts ausdrückt.[889] Beispielsweise werden die zahlreichen Gesellschaften des Colonia/Nordstern-Konzerns, die schon 1997 von der AXA Gruppe übernommen wurden, erst seit Oktober 2001 unter dem einheitlichen Namen AXA geführt, in der Zwischenzeit trugen die angeschlossenen Unternehmen verschiedene Bezeichnungen (weiterhin Colonia oder Nordstern bzw. sofort AXA Colonia etc.), so dass eine Zeitlang kein einheitliches Bild des gesamten Konglomerates in der Öffentlichkeit existierte.[890]

Wenn Versicherer im Rahmen von Bestandsübertragungen das Wachstumsziel verfehlen, liegen die Ursachen hier – anders als bei der Fusion – wahrscheinlich nicht in der Notwendigkeit von Integrationsmaßnahmen und der dadurch bedingten Reallokation von Ressourcen begründet. Es ist vielmehr gerade die Kontinuität in der Ausstattung mit Produktionsfaktoren des Dienstleistungsgeschäfts[891] wie DV-System, Innendienst-

---

[888] Siehe dazu die Überlegungen in den Abschnitten 3.2.3.4.2 und 3.2.3.4.3 der vorliegenden Arbeit.
[889] Vgl. Riege (1994), S. 240.
[890] Vgl. GB AXA Konzern AG 2001 (2002), S. 12.
[891] Das gesamte Versicherungsgeschäft beinhaltet drei Elemente: Risikogeschäft, Spar- und Entspargeschäft (in Abhängigkeit von der Sparte unterschiedlich ausgeprägt) sowie das Dienstleistungsgeschäft in Form von Beratung und Abwicklung des Risiko- und des Spar- und Entspargeschäfts. Ein Teil der Dienstleistungen wird dabei unmittelbar gegenüber dem Versicherungsnehmer in

personal und Außendienstorganisation bei sich im Jahr der Bestandsübertragung regelmäßig stark vergrößerndem Bestand und Neugeschäft, die in den Folgejahren zu sinkenden Wachstumsraten von beiden Größen führen kann. Waren nämlich die Kapazitäten voll ausgelastet, wird es dem Erwerber kaum gelingen, das zusätzliche Geschäft künftig adäquat zu betreuen.

So bedeutet die Zusammenführung zweier Versicherungsbestände in Form heterogener Datenbestände meist eine enorme Zusatzbelastung für die bestehende DV des Erwerbers und bedingt insofern häufig Systemausfälle, die – um ein weiteres Absinken im Zielerreichungsgrad zu verhindern – rasch behoben werden sollten.[892] Inwieweit sinkende Wachstumsraten des Bestands und des Neugeschäfts im Zuge einer Bestandsübertragung zu beobachten sein werden, hängt ferner in erheblichem Maße von den Mengenrelationen zwischen Risiko-, Spar-/Entspargeschäft und Dienstleistungsgeschäft ab, die sich wiederum von der Ausprägung des Versicherungsschutzes und der Versicherungsfälle sowie vom Kundentyp herleiten lassen. Beratungs- und Abwicklungsintensität des Versicherungsgeschäfts werden hier von der Änderungshäufigkeit des Versicherungsschutzes und von Arten und Häufigkeit der Schäden determiniert.[893] Je intensiver interne und externe Dienstleistungen gestaltet sind, desto eher dürften langfristige negative Effekte auf das Wachstum des Bestands und des Neugeschäfts auftreten (bei vorheriger Vollauslastung der Kapazitäten). Diese kann man nach Auffassung von RIEGE unter der Prämisse, dass das notwendige versicherungsspezifische Know-how vorhanden ist, auf zwei verschiedene Arten mindern[894]:

➢ Der Erwerber verstärkt seine Bemühungen im vom Vorgänger möglicherweise vernachlässigten Bestandsgeschäft (durch notwendige Prämienanpassungen etc.).

➢ Der Erwerber schöpft Nachfrageverbundeffekte aus, falls der selbst aufgebaute und der übernommene Bestand komplementäre Produkte beinhalten.

Ingesamt gesehen ist das Risiko der Wachstumszielverfehlung mit Hilfe von Fusionen und Bestandsübertragungen beträchtlich. Zwar ist zunächst von einer ausgeprägten

---

persönlichem Kontakt erbracht (externe Leistungen), der andere Teil fließt dem Versicherungsnehmer mittelbar und wertmäßig über das Versicherungsprodukt zu (interne Leistungen). Siehe dazu detailliert Farny (2001a), S. 21-25 und S. 55 ff.

[892] Vgl. Plöger/Kruse (2001), S. 73.
[893] Vgl. Farny (2000a), S. 57.
[894] Vgl. Riege (1994), S. 253.

Zunahme der Wachstumsraten des Bestands und des Neugeschäfts im Sinne von „Automatic Benefits" auszugehen, diese schwächen sich im ex-post-Zeitraum des Zusammenschlusses jedoch i. d. R. stark ab (wie auch die Resultate der vorliegenden Untersuchung zeigen), so dass mittel- bis langfristig daraus u. U. keine positiven Impulse für den neuen Unternehmensverbund mehr entstehen, wenn nicht entsprechende Management- und andere Personalressourcen mobilisiert werden.

BENÖLKEN und MEYER regen daher die Umwidmung interner Kapazitäten zu so genannten „Marktbearbeitungskapazitäten" bereits im Verlauf des Integrationsprozesses an, um eine zeitnahe Verbesserung der Kundenorientierung zu erreichen bzw. eine Vernachlässigung der Marktbearbeitung von vornherein zu vermeiden[895]. Gelingt dies nicht, droht ein langfristig rückläufiges Marktergebnis. Nach RIEGE wirkt die Bestandsübernahme aus Wachstumssicht kurzfristig wie eine Fusion, mittel- bis langfristig ist sie seiner Meinung nach der Fusion allerdings unterlegen, da die konstante Ausstattung mit Produktionsfaktoren des Dienstleistungsgeschäfts keine Ausweitung des Neugeschäfts in dem Maße erlaubt, wie es ein Wachstum des Bestands erfordern würde (Neugeschäft wandelt sich im Geschäftsjahr nach der Akquise stets in Bestandsgeschäft um, d. h. die Entwicklung des Bestands und des Neugeschäfts sind eng miteinander verknüpft[896]).[897]

6.6.2 Gewinnlage

6.6.2.1 Beurteilung der Gewinnzielerfüllung

Unternehmenszusammenschlüsse in der Versicherungswirtschaft sind seitens des durchführenden Managements mit großen Erwartungen behaftet, was die Erzielung künftiger Gewinne des neuen Unternehmensverbundes betrifft, die primär auf der Nutzung von Synergiepotenzialen durch Umsatzsteigerungen und Kostensenkungen bei Betriebs- und Risikokosten, hervorgerufen durch Economies of Scale und Economies

---

[895] Vgl. Benölken (1995), S. 1556, und Meyer (1999), S. 1172.

[896] Darüber hinaus wird das Bestandsgeschäft in der Lebens- und privaten Krankenversicherung von der Entwicklung der Beiträge aus der RfB positiv beeinflusst, diese Prämieneinnahmen stellen jedoch keine echten Einnahmen aus dem Markt dar und sind außerdem stark von der Gewinnentwicklung des Unternehmens abhängig. Negativ wirken sich besonders vorzeitige Abgänge in Form von Vertragskündigungen (Stornierungen) aus.

[897] Vgl. Riege (1994), S. 254.

of Scope, basiert, obwohl die Resultate bisheriger empirischer Analysen wenige Anhaltspunkte dafür bieten.[898] In Analogie zum zeitlichen Verlauf der Wachstumszielerfüllung prognostiziert RIEGE in $t = 1$ wiederum zunächst einen Rückgang bezogen auf die Rentabilität des neuen Unternehmensverbundes im Vergleich zum ex-ante-Beobachtungszeitraum T_v, bevor in den folgenden Perioden seiner Meinung nach höhere Rentabilitäten zu erwarten sind; welche dann insgesamt die Werte des ex-ante-Beobachtungszeitraums T_v übersteigen können.[899] Abb. 6.4 veranschaulicht den beschriebenen zeitlichen Verlauf der Gewinnzielerfüllung nach RIEGE.

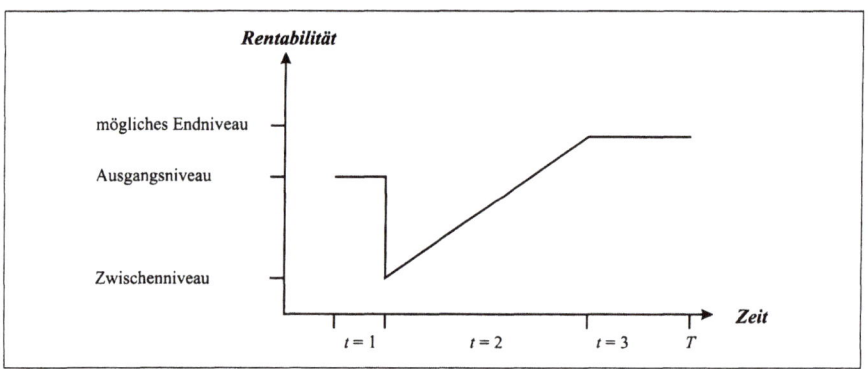

Abb. 6.4: **Zusammenschluss und zeitlicher Verlauf der Gewinnzielerfüllung**[900]

Im Gegensatz zu den empirischen Ergebnissen in Bezug auf die Wachstumszielerfüllung treten hier einige Unterschiede zu den theoretischen Annahmen von RIEGE auf, wie der nachfolgenden Tab. 6.11 zu entnehmen ist, die die Veränderungen der abnormalen Umsatzrentabilitäten in $t = 1$ und T widerspiegelt.

---

[898] Siehe dazu umfassend die Ausführungen in den Kap. 3.2.3.4.2 und 3.2.3.4.3 der vorliegenden Arbeit.
[899] Vgl. Riege (1994), S. 237.
[900] In Anlehnung an Riege (1994), S. 238.

6.6 Interpretation der Untersuchungsergebnisse

Tab. 6.11: Veränderungen der abnormalen Umsatzrentabilitäten (UR) in $t=1$ und T bei allen Sparten[901]

ZU-Nr.	ΔUR $t=1$	ΔUR T
1	6,3;5,9/6,1	4,1;3,7/3,9
2	-2,3;8,0/2,8	0;10,2/5,0
3	-4,9;-12,9/-8,1	-2,5;-12,1/-7,3
4	0,7;-0,5/0,1	-0,3;-1,5/-0,9
5	-0,6;4,8/2,1	-1,0;4,4/-1,7
6	2,4;3,5/2,9	0,1;-1,4/0,6
7	1,9;22,2/12,0	-3,5;16,8/6,6
8	-1,2;3,2/1,0	-1,7;2,7/0,5
9	-3,3;-5,5/-4,4	-1,9;-0,4/-0,4
10	4,3;-4,2/0,1	5,0;-0,5/1,2
11	-5,2;1,9;0,1 /-1,1	-2,7;4,4;2,6 /1,4
12	-7,7;10,9/1,6	-8,1;10,5/1,2
13	-5,9;3,3/-1,3	-5,2;3,8/-0,6
14	-7,5;-10,4/-9,0	-5,5;-8,4/-6,9
15	-0,2;-5,9/-3,1	-0,9;-6,6/-3,8
16	3,2;-3,8/-0,3	4,9;-2,1/1,4
17	4,9;7,8/6,3	2,0;4,9/3,4
18	7,8;0,5/4,1	7,9;0,6/4,2
19	7,2;26,8/17,0	3,2;3,9/13,0
20	-7,4;6,2/-0,6	-0,7;7,9/1,1
21	5,9;11,0/8,1	6,5;12,3/9,4
22	-0,9;-1,5/-1,2	-0,9;-1,5/-0,2
23	-1,3;-14,6/-8,0	-2,0;-15,3/-8,7
24	-0,2;-4,3/-2,3	-0,7;-4,8/-2,7
25	-0,3;-1,2/-0,8	-0,1;-1,0/-0,5

So schneiden beim Vergleich der abnormalen Umsatzrentabilitäten zwischen T_v und $t=1$ bei zwölf Zusammenschlüssen, d. h. bei 48 % der untersuchten Transaktionen, die beteiligten Unternehmensverbünde schlecht ab (Nr. 3, Nr. 9, Nr. 11, Nr. 13-16, Nr. 20, Nr. 22-25); die Veränderung ihrer abnormalen Umsatzrentabilität nahm einen negativen Wert an. Dieser Wert bleibt bei neun der zwölf Zusammenschlüsse über den gesamten Beobachtungszeitraum T trotz einiger leichter Verbesserungen für den je-

---

[901] Quelle: eigene Berechnung.

weiligen Unternehmensverbund negativ (z. B. bei Zusammenschluss Nr. 3, wo die Veränderung bezogen auf das Jahr $t = 1$ noch „-8,1" betrug, über T betrachtet auf „-7,3" sank), so dass die Annahme RIEGES, die Rentabilität würde sich in den Folgejahren nach realisiertem Zusammenschluss stabilisieren bzw. im Vergleich zum ex-ante-Beobachtungszeitraum T_v sogar positiv entwickeln, nicht bestätigt werden kann. Es kommen dagegen zwei weitere Zusammenschlüsse hinzu (Nr. 4 und Nr. 5), bei denen die Veränderung der abnormalen Umsatzrentabilität aus Sicht des Unternehmensverbundes im Jahr des Zusammenschlusses $t = 1$ noch einen positiven Wert besaß, der über den gesamten Beobachtungszeitraum T berechnet negativ wurde (Nr. 4 von „+0,1" auf „-0,9" und Nr. 5 von „+2,1" auf „-1,7").

Deshalb fällt die Beurteilung für 44 % der Zusammenschlüsse aus der Perspektive des neuen Unternehmensverbundes über den Beobachtungszeitraum T in Bezug auf das Gewinnziel negativ aus, die Zielverfehlungsrate sinkt also im Zeitablauf nur unwesentlich um 4 Prozentpunkte ab. Die Erwerber wurden dabei stärker von einem Rückgang der abnormalen Umsatzrentabilität tangiert, sie mussten in 64 % der Fälle über den Beobachtungszeitraum T betrachtet Einbußen hinnehmen, während die Zielobjekte in 48 % der Fälle betroffen waren. Dies lässt auf die Übernahme ertragsschwacher Zielobjekte schließen, denn im Umkehrschluss profitierten 14 von 26 analysierten Zielobjekten, d. h. knapp 54 %, von den jeweiligen Zusammenschlüssen, aber nur acht von 21 untersuchten Erwerbern, d. h. gut 38 %.

Die Gewinnzielerfüllung im Rahmen von Unternehmenszusammenschlüssen ist in hohem Maße davon abhängig, inwieweit es dem betroffenen Unternehmensverbund gelingt, Kostensenkungen im Bereich der Betriebs- und Risikokosten zu realisieren. Kostenziele stellen daher sowohl in der Theorie als auch in der Praxis der Versicherungswirtschaft wichtige „Unter- bzw. Zwischenziele des Gewinnziels"[902] dar. In der Tab. 6.12 sind die Veränderungen der abnormalen Brutto-Kostenquoten und Brutto-Schadenquoten nochmals explizit aufgeführt.

---

[902] Vgl. exemplarisch Farny (2000a), S. 310 f.

6.6 Interpretation der Untersuchungsergebnisse

Tab. 6.12: Veränderungen der abnormalen Brutto-Kostenquoten (KQ) in T bei allen Sparten und der abnormalen Brutto-Schadenquoten (SQ) bei privaten Kranken- und Sachversicherern[903]

ZU-Nr.	ΔBrutto-KQ T	ΔBrutto-SQ T
1	-10,6;0,5/-5,1	11,6;7,7/9,7
2	0,2;-5,1/-2,4	
3	1,6;-7,3/-2,9	6,2;6,2/6,2
4	0;4,6/2,3	-2,7;11,0/4,2
5	1,4;2,3/6,8	3,5;2,0/2,8
6	-2,5;14,7/6,1	4,3;2,0/3,2
7	-7,8;-4,7/-6,3	
8	1,0;-2,6/-0,8	3,2;-16,5/-6,7
9	0,5;-0,7/-0,1	0,3;-11,1/-5,4
10	2,2;-2,5/-0,1	-6,3;2,0/-1,8
11	-4,0;-2,1;-1,9/-2,7	
12	-2,8;5,2/1,2	
13	7,3;6,8/7,1	
14	-4,3;-0,2/-2,3	
15	-0,4;-13,7/-6,9	4,9;17,6/11,3
16	0,9;6,2/3,6	
17	-1,4;-0,4/ 0,9	
18	4,1;-7,8/-1,9	-0,4;22,9/11,3
19	2,7;12,0/7,4	
20	-1,2;-5,9/-3,5	
21	-0,3;0,9/0,3	
22	1,4;-0,2/0,6	1,8;4,2/3,0
23	6,5;-1,7/2,4	-9,3;8,9/-0,2
24	4,2;4,2/4,2	3,2;1,6/2,5
25	-0,8;-12,1/-6,5	6,7;-1,4/2,7

Die Ergebnisse dokumentieren, dass in mehr als der Hälfte aller Zusammenschlüsse (56 %) dem neuen Unternehmensverbund Kostensenkungen – bezogen ausschließlich auf die abnormalen Betriebskosten über alle Sparten und Formen von Zusammenschlüssen betrachtet – gelangen, wobei sich die Zielobjekte in verstärktem Umfang Betriebskostenvorteile verschafften: Sie weisen bei 64 % der untersuchten Zielobjekte

---

[903] Quelle: eigene Berechnung.

günstige, d. h. in diesem Fall negative Veränderungen ihrer abnormalen Brutto-Kostenquote auf, während die Erwerber in 44 % der Fälle ihre Betriebskosten reduzierten. Die Erwerber mussten also – vergleichbar mit der Situation bei der abnormalen Umsatzrentabilität – hier anscheinend schlechte Ausgangspositionen bei den Zielobjekten kompensieren, was nur z. T. erfolgreich war. Lediglich bei sieben der 25 Zusammenschlüsse (28 %) erreichten sowohl Erwerber als auch Zielobjekt(e) das angestrebte Kostenziel (Nr. 7, Nr. 11, Nr. 14, Nr. 15, Nr. 17, Nr. 20 und Nr. 25). Die Ergebnisse der vorliegenden empirischen Studie stimmen daher mit den Resultaten früherer empirischer Analysen zur Betriebsgröße von Versicherern überein, die ebenfalls nur wenige Ansatzpunkte für Betriebskostensenkungen bei steigender Unternehmensgröße in der Versicherungsbranche ermittelten.[904]

Die abnormale Brutto-Schadenquote als Ausdruck für ein versicherungstechnisch formuliertes Rentabilitätsziel bei privaten Kranken- und Sachversicherern verbesserte sich aus der Sicht des Unternehmensverbundes bei 29 %, d h. bei 4 von insgesamt 14 daraufhin untersuchten Zusammenschlüssen (bei Nr. 8, Nr. 9, Nr. 10 und Nr. 23). Hier profitierten – anders als bei Betrachtung der abnormalen Brutto-Kostenquote – die Erwerber von den Zusammenschlüssen; die Veränderung ihrer abnormalen Brutto-Schadenquoten nahm in 29 % der Fälle einen negativen Wert an (bei Nr. 4, Nr. 10, Nr. 18 und Nr. 23), während es bei drei Zusammenschlüssen (21 %) zu Kostensenkungen für die involvierten Zielobjekte kam (bei Nr. 8, Nr. 9 und Nr. 25). In keinem Fall verzeichneten sowohl Erwerber als auch Zielobjekt(e) im Rahmen eines Zusammenschlusses Rückgänge bei der abnormalen Brutto-Schadenquote.

Es ist festzuhalten, dass demnach die Umsetzung von Kostenvorteilen im Betriebsbereich für die Versicherer einfacher als im Risikobereich zu sein scheint. Das Gewinnziel wird in vollem Umfang mit einer positiven Veränderung der abnormalen Umsatzrentabilität sowie negativen Veränderungen bei den abnormalen Brutto-Kosten- und Schadenquoten im Beobachtungszeitraum T aus Sicht des Unternehmensverbundes bei sieben Zusammenschlüssen (28 %) erreicht (bei Nr. 2, Nr. 7, Nr. 8, Nr. 10, Nr. 11 und Nr. 17), bei fünf Zusammenschlüssen (20 %) kann es überhaupt nicht verwirklicht werden (Nr. 4, Nr. 5, Nr. 13, Nr. 22 und Nr. 23), bei den restlichen dreizehn Zusammenschlüssen (52 %) wird es nur teilweise erfüllt.

---

[904] Siehe dazu die Ausführungen in den Abschnitten 3.2.3.4.2 und 3.2.3.4.3.

6.6.2.2 Ursachenforschung

Diejenigen Ursachen, die u. U. dazu beigetragen haben, dass im Rahmen von Unternehmenszusammenschlüssen bei Versicherern die dadurch erhofften Gewinnsteigerungen in Verbindung mit Kostensenkungen z. T. nicht erreicht werden konnten, wie die zuvor geschilderten empirischen Ergebnisse dokumentieren, sollen erneut primär unter dem Aspekt der Form des Zusammenschlusses diskutiert werden.

Nach herrschender Auffassung in der Literatur spielen im Kontext von Fusionen aus der Perspektive des Erwerbers/Unternehmensverbundes zwei Faktoren eine zentrale Rolle beim zeitlichen Verlauf der Gewinnzielerfüllung: einerseits die Höhe des Kaufpreises als quasi fusionsvorbereitende Maßnahme sowie andererseits der Umfang der Integrationsaktivitäten und deren erfolgreiche Implementierung[905]; letztere besaßen schon bei der Wachstumszielerfüllung eine große Bedeutung. Zunächst wird ein Blick auf den ersten Einflussfaktor geworfen.

Theoretisch kann die Fusion von Versicherern zwar ohne großen Kapitalbedarf vollzogen werden, wenn die daran interessierten Unternehmen mit der Verschmelzung einverstanden sind und/oder es sich um VVaG bzw. ÖRA handelt, deren spezielle Rechtsformen keinen Kauf von Anteilen im üblichen Sinne zulassen. Muss jedoch erst eine Beteiligung erworben werden, um das Zielobjekt zur Verschmelzung zu bewegen bzw. erfolgt die Fusion im Rahmen einer Vermögensübertragung, bei der die Gegenleistung für die Übertragung des Zielobjektvermögens in einer Geldleistung besteht, so löst diese Maßnahme beim Erwerber Finanzierungsbedarf zur Zahlung des Kaufpreises aus. Je höher der Kaufpreis ist, desto länger dauert es, bis sich die Fusion positiv auf die Rentabilität des Versicherers auswirken kann. Nach einer Faustregel beziffert man den Preis, anders formuliert den Wert einer Versicherungsgesellschaft, auf das Ein- bis -1,3fache ihrer jährlichen Brutto-Beitragseinnahmen, er hängt im Einzelfall außerdem erheblich vom Verhandlungsgeschick der Beteiligten ab.[906] Da der Erwerb von Versicherungsunternehmen, Unternehmensanteilen oder reinen Beständen mit Hilfe von versicherungstechnischem Fremdkapital prinzipiell untersagt ist – die erworbenen Vermögenswerte sind überwiegend nicht als Kapitalanlagen im Sinne von

---

[905] Vgl. z. B. Hovers (1973), S. 185, Weiss (1975), S. 292, Riege (1994), S. 233, und Farny (2000a), S. 492.

[906] Vgl. Oletzky (1998), S. 291.

§ 54a VAG anerkannt[907] – erfordert die Fusion eine Verknüpfung mit finanzwirtschaftlichen Strategien, innerhalb derer u. a. die Kernfrage nach dem Modus der Finanzierung (Nutzung von Bar- oder Fremdmitteln, wechselseitiger Aktientausch) beantwortet werden muss, um die finanziellen Belastungen durch den Kauf eines Unternehmens so gering wie möglich zu halten.

Der reine Erwerb eines Unternehmens vollzieht sich i. d. R. innerhalb eines kurzen Zeitraums, wesentlich mehr Zeit nehmen allerdings die sich anschließenden Integrationsmaßnahmen in Anspruch. Die Versicherungsbranche zeichnet sich bezogen auf die im vorangegangenen Abschnitt erläuterten Eigenschaften Vertriebswege, Organisationsformen, Spartenkollektive usw. beispielsweise im Vergleich zur „Nachbarbranche" Kreditwirtschaft durch sehr heterogene Strukturen aus, deshalb kann sich der erforderliche Integrationsprozess nach Meinung von BENÖLKEN in ungünstigen Fällen – wenn die Divergenzen zwischen den Fusionspartnern gravierend sind – durchaus über ein ganzes Jahrzehnt erstrecken.[908] Durchschnittlich werden in der Versicherungswirtschaft nach den Erkenntnissen einer Befragung des Managements für diesen in der Post-Merger-Phase angesiedelten Prozess drei bis vier Jahre veranschlagt.[909] Stellt im Kontext der Wachstumszielerfüllung zunächst die Reallokation von Ressourcen, d. h. der Transfer von Ressourcen in die Fusionsproblematik, der eine weitgehende Vernachlässigung der Marktbearbeitung mit langfristig sinkenden Wachstumsraten des Bestands und des Neugeschäfts implizieren kann, den primären Grund für die Zielverfehlung dar, so wird das Erreichen des Gewinnziels in der Post-Merger-Phase signifikant von den Kosten der Integrationsaktivitäten beeinflusst, die auf organisatorischer Ebene durch die Einrichtung u. a. von Fusionsteams, Arbeitskreisen und Projektbüros entstehen.[910] Als besonders kostenintensiv erweist sich auf der Produktionsebene in vielen Fällen die notwendige Migration der DV, welche die drei Sektoren Anwendungssysteme, IT-Infrastruktur sowie die Zusammenarbeit zwischen internen/externen

---

[907] Vgl. Farny (2000a), S. 492.
[908] Vgl. Benölken (1995), S. 1555. Hovers (1973), S. 185, legt als akzeptable Zeitspanne „intensivster Integrationsaktionen" maximal ein Jahr zugrunde, wenn der Zusammenschluss erfolgreich sein soll. Der Autor bezieht sich bei seiner Aussage zwar nicht explizit auf die Assekuranz, generell ist in Theorie und Praxis jedoch die Ansicht anzutreffen, dass der Integrationsprozess so schnell wie möglich abgeschlossen werden sollte, vgl. z. B. Lier (1998), S. 1462, und Meyer (1999), S. 1173, die entsprechende Aussagen für die Versicherungswirtschaft machen.
[909] Vgl. Lier (1998), S. 1461.
[910] Weitere Beispiele für derartige fusionsbegleitende Koordinationsmechanismen finden sich bei Meyer (1999), S. 1173.

6.6 Interpretation der Untersuchungsergebnisse

IT-Anwendern (Außendienst, Versicherungsnehmer) und internen IT-Dienstleistern betrifft; MEYER spricht hier vom „z. T. enormen Aufwand"[911], der für die Umsetzung erforderlich ist. Zusatzkosten kommen ferner oft im Marketingbereich zustande: Wenn im Zuge eines Zusammenschlusses z. B. der bisherige, traditionsreiche Firmenname eines Partners (i. d. R. des Zielobjekts) verschwindet oder ein neuer Name für den Unternehmensverbund kreiert wird, was in der Praxis häufig zu beobachten ist, müssen aufwendige Imagekampagnen durchgeführt werden (unter dem Schlagwort „Branding" zusammengefasst), um Goodwill- und Spill-Over-Effects weiterhin vollständig nutzen zu können; andernfalls ist wiederum mit negativen Konsequenzen für das Wachstumsziel zu rechnen.[912]

Insgesamt gesehen werden die Integrationsprobleme und die damit verknüpften Integrationskosten (auch als Fusionsaufwendungen bezeichnet) nach Auffassung vieler Autoren in der Praxis auf allen Ebenen tendenziell unterschätzt, was eben dazu führen kann, „ ... dass das neue Unternehmen weniger rentabel arbeitet als die ursprünglich getrennten Teile ...".[913] Nach RIEGE hängt der zeitliche Verlauf der Gewinnzielerfüllung in hohem Maße von der Größe des übernommenen Unternehmens ab[914]: Je kleiner dieses laut RIEGE ist, desto geringer sind die zur Umsetzung der Integrationsaktivitäten benötigten Ressourcenmengen respektive deren Kosten und desto eher dürfte der Unternehmensverbund mittels der Fusion wieder positive Zielerreichungsbeiträge realisieren. Eine bekannte empirische Studie von KITCHING, in der der Zusammenschlusserfolg u. a. in Abhängigkeit von der relativen Umsatzgröße des Zielobjekts betrachtet wird, kommt zu einem anderen Ergebnis: Die Höhe des Umsatzes korrelierte in Bezug auf das Zielobjekt positiv mit dem Erfolg des Zusammenschlusses. Die Untersuchung bewertete insgesamt fast 70 % aller analysierten Zusammenschlüsse genau dann als erfolgreich, wenn die Quote der relativen Umsatzgröße bei 10-50 % lag; bei einem Umsatzverhältnis von unter 10 % stufte sie nur noch 50 % der Zusammen-

---

[911] Meyer (1999), S. 1175.

[912] Die Unternehmen der vorliegenden Stichprobe nahmen ebenfalls in Zusammenhang mit den von ihnen getätigten Zusammenschlüssen zahlreiche Umfirmierungen vor, wie anhand der Tab. 1 des Anhangs deutlich wird. Beispielsweise stieß in der Praxis die Entscheidung der Vereinte Lebensversicherung auf Unverständnis, die bei der Fusion mit der Magdeburger Lebensversicherung im Jahre 1993 gänzlich auf eine Einbindung deren Namens zu verzichten, da dieser insbesondere in den Neuen Bundesländern einen hervorragenden Ruf besaß.

[913] Holzheu (1991), S. 556. Vgl. außerdem u. a. Venohr et al. (1998), S. 1121.

[914] Vgl. Riege (1994), S. 238.

schlüsse als Erfolg ein.⁹¹⁵ PETRI begründet diese Resultate vorrangig mit dem höheren Stellenwert, der – aus der Perspektive der Erwerber – bedeutenden Zusammenschlüssen zugemessen würde und daher die strategische Vorbereitung in diesen Fällen wesentlich systematischer ausfallen ließe als bei Zusammenschlüssen mit kleineren Zielobjekten.⁹¹⁶ Von kleineren Fusionspartnern erwarte man außerdem sehr häufig „ ... eine quasi automatische Anpassung ... an die Strukturen des Erwerbers ... "⁹¹⁷, so dass ihre eventuell existierenden spezifischen Wettbewerbsstärken wie z. B. Innovationskraft durch Flexibilität in der Entscheidungsfindung und schwacher Formalisierungsgrad a priori keine Berücksichtigung im Integrationsprozess erführen und dementsprechend später nicht mehr zur Nutzung von Synergieeffekten beitragen könnten.

Weder die eine noch die andere These können durch die Resultate der vorliegenden empirischen Untersuchung eindeutig gestützt werden: So verfehlt beispielsweise der Zusammenschluss zwischen der ADLER Versicherung und der VÖDAG Versicherung (Nr. 1), bei dem die Verdienten Brutto-Beiträge des Zielobjekts rund 83 % derjenigen des Erwerbers ausmachen, das Gewinnziel ebenso wie der Zusammenschluss zwischen Württembergische Versicherung und Württembergische Rechtsschutzversicherung (Nr. 25), wo die Württembergische Rechtsschutzversicherung ex ante nur knapp 5 % der Verdienten Brutto-Beiträge ihres späteren Erwerbers erwirtschaftete.⁹¹⁸ Da jedoch nur bei fünf der 25 analysierten Zusammenschlüsse in der Stichprobe ein im Verhältnis der Beitragseinnahmen untereinander kleines Unternehmen als Zielobjekt fungiert (einmal wird sogar ein größeres Zielobjekt bestandsübertragen⁹¹⁹), scheint die These von der positiven Korrelation zwischen Umsatz und Gewinnzielerfüllung nicht bestätigt werden zu können; der Umfang der notwendigen Integrationsmaßnahmen bzw. deren Kosten spielt demnach wohl eher eine Rolle.

---

⁹¹⁵ Vgl. Kitching (1974), S. 131. Ähnliche Resultate erzielt Möller (1983), S. 81, der bei einem Belegschaftsverhältnis von bis zu 30 % zwischen den beteiligten Unternehmen weitaus geringere Erfolgsquoten für die seiner Arbeit zugrundeliegenden Zusammenschlüsse ermittelt als bei einem Verhältnis darüber.

⁹¹⁶ Vgl. Petri (1992), S. 146.

⁹¹⁷ Petri (1992), S. 147. Vergleichbar argumentiert Benölken (1995), S. 1558.

⁹¹⁸ Siehe dazu die Ergebnisse der Studie in Tab. 6.9. im Abschnitt 6.5.

⁹¹⁹ Diese Konstellation ist bei der Bestandsübernahme der Deutsche Lloyd Lebensversicherung durch die Generali Lloyd Lebensversicherung (Nr. 14) im Jahre 1998 zu beobachten, wo das Verhältnis der Brutto-Beiträge untereinander 140 % betrug.

6.6 Interpretation der Untersuchungsergebnisse

Denkbar wäre womöglich außerdem ein Einfluss des bisherigen Verbundenheitsgrades der Fusionspartner einerseits auf die anfallenden Integrationsbemühungen und deren Kosten, andererseits auf die mit dem Zusammenschluss verknüpften Kosteneinsparungen. Da Fusionen in der Praxis oft zwischen Konzernunternehmen getätigt werden, die sich z. B. in der Vergangenheit bereits eines konzernweit vereinheitlichten DV-Systems oder eines gemeinsamen Innendienstpersonals bedienten, müssten in diesen Fällen die Integrationskosten niedriger ausfallen als bei zuvor völlig getrennt agierenden Versicherern; im Umkehrschluss dürften allerdings auch die erhofften späteren Betriebskosteneinsparungen geringer sein. In der vorliegenden Stichprobe sind sowohl Zusammenschlüsse zwischen Konzernunternehmen als auch zwischen vorher rechtlich und wirtschaftlich gänzlich unabhängigen Unternehmen anzutreffen (letztere stellen die Nr. 7, Nr. 8, Nr. 9, Nr. 20 dar). Tendenziell schneiden in Bezug auf die Gewinnzielerfüllung die unabhängigen Versicherer hier sogar besser als die Konzernunternehmen ab[920], was wiederum die These von PETRI – zwar unter einem anderen Blickwinkel – manifestiert, bedeutenden Zusammenschlüssen aus der Sicht des Erwerbers sei bereits in der Pre-Merger-Phase, welche die Planung des Zusammenschlusses beinhaltet (Stichwort *Due Diligence*[921]), mehr Aufmerksamkeit und insofern mehr Erfolg beschieden.

Sofern bei der Bestandsübertragung ausschließlich Produktionsfaktoren des Risikogeschäfts, d. h. des Versicherungsbestands sowie der dazugehörigen versicherungstechnischen Rückstellungen, Beitragsüberträge und Kapitalanlagen, übertragen werden, wie es eigentlich im Rahmen dieser Form des Zusammenschlusses üblich ist, entfällt ein bestimmter Teil der Integrationsmaßnahmen des Dienstleistungsgeschäfts, die bei der Fusion zusätzliche Integrationskosten verursachen. Entsprechend kontinuierlich gestaltet sich nach Auffassung von RIEGE der zeitliche Verlauf der Gewinnzielerfüllung; er macht deshalb denjenigen Zeitpunkt, von dem an die Bestandsübertragung die

---

[920] Mit Ausnahme des Zusammenschlusses Nr. 9 erreichen alle o. a. Zusammenschlüsse das Gewinnziel (25 % Misserfolgsquote), bei den übrigen 21 der Stichprobe sind es 15 Zusammenschlüsse (71,4 % Misserfolgsquote).

[921] Mit dem aus dem Angelsächsischen stammenden Terminus *Due Diligence* ist begrifflich eine Untersuchung „mit gebührender und im Verkehr erforderlicher Sorgfalt" im Rahmen der Pre-Merger-Phase von Unternehmenszusammenschlüssen gemeint. Dabei steht die gründliche Prüfung des Zielobjekts im Vordergrund des Interesses, durch die der Erwerber nachträgliche vertragliche Anpassungen und daraus resultierende Konflikte, die mit einem traditionell gestalteten Kauf nach dem Prinzip „wie besehen" verknüpft sind, ex ante zu vermeiden sucht. Vgl. umfassend zum Konzept der Due Diligence exemplarisch Jansen (2000), S. 176 ff.

Rentabilität des Unternehmensverbundes positiv beeinflusst, vorrangig von der Höhe des Kaufpreises für den Bestand (der i. d. R. auch die Kosten der Sozialpläne für nicht übernommene Mitarbeiter des Zielobjekts umfasst) abhängig.[922] Spätere Kosteneinsparungen bei den Betriebskosten ergeben sich in Analogie zur Wachstumszielerfüllung vor allem dann, wenn der Erwerber im Dienstleistungsgeschäft vor der Bestandsübertragung über freie Kapazitäten verfügte, die nach realisiertem Zusammenschluss - unter der Voraussetzung vorhandenen Know-hows zur Betreuung der zusätzlichen Risiken – besser ausgelastet werden können.

Der weitreichende Verzicht auf Integrationsmaßnahmen im Dienstleistungsbereich impliziert jedoch nicht logischerweise einen Verzicht auf derartige Aktivitäten im Risikobereich, denn um Synergiepotenziale in Form von Risikokostensenkungen durch Zusammenführung der Bestände voll auszuschöpfen[923], bedarf es nach Meinung von RADTKE erheblicher aktuarieller (versicherungsmathematischer) Anstrengungen u. a. in Form einer homogenen Steuerung des größeren Bestands, der Implementierung gemeinsamer Bewertungsprozeduren etwa im Bereich der Spätschädenreservierung sowie der Neuordnung und Optimierung der Rückversicherungspolitik.[924] Neue Risiken sollten z. B. stets mit einem einheitlichen Produktangebot und einheitlichen Tarifen im Markt akquiriert werden, damit später keine so genannten „Kannibalisierungseffekte"[925], d. h. Antiselektionseffekte in dem jeweils ungünstigeren Tarif, auftreten. Gemeinsame Bewertungsprozeduren erfordern ferner zunächst eine Definition von Basis-Kenngrößen wie Prämien und Schadenkosten zur sich anschließenden Entwicklung homogener Zielgrößenprofile und zugehöriger Planungsprozesse; eine Fragestellung könnte diesbezüglich z. B. lauten: In welcher Form sollen künftig die Schadengrößen Eingang in die operative Planung finden (über Schadenquoten, Schadenhäufigkeit oder Schadendurchschnitt)? Die überwiegend ungünstigen Veränderungen der abnormalen Schadenquote im Beobachtungszeitraum T bei den Zusammenschlüssen der Stichpro-

---

[922] Vgl. Riege (1994), S. 251 f. Siehe außerdem bereits die Anmerkungen zur Gestaltung des Kaufpreises bei Bestandsübertragungen unter Abschnitt 2.4.2.2.

[923] Automatic Benefits im Sinne eines Vorhaltens geringerer Solvabilitätsmittel durch eine positive Veränderung der Schadenverteilung im größeren Bestand entstehen aufgrund der Reduzierung des Zufallsrisikos, sie können allerdings nur bis zu einer gewissen Grenze, nämlich der gesetzlich vorgeschriebenen Höhe der Mittel, genutzt werden und wirken sich signifikant erst in einem sehr großen Bestand aus. Siehe dazu erstmals detaillierter in Abschnitt 3.2.3.4.2 der vorliegenden Arbeit.

[924] Vgl. Radtke (1999), S. 222.

[925] Radtke (1999), S. 222.

be zeugen vom hohen Komplexitätsgrad dieser versicherungstechnischen Integrationsbemühungen, die ebenso die Fusion betreffen.

Insgesamt gesehen ist die Gefahr groß, dass die aus Sicht des Unternehmensverbundes mit einer Fusion angestrebte Steigerung des Gewinns bzw. der Rentabilität im Vergleich zum Vorfusionszeitraum nicht erreicht wird. Die Bestandsübertragung zeichnet sich hier zwar theoretisch wegen ihres unkomplizierteren Integrationsprozesscharakters durch eine höhere Attraktivität gegenüber der Fusion aus; in der Praxis kommt es jedoch bei der Gewinnzielerfüllung anscheinend sehr auf die jeweilige Bestandszusammensetzung der Partner und die zur Synchronisation der Bestände erforderlichen aktuariellen Integrationsaktivitäten an, ob sich eine Bestandsübertragung letztlich als erfolgreich erweist (unter den Zusammenschlüssen der vorliegenden Stichprobe mit einer ungünstigen Veränderung ihrer abnormalen Schadenquoten im Beobachtungszeitraum T befinden sich auch zwei Bestandsübernahmen, nämlich Nr. 5 und Nr. 24).

6.6.3 Sicherheitslage

6.6.3.1 Beurteilung der Sicherheitszielerfüllung

Die Mindesteigenkapitalausstattung unter dem Aspekt des Erhaltungs- bzw. Sicherheitsziels von Versicherungsunternehmen wird zwar im Wesentlichen wegen ihrer Bedeutung für die dauerhafte Leistungsfähigkeit der Versicherer durch das umfangreiche rechtliche Solvabilitätssystem determiniert, die Mehrausstattung mit Eigenkapital, m. a. W. die Überdeckung der Soll-Solvabilität[926], obliegt jedoch jedem einzelnen Versicherer im Rahmen seiner individuellen finanzpolitischen Entscheidungen. Das System lässt also Spielraum für höher gesteckte Ziele und weitere Maßnahmen zu, so dass die Entwicklung der Eigenkapitalausstattung Aussagen zu Ausrichtung und Qualität unternehmerischer Finanzstrategien erlaubt. Die nachfolgende Tab. 6.13 spiegelt die Re-

---

[926] Die *Soll-Solvabilität* zur Verdeutlichung der Risikolage eines Versicherers wird in dreifacher Form ermittelt: erstens als Solvabilitätsspanne, abgeleitet aus quantitativen Größen seines Gesamtversicherungsbestands, zweitens als Garantiefonds, definiert als ein Drittel der Solvabilitätsspanne, und drittens als Mindestgarantiefonds, der als absoluter Betrag in Abhängigkeit vom betriebenen Versicherungszweig gesetzlich vorgegeben ist. Nach den gesetzlichen Vorschriften müssen im Unternehmen jederzeit Ist-Solvabilitätsmittel mindestens in Höhe der Soll-Solvabilitätsmittel vorhanden sein. Vgl. ausführlich z. B. Beck (1997), S. 193-196.

sultate der vorliegenden empirischen Untersuchung zur abnormalen Solvabilität im Kontext von Unternehmenszusammenschlüssen wider.

Tab. 6.13: Veränderungen der abnormalen Solvabilität (SOL) in T bei allen Sparten[927]

ZU-Nr.	ΔSOL T
1	6,7;-22,4/-7,9
2	0,04;0,03/0,04
3	-1,4;-23,3/-12,3
4	-7,5;-17,1/-12,3
5	-20,1;-29,5/-24,8
6	1,0;-17,1/-8,0
7	0,01;-0,55/-0,24
8	-1,3;16,6/7,7
9	0,10;-0,90/-0,50
10	-0,7;0,6/-0,2
11	0,17;-2,20;0,65 /-0,46
12	0,12;-9,05/-4,3
13	-0,12;-0,6/-0,25
14	-0,69;-0,72/-0,71
15	-9,9;-3,4/-6,5
16	0,02;-0,79/-0,14
17	0,05;0,15/0,05
18	-5,5;-5,3/-5,4
19	-0,07;-0,97/-0,52
20	0,14;-0,01/0,06
21	0,04;0,07/0,05
22	-2,7;-13,6/-8,2
23	-0,6;49,8/-25,2
24	-8,7;-95,6/-52,2
25	-10,0;-24,3/-17,1

Anhand der Ergebnisse wird deutlich, dass Zusammenschlüsse anscheinend überwiegend nicht zur Erfüllung des Sicherheitsziels beitragen, denn bei 20 von 25 analysierten Fusionen und Bestandsübertragungen, d. h. bei 80 %, ist eine negative Verände-

---

[927] Quelle: eigene Berechnung.

6.6 Interpretation der Untersuchungsergebnisse

rung der abnormalen Solvabilität aus der Perspektive des Unternehmensverbundes zu beobachten. In elf dieser 20 Fälle (55 %) sind sowohl Erwerber als auch Zielobjekt(e) von der negativen Entwicklung betroffen. In den restlichen neun Fällen reicht jeweils die zuvor gute Eigenkapitalausstattung eines Partners nicht aus, um schlechte Ausgangspositionen des anderen zu kompensieren (so nahm beispielsweise die Veränderung der abnormalen Solvabilität beim Zusammenschluss von Württembergische und Badische Versicherung mit der ELEKTRA Versicherung insgesamt einen Wert von „-25,2" an, obwohl die Veränderung für die ELEKTRA Versicherung im gleichen Zeitraum einen Wert von „+49,8" betrug).

Mit Ausnahme des Zusammenschlusses Nr. 8, der zwischen einem Sach- und einem Rechtsschutzversicherer vorgenommen wurde, sind alle anderen erfolgreichen Zusammenschlüsse bezogen auf die Kennzahl abnormale Solvabilität erstaunlicherweise in der Lebensversicherungssparte angesiedelt. Dort wird aufgrund der vergleichsweise hohen Sicherheitszuschläge in den Prämien[928], die mit sehr großer Wahrscheinlichkeit Verlustsituationen erst gar nicht entstehen lassen (welche aber wiederum als Begründung für die Existenz strenger Solvabilitätsvorschriften angeführt werden), eigentlich der Eigenkapitalausstattung und demzufolge der Solvabilitätspolitik im Rahmen der Finanzpolitik in Theorie und Praxis eine geringere Bedeutung als in den anderen Sparten zugemessen.[929] Darüber hinaus ist eine explizite Bewertung einzelner Solvabilitätskonzeptionen wegen der komplizierten Rechenformel für Soll- und Ist-Solvabilität gerade in dieser Sparte sehr schwierig.

Eine Konzentration nicht erfolgreicher Zusammenschlüsse auf eine bestimmte Form ist hingegen nicht festzustellen: Sowohl Fusionen als auch Bestandsübertragungen sind von der Verfehlung des Sicherheitsziels betroffen. Dies mag daran liegen, dass sich die Ausstattung mit Sicherheitsmitteln gänzlich an Kriterien des Versicherungsgeschäfts (Bestandsvolumen etc.) orientiert, die beide Formen des Zusammenschlusses gleichermaßen betreffen.

Die Zielobjekte können von den Zusammenschlüssen hier i. d. R. nicht profitieren, bei 19 der 25 Zusammenschlüsse, d. h. 76 %, stellen sie sich nach vollzogenem Zusammenschluss schlechter als vorher dar. Für die Erwerber gilt diese Aussage in abge-

---

[928] Vgl. zu Begriff und Funktion des *Sicherheitszuschlags* in der Prämie bereits die Erläuterungen unter Abschnitt 3.2.3.4.2 der vorliegenden Arbeit.

[929] Vgl. u. a. Farny (1992), S. 182.

schwächter Form, sie müssen lediglich in vierzehn Fällen, also 56 %, negative Veränderungen ihrer abnormalen Solvabilität im Beobachtungszeitraum T hinnehmen.

6.6.3.2 Ursachenforschung

Entscheidungen über die Verfolgung bestimmter Unternehmensziele (insbesondere bezogen auf das Sicherheitsziel) werden häufig von einer übergeordneten Leitmaxime determiniert, die als Grundauftrag für das Wirtschaften im Versicherungsunternehmen zu verstehen ist und gelegentlich als *Unternehmensphilosophie* bezeichnet wird. Das Zustandekommen solcher Leitmaximen ist nicht immer vollständig rational oder ökonomisch erklärbar, da i. d. R. die Motive der jeweiligen in den Zielentscheidungsprozess involvierten Personen, d. h. subjektive Elemente, eine zentrale Rolle spielen; in der einschlägigen Literatur werden jedoch Ursprung bzw. Geschichte eines Versicherers und vor allem seine überkommene *Unternehmenskultur* für dessen Philosophie verantwortlich gemacht[930].

Nach MATENAAR lässt sich das Phänomen der Unternehmens- oder Organisationskultur (anglo-amerikanisch oft Corporate Identity genannt) allgemein definieren als „ ... die Summe der systemimmanenten, tradierten Orientierungsmuster, die im Rahmen der aktuellen Gestaltung die präsituative, generalisierende Strukturierung zwischen Aufgaben, Personen und Sachmitteln beeinflussen"[931]. Anders formuliert handelt es sich bei der Unternehmenskultur um ein System von Denk- und Verhaltensmustern, Grundnormen, -regeln und -werten, das in Bezug auf die Entscheidungsprozesse aller Ebenen im Unternehmen eine stabilisierende und komplexitätsreduzierende Funktion ausübt, indem es das Entscheidungsverhalten (vor-)prägt, Sensibilität gegenüber Fehlentwicklungen generiert und als Orientierungshilfe bei Wandlungsvorgängen dient. Man geht davon aus, dass prinzipiell jedes (Versicherungs-)Unternehmen eine mehr oder weniger stark ausgeprägte Unternehmenskultur – sei diese bewusst oder unbewusst entwickelt worden – besitzt.[932]

---

[930] Vgl. Farny (2000a), S. 302.
[931] Matenaar (1983), S. 4. Weitere Definitionsversuche finden sich z. b. bei Eichinger (1971), S. 270 ff., und Pümpin et al. (1985), S. 259 ff.
[932] Vgl. Petri (1992), S. 152 f.

6.6 Interpretation der Untersuchungsergebnisse

Die Unternehmenskulturen von (deutschen) Versicherungsunternehmen können nicht eindeutig einem bestimmten Typ zugeordnet werden[933], in den letzten Jahrzehnten agierten sie allerdings primär nach konservativen Unternehmensgrundsätzen, die u. a. durch ein ausgeprägtes Sicherheitsdenken, langfristige Grundhaltungen, Hierarchievertrauen, Fixierung auf traditionelle und eigene Erfolgsmuster sowie geringe Außenkommunikation und so genannte „Inside-out-Strategien" zum Ausdruck kamen.[934] Kennzeichnend war außerdem – vorrangig bedingt durch die langjährige Abschottung der europäischen Versicherungsmärkte voneinander – der geringe Ideen- und Know-how-Transfer vom und zum Ausland und eine vergleichsweise hohe „Regionalitäts- bzw. Nationalitätsbindung". Im Laufe der Zeit bildeten sich demzufolge Verlässlichkeit, Kontinuität, Klarheit und tiefe Verankerung der Werthaltungen bei vielen Mitarbeitern heraus, welche laut MITTENDORF/SCHULENBURG zwar einerseits als Indizien für starke Unternehmenskulturen interpretiert werden können, andererseits jedoch auch die Implementierung neuer Unternehmenskulturen (z. B. im Zuge von Zusammenschlüssen), die in den letzten Jahren vermehrt zu beobachten sind, erschweren.[935] Zentrale Elemente derartiger neuer Kulturen in der Versicherungswirtschaft (ebenso in anderen Branchen), die überwiegend durch anglo-amerikanische Vorbilder angeregt wurden, bilden Leistungsprinzip, Ertragsorientierung, Kostenbewusstsein, schlanke Strukturen und flache Hierarchien sowie verstärkte Investitionen in die Außenkommunikation über Public Relations (PR)/Werbung und „Outside-in-Strategien".[936]

Konfligierende Unternehmenskulturen tragen nach Auffassung vieler Autoren ursächlich zum Misserfolg von Zusammenschlüssen bei: MEYER weist darauf hin, dass branchenübergreifenden Statistiken zufolge über 50 % aller Zusammenschlüsse an diesem Punkt scheitern[937], und anhand einer empirischen Studie in den USA wurden bei ca. 66 % dort nicht erfolgreich verlaufener Zusammenschlüsse vom Management in erster Linie unternehmenskulturelle Divergenzen dafür verantwortlich gemacht[938]. Selbst wenn diese Einschätzung in Verbindung mit dem unternehmenskulturellen Phänomen übertrieben erscheint, weist sie doch auf die generelle Problematik hin, denn die Inte-

---

[933] Bei Farny (2000a), S. 300 f., finden sich zahlreiche Beispiele für unternehmenskulturbildende Merkmale wie Primärorientierung an Interessengruppen, Zieldominanz usw.
[934] Vgl. Schönacher/Schneider (1999), S. 344 f.
[935] Vgl. Mittendorf/Schulenburg, Graf v. d. (2000), S. 1391.
[936] Vgl. Schönacher/Schneider (1999), S. 345.
[937] Vgl. Meyer (1999), S. 1173.
[938] Zitiert bei Petri (1992), S. 153.

grationskomplexität wird in diesen Fällen erheblich zunehmen, woraus wiederum u. U. die bereits diskutierten negativen Konsequenzen auf Wachstums- und Gewinnziele und letztendlich auf das Sicherheitsziel resultieren. RIEGE vertritt in diesem Zusammenhang sogar die Auffassung, dass bei Vorliegen divergierender Kulturen der Ressourcentransfer von der externen in die interne Sphäre des Unternehmensverbundes wahrscheinlich weniger das Ergebnis einer notwendigen ressourcenintensiven Steuerung des Integrationsprozesses als eines von der Heterogenität der Kulturen verursachten erhöhten Kommunikationsbedarfs ist.[939]

Dieser Kommunikationsbedarf dürfte bezogen auf die künftige Ausrichtung der Sicherheitszielerfüllung bei Versicherern besonders ausgeprägt sein, denn kein anderes Unternehmensziel verkörpert die verschiedenen Werthaltungen des Managements mit den extremen Positionen risikoavers und risikofreudig, wobei erstere in den o. a. alten, letztere in den neuen Kulturen angesiedelt ist, ebenso deutlich wie das Sicherheitsstreben; RIEGE spricht z. B. konkret von der „Risikobereitschaft der Mitarbeiter"[940] in Abhängigkeit von der Unternehmenskultur. Die Verschlechterung der Eigenkapitalausstattung, gemessen anhand der abnormalen Solvabilität, wie sie bei 80 % der Zusammenschlüsse in der vorliegenden Stichprobe aus der Perspektive des Unternehmensverbundes zu beobachten war, könnte also zum einen womöglich Ausdruck einer bewussten neuen Priorisierung sein, welche eine Erhöhung der Existenzsicherheit über die gesetzlich vorgeschriebene Relation von Ist- und Soll-Solvabilität hinaus durch zusätzliche Ist-Solvabilität nicht mehr vorsieht und eine entsprechende Negativentwicklung in Kauf nimmt. Zum anderen ist sie eventuell Ausdruck kulturell bedingter „strategischer Misfits"[941] in den beteiligten Unternehmen, die einer erfolgreichen Integration im Sinne einer angestrebten Verbesserung der Eigenkapitalausstattung entgegenstehen. Diese „strategischen Misfits" scheinen weder von der Form des Zusammenschlusses noch von der Rechtsform der Erwerber und Zielobjekte determiniert zu werden, denn negative Veränderungen bei der abnormalen Solvabilität sind sowohl bei Fusionen und Bestandsübernahmen als auch bei Zusammenschlüssen von Unternehmen verschiedener Rechtsformen zu konstatieren; ein erfolgreicher Zusammenschluss findet zwischen VVaG und V-AG (IDUNA Vereinigte Lebensversicherung aG und NOVA Lebensversicherung AG) statt, denen man aufgrund ihrer historisch bedingten heterogen angelegten Rechtsformideen eher kulturelle Divergenzen nachsagen würde

---

[939] Vgl. Riege (1994), S. 237.
[940] Riege (1994), S. 236.
[941] Schönacher/Schneider (1999), S. 345.

6.6 Interpretation der Untersuchungsergebnisse

als Unternehmen mit identischer Rechtsform. Einen Einfluss dürfte empirisch betrachtet allenfalls die Spartenzugehörigkeit ausüben, denn vier der fünf erfolgreichen Zusammenschlüsse (80 %) sind in der Lebensversicherung angesiedelt. Da Solvabilitätskonzeptionen hier wegen der spezifischen Prämienkalkulationsgestaltung eine vergleichsweise untergeordnete Rolle spielen, sind „strategische Misfits" u. U. eher zu reduzieren bzw. finden deshalb ex ante gar keinen Eingang in die Integrationsproblematik, indem das Zielobjekt bei kreuzkulturellen Zusammenschlüssen a priori mit einer Assimilation an die kulturellen Eigenarten des Erwerbers, d. h. seiner Ausprägung des Sicherheitsziels, einverstanden ist.

Um die negativen Konsequenzen kultureller Divergenzen in Bezug auf das Erreichen des Sicherheitsziels, aber auch auf Wachstums- und Gewinnzielerfüllung, zu vermeiden, schlagen beispielsweise VENOHR ET AL. vor, bereits einen Teil der Due Diligence in der Pre-Merger-Phase als „kulturellen Check" zu konzipieren, der vorrangig eine Festlegung der im gesamten Integrationsprozess gültigen Kommunikationsstrategie beinhaltet.[942] BENÖLKEN gibt zu bedenken, dass keiner der Partner die für den Unternehmensverbund „richtige Kultur" per se mitbringt, sondern diesem erst eine neue Identität erwachsen muss, welche sich wiederum möglichst aus „wertvollen Traditionen und Qualitäten" sämtlicher Beteiligten rekrutieren sollte[943]. Ob und inwieweit die Integration verschiedener Kulturen durch den verstärkten Einsatz von Management- oder anderen Ressourcen gefördert werden kann und dadurch die Zielerfüllung unterstützt, ist bislang ungeklärt; umso wichtiger erscheint daher die Schaffung einer gemeinsamen Unternehmenskultur.

6.6.4 Beurteilung der Gesamtsituation

Vor dem Hintergrund der in der vorliegenden Arbeit geltenden Auffassung, einen Zusammenschluss von Versicherern genau dann als erfolgreich zu bewerten, wenn sämtliche einbezogenen abnormalen Kennzahlen als Indikatoren bedeutender Unternehmensziele im definierten Beobachtungszeitraum T „günstige Veränderungen", d. h. bezogen auf die jeweilige abnormale Kennzahl entweder positive oder negative Werte für den davon betroffenen Unternehmensverbund aufweisen[944], ist festzustellen, dass

---

[942] Vgl. Venohr et al. (1998), S. 1123.
[943] Vgl. Benölken (1995), S. 1559.
[944] Vgl. zur Konzeption der Jahresabschlussanalyse Abschnitt 6.3.3.3.

die überwiegende Mehrheit der Unternehmenszusammenschlüsse, nämlich 92 %, diesen Anspruch nicht erfüllen kann. Bei keinem Zusammenschluss der Stichprobe sind jedoch alle Unternehmensziele verfehlt worden. Das Wachstumsziel wird – wie im Kontext von externen Wachstumsstrategien zu erwarten war – noch am ehesten erreicht: Hier sind es 92 % der Zusammenschlüsse, die im Beobachtungszeitraum z. T. sehr hohe positive Werte der abnormalen Wachstumsraten des Bestands und des Neugeschäfts aufweisen, während das Gewinnziel, operationalisiert anhand der abnormalen Umsatzrentabilität, immerhin in 56 % der Fälle realisiert werden kann und die abnormale Solvabilität als Variable des Sicherheitsziels bei 20 % der Zusammenschlüsse einen positiven Wert annimmt.

Wachstums- und Gewinnzielerfüllung sowie Gewinn- und Sicherheitszielerfüllung von Versicherern stehen im Allgemeinen in komplexen wechselseitigen Beziehungen zueinander, die teils komplementärer, teils konkurrierender Natur sind (reine Wachstums- bzw. Gewinn- oder Sicherheitsstrategien im Sinne der ausschließlichen Verfolgung einer einzigen Zielgröße bei gleichzeitiger Null-Ausprägung der anderen sind nicht realisierbar, denn damit ein Versicherungsunternehmen beispielsweise dauerhaft Gewinn erwirtschaftet, muss es über einen Bestand an Individualrisiken verfügen, dessen Aufbau wiederum einen Wachstumsvorgang darstellt, der simultan die Bereitstellung von Sicherheitsmitteln erfordert).[945] So verhalten sich Wachstum und Gewinn in der Realität kurz- und mittelfristig betrachtet nach herrschender Auffassung tendenziell konkurrierend[946], da insbesondere externes Wachstum, hervorgerufen durch einen Unternehmenszusammenschluss, zunächst zusätzlichen Kapitalbedarf für den Unternehmensverbund generiert (beispielsweise durch die Finanzierung des Kaufpreises für das Zielobjekt bzw. seinen Versicherungsbestand und die Kosten der erforderlichen Integrationsaktivitäten).[947]

Tatsächlich müssen nicht wenige Unternehmen der vorliegenden Stichprobe ihr Engagement auf dem M & A-Markt mit Gewinneinbußen „bezahlen", es existiert also ein Trade-off, denn bei elf der 25 Zusammenschlüsse, d. h. 44 %, gehen die dadurch er-

---

[945] Siehe dazu jeweils die Ausführungen zu den Kennzahlen in den aufeinanderfolgenden Abschnitten 6.3.3.2, 6.3.3.3 und 6.3.3.4 der vorliegenden Arbeit.

[946] Vgl. exemplarisch Farny (2000a), S. 498 f. mit Angabe weiterer Quellen.

[947] Das Streben nach internem Wachstum bedingt ebenso – zumindest vorübergehend – u. U. Gewinneinbußen, sofern dieses Wachstum z. B. durch verstärkte Absatzanstrengungen, die die Absatzkosten im Verhältnis zum Prämienumsatz progressiv steigen lassen, oder durch abnehmende Selektionsstrenge beim Underwriting, welche die Erwartungswerte der Schadenkosten im Durchschnitt der übernommenen Risiken progressiv erhöhen, zu erreichen versucht wird.

6.6 Interpretation der Untersuchungsergebnisse

hofften und auch realisierten Wachstumssteigerungen mit Gewinnrückgängen einher. Interessanterweise können gerade diejenigen Unternehmensverbünde (Nr. 8 und Nr. 12), die im Gegensatz zu den anderen Verbünden negative Veränderungen ihrer abnormalen Wachstumsraten des Bestands sowie des Neugeschäfts verzeichnen („-2,2", „-9,7" und „-0,1"), auf – wenn auch schwache – positive Veränderungen bei der abnormalen Umsatzrentabilität verweisen („+0,5" und „+1,2"); bei Zusammenschluss Nr. 8 werden außerdem die dem Gewinnziel untergeordneten Kostenziele erreicht, indem sich abnormale Brutto-Kosten- und Brutto-Schadenquote im Zeitablauf verringern („-0,8" und „-6,7").

Womöglich zählen in beiden Fällen die betroffenen Unternehmen zu denjenigen in der Versicherungswirtschaft, die RIEGE theoretisch als so genannte „Gewinn-Unternehmen (kurz G-Unternehmen)"[948] bezeichnet. Dieser Unternehmenstyp verfolgt eine Gewinnstrategie, d. h. sämtliche *obligatorischen* und *fakultativen Maßnahmen*[949] im Rahmen seiner Unternehmenspolitik sind primär auf die Erfüllung des Gewinnziels, operationalisiert anhand der Rentabilität ausgewählter Versicherungszweige, ausgerichtet.[950] Danach hätten die G-Unternehmen der Zusammenschlüsse Nr. 8 und Nr. 12 ihr Ziel voll erreicht. Zwar können nach Auffassung von RIEGE auch G-Unternehmen durchaus Maßnahmen (u. a. fakultative in Form von Unternehmenszusammenschlüssen) ergreifen, die wiederum Wachstumssteigerungen implizieren; solche Effekte sind dann jedoch quasi als zuvor nicht explizit beabsichtigte „Nebenwirkungen" zu interpretieren.[951] Die Durchführung von Gewinnstrategien stellt demnach i. d. R. keine Garantie für die gleichzeitige Erfüllung des Wachstumsziels dar. In Analogie müsste es sich dann bei den o. a. Unternehmensverbünden der elf Zusammenschlüsse, die Wachstumserhöhungen, aber gleichzeitig Gewinnrückgänge aufweisen, um so genannte „Wachstums-Unternehmen (kurz W-Unternehmen)" handeln, für die weniger die Rentabilität eines bestimmten Versicherungszweigs als dessen gegenwärtiges und zukünf-

---

[948] Riege (1994), S. 74.

[949] Vgl. Riege (1994), S. 58 f. *Obligatorische Maßnahmen* umfassen hier diejenigen Aktionsparameter, die das Unternehmen in jedem Fall einsetzen muss, um seine Wettbewerbsfähigkeit zu sichern (u. a. Preis, Produkt, Werbung), während es bei den *fakultativen Maßnahmen* einen gewissen Spielraum zur Umsetzung besitzt (dazu zählt der Autor beispielsweise externe Wachstumsstrategien in Form von Fusion, Bestandsübertragung und Konzernierung).

[950] Einer empirischen Studie von Farny zufolge waren in den Jahren 1986-1990 die meisten Versicherer als G-Unternehmen einzuordnen, da bei der Mehrheit der analysierten Unternehmen die Gewinnsituation besser als die Wachstumslage war und diese Tatsache als Indiz für die größere Bedeutung der Gewinnstrategie eingestuft wurde. Vgl. Farny (1991).

[951] Vgl. Riege (1994), S. 262.

tiges Prämienpotenzial von Interesse ist.[952] Da jede Prämie prinzipiell einen Beitrag zur Erreichung des angestrebten Wachstumsziels liefert, liegt hier ein starker Anreiz zur Schaffung eines breiten Produktionsprogramms vor, der zeitnah vorrangig mit fakultativen Maßnahmen wie Unternehmenszusammenschlüssen befriedigt wird. In diesen Fällen hätten die Unternehmensverbünde des W-Typs ihr dominierendes Ziel voll erreicht.

Die Ergebnisprofile der G- sowie der W-Unternehmen sind in theoretischer Hinsicht jedoch nicht spiegelsymmetrisch zu bewerten, denn anders als das G-Unternehmen, das sich – zumindest zeitweise – jede beliebige Ausprägung seines aufsichtsrechtlich und ökonomisch nicht quantitativ fixierten Wachstumsziels (demnach auch ein Minus-Wachstum) leisten kann, ist eine Nicht-Erfüllung des sekundär verfolgten Gewinnziels beim W-Unternehmen an signifikante aufsichtsrechtliche und ökonomische Bedingungen geknüpft (u. a. Kapitalbereitstellung für gesetzlich vorgeschriebene Sicherheitsmittel und garantierte (Mindest-)Überschussbeteiligungen der Versicherungsnehmer sowie Selbstfinanzierungsbedarf). Angesichts dieser Anforderungen muss das W-Unternehmen bestrebt sein, einen zu niedrigen Gewinn, der sich aufgrund einer konfligierenden Beziehung zu bestimmten Wachstumsmaßnahmen (z. B. einem Zusammenschluss mit hohem Kapitalbedarf) ergeben hat, möglichst rasch anzuheben, selbst wenn es dabei Einschränkungen in seinem Wachstumszielerreichungsgrad hinzunehmen hat. Demnach sollten auch die W-Unternehmensverbünde der elf Zusammenschlüsse in der Stichprobe mit dem entsprechenden Ergebnisprofil ihren Fokus zukünftig verstärkt auf die Gewinnerzielung richten. Zu hohe Gewinne hingegen, die aus eher langfristig angelegten komplementären Beziehungen zum dominierenden Wachstumsziel resultieren und hohe Steuerlasten auslösen, könnten mit Hilfe diskretionärer Maßnahmen z. B. in Gestalt weiterer externer und interner Wachstumsaktivitäten nivelliert werden, was auch im Interesse des Managements läge.

Wie sieht nun konkret die Beziehung zwischen Gewinn- und Sicherheitszielerfüllung im Kontext der untersuchten Unternehmenszusammenschlüsse aus? Grundsätzlich erhöht zwar eine Steigerung der Relation von Ist- zu Soll-Solvabilität die Existenzsicherheit des Versicherers[953], mindert aber simultan seinen Gewinn durch Bereitstel-

---

[952] Vgl. Riege (1994), S. 82.

[953] Zur Veranschaulichung sei an dieser Stelle die Sicherheitslage der Sachversicherer im Jahre 2000 angeführt: Nach sich an den Solvabilitätsvorschriften orientierenden Berechnungen des BAV war die Soll-Solvabilität in diesem Zeitraum durchschnittlich zu etwa dem 3,5-fachen mit Eigenmitteln bedeckt. Vgl. GB BAV 2000 (2002), Teil B, S. 48.

lung zusätzlicher Solvabilitätsmittel, die entsprechende Kosten verursachen (aufgrund der Zahlung von Rückversicherungsprämien etc.). Bezogen auf die Entwicklung aller verwendeten abnormalen Kennzahlen der verschiedenen Bereiche schneidet die Solvabilität vergleichsweise schlecht ab, denn lediglich bei 20 % der Fälle nimmt ihre Veränderung – wie schon erwähnt – einen positiven Wert an. Sie scheint also tatsächlich entweder im Zielbündel der Versicherungsunternehmen die Rolle einer Nebenbedingung zu spielen oder Unternehmenszusammenschlüsse bilden wegen der oft divergierenden Unternehmenskulturen generell keine geeigneten Instrumente, um eine Verbesserung der Sicherheitslage, die i. d. R. ein Spiegelbild dieser Kulturen ist, herbeizuführen. Die subjektive unternehmerische Gewinn-Sicherheits-Entscheidung fällt eindeutig zugunsten des Gewinnziels aus: Bei neun der 20 mit negativen Werten behafteten Zusammenschlüsse korrespondieren positive Veränderungen der Umsatzrentabilität mit negativen Werten der Solvabilität, umgekehrt tritt kein einziger Fall auf. Gewinnsteigerungen im Rahmen von Unternehmenszusammenschlüssen werden also in 45 % der Fälle den empirischen Ergebnissen der vorliegenden Untersuchung zufolge durch den Verzicht auf eine weit über der gesetzlich geforderten Mindestgrenze liegenden Eigenkapitalausstattung realisiert. Allerdings schaffen es immerhin vier Unternehmensverbünde, simultan das Gewinn- und das Sicherheitsziel zu erfüllen (16 %); dies deutet auf eine gut abgestimmte Gewinn- und Solvabilitätspolitik hin. Bei weiteren elf der 20 mit negativen Werten der Solvabilität belasteten Zusammenschlüsse (55 %) hingegen entwickeln sich sowohl Gewinn als auch Solvabilität negativ, was in doppelter Hinsicht die Wettbewerbsfähigkeit der betroffenen Unternehmensverbünde schwächt: Intern wird dadurch auf Dauer die Stabilität der Unternehmen in Frage gestellt, und extern verschlechtert sich ihre Wettbewerbsposition aufgrund limitierter Möglichkeiten der Überschussbeteiligung von Versicherungsnehmern, die am Markt einen wichtigen Wettbewerbsparameter verkörpert.

Nachdem im Rahmen der Diskussion zu den möglichen Ursachen des Verfehlens von Wachstums-, Gewinn- und Sicherheitszielen sehr deutlich wurde, dass speziell Unternehmenszusammenschlüsse in Form von Fusionen und Bestandsübertragungen eine erhebliche, auf einen Zeitraum von bis zu mehreren Jahren bezogene, Integrationsproblematik beinhalten, die diese negativen Effekte hervorrufen kann, und ferner in der einschlägigen Literatur eine Harmonisierung der Unternehmensziele a priori erst auf längere Sicht angenommen wird, trug die vorliegende empirische Analyse diesen Überlegungen mit einer Modifikation des Beobachtungszeitraums T Rechnung. Für dreizehn der 25 betrachteten Zusammenschlüsse in der Stichprobe konnte – da sie vor dem Jahr 1998 vollzogen wurden – ein zusätzlicher Zeitvergleich der abnormalen Kennzahlen in T_v mit denen in T_{nl} vorgenommen werden, wobei T_{nl} nun weitere zwei bzw. drei Jahre nach durchgeführtem Zusammenschluss umfasst, d. h. der Nach-Beobachtungszeitraum T_{nl} beginnt erst im vierten Jahr nach dem Zusammenschluss: $T_l = [T_v = [-4; -1], T_{nl} = [+4; +5$ bzw. +6]]. Die nachfolgende Tab. 6.14 stellt die Ergebnisse des ursprünglichen Beobachtungszeitraums T und des modifizierten Zeitraums T_l für die selektierten Zusammenschlüsse einander gegenüber.

Tab. 6.14: Gegenüberstellung mittel- und langfristiger Entwicklung der abnormalen Kennzahlen bei ausgewählten Zusammenschlüssen der Stichprobe[954]

ZU-Nr.	ΔWR Bestand T_l	ΔWR NG T_l	ΔUR T_l	ΔBrutto-KQ T_l	ΔBrutto-SQ T_l	ΔSOL T_l
3	1,9;4,8/3,4 0,6;3,5/2,1		-2,5;-12,1/-7,3 -3,6;-13,2/-8,4	1,6;-7,3/-2,9 1,6;-7,3/-2,9	6,2;6,2/6,2 3,3;3,2/5,2	-1,4;-23,3/-12,3 -9,2;-30,7/-20,0
5	10,0;7,1/8,6 2,6;-0,3/1,2		-1,0;4,4/-1,7 -3,6;1,8/-0,9	1,4;2,3/6,8 9,8;10,7/10,2	3,5;2,0/2,8 7,7;6,3/7,0	-20,1;-29,5/-24,8 -46,8;-56,2/-51,5
6	10,3;7,3/8,8 3,5;-2,8/0,4		0,1;-1,4/0,6 -1,0;0,1/-0,5	-2,5;14,7/6,1 -5,8;11,5/2,8	4,3;2,0/3,2 10,7;8,4/9,5	1,0;-17,1/-8,0 -11,6;-29,7/-20,7
7	6,0;3,0/4,5 -1,6;-4,6/-3,1	9,9;8,7/9,3 0,9;-0,3/0,4	-3,5;16,8/6,6 0;20,3/10,1	-7,8;-4,7/-6,3 -2,1;0,9/-0,6		0,01;-0,55/-0,24 0,01;-0,48/-0,24
10	29,0;28,6/28,8 -1,6;-2,0/-1,8		5,0;-0,5/1,2 5,2;-3,3/0,9	2,2;-2,5/-0,1 1,4;-3,1/-1,0	-6,3;2,0/-1,8 -6,9;1,4/-2,8	-0,7;0,6/-0,2 1,5;2,8/2,3
12	3,1;-22,4/-9,7 -12,8;-38/-25,6	-13,5;13,3/-0,1 -10,5;16,3/2,9	-8,1;10,5/1,2 -7,5;11,1/1,8	-2,8;5,2/1,2 -0,4;7,6/3,6		0,12;-9,05/-4,3 0,05;-9,20/-4,58
13	30,3;31,1/35,0 74,2;66,4/70,3	62,5;47,4/54,9 47,8;32,7/40,2	-5,2;3,8/-0,6 -14,5;-5,3/-9,9	7,3;6,8/7,1 3,9;3,4/3,6		-0,12;-0,6/-0,25 -0,48;-0,96/-0,72
16	0,5;4,2/2,4 13,0;16,7/14,9	10,2;9,0/9,6 28,4;27,2/26,3	4,9;-2,1/1,4 3,0;-4,0/-0,5	0,9;6,2/3,6 -0,1;5,2/2,4		0,02;-0,79/-0,14 -0,02;-0,83/-0,43
19	6,9;-20,1/6,4 0,5;16,2/8,4	12,9;39,8/26,4 -13,8;13,1/-0,3	3,2;3,9/13,0 1,6;21,2/11,4	2,7;12,0/7,4 2,0;-11,3/-5,4		-0,07;-0,97/-0,52 -0,05;-0,95/-0,50
21	17,5;17,6/17,5 -0,7;-0,6/-0,7	4,7;16,4/9,4 -7,3;0,6/-3,3	6,5;12,3/9,4 8,4;13,5/10,6	-0,3;0,9/0,3 -0,5;0,7/0,1		0,04;0,07/0,05 0;0,03/0,02
22	2,6;7,2/4,9 -0,8;3,8/1,5		-0,9;-1,5/-0,2 -0,3;-0,9/-0,6	1,4;-0,2/0,6 -0,3;-1,9/-1,1	1,8;4,2/3,0 1,2;3,6/2,4	-2,7;-13,6/-8,2 -3,0;-13,9/-8,5
23	30,7;29,6/30,2 14,1;13,0/13,6		-2,0;-15,3/-8,7 -2,9;-16,2/-9,6	6,5;-1,7/2,4 7,7;-0,5/3,6	-9,3;8,9/-0,2 -1,9;16,3/7,2	-0,6;49,8/-25,2 -13,3;-62,5/-37,9
25	3,3;7,8/5,6 7,0;6,1/5,4		-0,1;-1,0/-0,5 -1,9;-2,8/-2,4	-0,8;-12,1/-6,5 -1,1;-12,4/-6,8	6,7;-1,4/2,7 10,1;2,0/6,0	-10,0;-24,3/-17,1 -20,2;34,5/-27,4

Die in der Literatur häufig zu findende Aussage, der Abschluss notwendiger Integrationsaktivitäten sei automatisch mit einer Rückkehr zum „Normalniveau" bei Wachstum, Gewinn und Solvabilität bzw. mit darüber hinausgehenden Steigerungen im Vergleich zum Vor-Zusammenschlusszeitraum verknüpft, die aus der Ausschöpfung von

---

[954] Quelle: eigene Berechnung.

6.6 Interpretation der Untersuchungsergebnisse

Synergiepotenzialen resultieren, kann auf Basis der vorliegenden empirischen Ergebnisse nicht eindeutig bestätigt werden.

Bei drei der dreizehn analysierten Zusammenschlüsse (Nr. 7, Nr. 10 und Nr. 21), d. h. 23 %, verschlechtert sich die Wachstumssituation nach zwei bzw. drei weiteren Jahren dergestalt, dass aus der Perspektive des jeweiligen Unternehmensverbundes zuvor kurz- bis mittelfristig existierende noch positive Veränderungen der abnormalen Wachstumsrate des Bestands nun negativ sind („4,5"/„-3,1"; „28,8"/„-1,8"; „17,5"/ „-0,7"). Selbst wenn die Veränderung insgesamt positiv blieb, also immer noch eine Verbesserung im Vergleich zum Vorzusammenschlusszeitraum darstellt, sanken die Werte mit Ausnahme zweier Zusammenschlüsse (Nr. 13 und Nr. 16) deutlich ab. Hierbei haben die involvierten Erwerber zwischenzeitlich einen weiteren Zusammenschluss realisiert, der vermutlich für die längerfristigen positiven Wachstumseffekte des Unternehmensverbundes verantwortlich zeichnet. Bezogen auf die Wachstumsrate des Neugeschäfts gelingt es lediglich einem Unternehmensverbund (Nr. 12), sich im Zeitablauf zu verbessern („-0,1"/„2,9"), während sich die Unternehmensverbünde bei zwei Zusammenschlüssen (Nr. 19 und Nr. 21) verschlechtern („26,4"/„-0,3"; „9,4"/ „-3,3"). Mit Ausnahme der Zusammenschlüsse Nr. 13 und Nr. 16, die aus dem o. a. Grund auch ihr Neugeschäft nochmals steigern konnten, verringerten sich hier die positiven Werte der abnormalen Kennzahl z. T. erheblich (beispielsweise bei Nr. 7 von „9,3" auf „0,4"). Zusammenschlüsse scheinen demnach ohne den effektiven Einsatz von Management- und anderen Personalressourcen keinen langanhaltend wirksamen Wachstumscharakter zu besitzen.

In Bezug auf die Erfüllung des Gewinnziels fällt die langfristige Bewertung ähnlich ambivalent aus: Bei zwei Zusammenschlüssen (Nr. 6 und Nr. 16), d. h. 15 %, nahm die Veränderung der abnormalen Rentabilität aus der Sicht der betroffenen Unternehmensverbünde negative Werte an („0,6"/„-0,5"; „1,4"/„-0,5"), sie verschlechterten sich also im Zeitablauf, wobei diese Entwicklung bei Zusammenschluss Nr. 16 wahrscheinlich wiederum auf die Einbindung des betroffenen Unternehmensverbundes in einen neuen Zusammenschluss zurückzuführen ist. Kein einziger Unternehmensverbund konnte dagegen das Gewinnziel erfüllen, sofern er es vorher nicht bereits getan hatte, die theoretische Annahme, dass nach Ablauf einer gewissen Zeitspanne (RIEGE umschreibt diese mit dem Terminus „Amortisationsdauer"[955]), wenn der anfängliche aus

---

[955] Riege (1994), S. 262.

dem Integrationsprozess stammende Kapitalbedarf gedeckt ist, zusätzliche Gewinne entstehen, trifft auf die Zusammenschlüsse der Stichprobe nicht zu. Allenfalls die Kostensituation scheinen die Versicherer mit zunehmendem Abstand vom Zusammenschlusszeitpunkt bewältigen zu können, denn bei zwei Zusammenschlüssen (Nr. 19 und Nr. 22) sind Verbesserungen festzustellen („7,4"/„-5,4"; „0,6"/ „-1,1"), während sich kein Unternehmensverbund verschlechtert; hier sind also am ehesten Synergiepotenziale zu nutzen. Die positive Entwicklung deutet auf eine erfolgreiche Reduzierung der durch den Zusammenschluss zunächst erhöhten Komplexität innerbetrieblicher Abläufe hin (Anpassung der DV-Systeme und Schadenregulierungsprozesse usw.), so dass in Zukunft wahrscheinlich weitere Unternehmensverbünde mit Kostensenkungen rechnen dürfen. Sofern es den Versicherern jedoch nicht gelingt, daraus einen Nutzen für das übergeordnete Gewinnziel zu ziehen – wie es hier der Fall ist – , bleiben sie letztlich ineffizient. Die Kostensenkungen betreffen außerdem nur die Betriebskosten, d. h. das Dienstleistungsgeschäft, denn die Werte der abnormalen Brutto-Schadenquoten verharren bei fünf der sieben daraufhin untersuchten Zusammenschlüsse im negativen Bereich. Ein Unternehmensverbund (bei Nr. 23) verzeichnet sogar eine negative Entwicklung („-0,2"/„7,2"), und keiner kann sich verbessern. Damit bestätigt sich die Vermutung, dass umfassende aktuarielle Anstrengungen notwendig sind, um das in der Zusammenlegung von Versicherungsbeständen „schlummernde" risikotheoretisch begründbare Synergiepotenzial über Economies of Scale und Scope tatsächlich aktivieren zu können, was anscheinend sehr häufig nicht gelingt.

Auf die Entwicklung der abnormalen Solvabilität besitzt der Zeitfaktor offenbar ebenfalls keinen gravierenden Einfluss, nur bei einem einzigen Zusammenschluss (Nr. 10), d. h. in knapp 8 % der Fälle, kann der betroffene Unternehmensverbund seine Position diesbezüglich verbessern („-0,2"/ „2,3"); Verschlechterungen sind nicht zu beobachten. Von dieser Steigerung profitiert der hier erfolgreiche Verbund allerdings bezogen auf seine Gesamtsituation wenig, denn gleichzeitig verschlechtert sich seine Wachstumslage. Alle anderen Unternehmensverbünde nehmen mit der kurzfristigen Betrachtung vergleichbare Positionen ein – bei einem Zusammenschluss (Nr. 7) ist überhaupt keine Veränderung des Wertes festzustellen („-0,24"/„-0,24"), was darauf hindeutet, dass unternehmenskulturell bedingte Divergenzen, auf denen entsprechende Konflikte in der Solvabilitätspolitik oft basieren, auch langfristig nur schwer zu überwinden sind.

6.6.5 Erfolgreiche Zusammenschlüsse in der Detailanalyse

Lediglich zwei Unternehmenszusammenschlüsse der Stichprobe sind nach den definierten Kriterien im Beobachtungszeitraum T als erfolgreich einzuschätzen. Es handelt sich um den Zusammenschluss Nr. 2 der Allianz Leben AG mit der Deutsche Leben AG, der als Beispiel für den Rechenweg der vorliegenden Untersuchung diente, sowie den Zusammenschluss Nr. 17 der Iduna Vereinigte Lebensversicherung aG (kurz: Iduna Leben) mit der NOVA Lebensversicherung AG (kurz: Nova Leben). Beide Zusammenschlüsse sollen an dieser Stelle einer genaueren Analyse unterzogen werden, um eventuelle Erfolgsfaktoren identifizieren zu können. Die nachfolgende Tab. 6.15 spiegelt nochmals die Untersuchungsergebnisse der relevanten Zusammenschlüsse wider.

Tab. 6.15: Ergebnisse der erfolgreichen Zusammenschlüsse[956]

ZU-Nr.	ΔWR Bestand T	ΔWR NG T	ΔUR T	ΔBrutto-KQ T	ΔSOL T
2	3,6;4,9/4,3	-1,0;2,2/1,6	0;10,2/5,0	0,2;-5,1/-2,4	0,04;0,03/0,04
17	9,8;8,4/9,1	14,4;6,3/10,4	2,0;4,9/3,4	-1,4;-0,4/-0,9	0,05;0,15/0,05

Die Allianz Leben ist mit einem Marktanteil, der in den vergangenen Jahren kontinuierlich zwischen 14 und 16 % schwankte – gemessen an den Verdienten Brutto-Beiträgen –, mit großem Abstand zu den anderen Versicherern Marktführer im Lebensversicherungssegment (auch auf europäischer Ebene); sie ist als rechtlich selbstständiges Tochterunternehmen per Beherrschungsvertrag in den Allianz Konzern eingebunden (50,3 % ihrer Anteile gehören der Holding Allianz AG, 40,6 % der Münchener Rückversicherungs-Gesellschaft AG, der Rest (9,1 %) befindet sich in Streubesitz.[957]). Die Deutsche Leben wurde 1990 in Zusammenhang mit der deutschen Wiedervereinigung gegründet, um die Altbestände der staatlichen DDR-Versicherung zu übernehmen, das Unternehmen betrieb bis zu seinem Zusammenschluss mit der Allianz Leben im Jahre 1998 für den Allianz Konzern das gesamte Lebensversicherungsgeschäft in den neuen Bundesländern. Die Allianz Leben erwarb bereits im Jahre 1995 sämtliche Aktien der Deutsche Leben, die vom Volumen ihrer Brutto-Beiträge her vor

---

[956] Quelle: eigene Berechnung.
[957] Vgl. Hoppenstedt Jahrbuch 2000 (1999), S. 53.

dem Zusammenschluss knapp 12 % der Beitragseinnahmen der Allianz Leben umfasste und 1997 in der Rangliste aller 123 aktiv das Geschäft betreibenden Lebensversicherer Platz 21 einnahm.[958] Bei der Iduna Leben handelt es sich um eine von drei Obergesellschaften des 1999 gegründeten Gleichordnungskonzerns SIGNAL/IDUNA, die in Personalunion der Führungskräfte miteinander verbunden sind. In der Rangliste der Lebensversicherer, gemessen an den Verdienten Brutto-Beiträgen, nahm das Unternehmen in den letzten Jahren stets einen Platz unter den ersten fünfzehn ein und kam auf einen Marktanteil von gut 2 %.[959] Die Nova Leben war vor ihrem Zusammenschluss im Jahre 1998 als Tochterunternehmen in den IDUNA/NOVA-Konzern eingebunden, dem Vorläufer des heutigen SIGNAL/IDUNA-Konzerns, ihre Beitragseinnahmen machten knapp 5 % des Volumens der Iduna Leben aus; in der Rangliste der Lebensversicherer war sie im letzten Jahr ihres Bestehens auf Platz 91 angesiedelt.[960] Auch hier kaufte die Iduna Leben vor dem eigentlichen Zusammenschluss, nämlich zu Beginn des Jahres 1998, alle Aktien des Zielobjekts, bevor im selben Jahr rückwirkend zum 01.01.1998 der Zusammenschluss erfolgte.

Beide erfolgreichen Zusammenschlüsse betreffen also – wie die obigen Ausführungen andeuten – Unternehmen, die schon vor ihrem eigentlichen Zusammenschluss enge organisatorische Verbindungen auszeichneten, indem sie gleichgeordnete Tochtergesellschaften (im Falle des erstgenannten Zusammenschlusses) oder in einer Unterordnungsbeziehung stehende Versicherer eines Konzerns (im letztgenannten Fall) darstellten. Diese Verbindung drückt sich u. a. in der Nutzung gemeinsamen Innendienst- und Vertriebspersonals aus (beide Zielobjekte beschäftigten zur Abwicklung des Geschäfts keine eigenen Mitarbeiter), ebenso standen technische Einrichtungen wie die DV den beteiligten Versicherern bereits vorher zur Verfügung. Die Gemeinsamkeiten erstrecken sich auch auf den versicherungstechnischen Bereich, denn die Produktionsprogramme der jeweils zusammengeschlossenen Gesellschaften wiesen – vor allem bei Iduna Leben und Nova Leben – wesentliche Übereinstimmungen auf; man könnte diese bei den genannten Versicherern als „klassische Mischung" aus Einzel- und Kollektivversicherungen mit dem Schwerpunkt auf kapitalbildenden Lebensversicherungen sowie Zusatzversicherungen in Form von Berufsunfähigkeitsversicherungen, ausgerichtet primär auf den Privatkunden, bezeichnen.[961] Da die Deutsche Leben quasi

---

[958] Vgl. GB BAV 1997 (1998), Tab. 160.
[959] Vgl. GB BAV 2000 (2002), Tab. 160.
[960] Vgl. GB BAV 1997 (1998), Tab. 160.

6.6 Interpretation der Untersuchungsergebnisse

gerichtet primär auf den Privatkunden, bezeichnen.[961] Da die Deutsche Leben quasi als Repräsentant für das Lebensversicherungsgeschäft des Allianz Konzerns in den neuen Bundesländern fungierte, war ihr Produktangebot im Rahmen der Unternehmensgründung verständlicherweise stark an das der Allianz Leben angelehnt worden, wobei diese aufgrund ihres vergleichsweise sehr großen Versicherungsbestandes ihr Portefeuille um einige Spezialversicherungen, die vorrangig auf Firmenkunden zugeschnitten sind, ergänzt.[962] Trotz dieser erkennbaren Homogenität, die eigentlich wenig Spielraum für nicht ausgeschöpfte Synergiepotenziale – insbesondere über Economies of Scope – zulässt, gelingt es den neuen Unternehmensverbünden, Umsatzsteigerungen und Kostenvorteile[963], die in der Erfüllung des Gewinnziels münden, über Economies of Scale zu realisieren.

Während beim Zusammenschluss von Iduna Leben und Nova Leben sowohl Erwerber als auch Zielobjekt davon profitieren (sämtliche abnormalen Kennzahlen weisen günstige Werte auf), ist es eher das Zielobjekt Deutsche Leben, das aus dem Zusammenschluss mit dem Erwerber Allianz Leben Vorteile zieht, denn die Allianz Leben musste bei der Wachstumsrate des Neugeschäfts einen leichten Rückgang („-1,0") und bei der Brutto-Kostenquote einen leichten Anstieg („+0,2") hinnehmen, was sich insgesamt jedoch nicht negativ auf den neuen Unternehmensverbund auswirkte. Die ungünstigere Wettbewerbsposition der Deutsche Leben resultiert aus dem Verlust ihrer Monopolstellung, die sie mit der Aufnahme des Geschäftsbetriebs durch Übernahme der DDR-Altbestände vorübergehend innehatte; als in den folgenden Jahren weitere Wettbewerber in das Marktsegment neue Bundesländer drängten, verringerten sich Bestandswachstum und Neugeschäft des Unternehmens überdurchschnittlich[964].

Dass der Verzicht auf Integrationsaktivitäten aufgrund bereits existierender weitreichender Gemeinsamkeiten der Partner ein möglicher Erfolgsfaktor für Unternehmenszusammenschlüsse sein kann, scheint besonders am Beispiel des Zusammenschlusses

---

[961] Vgl. GB Nova Leben 1997 (1998), S. 4.

[962] Vgl. GB Allianz Leben 1997 (1998), S. 15.

[963] Obwohl die übernommenen Zielobjekte vor dem Zusammenschluss keine eigenen Mitarbeiter beschäftigten, fielen Betriebskosten an, die sich zum überwiegenden Teil aus Abschlussprovisionen für den Vertrieb und Altersaufwendungen derjenigen Mitarbeiter anderer Konzernunternehmen bzw. der Erwerber zusammensetzten, die zugleich Produkte der Zielobjekte verkauften. Darüber hinaus entstanden Verwaltungskosten der in den Rechtseinheiten getrennt zu führenden Bestände mit heterogenen Tarifwerken, Rückversicherungsstrukturen etc.

[964] Vgl. GB BAV 1995-1997 (1996-1998), jeweils Tab. 160.

von Iduna Leben und Nova Leben deutlich zu werden. Diese Transaktion verkörperte nämlich den letzten wichtigen Schritt zur Implementierung des Gleichordnungskonzerns IDUNA/NOVA, welche im Jahre 1987 begann und in der Zwischenzeit von zahlreichen Rückschlägen geprägt war, die sich in erheblichen Marktanteilsverlusten der in den übergeordneten Integrationsprozess involvierten Gesellschaften widerspiegelten: So musste gerade die Iduna Leben in diesem Zeitraum einen herben Rückgang ihres ursprünglichen Marktanteils von knapp 4 % auf rund 2 % hinnehmen und wurde daraufhin in der Presse in den jährlich publizierten Ranglisten des öfteren mit dem Begriff „Verlierer" tituliert.[965] Auch der im Jahre 1996 durchgeführte Zusammenschluss mit der Adler Leben konnte an dieser negativen Entwicklung nichts ändern, wie die Ergebnisse der vorliegenden empirischen Analyse unterstreichen, die diesen Zusammenschluss (Nr. 16) als nicht erfolgreich einstuft. Zum damaligen Zeitpunkt dürften demnach die erforderlichen Maßnahmen zur Synchronisation des Dienstleistungs- und Risikogeschäfts – auch unter dem Aspekt eventuell noch bestehender kultureller Divergenzen – umfangreicher als beim späteren Zusammenschluss mit der Nova Leben gewesen sein.

Ferner spielt sicherlich die Akquisitionserfahrung eine Rolle: Je mehr Zusammenschlüsse unter ähnlichen Rahmenbedingungen vollzogen werden, desto höher liegt i. d. R. die Erfolgsquote.[966] Bevor sich die Iduna Leben mit der Nova Leben vereinigte, waren im Zuge der Umsetzung des Gleichordnungskonzerns IDUNA/NOVA neben dem o. a. Zusammenschluss mit der Adler Leben jeweils die den unabhängigen Konzernen IDUNA und NOVA angeschlossenen Kranken- und Kompositversicherer unter Federführung der Iduna Leben verschmolzen worden. Ein Indiz für diese Auffassung ist auch die öffentliche Bewertung der 1999 begonnenen Konstituierung des SIGNAL/ IDUNA-Konzerns, dessen Pre-Merger- und bisheriges Post-Merger-Management im Gegensatz zum früheren Zusammenschluss überwiegend positiv aufgenommen wurde (beispielsweise in Bezug auf die Auswahl des Zielobjekts), z. T. spricht man schon

---

[965] Vgl. o. V. (1998), S. 194.

[966] Zu einem vergleichbaren Ergebnis kommt Bühner (1990b), S. 209 f., bei seiner branchenübergreifenden Studie: Seiner Meinung nach trägt die Akquisitionserfahrung signifikant zum Erfolg von Unternehmenszusammenschlüssen bei, indem Fehler der Vergangenheit aufgrund von Lernprozessen der Verantwortlichen vermieden und erfolgversprechende Strategien schneller adaptiert werden können. Gegen einen weitreichenden Einfluss der Akquisitionserfahrung sprechen allerdings die übrigen Resultate der vorliegenden Untersuchung, denn keiner der Zusammenschlüsse von Erwerbern, die ebenfalls jeweils zwei Transaktionen vorgenommen haben, wurde als erfolgreich eingestuft. Siehe dazu die Ergebnisse der Analyse in Tab. 6.9.

6.6 Interpretation der Untersuchungsergebnisse

– obwohl noch keine aussagefähigen Unternehmenszahlen vorliegen – von einem „erfolgreichen Abschluss"[967] und hebt die kulturellen Gemeinsamkeiten (gleiche Wurzeln, gleiche Zielgruppen von Kunden usw.) der Konzernpartner hervor. Die sehr unbefriedigenden Stornoquoten der Iduna Leben als Ausdruck für die Kundenzufriedenheit, die in den drei Jahren nach dem Zusammenschluss mit der Nova Leben regelmäßig über dem Branchen- bzw. Spartendurchschnitt lagen[968], sich erstaunlicherweise aber nicht negativ auf die Wachstumsraten ausgewirkt haben, zeugen hingegen von noch ungelösten Integrationsproblemen, die dem Versicherer bei erfolgreicher Bewältigung vermutlich weitere Synergiepotenziale eröffnen könnten.

Hervorzuhebende Merkmale der zwei erfolgreichen Zusammenschlüsse stellen ferner ihre Spartenzugehörigkeit und die Form des Zusammenschlusses dar. Sämtliche beteiligten Partner betreiben das Lebensversicherungsgeschäft und der Zusammenschluss wurde in beiden Fällen als Bestandsübertragung konzipiert. Eine zweifaktorielle Varianzanalyse bestätigt zumindest einen partiellen Einfluss der Sparte und des Übernahmetyps für die abnormalen Kennzahlen Umsatzrentabilität und Solvabilität, d. h. diese Faktoren wirken positiv auf Gewinnziel- und Sicherheitszielerfüllung.[969] Indem einer der erfolgreichen Zusammenschlüsse von einem VVaG als Erwerber (der Iduna Leben) durchgeführt wurde, ist die Spartenzugehörigkeit außerdem unter einem anderen Aspekt, nämlich der Rechtsform der Partner interessant. Die Lebensversicherung zählt zu denjenigen Versicherungszweigen, die dem Management aufgrund gut schätzbarer Zahlungsstromstrukturen und vergleichsweise vorsichtiger Rechnungsgrundlagen wenig Spielraum bei Aktionsparametern wie dem Preis ermöglichen. Es benötigt insofern nach Meinung von MAYERS/SMITH, den bedeutendsten Vertretern der so genannten *Koexistenzhypothesen der Rechtsformen*, einen entsprechend geringen diskretionären Handlungsspielraum. Daher ist laut MAYERS/SMITH nur die Übertragung weniger

---

[967] O.V. (1999), S. 450.

[968] 1998 betrug die durchschnittliche Stornoquote in der Lebensversicherung 6,6 % (Iduna Leben: 8,9 %), 1999 5,5 % (Iduna Leben: 6,5 %) und 2000 7,5 % (Iduna Leben 10,3 %). Die Allianz Leben wies im gleichen Zeitraum stets unterdurchschnittliche Stornoquoten auf: 1998 3,5 %, 1999 4,6 % und 2000 6,1 %, die eine gleichbleibend hohe Kundenzufriedenheit signalisieren, d. h. die womöglich zunächst erfolgte Orientierung des Erwerbers an der Anpassung betriebsinterner Prozesse geschah nicht zu Lasten der Versicherungsnehmer. Vgl. GB BAV 1998-2000 (1999-2002), jeweils Tab. 160.

[969] Siehe zur Konzeption der mehrfaktoriellen Varianzanalyse bei Anwendung des Programmpakets SPSS/PC+ ausführlich Saurwein/Hönekopp (1992), S. 283-289. Die genauen Ergebnisse der Varianzanalyse finden sich im Anhang unter Tab. 3.

Kompetenzen erforderlich, so dass sich die Aktivitäten des Managements, u. a. auch Zusammenschlüsse, von den internen Kontrollorganen verhältnismäßig umfassend auf ihren Nutzen für das Unternehmen bzw. die Versicherungsnehmer überprüfen lassen und der rechtsformspezifisch bedingte Nachteil fehlender Kontrolle durch den Kapitalmarkt, der dem Management bei VVaG sonst zur Verfolgung persönlicher Interessen dienen könnte, kompensiert wird.[970]

Das Modell der Autoren, das für den US-amerikanischen Versicherungsmarkt entwickelt wurde und eben unterschiedliche Schwerpunkte in der Geschäftstätigkeit als Argument für die „friedliche" Koexistenz der Rechtsformen anführt, ist allerdings nicht vollständig auf den deutschen Markt übertragbar. Die häufig zu beobachtende Homogenität in der Bestandszusammensetzung und die bessere Kalkulierbarkeit der Risiken mögen erfolgreiche Zusammenschlüsse in der Lebensversicherung gegenüber der Kompositversicherung begünstigen, wie auch die empirischen Ergebnisse dokumentieren, die Marktanteile der VVaG sind aber in allen Sparten mit Ausnahme der privaten Krankenversicherung, gemessen an den Beitragseinnahmen, nahezu gleichverteilt, d. h. auch in der Kompositversicherung, bei der die Varianz der Gesamtschadenverteilung i. d. R. hoch ist[971]. Das Aufsichtsrecht gesteht außerdem speziell dem Management von Lebensversicherern, selbst wenn sie als Tochtergesellschaften per Beherrschungsvertrag in einen Konzern eingebunden sind, umfangreiche Entscheidungsbefugnisse zu, die vom Gesetz mit den Charakteristika des Lebensversicherungsgeschäfts begründet werden.[972] Falls VVaG erfolgreiche Zusammenschlüsse durchführen, ist vermutlich eher die Form des Zusammenschlusses – wie statistisch untermauert werden konnte – entscheidend: Je weniger Integrationsaktivitäten notwendig sind, desto größer sind die Erfolgsaussichten des Zusammenschlusses, vorausgesetzt, der Erwerber verfügt über ausreichende Kapazitäten und entsprechendes Know-how, um das zusätzliche Geschäft adäquat betreuen zu können. Im Falle der beiden erfolgreichen Zusammenschlüsse der Stichprobe waren große Teile des Dienstleistungsgeschäfts bereits vor den Zusammenschlüssen bei den Erwerbern angesiedelt, so dass keine

---

[970] Vgl. Mayers/Smith (1981), S. 424, dieselben (1992), S. 51, und dieselben (1994), S. 640.

[971] So erwirtschafteten die VVaG unter den Kompositversicherern im Jahre 1999 15,8 % der gesamten gebuchten Beitragseinnahmen dieser Sparte, während der Anteil der VVaG an den Beitragseinnahmen in der Lebensversicherung 17,0 % betrug. In der privaten Krankenversicherung konnten VVaG hingegen 48,9 % der gebuchten Beitragseinnahmen erzielen. Vgl. GDV (2001a), Tab. 39, Tab. 24 und Tab. 30.

[972] Siehe dazu erstmals unter Abschnitt 6.3.2.

Engpässe in den betrieblichen Funktionsbereichen auftraten und sich die wenigen mit der Bestandsübertragung verknüpften Integrationsprobleme, die vorrangig das Risikogeschäft tangierten, befriedigend gelöst werden konnten.

6.7 Zusammenfassung

Sind nun Unternehmenszusammenschlüsse von Versicherern im Sinne des der empirischen Analyse zugrundeliegenden tauschtheoretischen Meta-Denkmusters, das den Erfolg einer Tauschhandlung mit Nutzenmaximierung für die beteiligten korporativen (und individuellen) Akteure gleichsetzt, als erfolgreich zu bewerten? Die Antwort muss vor dem Hintergrund der empirischen Ergebnisse sehr differenziert ausfallen.

Werden zunächst die korporativen Akteure, d. h. die in die Transaktionen involvierten Versicherungsunternehmen in ihrer Funktion als Erwerber bzw. Zielobjekt betrachtet, so lässt sich kein einheitliches Bild konstruieren. Bezogen auf die verschiedenen unternehmerischen Zielsetzungen profitieren teils die Erwerber, teils die Zielobjekte von den jeweiligen Zusammenschlüssen. Während sich die Zielobjekte sowohl bei der Wachstumsziel- als auch bei der Sicherheitszielerfüllung tendenziell besser gestellt hätten, wenn sie von einer Unternehmensverbindung mit den Erwerbern abgesehen hätten – ihre Wettbewerbspositionen verschlechtern sich dort im Vergleich zum Vorzusammenschlusszeitraum z. T. erheblich –, kann das Gewinnziel aus ihrer Sicht offenbar eher in Kombination mit einem anderen Unternehmen erreicht werden. Hier ergeben sich vorrangig für die Zielobjekte Nutzenvorteile, denn die Erwerber müssen vergleichsweise schlechte Ertragslagen der Zielobjekte kompensieren, was sehr häufig nicht zur Zufriedenheit des neuen Unternehmensverbundes gelingt. Einen erfolgreichen Zusammenschluss verzeichnen lediglich 8 % der untersuchten Verbünde, so dass insgesamt gesehen für die korporativen Akteure externe Wachstumsstrategien zur Nutzenmaximierung nicht zu empfehlen sind.

Insbesondere das Verfehlen des Gewinnziels deutet einerseits auf Versäumnisse im Rahmen des Pre-Merger-Managements seitens der Erwerber hin, welches i. d. R. eine sorgfältige Prüfung des Zielobjekts mit expliziter Bewertung seiner Ertragssituation (in der Literatur unter dem Stichwort *wirtschaftliche Due Diligence* zu finden[973]), aber auch seiner kulturellen Identität beinhalten sollte; letztere trägt bei gravierenden Di-

---

[973] Vgl. z. B. Jansen (2000), S. 177.

vergenzen mit dem Erwerber ebenso zu Gewinneinbrüchen aufgrund von notwendigen Integrationsmaßnahmen und den damit verknüpften Integrationskosten bei. Andererseits könnte es sich bei den hier analysierten Erwerbern vorrangig um so genannte W-Unternehmen handeln, die ihre Unternehmenspolitik vornehmlich an Wachstumskriterien orientieren und den dadurch bedingten, zumindest zeitweise auftretenden Tradeoff mit dem Gewinnziel billigend in Kauf nehmen.

Diese Hypothese würde außerdem die in der Literatur vor dem Hintergrund institutionenökonomischer Theorien der Unternehmung kontrovers diskutierte Annahme stützen, dass Unternehmenszusammenschlüsse – nicht nur in der Versicherungswirtschaft, jedoch nach den Erkenntnissen der vorliegenden empirischen Untersuchung auch in dieser Branche – primär als Instrument zur Verfolgung von Managementinteressen dienen, um nun zu den Interessen der individuellen Akteuren zu gelangen, die bei Zusammenschlüssen eine zentrale Rolle spielen. In diesem Fall hätten die Agents hier mit der fakultativen Maßnahme Zusammenschluss ihre persönliche Nutzenfunktion überwiegend erfüllen können, denn bei 92 % der untersuchten Zusammenschlüsse nahmen die Veränderungen der abnormalen Wachstumsraten des Bestands und des Neugeschäfts, an denen in der Öffentlichkeit ihre Managementqualität bewertet wird, positive Werte an. Für die Eigentümer und Versicherungsnehmer (bei VVaG in ihrer Funktion als Principals in einer Person vereint), die ihre Nutzenvorteile aus der Gewinnzielerfüllung beziehen, gilt diese Aussage lediglich in abgeschwächter Form (56 % der Zusammenschlüsse verzeichnen Gewinnsteigerungen). Interessenidentität zum einen zwischen den verschiedenen individuellen Akteuren und zum anderen zwischen ihnen und den korporativen Akteuren, d. h. den Unternehmen, ist allenfalls dort anzutreffen, wo direkt die Existenzsicherung des Unternehmensverbundes tangiert wird. Auch hier scheinen Unternehmenszusammenschlüsse jedoch keine sinnvolle Strategie im Sinne der Nutzenmaximierung zu verkörpern, denn in nur 20 % der Fälle wird das Sicherheitsziel erreicht. Dieses Resultat ist vor dem Hintergrund schnell sinkender Sicherheitsreserven, wie sie im Moment aufgrund des negativen Börsenumfeldes speziell in der Lebensversicherung zu beobachten sind, für sämtliche beteiligten Akteure als umso bedenklicher einzuschätzen.[974]

---

[974] Vgl. o. V. (2002c), S. 21.

7. Schlusswort

Aus der vorliegenden Arbeit lassen sich sowohl für die notwendige konzeptionelle Entwicklung einer Theorie des Unternehmenszusammenschlusses als auch für Aufsicht und Praxis der Zusammenschlussgestaltung wichtige Erkenntnisse ableiten.

Die Frage nach dem Erfolg von Zusammenschlüssen bei Versicherern kann nach den Ergebnissen der vorliegenden empirischen Analyse eindeutig beantwortet werden: "Quite simply, most mergers don't work", dieses ernüchternde Fazit, das die ACCENTURE Unternehmensberatung – bezogen auf die praktische Durchführung von Unternehmenszusammenschlüssen – allgemein zog[975], trifft auch auf Zusammenschlüsse bei Versicherungsunternehmen in Form von Fusionen und Bestandsübertragungen zu, die im vergangenen Jahrzehnt getätigt wurden. In 92 % der untersuchten Fälle konnten die involvierten Unternehmensverbünde ihre Wettbewerbsposition auf dem deutschen Versicherungsmarkt, die sich insgesamt mit Hilfe ihrer Wachstums-, Gewinn- und Sicherheitslage veranschaulichen ließ, durch einen Zusammenschluss nicht entscheidend verbessern. Anders ausgedrückt verschlechterte sich die jeweilige Position im Vergleich zum Vorzusammenschlusszeitraum sogar, so dass externe Wachstumsstrategien in diesen Ausprägungen unseres Erachtens keine geeigneten strategischen Optionen für Versicherer zur Sicherung und Steigerung ihrer Wettbewerbsfähigkeit darstellen.

Bei denjenigen Zusammenschlüssen, die anhand der selektierten Kriterien als erfolgreich bewertet wurden, handelte es sich stets um Bestandsübertragungen, die zudem eine bestimmte Sparte – nämlich die Lebensversicherung – betrafen, so dass Einflüsse von Übernahmetyp und Spartenzugehörigkeit auf den Zusammenschlusserfolg anzunehmen sind. Bezieht ein verantwortliches Management vor dem Hintergrund der vorliegenden Erkenntnisse Zusammenschlüsse weiterhin als strategische Option in sein unternehmerisches Kalkül mit ein, sollten diese also möglichst als Bestandsübertragung konzipiert und in der Lebensversicherungssparte angesiedelt sein, da dort die Erfolgsaussichten vergleichsweise besser erscheinen als mit Hilfe von Fusionen und in anderen Versicherungszweigen. Für die Versicherungsaufsicht in Gestalt der im Jahr 2002 neu gegründeten BaFin, die sich weniger als reine Regulierungsinstanz denn als Bewahrer der Wettbewerbsfähigkeit des Marktes definiert (Stichwort: „qualitative statt quantitative Aufsicht"), müsste sich nicht nur deshalb unserer Überzeugung nach die

---

[975] Vgl. o. V. (1998c), S. 190.

Frage stellen, ob Zusammenschlüsse zukünftig nicht ausschließlich unter versicherungsrechtlichen, sondern auch unter ökonomischen Aspekten bewertet und entsprechend genehmigt werden, indem beispielsweise – vor allem bei einer geplanten Fusion – ein von den Partnern entwickeltes organisatorisches Konzept zur Umsetzung des Zusammenschlusses in den Genehmigungsprozess Eingang findet.

Da sowohl Fusionen als auch Bestandsübertragungen die bindungsintensivsten Formen von Zusammenschlüssen für Versicherer mit dem Erfordernis eines umfassenden, (fast) alle Bereiche des Versicherungsgeschäfts betreffenden, Fusions- bzw. Integrationsmanagements und den dadurch bedingten Problemen verkörpern, wäre es zukünftig sicher – um nun Ansatzpunkten für weitere empirische Analysen zu diskutieren – interessant zu untersuchen, ob denn bindungsschwächere Formen des Zusammenschlusses wie z. B. die Kooperation oder insbesondere die Akquisition als universelles Instrument zur Realisierung von Zusammenschlüssen, die keine derartig umfangreichen Integrationsaktivitäten hervorrufen, mehr ökonomischen Erfolg verheißen würden. Prinzipiell verlangt lediglich die Senkung der Risikokosten eine Verschmelzung bzw. Bestandsvereinigung der beteiligten Rechtseinheiten, ein Rückgang konnte – wie die Resultate der vorliegenden Studie anhand der Entwicklung der Schadenquote belegen – mit Fusionen und Bestandsübertragungen trotzdem überwiegend nicht erreicht werden. Eine Ausrichtung auf die Akquisition würde ferner die Beurteilung übergeordneter, d. h. auf Konzernebene angesiedelter, externer Wachstumsaktivitäten ermöglichen, in die die einzelnen Fusionen und Bestandsübertragungen in der Praxis meistens eingebettet sind (beispielsweise fanden sämtliche Zusammenschlüsse, welche die IDUNA Leben durchführte, im Rahmen der Umsetzung des Gleichordnungskonzerns IDUNA/NOVA statt).

Solange jedoch Konzernjahresabschlüsse einerseits unter bestimmten Voraussetzungen entweder nach HGB oder nach IAS aufgestellt werden dürfen (die befristete Regelung gilt nach § 292a HGB für börsennotierte deutsche Muttergesellschaften bis zum Geschäftsjahr 2004 einschließlich), und andererseits spezielle Typen von Versicherungskonzernen, nämlich die Gleichordnungskonzerne, gänzlich von der Konzernrechnungslegungspflicht befreit sind, wird die Aussagefähigkeit vergleichender Analysen, wenn diese über Einzelfallanalysen hinausgehen sollen, dadurch signifikant beeinträchtigt. Das Ausweichen auf einen anderen, in der Literatur für branchenübergreifende Analysen vorgeschlagenen, Ansatz zur Messung des Zusammenschlusserfolgs, z. B. auf den kapitalmarktorientierten Ansatz, scheint unseres Erachtens in absehbarer Zeit ebenfalls keine akzeptable Lösung für Versicherungs-Portfolioanalysen zu reprä-

7. Schlusswort

sentieren, denn das anhaltend negative Börsenumfeld bietet momentan trotz einiger positiver Tendenzen keinen fruchtbaren Boden für weitere Börsengänge, so dass sich eine ausreichend große Anzahl börsennotierter Versicherungsunternehmen, die zur Anwendung des kapitalmarktorientierten Ansatzes benötigt werden, auch in nächster Zeit nicht einstellen dürfte.[976]

Mit der Anwendung der sozio-ökonomisch ausgerichteten Tauschtheorie von COLEMAN in Verbindung mit seiner Theorie des korporativen Akteurs auf die Probleme des Zusammenschlusses bei (Versicherungs-)Unternehmen ist es der vorliegenden Arbeit überdies gelungen, eine Antwort auf die Frage nach dem bislang fehlenden, allgemein geforderten übergeordneten Bezugsrahmen zu finden für die zahlreichen, in der einschlägigen Literatur kontrovers diskutierten, jedoch allesamt relevanten unternehmenszusammenschlussbezogenen Konzeptionen bzw. verkürzten instrumentellen Hypothesen, welche auf den verschiedenen „Theorien der Unternehmung" basieren. Die Nutzung dieses zunächst vom eigentlichen Untersuchungsgegenstand abstrahierenden Meta-Modells leistet unserer Meinung nach wertvolle Hilfestellung bei der Entwicklung einer allgemeinen, ökonomisch fokussierten „Theorie des Unternehmenszusammenschlusses", die zudem künftig auf eine eindeutige definitorische Begriffsbasis zurückgreifen kann,. deren Ausarbeitung sich die vorliegende Arbeit in ihrem Grundlagenkapitel zum Ziel gesetzt hatte.

Der generalisierende Charakter der Tauschtheorie wird besonders deutlich anhand der Tatsache, dass ihre Erprobung zwar konkret am Beispiel des Zusammenschlusses von Versicherungsunternehmen erfolgte, ebenso aber der Zusammenschluss von Unternehmen anderer Branchen hätte als Anwendungsbeispiel dienen können. So wurde zugleich die – von Versicherungswissenschaftlern schon lange geforderte – Annäherung der Speziellen Versicherungsbetriebslehre an die Allgemeine Betriebswirtschaftslehre erreicht[977], jedenfalls in Bezug auf den Sachverhalt des Unternehmenszusammenschlusses.

Unserer Überzeugung nach ist es unter Zuhilfenahme der Tauschtheorie zukünftig möglich, Gestaltungsfragen im Kontext von Unternehmenszusammenschlüssen aus

---

[976] So hat beispielsweise die Gerling Konzern-Beteiligungs-AG als Obergesellschaft des Gerling-Versicherungskonzerns ihren erstmals für das Jahr 1999 geplanten Börsengang aus den o. a. Gründen wiederholt verschoben, zuletzt im Juni 2001. Vgl. o. V. (2001), S. 20.

[977] Vgl. dazu die Ausführungen in Abschnitt 1.3 der vorliegenden Arbeit.

modelltheoretischer ökonomischer Perspektive zu beantworten, die z. B. die Auswahl geeigneter korporativer Akteure zur Realisierung des Tausches, d. h. des Zusammenschlusses, unter Nutzenmaximierungsgesichtspunkten betreffen. Darüber hinaus wäre es aus empirischer Sicht interessant, zu überprüfen, ob Unternehmenszusammenschlüsse erst im Rahmen von Zusammenschlussstrategien, d. h. mehreren aufeinanderfolgenden Transaktionen, wirksam werden, denn auch im Sinne des Grundmodells von COLEMAN wird zwischen den beteiligten Akteuren solange getauscht, bis aus weiteren Tauschhandlungen keine Verbesserungen ihrer individuellen Positionen mehr resultieren.[978] Diese Tauschhandlungen könnten (bezogen wiederum auf den M & A-Markt von Versicherungsunternehmen) sowohl mit denselben Akteuren mehrfach – beispielsweise im Rahmen von Teilbestandsübertragungen, wo die Zielobjekte nach der Übertragung von Teilbeständen auf den Erwerber am Markt i. d. R. bestehen bleiben – als auch mit verschiedenen korporativen Akteuren durchführbar sein. Ferner wäre es denkbar, die Rahmenbedingungen des Tausches bzw. des Zusammenschlusses näher zu beleuchten, indem Transaktionskosten und Misstrauen als Modellerweiterungen in die entsprechende Analyse einbezogen werden. In jedem Fall trägt die Tauschtheorie als Meta-Denkmodell zur Neuordnung bzw. zur Lösung der Probleme des Unternehmenszusammenschlusses in heuristischer Form bei.

Insgesamt gesehen leistet die vorliegende Arbeit also einerseits einen innovativen empirischen Beitrag zur Beurteilung des Zusammenschlusserfolgs und dessen eventuellen Einflussfaktoren von auf dem deutschen Markt aktiven Versicherungsunternehmen, andererseits bereitet sie die dringend benötigte theoretische Basis zur angestrebten Entwicklung einer ökonomischen „Unternehmenszusammenschlusslehre".

---

[978] Siehe dazu umfassend die Überlegungen in Abschnitt 4.2 der vorliegenden Arbeit.

Anhang

Grundlagen der Zusammenschlusserfolgsanalyse

Tab. 1: Erwerber und Zielobjekte analysierter Zusammenschlüsse

ZU-Nr.	Erwerber	Zielobjekt(e)
1	ADLER Versicherung AG (bis 1998 ADLER Feuerversicherung AG)	VÖDAG Versicherung AG
2	Allianz Lebensversicherungs-AG	Deutsche Lebensversicherungs-AG
3	Allianz Versicherung AG	Allianz Rechtsschutzversicherung AG
4	Allianz Versicherung AG	Deutsche Versicherung AG
5	Alte Leipziger Versicherung AG	Hamburger Phönix Gaedesche Versicherung AG
6	ARAG Allgemeine Versicherung AG	ARAG Kfz Versicherung AG
7	ASSTEL Lebensversicherung a. G. (bis 1990 Kölnische Lebensversicherung a. G., bis 1998 Berlin-Kölnische LV a.G.)	Berliner Verein Lebensversicherung VVaG
8	Bruderhilfe Sachversicherung a. G.	Bruderhilfe Rechtsschutzversicherung a. G.
9	CENTRAL Krankenversicherung AG	SAVAG Krankenversicherung AG
10	DBV-Winterthur Krankenversicherung AG (bis 1995 APK Krankenversicherungs-AG)	Partner-Gruppe Krankenversicherung AG
11	DBV-Winterthur Lebensversicherung AG (bis 1998 DBV LV AG)	Delfin Lebensversicherung AG (bis 1995 LV der Commerzbank + Partner AG) Winterthur-Lebensversicherung AG
12	Deutscher Herold Lebensversicherungs-AG der Deutschen Bank (bis 1995 Deutscher Herold LV AG)	Lebensversicherungs-AG der Deutschen Bank
13	Generali Lloyd Lebensversicherung AG (bis 1994 Münchener LV AG, bis 1998 Generali Münchener LV AG)	Generali Lebensversicherung AG
14	Generali Lloyd Lebensversicherung AG	Deutscher Lloyd Lebensversicherung AG
15	Gerling-Konzern Allgemeine Versicherungs-AG	Gerling-Konzern Rechtsschutz Versicherungs-AG
16	IDUNA Vereinigte Lebensversicherung aG	ADLER Lebensversicherung AG
17	IDUNA Vereinigte Lebensversicherung aG	NOVA Lebensversicherung AG
18	NOVA Allgemeine Versicherung AG	NOVA Unfallversicherung AG
19	Stuttgarter Lebensversicherung a. G.	Direkte Leben Versicherung AG (bis 1990 National Union LV AG, bis 1994 Alico Deutschland LV AG)
20	Vereinigte Postversicherung a. G.	Kölner Postversicherung VVaG
21	Vereinte Lebensversicherung AG	Magdeburger Lebensversicherung AG
22	Vereinte Versicherung AG	Magdeburger Versicherung AG
23	Württembergische und Badische Versicherungs-AG	ELEKTRA Versicherung AG
24	Württembergische und Badische Versicherungs-AG	Nord-Deutsche Versicherungs-AG
25	Württembergische Versicherung AG (bis 1991 Württfeuer Beteiligungs-AG)	Württembergische Rechtsschutzversicherung AG

Anhang 351

Tab. 2: Kennzahlen der Erfolgsmessung (in alphabetischer Reihenfolge des Zusammenschlusses)

Zusammenschluss Nr. 1: ADLER Versicherung AG ⇒ VÖDAG Versicherung AG (Fusion 1998)

∅ WR des Bestands (in %)		WR des Bestands ADLER (in %)		WR des Bestands VÖDAG (in %)	
1995	4,5	1995	-16,9	1995	2,3
1996	0,6	1996	13,0	1996	-0,1
1997	-0,3	1997	2,6	1997	-0,3
1998	-2,0	1998	96,2	1998	
1999	0,7	1999	10,3	1999	
2000	2,0	2000	-1,7	2000	

∅ UR (in %)		UR ADLER (in %)		UR VÖDAG (in %)	
1995	3,5	1995	13,8	1995	18,2
1996	4,1	1996	10,3	1996	16,4
1997	4,5	1997	18,9	1997	9,6
1998	4,3	1998	20,9	1998	
1999	4,1	1999	6,2	1999	
2000	5,2	2000	29,7	2000	

∅ Brutto-KQ (in %)		Brutto-KQ ADLER (in %)		Brutto-KQ VÖDAG (in %)	
1995	24,1	1995	35,0	1995	18,3
1996	24,4	1996	29,9	1996	20,0
1997	25,1	1997	29,9	1997	23,1
1998	26,5	1998	22,3	1998	
1999	26,5	1999	23,5	1999	
2000	26,6	2000	23,2	2000	

∅ Brutto-SQ n. Abw. (in %)		Brutto-SQ n. Abw. ADLER (in %)		Brutto-SQ n. Abw. VÖDAG (in %)	
1995	69,8	1995	53,6	1995	61,5
1996	69,7	1996	61,8	1996	81,8
1997	69,4	1997	87,6	1997	71,5
1998	70,2	1998	81,9	1998	
1999	75,3	1999	87,5	1999	
2000	74,7	2000	79,7	2000	

∅ Solvabilität (in %)		Solvabilität ADLER (in %)		Solvabilität VÖDAG (in %)	
1995	56,6	1995	81,1	1995	118,2
1996	64,0	1996	85,8	1996	114,2
1997	69,0	1997	79,6	1997	101,5
1998	73,1	1998	91,6	1998	
1999	75,1	1999	94,0	1999	
2000	78,2	2000	118,0	2000	

Zusammenschluss Nr. 2: Allianz Lebensversicherung AG ⇒ Deutsche Lebensversicherung AG (Bestandsübernahme 1998)

∅ WR des Bestands (in %)		WR des Bestands Allianz Leben (in %)		WR des Bestands Deutsche Leben (in %)	
1995	6,6	1995	6,2	1995	3,1
1996	4,9	1996	3,5	1996	3,2
1997	5,5	1997	5,5	1997	3,0
1998	4,6	1998	14,7	1998	
1999	9,6	1999	9,6	1999	
2000	6,2	2000	5,5	2000	

∅ WR des NG (in %)		WR des NG Allianz Leben (in %)		WR des NG Deutsche Leben (in %)	
1995	-6,9	1995	-3,8	1995	-11,8
1996	8,6	1996	4,1	1996	6,7
1997	1,5	1997	4,8	1997	0,5
1998	11,8	1998	29,9	1998	
1999	48,8	1999	53,5	1999	
2000	-30,2	2000	54,2	2000	

∅ UR (in %)		UR Allianz Leben (in %)		UR Deutsche Leben (in %)	
1995	28,4	1995	35,2	1995	21,4
1996	29,8	1996	37,1	1996	29,4
1997	31,5	1997	37,6	1997	28,0
1998	32,7	1998	37,1	1998	
1999	32,4	1999	37,2	1999	
2000	33,1	2000	40,5	2000	

∅ Brutto-KQ (in %)		Brutto-KQ Allianz Leben (in %)		Brutto-KQ Deutsche Leben (in %)	
1995	16,6	1995	11,5	1995	16,6
1996	16,4	1996	11,8	1996	17,4
1997	15,6	1997	12,0	1997	16,7
1998	15,3	1998	11,5	1998	
1999	18,8	1999	14,6	1999	
2000	14,4	2000	10,0	2000	

∅ Solvabilität (in %)		Solvabilität Allianz Leben (in %)		Solvabilität Deutsche Leben (in %)	
1995	1,39	1995	1,23	1995	1,41
1996	1,43	1996	1,29	1996	1,40
1997	1,40	1997	1,32	1997	1,27
1998	1,46	1998	1,33	1998	
1999	1,46	1999	1,36	1999	
2000	1,48	2000	1,45	2000	

Anhang

Zusammenschluss Nr. 3: ALLIANZ Versicherung AG ⇒ Allianz Rechtsschutzversicherung AG (Fusion 1996)

WR des Bestands (in %)		WR des Bestands Allianz (in %)		WR des Bestands Allianz R. (in %)	
1993	9,7	1993	8,0	1993	3,1
1994	6,4	1994	7,0	1994	2,5
1995	4,5	1995	1,2	1995	1,9
1996	0,6	1996	2,4	1996	
1997	-0,3	1997	-2,5	1997	
1998	-2,0	1998	3,3	1998	
1999	0,7	1999	0,9	1999	
2000	2,0	2000	0	2000	

∅ UR (in %)		UR Allianz (in %)		UR Allianz R. (in %)	
1993	3,2	1993	7,7 (JÜ = 5,1)	1993	20,4
1994	2,9	1994	3,3 (JÜ = 2,2)	1994	8,3
1995	3,5	1995	4,4 (JÜ = 0)	199	7,2
1996	4,1	1996	6,3 (JÜ = 0)	1996	
1997	4,5	1997	9,3 (JÜ = 1,5)	1997	
1998	4,3	1998	1,5	1998	
1999	4,1	1999	0,3	1999	
2000	5,2	2000	0,3	2000	

∅ Brutto-KQ (in %)		Brutto-KQ Allianz (in %)		Brutto-KQ Allianz R. (in %)	
1993	23,8	1993	21,7	1993	30,4
1994	23,0	1994	22,1	1994	30,5
1995	24,1	1995	23,8	1995	33,2
1996	24,4	1996	25,1	1996	
1997	25,1	1997	25,8	1997	
1998	26,5	1998	26,6	1998	
1999	26,5	1999	26,0	1999	
2000	26,6	2000	28,0	2000	

∅ Brutto-SQ n. Abw. (in %)		Brutto-SQ n. Abw. Allianz (in %)		Brutto-SQ n. Abw. Allianz R. (in %)	
1993	76,4	1993	65,3	1993	67,0
1994	71,8	1994	66,8	1994	67,7
1995	69,8	1995	63,8	1995	61,4
1996	69,7	1996	69,6	1996	
1997	69,4	1997	70,7	1997	
1998	70,2	1998	65,6	1998	
1999	75,3	1999	70,3	1999	
2000	74,7	2000	71,5	2000	

Fortsetzung Nr. 3:

Ø Solvabilität (in %)		Solvabilität Allianz (in %)		Solvabilität Allianz R. (in %)	
1993	46,0	1993	39,5	1993	70,1
1994	48,2	1994	44,0	1994	62,2
1995	56,6	1995	49,3	1995	65,1
1996	64,0	1996	60,0	1996	
1997	69,0	1997	61,4	1997	
1998	73,1	1998	62,3	1998	
1999	75,1	1999	61,9	1999	
2000	78,2	2000	61,0	2000	

Anhang

Zusammenschluss Nr. 4: ALLIANZ Versicherung AG ⇒ Deutsche Versicherung AG (Fusion 1998)

Ø WR des Bestands (in %)		WR des Bestands Allianz (in %)		WR des Bestands Deutsche V. (in %)	
1995	4,5	1995	1,2	1995	4,6
1996	0,6	1996	2,4	1996	2,4
1997	-0,3	1997	-2,5	1997	3,8
1998	-2,0	1998	3,3	1998	
1999	0,7	1999	0,9	1999	
2000	2,0	2000	0	2000	

Ø UR (in %)		UR Allianz (in %)		UR Deutsche V. (in %)	
1995	3,5	1995	4,4 (JÜ = 0)	1995	5,2
1996	4,1	1996	6,3 (JÜ = 0)	1996	9,4 (JÜ = 0)
1997	4,5	1997	9,3 (JÜ = 1,5)	1997	9,4 (JÜ = 0)
1998	4,3	1998	1,5	1998	
1999	4,1	1999	0,3	1999	
2000	5,2	2000	0,3	2000	

Ø Brutto-KQ (in %)		Brutto-KQ Allianz (in %)		Brutto-KQ Deutsche V. (in %)	
1995	24,1	1995	23,8	1995	20,5
1996	24,4	1996	25,1	1996	19,8
1997	25,1	1997	25,8	1997	20,6
1998	26,5	1998	26,6	1998	
1999	26,5	1999	26,0	1999	
2000	26,6	2000	28,0	2000	

Ø Brutto-SQ n. Abw. (in %)		Brutto-SQ n. Abw. Allianz (in %)		Brutto-SQ n. Abw. Deutsche V. (in %)	
1995	69,8	1995	63,8	1995	53,0
1996	69,7	1996	69,6	1996	52,2
199	69,4	1997	70,7	1997	57,7
1998	70,2	1998	65,6	1998	
1999	75,3	1999	70,3	1999	
2000	74,7	2000	71,5	2000	

Ø Solvabilität (in %)		Solvabilität Allianz (in %)		Solvabilität Deutsche V. (in %)	
1995	56,6	1995	49,3	1995	46,5
1996	64,0	1996	60,0	1996	71,7
1997	69,0	1997	61,4	1997	81,4
1998	73,1	1998	62,3	1998	
1999	75,1	1999	61,9	1999	
2000	78,2	2000	61,0	2000	

Zusammenschluss Nr. 5: ALTE LEIPZIGER Versicherung AG ⇒ Hamburger Phönix AG
(Bestandsübernahme 1995)

∅ WR des Bestands (in %)		WR des Bestands Alte Leipziger (in %)		WR des Bestands Hamburger Phönix (in %)	
1992	9,3	1992	7,5	1992	3,0
1993	9,7	1993	5,3	1993	7,2
1994	6,4	1994	6,1	1994	17,4
1995	4,5	1995	26,7	1995	
1996	0,6	1996	0,9	1996	
1997	-0,3	1997	0,6	1997	
1998	-2,0	1998	8,9	1998	
1999	0,7	1999	-1,2	1999	
2000	2,0	2000	-6,0	2000	

∅ UR (in %)		UR Alte Leipziger (in %)		UR Hamburger Phönix (in %)	
1992	1,8	1992	1,0	1992	-6,6
1993	3,2	1993	1,5	1993	-5,9
1994	2,9	1994	0,5	1994	-0,8
1995	3,5	1995	1,3	1995	
1996	4,1	1996	1,4	1996	
1997	4,5	1997	1,3	1997	
1998	4,3	1998	0,7	1998	
1999	4,1	1999	-0,5	1999	
2000	5,2	2000	-2,2	2000	

∅ Brutto-KQ (in %)		Brutto-KQ Alte Leipziger (in %)		Brutto-KQ Hamburger Phönix (in %)	
1992	24,5	1992	29,6	1992	29,0
1993	23,8	1993	29,7	199	29,0
1994	23,0	1994	29,6	1994	28,0
1995	24,1	1995	30,4	1995	
1996	24,4	1996	31,2	1996	
1997	25,1	1997	33,7	1997	
1998	26,5	1998	33,6	1998	
1999	26,5	1999	33,1	1999	
2000	26,6	2000	33,2	2000	

Anhang

Fortsetzung Nr. 5

Ø Brutto-SQ n. Abw. (in %)		Brutto-SQ n. Abw. Alte Leipziger (in %)		Brutto-SQ n. Abw. Hamburger Phönix (in %)	
1992	76,5	1992	72,4	1992	71,1
1993	76,4	1993	68,1	1993	69,6
1994	71,8	1994	65,1	1994	69,0
1995	69,8	1995	66,8	1995	
1996	69,7	1996	64,9	1996	
1997	69,4	1997	68,6	1997	
1998	70,2	1998	69,5	1998	
1999	75,3	1999	80,3	1999	
2000	74,7	2000	74,2	2000	

Ø Solvabilität (in %)		Solvabilität Alte Leipziger (in %)		Solvabilität Hamburger Phönix (in %)	
1992	47,3	1992	66,8	1992	93,5
1993	46,0	1993	77,5	1993	82,7
1994	48,2	1994	70,2	1994	66,5
1995	56,6	1995	65,9	1995	
1996	64,0	1996	68,6	1996	
1997	69,0	1997	67,8	1997	
1998	73,1	1998	56,1	1998	
1999	75,1	1999	52,4	1999	
2000	78,2	2000	50,4	2000	

Zusammenschluss Nr. 6: ARAG Allgemeine Versicherung AG ⇒ ARAG Kraftfahrtversicherung AG (Fusion 1992)

∅ WR des Bestands (in %)		WR des Bestands ARAG Allg. (in %)		WR des Bestands ARAG KFZ (in %)	
1989	2,8	1989	8,1	1989	6,3
1990	5,2	1990	6,8	1990	13,8
1991	17,5	1991	0,6	1991	14,4
1992	9,3	1992	40,4	1992	
1993	9,7	1993	10,2	1993	
1994	6,4	1994	5,7	1994	
1995	4,5	1995	0,6	1995	
1996	0,6	1996	3,2	1996	
1997	-0,3	1997	1,7	1997	
1998	-2,0	1998	-0,7	1998	
1999	0,7	1999	0,5	1999	
2000	2,0	2000	1,1	2000	

∅ UR (in %)		UR ARAG Allg. (in %)		UR ARAG KFZ (in %)	
1989	3,3	1989	0,3	1989	0 (JÜ = 0)
1990	3,1	1990	1,6	1990	0 (JÜ = 0)
1991	1,4	1991	1,3	1991	0 (JÜ = 0)
1992	1,8	1992	2,7	1992	
1993	3,2	1993	0,5	1993	
1994	2,9	1994	0,5	1994	
1995	3,5	1995	1,6	1995	
1996	4,1	1996	1,2	1996	
1997	4,5	1997	1,6	1997	
1998	4,3	1998	2,0	1998	
1999	4,1	1999	1,0	1999	
2000	5,2	2000	7,0	2000	

∅ Brutto-KQ (in %)		Brutto-KQ ARAG Allg. (in %)		Brutto-KQ ARAG KFZ (in %)	
1989	23,4	1989	43,9	1989	26,1
1990	24,0	1990	40,0	1990	23,9
1991	24,9	1991	41,9	1991	23,9
1992	24,5	1992	39,3	1992	
1993	23,8	1993	41,7	1993	
1994	23,0	1994	36,2	1994	
1995	24,1	1995	35,1	1995	
1996	24,4	1996	37,3	1996	
1997	25,1	1997	37,0	1997	
1998	26,5	1998	37,9	1998	
1999	26,5	1999	39,6	1999	
2000	26,6	2000	38,2	2000	

Anhang

Fortsetzung Nr. 6:

∅ Brutto-SQ n. Abw. (in %)		Brutto-SQ n. Abw. ARAG Allg. (in %)		Brutto-SQ n. Abw. ARAG KFZ (in %)	
1989	70,0	1989	53,5	1989	57,1
1990	75,6	1990	58,1	1990	57,2
1991	75,1	1991	52,9	1991	57,0
1992	76,5	1992	62,1	1992	
1993	76,4	1993	57,0	1993	
1994	71,8	1994	62,1	1994	
1995	69,8	1995	63,0	1995	
1996	69,7	1996	64,3	1996	
1997	69,4	1997	57,8	1997	
1998	70,2	1998	50,3	1998	
1999	75,3	1999	60,3	1999	
2000	74,7	2000	51,0	2000	

∅ Solvabilität (in %)		Solvabilität ARAG Allg. (in %)		Solvabilität ARAG KFZ (in %)	
1989	52,9	1989	42,0	1989	64,2
1990	54,7	1990	41,5	1990	56,6
1991	48,3	1991	35,9	1991	53,0
1992	47,3	1992	39,5	1992	
1993	46,0	1993	31,2	1993	
1994	48,2	1994	37,2	1994	
1995	56,6	1995	37,7	1995	
1996	64,0	1996	37,8	1996	
1997	69,0	1997	42,8	1997	
1998	73,1	1998	47,6	1998	
1999	75,1	1999	48,3	1999	
2000	78,2	2000	56,7	2000	

Zusammenschluss Nr. 7: ASSTEL Lebensversicherung VVaG ⇒ Berliner Verein Leben VvaG (Fusion 1990)

∅ WR des Bestands (in %)		WR des Bestands ASSTEL Leben (in %)		WR des Bestands Berliner Verein (in %)	
1987	7,7	1987	5,0	1987	5,1
1988	8,6	1988	6,0	1988	9,1
1989	8,1	1989	3,6	1989	9,4
1990	9,4	1990	30,1	1990	
199	13,9	1991	7,2	1991	
1992	11,1	1992	5,5	1992	
1993	10,8	1993	4,6	1993	
1994	10,1	1994	4,6	1994	
1995	6,6	1995	3,6	1995	
1996	4,9	1996	1,6	1996	
1997	5,5	1997	0	1997	
1998	4,6	1998	-3,1	1998	
1999	9,6	1999	-6,0	1999	
2000	6,2	2000	-27,8	2000	

∅ WR des NG (in %)		WR des NG ASSTEL Leben (in %)		WR des NG Berliner Verein (in %)	
1987	17,5	1987	11,6	1987	39,1
1988	10,4	1988	22,5	1988	-2,2
1989	11,3	1989	1,4	1989	2,1
1990	26,6	1990	54,3	1990	
1991	27,7	1991	21,0	1991	
1992	-6,9	1992	-2,1	1992	
1993	3,0	1993	-2,0	1993	
1994	-0,5	1994	-5,0	1994	
1995	-6,9	1995	1,2	1995	
1996	8,6	1996	-16,9	1996	
1997	1,5	1997	27,2	1997	
1998	11,8	1998	-78,5	1998	
1999	48,8	1999	36,5	1999	
2000	-30,2	2000	-44,2	2000	

Fortsetzung Nr. 7:

	⌀ UR (in %)		UR ASSTEL Leben (in %)		UR Berliner Verein (in %)
1987	32,3	1987	43,2	1987	19,4
1988	34,3	1988	41,5	1988	25,9
1989	33,2	1989	46,2	1989	24,5
1990	28,7	1990	40,9	1990	
1991	31,1	1991	34,4	1991	
1992	30,2	1992	35,1	1992	
1993	30,9	1993	40,2	1993	
1994	28,1	1994	37,5	1994	
1995	28,4	1995	40,5	1995	
1996	29,8	1996	45,0	1996	
1997	31,5	1997	50,7	1997	
1998	32,7	1998	57,4	1998	
1999	32,4	1999	70,9	1999	
2000	33,1	2000	90,9	2000	

	⌀ Brutto-KQ (in %)		Brutto-KQ ASSTEL Leben (in %)		Brutto-KQ Berliner Verein (in %)
1987	20,1	1987	23,1	1987	24,2
1988	20,6	1988	24,0	1988	23,9
1989	23,2	1989	32,8	1989	22,8
1990	23,2	1990	23,1	1990	
1991	24,8	1991	26,3	1991	
1992	21,6	1992	26,6	1992	
1993	19,7	1993	22,3	1993	
1994	18,3	1994	21,0	1994	
1995	16,6	1995	20,9	1995	
1996	16,4	1996	20,8	1996	
1997	15,6	1997	21,4	1997	
1998	15,3	1998	9,4	1998	
1999	18,8	1999	7,3	1999	
2000	14,4	2000	8,1	2000	

Fortsetzung Nr. 7:

Ø Solvabilität (in %)		Solvabilität ASSTEL Leben (in %)		Solvabilität Berliner Verein (in %)	
1987	1,28	1987	1,30	1987	1,88
1988	1,20	1988	1,32	1988	1,80
1989	1,23	1989	1,32	1989	1,71
1990	1,19	1990	1,39	1990	
1991	1,28	1991	1,19	1991	
1992	1,27	1992	1,42	1992	
1993	1,30	1993	1,42	1993	
1994	1,34	1994	1,42	1994	
1995	1,39	1995	1,42	1995	
1996	1,43	1996	1,43	1996	
1997	1,40	1997	1,48	1997	
1998	1,46	1998	1,54	1998	
1999	1,46	1999	1,64	1999	
2000	1,48	2000	1,87	2000	

Anhang 363

Zusammenschluss Nr. 8: Bruderhilfe Sachversicherung VVaG ⇒ Bruderhilfe Rechtsschutzversicherung VVaG (Fusion 1998)

∅ WR des Bestands (in %)		WR des Bestands Bruderhilfe Sach (in %)		WR des Bestands Bruderhilfe R. (in %)	
1995	4,5	1995	3,6	1995	11,0
1996	0,6	1996	-1,2	1996	18,3
1997	-0,3	1997	-2,2	1997	12,3
1998	-2,0	1998	8,4	1998	
1999	0,7	1999	1,8	1999	
2000	2,0	2000	0	2000	

∅ UR (in %)		UR Bruderhilfe Sach (in %)		UR Bruderhilfe R. (in %)	
1995	3,5	1995	2,9	1995	-9,2
1996	4,1	1996	3,4	1996	1,4
1997	4,5	1997	1,6	1997	2,3
1998	4,3	1998	1,7	1998	
1999	4,1	1999	0,7	1999	
2000	5,2	2000	1,9	2000	

∅ Brutto-KQ (in %)		Brutto-KQ Bruderhilfe Sach (in %)		Brutto-KQ Bruderhilfe R. (in %)	
1995	24,1	1995	20,2	1995	25,7
1996	24,4	1996	18,8	1996	23,1
1997	25,1	1997	19,6	1997	20,4
1998	26,5	1998	21,0	1998	
1999	26,5	1999	22,7	1999	
2000	26,6	2000	23,7	2000	

∅ Brutto-SQ n. Abw. (in %)		Brutto-SQ n. Abw. Bruderhilfe Sach (in %)		Brutto-SQ n. Abw. Bruderhilfe R. (in %)	
1995	69,8	1995	65,5	1995	84,0
1996	69,7	1996	71,2	1996	99,5
1997	69,4	1997	76,4	1997	88,5
1998	70,2	1998	78,4	1998	
1999	75,3	1999	76,0	1999	
2000	74,7	2000	79,7	2000	

∅ Solvabilität (in %)		Solvabilität Bruderhilfe Sach (in %)		Solvabilität Bruderhilfe R. (in %)	
1995	56,6	1995	22,5	1995	8,1
1996	64,0	1996	28,9	1996	8,6
1997	69,0	1997	34,7	1997	15,7
1998	73,1	1998	34,6	1998	
1999	75,1	1999	35,3	1999	
2000	78,2	2000	49,1	2000	

Zusammenschluss Nr. 9: Central Krankenversicherung AG ⇒ SAVAG Krankenversicherung AG (Fusion 1997)

⌀ WR des Bestands (in %)		WR des Bestands Central (in %)		WR des Bestands SAVAG (in %)	
1994	9,0	1994	10,1	1994	4,7
1995	14,7	1995	17,7	1995	10,0
1996	6,7	1996	8,4	1996	2,8
1997	6,0	1997	9,6	1997	
1998	4,2	1998	6,4	1998	
1999	3,1	1999	2,5	1999	
2000	4,0	2000	6,7		

⌀ UR (in %)		UR Central (in %)		UR SAVAG (in %)	
1994	12,1	1994	9,6	1994	5,6
1995	12,1	1995	15,0	1995	10,0
1996	15,9	1996	14,0	1996	14,1
1997	12,6	1997	8,8	1997	
1998	13,8	1998	13,3	1998	
1999	13,9	1999	11,0	1999	
2000	10,2	2000	11,0		

⌀ Brutto-KQ (in %)		Brutto-KQ Central (in %)		Brutto-KQ SAVAG (in %)	
1994	13,0	1994	9,3	1994	16,8
1995	12,4	1995	17,7	1995	17,7
1996	11,7	1996	16,9	1996	12,8
1997	12,5	1997	17,2	1997	
1998	12,7	1998	16,2	1998	
1999	12,7	1999	12,6	1999	
2000	12,7	2000	16,6		

⌀ Brutto-SQ n.Abw. (in %)		Brutto-SQ n. Abw. Central (in %)		Brutto-SQ n. Abw. SAVAG (in %)	
1994	70,9	1994	68,1	1994	78,3
1995	66,9	1995	62,2	1995	73,6
1996	64,6	1996	60,0	1996	72,5
1997	65,2	1997	62,5	1997	
1998	65,0	1998	60,2	1998	
1999	65,8	1999	61,7	1999	
2000	66,8	2000	59,2		

Anhang

Fortsetzung Nr. 9:

ØSolvabilität (in %)		Solvabilität Central (in %)		Solvabilität SAVAG (in %)	
1994	11,8	1994	11,3	1994	13,6
1995	11,6	1995	11,0	1995	12,3
1996	12,2	1996	12,1	1996	11,7
1997	13,1	1997	12,6	1997	
1998	13,9	1998	13,6	1998	
1999	14,7	1999	14,6	1999	
2000	15,1	2000	15,5		

Zusammenschluss Nr. 10: DBV-Winterthur-Krankenversicherung AG ⇒ Partner-Gruppe Krankenversicherung AG (Fusion 1995)

∅ WR des Bestands (in %)		WR des Bestands DBV (in %)		WR des Bestands Partner-Gruppe (in %)	
1992	10,3	1992	4,3	1992	16,5
1993	12,9	1993	12,7	1993	10,4
1994	9,0	1994	18,0	1994	9,4
1995	14,7	1995	204,8	1995	
1996	6,7	1996	6,1	1996	
1997	6,0	1997	6,5	1997	
1998	4,2	1998	2,6	1998	
1999	3,1	1999	3,9	1999	
2000	4,0	2000	3,1	2000	

∅ UR (in %)		UR DBV (in %)		UR Partner-Gruppe (in %)	
1992	7,5	1992	3,6	1992	18,3
1993	11,1	1993	4,0	1993	18,9
1994	12,1	1994	14,1	1994	9,9
1995	12,1	1995	13,4	1995	
1996	15,9	1996	18,5	1996	
1997	12,6	1997	16,1	1997	
1998	13,8	1998	14,7	1998	
1999	13,9	1999	17,1	1999	
2000	10,2	2000	12,5	2000	

∅ Brutto-KQ (in %)		Brutto-KQ DBV (in %)		Brutto-KQ Partner-Gruppe (in %)	
1992	15,0	1992	9,7	1992	14,9
1993	13,8	1993	9,6	1993	13,8
1994	13,0	1994	8,5	1994	13,4
1995	12,4	1995	9,9	1995	
1996	11,7	1996	9,5	1996	
1997	12,5	1997	9,5	1997	
1998	12,7	1998	9,4	1998	
1999	12,7	1999	9,1	1999	
2000	12,7	2000	9,9	2000	

Fortsetzung Nr. 10:

Ø Brutto-SQ n. Abw. (in %)		Brutto-SQ n. Abw. DBV (in %)		Brutto-SQ n. Abw. Partner-Gruppe (in %)	
1992	76,9	1992	80,0	1992	67,4
1993	73,7	1993	79,2	1993	69,3
1994	70,9	1994	69,3	1994	67,1
1995	66,9	1995	63,7	1995	
1996	64,6	1996	59,5	1996	
1997	65,2	1997	62,0	1997	
1998	65,0	1998	60,9	1998	
1999	65,8	1999	60,6	1999	
2000	66,8	2000	62,7	2000	

Ø Solvabilität (in %)		Solvabilität DBV (in %)		Solvabilität DBV (in %)	
1992	9,9	1992	10,3	1992	9,6
1993	11,3	1993	10,4	1993	9,3
1994	11,8	1994	11,1	1994	10,2
1995	11,6	1995	10,9	1995	
1996	12,2	1996	11,2	1996	
1997	13,1	1997	11,4	1997	
1998	13,9	1998	12,1	1998	
1999	14,7	1999	17,6	1999	
2000	15,1	2000	17,5	2000	

Zusammenschluss Nr. 11: Deutsche Beamten Lebensversicherung (DBV) AG ⇒ Delfin Lebensversicherung AG und Winterthur Lebensversicherung AG (Fusion 1997)

∅ WR des Bestands (in %)		WR des Bestands DBV (in %)		WR des Bestands Delfin Leben (in %)		WR des Bestands Winterthur Leben (in %)	
1994	10,1	1994	17,6	1994	16,6	1994	7,1
1995	6,6	1995	11,5	1995	11,6	1995	-0,8
1996	4,9	1996	6,6	1996	6,1	1996	-2,2
1997	5,5	1997	54,0	1997		1997	
1998	4,6	1998	4,3	1998		1998	
1999	9,6	1999	8,4	1999		1999	
2000	6,2	2000	2,7	2000		2000	

∅ WR des NG (in %)		WR des NG DBV (in %)		WR des NG Delfin Leben (in %)		WR des NG Winterthur Leben (in %)	
1994	-0,5	1994	1,2	1994	17,4	1994	10,5
1995	-6,9	1995	-1,3	1995	2,0	1995	1,0
1996	8,6	1996	-12,7	1996	31,9	1996	-14,1
1997	1,5	1997	80,4	1997		1997	
1998	11,8	1998	-2,6	1998		1998	
1999	48,8	1999	34,2	1999		1999	
2000	-30,2	2000	-40,5	2000		2000	

∅ UR (in %)		UR DBV (in %)		UR Delfin Leben (in %)		UR Winterthur Leben (in %)	
1994	28,1	1994	29,0	1994	20,1	1994	20,0
1995	28,4	1995	27,6	1995	20,6	1995	21,3
1996	29,8	1996	26,5	1996	21,0	1996	26,0
1997	31,5	1997	25,2	1997		1997	
1998	32,7	1998	28,3	1998		1998	
1999	32,4	1999	31,6	1999		1999	
2000	33,1	2000	34,0	2000		2000	

∅ Brutto-KQ (in %)		Brutto-KQ DBV (in %)		Brutto-KQ Delfin Leben (in %)		Brutto-KQ Winterthur Leben (in %)	
1994	18,3	1994	23,1	1994	15,4	1994	20,0
1995	16,6	1995	20,8	1995	21,0	1995	18,8
1996	16,4	1996	19,3	1996	21,3	1996	18,2
1997	15,6	1997	17,8	1997		1997	
1998	15,3	1998	15,6	1998		1998	
1999	18,8	1999	16,5	1999		1999	
2000	14,4	2000	11,6	2000		2000	

∅ Solvabilität (in %)		Solvabilität DBV (in %)		Solvabilität Delfin Leben (in %)		Solvabilität Winterthur Leben (in %)	
1994	1,34	1994	1,40	1994	3,04	1994	1,24
1995	1,39	1995	1,97	1995	4,93	1995	1,57
1996	1,43	1996	2,52	1996	5,01	1996	1,64
1997	1,40	1997	2,28	1997		1997	
1998	1,46	1998	2,16	1998		1998	
1999	1,46	1999	2,11	1999		1999	
2000	1,48	2000	1,98	2000		2000	

Anhang 369

Zusammenschluss Nr. 12: Deutscher Herold Lebensversicherung AG ⇒ LV der Deutschen Bank AG (Fusion 1995)

∅ WR des Bestands (in %)		WR des Bestands Deutscher Herold (in %)		WR des Bestands Deutsche Bank (in %)	
1992	11,1	1992	12,7	1992	78,2
1993	10,8	1993	22,2	1993	46,5
1994	10,1	1994	34,0	1994	20,8
1995	6,6	1995	54,1	1995	
1996	4,9	1996	5,6	1996	
1997	5,5	1997	3,7	1997	
1998	4,6	1998	2,7	1998	
1999	9,6	1999	13,8	1999	
2000	6,2	2000	2,5	2000	

∅ WR des NG (in %)		WR des NG Deutscher Herold (in %)		WR NG Deutsche Bank (in %)	
1992	-6,9	1992	16,4	1992	7,9
1993	3,0	1993	14,7	1993	-6,6
1994	-0,5	1994	22,3	1994	-28,2
1995	-6,9	1995	24,4	1995	
1996	8,6	1996	8,0	1996	
1997	1,5	1997	-11,6	1997	
1998	11,8	1998	15,8	1998	
1999	48,8	1999	63,9	1999	
2000	-30,2	2000	-23,0	2000	

∅ UR (in %)		UR Deutscher Herold (in %)		UR Deutsche Bank (in %)	
1992	30,2	1992	28,5	1992	5,0
1993	30,9	1993	23,8	1993	4,3
1994	28,1	1994	19,8	1994	7,0
1995	28,4	1995	15,0	1995	
1996	29,8	1996	14,8	1996	
1997	31,5	1997	18,5	1997	
1998	32,7	1998	20,4	1998	
1999	32,4	1999	18,1	1999	
2000	33,1	2000	20,0	2000	

Fortsetzung Nr. 12:

Ø Brutto-KQ (in %)		Brutto-KQ Deutscher Herold (in %)		Brutto-KQ Deutsche Bank (in %)	
1992	21,6	1992	24,5	1992	18,8
1993	19,7	1993	23,0	1993	14,2
1994	18,3	1994	20,5	1994	11,1
1995	16,6	1995	17,2	1995	
1996	16,4	1996	16,5	1996	
1997	15,6	1997	14,7	1997	
1998	15,3	1998	16,3	1998	
1999	18,8	1999	20,7	1999	
2000	14,4	2000	18,7	2000	

Ø Solvabilität (in %)		Solvabilität Deutscher Herold (in %)		Solvabilität Deutsche Bank (in %)	
1992	1,27	1992	1,22	1992	16,59
1993	1,30	1993	1,18	1993	8,97
1994	1,34	1994	1,27	1994	5,86
1995	1,39	1995	1,74	1995	
1996	1,43	1996	1,58	1996	
1997	1,40	1997	1,49	1997	
1998	1,46	1998	1,45	1998	
1999	1,46	1999	1,43	1999	
2000	1,48	2000	1,44	2000	

Anhang 371

Zusammenschluss Nr. 13: Generali Münchener Lebensversicherung AG ⇒ Generali Lebensversicherung AG (Fusion 1994)

Ø WR des Bestands (in %)		WR des Bestands Generali M (in %)		WR des Bestands Generali (in %)	
1991	13,9	1991	7,5	1991	30,1
1992	11,1	1992	7,6	1992	4,8
1993	10,8	1993	7,7	1993	11,3
1994	10,1	1994	119,8	1994	
1995	6,6	1995	-1,5	1995	
1996	4,9	1996	7,1	1996	
1997	5,5	1997	38,4	1997	
1998	4,6	1998	77,9	1998	
1999	9,6	1999	13,2	1999	
2000	6,2	2000	0,1	2000	

WR des NG (in %)		WR des NG Generali M (in %)		WR des NG Generali (in %)	
1991	27,7	1991	14,7	1991	28,3
1992	-6,9	1992	9,9	1992	83,9
1993	3,0	1993	6,5	1993	35,8
1994	-0,5	1994	30,2	1994	
1995	-6,9	1995	40,1	1995	
1996	8,6	1996	26,1	1996	
1997	1,5	1997	9,5	1997	
1998	11,8	1998	66,8	1998	
1999	48,8	1999	36,6	1999	
2000	30,2	2000	18,2	2000	

Ø UR (in %)		UR Generali M (in %)		UR Generali (in %)	
1991	31,1	1991	37,2	1991	26,2
1992	30,2	1992	36,5	1992	26,5
1993	30,9	1993	38,1	1993	31,6
1994	28,1	1994	28,8	1994	
1995	28,4	1995	31,0	1995	
1996	29,8	1996	30,8	1996	
1997	31,5	1997	22,4	1997	
1998	32,7	1998	23,4	1998	
1999	32,4	1999	27,1	1999	
2000	33,1	2000	25,8	2000	

Fortsetzung Nr. 13:

∅ Brutto-KQ (in %)		Brutto-KQ Generali M (in %)		Brutto-KQ Generali (in %)	
1991	24,8	1991	17,9	1991	18,8
1992	21,6	1992	16,8	1992	19,9
1993	19,7	1993	16,2	1993	13,9
1994	18,3	1994	15,4	1994	
1995	16,6	1995	20,3	1995	
1996	16,4	1996	22,5	1996	
1997	15,6	1997	14,7	1997	
1998	15,3	1998	15,3	1998	
1999	18,8	1999	16,4	1999	
2000	14,4	2000	12,9	2000	

∅ Solvabilität (in %)		Solvabilität Generali M (in %)		Solvabilität Generali (in %)	
1991	1,28	1991	1,10	1991	1,56
1992	1,27	1992	1,07	1992	1,41
1993	1,30	1993	0,99	1993	1,62
1994	1,34	1994	1,10	1994	
1995	1,39	1995	1,04	1995	
1996	1,43	1996	0,97	1996	
1997	1,40	1997	0,87	1997	
1998	1,46	1998	0,68	1998	
1999	1,46	1999	0,63	1999	
2000	1,48	2000	0,66	2000	

Anhang 373

Zusammenschluss Nr. 14: Generali (Münchener) Lloyd Lebensversicherung AG ⇒ Deutscher Lloyd Lebensversicherung AG (Bestandsübernahme 1998)

Ø WR des Bestands (in %)		WR des Bestands Generali M (in %)		WR des Bestands Deutscher Lloyd (in %)	
1995	6,6	1995	-1,5	1995	12,7
1996	4,9	1996	7,1	1996	13,9
1997	5,5	1997	38,4	1997	5,7
1998	4,6	1998	177,9	1998	
1999	9,6	1999	13,2	1999	
2000	6,2	2000	0,1	2000	

Ø WR des NG (in %)		WR des NG Generali M (in %)		WR des NG Deutscher Lloyd (in %)	
1995	-6,9	1995	40,1	1995	42,3
1996	8,6	1996	26,1	1996	0,9
1997	1,5	1997	9,5	1997	24,3
1998	11,8	1998	166,8	1998	
1999	48,8	1999	36,6	1999	
2000	-30,2	2000	-18,2	2000	

Ø UR (in %)		UR Generali M (in %)		UR Deutscher Lloyd (in %)	
1995	28,4	1995	31,0	1995	33,1
1996	29,8	1996	30,8	1996	30,2
1997	31,5	1997	22,4	1997	29,7
1998	32,7	1998	23,4	1998	
1999	32,4	1999	27,1	1999	
2000	33,1	2000	25,8	2000	

Ø Brutto-KQ (in %)		Brutto-KQ Generali M (in %)		Brutto-KQ Deutscher Lloyd (in %)	
1995	16,6	1995	20,3	1995	16,1
1996	16,4	1996	22,5	1996	14,0
1997	15,6	1997	14,7	1997	15,3
1998	15,3	1998	15,3	1998	
1999	18,8	1999	16,4	1999	
2000	14,4	2000	12,9	2000	

Ø Solvabilität (in %)		Solvabilität Generali M (in %)		Solvabilität Deutscher Lloyd (in %)	
1995	1,39	1995	1,04	1995	1,35
1996	1,43	1996	1,97	1996	1,31
1997	1,40	1997	0,87	1997	1,31
1998	1,46	1998	0,68	1998	
1999	1,46	1999	0,63	1999	
2000	1,48	2000	0,66	2000	

Zusammenschluss Nr. 15: Gerling-Konzern Allgemeine AG ⇒ Gerling-Konzern Rechtsschutzversicherung AG (Fusion 1998)

Ø WR des Bestands (in %)		WR des Bestands Gerling Allg. (in %)		WR des Bestands Gerling Rechtss. (in %)	
1995	4,5	1995	5,0	1995	7,6
1996	0,6	1996	4,2	1996	3,5
1997	-0,3	1997	4,3	1997	4,9
1998	-2,0	1998	-0,8	1998	
1999	0,7	1999	0,7	1999	
2000	2,0	2000	12,6	2000	

Ø UR (in %)		UR Gerling Allg. (in %)		UR Gerling Rechtss. (in %)	
1995	3,5	1995	2,2	1995	7,3
1996	4,1	1996	2,1	1996	6,1
1997	4,5	1997	2,2	1997	10,3
1998	4,3	1998	2,3	1998	
1999	4,1	1999	2,3	1999	
2000	5,2	2000	0,7	2000	

Ø Brutto-KQ (in %)		Brutto-KQ Gerling Allg. (in %)		Brutto-KQ Gerling Rechtss. (in %)	
1995	24,1	1995	24,6	1995	37,4
1996	24,4	1996	25,6	1996	39,3
1997	25,1	1997	26,7	1997	39,0
1998	26,5	1998	26,5	1998	
1999	26,5	1999	27,1	1999	
2000	26,6	2000	28,1	2000	

Ø Brutto-SQ n. Abw. (in %)		Brutto-SQ n. Abw. Gerling Allg. (in %)		Brutto-SQ n. Abw. Gerling Rechtss. (in %)	
1995	69,8	1995	76,3	1995	60,5
1996	69,7	1996	72,4	1996	61,5
1997	69,4	1997	72,2	1997	60,7
1998	70,2	1998	79,2	1998	
1999	75,3	1999	89,5	1999	
2000	74,7	2000	78,1	2000	

Ø Solvabilität (in %)		Solvabilität Gerling Allg. (in %)		Solvabilität Gerling Rechtss. (in %)	
1995	56,6	1995	45,8	1995	45,0
1996	64,0	1996	55,0	1996	45,4
1997	69,0	1997	59,0	1997	49,9
1998	73,1	1998	60,0	1998	
1999	75,1	1999	56,2	1999	
2000	78,2	2000	50,8	2000	

Zusammenschluss Nr. 16: IDUNA Vereinigte Lebensversicherung a.G ⇒ ADLER Lebensversicherung AG (Fusion 1996)

⌀ WR des Bestands (in %)		WR des Bestands IDUNA (in %)		WR des Bestands ADLER Leben (in %)	
1993	10,8	1993	3,7	1993	0,5
1994	10,1	1994	1,8	1994	-1,6
1995	6,6	1995	1,2	1995	-3,4
1996	4,9	1996	-3,9	1996	
1997	5,5	1997	-1,4	1997	
1998	4,6	1998	0,8	1998	
1999	9,6	1999	2,0	1999	
2000	6,2	2000	25,8	2000	

⌀ WR des NG (in %)		WR des NG IDUNA (in %)		WR des NG ADLER Leben (in %)	
1993	3,0	1993	-31,0	1993	-32,6
1994	-0,5	1994	-22,4	1994	-18,7
1995	-6,9	1995	-10,7	1995	- 9,3
1996	8,6	1996	-12,7	1996	
1997	1,5	1997	-2,9	1997	
1998	11,8	1998	8,4	1998	
1999	48,8	1999	62,0	1999	
2000	-30,2	2000	-26,5	2000	

⌀ UR (in %)		UR IDUNA (in %)		UR ADLER Leben (in %)	
1993	30,9	1993	29,5	1993	34,6
1994	28,1	1994	28,1	1994	31,1
1995	28,4	1995	28,0	1995	40,9
1996	29,8	1996	32,4	1996	
1997	31,5	1997	34,9	1997	
1998	32,7	1998	39,5	1998	
1999	32,4	1999	38,3	1999	
2000	33,1	2000	32,1	2000	

⌀ Brutto-KQ (in %)		Brutto-KQ IDUNA (in %)		Brutto-KQ ADLER Leben (in %)	
1993	19,7	1993	20,1	1993	15,6
1994	18,3	1994	17,6	1994	12,6
1995	16,6	1995	17,9	1995	11,4
1996	16,4	1996	18,3	1996	
1997	15,6	1997	17,2	1997	
1998	15,3	1998	15,5	1998	
1999	18,8	1999	18,9	1999	
2000	14,4	2000	14,7	2000	

Fortsetzung Nr. 16:

∅ Solvabilität (in %)		Solvabilität IDUNA (in %)		Solvabilität ADLER Leben (in %)	
1993	1,30	1993	0,94	1993	1,93
1994	1,34	1994	1,10	1994	1,86
1995	1,39	1995	1,14	1995	1,82
1996	1,43	1996	1,15	1996	
1997	1,40	1997	1,18	1997	
1998	1,46	1998	1,18	1998	
1999	1,46	1999	1,21	1999	
2000	1,48	2000	1,12	2000	

Zusammenschluss Nr. 17: IDUNA Vereinigte Lebensversicherung a.G ⇒ NOVA Lebensversicherung AG (Bestandsübernahme 1998)

⌀ WR des Bestands (in %)		WR des Bestands IDUNA (in %)		Entw. Beiträge NOVA Leben (in %)	
1995	6,6	1995	1,2	1995	-1,3
1996	4,9	1996	-3,9	1996	-0,2
1997	5,5	1997	-1,4	1997	1,3
1998	4,6	1998	0,8	1998	
1999	9,6	1999	2,0	1999	
2000	6,2	200	25,8	2000	

⌀ WR des NG (in %)		WR des NG IDUNA (in %)		WR des NG NOVA Leben (in %)	
1995	-6,9	1995	-10,7	1995	18,3
1996	8,6	1996	-12,7	1996	1,1
1997	1,5	1997	-2,9	1997	-21,5
1998	11,8	1998	8,4	1998	
1999	48,8	1999	62,0	1999	
2000	-30,2	2000	-26,5	2000	

⌀ UR (in %)		UR IDUNA (in %)		UR NOVA Leben (in %)	
1995	28,4	1995	28,0	1995	26,2
1996	29,8	1996	32,4	1996	29,3
1997	31,5	1997	34,9	1997	31,2
1998	32,7	1998	39,5	1998	
1999	32,4	1999	38,3	1999	
2000	33,1	2000	32,1	2000	

⌀ Brutto-KQ (in %)		Brutto-KQ IDUNA (in %)		Brutto-KQ NOVA Leben (in %)	
1995	16,6	1995	17,9	1995	17,1
1996	16,4	1996	18,3	1996	17,7
1997	15,6	1997	17,2	1997	15,7
1998	15,3	1998	15,5	1998	
1999	18,8	1999	18,9	1999	
2000	14,4	2000	14,7	2000	

⌀ Solvabilität (in %)		Solvabilität IDUNA (in %)		Solvabilität NOVA Leben (in %)	
1995	1,39	1995	1,14	1995	1,03
1996	1,43	1996	1,15	1996	0,95
1997	1,40	1997	1,18	1997	0,90
1998	1,46	1998	1,18	1998	
1999	1,46	1999	1,21	1999	
2000	1,48	2000	1,12	2000	

Zusammenschluss Nr. 18: NOVA Allgemeine Versicherung AG ⇒ NOVA Unfallversicherung AG (Fusion 1998)

∅ WR des Bestands (in %)		WR des Bestands NOVA Allg. (in %)		WR des Bestands NOVA Unfall (in %)	
1995	4,5	1995	6,0	1995	-2,0
1996	0,6	1996	-1,9	1996	-4,0
1997	-0,3	1997	2,7	1997	-3,2
1998	-2,0	1998	6,5	1998	
1999	0,7	1999	-5,5	1999	
2000	2,0	2000	-0,1	2000	

∅ UR (in %)		UR NOVA Allg. (in %)		UR NOVA Unfall (in %)	
1995	3,5	1995	9,8	1995	12,1
1996	4,1	1996	11,3	1996	15,0
1997	4,5	1997	12,6	1997	28,5
1998	4,3	1998	19,3	1998	
1999	4,1	1999	10,1	1999	
2000	5,2	2000	29,4	2000	

∅ Brutto-KQ (in %)		Brutto-KQ NOVA Allg. (in %)		Brutto-KQ NOVA Unfall (in %)	
1995	24,1	1995	30,2	1995	43,9
1996	24,4	1996	30,1	1996	43,1
1997	25,1	1997	32,2	1997	41,0
1998	26,5	1998	36,3	1998	
1999	26,5	1999	36,9	1999	
2000	26,6	2000	37,5	2000	

∅ Brutto-SQ n. Abw. (in %)		Brutto-SQ n. Abw. NOVA Allg. (in %)		Brutto-SQ n. Abw. NOVA Unfall (in %)	
1995	69,8	1995	58,4	1995	42,0
1996	69,7	1996	61,5	1996	40,3
1997	69,4	1997	69,2	1997	36,7
1998	70,2	1998	71,3	1998	
1999	75,3	1999	70,4	1999	
2000	74,7	2000	57,5	2000	

∅ Solvabilität (in %)		Solvabilität NOVA Allg. (in %)		Solvabilität NOVA Unfall (in %)	
1995	56,6	1995	63,5	1995	60,9
1996	64,0	1996	71,6	1996	65,3
1997	69,0	1997	71,8	1997	80,1
1998	73,1	1998	72,3	1998	
1999	75,1	1999	68,5	1999	
2000	78,2	2000	86,6	2000	

Anhang

Zusammenschluss Nr. 19: Stuttgarter Lebensversicherung VVaG ⇒ Direkte Leben AG
(Bestandsübernahme 1995)

⌀ WR des Bestands (in %)		WR des Bestands Stuttgarter Leben (in %)		WR des Bestands Direkte Leben (in %)	
1992	11,1	1992	7,1	1992	11,3
1993	10,8	1993	2,8	1993	-20,9
1994	10,1	1994	5,5	1994	-22,5
1995	6,6	1995	11,0	1995	
1996	4,9	1996	5,2	1996	
1997	5,5	1997	4,8	1997	
1998	4,6	1998	2,2	1998	
1999	9,6	1999	2,7	1999	
2000	6,2	2000	0	2000	

⌀ WR des NG (in %)		WR des NG Stuttgarter Leben (in %)		WR des NG Direkte Leben (in %)	
1992	-6,9	1992	-24,5	1992	-87,3
1993	3,0	1993	0,1	1993	-57,0
1994	-0,5	1994	6,5	1994	45,6
1995	-6,9	1995	-0,1	1995	
1996	8,6	1996	25,7	1996	
1997	1,5	1997	3,0	1997	
1998	11,8	1998	37,1	1998	
1999	48,8	1999	-12,9	1999	
2000	-30,2	2000	-48,8	2000	

⌀ UR (in %)		UR Stuttgarter Leben (in %)		UR Direkte Leben (in %)	
1992	30,2	1992	27,4	1992	13,0
1993	30,9	1993	29,5	1993	13,9
1994	28,1	1994	27,9	1994	-0,8
1995	28,4	1995	34,2	1995	
1996	29,8	1996	31,8	1996	
1997	31,5	1997	29,1	1997	
1998	32,7	1998	32,4	1998	
1999	32,4	1999	29,8	1999	
2000	33,1	2000	36,4	2000	

Fortsetzung Nr. 19:

∅ Brutto-KQ (in %)		Brutto-KQ Stuttgarter Leben (in %)		Brutto-KQ Direkte Leben (in %)	
1992	21,6	1992	23,4	1992	16,0
1993	19,7	1993	23,5	1993	12,5
1994	18,3	1994	24,8	1994	15,4
1995	16,6	1995	22,4	1995	
1996	16,4	1996	23,7	1996	
1997	15,6	1997	22,5	1997	
1998	15,3	1998	25,0	1998	
1999	18,8	1999	23,3	1999	
2000	14,4	2000	18,2	2000	

∅ Solvabilität (in %)		Solvabilität Stuttgarter Leben (in %)		Solvabilität Direkte Leben (in %)	
1992	1,27	1992	1,11	1992	1,58
1993	1,30	1993	1,13	1993	1,49
1994	1,34	1994	1,12	1994	2,98
1995	1,39	1995	1,10	1995	
1996	1,43	1996	1,16	1996	
1997	1,40	1997	1,21	1997	
1998	1,46	1998	1,28	1998	
1999	1,46	1999	1,24	1999	
2000	1,48	2000	1,21	2000	

Anhang 381

Zusammenschluss Nr. 20: Vereinigte Postversicherung a.G ⇒ Kölner Postversicherung VvaG
(Fusion 1998)

⌀ WR des Bestands (in %)		WR des Bestands Vereinigte Post (in %)		WR des Bestands Kölner Post (in %)	
1995	6,6	1995	1,9	1995	5,4
1996	4,9	1996	3,9	1996	2,2
1997	5,5	1997	2,6	1997	0,7
1998	4,6	1998	61,4	1998	
1999	9,6	1999	-3,6	1999	
2000	6,2	2000	-3,8	2000	

⌀ WR des NG (in %)		WR des NG Vereinigte Post (in %)		WR des NG Kölner Post (in %)	
1995	-6,9	1995	-33,8	1995	7,8
1996	8,6	1996	16,4	1996	-3,9
1997	1,5	1997	-10,2	1997	-19,6
1998	11,8	1998	27,3	1998	
1999	48,8	1999	8,2	1999	
2000	-30,2	2000	-64,3	2000	

⌀ UR (in %)		UR Vereinigte Post (in %)		UR Kölner Post (in %)	
1995	28,4	1995	32,7	1995	26,4
1996	29,8	1996	31,3	1996	13,4
1997	31,5	1997	33,2	1997	16,5
1998	32,7	1998	27,8	1998	
1999	32,4	1999	28,2	1999	
2000	33,1	2000	32,5	2000	

⌀ Brutto-KQ (in %)		Brutto-KQ Vereinigte Post (in %)		Brutto-KQ Kölner Post (in %)	
1995	16,6	1995	11,5	1995	17,3
1996	16,4	1996	12,1	1996	16,2
1997	15,6	1997	10,9	1997	15,0
1998	15,3	1998	10,9	1998	
1999	18,8	1999	10,8	1999	
2000	14,4	2000	9,2	2000	

⌀ Solvabilität (in %)		Solvabilität Vereinigte Post (in %)		Solvabilität Kölner Post (in %)	
1995	1,39	1995	0,87	1995	1,04
1996	1,43	1996	0,79	1996	0,86
1997	1,40	1997	0,66	1997	0,83
1998	1,46	1998	0,93	1998	
1999	1,46	1999	0,97	1999	
2000	1,48	2000	0,99	2000	

Zusammenschluss Nr. 21: Vereinte Lebensversicherung AG ⇒ Magdeburger Lebensversicherung AG (Fusion 1993)

	∅ WR des Bestands (in %)		WR des Bestands Vereinte Leben (in %)		WR des Bestands Magdeburger Leben (in %)
1990	9,4	1990	7,8	1990	8,6
1991	13,9	1991	8,6	1991	8,1
1992	11,1	1992	7,6	1992	0,5
1993	10,8	1993	60,6	1993	
1994	10,1	1994	5,7	1994	
1995	6,6	1995	3,2	1995	
1996	4,9	1996	1,2	1996	
1997	5,5	1997	1,1	1997	
1998	4,6	1998	0	1998	
1999	9,6	1999	1,7	1999	
2000	6,2	2000	0	2000	

	∅ WR des NG (in %)		WR des NG Vereinte Leben (in %)		WR des NG Magdeburger Leben (in %)
1990	26,6	1990	9,9	1990	0,1
1991	27,7	1991	14,4	1991	12,2
1992	-6,9	1992	8,6	1992	-3,0
1993	3,0	1993	35,9	1993	
1994	-0,5	1994	-17,0	1994	
1995	-6,9	1995	-12,3	1995	
1996	8,6	1996	-5,1	1996	
1997	1,5	1997	-4,4	1997	
1998	11,8	1998	-4,9	1998	
1999	48,8	1999	64,9	1999	
2000	-30,2	2000	-60,1	2000	

	∅ UR (in %)		UR Vereinte Leben (in %)		UR Magdeburger Leben (in %)
1990	28,7	1990	24,4	1990	20,4
1991	31,1	1991	36,4	1991	33,0
1992	30,2	1992	37,3	1992	27,4
1993	30,9	1993	38,8	1993	
1994	28,1	1994	36,5	1994	
1995	28,4	1995	39,7	1995	
1996	29,8	1996	42,4	1996	
1997	31,5	1997	42,1	1997	
1998	32,7	1998	40,7	1998	
1999	32,4	1999	40,0	1999	
2000	33,1	2000	37,6	2000	

Fortsetzung Nr. 21:

Ø Brutto-KQ (in %)		Brutto-KQ Vereinte Leben (in %)		Brutto-KQ Magdeburger Leben (in %)	
1990	23,2	1990	20,9	1990	21,0
1991	24,8	1991	23,2	1991	22,4
1992	21,6	1992	23,3	1992	20,5
1993	19,7	1993	19,1	1993	
1994	18,3	1994	16,6	1994	
1995	16,6	1995	15,9	1995	
1996	16,4	1996	15,3	1996	
1997	15,6	1997	14,4	1997	
1998	15,3	1998	14,0	1998	
1999	18,8	1999	16,8	1999	
2000	14,4	2000	14,4	2000	

Ø Solvabilität (in %)		Solvabilität Vereinte Leben (in %)		Solvabilität Magdeburger Leben (in %)	
1990	1,19	1990	0,84	1990	0,60
1991	1,28	1991	0,93	1991	0,55
1992	1,27	1992	0,90	1992	1,44
1993	1,30	1993	1,00	1993	
1994	1,34	1994	1,04	1994	
1995	1,39	1995	1,02	1995	
1996	1,43	1996	1,03	1996	
1997	1,40	1997	1,12	1997	
1998	1,46	1998	1,06	1998	
1999	1,46	1999	1,01	1999	
2000	1,48	2000	1,00	2000	

Zusammenschluss Nr. 22: Vereinte Versicherung AG ⇒ Magdeburger Versicherung AG (Fusion 1994)

∅ WR des Bestands (in %)		WR des Bestands Vereinte (in %)		WR des Bestands Magdeburger (in %)	
1991	17,5	1991	9,6	1991	2,8
1992	9,3	1992	8,8	1992	4,5
1993	9,7	1993	6,7	1993	4,2
1994	6,4	1994	8,2	1994	
1995	4,5	1995	-0,2	1995	
1996	0,6	1996	-0,1	1996	
1997	-0,3	1997	-4,1	1997	
1998	-2,0	1998	-5,4	1998	
1999	0,7	1999	-5,8	1999	
2000	2,0	2000	-3,0	2000	

∅ UR (in %)		UR Vereinte (in %)		UR Magdeburger (in %)	
1991	1,4	1991	2,3	1991	3,3
1992	1,8	1992	1,5	1992	3,3
1993	3,2	1993	3,0	1993	2,2
1994	2,9	1994	2,2	1994	
1995	3,5	1995	2,8	1995	
1996	4,1	1996	3,5	1996	
1997	4,5	1997	5,2	1997	
1998	4,3	1998	4,6	1998	
1999	4,1	1999	2,9	1999	
2000	5,2	2000	4,8	2000	

∅ Brutto-KQ (in %)		Brutto-KQ Vereinte (in %)		Brutto-KQ Magdeburger (in %)	
1991	24,9	1991	28,4	1991	30,8
1992	24,5	1992	29,1	1992	31,3
1993	23,8	1993	29,6	1993	29,8
1994	23,0	1994	30,0	1994	
1995	24,1	1995	30,7	1995	
1996	24,4	1996	28,8	1996	
1997	25,1	1997	29,1	1997	
1998	26,5	1998	32,2	1998	
1999	26,5	1999	29,6	1999	
2000	26,6	2000	31,5	2000	

Fortsetzung Nr. 22:

Ø Brutto-SQ n. Abw. (in %)		Brutto-SQ n. Abw. Vereinte (in %)		Brutto-SQ n. Abw. Magdeburger (in %)	
1991	75,1	1991	75,5	1991	77,1
1992	76,5	1992	74,4	1992	68,9
1993	76,4	1993	73,2	1993	69,9
1994	71,8	1994	70,0	1994	
1995	69,8	1995	71,5	1995	
1996	69,7	1996	70,2	1996	
1997	69,4	1997	72,7	1997	
1998	70,2	1998	70,6	1998	
1999	75,3	1999	70,2	1999	
2000	74,7	2000	63,9	2000	

Ø Solvabilität (in %)		Solvabilität Vereinte (in %)		Solvabilität Magdeburger (in %)	
1991	48,3	1991	33,8	1991	48,6
1992	47,3	1992	36,8	1992	46,5
1993	46,0	1993	33,1	1993	41,4
1994	48,2	1994	33,6	1994	
1995	56,6	1995	43,4	1995	
1996	64,0	1996	46,0	1996	
1997	69,0	1997	53,2	1997	
1998	73,1	1998	57,7	1998	
1999	75,1	1999	59,5	1999	
2000	78,2	2000	66,6	2000	

Zusammenschluss Nr. 23: W & B Versicherung AG ⇒ Elektra Versicherung AG
(Bestandsübernahme 1994)

	∅ WR des Bestands (in %)		WR des Bestands W & B (in %)		WR des Bestands Elektra (in %)
1991	17,5	1991	1,4	1991	3,9
1992	9,3	1992	2,1	1992	5,7
1993	9,7	1993	9,3	1993	6,7
1994	6,4	1994	69,7	1994	
1995	4,5	1995	8,9	1995	
1996	0,6	1996	1,1	1996	
1997	-0,3	1997	3,1	1997	
1998	-2,0	1998	-3,1	1998	
1999	0,7	1999	16,9	1999	
2000	2,0	2000	0,6	2000	

	∅ UR (in %)		UR W & B (in %)		UR Elektra (in %)
1991	1,4	1991	1,2	1991	5,5
1992	1,8	1992	1,0	1992	4,9
1993	3,2	1993	1,9	1993	33,8
1994	2,9	1994	0,9	1994	
1995	3,5	1995	0,8	1995	
1996	4,1	1996	0,8	1996	
1997	4,5	1997	0,8	1997	
1998	4,3	1998	0,9	1998	
1999	4,1	1999	0,4	1999	
2000	5,2	2000	0,4	2000	

	∅ Brutto-KQ (in %)		Brutto-KQ W & B (in %)		Brutto-KQ Elektra (in %)
1991	24,9	1991	29,3	1991	38,3
1992	24,5	1992	28,5	1992	36,7
1993	23,8	1993	29,0	1993	36,3
1994	23,0	1994	34,6	1994	
1995	24,1	1995	35,0	1995	
1996	24,4	1996	34,9	1996	
1997	25,1	1997	34,2	1997	
1998	26,5	1998	36,3	1998	
1999	26,5	1999	44,0	1999	
2000	26,6	2000	41,8	2000	

Fortsetzung Nr. 23:

ØBrutto-SQ n. Abw. (in %)		Brutto-SQ n. Abw. W & B (in %)		Brutto-SQ n. Abw. Elektra (in %)	
1991	75,1	1991	80,1	1991	53,6
1992	76,5	1992	74,0	1992	55,1
1993	76,4	1993	74,4	1993	65,3
1994	71,8	1994	62,4	1994	
1995	69,8	1995	60,4	1995	
1996	69,7	1996	61,2	1996	
1997	69,4	1997	68,3	1997	
1998	70,2	1998	71,4	1998	
1999	75,3	1999	70,1	1999	
2000	74,7	2000	69,5	2000	

ØSolvabilität (in %)		Solvabilität W & B (in %)		Solvabilität Elektra (in %)	
1991	48,3	1991	32,3	1991	75,3
1992	47,3	1992	28,3	1992	67,1
1993	46,0	1993	32,3	1993	98,3
1994	48,2	1994	37,5	1994	
1995	56,6	1995	39,3	1995	
1996	64,0	1996	41,6	1996	
1997	69,0	1997	40,0	1997	
1998	73,1	1998	45,8	1998	
1999	75,1	1999	43,0	1999	
2000	78,2	2000	42,8	2000	

Zusammenschluss Nr. 24: W & B Versicherung AG ⇒ Nord-Deutsche Versicherung AG (Bestandsübernahme 1998)

Ø WR des Bestands (in %)		WR des Bestands W & B (in %)		WR des Bestands Nord-Deutsche (in %)	
1995	4,5	1995	8,9	1995	4,8
1996	0,6	1996	1,1	1996	9,7
1997	-0,3	1997	3,1	1997	-1,7
1998	-2,0	1998	-3,1	1998	
1999	0,7	1999	16,9	1999	
2000	2,0	2000	0,6	2000	

Ø UR (in %)		UR W & B (in %)		UR Nord-Deutsche (in %)	
1995	3,5	1995	0,8	1995	4,5
1996	4,1	1996	0,8	1996	0,2
1997	4,5	1997	0,8	1997	10,0
1998	4,3	1998	0,9	1998	
1999	4,1	1999	0,4	1999	
2000	5,2	2000	0,4	2000	

Ø Brutto-KQ (in %)		Brutto-KQ W & B (in %)		Brutto-KQ Nord-Deutsche (in %)	
1995	24,1	1995	35,0	1995	33,4
1996	24,4	1996	34,9	1996	34,3
1997	25,1	1997	34,2	1997	35,0
1998	26,5	1998	36,3	1998	
1999	26,5	1999	44,0	1999	
2000	26,6	2000	41,8	2000	

Ø Brutto-SQ n. Abw. (in %)		Brutto-SQ n. Abw. W & B (in %)		Brutto-SQ n. Abw. Nord-Deutsche (in %)	
1995	69,8	1995	60,4	1995	60,2
1996	69,7	1996	61,2	1996	61,8
1997	69,4	1997	68,3	1997	72,6
1998	70,2	1998	71,4	1998	
1999	75,3	1999	70,1	1999	
2000	74,7	2000	69,5	2000	

Ø Solvabilität (in %)		Solvabilität W & B (in %)		Solvabilität Nord-Deutsche (in %)	
1995	56,6	1995	39,3	1995	131,9
1996	64,0	1996	41,6	1996	125,9
1997	69,0	1997	40,0	1997	123,7
1998	73,1	1998	45,8	1998	
1999	75,1	1999	43,0	1999	
2000	78,2	2000	42,8	2000	

Anhang 389

Zusammenschluss Nr. 25: **Württembergische Versicherung AG ⇒ Württembergische Rechtsschutzversicherung AG (Fusion 1996)**

∅ WR des Bestands (in %)		WR des Bestands Württembergische (in %)		WR des Bestands W. Rechtsschutz (in %)	
1993	9,7	1993	11,9	1993	5,4
1994	6,4	1994	9,6	1994	4,2
1995	4,5	1995	0,2	1995	-1,5
1996	0,6	1996	5,0	1996	
1997	-0,3	1997	3,9	1997	
1998	-2,0	1998	0,6	1998	
1999	0,7	1999	3,0	1999	
2000	2,0	2000	14,3	2000	

∅ UR (in %)		UR Württembergische (in %)		UR W. Rechtsschutz (in %)	
1993	3,2	1993	1,8	1993	5,8
1994	2,9	1994	1,9	1994	3,2
1995	3,5	1995	2,0	1995	-0,5
1996	4,1	1996	2,5	1996	
1997	4,5	1997	2,6	1997	
1998	4,3	1998	3,7	1998	
1999	4,1	1999	1,6	1999	
2000	5,2	2000	1,4	2000	

∅ Brutto-KQ (in %)		Brutto-KQ Württembergische (in %)		Brutto-KQ W. Rechtsschutz (in %)	
1993	23,8	1993	26,3	1993	36,0
1994	23,0	1994	26,1	1994	36,5
1995	24,1	1995	28,4	1995	42,0
1996	24,4	1996	27,3	1996	
1997	25,1	1997	27,8	1997	
1998	26,5	1998	28,2	1998	
1999	26,5	1999	28,1	1999	
2000	26,6	2000	29,5	2000	

∅ Brutto-SQ n. Abw. (in %)		Brutto-SQ n. Abw. Württembergische (in %)		Brutto-SQ n. Abw. W. Rechtsschutz (in %)	
1993	76,4	1993	65,4	1993	70,0
1994	71,8	1994	62,5	1994	76,6
1995	69,8	1995	72,4	1995	78,2
1996	69,7	1996	68,8	1996	
1997	69,4	1997	70,9	1997	
1998	70,2	1998	72,0	1998	
1999	75,3	1999	80,4	1999	
2000	74,7	2000	78,0	2000	

Fortsetzung Nr. 25:

⌀ Solvabilität (in %)		Solvabilität Württembergische (in %)		Solvabilität W. Rechtsschutz (in %)	
1993	46,0	1993	29,0	1993	63,7
1994	48,2	1994	29,5	1994	52,9
1995	56,6	1995	32,2	1995	16,8
1996	64,0	1996	36,8	1996	
1997	69,0	1997	37,8	1997	
1998	73,1	1998	41,3	1998	
1999	75,1	1999	38,7	1999	
2000	78,2	2000	34,0	2000	

Tab. 3: Ergebnisse des paarweisen, zweiseitigen T-Tests und der Varianzanalyse

T-Test alle

Statistik bei einer Stichprobe

	N	Mittelwert	Standard-abweichung	Standard-fehler des Mittelwertes
DVBB	25	9,9560	15,5937	3,1187
DVSN	11	9,7091	13,7188	4,1364
DUR	25	,3760	5,3046	1,0609
DBK	25	-,2920	3,6358	,7272
DBSCH	14	3,2071	5,6333	1,5056
DSOLF	12	-16,7750	16,3440	4,7181
DSOL	25	-5,5960	7,9389	1,5878

Test bei einer Stichprobe

	Testwert = 0					
	T	df	Sig. (2-seitig)	Mittlere Differenz	95 % Konfidenzintervall der Differenz	
					Untere	Obere
DVBB	3,192	24	,004	9,9560	3,5192	16,3928
DVSN	2,347	10	,041	9,7091	,4927	18,9255
DUR	,354	24	,726	,3760	-1,8136	2,5656
DBK	-,402	24	,692	-,2920	-1,7928	1,2088
DBSCH	2,130	13	,053	3,2071	-4,5E-02	6,4597
DSOLF	-3,555	11	,005	-16,7750	-27,1595	-6,3905
DSOL	-3,524	24	,002	-5,5960	-8,8730	-2,3190

T-Test Sparte Krankenversicherung

Statistik bei einer Stichprobe

	N	Mittelwert	Standard-abweichung	Standard-fehler des Mittelwertes
DVBB	2	8,200	7,4953	5,3000
DVSN	0[a,b]	,	,	,
DUR	2	,3500	1,0607	,7500
DBK	2	-2,2500	3,0406	2,1500
DBSCH	2	-4,0000	2,2627	1,6000
DSOLF	0[a,b]	,	,	,
DSOL	2	,8500	1,7678	1,2500

a. T kann nicht berechnet werden, da die Summe der Fallgewichtungen kleiner als oder gleich 1 ist.

b. T kann nicht berechnet werden, Es sind keine gültigen Fälle für die Analyse vorhanden, da alle Fallgewichtungen nichtpositiv sind.

Test bei einer Stichprobe

	Testwert = 0					
	T	df	Sig. (2-seitig)	Mittlere Differenz	95 % Konfidenzintervall der Differenz	
					Untere	Obere
DVBB	1,547	1	,365	8,2000	-59,1429	75,5429
DUR	,467	1	,722	,3500	-9,1797	9,8797
DBK	-1,047	1	,486	-2,2500	-29,5683	25,0683
DBSCH	-2,500	1	,242	-4,0000	-24,3299	16,3299
DSOL	,680	1	,620	,8500	-15,0328	16,7328

T-Test Sparte Lebensversicherung

Statistik bei einer Stichprobe

	N	Mittelwert	Standard-abweichung	Standard-fehler des Mittelwertes
DVBB	11	13,4818	20,5284	6,1895
DVSN	11	9,7091	13,7188	4,1364
DUR	11	2,8545	5,9839	1,8042
DBK	11	,5273	3,4047	1,0266
DBSCH	0[a,b]	,	,	,
DSOLF	0[a,b]	,	,	,
DSOL	11	-,6909	1,3118	,3955

a. T kann nicht berechnet werden, da die Summe der Fallgewichtungen kleiner als oder gleich 1 ist.

b. T kann nicht berechnet werden, Es sind keine gültigen Fälle für die Analyse vorhanden, da alle Fallgewichtungen nichtpositiv sind.

Test bei einer Stichprobe

	Testwert = 0					
	T	df	Sig. (2-seitig)	Mittlere Differenz	95 % Konfidenzintervall der Differenz	
					Untere	Obere
DVBB	2,178	10	,054	13,4818	-,3093	27,2730
DVSN	2,347	10	,041	9,7091	,4927	18,9255
DUR	1,582	10	,145	2,8545	-1,1655	6,8746
DBK	,514	10	,619	,5273	-1,7601	2,8146
DSOL	-1,747	10	,111	-,6909	-1,5722	,1904

T-Test Sparte Sachversicherung

Statistik bei einer Stichprobe

	N	Mittelwert	Standard-abweichung	Standard-fehler des Mittelwertes
DVBB	12	7,0167	10,9505	3,1611
DVSN	0[a,b]	,	,	,
DUR	12	-1,8917	4,1214	1,1898
DBK	12	-,7167	3,9872	1,1510
DBSCH	12	4,4083	5,1011	1,4725
DSOLF	12	-16,7750	16,3440	4,7181
DSOL	12	-11,1667	8,3781	2,4186

a. T kann nicht berechnet werden, da die Summe der Fallgewichtungen kleiner als oder gleich 1 ist.

b. T kann nicht berechnet werden, Es sind keine gültigen Fälle für die Analyse vorhanden, da alle Fallgewichtungen nichtpositiv sind.

Test bei einer Stichprobe

	Testwert = 0					
	T	df	Sig. (2-seitig)	Mittlere Differenz	95 % Konfidenzintervall der Differenz	
					Untere	Obere
DVBB	2,220	11	,048	7,0167	5,91E-02	13,9743
DUR	-1,590	11	,140	-1,8917	-4,5103	,7270
DBK	-,623	11	,546	-,7167	-3,2500	1,8167
DBSCH	2,994	11	,012	4,4083	1,1673	7,6494
DSOLF	-3,555	11	,005	-16,7750	-27,1595	-6,3905
DSOL	-4,617	11	,001	-11,1667	-16,4899	-5,8434

Anhang

Mittelwerte alle

Verarbeitete Fälle

	Fälle					
	Eingeschlossen		Ausgeschlossen		Insgesamt	
	N	Prozent	N	Prozent	N	Prozent
DVBB * SPARTE	25	100,0%	0	,0%	25	100,0%
DVSN * SPARTE	11	44,0%	14	56,0%	25	100,0%
DUR * SPARTE	25	100,0%	0	,0%	25	100,0%
DBK * SPARTE	25	100,0%	0	,0%	25	100,0%
DBSCH * SPARTE	14	56,0%	11	44,0%	25	100,0%
DSOLF * SPARTE	12	48,0%	13	52,0%	25	100,0%
DSOL * SPARTE	25	100,0%	0	,0%	25	100,0%

Bericht

SPARTE		DVBB	DVSN	DUR	DBK	DBSCH	DSOLF	DSOL
K	Mittelwert	8,2000		,3500	-2,2500	-4,0000		,8500
	N	2		2	2	2		2
	Standardabweichung	7,4053		1,0607	3,0406	2,2627		1,7678
L	Mittelwert	13,4818	9,7091	2,8545	,5273			-,6909
	N	11	11	11	11			11
	Standardabweichung	20,5284	13,7188	5,9839	3,4047			1,3118
S	Mittelwert	7,0167		-1,8917	-,7167	4,4083	-16,7750	-11,1667
	N	12		12	12	12	12	12
	Standardabweichung	10,9505		4,1214	3,9872	5,1011	16,3440	8,7781
Insgesamt	Mittelwert	9,9560	9,7091	,3760	-,2920	3,2071	-16,7750	-5,5960
	N	25	11	25	25	14	12	25
	Standardabweichung	15,5937	13,7188	5,3046	3,6358	5,6333	16,3440	7,9389

ANOVA-Tabelle

			Quadratsumme	df	Mittel der Quadrate	F	Signifikanz
DVBB * SPARTE	Zwischen den Gruppen	(Kombiniert)	239,885	1	239,885	,910	,061
	Innerhalb der Gruppen		5533,173	21	263,484		
	Insgesamt		5773,058	22			
DVSN * SPARTE	Zwischen den Gruppen	(Kombiniert)	,000	1	,000	,000	1,000
	Innerhalb der Gruppen		1882,049	9	209,117		
	Insgesamt		1882,049	10			
DUR * SPARTE	Zwischen den Gruppen	(Kombiniert)	129,283	1	129,283	4,982	,037
	Innerhalb der Gruppen		544,916	21	25,948		
	Insgesamt		674,199	22			
DBK * SPARTE	Zwischen den Gruppen	(Kombiniert)	8,881	1	8,881	,641	,432
	Innerhalb der Gruppen		290,798	21	13,848		
	Insgesamt		299,679	22			
DBSCH * SPARTE	Zwischen den Gruppen	(Kombiniert)	,000	1	,000	,000	1,000
	Innerhalb der Gruppen		286,229	10	28,623		
	Insgesamt		286,229	11			
DSOLF * SPARTE	Zwischen den Gruppen	(Kombiniert)	,000	1	,000	,000	1,000
	Innerhalb der Gruppen		2938,382	10	293,838		
	Insgesamt		2938,382	11			
DSOL * SPARTE	Zwischen den Gruppen	(Kombiniert)	629,821	1	629,821	16,756	,001
	Innerhalb der Gruppen		789,336	21	37,587		
	Insgesamt		1419,157	22			

Zusammenhangsmaße

	Eta	Eta-Quadrat
DVBB * SPARTE	,204	,042
DVSN * SPARTE	,000	,000
DUR * SPARTE	,438	,192
DBK * SPARTE	,172	,030
DBSCH * SPARTE	,000	,000
DSOLF * SPARTE	,000	,000
DSOL * SPARTE	,666	,444

Anhang

Mittelwerte alle ohne KV

Verarbeitete Fälle

	Fälle					
	Eingeschlossen		Ausgeschlossen		Insgesamt	
	N	Prozent	N	Prozent	N	Prozent
DVBB * ÜBERNTYP	23	100,0%	0	,0%	23	100,0%
DVSN * ÜBERNTYP	11	47,8%	12	52,2%	23	100,0%
DUR * ÜBERNTYP	23	100,0%	0	,0%	23	100,0%
DBK * ÜBERNTYP	23	100,0%	0	,0%	23	100,0%
DBSCH * ÜBERNTYP	12	52,2%	11	47,8%	23	100,0%
DSOLF * ÜBERNTYP	12	52,2%	11	47,8%	23	100,0%
DSOL * ÜBERNTYP	23	100,0%	0	,0%	23	100,0%

Bericht

ÜBERNTYP		DVBB	DVSN	DUR	DBK	DBSCH	DSOLF	DSOL
Bestandsübernahme	Mittelwert	14,5857	13,2000	,4429	1,4857	2,5667	-40,6000	-8,6429
	N	7	4	7	7	3	3	7
	Standardabweichung	16,9150	11,6981	7,5155	3,4916	2,9143	10,5076	11,9666
Fusion	Mittelwert	8,1500	7,7143	,3500	-,8250	5,0222	-8,8333	-5,0688
	N	16	7	16	16	9	9	16
	Standardabweichung	16,0305	15,2475	4,7276	3,6563	5,6533	7,4753	5,7605
Insgesamt	Mittelwert	10,1087	9,7091	,3783	-,1217	4,4083	-16,7750	-6,1565
	N	23	11	23	23	12	12	23
	Standardabweichung	16,1991	13,7188	5,5358	3,6908	5,1011	16,3440	8,0316

ANOVA-Tabelle

			Quadrat-summe	df	Mittel der Quadrate	F	Signifikanz
DVBB * ÜBERNTYP	Zwischen den Gruppen	(Kombiniert)	201,690	1	201,690	,760	,000
	Innerhalb der Gruppen		5571,369	21	265,303		
	Insgesamt		5773,058	22			
DVSN * ÜBERNTYP	Zwischen den Gruppen	(Kombiniert)	76,601	1	76,601	,382	,552
	Innerhalb der Gruppen		1805,449	9	200,605		
	Insgesamt		1882,049	10			
DUR * ÜBERNTYP	Zwischen den Gruppen	(Kombiniert)	,042	1	,042	,001	,971
	Innerhalb der Gruppen		674,157	21	32,103		
	Insgesamt		674,199	22			
DBK * ÜBERNTYP	Zwischen den Gruppen	(Kombiniert)	26,001	1	26,001	1,995	,172
	Innerhalb der Gruppen		273,679	21	13,032		
	Insgesamt		299,679	22			
DBSCH * ÜBERNTYP	Zwischen den Gruppen	(Kombiniert)	13,567	1	13,567	,498	,497
	Innerhalb der Gruppen		272,662	10	27,266		
	Insgesamt		286,229	11			
DSOLF * ÜBERNTYP	Zwischen den Gruppen	(Kombiniert)	2270,523	1	2270,523	33,997	,000
	Innerhalb der Gruppen		667,860	10	66,786		
	Insgesamt		2938,383	11			
DSOL * ÜBERNTYP	Zwischen den Gruppen	(Kombiniert)	62,205	1	62,205	,963	,338
	Innerhalb der Gruppen		1356,952	21	64,617		
	Insgesamt		1419,157	22			

Zusammenhangsmaße

	Eta	Eta-Quadrat
DVBB * ÜBERNTYP	,187	,035
DVSN * ÜBERNTYP	,202	,041
DUR * ÜBERNTYP	,008	,000
DBK * ÜBERNTYP	,295	,087
DBSCH * ÜBERNTYP	,218	,047
DSOLF * ÜBERNTYP	,879	,773
DSOL * ÜBERNTYP	,209	,044

Literaturverzeichnis

Agrawal et al. (1992): Agrawal, J. F. et al., The Post-Merger Performance of Acquiring Firms: A Re-Examination of an Anomaly, in: Journal of Finance, Vol. 47, 1992, S. 1605-1621

Albach (1965): Albach, H., Zur Theorie des wachsenden Unternehmens, in: Krelle, W. (Hrsg.): Theorien des einzelwirtschaftlichen und des gesamtwirtschaftlichen Wachstums, Springer Verlag, Berlin 1965, S. 9-97

Albach (1987): Albach, H. (Hrsg.), Erfahrungskurve und Unternehmensstrategie, Zeitschrift für Betriebswirtschaft, Ergänzungsheft 2/1987

Albrecht (1991): Albrecht, P., Kapitalmarkttheoretische Fundierung der Versicherung?, in: Zeitschrift für die gesamte Versicherungswissenschaft, 80. Bd., 1991, S. 499-530

Albrecht (1994a): Albrecht, P., Gewinn und Sicherheit als Ziele der Versicherungsunternehmung: Bernoulli-Prinzip vs. Safety First-Prinzip, in: Schwebler, Robert et al. (Hrsg.): Dieter Farny und die Versicherungswissenschaft: Dieter Farny zu seinem 60. Geburtstag gewidmet, Verlag Versicherungswirtschaft, Karlsruhe 1994, S. 1-18

Albrecht (1994b): Albrecht, S., Erfolgreiche Zusammenschlußstrategien: eine empirische Untersuchung deutscher Unternehmen, Gabler Verlag, Wiesbaden 1994

Albrecht/Schwake (1988): Albrecht, P./Schwake, E., Risiko, Versicherungstechnisches, in: Farny, D. et al. (Hrsg.), Handwörterbuch der Versicherung: HdV, Verlag Versicherungswirtschaft, Karlsruhe 1988, S. 651-657

Alchian (1965): Alchian, A. A., Some Economics of Property-Rights, in: Il Politico, Vol. 30, 1967, S. 816-829

Amihud/Lev (1981): Amihud, Y./Lev, B., Risk reduction as a managerial motive for conglomerate mergers, in: The Bell Journal of Economics, Vol. 11, 1981, S. 605-617

Amihud et al. (1986): Amihud, Y. et al., Conglomerate Mergers, Managerial Motives and Stockholder Wealth, in: Journal of Banking and Finance, Vol. 10, 1986, S. 401-410

Ansoff (1965): Ansoff, H. I., Corporate strategy: an analytic approach to business policy for growth and expansion, McGraw-Hill, New York u. a. 1965

Ansoff/Weston (1963): Ansoff, H. I./Weston, F. E., Merger objectives and organization structure, in: Quarterly Review of Economics and Business, Vol. 2, 1963, S. 49-58

Ansoff et al. (1971): Ansoff, H. I. et al., Acquisition Behavior of U. S. Manufacturing Firms, 1946-1965, Nashville 1971

Apenbrink (1993): Apenbrink, R. E. W., Empirische Kapitalmarktuntersuchung zu Unternehmensakquisitionen in Deutschland, Diss., Wien 1993

Apitz (1987): Apitz, K., Banken und Versicherungen im Imagevergleich, in: Bank und Markt, Heft 4, 1987, S. 20-24

Archer (1988): Archer, S., „Qualitative" Research and the epistemological problems of the management disciplines, in: Pettigrew, A. W. (Hrsg.), Competitiveness and Management Process, Oxford Press, Oxford 1988, S. 265-302

Bache (1972): Bache, W., Fusion, in: Sölter, A./Zimmerer, C. (Hrsg.), Handbuch der Unternehmenszusammenschlüsse, Verlag moderne industrie, München 1972, Sp. 1331-1338

Baden (1992): Baden, K., Vergleichende Unternehmensbeurteilungen und Aktienkurse, Wissenschaftsverlag Vauk, Kiel 1992

Baetge (1998): Baetge, J., Bilanzanalyse, IDW-Verlag, Düsseldorf 1998

Bailey/Friedlaender (1982): Bailey, E. E./Friendlaender, A. F., Market Structure and Multiproduct Industries, in: Journal of Economic Literature, Vol. 20, 1982, S. 1024-1048

Ballwieser (2001): Ballwieser, W., Auf der Suche nach dem Marktpreis, in: FRANKFURTER ALLGEMEINE ZEITUNG vom 10.09.2001, S. 31

Bamberger (1994): Bamberger, B., Der Erfolg von Unternehmensakquisitionen in Deutschland: eine theoretische und empirische Untersuchung, Verlag Josef Eul, Bergisch Gladbach-Köln 1994

Bannier (1936): Bannier, R., Bestandsübertragung und Fusion von Versicherungsunternehmungen unter besonderer Berücksichtigung der Fusion von Versicherungsvereinen auf Gegenseitigkeit, Diss., Rostock 1936

Baron/Hannan (1994): Baron, J. N./Hannan, M. T., The Impact of Economics on Contemporary Sociology, in: Journal of Economic Literature, Vol. 32, 1994, S. 1111-1146

Baumol (1967): Baumol, W. J., Business Behavior, Value and Growth, 2., überarbeitete Auflage, Harcourt, Brace & World, New York u. a. 1967

Baumol et al. (1988): Baumol, W. J. et al., Contestable Markets and the Theory of Industry Structure, Harcourt Brace Jovanovich, San Diego u. a. 1988

Beck (1996): Beck, P., Unternehmensbewertung bei Akquisitionen: Methoden – Anwendungen – Probleme, Deutscher Universitäts-Verlag, Wiesbaden 1996

Beck (1997): Beck, K., Empirische Analyse und Beurteilung der „Verbundenheit" in der Versicherungswirtschaft, Dissertationsverlag NG Kopierladen, München 1997

Becker (1994): Becker, G., Mergers und Acquisitions als Instrument zur Umsetzung von Konzernstrategien, in: Das Wirtschaftsstudium, Heft 3, 1994, S. 198-200

Benölken (1995): Benölken, H., Erfolgsfaktoren des Fusionsmanagements in Versicherungsunternehmen, in: Versicherungswirtschaft, 50. Jg., 1995, S. 1555-1559

Berle/Means (1932): Berle, A. A./Means, G. C., The Modern Corporation and Private Property, 1. Auflage, New York 1932

Bidlingmaier (1967): Bidlingmaier, J., Begriff und Formen der Kooperation im Handel, in: derselbe et al. (Hrsg.), Absatzpolitik und Distribution. Festschrift für Karl Christian Behrens, Gabler Verlag, Wiesbaden 1967, S. 353-395

Biewer (1998): Biewer, A., Die Umwandlung eines Versicherungsvereins auf Gegenseitigkeit in eine Aktiengesellschaft, Verlag Versicherungswirtschaft, Karlsruhe 1998

Black (1989): Black, B. S., Bidder Overpayment in Takeovers, in: Stanford Law Review, Vol. 41, 1989, S. 597-660

Blättchen (1981): Blättchen, W., Risque et Rendment pour les Actionaires des Societes engagees dans des Operations de Fusion-Absorption: Le Cas Allemand 1970-1976, Diss., Paris 1981

Brachmann/Niekirch (1994): Brachmann, H./Niekirch, A., Eine interne Kennzahlenkonstellation zur Analyse des Betriebsgeschehens eines Kompositversicherers, 2. Auflage, Verlag Versicherungswirtschaft, Karlsruhe 1994

Bradley (1980): Bradley, M., Interfirm Tender Offers and the Market for Corporate Control, in: Journal of Business, Vol. 53, 1980, S. 343-376

Bradley et al. (1983): Bradley, M. et al., The Rationale behind Interfirm Tender Offers, Information or Synergy?, in: Journal of Financial Economics, Vol. 11, 1983, S. 183-206

Braeß (1971): Braeß, P., Konzentration in der Versicherungswirtschaft, in: Arndt, H. (Hrsg.), Die Konzentration in der Wirtschaft, 2. Band, 2. Auflage, Duncker & Humblot Verlag, Berlin 1971, S. 463-482

Breßlein (1985): Breßlein, G.-S., Koordinationskosten, Theorie der Unternehmung und die Politik gegen Unternehmenszusammenschlüsse, Diss., Saarbrücken 1985

Breuer (1999): Breuer, C., Versicherungsverein auf Gegenseitigkeit versus Versicherungs-Aktiengesellschaft: Eine vergleichende Strukturanalyse der Rechtsformen, Diss., Köln 1999

Brickley et al. (1997): Brickley, J. A. et al., Managerial Economics and Organizational Architecture, McGraw-Hill, Boston 1997

Brockhoff (1966): Brockhoff, K., Unternehmenswachstum und Sortimentsänderungen, Diss., Bonn 1966

Brühl (2000): Brühl, V., Finanzwirtschaftliche Synergieeffekte durch Mergers & Acquisitions, in: Die Bank: Zeitschrift für Bankpolitik und Bankpraxis, Heft 8, 2000, S. 521-527

Buck (1997): Buck, H., Die Anwendung des Shareholder Value-Konzeptes zur Steuerung von Versicherungsunternehmen, in: Versicherungswirtschaft, 52. Jg., 1997, S. 1660-1668

Buckley (1975): Buckley, A., Growth by Acquisition, in: Long Range Planning, Vol. 8, 1975, S. 53-60

Bühner (1983): Bühner, R., Marktreaktionen auf den Unternehmenszusammenschluß von VEBA und Gelsenberg, in: Die Aktiengesellschaft, 28. Jg., 1983, S. 330-336

Bühner (1984): Bühner, R., Shareholder Wealth, Synergy, and the VEBA/Gelsenberg Merger, in: Zeitschrift für die gesamte Staatswissenschaft, 140. Jg., 1984, S. 259-275

Bühner (1989a): Bühner, R., Bestimmungsfaktoren und Wirkungen von Unternehmenszusammenschlüssen, in: Wirtschaftswissenschaftliches Studium, Bd. 18, 1989, S. 158-165

Bühner (1989b): Bühner, R., Marktwertanalyse: Die Übernahme der Henninger-Bräu durch die Erste Kulmbacher Actienbrauerei AG, in: Wirtschaftswissenschaftliches Studium, Bd. 18, 1989, S. 214-216

Bühner (1990a): Bühner, R., Unternehmenszusammenschlüsse. Ergebnisse empirischer Analysen, Poeschel Verlag, Stuttgart 1990

Bühner(1990b): Bühner, R., Erfolg von Unternehmenszusammenschlüssen in der Bundesrepublik Deutschland, Poeschel Verlag, Stuttgart 1990

Bühner (1990c): Bühner, R., Reaktionen des Aktienmarktes auf Unternehmenszusammenschlüsse: eine empirische Untersuchung, in: Zeitschrift für betriebswirtschaftliche Forschung, 42. Jg., 1990, S. 295-316

Bühner (1990d): Bühner, R., Das Management-Wert-Konzept: Strategien zur Schaffung von mehr Wert im Unternehmen, Schäffer Verlag, Stuttgart 1990

Bundeskartellamt (2001): Bericht des Bundeskartellamts (Hrsg.) über seine Tätigkeit in den Jahren 1999 und 2000 sowie über die Lage und Entwicklung auf seinem Aufgabengebiet und Stellungnahme der Bundesregierung, Bundesdrucksache 14/6300, Berlin 2001

Burgman (1983): Burgman, R. J., A Strategic Explanation of Corporate Acquisition Success, Doctoral Dissertation, Purdue University, 1983

Busson et al. (2000): Busson, M. et al., Modernes Asset-Liability-Management, in: Versicherungswirtschaft, 55. Jg., 2000, S. 104-109

Cartwright/Cooper (1992): Cartwright, S./Cooper, C. L., Mergers & Acquisitions. The Human Factor, Butterworth-Heinemann, Oxford 1992

Chandler (1962): Chandler, A. D. jr., Strategy and Structure, MIT Press, Cambridge/Massachusetts, 1962

Chandler (1990): Chandler, A. D. jr., Scale and Scope: the Dynamics of Industrial Capitalism, Harvard University Press, Cambridge/Massachusetts u. a. 1990

Chatterjee (1992): Chatterjee, S., Sources of Value in Takeovers: Synergy or Restructuring – Implications for Target and Bidder Firms, in: Strategic Management Journal, Vol. 13, 1992, S. 267-286

Coase (1937): Coase, R. H., The Nature of the Firm, in: Economica, Vol. 4, 1937, S. 386-405

Coase (1960): Coase, R. H., The Problem of Social Costs, in: Economica, Vol. 27, 1960, S. 1-44

Coelli et al. (1998): Coelli, T. et al., An introduction to efficiency and productivity analysis, Kluwer Academic Publications, Boston/Massachusetts u. a. 1998

Coenenberg/Sautter (1988): Coenenberg, A. G./Sautter, M. T., Strategische und finanzielle Bewertung von Unternehmensakquisitionen, in: Die Betriebswirtschaft, 48. Jg., 1988, S. 691-710

Coleman (1974/75): Coleman, J. S., Inequality, Sociology, and Moral Philosophy, in: American Journal of Sociology, Vol. 80, 1974/75, S. 739-764

Coleman (1979): Coleman, J .S., Macht und Gesellschaftsstruktur (mit einem Nachwort von Viktor Vanberg), Mohr Verlag, Tübingen 1979

Coleman (1991): Coleman, J. S., Grundlagen der Sozialtheorie. Handlungen und Handlungssysteme, Band 1, Oldenbourg Verlag, München 1991

Coleman (1992): Coleman, J. S., Grundlagen der Sozialtheorie. Körperschaften und die moderne Gesellschaft, Band 2, Oldenbourg Verlag, München 1992

Coleman (1994): Coleman, J. S., Grundlagen der Sozialtheorie. Die Mathematik der sozialen Handlungen, Band 3, Oldenbourg Verlag, München 1994

Conn (1985): Conn, R. L., A Re-Examination of Merger Studies that Use the Capital Asset Pricing Model Methodology, in: Cambridge Journal of Economics, Vol. 9, 1985, S. 43-56

Copeland/Weston (1988): Copeland, T. E./Weston, F. J., Financial Theory and Corporate Policy, 3. Auflage, Menlo Park (CA), London 1988

Copeland et al. (1998): Copeland, T. E. et al., Unternehmenswert: Methoden und Strategien für eine wertorientierte Unternehmensführung, 2., aktualisierte und erweiterte Auflage, Campus-Verlag, Frankfurt am Main u. a. 1998

Davidson (1984): Davidson, K. M., Looking at the Strategic Impact of Mergers, in: Journal of Business Strategy, Vol. 5, 1984, S. 13-22

Davis/Thomas (1993): Davis, R./Thomas, L. G., Direct Estimation of Synergy: A new Approach to the diversity-performance Debate, in: Management Science, Vol. 39, 1993, 1334-1346

Dehmer (1996): Dehmer, H., Umwandlungsgesetz – Umwandlungssteuergesetz, 2., völlig neu bearbeitete Auflage, Beck Verlag, München 1996

Delingat (1996): Delingat, A., Unternehmensübernahmen und Agency-Theorie – Konflikte zwischen Management, Aktionären und Fremdkapitalgebern um Verfügungsrechte über Ressourcen, Diss., Köln 1996

Demsetz (1967): Demsetz, H., Towards a Theory of Property-Rights, in: American Economic Review, Vol. 57, 1967, S. 347-359

Demsetz (1983): Demsetz, H., The Structure of Ownership and the Theory of the Firm, in: Journal of Law and Economics, Vol. 26, 1983, 375-390

Diehl (2000): Diehl, F. S., Übertragung von Versicherungsbeständen im Konzern unter Beteiligung von VVaG, in: Versicherungsrecht, 51. Jg., 2000, S. 268-274

Doherty (1981): Doherty, N. A., The Measurement of Output and Economies of Scale in Property-Liability Insurance, in: Journal of Risk and Insurance, Vol. 48, 1981, S. 390-402

Donaldson/Preston (1995): Donaldson, T./Preston, L. E., The Stakeholder Theory of the Corporation: Concepts, Evidence, and Implications, in: Academy of Management Review, Vol. 20, No. 1, 1995, S. 65-91

Drumm (2000): Drumm, H. J., Personalwirtschaft, 4., überarbeitete und erweiterte Auflage, Springer Verlag, Berlin u. a. 2000

Easterbrook/Fischel (1981): Easterbrook, F. H./Fischel, D., The Proper Role of a Target's Management in Responding to a Tender Offer, in: Harvard Law Review, Vol. 94, 1981, S. 1161-1204

Easterbrook/Fischel (1991): Easterbrook, F. H./ Fischel, D. R., The Economic Structure of Corporate Law, Harvard University Press, Cambridge/Massachusetts u. a. 1991

Ebert (1998): Ebert, M., Evaluation von Synergien bei Unternehmenszusammenschlüssen, Dr. Kovac Verlag, Hamburg 1998

Eckbo (1983): Eckbo, B. E., Horizontal Mergers, Collusion, and Stockholder Wealth, in: Journal of Financial Economics, Vol. 11, 1983, S. 241-273

Eckhardt (1999): Eckhardt, J., Kurz- und langfristige Kurseffekte beim Erwerb von Beteiligungen deutscher börsennotierter Aktiengesellschaften, Verlag Josef Eul, Lohmar-Köln 1999

Edwards (1955): Edwards, C. D., Conglomerate Bigness as a Source of Power, in: Business Concentration and Price Policy: A Conference of the Universities-National Bureau Commitee for Economic Research, Princeton University Press, Princeton, 1955, S. 331-352

Ehrenberg (1904): Ehrenberg, V., Die Abtretung des Portefeuilles, in: Zeitschrift für die gesamte Versicherungswissenschaft, 4. Bd., 1904, S. 24-45

Ehrenzweig (1931): Ehrenzweig, A., Zur neuen Rechtsordnung der Bestandsübertragung, in: Öffentliche Versicherung, 1931, S. 138-141

Eichinger (1971): Eichinger, F., Unternehmenswachstum durch Fusion als organisatorischer Konfliktprozeß, Diss., München 1971

Eidel (1999): Eidel, U., Moderne Verfahren der Unternehmensbewertung und Performance-Messung: kombinierte Analysemethoden auf der Basis von US-GAAP-, IAS- und HGB-Abschlüssen, Verlag Neue Wirtschaftsbriefe, Herne-Berlin 1999

Eisen (1972): Eisen, R., Produktionstheoretische Bemerkungen zur „optimalen Betriebsgröße" in der Versicherungswirtschaft, in: Braeß, P. et al. (Hrsg.), Praxis und Theorie der Versicherungsbetriebslehre, Festgabe für Heinz-Leo Müller-Lutz, Verlag Versicherungswirtschaft, Karlsruhe 1972, S. 51-70

Eisen et al (1990): Eisen, R. et al., Unternehmerische Versicherungswirtschaft: Konsequenzen der Deregulierung für Wettbewerbsordnung und Unternehmensführung, Gabler Verlag, Wiesbaden 1990

Eisenhardt (1989): Eisenhardt, K. M., Building theories from case study research, in: Academy of Management Review, Vol. 14, 1989, S. 532-550

Elschen (1991): Elschen, R., Gegenstand und Anwendungsmöglichkeiten der Agency-Theorie, in: Zeitschrift für betriebswirtschaftliche Forschung, 43. Jg., 1991, S. 1002-1012

Eurich et al. (1997): Eurich, A. et al., Die Entwicklung der Anbieterkonzentration auf dem deutschen Erstversicherungsmarkt von 1991-1994, in: Zeitschrift für Betriebswirtschaft, 67. Jg., 1997, S. 1093-1110

Fahr/Kaulbach (1997): Fahr, U./Kaulbach, D., Versicherungsaufsichtsgesetz (VAG), Kommentar, 2., vollständig neu bearbeitete Auflage, Beck Verlag, München 1997

Fama (1970): Fama, E. F., Efficient Capital Markets: A Review of Theory and Empirical Work, in: Journal of Finance, Vol. 25, 1970, S. 383-417

Fama et al. (1969): Fama, E. F. et al., The Adjustment of Stock Market Prices to New Information, in: International Economic Review, Vol. 10, 1969, S. 1-21

Fama/French (1992): Fama, E. F./French, K. R., The Cross-Section of Expected Stock Returns, in: Journal of Finance, Vol. 47, 1992, S. 427-465

Fama/Jensen (1983): Fama, E. F./Jensen, M. C., Separation of Ownership and Control, in: Journal of Law and Economics, Vol. 26, 1983, S. 301-326

Farny (1973): Farny, D., Konzentration und Kooperation in der Versicherungswirtschaft in betriebswirtschaftlicher Sicht, in: Versicherungswirtschaft, 28. Jg., 1973, S. 14-22

Farny (1974): Farny, D., Zielkonflikte in Entscheidungsinstanzen des Versicherungsunternehmens, in: Versicherungswirtschaft, 29. Jg., 1974, S. 1238-1248

Farny (1991): Farny, D., Die Geschäftsergebnisse der Kompositversicherung im Jahr 1990 und im Fünfjahreszeitraum 1986/1990, Beilage zum Heft Nr. 23, Versicherungswirtschaft, 46. Jg., 1991

Farny (1992): Farny, D., Buchführung und Periodenrechnung im Versicherungsunternehmen, 4., durchgesehene Auflage, Gabler Verlag, Wiesbaden 1992

Farny (1999): Farny, D., Entwicklungen der Versicherungsbetriebslehre – Rückschau und Versuch einer Vorschau, in: Zeitschrift für die gesamte Versicherungswissenschaft, 88. Bd., 1999, S. 567-609

Farny (2000a): Farny, D., Versicherungsbetriebslehre, 3., überarbeitete Auflage, Verlag Versicherungswirtschaft, Karlsruhe 2000

Farny (2000b): Farny, D., Versicherungswissenschaft – Quo vadis?, in: Zeitschrift für die gesamte Versicherungswissenschaft, 89. Bd., 2000, S. 561-574

Farny (2001a): Farny, D., Konzern-Jahresabschlussanalyse 1999 deutscher Versicherungskonzerne (I), in: Versicherungswirtschaft, 56. Jg., 2001, S. 378-386

Farny (2001b): Farny, D., Konzern-Jahresabschlussanalyse 1999 deutscher Versicherungskonzerne (II), in: Versicherungswirtschaft, 56. Jg., 2001, S. 452-456

Farny (2002): Farny, D., Entwicklungen und Veränderungen der deutschen Versicherungswirtschaft in den letzten 40 Jahren – dargestellt mit Zahlen, in: Zeitschrift für die gesamte Versicherungswissenschaft, 91. Bd., 2002, S. 5-25

Farny et al. (2001): Farny, D. et al., Konzernanalyse: Jahresabschlussanalyse der deutschen Versicherungskonzerne 2000, Köln 2001

Felderer (1991): Felderer, B., Demographische Einflüsse auf den Sparprozeß, in: Krümmel, H.-J. et al. (Hrsg.): Allfinanz – Strukturwandel an den Märkten für Finanzdienstleistungen, Beiheft zu Kredit und Kapital, Heft 11, Berlin 1991, S. 75-95

Firth (1980): Firth, M., Takeovers, Shareholder Returns, and the Theory of the Firm, in: Quarterly Journal of Economics, Vol. 95, 1980, S. 235-260

Fowler/Schmidt (1989): Fowler, K. L./Schmidt, D. R., Determinants of Tender Offer Post-Acquisition Financial Performance, in: Strategic Management Journal, Vol. 10, 1989, S. 339-350

Führer (2000): Führer, C., Größenfaktoren in der Lebensversicherung: Große Unternehmen können Fusionssynergien häufig nicht realisieren, in: Versicherungswirtschaft, 55. Jg., 2000, S. 840-844

Gattineau (1999): Gattineau, P., Die Gegenleistung bei Übergang von Versicherungsverträgen eines VVaG auf einen anderen Versicherer im Wege der Teilbestandsübertragung, Tectum Verlag, Marburg 1999

Gaughan (1996): Gaughan, P. A., Mergers, Acquisitions, and Corporate Restructurings, John Wiley & Sons Inc., New York u. a. 1996

GB Allianz Leben 1997 (1998): Geschäftsbericht des Jahres 1997 der Allianz Lebensversicherungs-AG, erschienen 1998

GB Axa Colonia 2000 (2001): Geschäftsbericht des Jahres 2000 der Axa Colonia Konzern AG, erschienen 2001

GB Axa 2001 (2002): Geschäftsbericht des Jahres 2001 der Axa Konzern AG, erschienen 2002

GB BAV 1966 (1967): Geschäftsbericht des Jahres 1966 des Bundesaufsichtsamts für das Versicherungswesen (Hrsg.), Teil A, erschienen Bonn 1967

GB BAV 1986-2000 (1987-2002): Geschäftsberichte des Bundesaufsichtsamts für das Versicherungswesen (Hrsg.); jeweils Teile A und B, erschienen Berlin/Bonn 1987-2002

GB Deutsche Leben 1997 (1998): Geschäftsbericht des Jahres 1997 Deutsche Lebensversicherungs-AG, erschienen 1998

GB Iduna Leben 1997 (1998): Geschäftsbericht des Jahres 1997 der Iduna Vereinigte Lebensversicherung aG für Handel, Handwerk und Gewerbe, erschienen 1998

GB Nova Leben 1997 (1998): Geschäftsbericht des Jahres 1997 der Nova Lebensversicherung AG, erschienen 1998

GB R + V Leben 1989 (1990): Geschäftsbericht des Jahres 1989 der R + V Lebensversicherung AG, erschienen 1990

GB W & W-Konzern 2001 (2002): Geschäftsbericht des Jahres 2001 der W & W-AG, erschienen 2002

Gerke et al. (1995): Gerke, W. et al., Die Bewertung von Unternehmensübernahmen auf dem deutschen Aktienmarkt, in: Zeitschrift für betriebswirtschaftliche Forschung, 47. Jg., 1995, S. 805-820

Gerpott (1993a): Gerpott, T. J., Integrationsgestaltung und Erfolg von Unternehmensakquisitionen, Schäffer-Poeschel Verlag, Stuttgart 1993

Gerpott (1993b): Gerpott, T., Ausscheiden von Top-Managern nach Akquisitionen – Segen oder Fluch?, in: Zeitschrift für Betriebswirtschaft, 63. Jg, 1993, S. 1271-1295

GDV (2001a): Gesamtverband der Deutschen Versicherungswirtschaft e. V. (Hrsg.), Statistisches Taschenbuch der Versicherungswirtschaft 2000, Verlag Versicherungswirtschaft, Karlsruhe 2001

GDV (2001b): Gesamtverband der Deutschen Versicherungswirtschaft e. V. (Hrsg.), Jahrbuch 2000 – Die deutsche Versicherungswirtschaft, Verlag Versicherungswirtschaft, Karlsruhe 2001

Gimpel-Iske (1973): Gimpel-Iske, E., Untersuchung zur Vorteilhaftigkeit von Unternehmenszusammenschlüssen, Diss., Bonn 1973

Glaser/Strauss (1967): Glaser, B. G./Strauss, A. L., The Discovery of Grounded Theory: Strategies for Qualitative Research, Aldine de Gruyter, New York 1967

Gomez/Ganz (1992): Gomez, P./Ganz, M., Diversifikation mit Konzept – den Unternehmenswert steigern, in: HARVARDmanager, Vol. 7, 1992, S. 44-54

Gomez/Weber (1989): Gomez, P./Weber, B., Akquisitionsstrategie: Wertsteigerung durch Übernahme von Unternehmen, Schäffer Verlag, Stuttgart 1989

Gottschalk (1930): Gottschalk, A., Die Rechte der Versicherungsnehmer bei Bestandsübernahme nach Fusion der Versicherungsgesellschaft, Moeser Verlag, Leipzig 1930

Goutier et al. (1996): Goutier, K. et al. (Hrsg), Kommentar zum Umwandlungsrecht: Umwandlungsgesetz, Umwandlungssteuergesetz, Verlag Recht und Wirtschaft, Heidelberg 1996

Grandjean (1992): Grandjean, B., Unternehmenszusammenschlüsse und die Verteilung der abnormalen Renditen zwischen den Aktionären der übernehmenden und übernommenen Gesellschaften, Peter Lang Verlag, Frankfurt am Main u. a. 1992

Grossmann (1967): Grossmann, M., Sicherheitsstreben und Gewinnstreben in der Versicherungswirtschaft, in: Zeitschrift für die gesamte Versicherungswissenschaft, 56. Bd., 1967, S. 83-99

Grossman/Hart (1980): Grossman, S. J./Hart, O. D., Takeover Bids, the Free-Rider-Problem, and the Theory of the Corporation, in: The Bell Journal of Economics, Vol. 11, 1980, S. 42-64

Grote (1990): Grote, B., Ausnutzung von Synergiepotentialen durch verschiedene Koordinationsformen ökonomischer Aktivitäten, Diss., Siegen 1990

Grüter (1991): Grüter, H., Unternehmensakquisitionen: Bausteine eines Integrationsmanagements, Haupt Verlag, Bern 1991

Hagemann (1996): Hagemann, S., Strategische Unternehmensentwicklung durch Mergers & Acquisitions, Peter Lang Verlag, Frankfurt am Main u. a. 1996

Halpern (1983): Halpern, P., Corporate acquisitions: A theory of special cases? A review of event studies applied to acquisitions, in: Journal of Finance, Vol. 37, 1983, S. 297-317

Haspeslagh/Jemison (1991): Haspeslagh, P. C./Jemison, D. B., Managing Acquisitions: Creating Value through Corporate Renewal, Free Press, New York 1991

Haun (1996): Haun, B., Fusionseffekte bei Sparkassen: empirische Analyse der Zielerreichung, Deutscher Universitäts-Verlag, Wiesbaden 1996

Hauschka/Roth (1988): Hauschka, C. E./Roth, T., Übernahmeangebote und deren Abwehr im deutschen Recht, in: Die Aktiengesellschaft, 33. Jg., 1988, S. 181-196

Hay/Morris (1991): Hay, D. A./Morris, D. J., Industrial Economics and Organization: Theory and Evidence, 2. Auflage, Oxford University Press, New York 1991

Hax (1972): Hax, K., Unternehmensgröße und Konzentration in der Versicherungswirtschaft, in: Schmidt, R./Sieg, K. (Hrsg.): Grundprobleme des Versicherungsvertragsrechts – Festgabe für Hans Möller zum 65. Geburtstag, Verlag Versicherungswirtschaft, Karlsruhe 1972, S. 261-281

Heckhausen (1989): Heckhausen, H., Motivation und Handeln, 2., völlig überarbeitete und ergänzte Auflage, Springer Verlag, Berlin u. a. 1989

Hoffmann (1930): Hoffmann, A., Die Konzernbilanz, Deichert Verlag, Leipzig 1930

Hoffmann (1989): Hoffmann, F., So wird Diversifikation zum Erfolg, in: HARVARDmanager, Vol. 4, 1989, S. 52-58

Hofmann (1981): Hofmann, J., Die Bewertung von Versicherungsbeständen und ihre Anwendung auf Entscheidungsprobleme von Lebensversicherungsunternehmen, Mannhold Verlag, Düsseldorf 1981

Hogarty (1970): Hogarty, Th. F., The Profitability of Corporate Mergers, in: Journal of Business, Vol. 43, 1970, Heft 3, S. 52-58

Holzheu (1991): Holzheu, F,. Skalen- und Verbundvorteile von Unternehmen mit besonderem Blick auf Versicherungsunternehmen, in: Zeitschrift für die gesamte Versicherungswissenschaft, 80. Bd., 1991, S. 531-559

Holzheu (1992): Holzheu, F., Größenvorteile in der Assekuranz: Ein Argument im Spannungsfeld von Versicherungsaufsicht und Deregulierung, in: Versicherungswirtschaft, 47. Jg., 1992, S. 111-118

Hommelhoff (1982): Hommelhoff, P., Zur Abgrenzung des Unternehmenskaufs und Anteilserwerbs, in: Zeitschrift für Unternehmens- und Gesellschaftsrecht, 1982, S. 366-390

Hoormann/Lange-Stichtenoth (1997): Hoormann, A./Lange-Stichtenoth, T., Methoden der Unternehmensbewertung im Akquisitionsprozess, Berichte aus dem weltwirtschaftlichen Colloquium der Universität Bremen, Bremen 1997

Hopkins (1984): Hopkins, H. D., Acquisition Strategy and Market Structure, Academy of Management Proceedings, 1984, S. 17-21

Hopkins (1987): Hopkins, H. D., Acquisition Strategy and the Market Position of Acquiring Firms, in: Strategic Management Journal, Vol. 8, 1987, S. 535-547

Hoppenstedt (1990-1999): Hoppenstedt Versicherungsjahrbuch von 1991-2000, Verlag Hoppenstedt, Darmstadt u. a.

Hoppmann (2000): Hoppmann, C., Vorstandskontrolle im Versicherungsverein auf Gegenseitigkeit, Peter Lang Verlag, Frankfurt am Main u. a. 2000

Hoshino (1988): Hoshino, Y., An Analysis of Merger among the Credit Associations in Japan, in: Rivista Internazionale de Scienze Economiche e Commerciali, 35. Jg., 1988, S. 135-156

Hovers (1973): Hovers, J., Wachstum durch Firmenkauf und Zusammenschluß, Verlag moderne industrie, München 1973

Huemer (1991): Huemer, F., Mergers & Acquisitions: strategische und finanzielle Analyse von Unternehmensübernahmen, Peter Lang Verlag, Frankfurt am Main u. a. 1991

Hunt (1990): Hunt, J. W., Changing Pattern Of Acquisition Behavior in Takeovers and the Consequences for Acquisition Process, in: Strategic Management Journal, Vol. 11, 1990, S. 69-77

Husmann (1997): Husmann, R., Defizite der handelsrechtlichen Konzernrechnungslegung aus der Sicht des Bilanzanalysten, in: Deutsches Steuerrecht, 1997, 1659-1664

Jansen (2000): Jansen, S. A., Mergers & Acquisitions, 3. Auflage, Gabler Verlag, Wiesbaden 2000

Jennings (1971): Jennings, E. H., An Empirical Analysis of Some Aspects of Common Stock Diversification, in: Journal of Financial and Quantitative Analysis, Papers and Proceedings, Vol. 6, 1971, S. 797-815

Jensen (1986): Jensen, M. C., Agency Costs of Free Cash Flow, Corporate Finance, and Takeovers, in: American Economic Review, Papers and Proceedings, Vol. 76, 1986, S. 323-329

Jensen/Meckling (1976): Jensen, M. C./Meckling, W. H., Theory of the Firm: Managerial Behavior, Agency Costs and Ownership Structure, in: Journal of Financial Economics, Vol. 3, 1976, S. 305-360

Jensen/Ruback (1983): Jensen, M. C./Ruback, R. S., The Market for Corporate Control, in: Journal of Financial Economics, Vol. 1, 1983, S. 5-50

Jost (2001): Jost, P.-J. (Hrsg.), Der Transaktionskostenansatz in der BWL, Schäffer-Poeschel Verlag, Stuttgart 2001

Jung (1993): Jung, H., Erfolgsfaktoren von Unternehmensakquisitionen, M & P Verlag, Stuttgart 1993

Kaluza (1982): Kaluza, B., Some considerations on the empirical research of goal systems of insurance companies, in: Geneva Papers on Risk and Insurance, Vol. 7, 1982, S. 248-263

Kaluza (1990): Kaluza, B., Die Betriebsgröße – ein strategischer Erfolgsfaktor von Versicherungsunternehmen?, in: Zeitschrift für die gesamte Versicherungswissenschaft, 79. Bd., 1990, S. 251-273

Kaluza/Kürble (1986): Kaluza, B./Kürble, G.: Die Erfahrungskurve als Instrument der strategischen Unternehmensführung im Krankenversicherungsunternehmen, in: Zeitschrift für die gesamte Versicherungswissenschaft, 75. Bd., 1986, S. 193-232

Kaplan/Weisbach (1992): Kaplan, S. N./Weisbach, M. S., The Success of Acquisitions: Evidence from Divestitures, in: Journal of Finance, Vol. 47, 1992, S. 107-138

Karten (1966): Karten W., Grundlagen eines risikogerechten Schwankungsfonds für Versicherungsunternehmen, Duncker & Humblot Verlag, Berlin 1966

Kaufer (1977): Kaufer, E., Konzentration und Fusionskontrolle, Mohr Verlag, Tübingen 1977

Kaufmann (1990): Kaufmann, Th., Kauf und Verkauf von Unternehmungen – Eine Analyse qualitativer Erfolgsfaktoren, Diss., St. Gallen 1990

Kern (1998): Kern, H., Bancassurance – Modell der Zukunft?, in: Versicherungswirtschaft, 53. Jg., 1998, S. 1124-1127

Kieser (1970): Kieser, A., Unternehmungswachstum und Produktinnovation, Duncker & Humblot Verlag, Berlin 1970

Kieser (1984): Kieser, A., Wachstum und Wachstumstheorien, betriebswirtschaftliche, in: Grochla, E./Wittmann, W. (Hrsg.), Handwörterbuch der Betriebswirtschaft, 4., völlig neu gestaltete Auflage, Poeschel Verlag, Stuttgart 1984, Sp. 4301-4318

Kirchner (1991): Kirchner, M., Strategisches Akquisitionsmanagement im Konzern, Gabler Verlag, Wiesbaden 1991

Kitching (1967): Kitching, J., Why do Mergers Miscarry?, in: Harvard Business Review, Vol. 45, November/December, 1967, S. 84-101

Kitching (1974): Kitching, J., Winning and Losing with European Acquisitions, in: Harvard Business Review, Vol. 52, March/April, 1974, S. 124-136

Klemm (1990): Klemm, M., Die Nutzung synergetischer Potentiale als Ziel strategischen Managements unter besonderer Berücksichtigung von Konzernen, Verlag Josef Eul, Bergisch Gladbach-Köln 1990

Kloock/Sabel (1993): Kloock, J./Sabel, H., Economics und Savings als grundlegende Konzepte der Erfahrung, in: Zeitschrift für Betriebswirtschaft, 63. Jg., 1993, S. 209-233

Knappe (1976): Knappe, K., Fusion industrieller Unternehmungen als Wachstumsalternative, Diss., Gießen 1976

Knoblich (1969): Knoblich, H., Betriebswirtschaftliche Warentypologie. Grundlagen und Anwendung, Westdeutscher Verlag, Köln 1969

Knospe (1998): Knospe, J., Fusionswelle ist nicht zu stoppen, in: Zeitschrift für Versicherungswesen, 49. Jg., 1998, S. 188-191

Koberstein (1955): Koberstein, G., Unternehmungszusammenschlüsse, Giradet Verlag, Essen 1955

Koch/Köhne (2000): Koch, G./Köhne, T., Die virtuelle Versicherung und ihre informationstechnischen Grundlagen, in: Zeitschrift für Versicherungswesen, 51. Jg., 2000, S. 95-102

Koch/Weiss (1994): Koch, P./Weiss, W. (Hrsg.), Gabler Versicherungslexikon, Gabler Verlag, Wiesbaden 1994

Köhne (1998): Köhne, Th., Zur Konzeption des Versicherungsproduktes – neue Anforderungen in einem deregulierten Markt, in: Zeitschrift für die gesamte Versicherungswissenschaft, 87. Bd., 1998, S. 143-191

König (1960): König, G., Kartelle und Konzentration (unter besonderer Berücksichtigung der Preis- und Mengenabsprachen), in: Arndt, H. (Hrsg.), Die Konzentration in der Wirtschaft, Bd. 1, Springer Verlag, Berlin 1960, S. 303-332

Korndörfer (1993): Korndörfer, W., Standort der Unternehmung und Unternehmenszusammenschlüsse – Rechtsformen im Überblick, Gabler Verlag, Wiesbaden 1993

Kossbiel (1997): Kossbiel, H. (Hrsg.), Modellgestützte Personalentscheidungen, Hampp Verlag, München u. a. 1997

Kossbiel/Spengler (1992): Kossbiel, H./Spengler, T., Personalwirtschaft und Organisation, in: Frese, E. (Hrsg.), Handwörterbuch der Organisation, 3., völlig neu gestaltete Auflage, Poeschel Verlag, Stuttgart 1992, Sp. 1949-1962

Kotsch (1991): Kotsch, H., Größenvorteile von Versicherungsunternehmen und Versicherungsaufsicht: ein Property-Rights-Ansatz zur wirtschaftspolitischen Diskussion um den gemeinsamen Versicherungsmarkt in Europa ab 1993, Verlag Versicherungswirtschaft, Karlsruhe 1991

KPMG (1994): KPMG Deutsche Treuhand Gruppe (Hrsg.), Rechnungslegung von Versicherungsunternehmen nach neuem Recht, Otto Lembeck Verlag, Frankfurt am Main 1994

KPMG (1996): KPMG Financial Services Group (Hrsg.), Insurance Industry: European Trends in Mergers and Acquisitions, Amsterdam 1996

Kraakman (1988): Kraakman, R., Taking Discounts Seriously: The Implications of Discounted Share Prices as an Acquisition Motive, in: Columbia Law Review, Vol. 88, 1988, S. 891-941

Kroll (1975): Kroll, R., Determinanten und Auswirkungen der Konzentration im Produktions- und Absatzbereich industrieller Unternehmen, Diss., Münster 1975

Kropp (1992): Kropp, M., Management Buy-Outs und die Theorie der Unternehmung, Gabler Verlag, Wiesbaden 1992

Kürble (1991): Kürble, G., Analyse von Gewinn und Wachstum deutscher Lebensversicherungsunternehmen, Gabler Verlag, Wiesbaden 1991

Kürble/Schwake (1984): Kürble, G./Schwake, E., Größenvorteile bei Schaden- und Unfallversicherungsunternehmen, in: Zeitschrift für die gesamte Versicherungswissenschaft, 73. Bd., 1984, S. 113-131

Küting (1993): Küting, K., Fusion, in: Wittmann, W. (Hrsg.), Handwörterbuch der Betriebswirtschaft, 5., völlig neu gestaltete Auflage, Schäffer-Poeschel Verlag, Stuttgart 1993, Sp. 1341-1352

Küting/Weber (2000): Küting, K./Weber, C.-P., Die Bilanzanalyse: Lehrbuch zur Beurteilung von Einzel- und Konzernabschlüssen, Schäffer-Poeschel Verlag, Stuttgart 2000

Kurandt (1972): Kurandt, D., Fusionen deutscher Aktiengesellschaften in den Jahren 1957-1970: Eine empirische Untersuchung über Gründe und Wirkungen, Diss., Saarbrücken 1972

Leiendecker (1978): Leiendecker, K., Externe Diversifikation durch Unternehmenszusammenschlüsse. Eine einzelwirtschaftliche kapitaltheoretische Analyse unter Berücksichtigung der neueren Kapitalmarkttheorie, Zürich u. a. 1978

Leister (1930): Leister, K., Die Stellung der Versicherungsnehmer bei Fusionen und Bestandsübertragung von Versicherungs-A.G.: Der besondere Fall der Frankfurter Allgemeinen Versicherungs-A.G., Diss., Göttingen 1930

Lev/Mandelker (1972): Lev, B./Mandelker, G., The Microeconomic Consequences of Corporate Mergers, in: Journal of Business, Vol. 45, 1972, S. 85-104

Levy/Sarnat (1970): Levy, H./Sarnat, M., Diversification, Portfolio Analysis and the Uneasy Case for Conglomerate Mergers, in: Journal of Finance, Vol. 25, 1970, S. 795-802

Lier (1998): Lier, M., Das Fusionsfieber fordert weitere Opfer, in: Versicherungswirtschaft, 53. Jg., 1998, S. 1461-1463

Limmack (1994): Limmack, R. J., Synergy or new Information as a Source of Wealth Change in Acquisitions: The Case of Abandoned Bids, in: Accounting and Business Research, Vol. 24, 1994, S. 255-265

Lindner/Crane (1992): Lindner, J. C./Crane, D. B., Bank Mergers: Integration and Profitability, in: Journal of Financial Services Research, Vol. 6, No. 7, 1992, S. 35-55

Lintner (1965): Lintner, J., The Valuation of Risk Assets and the Selection of Risky Investments in Stock Portfolios and Capital Budgets, in: The Review of Economics and Statistics, Vol. 47, 1965, S. 13-37

Lorie/Halpern (1970): Lorie, J.H./Halpern, P., Conglomerates: The Rhetoric and the Evidence, in: Journal of Law and Economics, Vol. 13, 1970, S. 149-166

Louberge (1998): Louberge, H., Risk and Insurance Economics – 25 Years after, in: Geneva Papers on Risk and Insurance, Vol. 23, No. 89, 1998, S. 540-567

Lowenstein (1983): Lowenstein, L., Pruning Deadwood in Hostile Takeovers: a Proposal for Regulation, in: Columbia Law Review, Vol. 83, 1983, S. 249-334

Lubatkin (1987): Lubatkin, M., Merger Strategies and Stockholder Value, in: Strategic Management Journal, Vol. 8, 1987, S. 39-53

Lubatkin/Shrieves (1986): Lubatkin, M./Shrieves, R. E., Towards reconciliation of market performance measures to strategic management research, in: American Management Review, Vol. 11, 1986, S. 497-512

Mahlberg (1999): Mahlberg, B., Effizienz-, Skalen- und Verbundvorteile deutscher Versicherer, in: Ifo-Studien, Band 45, Nr. 3, 1999, S. 335-369

Malatesta (1983): Malatesta, P. H., The Wealth Effect of Merger Activity and the Objective Functions of Merging Firms, in: Journal of Financial Economics, Vol. 11, 1983, . 155-181

Manne (1965): Manne, H. G., Mergers and the Market for Corporate Control, in: Journal of Political Economy, Vol. 73, 1965, S. 110-120

March/Shapira (1987): March, J. G./Shapira, Z., Managerial perspectives on risk and risk taking, in: Management Science, Vol. 33, No. 11, 1987, S. 1404-1418

Markowitz (1952): Markowitz, H., Portfolio Selection, in: Journal of Finance, Vol. 7, 1952, S. 77-91

Marris (1963): Marris, R., A Model of the "Managerial" Enterprise, in: Quarterly Journal of Economics, Vol. 77, 1963, S. 185-209

Marris/Mueller (1980): Marris, R./Mueller, D. C., The Corporation, Competition and the Invisible Hand, in: Journal of Economic Literature, Vol. 18, 1980, S. 32-63

Matenaar (1983): Matenaar, D., Organisationskultur und organisatorische Gestaltung: die Gestaltungsrelevanz der Kultur des Organisationssystems der Unternehmung, Duncker & Humblot Verlag, Berlin 1983

Matiaske (1994): Matiaske, W., Sozialer Tausch und Tauschtheorie, Diskussionspapier Nr. 24, Fachbereich 14, Technische Universität Berlin 1994

Matiaske (1999): Matiaske, W., Soziales Kapital in Organisationen: Eine tauschtheoretische Studie, Hampp Verlag, München 1999

Mayers/Smith (1981): Mayers, D./Smith, C. W., Contractual Provisions, Organizational Structure, and Conflict Control in Insurance Markets, in: Journal of Business, Vol. 54, 1981, S. 407-434

Mayers/Smith (1992): Mayers, D./Smith, C. W.: Executive Compensation in the Life Insurance Industry, in: Journal of Business, Vol. 65, 1992, S. 51-74

Mayers/Smith (1994): Mayers, D./Smith, C. W.: Managerial Discretion, Regulation, and Stock Insurer Ownership Structure, in: Journal of Risk and Insurance, Vol. 61, 1994, S. 638-655

Meichelbeck (1997): Meichelbeck, A., Unternehmensbewertung im Konzern – Rahmenbedingungen und Konzeption einer entscheidungsorientierten konzerndimensionalen Unternehmensbewertung –, Verlag V. Florentz, München 1997

Metzler (2000): Metzler, M., Wertorientierte Jahresabschlussanalyse deutscher Schaden- und Unfallversicherungsunternehmen, Teil 1, in: Zeitschrift für Versicherungswesen, 51. Jg., 2000, S. 459-467

Meyer (1975): Meyer, L., Die Gesamtbewertung von Versicherungsunternehmungen: ein Beitrag zur Theorie der Gesamtbewertung, Verlag Versicherungswirtschaft, Karlsruhe 1975

Meyer (1999): Meyer, R., Erfolgsfaktoren des Managements von Fusionsprozessen in der Versicherungspraxis, in: Versicherungswirtschaft, 54. Jg., 1999, S. 1170-1175

Mitchell (1991): Mitchell, M. L., The Value of Corporate Takeovers, in: Financial Analysts Journal, Vol. 47, 1991, S. 21-31

Mittendorf/Schulenburg (2000): Mittendorf, Th./Schulenburg, J.-M. Graf v. d., Mergers and Acquisitions: Sind Versicherer wirklich betroffen?, in: Versicherungswirtschaft, 55. Jg., 2000, S. 1384-1391

Möller (1983): Möller, W.-P., Der Erfolg von Unternehmenszusammenschlüssen, Minerva-Verlag, München 1983

Monopolkommission (1989): Monopolkommission, Konzeption einer europäischen Fusionskontrolle: Sondergutachten der Monopolkommission gemäß § 24 b Abs. 5 Satz 4 GWB, 1. Auflage, Nomos-Verlagsgesellschaft, Baden-Baden 1989

Monsen/Downs (1965): Monsen, R. J./Downs, A., A Theory of Large Managerial Firms, in: Journal of Political Economy, Vol. 73, 1965, S. S. 221 ff.

Mossin (1966): Mossin, J., Equilibrium in a Capital Asset Market, in: Econometrica, Vol. 34, 1966, S. 768-783

Montgomery/Wilson (1986): Montgomery, C. A./Wilson, V. A., Mergers that last: a predictable pattern?, in: Strategic Management Journal, Vol. 7, 1986, S. 91-96

Mudrack (1995): Mudrack, O., Die Auswirkungen der Übertragung des Versicherungsbestandes eines Lebensversicherungsunternehmens ohne Übertragung aller Vermögenswerte auf die Überschußbeteiligung der Versicherten, in: Basedow, J. (Hrsg.), Informationspflichten, Europäisierung des Versicherungswesens, Anerkannte Grundsätze der Versicherungsmathematik, 1. Auflage, Nomos Verlagsgesellschaft, Baden-Baden 1995, S. 241-251

Mueller (1969): Mueller, D. C., Theory of Conglomerate Mergers, in: Quarterly Journal of Economics, Vol. 83, 1969, S. 643-658

Mueller (1977): Mueller, D. C., The Effects of Conglomerate Mergers, in: Journal of Banking and Finance, Vol. 1, 1977, S. 315-347

Mueller (1979): Mueller, D. C., Hypothesen über Unternehmenszusammenschlüsse, Discussion Paper Series, International Institute of Management, Wissenschaftszentrum Berlin, Nr. 67a, 1979

Mueller (1980): Mueller, D. C. (Hrsg.), The Determinants and Effects of Mergers: An International Comparison, Verlag Anton Hain, Königstein/Taunus 1980

Mueller (1987): Mueller, D. C., The Corporation: Growth, Diversification and Mergers, Fundamentals of Pure and Applied Economics, Vol. 16, Harwood Academic Publishers, London 1987

Mueller (1995): Mueller, D. C., Mergers: Theory and Evidence, in: Mussati, G. (Hrsg.): Mergers, Markets and Public Policy, Dordrecht 1995, S. 9-44

Müller (1995): Müller, W., Informationsprodukte, in: Zeitschrift für Betriebswirtschaft, 65. Jg., 1995, S. 1017-1044

Müller-Magdeburg (1996): Müller-Magdeburg, T., Die Bestandsübertragung nach § 14 VAG, Diss., Berlin 1996

Müller-Stewens (1991): Müller-Stewens, G.: Personalwirtschaftliche und organisationstheoretische Problemfelder bei Mergers & Acquisitions, in: Ackermann, K.-F./Scholz, H. (Hrsg.): Personalmanagement für die 90er Jahre, Poeschel Verlag, Stuttgart 1991, S. 157-171

Müller-Wiedenhorn (1993): Müller-Wiedenhorn, A., Versicherungsvereine auf Gegenseitigkeit im Unternehmensverbund: eine Untersuchung zum Recht und zu konzentrationsrechtlichen Fragen des Versicherungsvereins auf Gegenseitigkeit, Diss., Köln 1993

Neumann (1994): Neumann, A., Fusionen und fusionsähnliche Unternehmenszusammenschlüsse unter besonderer Berücksichtigung finanzieller Aspekte, Paul Haupt Verlag, Bern u. a. 1994

Neumann (2000): Neumann, O., Shareholder Value – Wertorientierte Steuerung auch für Versicherungsunternehmen?, in: Zeitschrift für Versicherungswesen, 51. Jg., 2000, S. 239-243

Niemann (1995): Niemann, C., Informationsasymmetrien beim Unternehmensverkauf: gesellschaftsrechtliche und auktionstheoretische Analyse unter besonderer Berücksichtigung des Management Buy-Outs, Deutscher Universitäts-Verlag, Wiesbaden 1995

Nolte (1991): Nolte, W., Mergers & Acquisitions, in: Die Betriebswirtschaft, 51. Jg., 1991, S. 819 f.

Oletzky (1998): Oletzky, T., Wertorientierte Steuerung von Versicherungsunternehmen: ein Steuerungskonzept auf der Grundlage des Shareholder-Value-Ansatzes, Verlag Versicherungswirtschaft, Karlsruhe 1998

Oletzky/Schulenburg (1998): Oletzky, T./Schulenburg, J.-M. Graf v. d., Shareholder Value Management – Strategie in Versicherungsunternehmen, Zeitschrift für die gesamte Versicherungswissenschaft, 87. Bd., 1998, S. 65-93

Ordelheide (1986): Ordelheide, D., Der Konzern als Gegenstand betriebswirtschaftlicher Forschung, in: Betriebswirtschaftliche Forschung und Praxis, 38. Jg., 1986, S. 293-312

Ordelheide (1987): Ordelheide, D., Konzernerfolgskonzeptionen und Risikokoordination – Grundlagen handels- und steuerrechtlicher Erfolgsermittlung für Konzerne –, in: Zeitschrift für betriebswirtschaftliche Forschung, 39. Jg., 1987, S. 975-986

Ossadnik (1995): Ossadnik, W., Die Aufteilung von Synergieeffekten bei Fusionen, Schäffer-Poeschel Verlag, Stuttgart 1995

o. V. (1998a): Gemeinsam in die Zukunft?, in: Zeitschrift für Versicherungswesen, 49. Jg., 1998, S. 429 f.

o. V. (1998b): Langer Weg zum Ziel, in: Zeitschrift für Versicherungswesen, 49. Jg., 1998, S. 194

o. V. (1998c): „Die meisten Fusionen funktionieren nicht", in: Zeitschrift für Versicherungswesen, 49. Jg., 1998, S. 190

o. V. (1999): Zwei Fusionen, in: Zeitschrift für Versicherungswesen, 50. Jg., 1999, S. 448 ff.

o. V. (2000): Der Markt für Übernahmen und Beteiligungen hat sich mehr als verdoppelt, in: FRANKFURTER ALLGEMEINE ZEITUNG vom 28.12.2000, S. 18

o. V. (2001a): Zu 345 Fällen in Brüssel entschieden, in: FRANKFURTER ALLGEMEINE ZEITUNG vom 05.01.2001, S. 12

o. V. (2001b): RWE ist größter Wasserversorger in Amerika – Rotkäppchen größter deutscher Sektanbieter, in: FRANKFURTER ALLGEMEINE ZEITUNG vom 28.12.2001, S. 18

o. V. (2002a): Der Wert von Unternehmensübernahmen sinkt stark, in: FRANKFURTER ALLGEMEINE ZEITUNG vom 10.01.2002, S. 28

o. V. (2002b): Geschäft mit der Fusionsberatung auch im neuen Jahr flau, in: FRANKFURTER ALLGEMEINE ZEITUNG vom 21.02.2002, S. 25

o. V. (2002c): Eigenkapitalschwund belastet Versicherer, in: FRANKFURTER ALLGEMEINE ZEITUNG vom 03.09.2002, S. 21

o. V.: (2003): Börse erwartet Allianz-Kapitalerhöhung, in: FRANKFURTER ALLGEMEINE ZEITUNG vom 22.02.03, S.19

Panzar/Willig (1981): Panzar, J. C./Willig, R. C., Economies of Scope, in: American Economic Review, Papers and Proceedings, Vol. 71, 1981, S. 268-272

Paprottka (1996): Paprottka, S., Unternehmenszusammenschlüsse, Synergiepotentiale und ihre Umsetzungsmöglichkeiten durch Integration, Gabler Verlag, Wiesbaden 1996

Pausenberger (1984): Pausenberger, E., Fusion, in: Grochla, E./Wittmann, W. (Hrsg.), Handwörterbuch der Betriebswirtschaft, 4., völlig neu gestaltete Auflage, Poeschel Verlag, Stuttgart 1984, Sp. 1603-1614

Pausenberger (1989a): Pausenberger, E., Zur Systematik von Unternehmenszusammenschlüssen, in: Das Wirtschaftsstudium, 18. Jg., 1989, S. 621-626

Pausenberger (1989b): Pausenberger, E., Akquisitionsplanung, in: Szyperski, N. (Hrsg.), Handwörterbuch der Planung, Poeschel Verlag, Stuttgart 1989, Sp. 18-26

Pausenberger (1993): Pausenberger, E., Unternehmenszusammenschlüsse, in: Wittmann, W. (Hrsg.), Handwörterbuch der Betriebswirtschaft, 5., völlig neu gestaltete Auflage, Schäffer-Poeschel Verlag, Stuttgart 1993, Sp. 4436-4448

Penrose (1959): Penrose, E. T., The Theory of the Growth of the Firm, 1. Auflage, Blackwell, Oxford 1959

Perin (1996): Perin, S., Synergien bei Unternehmensakquisitionen: empirische Untersuchung von Finanz-, Markt- und Leistungssynergien, Deutscher Universitäts-Verlag, Wiesbaden 1996

Petri (1992): Petri, M., Strategisches Akquisitionsmanagement: neuere Perspektiven des strategisch motivierten Unternehmenserwerbs, Diss., Berlin 1992

Picot (1982): Picot, A., Transaktionskostenansatz in der Organisationstheorie: Stand der Diskussion und Aussagewert, in: Die Betriebswirtschaft, 42. Jg. 1982, S. 267-284

Picot et al. (1999): Picot, A. et al., Organisation – eine ökonomische Perspektive, 2., überarbeitete und erweiterte Auflage, Schäffer-Poeschel Verlag, Stuttgart 1999

Picot (2000): Picot, G. (Hrsg.), Handbuch Mergers & Acquisitions: Planung, Durchführung, Integration, Schäffer-Poeschel Verlag, Stuttgart 2000

Plan (1970): Plan, W.-P., Unternehmenskonzentration als Instrument der Unternehmenspolitik, Diss., Berlin 1970

Plein (1998): Plein, C., Überlegungen zu einem integrativen Ansatz der Versicherungsbetriebslehre, in: Zeitschrift für die gesamte Versicherungswissenschaft, 87. Bd, 1998, S. 709-733

Plöger/Kruse (2001): Plöger, A./Kruse, M., Mergers & Acquisitions: Theoretische Überlegungen und Besonderheiten im Finanzdienstleistungssektor, in: Schulenburg, J.-M. Graf v. d. (Hrsg.), dito, Schriftenreihe des Instituts für Versicherungsbetriebslehre der Universität Hannover, Band 4, Uni-Verlag Witte, Hannover 2001

Pohmer/Bea (1984): Pohmer, D./Bea, F. X., Konzentration, in: Grochla, E./Wittmann, W. (Hrsg.), Handwörterbuch der Betriebswirtschaft, 4., völlig neu gestaltete Auflage, Poeschel Verlag, Stuttgart 1984, Sp. 2220-2234

Porter (1987a): Porter, M. E., From Competitive Advantage to Corporate Strategy, in: Harvard Business Review, Vol. 65, No. 3, 1987, S. 43-59

Porter (1987b): Porter, M. E., Diversifikation – Konzerne ohne Konzept, in: HARVARDmanager, Vol. 2, 1987, S. 30-49

Porter (1999): Porter, M. E., Wettbewerbsstrategie: Methoden zur Analyse von Branchen und Konkurrenten, 10., durchgesehene und erweiterte Auflage, Campus-Verlag, Frankfurt am Main u. a. 1999

Präve (1991): Präve, P., Aufsichtsrechtliche Aspekte zu Bestandsübertragungen von einem Versicherungsverein auf Gegenseitigkeit auf eine Aktiengesellschaft, in: Zeitschrift für Versicherungswesen, 42. Jg., 1991, S. 494-498

Pratt/Zeckhauser (1985): Pratt, J. W./Zeckhauser, R. J., Principals and agents: an overview, in: dieselben (Hrsg.), Principals and agents: The structure of business, Harvard Business School Press, Boston/Massachusetts 1985, S. 1-35

Preuschl (1997): Preuschl, M., Unternehmensübernahmen als Instrument der Managementkontrolle? – Eine Analyse am Beispiel der USA –, Diss., Regensburg 1997

Pümpin et al. (1985): Pümpin, C. B. et al., Unternehmenskultur: Basis strategischer Profilierung erfolgreicher Unternehmen, Schweizerische Volksbank, Bern 1985

Radtke (1999): Radtke, M., Die Aufgaben des Aktuars bei Unternehmenszusammenschlüssen, in: Versicherungswirtschaft, 54. Jg., 1999, S. 221-223

Raidt (1972): Raidt, F., Die Ungleichung Fusion. Strukturierungsprobleme bei Fusionen unter besonderer Berücksichtigung des Entscheidungsraumes, Diss., Bad Harzburg 1972

Rappaport (1999): Rappaport, A., Shareholder Value: Ein Handbuch für Manager und Investoren, 2. Auflage, Schäffer-Poeschel Verlag, Stuttgart 1999

Ravenscraft/Scherer (1987): Ravenscraft, D. J./Scherer, F. M., Mergers, Sell-offs and economic efficiency, Brookings Institute, Washington D. C. 1987

Reineke (1989): Reineke, R.-D., Akkulturation von Auslandsakquisitionen: eine Untersuchung zur unternehmenskulturellen Anpassung, Gabler Verlag, Wiesbaden 1989

Reißner (1992): Reißner, S., Synergiemanagement und Akquisitionserfolg, Gabler Verlag, Wiesbaden 1992

Richter (1998): Richter, R., Neue Institutionenökonomik: Ideen und Möglichkeiten, in: Krause-Junk, G. (Hrsg.), Steuersysteme der Zukunft, Zeitschrift für Wirtschafts- und Sozialwissenschaften, Beiheft 6, Duncker & Humblot Verlag, Berlin 1998, S. 323-355

Richter/Furubotn (1999): Richter, R./Furubotn, E. G., Neue Institutionenökonomik, 2. durchgesehene und ergänzte Auflage, Mohr Siebeck Verlag, Tübingen 1999

Riege (1994): Riege, J., Gewinn- und Wachstumsstrategien von Versicherungsunternehmen, Verlag Josef Eul, Bergisch Gladbach-Köln 1994

Roll (1986): Roll, R., The Hybris Hypothesis of Corporate Takeovers, in: Journal of Business, Vol. 59, 1986, S. 197-216

Roll (1988): Roll, R., Empirical Evidence on Takeover Activity and Shareholder Wealth, in: Coffee, J. C. et al. (Hrsg.): Knights, Raiders, and Targets. The Impact of Hostile Takeovers, Oxford University Press, New York, 1988, S. 241-252

Romano (1991): Romano, R., A Guide to Takeovers: Theory, Evidence and Regulation, Yale Law School Working Paper No. 138, Yale 1991

Ropella (1989): Ropella, W., Synergie als strategisches Ziel der Unternehmung, De Gruyter Verlag, Berlin 1989

Ross (1973): Ross, S. A., The Economic Theory of Agency: The Principal's Problem, in: American Economic Review, Papers and Proceedings, Vol. 63, 1973, S. 134-139

Rühli/Schettler (1999): Rühli, E./Schettler, M., Ursachen und Motive von Mega-Fusionen: Betriebswirtschaftlich-theoretische Überlegungen, in: Siegwart, H./Neugebauer, G. (Hrsg.): Mega-Fusionen, Analysen – Kontroversen – Perspektiven, 2., unveränderte Auflage, Haupt Verlag, Bern u. a. 1999, S. 195-210

Salant et al. (1983): Salant, S. W. et al., Losses from Horizontal Merger: The Effects of an Exegeneous Change in Industry Structure on Cournot-Nash Equilibrium, in: Quarterly Journal of Economics, Vol. 98, 1983, S. 187-199

Salter/Weinhold (1978): Salter, M. S./Weinhold, W. A., Diversification via Acquisition: Creating Value, in: Harvard Business Review, Vol. 56, July/August, 1978, S. 166-176

Salter/Weinhold (1979): Salter, M. S./Weinhold, W. A., Diversification through Acquisition, The Free Press, New York-London 1979

Saurwein/Hönekopp (1992): Saurwein, K.-H./Hönekopp, T., SPSS/PC+ 4.0: Eine anwendungsorientierte Einführung zur professionellen Datenanalyse, 2., überarbeitete Auflage, Addison-Wesley Verlag, Bonn u. a. 1992

Sautter (1989): Sautter, M. T., Strategische Analyse von Unternehmensakquisitionen, Peter Lang Verlag, Frankfurt am Main u. a. 1989

Scharlemann (1996): Scharlemann, U., Finanzwirtschaftliche Synergiepotentiale von Mergers und Acquisitions: Analyse und Bewertung nicht güterwirtschaftlicher Wertsteigerungseffekte von Unternehmenstransaktionen, Haupt Verlag, Bern u. a. 1996

Scharping (1964): Scharping, F.-K., Die Bestandsübertragung im Versicherungsrecht, Stern-Verlag, Hamburg 1964

Scheele (1994): Scheele, M., Zusammenschluß von Banken und Versicherungen: Analyse des Privatkundengeschäfts anhand industrieökonomischer Modelle, Gabler Verlag, Wiesbaden 1994

Schenk (1997): Schenk, G., Konzernbildung, Interessenkonflikte und ökonomische Effizienz: Ansätze zur Theorie des Konzerns und ihre Relevanz für rechtspolitische Schlußfolgerungen, Peter Lang Verlag, Frankfurt am Main u. a. 1997

Scherer/Ross (1990): Scherer, F. M. /Ross, D., Industrial Market Structure and Economic Performance, 3. Auflage, Houghton Miffin, Boston/Massachusetts 1990

Schmidt (1997): Schmidt, R., Erläuterungen zur Performancemessung deutscher Aktiengesellschaften nach dem RSW-Verfahren, Halle 1997

Schmidt (2000): Schmidt, J., Die europäische Fusionskontrolle – eine Synopse, in: Oberender, P. (Hrsg.), Die Europäische Fusionskontrolle, Schriftenreihe des Vereins für Socialpolitik, Neue Folge Bd. 270, Dunker & Humblot Verlag, Berlin 2000, S. 9-26

Schmidt/Schettler (1999): Schmidt, S./Schettler, M., Ziele von Unternehmenszusammenschlüssen – Theorie und Praxis, in: Zeitschrift für Organisation, 68. Jg., 1999, S. 312-317

Schmidt/Wilhelm (1987): Schmidt, R./Wilhelm, W., Was Firmen wirklich wert sind, in: manager magazin, Heft 11, 1987, S. 234-265

Schneider (1985): Schneider, D., Die Unhaltbarkeit des Transaktionskostenansatzes für die „Markt oder Unternehmung"-Diskussion, in: Zeitschrift für Betriebswirtschaft, 55. Jg., 1985, S. 1237-1254

Schönacher/Schneider (1999): Schönacher, M./Schneider, D., Globalisierung von Versicherungsunternehmen durch Akquisition, in: Versicherungswirtschaft, 54. Jg., 1999, S. 344-346

Schoppe et al. (1995): Schoppe, S. G. et al. (Hrsg.), Moderne Theorie der Unternehmung, Oldenbourg Verlag, München 1995

Schrader (1996): Schrader, S., Organisation der zwischenbetrieblichen Kooperation, in: Sauer, D./Hirsch-Kreinsen, H. (Hrsg.), Zwischenbetriebliche Arbeitsteilung und Kooperation. Ergebnisse des Expertenkreises "Zukunftsstrategien" Band III, Campus Verlag, Frankfurt am Main-New York 1996, S. 49-79

Schubert/Küting (1981): Schubert, W./ Küting, K., Unternehmungszusammenschlüsse, Vahlen Verlag, München 1981

Schüler (1996): Schüler, W., Der „einheitliche Grund" als Ausgangspunkt betriebswirtschaftlicher Analyse: Anmerkungen zu Kernfragen der Unternehmenstheorie anlässlich des 100. Geburtstags von Erich Gutenberg, Preprint Nr. 23, Fakultät für Wirtschaftswissenschaft, Universität Magdeburg 1996

Schütz (2000): Schütz, J., Die EG-Fusionskontrolle aus Sicht der Industrie, in: Oberender, P. (Hrsg.), Die Europäische Fusionskontrolle, Schriftenreihe des Vereins für Socialpolitik, Neue Folge Bd. 270, Duncker & Humblot Verlag, Berlin 2000, S. 57-68

Schulenburg (1992): Schulenburg, J.-M. Graf v. d., Versicherungsökonomik: Ein Überblick über neuere Ansätze und Entwicklungen, in: Wirtschaftswissenschaftliches Studium, Heft 8, 1992, S. 399-406

Schweizer Rück (1999a): Schweizerische Rückversicherungs-Gesellschaft (Hrsg.), Versicherungsvereine bzw. Versicherungsgenossenschaften: Leben Totgesagte länger?, sigma Nr. 4, Zürich 1999

Schweizer Rück (1999b): Schweizerische Rückversicherungs-Gesellschaft (Hrsg.), Lebensversicherungswirtschaft: Rollt die Fusionswelle weiter?, sigma Nr. 6, Zürich 1999

Seth (1990a): Seth, A., Value Creation in Acquisitions: A Reexamination of Performance Issues, in: Strategic Management Journal, Vol. 11, 1990, S. 99-115

Seth (1990b): Seth, A., Sources of Value Creation in Acquisitions: An Empirical Investigation, in: Strategic Management Journal, Vol. 11, 1990, S. 431-446

Settnik (1996): Settnik, U., Erfolgreiche Unternehmenspolitik auf den europäischen Versicherungsmärkten, Gabler Verlag, Wiesbaden 1996

Sharpe (1964): Sharpe, W. F., Capital Asset Prices: A Theory of Market Equilibrium under Conditions of Risk, in: Journal of Finance, Vol. 19, 1964, S. 425-442

Sharpe (1972): Sharpe, W. F., Risk, Market Sensitivity, and Diversifikation, Financial Analysts Journal, January/February, 1972, S. 74 f.

Shleifer/Vishny (1989): Shleifer, A./Vishny, R. W., Management Entrenchment. The Case of Manager-Specific Investments, in: Journal of Financial Economics, Vol. 25, 1989, S. 123-139

Sieben/Sielaff (1989): Sieben, G./Sielaff, M. (Hrsg.), Unternehmensakquisition, Poeschel Verlag, Stuttgart 1989

Sigloch (1974): Sigloch, J., Unternehmenswachstum durch Fusion: Grundlagen einer Erklärung und Beurteilung des Unternehmenswachstums durch Fusion, Diss., Berlin 1974

Singh/Montgomery (1987): Singh, H./Montgomery, C. A., Corporate Acquisition Strategies and Economic Performance, in: Strategic Management Journal, Vol. 8, 1987, S. 377-386

Spengler (1999): Spengler, T., Grundlagen und Ansätze der strategischen Personalplanung mit vagen Informationen, Hampp Verlag, München u. a. 1999

Steiner (1975): Steiner, P. O., Mergers: Motives, Effects, Policies, University of Michigan Press, Ann Arbor 1975

Steinöcker (1998): Steinöcker, R., Mergers and Acquisitions: Strategische Planung von Firmenübernahmen, Metropolitan Verlag, Düsseldorf 1998

Stigler (1950): Stigler, G. J., Monopoly and Oligopoly by Mergers, in: American Economic Review, Papers and Proceedings, Vol. 40, 1950, S. 23-34

Stocking/Watkins (1948): Stocking, G. W./Watkins, M. W., Cartels or Competition, New York 1948

Süverkrüp (1992): Süverkrup, Ch., Internationaler technologischer Wissenstransfer durch Unternehmensakquisitionen: eine empirische Untersuchung am Beispiel deutsch-amerikanischer und amerikanisch-deutscher Akquisitionen, Peter Lang Verlag, Frankfurt am Main 1992

Suret (1991): Suret, M., Scale and scope economies in the Canadian property and casualty insurance industry, in: Geneva Papers on Risk and Insurance, Issues and Practice, Vol. 59, April, 1991, S. 236-256

Sydow (1994): Sydow, J., Franchisingnetzwerke: Ökonomische Analyse einer Organisationsform der Dienstleistungsproduktion und -distribution, in: Zeitschrift für Betriebswirtschaft, 64. Jg., 1994, S. 95-113

Sydow (1999): Sydow, J., Quo Vadis Transaktionskostentheorie? Wege, Irrwege, Auswege, in: Edeling, T. et al. (Hrsg.), Institutionenökonomie und Neuer Institutionalismus: Überlegungen zur Organisationstheorie, Leske + Budrich Verlag, Opladen 1999, S. 165-176

Tacke (1999): Tacke, V., Beobachtungen der Wirtschaftsorganisation: eine systemtheoretische Rekonstruktion institutionenökonomischer und neo-institutionalistischer Argumente in der Organisationstheorie, in: Edeling, Th. et al. (Hrsg.), Institutionenökonomie und Neuer Institutionalismus: Überlegungen zur Organisationstheorie, Leske + Budrich Verlag, Opladen 1999, S. 81-110

Teece (1980): Teece, D. J., Economies of Scope and the Scope of Enterprise, in: Journal of Economic Behavior and Organization, Vol. 1, 1980, S. 223-247

Terberger (1994): Terberger, E., Neo-institutionalistische Ansätze: Entstehung und Wandel – Anspruch und Wirklichkeit, Gabler Verlag, Wiesbaden 1994

Theisen (2000): Theisen, M. R., Der Konzern: betriebswirtschaftliche und rechtliche Grundlagen der Konzernunternehmung, 2. Auflage, Schäffer-Poeschel Verlag, Stuttgart 2000

Thode (1994): Thode, B., Anwendbarkeit der Normen des Versicherungsaufsichtsgesetzes zur Bestandsübertragung auf öffentlich-rechtliche Versicherer, in: Zeitschrift für Versicherungswesen, 45. Jg., 1994, S. 322 ff.

Tirole (2001): Tirole, J., The Theory of Industrial Organization, 12. Auflage, MIT Press, Cambridge/Massachussetts u. a. 2001

Tönnies (1996): Tönnies, M., Die Abbildung von Unternehmenszusammenschlüssen in der Rechnungslegung, Josef Eul Verlag, Lohmar-Köln 1996

Trautwein (1990): Trautwein, F., Merger Motives and Merger Prescriptions, in: Strategic Management Journal, Vol. 11, 1990, S. 283-295

Tröndle (1987): Tröndle, D., Kooperationsmanagement. Steuerung interaktioneller Prozesse bei Unternehmenskooperationen, Verlag Josef Eul, Bergisch Gladbach-Köln 1987

Venohr et al. (1998): Venohr, B. et al., Größe als Chance? Konzentrationstendenzen in der Versicherungswirtschaft, in: Versicherungswirtschaft, 53. Jg., 1998, S. 1120-1123

VerBAV (1953-2000): Veröffentlichungen des BAV, Bundesaufsichtsamt für das Versicherungswesen (Hrsg.), Berlin/Bonn 1953-2000

Vornhusen (1994): Vornhusen, K., Die Organisation von Unternehmenskooperationen, Peter Lang Verlag, Frankfurt am Main u. a. 1994

Wähling/Berger (1998): Wähling, S./Berger, A., Die Lebensversicherung auf dem Weg in das dritte Jahrtausend, Versicherungswirtschaft, 53. Jg., 1998, S. 1048-1052

Walgenbach (1998): Walgenbach, P., Die Institutionalisierung des (Total) Quality Managements: Eine empirische Studie über die Entstehung, Verbreitung und Nutzung von Qualitätsmanagementkonzepten, insbesondere der DIN EN ISO 9000er Normenreihe, aus der Perspektive der Institutionalistischen Ansätze der Organisation, Habilitationsschrift, Mannheim 1998

Walsh (1988): Walsh, J. P., Top Management Turnover following Mergers and Acquisitions, in: Strategic Management Journal, Vol. 9, 1988, S. 173-183

Warth (1997): Warth, W. P., Bancassurance – Potentiale der Banken, in: Die Bank: Zeitschrift für Bankpolitik und Bankpraxis, Heft 4, 1997, S. 280-286

Weber (1972): Weber, B. E., Die Übernahme von Unternehmungen, Diss., Zürich 1972

Weber (1994): Weber, R., Die Rechtsstellung des Versicherten bei der Bestandsübertragung, Diss., Berlin 1994

Weidenbaum/Vogt (1987): Weidenbaum, M./Vogt, S., Takeovers and Stockholders: Winners and Losers, in: California Management Review, Vol. 29, 1987, S. 157-167

Weiss (1975): Weiss, W., Wachstumsziele und -instrumente von Versicherungsunternehmen, Diss., Köln 1975

Welge (1984): Welge, M., Synergie, in: Grochla, E./Wittmann, W. (Hrsg.), Handwörterbuch der Betriebswirtschaft, 4., völlig neu gestaltete Auflage, Schäffer-Poeschel Verlag, Stuttgart 1984, Sp. 3800-3810

Werder (1986): Werder, A. von, Konzernstruktur und Matrixorganisation, in: Zeitschrift für betriebswirtschaftliche Forschung, 38. Jg., 1986, S. 586-607

Weston (1983): Weston, J. F., Mergers and Acquisitions, in: Journal of Finance, Vol. 38, 1983, S. 297-317

White (1995): White, M. J., Bankruptcy, Liquidation, and Reorganization, in: Logue, D. E. (Hrsg.), Handbook of Modern Finance, Warren, Gorham und Lamont, Boston/Massachusetts, 1995, Kapitel E7, S. 1-44

Willer (1993): Willer, D., The principle of rational choice and the problem of a satisfactory theory, in: Coleman, J. S./Farao, T. J. (Hrsg.), Rational Choice Theory: Advocacy and Critique, Sage Verlag, Newbury Park u. a., 1993, S. 49-78

Williamson (1963): Williamson, O. E., Managerial Discretion and Business Behavior, in: American Economic Review, Vol. 53, No. 4, 1963, S. 1032-1057

Williamson (1964): Williamson, O. E., The Economics of Discretionary Behavior: Managerial Objectives in a Theory of the Firm, Englewood Cliffs, New York 1964

Williamson (1975): Williamson, O. E., Markets and Hierarchies – Analysis and Antitrust Implications: A Study in the Economics of Internal Organization, Free Press, New York/London 1975

Williamson (1981): Williamson, O. E., The Modern Corporation: Origins, Evolution, Attributes, in: Journal of Economic Literature, Vol. 19, 1981, S. 1537-1568

Williamson (1989): Williamson, O. E., Transaction Cost Economics, in: Schmalensee, R./Willig, R. D. (Hrsg.) Handbook of Industrial Organization, Band 1, Amsterdam 1989, S. 135-182

Williamson (1990): Williamson, O. E., Die ökonomischen Institutionen des Kapitalismus: Unternehmen, Märkte, Kooperationen, Mohr Verlag, Tübingen 1990

Wollmert (1992): Wollmert, P., Die Konzernrechnungslegung von Versicherungsunternehmen als Informationsinstrument: eine Analyse der Aussagefähigkeit sowie Ansatzpunkte einer zweckorientierten Reform, Hitzeroth Verlag, Marburg 1992

Zahn (1971): Zahn, E., Das Wachstum industrieller Unternehmen: Versuch seiner Erklärung mit Hilfe eines komplexen, dynamischen Modells, Gabler Verlag, Wiesbaden 1971

Ziegler (1966): Ziegler, K. A., Versuch einer betriebswirtschaftlichen Grundlegung der Unternehmungszusammenschlüsse, Diss., Mannheim 1966

Ziegler (1997): Ziegler, M., Synergieeffekte bei Unternehmenskäufen: Identifikation im Beschaffungs- und Produktionsbereich von Industriebetrieben, Deutscher Universitäts-Verlag, Wiesbaden 1997

Zoern (1994): Zoern, A., Motive für nationale Unternehmensakquisitionen deutscher und englischer Unternehmen, Rainer Hampp Verlag, München 1994

Zwahlen (1994): Zwahlen, B., Motive und Gefahrenpotentiale bei einer Unternehmensakquisition: eine erfolgreiche Akquisitions- und Integrationsstrategie einer multinationalen Unternehmung am Fallbeispiel "Nestle-Rowntree", Diss., Zürich 1994

Zweifel/Eisen (2000): Zweifel, P./Eisen, R., Versicherungsökonomie, Springer Verlag, Berlin u. a. 2000

AUS DER REIHE nbf neue betriebswirtschaftliche forschung

(Folgende Bände sind zuletzt erschienen:)

Band 324 PD Dr. Thomas Werani
Bewertung von Kundenbindungsstrategien in B-to-B-Märkten

Band 325 Prof. Dr. Sven Reinecke
Marketing Performance Management

Band 326 PD Dr. Jürgen Grieger
Ökonomisierung in Personalwirtschaft und Personalwirtschaftslehre

Band 327 PD Dr. Kurt Jeschke
Marketingmanagement der Beratungsunternehmung

Band 328 PD Dr. Jutta Emes
Unternehmergewinn der Musikindustrie

Band 329 PD Dr. Alexander Pohl
Preiszufriedenheit bei Innovationen

Band 330 PD Dr. Andrea Graf
Interkulturelle Kompetenzen im Human Resource Management

Band 331 Prof. Dr. Frank Huber
Erfolgsfaktoren von Markenallianzen

Band 332 PD Dr. Rainer Sibbel
Produktion integrativer Dienstleistungen

Band 333 Prof. Dr. Heinz Königsmaier
Währungsumrechnung im Konzern

Band 334 PD Dr. Anja Tuschke
Legitimität und Effizienz administrativer Innovationen

Band 335 PD Dr. Christian Opitz
Hochschulen als Filter für Humankapital

Band 336 PD Dr. Volker Bach
Rollenzentriertes Portalmanagement

Band 337 PD Dr. Elisabeth Fröhlich-Glantschnig
Berufsbilder in der Beschaffung

Band 338 Prof. Dr. Jetta Frost
Märkte in Unternehmen

Band 339 PD Dr. Joachim Houtman
Reservierung von Kapazitäten

Band 340 Dr. Johannes Hummel
Online-Gemeinschaften als Geschäftsmodell

Band 341 PD Dr. Martin Müller
Informationstransfer im Supply Chain Management

Band 342 PD Dr. Adrienne Cansier
Spezialprobleme der internationalen Werbebudgetierung

Band 343 PD Dr. Clemens Werkmeister
Investitionsbudgetierung mit leistungsorientierter Managemententlohnung

Band 344 Prof. Dr. Marcus Schögel
Kooperationsfähigkeiten im Marketing

Band 345 PD Dr. Anette von Ahsen
Integriertes Qualitäts- und Umweltmanagement

Band 346 Univ.-Doz. Dr. Alfred Posch
Zwischenbetriebliche Rückstandsverwertung

Band 347 PD Dr. Carsten Felden
Personalisierung der Informationsversorgung in Unternehmen

Band 348 PD Dr. Thomas Köhne
Marketing im strategischen Unternehmensnetzwerk

Band 349 PD Dr. Bernd Eggers
Integratives Medienmanagement

Band 350 PD Dr. Stefan Roth
Preismanagement für Leistungsbündel

Band 351 Dr. Ulrike Settnik
Mergers & Acquisitions auf dem deutschen Versicherungsmarkt

www.duv.de
Änderung vorbehalten.
Stand: August 2006.

Deutscher Universitäts-Verlag
Abraham-Lincoln-Str. 46
65189 Wiesbaden

If you have any concerns about our products,
you can contact us on
ProductSafety@springernature.com

In case Publisher is established outside the EU,
the EU authorized representative is:
**Springer Nature Customer Service Center GmbH
Europaplatz 3, 69115 Heidelberg, Germany**

Printed by Libri Plureos GmbH
in Hamburg, Germany